陕西省房屋建筑与装饰工程消耗量定额

（2025）

批准部门：陕西省住房和城乡建设厅
主编单位：陕西省建设工程造价服务中心
参编单位：陕西建工集团股份有限公司
中建七局第四建筑有限公司
中国建筑第八工程局有限公司西北分公司
中天西北建设投资集团有限公司
陕西建工第五建设集团有限公司
中建五局第三建设有限公司
软件支持：广联达西安科技有限公司
实施日期：2025年7月1日

中国计划出版社
北京

图书在版编目（CIP）数据
陕西省房屋建筑与装饰工程消耗量定额. 2025 / 陕西省建设工程造价服务中心主编. -- 北京 : 中国计划出版社, 2025. 6（2025.8重印）. -- ISBN 978-7-5182-1848-6
Ⅰ. TU723.34
中国国家版本馆 CIP 数据核字第 2025PB5103 号

陕西省房屋建筑与装饰工程消耗量定额（2025）
SHAANXI SHENG FANGWU JIANZHU YU ZHUANGSHI GONGCHENG XIAOHAOLIANG DING'E（2025）
陕西省建设工程造价服务中心 主编

责任编辑：刘 原 封面设计：韩可斌

中国计划出版社出版发行
网址：www.jhpress.com
地址：北京市西城区木樨地北里甲 11 号国宏大厦 C 座 4 层
邮政编码：100038 电话：（010）63906433（发行部）
北京厚诚则铭印刷科技有限公司印刷

880mm × 1230mm 1/16 39.5 印张 1276 千字
2025 年 6 月第 1 版 2025 年 8 月第 2 次印刷

定价：158.00 元

本书编委会

总　　编：李卫军

副 总 编：张　丹　陈永兵　崔建明　原　波　杜产阳

本书编写人员名单

主　　编：庄智斌　曹　方

副 主 编：贺渤伦　赵玉兰

编写人员：史媛媛　王　萍　王建国　邓　乐　张睿芳　强高峰
翟亚青　莫江峰　王　欣　王廷燕　冯长文　葛建荣
黄美云　王小东　金万松　刘　英　童伟荣　毛　婷
袁林芳　李灵灵　卢婷婷　史小亮　尹　娥　魏　连
张小俊　张　佗　郝学武　张丽娜　乔亚荣　林　菁
蔡樑权　金相伟　韩　会　张　倩　李　近　陈　雁
郑亚云　王江锋　贾理栋

软件操作：郭继庆　路燚桓

陕西省住房和城乡建设厅关于印发2025陕西省建设工程费用规则等计价依据的通知

陕建管发〔2025〕10号

各设区市住房和城乡建设局，杨凌示范区住房和城乡建设局，各相关企业：

为贯彻落实《住房和城乡建设部办公厅关于印发工程造价改革工作方案的通知》（建办标〔2020〕38号）及《陕西省住房和城乡建设厅关于印发〈陕西省建设工程造价改革工作实施方案〉的通知》（陕建发〔2020〕1109号）精神，依据《陕西省建设工程造价管理办法》，我厅组织修编了《陕西省建设工程费用规则》及6个专业配套基价表、《陕西省房屋建筑与装饰工程消耗量定额》等6个专业消耗量定额、施工机械台班费用定额、仪器仪表台班费用定额（详见附件），现予以印发，自2025年7月1日起实施，并提出以下意见，请一并贯彻执行：

一、2025年7月1日起新开工的建设工程执行新的计价依据；2025年7月1日前的在建工程（包括已招投标或已签订合同的工程）仍按原约定的计价依据执行。

二、原2004《陕西省建筑装饰工程消耗量定额》《陕西省安装工程消耗量定额》《陕西省市政工程消耗量定额》《陕西省园林绿化工程消耗量定额》、2009《陕西省建设工程工程量清单计价规则》、2009《陕西省建设工程工程量清单计价费率》、《陕西省建设工程消耗量定额（2004）补充定额》、2009《陕西省建筑装饰市政园林绿化工程价目表》《陕西省安装工程价目表》于2025年7月1日起停止使用。

三、上述计价依据的日常管理及技术内容解释由陕西省建设工程造价服务中心具体负责。

附件：2025陕西省建设工程计价依据汇总表

陕西省住房和城乡建设厅

2025年3月17日

附　　件

2025陕西省建设工程计价依据汇总表

序　　号	名　　称
1	陕西省建设工程费用规则（2025）
2	陕西省房屋建筑与装饰工程基价表（2025）
3	陕西省通用安装工程基价表（2025）
4	陕西省市政工程基价表（2025）
5	陕西省园林绿化工程基价表（2025）
6	陕西省城市地下综合管廊工程基价表（2025）
7	陕西省绿色建筑工程基价表（2025）
8	陕西省房屋建筑与装饰工程消耗量定额（2025）
9	陕西省通用安装工程消耗量定额（2025）
10	陕西省市政工程消耗量定额（2025）
11	陕西省园林绿化工程消耗量定额（2025）
12	陕西省城市地下综合管廊工程消耗量定额（2025）
13	陕西省绿色建筑工程消耗量定额（2025）
14	陕西省建设工程施工机械台班费用定额（2025）
15	陕西省建设工程施工仪器仪表台班费用定额（2025）

前　言

随着科技的不断进步与创新，陕西省建筑业正逐步迈入工业化、绿色化、智能化的新时代。这一转变不仅带来了施工技术和工艺的革新，极大提升了工程建设的效率与质量，同时也对工程造价的确定与控制提出了新的要求与挑战。

消耗量定额作为衡量工程建设所需人工、材料、施工机械消耗量的重要标准，其准确性和合理性对于确保工程造价的公正性和科学性至关重要。为此，陕西省住房和城乡建设厅对2004版陕西省建设工程消耗量定额进行了全面而深入的修编，以适应新时代建筑业的发展需求。

经过深入的市场调研、专家咨询与广泛的社会意见征集，我们成功构建了一套全新的陕西省建设工程消耗量定额体系。新修订的消耗量定额体系共涵盖《陕西省房屋建筑与装饰工程消耗量定额（2025）》《陕西省安装工程消耗量定额（2025）》《陕西省市政工程消耗量定额（2025）》《陕西省城市地下综合管廊工程消耗量定额（2025）》《陕西省园林绿化工程消耗量定额（2025）》以及《陕西省绿色建筑工程消耗量定额（2025）》等六大专业领域，总计二十八册。这一体系体现了科学、先进、实用的原则，更紧密结合了我省建设工程发展的实际情况，充分吸纳了新的施工工艺和技术标准，对各专业消耗量定额交叉水平进行了统一，为工程造价管理、提高投资效益提供强有力的支持。

作为陕西省建设工程编制最高投标限价（标底）、工程结算、施工图预算、工程造价纠纷处理等工作的重要依据，本消耗量定额也是投标报价、投资估算、设计概算、企业定额等方面的重要参考。在新的定额体系中，我们特别关注了人工、材料、施工机械消耗量的科学确定，其中人工工日按8小时工作制计算，且以主要工种的综合工日表示，材料消耗量包含净用量与损耗量，机械消耗量则依据工程实际情况综合确定。

为保持定额体系的时效性与准确性，我们将采取动态管理的方式，根据市场变化和技术进步的情况对定额数据进行必要的更新与调整。同时，我们还将建立定额体系的反馈机制，积极收集来自业界、专家学者及实践工作者的意见和建议，以不断完善定额体系，提高其准确性和效率。

陕西省住房和城乡建设厅

2025年3月

总 说 明

一、《房屋建筑与装饰工程消耗量定额（2025）》（以下简称本定额），包括：土石方工程，地基处理与边坡支护工程，桩基工程，砌筑工程，混凝土及钢筋混凝土工程，金属结构工程，木结构工程，门窗工程，屋面及防水工程，保温、隔热、防腐工程，楼地面装饰工程，墙、柱面装饰与隔断、幕墙工程，天棚工程，油漆、涂料、裱糊工程，其他工程，拆除工程，措施项目，总体工程共十八章。

二、本定额是完成规定计量单位分部分项工程、措施项目所需的人工、材料、施工机械台班的消耗量标准，是编制最高投标限价（标底）、工程结算、施工图预算、工程造价纠纷处理的依据；是投标报价、投资估算、设计概算、企业定额的参考。

三、本定额适用于工业与民用建筑的新建、扩建和改建房屋建筑与装饰工程。

建筑工程与市政工程的划分：

1. 住宅区和厂内的道路工程以接入市政管辖范围的道路为界，市政红线管辖范围以内的道路工程执行市政工程项目，市政红线管辖范围以外的道路工程执行本定额相关项目。

2. 住宅区和厂区的管沟、检查井以接入市政管辖范围内的第一个井箱为界，第一个井箱以外的管沟、检查井执行本定额。

四、本定额以国家和省发布的现行设计标准、施工验收标准、技术操作规程、质量评定标准、产品标准和安全操作规程，现行工程量清单计价规范、计算规范和有关定额、消耗量为依据编制，主要编制依据如下：

1.《建设工程工程量清单计价标准》GB 50500—2024；

2.《房屋建筑与装饰工程工程量计算标准》GB 50854—2024；

3.《房屋建筑与装饰工程消耗量》TY 01-31—2021；

4.《装配式建筑工程消耗量定额》TY 01-01（01）—2016；

5.《绿色建筑工程消耗量定额》TY 01-01（02）—2017；

6.《建设工程劳动定额　建筑工程》LD/T 72.1～11—2008；

7.《建设工程劳动定额　装饰工程》LD/T 73.1～4—2008；

8.《建筑安装工程工期定额》TY 01-89—2016；

9.《建筑工程建筑面积计算规范》GB/T 50353—2013；

10.《陕西省建筑装饰工程消耗量定额（2004）》；

11.《陕西省建设工程消耗量定额（2004）补充定额》。

五、本定额按正常施工工期和施工条件，考虑企业常规的施工工艺、合理的施工组织设计进行编制。

1. 材料、设备、成品、半成品、构配件完整无损，符合质量标准和设计要求。

2. 建筑工程和安装工程之间的正常交叉作业。

3. 正常的气候、地理条件和施工环境。

六、本定额未包括的项目，可按其他专业相应消耗量定额执行。

七、关于人工：

1. 本定额的人工以主要工种的综合工日表示。

2. 本定额的人工包括基本用工、超运距用工、辅助用工和人工幅度差。

3. 本定额的人工每工日按 8 小时工作制计算。

4. 机械土石方、桩基础、构件运输及安装等工程，人工随机械产量计算的，人工幅度差已考虑。

八、关于材料：

1. 本定额采用的材料（包括构配件、零件、半成品、成品）均为符合国家质量标准和相应设计要求的合格产品，附有合格证书和试验记录。

2. 本定额中的材料包括施工中消耗的主要材料、辅助材料、周转材料和其他材料。

3. 本定额中材料消耗量包括净用量和损耗量。损耗量包括：从工地仓库、现场集中堆放地点（或现场加工地点）至操作（或安装）地点的施工场内运输损耗、施工操作损耗、施工现场堆放损耗等，对于清单标准（设计文件）规定的预留量、搭接量不在损耗中考虑。

4. 本定额中除特殊说明外，圆形柱的大理石和花岗岩均按符合工程形状的成品石材考虑，消耗量中仅包括了场内运输、施工及零星切割的损耗。

5. 混凝土、砌筑砂浆及抹灰砂浆等均按半成品消耗量以体积“m^3”表示，其配合比由使用者按现行规范及当地材料质量情况进行编制。

6. 本定额中所使用砂浆项目是按干混预拌砂浆计算,若实际使用现拌砂浆或湿拌预拌砂浆时，按以下方法调整：

（1）使用现拌砂浆的，除将定额中的干混预拌砂浆调换为现拌砂浆外，按每立方米砂浆增加：综合用工 0.342 工日、将原定额中干混砂浆罐式搅拌机调换为 200L 灰浆搅拌机，台班含量不变。

（2）使用湿拌预拌砂浆的，除将定额中的干混预拌砂浆调换为湿拌预拌砂浆外，另按相应定额中每立方米砂浆扣除综合用工 0.20 工日，并扣除干混砂浆罐式搅拌机台班数量。

7. 本定额中木材按原木和板枋材列入，除原木外，均为板枋材。板枋材不分板材与枋材，均以 × ×（指硬木、杉木或松木）板枋材取定。木种分类如下：

第一、二类：红松、水桐木、樟木松、白松（云杉、冷杉）、杉木、杨木、柳木、椴木。

第三、四类：青松、黄花松、秋子木、马尾松、东北榆木、柏木、苦楝木、梓木、黄波萝、椿木、楠木、柚木、樟木、栎木（柞木）、檀木、色木、槐木、荔木、麻栗木（麻栎、青刚）、桦木、荷木、水曲柳、华北榆木、榉木、橡木、枫木、核桃木、樱桃木。

木材换算系数见下表：

木材换算系数表

名称	第一、二类木材	第三、四类木材
板枋材	1	1
原木	1.350	1.429

注：表中“板枋材”是指本定额项目中的用量。

本定额装饰项目中以木质饰面板、装饰线条表示的，其材质包括：榉木、橡木、柚木、枫木、核桃木、樱桃木、檀木、色木、水曲柳等；部分列有榉木或橡木、枫木等的项目，如设计使用的材质与定额取定的不符者，可以换算。

8. 当设计要求采用的材料、半成品、成品品种、规格型号与定额不同时，可按各章规定调整。

9. 本定额中的周转性材料按不同施工方法、不同类别、材质，综合计算出一次摊销量进入消耗量定额。模板的一次使用量和摊销次数见附录。

10. 对于用量少、低值易耗的零星材料，列为其他材料费。

11. 现浇混凝土工程的承重支模架、钢结构或空间网架结构安装使用的满堂承重架以及其他施工用承重架，满足下列条件之一的应另行计算相应费用（除模板以外），承重支模架执行相应增加层定额：

（1）搭设高度 8m 及以上。

（2）搭设跨度 18m 及以上。

（3）施工总荷载 15kN/m^2 及以上。

（4）集中线荷载 20kN/m 及以上。

九、关于机械：

1. 本定额中的机械按常用机械、合理机械配备和施工企业的机械化装备程度，并结合工程实际综合确定。

2. 本定额的机械台班消耗量是按正常机械施工工效并考虑机械幅度差综合确定。

3. 挖掘机械、打桩机械、吊装机械、运输机械（包括推土机、铲运机及构件运输机械等）分别按机械、容量或性能及工作物对象，按单机或主机与配合辅助机械，分别以台班消耗量表示。

4. 凡单位价值 2000 元以内、使用年限在一年以内的不构成固定资产的施工机械，不列入机械台班消耗量，作为工具用具在建筑安装工程费中的企业管理费考虑，其消耗的燃料动力等已列入材料内。

十、本定额施工用水、电是按现场有水、电考虑的。如现场无水、电时，其费用另行计算。

十一、关于水平和垂直运输：

1. 材料、成品、半成品：包括自施工单位现场仓库或现场指定堆放地点运至安装地点的水平运输和垂直运输。

2. 垂直运输基准面：室内以室内地（楼）平面为基准面，室外以设计室外地坪面为基准面。

十二、本定额按建筑面积计算的综合脚手架、垂直运输等，是按一个整体工程考虑的。如遇结构与装饰分别发包，执行措施项目章节说明。

十三、本定额除注明高度的以外，均按单层建筑物檐高 20m、多层建筑物 6 层（不含地下室）以内编制，单层建筑物檐高在 20m 以上、多层建筑物在 6 层（不含地下室）以上的工程，其降效应增加的人工、机械及有关费用，按本定额中的建筑物超高增加费规定另行计算。

十四、本定额中的工作内容已说明了主要的施工工序，次要工序虽未说明，但均已包括在内。

十五、施工与生产同时进行、在有害身体健康的环境中施工时的降效增加费，本定额未考虑，发生时另行计算。

十六、本定额中未涉及的安全文明施工及其他措施项目，可根据有关规定执行。

十七、本定额适用海拔 2000m 以下地区。

十八、本定额中遇有两个或两个以上系数时，按连乘法计算。

十九、本定额注有“××以内”或“××以下”及“小于”者，均包括××本身；“××以外”或“××以上”及“大于”者，则不包括××本身。

定额说明中未注明（或省略）尺寸单位的宽度、厚度、断面等，均以“mm”为单位。

二十、工程计量时每一项目汇总的有效位数应遵守下列规定：

1. 以“t”为单位，应保留小数点后三位数字，第四位小数四舍五入。

2. 以“m”“m^2”“m^3”“kg”为单位，应保留小数点后两位数字，第三位小数四舍五入。

3. 以“个”“件”“根”“组”“系统”为单位，应取整数。

二十一、凡本说明未尽事宜，详见各章说明和附录。

二十二、本定额的解释和日常管理，由陕西省建设工程造价服务中心负责。

目　录

第五章 混凝土及钢筋混凝土工程

第六章 金属结构工程

第七章　木结构工程

第八章　门窗工程

第九章　屋面及防水工程

第十章　保温、隔热、防腐工程

第十一章 楼地面装饰工程

第十二章 墙、柱面装饰与隔断、幕墙工程

第十三章 天棚工程

第十四章 油漆、涂料、裱糊工程

第十五章　其他工程

第十六章　拆除工程

第十七章　措施项目

第十八章　总体工程

附　录

建 筑 面 积

1 总 则

1.0.1 为统一规范房屋建筑、构筑物等建筑工程建筑面积计算方法，制定本规定。

1.0.2 本规定适用于新建、扩建、改建的建筑工程从立项审批、设计、施工、竣工验收、房屋销售、房屋使用、征收拆除的建筑面积计算。

1.0.3 建筑工程建筑面积计算，除应符合本规定外，尚应符合国家现行有关标准的规定。

2 术　　语

2.0.1　建筑面积　construction area

建筑工程楼地面处围护结构或围护设施外表面所围合的建筑空间的水平投影面积。

2.0.2　自然层　floor

按楼面或地面结构分层的楼层。

2.0.3　结构层高　structure story height

楼面或地面结构完成面上表面至上层结构完成面上表面之间的垂直距离。

2.0.4　结构净高　structure net height

楼面或地面结构完成面上表面至上层楼面或地面结构完成面下表面之间的垂直距离。

2.0.5　围护结构　envelop enclosure

围合形成物理封闭建筑空间的墙体（柱）、门、窗、幕墙等。

2.0.6　围护设施　enclosure facilities

围合形成不完全封闭建筑空间的柱、栏杆、栏板等。

2.0.7　建筑空间　architectural space

以围护结构或围护设施限定的供人们生活、生产活动的场所。

2.0.8　地下室　basement

室内地平面低于室外设计地平面的高度超过室内净高的 1/2 的空间。

2.0.9　半地下室　semi-basement

室内地平面低于室外设计地平面的高度超过室内净高的 1/3，且不超过 1/2 的空间。

2.0.10　架空层　stilt floor

仅有结构支撑而无外围护结构的开敞空间层。

2.0.11　设备层　mechanical floor

建筑物中专为设置暖通、空调、给水、排水、电气等的设备和管道以及施工人员进入操作的空间层。

2.0.12　连廊　corridor

位于地面连接不同建筑物首层之间的水平交通空间。

2.0.13　架空走廊　elevated corridor

位于二层及以上楼层连接不同建筑物之间的水平交通空间。

2.0.14　檐廊　eaves gallery

位于建筑物首层外墙以外、屋（挑）檐下的水平交通空间。

2.0.15　挑廊　overhanging corridor

挑出建筑物外墙外的水平交通空间。

2.0.16　落地橱窗　French window

凸出外墙面且根基落地的玻璃窗。

2.0.17　凸（飘）窗　bay window

凸出建筑物外墙面的窗户。

2.0.18　门斗　foyer

建筑物入口处有顶盖和围护结构的全围合空间。

2.0.19　门廊　porch

建筑物入口处由顶盖和墙、柱等形成的半围合空间。

2.0.20　骑楼　overhang

建筑底层有沿街面后退且留作公共通行空间的建筑物。

2.0.21　过街楼　overhead building

跨越道路且两边相连接的建筑物。

2.0.22　露台　terrace

设置于建筑物的屋面、室外地面，供人室外活动的无顶盖、有围护设施的平台。

2.0.23　台阶　step

联系室内外地坪或同楼层不同标高而设置的阶梯形踏步。

2.0.24　建筑工程　building engineering

供人们进行生产、生活或其他活动使用、利用的房屋等建筑物、构筑物。

2.0.25　门厅　hall

位于建筑物入口处，用于人员集散并联系建筑室内外的枢纽空间。

3 计算建筑面积的规定

3.1 一般规定

3.1.1 建筑工程计算建筑面积应同时满足以下必要条件：

1 其外围护结构、围护设施能够形成封闭或不完全封闭建筑空间；

2 建筑空间结构层高在 2.20m 及以上的，非水平面结构净高在 2.10m 及以上的；

3 建筑空间能够通过水平或垂直交通空间正常出入的。

3.1.2 建筑工程建筑面积应按各自然层楼面或地面处围护结构外表面的水平面积之和计算；无围护结构的，以围护设施外表面的水平面积之和计算。

3.1.3 建筑工程在规划、设计、施工、预售等未竣工阶段，建筑面积应按建筑设计图纸尺寸计算；竣工后，建筑面积应通过实地测量获取。

3.1.4 建筑面积计算过程中，尺寸应按米取至三位小数，建筑面积应按平方米保留两位小数。

3.2 具体规定

3.2.1 建筑物内设有局部楼层的，局部楼层的二层及以上楼层，有围护结构的应按其围护结构外表面水平面积计算全面积；有围护设施的应按其围护设施外表面水平面积计算 1/2 面积。结构层高在 2.20m 及以上的，应计算面积；结构层高在 2.20m 以下的，不计算面积。

3.2.2 建筑物楼面、地面、顶面为斜面、曲面等非水平面的，有围护结构的应按其围护结构外表面水平面积计算全面积；有围护设施的应按其围护设施外表面水平面积计算 1/2 面积。结构净高在 2.10m 及以上的部位，应计算面积；结构净高在 2.10m 以下部位，不计算面积。

3.2.3 场馆看台下的建筑空间，有围护结构的应按其围护结构外表面水平面积计算全面积；室内单独设置的有围护设施的悬挑看台，应按其围护设施外表面水平面积计算 1/2 面积；有顶盖无围护结构的场馆看台应按其顶盖水平投影面积计算 1/2 面积。结构净高在 2.10m 及以上的部位，应计算面积；结构净高在 2.10m 以下部位，不计算面积。

3.2.4 地下室、半地下室，应按其围护结构外表面水平面积计算建筑面积。结构层高在 2.20m 及以上的，应计算全面积；结构层高在 2.20m 以下的，不计算面积。

3.2.5 出入口坡道有顶盖的部位，应按其围护设施外表面水平面积计算建筑面积。结构净高在 2.10m 及以上的，应计算 1/2 面积；结构净高在 2.10m 以下的，不计算面积。

3.2.6 建筑物架空层，应按其围护设施外表面水平面积计算建筑面积。结构层高在 2.20m 及以上的，应计算全面积；结构层高在 2.20m 以下的，不计算面积。

3.2.7 建筑物的门厅、大厅按一层计算建筑面积。结构层高在 2.20m 及以上的，应计算全面积；结构层高在 2.20m 以下的，不计算面积。

3.2.8 建筑物间的架空走廊、连廊，有围护结构的应按其围护结构外表面水平面积计算全面积；有围护设施的应按其围护设施外表面水平面积计算 1/2 面积。结构层高在 2.20m 及以上的，应计算面积；结构层高在 2.20m 以下的，不计算面积。

3.2.9 立体车库等，无结构层的应按一层计算，有结构层的应按其结构层面积分别计算。有围护结构的应按其围护结构外表面水平面积计算全面积；有围护设施的应按其围护设施外表面水平面积计算 1/2 面积。结构层高在 2.20m 及以上的，应计算面积；结构层高在 2.20m 以下的，不计算面积。

3.2.10 有围护结构的舞台灯光控制室，应按其围护结构外表面水平面积计算建筑面积。结构层高在 2.20m 及以上的，应计算全面积；结构层高在 2.20m 以下的，不计算面积。

3.2.11 附属在建筑物外墙以外的落地橱窗应按其围护结构外表面水平面积计算建筑面积。结构层高在 2.20m 及以上的，应计算全面积；结构层高在 2.20m 以下的，不计算面积。

3.2.12 窗台与室内楼面或地面高差在 0.40m 以下且结构净高在 2.10m 及以上的凸（飘）窗，应按其围护结构外表面水平面积计算建筑面积。窗台与室内楼面或地面高差在 0.15m 及以下的，应计算全面积；窗台与室内楼面或地面高差在 0.15m 以上、0.40m 以下的，应计算 1/2 面积。

3.2.13 有围护设施的挑廊、檐廊、室外走廊，应按其围护设施外表面水平面积计算建筑面积。结构层高在 2.20m 及以上的，应计算 1/2 面积；结构层高在 2.20m 以下的，不计算面积。

3.2.14 门斗应按其围护结构外表面水平面积计算建筑面积。结构层高在 2.20m 及以上的，应计算全面积；结构层高在 2.20m 以下的，不计算面积。

3.2.15 门廊、有柱雨蓬应按其围护设施外表面水平面积计算建筑面积。结构层高在 2.20m 及以上的，应计算 1/2 面积；结构层高在 2.20m 以下的，不计算面积。

3.2.16 建筑物凸出顶部的楼梯间、水箱间、电梯机房等，应按其围护结构外表面水平面积计算建筑面积。结构层高在 2.20m 及以上的，应计算全面积；结构层高在 2.20m 以下的，不计算面积。

3.2.17 围护结构不垂直于水平面的、围护结构为曲面或变截面的，结构净高在 2.10m 及以上的部位，应计算全面积；结构净高在 2.10m 以下的部位，不计算面积。

3.2.18 建筑物的提物井、管道井、通风排气等竖井、电梯井、烟道及室内楼梯（间），应并入建筑物的自然层、设备层、转换层、避难层、局部楼层计算建筑面积。有顶盖的采光井应按一层计算建筑面积，结构层高在 2.20m 及以上的，应计算全面积；结构层高在 2.20m 以下的，不计算面积。

3.2.19 室外楼梯应并入所依附建筑物自然层，并按其水平投影面积计算建筑面积。结构层高在 2.20m 及以上的，应计算 1/2 面积；结构层高在 2.20m 以下的，不计算面积。

3.2.20 阳台、入户花园等，有围护结构的应按其围护结构外表面水平面积计算全面积；有围护设施的应按其围护设施外表面水平面积计算 1/2 面积。结构层高在 2.20m 及以上的，应计算面积；结构层高在 2.20m 以下的，不计算面积。

3.2.21 车棚、货棚等，有围护结构的应按其围护结构外表面水平面积计算全面积；无围护结构的应按其顶盖水平投影面积计算 1/2 面积。结构层高在 2.20m 及以上的，应计算面积；结构层高在 2.20m 以下的，不计算面积。

3.2.22 建筑物内的变形缝，应按其自然层、设备层、转换层、避难层、局部楼层，合并在建筑物建筑面积内计算；对于高低联跨的建筑物，当高低跨内部连通时，其变形缝应在低跨建筑物建筑面积内计算。

3.2.23 建筑物的其他建筑空间，有围护结构的，结构层高 2.20m 及以上的，应按其围护结构外表面水平面积计算全面积；有围护设施的，结构层高 2.20m 及以上的，应按其围护设施外表面水平面积计算 1/2 面积。

3.2.24 下列建筑物、建筑物部位、构筑物不应计算面积：

1 与建筑物内不相连通的建筑部位；

2 骑楼、过街楼底层公共通行空间、通道；

3 舞台及后台悬挂幕布和布景的天桥、挑台等；

4 无顶盖的场馆看台和采光井，露台、花架、屋顶装饰性构件、泳池、水箱；

5 建筑物的设备平台、操作平台、上料平台，建筑物中的箱、罐平台；

6 台阶、无柱雨篷、空调室外机搁板（箱）、爬梯；

7 窗台与室内楼面或地高差在 0.40m 以下且结构净高在 2.10m 以下的凸（飘）窗，窗台与室内楼面或地面高差在 0.4m 及以上的凸（飘）窗；

8 建筑物以外的地下人防通道，独立的烟囱、烟道、竖井、地沟、油（水）罐、气柜、水塔、贮油（水）池、贮仓、栈桥等构筑物。

第一章

土石方工程

说　明

一、本章定额包括土方工程、石方工程、回填及其他和补充项目共四部分。

二、土及岩石分类：

1. 本章土按一、二类土，三类土，四类土分类，其具体分类见下表。

土分类表

土分类	土名称	开挖方法
一、二类土	粉土、砂土（粉砂、细砂、中砂、粗砂、砾砂）、粉质黏土、弱中盐渍土、软土（淤泥质土、泥炭、泥炭质土）、软塑红黏土、冲填土	用锹、少许用镐、条锄开挖。机械能全部直接铲挖满载者
三类土	黏土、碎石土（圆砾、角砾）混合土、可塑红黏土、硬塑红黏土、强盐渍土、素填土、压实填土	主要用镐、条锄，少许用锹开挖。机械需部分刨松方能铲挖满载者，或可直接铲挖但不能满载者
四类土	碎石土（卵石、碎石、漂石、块石）、坚硬红黏土、超盐渍土、杂填土	全部用镐、条锄挖掘，少许用撬棍挖掘。机械须普遍刨松方能铲挖满载者

注：1. 本表土的名称及其含义按国家标准《岩土工程勘察规范》GB 50021—2001（2009 年版）定义。

2. 本章岩石按极软岩、软岩、较软岩、较硬岩、坚硬岩分类，其具体分类见下表。

岩石分类表

岩石分类		代表性岩石	开挖方法	单轴饱和抗压强度（MPa）
极软岩		1. 全风化的各种岩石 2. 各种半成岩	部分用手凿工具、部分用爆破法开挖	＜5
软质岩	软岩	1. 强风化的坚硬岩或较硬岩 2. 中等风化～强风化的较软岩 3. 未风化～微风化的页岩、泥岩、泥质砂岩等	用风镐和爆破法开挖	5～15
软质岩	较软岩	1. 中等风化～强风化的坚硬岩或较硬岩 2. 未风化～微风化的凝灰岩、千枚岩、泥灰岩、砂质泥岩等	用爆破法开挖	15～30
硬质岩	较硬岩	1. 中风化的坚硬岩 2. 未风化～微风化的大理岩、板岩、石灰岩、白云岩、钙质砂岩等	用爆破法开挖	30～60
硬质岩	坚硬岩	未风化～微风化的花岗岩、闪长岩、辉绿岩、玄武岩、安山岩、片麻岩、石英岩、石英砂岩、硅质砾岩、硅质石灰岩等	用爆破法开挖	＞60

三、干土、湿土、淤泥的划分：

1. 干土、湿土的划分，以地质勘测资料的地下常水位为准。地下常水位以上为干土，以下为湿土。

2. 地表水排出后，土壤含水率≥25%时为湿土。

3. 含水率超过液限，土和水的混合物呈现流动状态时为淤泥。

4. 温度在 0℃及以下，并夹含有冰的土壤为冻土。冻土指短时冻土和季节冻土。

四、沟槽、基坑、一般土石方的划分：

1. 底宽（设计图示垫层或基础的底宽，下同）≤7m、且底长＞3 倍底宽为沟槽。

2. 底长≤3 倍底宽、且底面积≤150m^2 为基坑。

3. 超出上述范围的土石方为一般土石方。

五、挖掘机（含小型挖掘机）挖土方项目，已综合了挖掘机挖土方和挖掘机挖土后，一次开挖预留和二次开挖厚度≤0.3m的人工清理和修整。使用时不得调整，在施工中产生的人工基底清理和边坡修整不另行计算。

六、小型挖掘机，系指斗容量≤0.30m^3的挖掘机，适用于基础（含垫层）底宽≤1.20m的沟槽土方工程、或底面积≤20m^2的基坑土方工程。

七、下列土石方工程，执行相应项目时乘以规定的系数：

1. 土方项目按干土编制。人工挖、运湿土时，相应项目人工乘以系数1.18；机械挖、运湿土时，相应项目人工、机械乘以系数1.15。

2. 挡土板内（下）人工挖槽坑时，相应项目人工乘以系数1.43。

3. 挖桩间土方时，人工开挖土方定额相应项目乘以系数1.25；机械挖土方定额相应项目乘以系数1.10。

4. 满堂基础垫层底以下局部加深的槽坑，按槽坑相应规则计算工程量，相应项目人工、机械乘以系数1.25。

5. 人工垂直运土按照人工运土相应消耗量乘以5.0执行，运输距离按照垂直距离计算。

6. 推土机推土，当土层平均厚度≤0.30m时，相应项目人工、机械乘以系数1.25。

7. 挖掘机在垫板上作业时，相应项目人工、机械乘以系数1.25。挖掘机下铺设垫板、汽车运输道路上铺设材料时，其费用另行计算。

8. 场区（指建筑物基坑外场地范围）回填，相应项目人工、机械乘以系数0.9。

9. 基础（地下室）周边回填灰土材料时，执行本定额第二章“地基处理与边坡支护工程”第一部分“地基处理”相应定额，人工、机械乘以系数1.10。

10. 在强夯后的地基上挖土方，执行挖四类土相应定额。

11. 人工挖土方深度大于2m项目适用于深度2m以外4m以内的人工挖土方，人工挖土深度超过4m时，应按机械挖土考虑。如局部超过4m且仍采用人工挖土的，超过4m的部分土方依据土方施工方案另行计算。

八、石方开挖不计算放坡，允许考虑超挖量。

九、爆破岩石的允许超挖量分别为：极软岩、软岩0.20m，较软岩、较硬岩、坚硬岩0.15m。

十、土石方运输：

1. 本章土石方运输按施工现场范围内运输编制。弃土外运、以及弃土处理等项目，按有关规定执行。

2. 场内运距，指施工现场范围内的运输距离，以施工挖方区重心至填方区（或堆放区）重心间的行走最短距离计算。

3. 人工、人力车、汽车的负载上坡（坡度≤15%）降效因素，已综合在相应运输定额中，不另计算。推土机、装载机负载上坡时，其降效因素乘以下表内相应系数计算。

重车上坡降效系数表

坡度（%）	5～10	≤15	≤20	≤25
系数	1.75	2.00	2.25	2.50

十一、平整场地系指建筑物所在施工现场厚度≤±30cm的就地挖、填及平整工作，只挖或只填项目不能套用平整场地项目。挖填土方厚度>±30cm时，全部厚度按土方相应规定计算，土方大开挖时不再计算平整场地。

十二、原土夯实按设计规范要求综合考虑。

十三、本章未包括现场障碍物清除、地下常水位以下的施工降水、土石方开挖过程中的地表水排除与边坡支护，实际发生时，另按其他章节相应规定计算。

十四、土方回填按现场范围内取土考虑，未包含外购土因素，若发生时，外购土按规定计算。

十五、水坠砂按机械施工人工配合的施工方法。

工程量计算规则

一、土石方的开挖、运输，均按开挖前的天然密实体积（自然方）计算。土方回填，按回填后的竣工体积（压实方）计算。实际状态与计算原则不符时，按下表换算。

土石方体积换算系数表

名称	虚方	松填	天然密实	夯填（压实方）
土方	1.00	0.83	0.77	0.67
	1.20	1.00	0.92	0.80
	1.30	1.08	1.00	0.87
	1.50	1.25	1.15	1.00
石方	1.00	0.85	0.65	—
	1.18	1.00	0.76	—
	1.54	1.31	1.00	—
块石	1.75	1.43	1.00	（码方）1.67
砂夹石	1.07	0.94	1.00	

注：土方虚方指未经碾压、堆积时间 ≤ 1 年的土。

二、基础土石方的开挖深度指设计室外地坪至基础（含垫层）底标高的深度。交付施工场地标高与设计室外地坪不同时，按交付施工场地标高。

三、基础施工的工作面宽度，按施工组织设计（经过批准，下同）计算；施工组织设计无规定时，按下列规定计算：

1. 基础施工的工作面宽度按下表计算。

基础施工单面工作面宽度表

基础材料	每面增加工作面宽度（mm）
砖基础	200
浆砌毛石、条石基础	250
混凝土基础（支模板）	600
混凝土基础垫层（支模板）	300
基础垂直面做砂浆防潮层	400（自防潮层面）
基础垂直面做防水层或防腐层	1000（自防水层或防腐层面）
支挡土板	100（另加）

2. 基础施工需要搭设脚手架时，基础施工的工作面宽度计算原则是：条形基础按 1.50m 计算（只计算一面）、独立基础按 0.45m 计算（四面均计算）。

3. 基坑土方大开挖需做边坡支护或基坑内施工各种桩时，基础施工的工作面宽度均按 2.00m 计算。

4. 管道施工的工作面宽度，有管座的按基础外缘，无管座的按管道外径。按下表计算。

管沟土方施工每侧所需工作面宽度计算表

管沟材料	管道结构宽（mm）			
	≤ 500	≤ 1000	≤ 2500	＞ 2500
混凝土及钢筋混凝土管道（mm）	400	500	600	700
其他材质管道（mm）	300	400	500	600

四、基础土方的放坡：

1. 土方放坡的起点深度和放坡坡度，按施工组织设计计算；施工组织设计无规定时，按下表计算。

土方放坡起点深度和放坡坡度表

土壤类别	起点深度（m）	放坡坡度			
		人工挖土	机械挖土		
			基坑内作业	基坑上作业	沟槽上作业
一、二类土	＞ 1.20	1：0.50	1：0.33	1：0.75	1：0.50
三类土	＞ 1.50	1：0.33	1：0.25	1：0.67	1：0.33
四类土	＞ 2.00	1：0.25	1：0.10	1：0.33	1：0.25

2. 基础土方放坡，自基础（含垫层）底标高算起。

3. 混合土质的基础土方，其放坡的起点深度和放坡坡度，按不同土类厚度加权平均计算。

4. 计算基础土方放坡时，不扣除放坡交叉处的重复工程量。

5. 基础土方有支挡土板时，土方放坡不计算。

五、沟槽土石方，按设计图示沟槽长度乘以沟槽断面面积（包括工作面和放坡），以体积计算。

1. 条形基础的沟槽长度，按设计规定计算；设计无规定时，按下列规定计算：

（1）外墙沟槽按外墙中心线长度计算。

（2）内墙（框架间墙）沟槽，按内墙（框架间墙）条形基础的垫层（基础底坪）净长度计算。

（3）突出墙面的墙垛的沟槽，按墙垛突出墙面的中心线长度，并入相应工程量内计算。

2. 管道的沟槽长度，按设计规定计算；设计无规定时，以设计图示管道垫层（无垫层时按管道）中心线长度（不扣除下口直径或边长 ≤ 1.5m 的井池）计算。下口直径或边长 ＞ 1.5m 的井池的土石方，另按基坑的相应规定计算。

3. 沟槽的断面面积，应包括工作面宽度、放坡宽度或石方允许超挖量的面积。

六、基坑土石方，按设计图示基础（含垫层）尺寸，另加工作面宽度、土方放坡宽度或石方允许超挖量乘以开挖深度，以体积计算。

七、一般土石方，按设计图示基础（含垫层）尺寸，另加工作面宽度、土方放坡宽度或石方允许超挖量乘以开挖深度，以体积计算。机械施工坡道的土石方工程量，并入相应工程量内计算。

八、挖淤泥流砂，按设计图示位置、界限以体积计算或按实际开挖体积计算。

九、桩间挖土按各类桩（抗浮锚杆）、桩承台外边线向外 2m 范围内，或相邻桩（抗浮锚杆）、桩承台外边线间距离 ≤ 4m 范围内，以桩顶设计标高另加加灌长度至设计基础垫层底标高之间的全部土方以体积计算，扣除桩体和空孔所占体积。

十、人工挖（含爆破后挖）冻土，按设计图示尺寸，另加工作面宽度，以体积计算。

十一、挖内支撑土方工程量按挖土区域水平投影面积乘以支撑下挖土深度以体积计算。支撑下挖土深度指最上一道支撑梁的上表面至基坑底面的高度；支撑上挖土执行有关土方开挖定额。

十二、岩石爆破后人工清理基底与修整边坡，按岩石爆破的规定尺寸（含工作面宽度和允许超挖量），以面积计算。

十三、回填及其他：

1. 平整场地，按设计图示尺寸以面积计算。有设计要求时，按要求计算；无设计要求时，按建筑物外边线外放 2m 计算。

2. 基底钎探，以垫层（或基础）底面积计算。

普探：以设计图示尺寸要求按面积计算，无要求时按建筑物外边线外放 3m 计算。

3. 原土夯实与碾压，按设计图示尺寸以面积计算。有设计要求时，按要求计算；无设计要求时，按建筑物外边线外放 2m 考虑，以面积计算。

4. 回填按下列规定以体积计算：

（1）沟槽、基坑、地下室基础回填，按挖方体积减去设计室外地坪以下建筑物、基础（含垫层）的体积计算。

（2）管道沟槽回填，按挖方体积减去管道基础和管道所占体积计算。

（3）房心（含地下室内）回填，按房心或地下室回填体积计算，应扣除基础、设备等所占体积。

（4）场区（含地下室顶板以上）回填，按回填实际体积计算。

十四、土方运输，按实际天然密实体积计算。

十五、水坠砂按回填实体积计算，若需挖土方可另执行相应项目。

一、土 方 工 程

1. 人 工 土 方

工作内容：挖土，弃土于1m以外，5m以内，修整边底。 **计量单位：**$10m^3$

编号				1-1	1-2	1-3	1-4	1-5	1-6
项目				人工挖一般土方（基深）					
				一、二类土		三类土		四类土	
				⩽ 2m	⩽ 4m	⩽ 2m	⩽ 4m	⩽ 2m	⩽ 4m
名称			单位	消耗量					
人工	000101000	综合一类工	工日	1.754	3.079	3.100	5.169	4.498	6.453

工作内容：挖土，弃土于槽边1m以外，5m以内，修整边底。 **计量单位：**$10m^3$

编号				1-7	1-8	1-9	1-10	1-11	1-12
项目				人工挖沟槽土方（槽深）					
				一、二类土		三类土		四类土	
				⩽ 2m	⩽ 4m	⩽ 2m	⩽ 4m	⩽ 2m	⩽ 4m
名称			单位	消耗量					
人工	000101000	综合一类工	工日	1.911	3.324	4.736	6.220	7.061	8.818

工作内容：挖土，弃土于坑边1m以外，5m以内，修整边底。 **计量单位：**$10m^3$

编号				1-13	1-14	1-15	1-16	1-17	1-18
项目				人工挖基坑土方（坑深）					
				一、二类土		三类土		四类土	
				⩽ 2m	⩽ 4m	⩽ 2m	⩽ 4m	⩽ 2m	⩽ 4m
名称			单位	消耗量					
人工	000101000	综合一类工	工日	2.289	3.502	5.144	7.006	7.681	9.440

工作内容：1. 挖冻土，弃土于 1m 以外，5m 以内，修整边底。
2. 人工打眼，装药，爆破；挖冻土，弃土于 1m 以外，5m 以内或装土，修整边底。

计量单位：$10m^3$

编号				1-19	1-20
项目				人工挖冻土基深 ≤ 2m	
				人工开挖	爆破后人工开挖
名称			单位	消耗量	
人工	000101000	综合一类工	工日	10.365	5.239
材料	340309001	电雷管	个	—	5.396
	340305002	乳化炸药	kg	—	2.632
	011505001	六角空心钢（综合）	kg	—	0.202
	031519016	合金钢钻头	个	—	0.101
	280301003	铜芯塑料绝缘电线 BV-1.5mm^2	m	—	4.935
	280301004	铜芯塑料绝缘电线 BV-2.5mm^2	m	—	2.405

工作内容：装车、运土、卸土、空回、清理道路、铺、拆走道板。

计量单位：$10m^3$

编号				1-21	1-22	1-23	1-24	1-25
项目				人工装汽车土方	人工运土		双（单）轮车运土	
					运距 ≤ 20m	≤ 100m 每增运 20m	运距 ≤ 50m	≤ 500m 每增运 50m
名称			单位	消耗量				
人工	000101000	综合一类工	工日	1.214	1.276	0.244	1.148	0.244

工作内容：1. 挖、抛或装运、堆放于坑边 1m 以外，5m 以内。
2. 运、卸淤泥流砂，清理道路，铺、拆走道板。

计量单位：$10m^3$

编号				1-26	1-27	1-28	1-29	1-30
项目				人工挖淤泥、流砂	人工运淤泥、流砂		双（单）轮车运淤泥、流砂	
					运距 ≤ 20m	≤ 100m 每增运 20m	运距 ≤ 50m	≤ 500m 每增运 50m
名称			单位	消耗量				
人工	000101000	综合一类工	工日	5.660	2.424	0.463	1.907	0.462

2. 机 械 土 方

工作内容：推土，弃土；清理机下余土。

推土、弃土、平整、空回、修理边坡、工作面内人工排水等辅助性工作。 **计量单位：**10m³

编号				1-31	1-32	1-33	1-34	1-35	1-36
项目				推土机推运一般土方					
				运距≤20m			≤100m 每增运 20m		
				一、二类土	三类土	四类土	一、二类土	三类土	四类土
名称			单位	消耗量					
人工	000101000	综合一类工	工日	0.020	0.020	0.020	—	—	—
机械	990101025	履带式推土机 105kW	台班	0.017	0.020	0.024	0.009	0.010	0.012

工作内容：装运土，弃土；清理机下余土。 **计量单位：**10m³

编号				1-37	1-38
项目				装载机装运一般土方	
				运距≤20m	≤150m 每增运 20m
名称			单位	消耗量	
人工	000101000	综合一类工	工日	0.020	—
机械	990110020	轮胎式装载机 1m³	台班	0.036	0.009

工作内容：挖土，弃土于 1m 以外，5m 以内，清理机下余土；人工清底修边。 **计量单位：**10m³

编号				1-39	1-40	1-41
项目				挖掘机挖一般土方		
				一、二类土	三类土	四类土
名称			单位	消耗量		
人工	000101000	综合一类工	工日	0.088	0.130	0.181
机械	990101015	履带式推土机 75kW	台班	0.002	0.002	0.002
	990107020	履带式单斗机械挖掘机 1.5m³	台班	0.015	0.018	0.020

工作内容：挖土，装土，清理机下余土；人工清底修边。 计量单位：10m³

编号				1-42	1-43	1-44
项目				挖掘机挖装一般土方		
				一、二类土	三类土	四类土
名称			单位	消耗量		
人工	000101000	综合一类工	工日	0.088	0.130	0.181
机械	990101015	履带式推土机 75kW	台班	0.015	0.018	0.021
	990107020	履带式单斗机械挖掘机 $1.5m^3$	台班	0.016	0.019	0.022

工作内容：挖土（含二次开挖小于 30 公分人工土方），弃土于 1m 以外，5m 以内，清理机下余土；人工清底修边。 计量单位：10m³

编号				1-45	1-46	1-47
项目				挖掘机挖槽坑土方		
				一、二类土	三类土	四类土
名称			单位	消耗量		
人工	000101000	综合一类工	工日	0.135	0.212	0.301
机械	990101015	履带式推土机 75kW	台班	0.002	0.002	0.002
	990106030	履带式单斗液压挖掘机 $1m^3$	台班	0.018	0.021	0.024

工作内容：挖土，装土，清理机下余土；人工清底修边。 计量单位：10m³

编号				1-48	1-49	1-50
项目				挖掘机挖装槽坑土方		
				一、二类土	三类土	四类土
名称			单位	消耗量		
人工	000101000	综合一类工	工日	0.135	0.212	0.301
机械	990101015	履带式推土机 75kW	台班	0.021	0.023	0.025
	990106030	履带式单斗液压挖掘机 $1m^3$	台班	0.027	0.030	0.033

工作内容：挖土，弃土于1m以外，5m以内，清理机下余土；人工清底修边。 计量单位：$10m^3$

编号				1-51	1-52	1-53
项目				小型挖掘机挖槽坑土方		
				一、二类土	三类土	四类土
名称			单位	消耗量		
人工	000101000	综合一类工	工日	0.187	0.187	0.187
机械	990101015	履带式推土机 75kW	台班	0.003	0.004	0.005
	990106009	履带式单斗液压挖掘机 $0.3m^3$	台班	0.044	0.052	0.060

工作内容：挖土，装土，清理机下余土；人工清底修边。 计量单位：$10m^3$

编号				1-54	1-55	1-56
项目				小型挖掘机挖装槽坑土方		
				一、二类土	三类土	四类土
名称			单位	消耗量		
人工	000101000	综合一类工	工日	0.187	0.187	0.187
机械	990101015	履带式推土机 75kW	台班	0.039	0.043	0.052
	990106009	履带式单斗液压挖掘机 $0.3m^3$	台班	0.057	0.067	0.078

工作内容：1. 挖土，装土，清理机下余土；人工清底修边。
2. 安装机械设备，垂直运输土方到槽、坑上面。 计量单位：$10m^3$

编号				1-57	1-58	1-59	1-60
项目				挖掘机挖内支撑土方			机械垂直提土
				一、二类土	三类土	四类土	
名称			单位	消耗量			
人工	000101000	综合一类工	工日	0.197	0.247	0.275	0.276
机械	990101015	履带式推土机 75kW	台班	0.023	0.029	0.033	—
	990106010	履带式单斗液压挖掘机 $0.6m^3$	台班	0.169	0.204	0.252	—
	990505010	卷扬机带 40m 塔 50kN	台班	—	—	—	0.148

工作内容：装土，清理车下余土。　　计量单位：10m³

编号				1-61	1-62
项目				装载机装车	挖掘机装车
				土方	
名称			单位	消耗量	
人工	000101000	综合一类工	工日	0.040	0.040
机械	990110030	轮胎式装载机 1.5m³	台班	0.020	—
	990101015	履带式推土机 75kW	台班	—	0.014
	990106030	履带式单斗液压挖掘机 1m³	台班	—	0.015

工作内容：运土，弃土。　　计量单位：10m³

编号				1-63	1-64	1-65	1-66
项目				机动翻斗车运土方		自卸汽车运土方	
				运距 ≤ 100m	≤ 500m 每增运 100m	运距 ≤ 1km	每增运 1km
名称			单位	消耗量			
人工	000101000	综合一类工	工日	—	—	0.026	—
机械	990406010	机动翻斗车 1t	台班	0.584	0.064	—	—
	990402040	自卸汽车 15t	台班	—	—	0.058	0.014

工作内容：1. 挖泥砂，弃泥砂于1m以外，5m以内或装车，清底修边；清理机下余泥。
2. 装泥砂，运泥砂，弃泥砂；清理机下余泥。　　计量单位：10m³

编号				1-67	1-68	1-69
项目				挖掘机挖淤泥流砂	泥浆罐车运淤泥流砂	
					运距 ≤ 1km	每增运 1km
名称			单位	消耗量		
人工	000101000	综合一类工	工日	0.115	2.676	—
机械	990106030	履带式单斗液压挖掘机 1m³	台班	0.049	—	—
	990411010	泥浆罐车 5 000L	台班	—	1.010	0.150
	990806020	泥浆泵 100mm	台班	—	0.340	—

二、石 方 工 程

1. 人 工 石 方

工作内容： 凿石，清渣攒堆，清底修边。　　　　**计量单位：** 10m³

<table>
<tr><td colspan="3">编　　号</td><td>1-70</td><td>1-71</td><td>1-72</td><td>1-73</td></tr>
<tr><td colspan="3" rowspan="2">项　　目</td><td colspan="4">人工凿一般石方</td></tr>
<tr><td>极软岩</td><td>软岩</td><td>较软岩</td><td>较硬岩</td></tr>
<tr><td colspan="2">名　　称</td><td>单位</td><td colspan="4">消 耗 量</td></tr>
<tr><td>人工</td><td>000101000 综合一类工</td><td>工日</td><td>4.862</td><td>6.087</td><td>7.692</td><td>17.585</td></tr>
</table>

工作内容： 凿石，清渣攒堆，清底修边。　　　　**计量单位：** 10m³

<table>
<tr><td colspan="3">编　　号</td><td>1-74</td><td>1-75</td><td>1-76</td><td>1-77</td></tr>
<tr><td colspan="3" rowspan="2">项　　目</td><td>人工凿一般石方</td><td colspan="3">人工凿沟槽石方</td></tr>
<tr><td>坚硬岩</td><td>极软岩</td><td>软岩</td><td>较软岩</td></tr>
<tr><td colspan="2">名　　称</td><td>单位</td><td colspan="4">消 耗 量</td></tr>
<tr><td>人工</td><td>000101000 综合一类工</td><td>工日</td><td>29.652</td><td>5.604</td><td>8.881</td><td>11.935</td></tr>
</table>

工作内容： 凿石，清渣攒堆，清底修边。　　　　**计量单位：** 10m³

<table>
<tr><td colspan="3">编　　号</td><td>1-78</td><td>1-79</td><td>1-80</td><td>1-81</td></tr>
<tr><td colspan="3" rowspan="2">项　　目</td><td colspan="2">人工凿沟槽石方</td><td colspan="2">人工凿基坑石方</td></tr>
<tr><td>较硬岩</td><td>坚硬岩</td><td>极软岩</td><td>软岩</td></tr>
<tr><td colspan="2">名　　称</td><td>单位</td><td colspan="4">消 耗 量</td></tr>
<tr><td>人工</td><td>000101000 综合一类工</td><td>工日</td><td>32.663</td><td>53.813</td><td>5.758</td><td>9.157</td></tr>
</table>

工作内容： 凿石，清渣攒堆，清底修边。　　　　**计量单位：** 见表

<table>
<tr><td colspan="3">编　　号</td><td>1-82</td><td>1-83</td><td>1-84</td><td>1-85</td></tr>
<tr><td colspan="3" rowspan="3">项　　目</td><td colspan="3">人工凿基坑石方</td><td>人工清理爆破基底</td></tr>
<tr><td rowspan="2">较软岩</td><td rowspan="2">较硬岩</td><td rowspan="2">坚硬岩</td><td>一般石方</td></tr>
<tr><td>极软岩</td></tr>
<tr><td colspan="3">单　　位</td><td colspan="3">10m³</td><td>100m²</td></tr>
<tr><td colspan="2">名　　称</td><td>单位</td><td colspan="4">消 耗 量</td></tr>
<tr><td>人工</td><td>000101000 综合一类工</td><td>工日</td><td>21.766</td><td>45.142</td><td>68.720</td><td>8.648</td></tr>
</table>

工作内容：凿石，清渣攒堆，清底修边。 计量单位：100m²

编号				1-86	1-87	1-88	1-89
项目				人工清理爆破基底			
				一般石方			
				软岩	较软岩	较硬岩	坚硬岩
名称			单位	消耗量			
人工	000101000	综合一类工	工日	10.750	13.374	30.296	52.051

工作内容：凿石，清渣攒堆，清底修边。 计量单位：100m²

编号				1-90	1-91	1-92	1-93	1-94
项目				人工清理爆破基底				
				槽坑石方				
				极软岩	软岩	较软岩	较硬岩	坚硬岩
名称			单位	消耗量				
人工	000101000	综合一类工	工日	9.540	14.271	26.234	59.183	118.343

工作内容：凿石，清渣攒堆，清底修边。 计量单位：100m²

编号				1-95	1-96	1-97	1-98	1-99
项目				人工修整爆破边坡				
				极软岩	软岩	较软岩	较硬岩	坚硬岩
名称			单位	消耗量				
人工	000101000	综合一类工	工日	7.186	9.298	14.801	33.483	64.360

工作内容：挖渣，弃渣于1m以外，5m以内。 计量单位：10m³

编号				1-100	1-101
项目				人工挖石渣	
				一般石方	槽坑
名称			单位	消耗量	
人工	000101000	综合一类工	工日	1.900	2.794

工作内容：1. 装渣，清理车下余渣。
2. 装渣，运渣，弃渣。

计量单位：$10m^3$

编号				1-102	1-103	1-104	1-105	1-106
项目				人工装机动车	人工运石渣		人力车运石渣	
				石渣	运距≤20m	≤200m每增运20m	运距≤50m	≤500m每增运50m
名称			单位	消耗量				
人工	000101000	综合一类工	工日	1.624	2.642	0.521	1.901	0.312

2. 机械石方

工作内容：1. 切割机锯缝、开凿石方、打碎、修边检底。
2. 切割机锯缝、开凿石方、打碎、修边检底、将石方运出槽（坑）边1m以外、5m以内。

计量单位：$10m^3$

编号				1-107	1-108	1-109	1-110	1-111	1-112
项目				切割平基（一般）石方			切割坑（槽）石方		
				软质岩	较硬岩	坚硬岩	软质岩	较硬岩	坚硬岩
名称			单位	消耗量					
人工	000101000	综合一类工	工日	6.686	14.570	23.341	10.220	21.230	35.232
材料	031527002	刀片 D1000	片	0.015	0.019	0.023	0.022	0.028	0.036
	341101001	水	m^3	0.600	0.700	0.850	0.600	0.700	0.800
机械	990772010	岩石切割机 3kW	台班	0.203	0.254	0.300	0.295	0.369	0.480

工作内容：1. 装卸机头，机械移动，破碎岩石。
2. 静力破碎岩石：布孔，钻孔，验收，膨胀剂拌和与装填，风镐二次破碎。

计量单位：$10m^3$

编号				1-113	1-114	1-115	1-116
项目				液压锤破碎石方			
				极软岩	软岩	较软岩	较硬岩
名称			单位	消耗量			
人工	000101000	综合一类工	工日	0.150	0.192	0.292	0.415
机械	990106030	履带式单斗液压挖掘机 $1m^3$	台班	0.186	0.238	0.362	0.514
	991239010	液压锤 HM960	台班	0.186	0.238	0.362	0.514

工作内容： 1. 装卸机头，机械移动，破碎岩石。
2. 静力破碎岩石：布孔，钻孔，验收，膨胀剂拌和与装填，风镐二次破碎。　**计量单位：** $10m^3$

编　号				1-117	1-118
项　目				液压锤破碎石方 坚硬岩	静力破碎石方
名　称			单位	消　耗　量	
人工	000101000	综合一类工	工日	0.591	10.471
材料	031519026	合金钢钻头一字型	个	—	3.620
	011505001	六角空心钢（综合）	kg	—	7.324
	224515002	高压风管 ϕ25-6P-20m	m	—	0.626
	803701001	膨胀剂	kg	—	195.840
	850103006	其他材料费（占材料费）	%	—	0.400
机械	990106030	履带式单斗液压挖掘机 $1m^3$	台班	0.732	—
	991239010	液压锤 HM960	台班	0.732	—
	990128010	气腿式风动凿岩机	台班	—	6.557
	990768010	电动修钎机	台班	—	0.531
	991003060	电动空气压缩机 $9m^3/min$	台班	—	2.265

工作内容： 1. 推渣，弃渣；清理机下余渣。
2. 挖渣，弃渣。
3. 挖渣，装渣。　**计量单位：** $10m^3$

编　号				1-119	1-120	1-121	1-122
项　目				推土机推运石渣		挖掘机挖石渣	挖掘机挖装石渣
				运距 ≤ 20m	≤ 100m 每增运 20m		
名　称			单位	消　耗　量			
人工	000101000	综合一类工	工日	0.040	—	0.040	0.040
机械	990101015	履带式推土机 75kW	台班	—	—	0.004	0.049
	990101025	履带式推土机 105kW	台班	0.055	0.038	—	—
	990106010	履带式单斗液压挖掘机 $0.6m^3$	台班	—	—	0.038	0.041

工作内容：装渣，清理机下余渣。　　　　**计量单位：**10m³

编号				1-123	1-124
项目				装载机装车	挖掘机装车
				石渣	
名称			单位	消耗量	
人工	000101000	综合一类工	工日	0.040	0.040
机械	990110030	轮胎式装载机 1.5m³	台班	0.034	—
	990101015	履带式推土机 75kW	台班	—	0.037
	990106030	履带式单斗液压挖掘机 1m³	台班	—	0.031

工作内容：运渣，弃渣；维护行驶道路。　　　　**计量单位：**10m³

编号				1-125	1-126	1-127	1-128
项目				机动翻斗车运石渣		自卸汽车运石渣	
				运距 ≤ 100m	≤ 500m 每增运 100m	运距 ≤ 1km	每增运 1km
名称			单位	消耗量			
人工	000101000	综合一类工	工日	—	—	0.026	—
机械	990406010	机动翻斗车 1t	台班	1.529	0.131	—	—
	990402040	自卸汽车 15t	台班	—	—	0.112	0.026

三、回填及其他

工作内容：就地挖、填、平整。　　　　**计量单位：**100m²

编号				1-129	1-130
项目				人工平整场地	机械平整场地
名称			单位	消耗量	
人工	000101000	综合一类工	工日	3.161	0.096
机械	990101015	履带式推土机 75kW	台班	—	0.056

工作内容：1. 基底钎探：钎孔布置，打钎，拔钎，灌砂堵眼。
2. 筛土：5m 内就地取土，碎土，筛土。
3. 松填土：5m 内就地取土，分层填土，平整。

计量单位：见表

编　号				1-131	1-132	1-133
项　目				基底钎探	筛土	松填土
单　位				$100m^2$	$10m^3$	
名　称			单位	消　耗　量		
人工	000101000	综合一类工	工日	3.570	3.143	0.448
材料	040303001	中粗砂	m^3	0.251	—	—
	351125001	钢钎 $\phi22\sim25$	kg	8.173	—	—
	341101001	水	m^3	0.050	—	—
	041327004	混凝土实心砖 240×115×53	千块	0.029	—	—
机械	991298010	轻便钎探器	台班	0.800	—	—

工作内容：打夯，平整。

计量单位：$100m^2$

编　号				1-134
项　目				打夯机原土夯实
名　称			单位	消　耗　量
人工	000101000	综合一类工	工日	0.786
机械	990123010	电动夯实机 250N·m	台班	0.500

工作内容：碎土，5m 内就地取土，分层填土，打夯，平整。

计量单位：$10m^3$

编　号				1-135	1-136
项　目				打夯机填土夯实	
				地坪	槽坑
名　称			单位	消　耗　量	
人工	000101000	综合一类工	工日	0.652	0.852
机械	990123010	电动夯实机 250N·m	台班	0.730	0.955

工作内容：碎土，5m内就地取土，分层填土，洒水，碾压，平整。　　　　**计量单位：**见表

编号				1-137	1-138	1-139
项目				机械碾压		
				原土		填土
				一遍	每增加一遍	
单位				$100m^2$		$10m^3$
名称			单位	消耗量		
人工	000101000	综合一类工	工日	0.096	—	0.020
材料	341101001	水	m^3	—	—	0.150
机械	990120040	钢轮内燃压路机 15t	台班	0.013	0.020	0.056
	990101015	履带式推土机 75kW	台班	—	—	0.020
	990409020	洒水车 4000L	台班	—	—	0.008

四、补 充 项 目

1. 普　　探

工作内容：探孔布置，打孔，取样回填。　　　　**计量单位：**$100m^2$

编号				1-140	1-141
项目				普探	
				洛阳铲填灰土	洛阳铲填砂
名称			单位	消耗量	
人工	000101000	综合一类工	工日	5.400	4.700
材料	341101001	水	m^3	0.201	0.050
	040905012	熟石灰	kg	372.360	—
	040300003	砂子	m^3	—	0.937

2. 地下室室内地面回填

工作内容：碎土，100m内就地取土，运土，分层填土，打夯，平整。　　　　**计量单位：**$10m^3$

编号				1-142
项目				地下室室内地面回填
名称			单位	消耗量
人工	000101000	综合一类工	工日	1.140
机械	990123010	电动夯实机 250N·m	台班	0.730

3. 水　坠　砂

工作内容：包括放水、现场 100m 内取砂、填砂等全部坠实过程。　　**计量单位：**$10m^3$

编　号				1-143
项　目				水坠砂
名　称			单位	消 耗 量
人工	000101000	综合一类工	工日	0.427
材料	341101001	水	m^3	10.500
	850103006	其他材料费（占材料费）	%	2.000
机械	990809020	潜水泵 100mm	台班	0.056
	990101015	履带式推土机 75kW	台班	0.072

第二章

地基处理与边坡支护工程

说　明

一、本章定额包括地基处理、基坑与边坡支护和补充项目共三部分。

二、地基处理：

1. 换填地基：

（1）换填地基项目适用于基坑开挖后对软弱土层或不均匀土层地基的加固处理。

（2）换填地基夯填灰土项目，熟石灰含量按 3：7 灰土编制，如设计规定与定额不同时可按下表换算。

垫层单位压实体积配合比表

单位：m^3

项目名称	3：7 灰土	2：8 灰土	1：5 水泥土	1：6 水泥土	1：7 水泥土	1：9 水泥土
熟石灰含量（kg）	321	214	—	—	—	—
水泥含量（kg）	—	—	299	260	223	179

注：生石灰按熟石灰用量除以 1.3 系数。

（3）换填地基定额项目是按照就地取土，不包括外购土，发生时另行计算。

（4）换填地基工作内容不包括挖除原土，发生时执行本定额第一章“土石方工程”相应定额。

（5）复合地基褥垫层执行填铺定额相应项目。

2. 强夯：

（1）强夯项目中每单位面积（$100m^2$）夯点数，指设计文件规定单位面积内的夯点数量，若设计文件中的夯点数量与定额不同时，采用内插法计算消耗量。

（2）强夯的夯击击数指夯锤在同一夯点夯击的次数。

（3）强夯工程量应区别不同夯击能级、夯点密度和夯击次数，按设计图示夯击范围计算。

（4）满夯项目按满夯一遍编制，设计遍数不同时，每增一遍按相应项目乘以系数 0.75。

3. 填料桩复合地基：

（1）碎石桩与砂石桩的充盈系数为 1.3，损耗率为 2%。实测砂石配合比及充盈系数不同时可以调整，其中灌注砂石桩（2-54、2-55、2-56）项目，除上述充盈系数和损耗率外，还包括级配密实系数 1.334。

（2）水泥粉煤灰碎石桩，按照长螺旋钻中心压灌方式编制，设计采用其他方式成桩的，或采用材料不同时，可调整换算。

（3）素土挤密桩执行灰土挤密桩项目，材料换算为素土，人工乘以系数 0.8。

4. 搅拌桩复合地基：

（1）深层搅拌水泥桩按 1 喷 2 搅施工编制，实际施工为 2 喷 4 搅时，相应项目的人工、机械乘以系数 1.43；实际施工为 2 喷 2 搅，4 喷 4 搅时分别按 1 喷 2 搅、2 喷 4 搅计算。

（2）水泥搅拌桩的水泥掺入量按加固土重（$1800kg/m^3$）的 13% 考虑，如设计不同时，按每增减 1% 项目计算。

（3）深层水泥搅拌桩空搅部分按相应项目的人工及搅拌桩机台班乘以系数 0.5。

（4）三轴水泥搅拌桩定额水泥掺入量按加固土重（$1800kg/m^3$）的 18% 考虑，如设计不同时，按深层水泥搅拌桩每增减 1% 项目计算；按 2 搅 2 喷施工工艺考虑，设计不同时，每增（减）1 搅 1 喷按相应项目人工和机械费增（减）40% 计算。空搅部分按相应定额的人工、机械乘以系数 0.5。

（5）三轴水泥搅拌桩设计要求全断面套打时，相应项目的人工、机械乘以系数 1.5。

5. 注浆桩复合地基：

（1）高压旋喷桩项目已综合接头处的复喷工料；高压喷射注浆桩的水泥设计用量与定额不同时，应予以调整。

（2）注浆桩复合地基所用的浆体材料用量应按照设计含量调整。

（3）废浆处理及外运按处理方案另行计算。

6. 打桩工程按陆地打垂直桩编制设计，斜度 3 度以内执行垂直桩项目。要求打斜桩时斜度 ≤ 1 : 6 时，相应项目的人工、机械乘以系数 1.25。斜度 > 1 : 6 时，相应项目的人工、机械乘以系数 1.43。

7. 桩间补桩及强夯后的地基上打桩时，相应项目的人工、机械乘以系数 1.15。

8. 单独打试桩、锚桩、试夯，按相应项目的人工、机械乘以系数 1.5。

9. 若单位工程的碎石桩，砂石桩的工程量 ≤ $60m^3$ 时，其相应项目的人工、机械乘以系数 1.25。

10. 本章凿水泥桩桩头适用于水泥粉煤灰碎石桩、深层水泥搅拌桩、三轴水泥搅拌桩、高压旋喷水泥桩、灰土桩等项目。

三、基坑与边坡支护：

1. 地下连续墙未包括导墙挖土方，泥浆处理及外运，钢筋制作、安装，成槽机下部路面硬化，发生时另行计算。锁口管吊拔定额中已包括锁口管的摊销费用。

2. 钢板桩：

（1）现场制作的型钢桩、钢板桩，其制作执行本定额第六章“金属结构工程”中钢柱制作相应定额项目。

（2）定额未包括型钢桩、钢板桩的制作、除锈、刷油。

（3）打拔钢板桩仅考虑施工费用和施工损耗，定额中未包括钢板桩的使用费。

（4）打拉森钢板桩打拔项目，按钢板桩项目，其人工、机械乘以系数 1.10。

3. 挡土板项目分为疏板和密板。疏板是指间隔支挡土板，板间净空 > 30cm 且 ≤ 150cm；密板是指满堂支挡土板或板间净空 ≤ 30cm。

4. 若单位工程的钢板桩的工程量 ≤ 50t 时，其相应项目的人工、机械乘以系数 1.25。

5. 内支撑项目按钢支撑编制。钢支撑仅适用于基坑开挖的大型支撑安装、拆除。钢支撑中各类钢构件按照摊销编制，采用租赁形式的可以另行换算。钢制内支撑按照水平支撑钢梁编制，设计有采用八字支撑钢梁、水平钢桁架、环形钢桁架、竖向钢斜撑、格构式钢柱、型钢柱、钢管柱等，发生时执行本定额第六章“金属结构工程”相应项目。混凝土支撑项目执行本定额第五章“混凝土及钢筋混凝土工程”相应定额项目。

6. 注浆项目中注浆管消耗量为摊销量，若为一次性使用，可调整换算。

7. 砂浆土钉（钻孔灌浆）和土层锚杆锚孔注浆按水泥砂浆编制，实际灌浆材料不同时，可调整换算。

8. 喷射混凝土护坡中不含钢筋网、钢板网、钢丝网等，发生时执行本定额第五章“混凝土及钢筋混凝土工程”钢筋网片项目，材料不同时可调整换算。

9. 定额中不包括复合地基、基坑与边坡的检测，变形观测等费用，发生时另行计算。

10. 用于边坡支护工程的板桩围护墙结构中预制钢筋混凝土板桩，发生时执行本定额第三章“桩基工程”相应项目。

11. 用于边坡支护工程的灌注桩排桩围护墙结构中的混凝土灌注桩，发生时执行本定额第三章“桩基工程”相应项目。

12. 土钉支护（钻孔、注浆）按土层中编制，如遇砂层时，人工、材料、机械、含量乘以 1.2 系数。

四、补充项目：

1. 长螺旋钻机成孔灰土挤密桩（DDC）仅适用于直径 400 的成孔，不适用于其他孔径。长螺旋钻机成孔素土挤密桩（DDC）执行长螺旋钻机成孔灰土挤密桩（DDC）定额项目，材料换算为素土。

2. 旋喷锚索项目自由段长度按大于或等于 5m 编制，消耗量已综合考虑。

工程量计算规则

一、地基处理：

1. 换填地基，按设计图示尺寸以体积计算。

2. 加筋地基，按设计图示尺寸以面积计算。

3. 强夯，按设计图示强夯处理范围以面积计算。设计无规定时，一般场地按建筑外围轴线每边各加 3m 计算；液化场地按外围轴线每边各加 5m 计算。

4. 碎石桩、砂石桩、水泥粉煤灰碎石桩、灰土挤密桩均按设计桩长（包括桩尖）另加加灌长度乘以设计桩外径截面面积，以体积计算。加灌长度设计有规定者，按设计要求计算，无规定者，按 0.5m 计算。

5. 搅拌桩复合地基。

（1）深层水泥搅拌桩按设计桩长另加加灌长度乘以设计桩外径截面面积，以体积计算。加灌长度设计有规定者，按设计要求计算，无规定者，按 0.5m 计算。

（2）三轴水泥搅拌桩单独成桩扣除重叠部分体积。不扣除每次成桩与群桩间的搭接部分体积。三轴水泥搅拌桩中的插、拔型钢工程量按设计图示型钢以质量计算。

6. 高压旋喷水泥桩成孔按设计桩长另加加灌长度，以长度计算。喷浆按设计加固桩截面面积乘以设计桩长另加加灌长度，以体积计算。加灌长度设计有规定者，按设计要求计算，无规定者，按 0.5m 计算。

7. 分层注浆钻孔按设计图示钻孔深度以长度计算。注浆按设计图示加固土体的体积计算。

8. 压密注浆钻孔按设计图示钻孔深度以长度计算。注浆按下列规定计算：

（1）设计图纸明确加固土体体积的，按设计图纸注明的体积计算。

（2）设计图纸以布点形式图示土体加固范围的，则按两孔间距的一半作为扩散半径，以布点边线，各加扩散半径，形成计算平面，计算注浆体积。

（3）如果设计图纸注浆点在钻孔灌注桩之间，按两注浆孔的一半作为每孔的扩散半径，依此圆柱体体积计算注浆体积。

9. 凿桩头按凿桩长度乘以桩断面以体积计算。

二、基坑与边坡支护：

1. 地下连续墙。

（1）现浇导墙混凝土按设计图示以体积计算。现浇导墙混凝土模板按混凝土与模板接触面的面积，以面积计算。

（2）成槽工程量按设计长度乘以墙厚及成槽深度（设计室外地坪至连续墙底）以体积计算。

（3）锁口管以“段”为单位（段指槽壁单元槽段），锁口管吊拔按连续墙段数以数量计算。

（4）清底置换按设计图示段数（段指槽壁单元槽段）以数量计算。

（5）浇筑连续墙混凝土工程量按设计图示墙中心线长度乘以厚度乘以槽深另加加灌长度，以体积计算。加灌长度设计有规定者，按设计要求计算，无规定者，按 0.5m 计算。

（6）凿地下连续墙超灌混凝土按加灌混凝土体积计算。

2. 圆木桩打桩按设计桩长（包括接桩）及梢径，按木材材积表计算，其预留长度的材积已考虑在定额内。送桩深度按设计桩顶标高至打桩前的交付地坪标高另加 0.50m 计算。接桩按设计图示以数量计算。

3. 钢板桩。打拔钢板桩按设计桩体以质量计算。安装、拆除导向夹具按设计图示尺寸以长度计算。

4. 土钉与锚喷联合支护。

（1）砂浆土钉的钻孔灌浆按设计图示尺寸以长度计算。

（2）土层锚杆钻孔、注浆按设计图示尺寸以长度计算。

（3）钢筋锚杆（土钉）和钢管锚杆（土钉）制作、安装按设计图示尺寸以质量计算。

（4）锚杆锚头制作、安装、张拉、锁定按设计图示以数量计算。

（5）锚索制作、安装、张拉按设计图示尺寸以质量计算。锚索张拉预留长度设计有规定者，按设计要求计算；无规定者，孔道长度在20m以内时，按1m计算；孔道长度在20m以上时，按1.8m计算。

（6）锚墩、承压板制作、安装按设计图示以数量计算。

（7）喷射混凝土护坡按设计图示尺寸以面积计算。

5. 挡土板按设计图示尺寸以面积计算。

6. 腰梁、冠梁混凝土按设计图示尺寸以体积计算；冠梁、腰梁模板按与混凝土的接触面积计算。

7. 钢支撑按设计图示尺寸以质量计算，不扣除孔眼质量，焊条、铆钉、螺栓等也不另增加质量。

8. 钢腰梁按设计图示尺寸以质量计算，不扣除孔眼质量，焊条、铆钉、螺栓等也不另增加质量。

三、补充项目：

1. 静压成孔挤密桩按设计成桩外径截面面积乘以设计桩长另加加灌长度，以体积计算。加灌长度设计有规定者，按设计要求计算，无规定者，按0.5m计算。

2. 长螺旋钻机成孔灰土DDC桩按设计成桩外径截面面积乘以设计桩长另加加灌长度，以体积计算。加灌长度设计有规定者，按设计要求计算，无规定者，按0.5m计算。

3. 旋喷锚索钻孔、注浆按设计图示尺寸以长度计算。

一、地 基 处 理

1. 换 填 地 基

工作内容：拌和、铺设、找平、夯实（碾压）。　　**计量单位：**10m³

编　　号				2-1	2-2	2-3
项　　目				夯填灰土	人工填砂石	
					机械振动	机械碾压
名　　称			单位	消　耗　量		
人工	000201000	综合二类工	工日	5.218	2.202	1.900
材料	040905012	熟石灰	kg	3210.000	—	—
	341101001	水	m^3	1.000	1.000	1.000
	040513001	天然砂石	m^3	—	12.240	12.954
机械	990123010	电动夯实机 250N·m	台班	0.460	0.250	—
	990120020	钢轮内燃压路机 8t	台班	—	—	0.017

工作内容：推土机推砂、填砂、碾压。　　**计量单位：**10m³

编　　号				2-4	2-5
项　　目				推土机填砂石	
				机械碾压	挤淤碾压
名　　称			单位	消　耗　量	
人工	000201000	综合二类工	工日	0.047	0.081
材料	341101001	水	m^3	1.000	0.550
	040513001	天然砂石	m^3	12.954	12.954
机械	990120020	钢轮内燃压路机 8t	台班	0.017	—
	990101025	履带式推土机 105kW	台班	0.012	0.054

工作内容： 1. 铺设、找平、夯实。
2. 铺设、捣固、找平、养护。

计量单位：10m³

编号				2-6	2-7	2-8	2-9
项目				填铺			填筑毛石混凝土
				砂	石屑	碎石	
名称			单位	消耗量			
人工	000201000	综合二类工	工日	2.927	2.927	4.223	2.377
材料	040301001	中砂	m³	11.526	—	—	—
	341101001	水	m³	1.000	1.000	1.000	1.000
	040717001	石屑	m³	—	11.526	—	—
	040501002	碎石（综合）	m³	—	—	11.016	—
	802101010	预拌混凝土 C15	m³	—	—	—	8.585
	041103002	毛石（综合）	m³	—	—	—	2.754
	341103001	电	kW · h	—	—	—	3.304
机械	990123010	电动夯实机 250N · m	台班	0.167	0.167	0.257	—

2. 加筋地基

工作内容： 清理整平；挖填锚固沟；铺设土工材料；锚固；材料场内运输。

计量单位：100m²

编号				2-10	2-11	2-12
项目				铺土工织物	铺土工格栅	铺塑料排水板
名称			单位	消耗量		
人工	000201000	综合二类工	工日	3.010	4.133	2.928
材料	023101001	土工布（综合）	m²	111.520	—	—
	360305001	土工格栅 双向	m²	—	110.000	—
	133901007	网状交织排水板	m²	—	—	105.000
	850103006	其他材料费（占材料费）	%	1.000	1.000	1.000

3. 强夯地基

（1）点　夯

工作内容： 机具准备、按设计要求布置锤位线，夯击、夯锤位移、施工场地平整、资料记载。

计量单位：100m²

编号				2-13	2-14	2-15	2-16
项目				夯击能 1000kN · m			
				7 夯点		4 夯点	
				4 击	每增减 1 击	4 击	每增减 1 击
名称			单位	消耗量			
人工	000201000	综合二类工	工日	1.166	0.214	0.667	0.122
机械	990101035	履带式推土机 135kW	台班	0.159	0.029	0.091	0.017
	990127008	强夯机械 1000kN · m	台班	0.227	0.042	0.130	0.024

工作内容： 机具准备、按设计要求布置锤位线，夯击、夯锤位移、施工场地平整、资料记载。

计量单位： 100m²

编号				2-17	2-18	2-19	2-20
项目				夯击能 2000kN · m			
				7 夯点		4 夯点	
				4 击	每增减 1 击	4 击	每增减 1 击
名称			单位	消耗量			
人工	000201000	综合二类工	工日	1.557	0.284	0.890	0.162
机械	990101035	履带式推土机 135kW	台班	0.212	0.039	0.121	0.022
	990127020	强夯机械 2000kN · m	台班	0.303	0.055	0.173	0.032

工作内容： 机具准备、按设计要求布置锤位线，夯击、夯锤位移、施工场地平整、资料记载。

计量单位： 100m²

编号				2-21	2-22	2-23	2-24
项目				夯击能 3000kN · m			
				7 夯点		4 夯点	
				4 击	每增减 1 击	4 击	每增减 1 击
名称			单位	消耗量			
人工	000201000	综合二类工	工日	1.840	0.329	1.052	0.201
机械	990101035	履带式推土机 135kW	台班	0.251	0.048	0.143	0.027
	990127030	强夯机械 3000kN · m	台班	0.358	0.068	0.204	0.039

工作内容： 机具准备、按设计要求布置锤位线，夯击、夯锤位移、施工场地平整、资料记载。

计量单位： 100m²

编号				2-25	2-26	2-27	2-28
项目				夯击能 4000kN · m			
				7 夯点		4 夯点	
				4 击	每增减 1 击	4 击	每增减 1 击
名称			单位	消耗量			
人工	000201000	综合二类工	工日	3.510	0.738	2.006	0.422
机械	990127040	强夯机械 4000kN · m	台班	0.682	0.143	0.390	0.082
	990101035	履带式推土机 135kW	台班	0.477	0.100	0.273	0.057

工作内容： 机具准备、按设计要求布置锤位线，夯击、夯锤位移、施工场地平整、资料记载。

计量单位： 100m²

编号				2-29	2-30	2-31	2-32
项目				夯击能 5000kN · m			
				7 夯点		4 夯点	
				4 击	每增减 1 击	4 击	每增减 1 击
名称			单位	消耗量			
人工	000201000	综合二类工	工日	3.803	0.799	2.173	0.456
机械	990127050	强夯机械 5000kN · m	台班	0.739	0.155	0.422	0.089
	990101035	履带式推土机 135kW	台班	0.517	0.109	0.295	0.062

工作内容： 机具准备、按设计要求布置锤位线，夯击、夯锤位移、施工场地平整、资料记载。

计量单位： 100m²

编号				2-33	2-34	2-35	2-36
项目				夯击能 6000kN · m			
				7 夯点		4 夯点	
				4 击	每增减 1 击	4 击	每增减 1 击
名称			单位	消耗量			
人工	000201000	综合二类工	工日	4.184	0.880	2.391	0.503
机械	990127050	强夯机械 5000kN · m	台班	0.813	0.171	0.465	0.098
	990101035	履带式推土机 135kW	台班	0.569	0.120	0.326	0.069

工作内容： 机具准备、按设计要求布置锤位线，夯击、夯锤位移、施工场地平整、资料记载。

计量单位： 100m²

编号				2-37	2-38	2-39	2-40
项目				夯击能 8000kN · m		夯击能 10000kN · m	
				4 夯点			
				4 击	每增减 1 击	4 击	每增减 1 击
名称			单位	消耗量			
人工	000201000	综合二类工	工日	2.794	0.551	3.355	0.627
机械	990127070	强夯机械 8000kN · m	台班	0.543	0.107	—	—
	990127080	强夯机械 10000kN · m	台班	—	—	0.652	0.122
	990101035	履带式推土机 135kW	台班	0.380	0.075	0.456	0.085

（2）满　　夯

工作内容：机具准备、按设计要求布置锤位线，夯击、夯锤位移、施工场地平整、资料记载。

计量单位：100m²

编　　号				2-41	2-42	2-43	2-44
项　　目				夯击能 800kN · m		夯击能 1000kN · m	
				1 遍 2 击	每增加 1 击	1 遍 2 击	每增加 1 击
名　　称			单位	消　耗　量			
人工	000201000	综合二类工	工日	1.456	0.728	1.832	0.916
机械	990127006	强夯机械　800kN · m	台班	0.249	0.125	—	—
	990127008	强夯机械　1000kN · m	台班	—	—	0.319	0.160
	990101035	履带式推土机　135kW	台班	0.176	0.088	0.226	0.113

工作内容：机具准备、按设计要求布置锤位线，夯击、夯锤位移、施工场地平整、资料记载。

计量单位：100m²

编　　号				2-45	2-46
项　　目				夯击能 1500kN · m	
				1 遍 2 击	每增加 1 击
名　　称			单位	消　耗　量	
人工	000201000	综合二类工	工日	2.547	1.274
机械	990127014	强夯机械　1500kN · m	台班	0.390	0.195
	990101035	履带式推土机　135kW	台班	0.276	0.138

工作内容：机具准备、按设计要求布置锤位线，夯击、夯锤位移、施工场地平整、资料记载。

计量单位：100m²

编　　号				2-47	2-48
项　　目				夯击能 2000kN · m	
				1 遍 2 击	每增加 1 击
名　　称			单位	消　耗　量	
人工	000201000	综合二类工	工日	4.272	2.136
机械	990127020	强夯机械　2000kN · m	台班	0.648	0.324
	990101035	履带式推土机　135kW	台班	0.457	0.229

4. 填料桩复合地基

工作内容： 1. 准备机具，移动桩机，成孔，灌注碎石，振实。
2. 准备机具，移动桩机，成孔，灌注碎石，振实，压浆。 **计量单位：** $10m^3$

编　　号				2-49	2-50
项　　目				振冲碎石桩	钻孔压浆碎石桩
名　　称			单位	消　耗　量	
人工	000201000	综合二类工	工日	3.779	11.047
材料	040501011	碎石 20～40	m^3	13.260	13.260
	341101001	水	m^3	—	2.500
	040100005	水泥 42.5	t	—	4.908
	172500003	塑料管（综合）	kg	—	12.720
	020901001	塑料薄膜	m^2	—	18.500
	016305002	金属材料（摊销）	kg	—	6.355
机械	990233010	振冲器 55kW	台班	0.413	—
	990302040	履带式起重机 50t	台班	0.413	—
	990210020	螺旋钻机 600mm	台班	0.413	0.413
	990110020	轮胎式装载机 $1m^3$	台班	—	0.413
	990624020	注浆机 BW320	台班	—	0.413
	990610010	灰浆搅拌机 200L	台班	—	0.413

工作内容： 准备机具，移动桩机，打钢管成孔，灌注砂石，振实，拔钢管。 **计量单位：** $10m^3$

编　　号				2-51	2-52	2-53	2-54	2-55	2-56
项　　目				沉管碎石桩（桩长）			砂石桩（桩长）		
				≤ 10m	≤ 15m	> 15m	≤ 10m	≤ 15m	> 15m
名　　称			单位	消　耗　量					
人工	000201000	综合二类工	工日	10.957	8.182	7.762	11.185	8.404	7.976
材料	040315003	黄砂 中砂	m^3	—	—	—	7.638	7.638	7.638
	040501011	碎石 20～40	m^3	13.260	13.260	13.260	10.051	10.051	10.051
	050401003	板枋材	m^3	0.046	0.046	0.046	0.046	0.046	0.046
	016305002	金属材料（摊销）	kg	6.355	6.355	6.355	6.355	6.355	6.355
	850103006	其他材料费（占材料费）	%	1.000	1.000	1.000	2.000	2.000	2.000
机械	990205010	振动沉拔桩机 300kN	台班	1.070	—	—	1.070	—	—
	990205020	振动沉拔桩机 400kN	台班	—	0.760	0.720	—	0.760	0.720
	990109010	挖掘装载机 $0.3m^3$	台班	1.070	0.760	0.720	1.070	0.760	0.720

工作内容： 准备机具，移动钻机，钻孔，测量校正；拌和，灌注，提管移位，操作范围内料具搬运。

计量单位：10m³

编号				2-57
项目				水泥粉煤灰碎石桩（桩径 ≤ 500mm）
名称			单位	消耗量
人工	000201000	综合二类工	工日	6.706
材料	040100005	水泥 42.5	t	2.586
	040303001	中粗砂	m^3	6.865
	040501004	碎石 40 以内	m^3	9.037
	040907002	粉煤灰	m^3	2.256
	341101001	水	m^3	3.000
机械	990210020	螺旋钻机 600mm	台班	1.315
	990302040	履带式起重机 50t	台班	0.203
	990109010	挖掘装载机 $0.3m^3$	台班	0.860
	990610010	灰浆搅拌机 200L	台班	0.203

工作内容： 准备机具，移动桩机，打钢管成孔，灰土过筛拌和、灌注灰土，振实，拔钢管。

计量单位：10m³

编号				2-58	2-59
项目				打桩机成孔灰土挤密桩	
				桩长 ≤ 6m	桩长 > 6m
名称			单位	消耗量	
人工	000201000	综合二类工	工日	9.541	6.258
材料	052501001	垫木	m^3	0.074	0.074
	040905012	熟石灰	kg	3210.000	3210.000
	341101001	水	m^3	2.200	2.200
	016305002	金属材料（摊销）	kg	4.131	4.131
机械	990203020	步履式电动打桩机 60kW	台班	0.894	0.666

5. 搅拌桩复合地基

工作内容： 桩机就位，预搅下沉，拌制水泥浆或筛水泥粉，喷水泥浆或水泥粉并搅拌上升，重复上、下搅拌，移位。

计量单位： $10m^3$

编　号				2-60	2-61	2-62
项　目				深层水泥搅拌桩		
				粉喷桩（水泥掺量 13%）	浆喷桩（水泥掺量 13%）	水泥掺量每增加 1%
名　称			单位	消　耗　量		
人工	000201000	综合二类工	工日	3.293	2.363	—
材料	040100005	水泥 42.5	t	2.387	2.387	0.184
	016305002	金属材料（摊销）	kg	11.430	11.430	—
	341101001	水	m^3	—	3.200	0.800
机械	990213010	粉喷桩机	台班	0.417	0.417	—
	991003040	电动空气压缩机 $3m^3/min$	台班	0.421	—	—
	990615010	偏心式振动筛 $16m^3/h$	台班	0.115	—	—
	990610010	灰浆搅拌机 200L	台班	—	0.417	—
	990612010	挤压式灰浆输送泵 $3m^3/h$	台班	—	0.300	—

工作内容： 1. 桩机就位，预搅下沉，拌制水泥浆，喷水泥浆并搅拌上升，重复上、下搅拌，移位。

2. 准备工作，安、拆插桩机具，刷脱模剂，插型钢桩，安、拆拔桩机具，拔桩，堆放，清理。

计量单位： 见表

编　号				2-63	2-64
项　目				三轴水泥搅拌桩	插拔型钢搅拌桩
				二搅二喷	
单　位				$10m^3$	10t
名　称			单位	消　耗　量	
人工	000201000	综合二类工	工日	1.729	4.608
材料	040100005	水泥 42.5	t	2.754	—
	341101001	水	m^3	3.524	—
	012300003	型钢（综合）	t	—	2.500
	031301007	低碳钢焊条（综合）	kg	—	51.650
	143537001	减磨剂	kg	—	140.000
	142909001	氧气	m^3	—	25.817
	142907002	乙炔气	kg	—	9.930
	850103006	其他材料费（占材料费）	%	1.000	1.000
机械	990215020	三轴搅拌桩机 850mm	台班	0.210	—
	990610010	灰浆搅拌机 200L	台班	0.210	—
	990612010	挤压式灰浆输送泵 $3m^3/h$	台班	0.210	—
	991003070	电动空气压缩机 $10m^3/min$	台班	0.210	—
	990302040	履带式起重机 50t	台班	—	1.200
	990901020	交流弧焊机 32kV · A	台班	—	0.800
	990316020	立式油压千斤顶 200t	台班	—	1.300
	990420010	液压泵车	台班	—	0.700

6. 注浆桩复合地基

工作内容： 1. 准备机具，移动桩机，定位、校测，钻孔。
2. 调制水泥浆、喷射装置应位，分层喷射注浆。

计量单位：见表

编号				2-65	2-66	2-67	2-68
项目				预钻孔道高压旋喷（摆喷）水泥桩			
				成孔	单重管	双重管	三重管
单位				100m	10m³		
名称			单位	消耗量			
人工	000201000	综合二类工	工日	8.379	5.549	6.233	6.417
材料	016305002	金属材料（摊销）	kg	24.800	—	—	—
	040100005	水泥 42.5	t	—	4.590	4.590	5.508
	143147001	氯化钙	kg	—	94.000	87.098	77.500
	341101001	水	m^3	—	5.013	5.010	5.778
	850103006	其他材料费（占材料费）	%	—	1.000	1.000	1.000
机械	991116010	工程地质液压钻机	台班	3.000	—	—	—
	991134010	单重管旋喷机	台班	—	0.300	—	—
	991246010	双重管旋喷机	台班	—	—	0.400	—
	991246020	三重管旋喷机	台班	—	—	—	0.500
	990806020	泥浆泵 100mm	台班	3.000	—	—	—
	990610010	灰浆搅拌机 200L	台班	—	0.300	0.400	0.500
	990825010	液压注浆泵 HYB50	台班	—	0.300	0.400	0.500
	991003060	电动空气压缩机 $9m^3/min$	台班	—	—	0.400	0.500
	990803020	电动多级离心清水泵 100mm 120m 以下	台班	—	—	—	0.500

工作内容：1. 定位、钻孔、注护壁泥浆、配置浆液、插入注浆芯管。
2. 分层劈裂注浆；检测注浆效果。　　计量单位：见表

编号				2-69	2-70
项目				分层注浆	
				钻孔	注浆
单位				100m	$10m^3$
名称			单位	消耗量	
人工	000201000	综合二类工	工日	12.000	2.573
材料	172500033	塑料注浆阀管	m	100.000	—
	040901006	膨润土	kg	185.470	—
	341101001	水	m^3	12.000	—
	040100005	水泥 42.5	t	—	1.091
	040907001	粉煤灰	t	—	0.803
	143123001	硅酸钠（水玻璃）	kg	—	56.700
	143501001	促进剂 KA	kg	—	103.000
	850103006	其他材料费（占材料费）	%	—	1.000
机械	991116010	工程地质液压钻机	台班	1.200	—
	990806010	泥浆泵 50mm	台班	1.200	—
	990219010	电动灌浆机	台班	—	0.400
	990610010	灰浆搅拌机 200L	台班	—	0.400

工作内容：1. 定位、钻孔。
2. 注护壁泥浆；配置浆液、插入注浆管；压密注浆；检测注浆效果。　　计量单位：见表

编号				2-71	2-72
项目				压密注浆	
				钻孔	注浆
单位				100m	$10m^3$
名称			单位	消耗量	
人工	000201000	综合二类工	工日	12.000	2.411
材料	172500033	塑料注浆阀管	m	100.000	—
	040901006	膨润土	kg	185.470	—
	040100005	水泥 42.5	t	—	0.796
	040907001	粉煤灰	t	—	0.700
	143123001	硅酸钠（水玻璃）	kg	—	8.000
	850103006	其他材料费（占材料费）	%	—	1.000
机械	991116010	工程地质液压钻机	台班	1.200	—
	990806020	泥浆泵 100mm	台班	1.200	—
	990219010	电动灌浆机	台班	—	0.360
	990610010	灰浆搅拌机 200L	台班	—	0.360

7. 凿 桩 头

工作内容：桩头凿除。

计量单位：10m³

编 号				2-73	2-74
项 目				凿水泥桩桩头	凿素混凝土桩头
名 称			单位	消 耗 量	
人工	000101000	综合一类工	工日	9.357	11.600
机械	990129010	手持式风动凿岩机	台班	2.180	3.300
	991003030	电动空气压缩机 $1m^3/min$	台班	2.180	3.300

二、基坑与边坡支护

1. 地下连续墙

工作内容：1. 浇捣混凝土、养护。

2. 配模单边立模、拆模、清理堆放。

计量单位：见表

编 号				2-75	2-76
项 目				现浇导墙混凝土	现浇导墙混凝土模板
单 位				$10m^3$	$10m^2$
名 称			单位	消 耗 量	
人工	000201000	综合二类工	工日	2.565	2.249
材料	802101012	预拌混凝土 C20	m^3	10.100	—
	341103001	电	kW · h	2.760	—
	050401003	板枋材	m^3	—	0.074
	031509001	铁件（综合）	kg	—	9.714
	350111002	钢模板	kg	—	6.232
	350209001	钢模板连接件	kg	—	1.173
	330127005	钢模支撑	kg	—	3.672
	850103006	其他材料费（占材料费）	%	—	2.000

工作内容： 机具定位、安放跑板导轨、制浆、输送、循环分离泥浆，钻孔、挖土成槽、护壁整修、测量。

计量单位： 10m³

编号				2-77	2-78	2-79	2-80
项目				地下连续墙成槽			
				≤25m	≤35m	≤45m	≤55m
名称			单位	消耗量			
人工	000201000	综合二类工	工日	4.695	5.310	8.848	9.935
材料	040901004	黏土	m^3	6.859	6.859	6.859	6.859
	341101001	水	m^3	21.148	21.148	21.148	21.148
	850103006	其他材料费（占材料费）	%	2.000	2.000	2.000	2.000
机械	991109020	履带式抓斗成槽机 800mm	台班	0.296	0.317	0.417	—
	991109030	履带式抓斗成槽机 1000mm	台班	—	—	—	0.550
	991113010	泥浆制作循环设备	台班	0.296	0.317	0.398	0.550
	991112010	超声波测壁机	台班	0.173	0.185	0.211	0.291
	990402015	自卸汽车 5t	台班	0.296	0.317	0.398	0.550

工作内容： 锁口管对接组装，入槽就位，浇捣混凝土工程中上下移动，拔除、拆卸、冲洗堆放。

计量单位： 10段

编号				2-81	2-82	2-83	2-84
项目				锁口管吊拔			
				≤25m	≤35m	≤45m	≤55m
名称			单位	消耗量			
人工	000201000	综合二类工	工日	123.220	158.970	196.290	235.440
材料	173135001	锁口管	kg	481.600	909.500	1228.300	1289.700
机械	991114010	锁口管顶升机	台班	2.185	2.185	2.185	2.185
	990302025	履带式起重机 25t	台班	10.925	—	—	—
	990302035	履带式起重机 40t	台班	—	10.925	—	—
	990302045	履带式起重机 60t	台班	—	—	9.833	—
	990302065	履带式起重机 100t	台班	—	—	—	9.833

工作内容： 1. 地下墙接缝清刷；空气压缩机吹气搅拌吸泥；清底置换。
2. 浇捣架就位；导管安装、拆除；混凝土浇筑；吸泥浆入池。
3. 混凝土凿除。

计量单位： 见表

编　号				2-85	2-86	2-87
项　目				地下连续墙		凿地下连续墙超灌混凝土
				清底置换	浇筑混凝土	
单　位				10段	10m³	
名　称			单位	消　耗　量		
人工	000201000	综合二类工	工日	72.177	2.019	—
	000301000	综合三类工	工日	—	—	13.601
材料	802105003	预拌水下混凝土 C30	m^3	—	11.730	—
	341101001	水	m^3	—	6.000	—
	031509001	铁件（综合）	kg	—	5.750	—
	850103006	其他材料费（占材料费）	%	1.000	1.000	—
机械	990302025	履带式起重机 25t	台班	9.000	—	—
	990806020	泥浆泵 100mm	台班	9.000	—	—
	991003040	电动空气压缩机 $3m^3/min$	台班	9.000	—	—
	991003030	电动空气压缩机 $1m^3/min$	台班	—	—	4.144
	990129010	手持式风动凿岩机	台班	—	—	4.144

2. 圆　木　桩

工作内容： 制作木桩、安装桩靴及桩箍、准备打桩机具、移动打桩架及轨道、吊装定位、打桩校正、拆卸桩箍、锯桩头，接桩。

计量单位： 见表

编　号				2-88	2-89	2-90
项　目				打桩	送桩	接桩头
单　位				10m³	100m	10个
名　称			单位	消　耗　量		
人工	000201000	综合二类工	工日	53.722	21.847	3.167
材料	050107001	桩木	m^3	11.300	—	—
	350999003	金属周转材料	kg	40.400	—	—
	850103006	其他材料费（占材料费）	%	1.000	—	—

3. 钢 板 桩

工作内容： 准备打桩机具，移动打桩机及其轨道，吊桩定位，安卸桩帽，校正，打桩，系桩，拔桩，15m 以内临时堆放。

计量单位：10t

编号				2-91	2-92	2-93	2-94
项目				打、拔钢板桩（桩长）			
				≤ 6m	≤ 10m	≤ 15m	> 15m
名称			单位	消耗量			
人工	000201000	综合二类工	工日	24.000	17.400	11.500	10.700
材料	330109004	钢板桩	kg	100.000	100.000	100.000	100.000
	052501001	垫木	m^3	0.063	0.063	0.063	0.063
	050401003	板枋材	m^3	0.021	0.021	0.021	0.021
	850103006	其他材料费（占材料费）	%	1.000	1.000	1.000	1.000
机械	990201010	履带式柴油打桩机 2.5t	台班	2.608	1.776	1.280	0.992
	990302015	履带式起重机 15t	台班	2.608	1.776	1.280	0.992
	990205020	振动沉拔桩机 400kN	台班	1.904	1.328	1.072	1.040
	990401025	载重汽车 6t	台班	0.300	0.300	0.300	0.300

工作内容： 准备工作，15m 以内临时堆放，安装、拆除导向夹具。

计量单位：100m

编号				2-95
项目				安装、拆除导向夹具
名称			单位	消耗量
人工	000201000	综合二类工	工日	2.808
材料	050401003	板枋材	m^3	0.179
	031509001	铁件（综合）	kg	4.000
机械	990201010	履带式柴油打桩机 2.5t	台班	0.400

4. 土钉与锚喷联合支护

工作内容：钻孔机具安装、拆除，钻孔，安拔防护套管，搅拌灰浆，灌浆。　　**计量单位：**100m

编　号				2-96	2-97
项　目				土钉支护（钻孔、注浆）	
				钢筋	钢管
名　称			单位	消　耗　量	
人工	000201000	综合二类工	工日	15.220	7.472
材料	800100001	水泥砂浆　1∶1	m^3	1.266	1.266
	172713002	耐压胶管 $\phi50$	m	0.800	0.800
机械	990218010	气动灌浆机	台班	0.466	0.466
	990610010	灰浆搅拌机　200L	台班	0.211	0.211
	990133020	锚杆钻孔机　32mm	台班	1.300	1.300

工作内容：钻孔机具安装、拆除，钻孔，安拔防护套管。　　**计量单位：**100m

编　号				2-98	2-99	2-100	2-101
项　目				土层锚杆机械钻孔（孔径）			锚杆机入岩增加
				≤100mm	≤150mm	≤200mm	
名　称			单位	消　耗　量			
人工	000201000	综合二类工	工日	9.658	11.128	12.598	26.115
材料	016305002	金属材料（摊销）	kg	—	—	—	37.200
机械	991116010	工程地质液压钻机	台班	2.072	2.438	2.743	7.008

工作内容：钻孔机具安装、拆除，钻孔，安拔防护套管。　　**计量单位：**100m

编　号				2-102	2-103	2-104
项　目				土层套管机械钻孔（孔径）		
				≤100mm	≤150mm	≤200mm
名　称			单位	消　耗　量		
人工	000201000	综合二类工	工日	10.623	12.241	13.858
机械	990231010	套管钻机	台班	2.579	2.940	3.293

工作内容：搅拌灰浆，灌浆，浇捣端头锚固件保护混凝土。 **计量单位：**100m

编号				2-105	2-106	2-107	2-108	2-109	2-110
项目				土层锚杆锚孔注浆（孔径）			土层套管锚孔注浆（孔径）		
				≤100mm	≤150mm	≤200mm	≤100mm	≤150mm	≤200mm
名称			单位	消耗量					
人工	000201000	综合二类工	工日	2.337	2.918	3.785	2.571	3.210	4.164
材料	802101014	预拌混凝土 C25	m^3	0.101	0.129	0.169	0.101	0.129	0.169
	800100001	水泥砂浆 1∶1	m^3	2.009	2.481	4.274	4.922	6.078	10.471
	172713003	高压胶管 ϕ50	m	1.500	1.500	1.500	1.500	1.500	1.500
机械	990610010	灰浆搅拌机 200L	台班	0.700	0.700	0.900	1.400	1.400	1.800
	990219010	电动灌浆机	台班	0.700	0.700	0.900	1.680	1.680	2.160

工作内容：1. 钢筋锚杆制作、安装。
2. 钢管锚杆制作、安装。
3. 锚杆锚头制作、安装、张拉、锁定。 **计量单位：**见表

编号				2-111	2-112	2-113
项目				钢筋锚杆（土钉）	钢管锚杆（土钉）	锚杆锚头
				制作、安装		制作、安装、张拉、锁定
单位				10t		10套
名称			单位	消耗量		
人工	000201000	综合二类工	工日	40.793	35.207	10.805
材料	010103002	螺纹钢筋 ϕ25 以外	t	10.250	—	—
	031301005	低合金钢焊条 E43（综合）	kg	40.000	30.000	—
	170100016	焊接钢管（综合）	t	—	10.200	—
	012900001	钢板（综合）	t	—	—	0.350
	010100006	钢筋 ϕ10 以内	t	—	—	0.061
	142909001	氧气	m^3	—	—	3.498
	142907002	乙炔气	kg	—	—	1.345
	030109025	六角螺母（综合）	套	—	—	20.400
	031301007	低碳钢焊条（综合）	kg	—	—	28.000
	850103006	其他材料费（占材料费）	%	0.500	0.500	0.500
机械	990901020	交流弧焊机 32kV·A	台班	2.500	1.800	1.400
	990304004	汽车式起重机 8t	台班	6.300	6.300	0.600
	990910030	对焊机 75kV·A	台班	1.000	—	—
	990703010	钢筋弯曲机 40mm	台班	0.200	—	—
	990702010	钢筋切断机 40mm	台班	0.900	—	—
	990747030	管子切断机 250mm	台班	—	2.300	—
	990316020	立式油压千斤顶 200t	台班	—	—	2.000

工作内容： 1. 除锈、防锈，调直切断、焊接、成型、包裹；穿入孔内，就位、固定；
2. 锚头制作、安装、张拉、锚固、锁定。 **计量单位：** 见表

编号				2-114	2-115
项目				锚索	
				制作、安装及张拉	锚墩、承压板制作、安装
单位				t	10套
名称			单位	消耗量	
人工	000201000	综合二类工	工日	40.793	35.207
材料	010100010	钢筋 ϕ10以外	kg	51.500	—
	010700003	钢绞线（钢丝束）(综合)	t	1.030	—
	172101001	波纹管	kg	36.900	—
	030907007	钢绞线群锚	套	8.601	—
	172709016	聚氯乙烯软管 $D20\times2.5$	m	233.900	—
	031509001	铁件（综合）	kg	19.330	12.700
	031301005	低合金钢焊条 E43（综合）	kg	8.710	—
	012900002	钢板（综合）	kg	—	98.280
	802101015	预拌混凝土 C30	m^3	—	0.428
	850103006	其他材料费（占材料费）	%	2.000	2.000
机械	990901020	交流弧焊机 32kV·A	台班	0.491	—
	990744010	半自动切割机 100mm	台班	0.162	—
	990705010	预应力钢筋拉伸机 650kN	台班	3.468	—
	990811020	高压油泵 80MPa	台班	3.468	—

工作内容： 基层清理，喷射混凝土，收回弹料，找平面层。 **计量单位：** $100m^2$

编号				2-116	2-117
项目				喷射混凝土护坡	
				初喷厚 50mm	每增减 10mm
名称			单位	消耗量	
人工	000201000	综合二类工	工日	9.886	1.801
材料	802101014	预拌混凝土 C25	m^3	5.500	1.100
	172713002	耐压胶管 ϕ50	m	1.860	0.370
	341101001	水	m^3	11.260	2.250
机械	991003070	电动空气压缩机 $10m^3/min$	台班	0.520	0.100
	990609010	混凝土湿喷机 $5m^3/h$	台班	0.560	0.110

5. 挡 土 板

工作内容：安装及拆卸。　　　　**计量单位**：$100m^2$

编号				2-118	2-119	2-120	2-121
项目				木挡土板			
				疏板		密板	
				木撑	钢撑	木撑	钢撑
名称			单位	消耗量			
人工	000201000	综合二类工	工日	11.099	8.489	14.296	10.893
材料	050100001	原木（综合）	m^3	0.226	—	0.231	—
	050401003	板枋材	m^3	0.291	0.315	0.462	0.473
	041301003	标准砖 240×115×53	千块	0.188	0.188	—	—
	031501001	扒钉	kg	22.140	—	26.780	—
	350303001	脚手架钢管	kg	—	17.098	—	17.992
	350203002	扣件	个	—	1.730	—	1.825
	850103006	其他材料费（占材料费）	%	1.000	1.000	1.000	1.000

工作内容：安装及拆卸。　　　　**计量单位**：$100m^2$

编号				2-122	2-123	2-124	2-125
项目				钢挡土板			
				疏板		密板	
				木撑	钢撑	木撑	钢撑
名称			单位	消耗量			
人工	000201000	综合二类工	工日	11.246	8.555	14.296	11.025
材料	350115002	钢挡土板	kg	63.600	63.600	92.220	92.220
	050100001	原木（综合）	m^3	0.221	—	0.231	—
	050401003	板枋材	m^3	0.063	0.060	0.063	0.058
	041301003	标准砖 240×115×53	千块	0.160	0.160	—	—
	350303001	脚手架钢管	kg	—	17.098	—	17.098
	350203002	扣件	个	—	1.730	—	1.730
	850103006	其他材料费（占材料费）	%	1.000	1.000	1.000	1.000

6. 混凝土腰梁、冠梁

工作内容： 1. 混凝土浇筑、振捣、养护。

2. 模板及支撑制作、安装、拆除、堆放、运输及清理模内杂物、刷隔离剂。　**计量单位：** 见表

编　号				2-126	2-127	2-128	2-129
项　目				混凝土冠梁	混凝土冠梁模板	混凝土腰梁	混凝土腰梁模板
单　位				$10m^3$	$100m^2$	$10m^3$	$100m^2$
名　称			单位	消　耗　量			
人工	000201000	综合二类工	工日	2.444	16.941	2.715	18.245
材料	802101012	预拌混凝土 C20	m^3	10.100	—	10.100	—
	020901001	塑料薄膜	m^2	31.765	—	31.765	—
	023101001	土工布（综合）	m^2	3.168	—	3.168	—
	341101001	水	m^3	3.040	—	3.040	—
	341103001	电	kW · h	3.750	—	3.750	—
	350123002	复合模板	m^2	—	24.675	—	24.675
	050401003	板枋材	m^3	—	0.447	—	0.447
	350219001	梁卡具 模板用	kg	—	17.150	—	17.150
	143531001	隔离剂	kg	—	10.000	—	10.000
	800100003	水泥砂浆 1：2	m^3	—	0.012	—	0.012
	172505011	硬塑料管 ϕ20	m	—	52.930	—	52.930
	144303020	塑料粘胶带 20mm × 50m	卷	—	4.500	—	4.500
	030105220	对拉螺栓	kg	—	6.477	—	6.477
	850103006	其他材料费（占材料费）	%	1.000	1.000	1.000	1.000
机械	990706010	木工圆锯机 500mm	台班	—	0.037	—	0.037

7. 钢 支 撑

工作内容： 1. 内支撑安装：吊车配合、围檩、支撑驳运卸车；定位放样；槽壁面凿出预埋件；钢牛腿焊接；支撑拼接、焊接安全栏杆、安装定位；活络接头固定。

2. 内支撑拆除：切割、吊出支撑分段；装车及堆放。

计量单位： 10t

编号				2-130	2-131	2-132	2-133
项目				钢支撑（基坑深度）			
				≤15m		＞15m	
				安装	拆除	安装	拆除
名称			单位	消耗量			
人工	000201000	综合二类工	工日	14.039	19.184	13.296	16.170
材料	330127004	钢支撑	kg	270.000	—	270.000	—
	030105062	六角螺栓带螺母（综合）	kg	25.500	—	21.400	—
	050109001	枕木（综合）	m^3	0.300	—	0.200	—
	012903002	中厚钢板（综合）	kg	78.900	—	47.500	—
	031509022	预埋铁件	kg	116.200	—	70.000	—
	031301007	低碳钢焊条（综合）	kg	10.900	4.500	6.600	4.500
	330199008	钢围檩	kg	52.500	—	31.800	—
机械	990302025	履带式起重机 25t	台班	1.600	1.500	—	—
	990302035	履带式起重机 40t	台班	—	—	1.600	1.500
	990901020	交流弧焊机 32kV·A	台班	1.300	0.500	0.800	0.300
	991003070	电动空气压缩机 $10m^3/min$	台班	0.200	0.200	0.100	0.100
	990316010	立式油压千斤顶 100t	台班	1.100	1.100	1.100	1.100
	990401015	载重汽车 4t	台班	0.870	0.400	0.870	0.400
	990304004	汽车式起重机 8t	台班	0.290	—	0.270	—

8. 钢 腰 梁

工作内容：制作、运输、安装。　　　　**计量单位：**10t

编　号				2-134
项　目				钢腰梁
名　称			单位	消 耗 量
人工	000201000	综合二类工	工日	19.595
材料	012300003	型钢（综合）	t	8.232
	012900030	热轧普通钢板 Q235	t	2.126
	031301008	低碳钢焊条 J422（综合）	kg	77.851
机械	990303020	轮胎式起重机 16t	台班	0.337
	990901020	交流弧焊机 32kV · A	台班	11.125

三、补 充 项 目

1. 机械铺填机械碾压灰土

工作内容：5m 以内取土，铺土、碎土平整、洒水；机械碾压；铺灰、拌和。　　　　**计量单位：**10m³

编　号				2-135
项　目				机械铺填机械碾压 3∶7 灰土
名　称			单位	消 耗 量
人工	000201000	综合二类工	工日	0.859
材料	341101001	水	m³	1.000
	040905012	熟石灰	kg	3210.000
机械	990120040	钢轮内燃压路机 15t	台班	0.056
	990101015	履带式推土机 75kW	台班	0.020
	990409020	洒水车 4000L	台班	0.008

2. 静压灰土挤密桩

工作内容： 静压机成孔、测量放线、灌注灰土、夯实。　　　　**计量单位：** $10m^3$

编　　号				2-136
项　　目				静压机成孔灰土挤密桩
名　　称			单位	消　耗　量
人工	000201000	综合二类工	工日	0.531
材料	040905012	熟石灰	kg	3210.000
	341101001	水	m^3	2.200
机械	990206005	静力压桩机 900kN	台班	0.370
	990123010	电动夯实机 250N · m	台班	1.110
	990110060	轮胎式装载机 $3m^3$	台班	0.280

3. 中心压灌式 CFG 桩

工作内容： 准备机具、移动钻机，钻孔，测量校正，灌注，提管移位，操作范围内料具搬运。　　　　**计量单位：** $10m^3$

编　　号				2-137	2-138	2-139
项　　目				中心压灌式 CFG 桩		
				10m 以内	15m 以内	20m 以内
名　　称			单位	消　耗　量		
人工	000201000	综合二类工	工日	6.631	5.251	4.301
材料	802101015	预拌混凝土 C30	m^3	11.615	11.615	11.615
	350999003	金属周转材料	kg	6.600	6.600	6.600
机械	990210020	螺旋钻机 600mm	台班	1.111	0.961	0.781

4. 旋喷锚索机械钻孔注浆

工作内容： 1. 钻孔机具安装、拆除，钻孔，安拔防护套管。
2. 搅拌灰浆，灌浆（水灰比：0.5）。　　　　**计量单位：** 100m

编　　号				2-140	2-141	2-142
项　　目				旋喷锚索机械钻孔注浆（锚固段孔径）		
				≤ 300mm	≤ 400mm	≤ 500mm
名　　称			单位	消　耗　量		
人工	000201000	综合二类工	工日	21.640	24.020	26.662
材料	802101014	预拌混凝土 C25	m^3	0.286	0.483	0.816
	040100005	水泥 42.5	t	12.197	19.800	33.977
	341101001	水	m^3	6.098	9.900	16.988
	172713003	高压胶管 $\phi50$	m	1.500	1.500	1.500
机械	990238010	旋喷锚索机 100-250mm	台班	5.605	5.900	6.490
	990610010	灰浆搅拌机 200L	台班	3.924	4.130	4.543
	990824020	高压注浆泵 90L/min	台班	4.484	4.720	5.192

5. 长螺旋钻机成孔灰土挤密桩（DDC桩）

工作内容：1. 定位放线、钻机就位、钻孔、检查成孔质量、孔底清理、盖好孔口盖板。
2. 移走盖板复测孔深、垂直度，灰土拌和、运输、夯实。　　**计量单位：**$10m^3$

编　号				2-143	2-144
项　目				长螺旋钻机成孔（孔径400）	
				3∶7灰土DDC桩长	
				12m以内	18m以内
名　称			单位	消　耗　量	
人工	000201000	综合二类工	工日	3.790	2.950
材料	040905012	熟石灰	kg	3210.000	3210.000
	341101001	水	m^3	2.060	2.060
机械	990210010	螺旋钻机　400mm	台班	0.460	0.280
	990123010	电动夯实机　250N·m	台班	0.420	0.330
	990110040	轮胎式装载机　$2m^3$	台班	0.050	0.040

第三章

桩基工程

说　　明

一、本章定额包括预制桩、灌注桩共两部分。

二、本章定额所列打桩机械的规格、型号是按常规施工工艺和方法综合取定，施工场地的土质级别也进行了综合取定。原土打桩、坑内打桩均适用本定额。

三、桩基施工前场地平整、压实地表、地下障碍处理等，定额均未考虑，发生时另行计算。

四、探桩位已综合考虑在各类桩基定额内，不另行计算。

五、单位工程的桩基工程量少于下表对应数量时，相应项目人工、机械乘以系数 1.25。灌注桩单位工程的桩基工程量指按照工程量计算规则计算的工程量。

单位工程的桩基工程量表

项　　目	单位工程的工程量	项　　目	单位工程的工程量
预制钢筋混凝土方桩	$200m^3$	回旋、旋挖、螺旋成孔灌注桩	$150m^3$
预应力钢筋混凝土管桩	1000m	冲击、冲孔、扩孔、沉管成孔灌注桩	$100m^3$
预制钢筋混凝土板桩	$100m^3$	钢管桩	50t

六、预制桩：

1. 单独打试桩、锚桩，按相应定额的打桩人工及机械乘以系数 1.50。

2. 预制桩工程按陆地打垂直桩编制，斜度 3 度以内执行垂直桩项目。设计要求打斜桩时，斜度 $\leqslant 1:6$ 时，相应项目人工、机械乘以系数 1.25；斜度 $> 1:6$ 时，相应项目人工、机械乘以系数 1.43。

3. 预制桩工程以平地（坡度 $\leqslant 15°$）打桩为准，坡度 $> 15°$打桩时，按相应项目人工、机械乘以系数 1.15。如在基坑内（基坑深度 $> 1.5m$，基坑面积 $\leqslant 500m^2$）打桩或在地坪上打坑槽内（坑槽深度 $> 1m$）桩时，按相应项目人工、机械乘以系数 1.11。

4. 在桩间补桩或在强夯后的地基上打桩时，相应项目人工、机械乘以系数 1.15。

5. 预制桩工程，如遇送桩时，可按打桩相应项目人工、机械乘以下表中的系数。

接桩：指将已打入的前一根桩顶端与后一根桩的下端相连接的过程。

送桩：在打桩时，如果桩顶标高较低（自然地面到设计桩顶标高之间有段距离），当桩机不能将桩打入设计位置，而需要用送桩器辅助，将预制桩共同送至设计位置，这一过程称为送桩。

送桩深度系数表

送桩深度（m）	系数
≤2	1.25
≤4	1.43
>4	1.67

6. 打、压预制钢筋混凝土桩、预应力钢筋混凝土管桩，定额按购入成品构件考虑，已包含桩位半径在 15m 范围内的移动、起吊、就位；超过 15m 时的场内运输，按本定额第五章“混凝土及钢筋混凝土工程”第四部分构件运输 1km 以内的相应项目计算。

7. 本章定额内未包括预应力钢筋混凝土管桩钢桩尖制作、安装，实际发生时按本定额第五章“混凝土及钢筋混凝土工程”中的预埋铁件项目执行。

8. 预应力钢筋混凝土管桩，如设计要求现场加注填充材料时，填充部分另按本章钢管桩填芯相应项目执行。

9. 截桩头适用于桩径 600mm 以内预制混凝土桩，如为水泥桩、灰土桩时，人工、机械乘以系数 0.7。

七、灌注桩：

1. 回旋、旋挖、冲击、冲孔成孔等灌注桩设计要求进入岩石层时执行入岩项目，入岩指钻入第一章岩石分类表中的极软岩、软质岩或硬质岩。

2. 旋挖成孔、冲孔桩机带冲抓锤成孔灌注桩项目按湿作业成孔考虑，如采用干作业成孔工艺时：则扣除定额项目中的黏土、水和机械中的泥浆泵，增加人工 0.38 工日/100m^3，轮胎式装载机 1.5m^3 0.85 台班/100m^3。

3. 定额各种灌注桩的材料用量中，均已包括了充盈系数和材料损耗，见下表。实际设计、施工与表中充盈系数不同时，允许调整材料含量，人工、机械不进行调整。

灌注桩充盈系数和材料损耗率表

项目名称	充盈系数	损耗率（%）
回旋、螺旋钻机钻孔灌注混凝土桩	1.20	1
旋挖、冲击钻机成孔灌注混凝土桩	1.25	1
冲孔、扩孔桩机成孔灌注混凝土桩	1.30	1

4. 桩孔空钻部分回填应根据施工组织设计要求套用相应定额，填土执行本定额第一章“土石方工程”松填土相应项目乘以系数 1.15，填碎石执行本定额第二章“地基处理与边坡支护工程”填铺项目乘以系数 0.7。

5. 本定额未考虑泥浆运输，如发生时另行计算。

6. 挤扩支盘钻孔未包括成孔工作内容，实际发生时按成孔方式执行相应成孔定额项目。

7. 本章定额内未包括泥浆池制作，实际发生时执行本定额第四章“砌筑工程”的相应项目。

8. 本章定额内未包括泥浆场外运输，废浆处理及外运按处理方案另行计算。

9. 本章定额内未包括桩钢筋笼、铁件制作、安装，实际发生时执行本定额第五章“混凝土及钢筋混凝土工程”中的相应项目。

10. 本章定额内未包括沉管灌注桩的预制桩尖制作、安装，实际发生时执行本定额第五章“混凝土及钢筋混凝土工程”中的小型构件项目。

11. 灌注桩后压浆注浆管、声测管埋设，注浆管、声测管如遇材质、规格不同时，可以换算，其余不变。

12. 注浆管埋设定额按桩底注浆考虑，如设计采用侧向注浆，则人工、机械乘以系数 1.2。

13. 桩底（侧）后压浆已综合考虑了桩长、桩径不同因素，若水泥品种、强度等级与定额不同时，可以换算。

工程量计算规则

一、预制桩：

1. 预制钢筋混凝土桩：

打、压预制钢筋混凝土桩按设计桩长（包括桩尖）乘以桩截面面积，以体积计算。

2. 预应力钢筋混凝土管桩：

（1）打、压预应力钢筋混凝土管桩按设计桩长（不包括桩尖），以长度计算。

（2）预应力钢筋混凝土管桩钢桩尖按设计图示尺寸，以质量计算。

（3）桩头灌芯按设计尺寸以灌注体积计算。

3. 钢管桩：

（1）钢管桩按设计尺寸以桩体质量计算。

（2）钢管桩内切割、精割盖帽按设计尺寸以数量计算。

（3）钢管桩管内钻孔取土、填芯，按设计桩长（包括桩尖）乘以填芯截面积，以体积计算。

4. 打桩工程的送桩均按设计桩顶标高至打桩前的自然地坪标高另加 0.5m 计算相应的送桩工程量。

5. 预制混凝土桩、钢管桩电焊接桩，按设计尺寸，以接桩头的数量计算。

6. 预制混凝土桩截桩按设计要求截桩的数量计算。

7. 预制混凝土桩凿桩头按设计图示桩截面面积乘以凿桩头长度，以体积计算。凿桩头长度设计无规定时，桩头长度按桩体高 40d（d为桩体主筋直径，主筋直径不同时取大者）计算；回旋桩、旋挖桩、冲击桩、冲孔桩、扩孔桩灌注混凝土桩凿桩头按设计超灌高度（设计有规定按设计要求，设计无规定按 1m）乘以桩身设计截面面积以体积计算；沉管桩、螺旋桩灌注混凝土桩凿桩头按设计超灌高度（设计有规定按设计要求，设计无规定按 0.5m）乘以桩身设计截面面积以体积计算。

二、灌注桩：

1. 回旋桩、旋挖桩、冲击桩、螺旋桩成孔工程量按打桩工作面标高至设计桩底标高的成孔长度乘以设计桩径截面面积，以体积计算。入岩增加项目工程量按实际入岩深度乘以设计桩径截面面积，以体积计算。

2. 冲孔桩机带冲击（抓）锤冲孔工程量分别按进入土层、岩石层的成孔长度乘以设计桩径截面面积，以体积计算。

3. 挤扩支盘钻孔按设计图示挤扩部分工程量，以体积计算。

4. 回旋桩、旋挖桩、冲击桩、冲孔桩、扩孔桩、螺旋桩灌注混凝土工程量按设计桩径截面面积乘以设计桩长（包括桩尖）另加加灌长度，以体积计算。回旋桩、旋挖桩、冲击桩、冲孔桩、扩孔桩加灌长度设计有规定者，按设计要求计算，无规定者，按 1m 计算。螺旋桩加灌长度设计有规定者，按设计要求计算，无规定者，按 0.5m 计算。

5. 沉管成孔工程量按打桩前自然地坪标高至设计桩底标高（不包括预制桩尖）的成孔长度乘以钢管外径截面面积，以体积计算。

6. 沉管桩灌注混凝土工程量按设计桩外径截面面积乘以设计桩长（不包括预制桩尖）另加加灌长度，以体积计算。加灌长度设计有规定者，按设计要求计算，无规定者，按 0.5m 计算。

7. 钻（冲）孔灌注桩设计要求扩底时，其扩底工程量按设计尺寸，以体积计算，并入相应的工程量内。

8. 泥浆运输按成孔工程量，以体积计算。

9. 桩孔回填工程量按打桩前自然地坪标高至桩加灌长度的顶面乘以桩孔截面积，以体积计算。

10. 钻孔压浆桩工程量按设计桩长，以长度计算。

11. 注浆管工程量按打桩工作面标高至设计桩底标高的另加 0.5m，以长度计算，声测管按设计图示尺寸以长度计算。

12. 桩底（侧）后压浆工程量按设计注入水泥用量，以质量计算。

一、预　制　桩

1. 预制钢筋混凝土方桩

工作内容： 准备打桩机具，探桩位，行走打桩机，吊装定位，安卸桩垫、桩帽，校正，打桩。

计量单位：10m^3

编　　号				3-1	3-2	3-3	3-4
项　　目				打预制钢筋混凝土方桩（桩长）			
				≤ 12m	≤ 25m	≤ 45m	> 45m
名　　称			单位	消　耗　量			
人工	000201000	综合二类工	工日	4.748	3.936	3.374	2.936
材料	043113002	预制钢筋混凝土方桩	m^3	10.100	10.100	10.100	10.100
	850103006	其他材料费（占材料费）	%	0.500	0.500	0.500	0.500
机械	990201010	履带式柴油打桩机 2.5t	台班	0.760	—	—	—
	990201030	履带式柴油打桩机 5t	台班	—	0.630	0.540	—
	990201040	履带式柴油打桩机 7t	台班	—	—	—	0.470
	990302025	履带式起重机 25t	台班	0.460	0.380	0.320	0.280

工作内容： 准备压桩机具，探桩位，行走压桩机，吊装定位，安卸桩垫、桩帽，校正，压桩。

计量单位：10m^3

编　　号				3-5	3-6	3-7	3-8
项　　目				压预制钢筋混凝土方桩（桩长）			
				≤ 12m	≤ 25m	≤ 45m	> 45m
名　　称			单位	消　耗　量			
人工	000201000	综合二类工	工日	3.186	2.499	1.999	1.749
材料	043113002	预制钢筋混凝土方桩	m^3	10.100	10.100	10.100	10.100
	850103006	其他材料费（占材料费）	%	0.500	0.500	0.500	0.500
机械	990206005	静力压桩机 900kN	台班	0.510	—	—	—
	990206020	静力压桩机 2000kN	台班	—	0.400	—	—
	990206025	静力压桩机 3000kN	台班	—	—	0.320	—
	990206030	静力压桩机 4000kN	台班	—	—	—	0.280
	990302025	履带式起重机 25t	台班	0.300	0.240	0.190	0.170

2. 预应力钢筋混凝土管桩

工作内容： 准备打桩机具，探桩位，行走打桩机，吊装定位，安卸桩垫、桩帽，校正，打桩。

计量单位： 100m

编号				3-9	3-10	3-11	3-12
项目				打预应力钢筋混凝土管桩（桩径）			
				≤ 400mm	≤ 500mm	≤ 600mm	＞ 600mm
名称			单位	消耗量			
人工	000201000	综合二类工	工日	4.498	4.954	5.089	5.307
材料	043113004	预应力钢筋混凝土管桩	m	101.000	101.000	101.000	101.000
	850103006	其他材料费（占材料费）	%	0.500	0.500	0.500	0.500
机械	990201010	履带式柴油打桩机 2.5t	台班	0.750	—	—	—
	990201030	履带式柴油打桩机 5t	台班	—	0.826	—	—
	990201040	履带式柴油打桩机 7t	台班	—	—	0.848	0.885
	990302025	履带式起重机 25t	台班	0.469	0.516	0.530	0.553

工作内容： 准备压桩机具，探桩位，行走压桩机，吊装定位，安卸桩垫、桩帽，校正，压桩。

计量单位： 100m

编号				3-13	3-14	3-15	3-16
项目				压预应力钢筋混凝土管桩（桩径）			
				≤ 400mm	≤ 500mm	≤ 600mm	＞ 600mm
名称			单位	消耗量			
人工	000201000	综合二类工	工日	3.598	3.963	4.071	4.943
材料	043113004	预应力钢筋混凝土管桩	m	101.000	101.000	101.000	101.000
	850103006	其他材料费（占材料费）	%	0.500	0.500	0.500	0.500
机械	990206045	静力压桩机 8000kN	台班	0.554	0.610	0.627	0.762
	990302025	履带式起重机 25t	台班	0.472	0.520	0.536	0.656

3. 预制钢筋混凝土板桩

工作内容： 准备打桩机具，移动打桩机及其轨道，吊装就位，安卸桩帽，测量，校正，打桩。

计量单位： 10m³

编　号				3-17	3-18	3-19	3-20
项　目				打预制钢筋混凝土板桩（单桩体积）			
				≤ 1m³	≤ 1.5m³	≤ 2.5m³	> 2.5m³
名　称			单位	消　耗　量			
人工	000201000	综合二类工	工日	6.787	5.628	4.296	3.773
材料	043113001	预制钢筋混凝土板桩	m³	10.100	10.100	10.100	10.100
	850103006	其他材料费（占材料费）	%	0.500	0.500	0.500	0.500
机械	990202060	轨道式柴油打桩机 3.5t	台班	1.207	1.001	—	—
	990202070	轨道式柴油打桩机 4t	台班	—	—	0.764	0.671
	990302025	履带式起重机 25t	台班	1.207	1.001	0.764	0.671

4. 钢　管　桩

工作内容： 准备打桩机具，移动打桩机，吊装定位，安卸桩帽，校正，打桩。

计量单位： 10t

编　号				3-21	3-22	3-23	3-24	3-25	3-26
项　目				打钢管桩（桩径）					
				≤ 450mm		≤ 650mm		≤ 1000mm	
				桩长 ≤ 30m	桩长 > 30m	桩长 ≤ 30m	桩长 > 30m	桩长 ≤ 30m	桩长 > 30m
名　称			单位	消　耗　量					
人工	000201000	综合二类工	工日	10.858	8.047	7.697	6.035	5.623	4.186
材料	330107003	钢管桩（成品）	t	10.100	10.100	10.100	10.100	10.100	10.100
	850103006	其他材料费（占材料费）	%	0.500	0.500	0.500	0.500	0.500	0.500
机械	990201010	履带式柴油打桩机 2.5t	台班	1.738	1.288	—	—	—	—
	990201030	履带式柴油打桩机 5t	台班	—	—	1.232	0.966	—	—
	990201050	履带式柴油打桩机 8t	台班	—	—	—	—	0.900	0.670
	990302025	履带式起重机 25t	台班	1.738	1.288	1.232	0.966	0.900	0.670
	990790010	风割机	台班	1.738	1.288	1.232	0.966	0.900	0.670

工作内容：准备机具，测定标高，钢管桩内排水，内切割钢管，截除钢管，就地安放。　　**计量单位：**10 根

编号				3-27	3-28	3-29
项目				钢管桩内切割（桩径）		
				≤450mm	≤650mm	≤1000mm
名称			单位	消耗量		
人工	000201000	综合二类工	工日	4.007	4.441	4.876
材料	142909001	氧气	m^3	31.800	32.500	39.001
	142907002	乙炔气	kg	12.231	12.500	15.000
机械	990783010	内切割机	台班	0.900	1.000	1.100
	990302025	履带式起重机 25t	台班	0.900	1.000	1.100

工作内容：准备机具；测定标高划线，整圆；钢管桩内排水；精割；清泥；除锈；
安放及焊接盖帽。　　**计量单位：**10 个

编号				3-30	3-31	3-32
项目				钢管桩精割盖帽（桩径）		
				≤450mm	≤650mm	≤1000mm
名称			单位	消耗量		
人工	000201000	综合二类工	工日	4.800	6.600	9.656
材料	330129001	钢帽 $\phi400$	个	10.000	—	—
	330129002	钢帽 $\phi600$	个	—	10.000	—
	330129003	钢帽 $\phi900$	个	—	—	10.000
	031303013	焊丝 $\phi3.2$	kg	17.200	25.900	38.600
	031305001	焊剂	kg	8.601	12.950	19.300
机械	990901020	交流弧焊机 32kV · A	台班	0.800	1.100	1.600
	990302025	履带式起重机 25t	台班	0.800	1.100	1.600
	990790010	风割机	台班	1.100	1.200	1.300

工作内容：1. 准备钻孔机具，钻机就位，钻孔取土，土方弃土于桩外侧 5m 以内。
2. 冲洗管桩内芯，排水，填芯。

计量单位：$10m^3$

编号				3-33	3-34	3-35	3-36
项目				钢管内取土、填芯			
				管内钻孔取土	管内填混凝土	管内填黄砂	管内填碎石
名称			单位	消耗量			
人工	000201000	综合二类工	工日	5.846	3.987	1.051	1.744
材料	802101015	预拌混凝土 C30	m^3	—	10.100	—	—
	341101001	水	m^3	—	3.000	4.000	4.000
	040315003	黄砂 中砂	m^3	—	—	11.333	—
	040501002	碎石（综合）	m^3	—	—	—	11.333
机械	990210020	螺旋钻机 600mm	台班	0.800	—	—	—
	990809020	潜水泵 100mm	台班	—	0.070	0.070	0.070

5. 接桩、截（凿）桩头

工作内容：准备接桩工具，对接桩、放置接桩，筒铁，钢板焊制，焊接，安放，拆卸夹箍。

计量单位：10 个

编号				3-37	3-38	3-39
项目				预制钢筋混凝土桩接桩		
				包角钢	包钢板	法兰连接
名称			单位	消耗量		
人工	000201000	综合二类工	工日	6.181	4.809	4.689
材料	012101012	角钢 30×4	kg	80.000	—	—
	031301005	低合金钢焊条 E43（综合）	kg	6.500	20.300	10.400
	012900002	钢板（综合）	kg	—	599.000	—
	030105148	镀锌六角螺栓（综合）	kg	—	—	37.400
	133101005	石油沥青 30#	kg	—	—	140.000
	850103006	其他材料费（占材料费）	%	1.000	1.000	1.000
机械	990201020	履带式柴油打桩机 3.5t	台班	0.342	0.306	0.700
	990901030	交流弧焊机 40kV·A	台班	1.060	0.830	0.700
	990302025	履带式起重机 25t	台班	0.342	0.306	0.700

工作内容：准备工具，磨焊接头，上、下节桩对接，焊接。 **计量单位**：10个

编号				3-40	3-41	3-42
项目				钢管桩电焊接桩（桩径）		
				≤450mm	≤650mm	≤1000mm
名称			单位	消耗量		
人工	000201000	综合二类工	工日	4.089	4.373	4.771
材料	031301005	低合金钢焊条 E43（综合）	kg	20.296	30.562	46.728
	850103006	其他材料费（占材料费）	%	1.000	1.000	1.000
机械	990201010	履带式柴油打桩机 2.5t	台班	0.700	—	—
	990201030	履带式柴油打桩机 5t	台班	—	0.700	—
	990201050	履带式柴油打桩机 8t	台班	—	—	0.900
	990901020	交流弧焊机 32kV·A	台班	0.700	0.700	1.800

工作内容：定位，切割，桩头运至50m内堆放。 **计量单位**：10根

编号				3-43	3-44
项目				预制钢筋混凝土桩截桩	
				方桩	管桩
名称			单位	消耗量	
人工	000201000	综合二类工	工日	2.658	2.159
材料	031541007	石料切割锯片	片	10.000	6.750
机械	990772010	岩石切割机 3kW	台班	2.120	1.430

工作内容：桩头混凝土凿除，钢筋截断，桩头钢筋梳理整形。 **计量单位**：$10m^3$

编号				3-45	3-46
项目				凿桩头	
				预制钢筋混凝土桩	灌注钢筋混凝土桩
名称			单位	消耗量	
人工	000201000	综合二类工	工日	8.493	7.043
机械	991003030	电动空气压缩机 $1m^3/min$	台班	5.005	3.575
	990129010	手持式风动凿岩机	台班	5.005	3.575

二、灌 注 桩

1. 回旋钻机成孔

工作内容：护筒埋设及拆除；安拆泥浆系统，造浆；准备钻具，钻机就位；钻孔、出渣、提钻、压浆、清孔。

计量单位：10m³

编　号				3-47	3-48	3-49	3-50
项　目				回旋钻机钻桩孔（桩径）			
				≤800mm	≤1000mm	≤1200mm	≤1500mm
名　称			单位	消　耗　量			
人工	000201000	综合二类工	工日	6.287	5.546	4.805	3.817
材料	040901004	黏土	m³	0.668	0.543	0.417	0.290
	341101001	水	m³	27.600	26.560	26.560	22.100
	052501001	垫木	m³	0.040	0.040	0.040	0.040
	031301005	低合金钢焊条 E43（综合）	kg	1.120	1.050	0.980	0.840
	350999003	金属周转材料	kg	2.880	2.315	1.750	1.000
机械	990209020	回旋钻机 800mm	台班	1.937	—	—	—
	990209030	回旋钻机 1000mm	台班	—	1.498	—	—
	990209040	回旋钻机 1500mm	台班	—	—	1.059	0.840
	990806020	泥浆泵 100mm	台班	1.937	1.498	1.059	0.840
	990901020	交流弧焊机 32kV·A	台班	0.160	0.140	0.140	0.120

工作内容：护筒埋设及拆除；安拆泥浆系统，造浆；准备钻具，钻机就位；钻孔、出渣、提钻、压浆、清孔。

计量单位：10m³

编　号				3-51	3-52	3-53	3-54
项　目				回旋钻机钻桩孔（桩径）			
				≤800mm	≤1000mm	≤1200mm	≤1500mm
				入岩增加			
名　称			单位	消　耗　量			
人工	000201000	综合二类工	工日	47.612	40.949	34.285	28.574
材料	350999003	金属周转材料	kg	4.500	3.760	3.030	2.400
机械	990209020	回旋钻机 800mm	台班	10.480	—	—	—
	990209030	回旋钻机 1000mm	台班	—	9.444	—	—
	990209040	回旋钻机 1500mm	台班	—	—	8.408	6.290
	990806020	泥浆泵 100mm	台班	1.937	1.498	1.059	0.840

2. 旋挖钻机成孔

工作内容： 护筒埋设及拆除；钻机就位；钻孔、提钻、出渣、渣土清理堆放；造浆、压浆、清孔。

计量单位：10m³

编号				3-55	3-56	3-57	3-58
项目				旋挖钻机钻桩孔（桩径）			
				≤800mm	≤1000mm	≤1200mm	≤1500mm
名称			单位	消耗量			
人工	000201000	综合二类工	工日	4.937	3.360	3.330	2.480
材料	040901004	黏土	m^3	0.730	0.610	0.560	0.510
	341101001	水	m^3	5.000	5.000	5.000	5.000
	031301005	低合金钢焊条 E43（综合）	kg	1.040	1.040	1.040	1.040
	350999003	金属周转材料	kg	6.300	5.200	4.700	3.900
机械	990212010	履带式旋挖钻机 800mm	台班	0.461	—	—	—
	990212020	履带式旋挖钻机 1000mm	台班	—	0.378	—	—
	990212030	履带式旋挖钻机 1200mm	台班	—	—	0.373	—
	990212040	履带式旋挖钻机 1500mm	台班	—	—	—	0.278
	990106030	履带式单斗液压挖掘机 $1m^3$	台班	0.305	0.265	0.230	0.195
	990302035	履带式起重机 40t	台班	0.460	0.390	0.330	0.270
	990901020	交流弧焊机 32kV·A	台班	0.183	0.180	0.180	0.100
	990806020	泥浆泵 100mm	台班	0.396	0.330	0.275	0.220

工作内容： 护筒埋设及拆除；钻机就位；钻孔、提钻、出渣、渣土清理堆放；造浆、压浆、清孔。

计量单位：10m³

编号				3-59	3-60	3-61	3-62
项目				旋挖钻机钻桩孔（桩径）			
				≤800mm	≤1000mm	≤1200mm	≤1500mm
				入岩增加			
名称			单位	消耗量			
人工	000201000	综合二类工	工日	6.802	6.700	6.600	4.940
材料	031301005	低合金钢焊条 E43（综合）	kg	1.920	1.920	1.920	0.960
	350999003	金属周转材料	kg	9.600	7.900	6.200	4.900
机械	990212010	履带式旋挖钻机 800mm	台班	4.768	—	—	—
	990212020	履带式旋挖钻机 1000mm	台班	—	2.508	—	—
	990212030	履带式旋挖钻机 1200mm	台班	—	—	1.319	—
	990212040	履带式旋挖钻机 1500mm	台班	—	—	—	0.990
	990901020	交流弧焊机 32kV·A	台班	0.260	0.260	0.260	0.150
	990806020	泥浆泵 100mm	台班	0.695	0.695	0.695	0.533

3. 冲击成孔机成孔

工作内容：护筒埋设及拆除；装拆钻架，就位，移动；钻进、提钻、造浆、压浆、出渣、清孔；测量孔径、孔深。

计量单位：10m³

编号				3-63	3-64	3-65	3-66
项目				冲击钻机成孔（桩径）			
				≤1000mm	≤1500mm	≤1000mm	≤1500mm
						入岩增加	
名称			单位	消耗量			
人工	000201000	综合二类工	工日	8.750	7.090	42.116	37.608
材料	040901004	黏土	m^3	6.859	6.670	—	—
	341101001	水	m^3	21.148	20.565	—	—
	031301007	低碳钢焊条（综合）	kg	0.917	0.890	2.670	1.189
	350999003	金属周转材料	kg	14.106	13.690	3.990	1.772
机械	990211020	冲击成孔机 1000mm	台班	2.188	—	10.529	—
	990211030	冲击成孔机 1500mm	台班	—	1.773	—	9.402
	990806020	泥浆泵 100mm	台班	0.875	0.709	0.875	0.709
	990901020	交流弧焊机 32kV·A	台班	0.140	0.110	0.382	0.170

4. 冲孔桩机成孔

工作内容：护筒埋设及拆除；准备抓锤，桩机就位；冲抓、提锤、出渣、加水、加黏土、清孔。

计量单位：10m³

编号				3-67	3-68	3-69
项目				冲孔桩机带冲抓锤成孔（桩长）		
				≤15m	≤30m	>30m
名称			单位	消耗量		
人工	000201000	综合二类工	工日	16.608	20.414	23.719
材料	040901004	黏土	m^3	17.436	17.436	17.436
	341101001	水	m^3	18.540	18.540	18.540
	031301007	低碳钢焊条（综合）	kg	0.918	0.918	0.918
	350999003	金属周转材料	kg	40.540	40.540	40.540
机械	990221010	带冲抓锤冲孔桩机	台班	5.536	6.805	7.906
	990901020	交流弧焊机 32kV·A	台班	0.153	0.153	0.153
	990806020	泥浆泵 100mm	台班	1.949	2.396	2.784

工作内容： 护筒埋设及拆除；准备冲锤，桩机就位；循环冲锤、提锤；加水、加黏土、清孔。

计量单位： 10m³

编号				3-70	3-71	3-72
项目				冲孔桩机带冲击锤成孔（桩长）		
				≤ 15m	≤ 30m	> 30m
名称			单位	消耗量		
人工	000201000	综合二类工	工日	17.720	21.782	25.308
材料	040901004	黏土	m³	17.436	17.436	17.436
	341101001	水	m³	18.540	18.540	18.540
	031301007	低碳钢焊条（综合）	kg	0.918	0.918	0.918
	350999003	金属周转材料	kg	35.780	35.780	35.780
机械	990211010	冲击成孔机 700mm	台班	5.907	7.261	8.436
	990901020	交流弧焊机 32kV · A	台班	0.153	0.153	0.153
	990806020	泥浆泵 100mm	台班	2.105	2.587	3.006

工作内容： 护筒埋设及拆除；准备冲锤，桩机就位；循环冲锤、提锤；加水、加黏土、清孔。

计量单位： 10m³

编号				3-73	3-74	3-75
项目				冲孔桩机带冲击锤成孔（桩长）		
				≤ 15m	≤ 30m	> 30m
				入岩		
名称			单位	消耗量		
人工	000201000	综合二类工	工日	68.224	83.861	97.436
材料	040901004	黏土	m³	9.192	9.192	9.192
	341101001	水	m³	20.394	20.394	20.394
	031301007	低碳钢焊条（综合）	kg	3.337	3.337	3.337
	350999003	金属周转材料	kg	75.200	75.200	75.200
机械	990211010	冲击成孔机 700mm	台班	22.741	27.954	32.478
	990901020	交流弧焊机 32kV · A	台班	0.558	0.558	0.558
	990806020	泥浆泵 100mm	台班	8.104	9.962	11.574

5. 扩孔成孔

工作内容：准备挤扩机具，制作泥浆，加泥浆，吊装，就位，挤扩，回钻，清桩孔泥浆。　**计量单位：**10m³

编　号				3-76	3-77
项　目				挤扩支盘钻孔（桩径）	
				≤ 800mm	> 800mm
名　称			单位	消　耗　量	
人工	000201000	综合二类工	工日	2.080	1.706
材料	040901004	黏土	m^3	0.135	0.135
	341101001	水	m^3	4.473	2.723
	850103006	其他材料费（占材料费）	%	2.000	2.000
机械	990794020	挤扩机 ZJ600-Ⅱ	台班	0.956	0.783
	990806020	泥浆泵 100mm	台班	0.956	0.783
	990304016	汽车式起重机 16t	台班	0.956	0.783

6. 沉管成孔

工作内容：准备打桩机具，移动打桩机，桩位校测，打钢管成孔，拔钢管。　**计量单位：**10m³

编　号				3-78	3-79	3-80	3-81	3-82
项　目				沉管桩成孔（桩长）			沉管桩成孔	
				振动式			锤击式	夯扩式
				≤ 12m	≤ 25m	> 25m		
名　称			单位	消　耗　量				
人工	000201000	综合二类工	工日	5.623	4.373	3.919	5.169	9.542
材料	052501001	垫木	m^3	0.030	0.030	0.030	0.030	0.030
	350999003	金属周转材料	kg	6.600	7.000	7.500	7.500	7.500
机械	990205020	振动沉拔桩机 400kN	台班	0.830	0.640	0.580	—	—
	990201010	履带式柴油打桩机 2.5t	台班	—	—	—	0.760	1.400

7. 螺旋钻机成孔

工作内容：护筒埋设及拆除；准备打桩机具，移动打桩机，钻孔，测量，校正，清理钻孔泥土运至现场堆放点。

计量单位：$10m^3$

编号				3-83	3-84	3-85
项目				螺旋钻机钻桩孔（桩径）		
				≤ 400	≤ 600	≤ 800
名称			单位	消耗量		
人工	000201000	综合二类工	工日	5.298	4.538	3.538
材料	031301005	低合金钢焊条 E43（综合）	kg	1.152	1.008	1.008
	350999003	金属周转材料	kg	3.537	3.537	3.537
机械	990210010	螺旋钻机 400mm	台班	0.880	—	—
	990210020	螺旋钻机 600mm	台班	—	0.670	—
	990210030	螺旋钻机 800mm	台班	—	—	0.580
	990901020	交流弧焊机 32kV·A	台班	0.192	0.168	0.168
	990110020	轮胎式装载机 $1m^3$	台班	0.085	0.085	0.085

8. 灌注混凝土

工作内容：预拌混凝土灌注；安、拆导管及漏斗。

计量单位：$10m^3$

编号				3-86	3-87	3-88	3-89	3-90	3-91
项目				回旋钻孔	旋挖钻孔	冲击钻孔	冲孔钻孔	沉管成孔	螺旋钻孔
名称			单位	消耗量					
人工	000201000	综合二类工	工日	1.167	1.500	2.333	2.278	2.159	1.446
材料	802105003	预拌水下混凝土 C30	m^3	12.120	12.625	12.625	13.130	—	—
	802101015	预拌混凝土 C30	m^3	—	—	—	—	11.615	12.120
	850103006	其他材料费（占材料费）	%	1.000	1.000	1.000	1.000	1.000	1.000
机械	990302025	履带式起重机 25t	台班	0.171	0.171	0.171	0.171	0.171	0.171

9. 钻孔压浆桩

工作内容：准备机具，移动桩机，定位，钻孔，校测，浆液配制，压浆，投放石子骨料。 **计量单位：**100m

编号				3-92	3-93	3-94
项目				钻孔压浆桩（主杆直径）		
				≤300mm	≤400mm	≤600mm
名称			单位	消耗量		
人工	000201000	综合二类工	工日	132.163	148.066	158.936
材料	040100005	水泥 42.5	t	15.130	20.240	25.360
	341101001	水	m^3	20.000	25.000	30.000
	040500001	石子	m^3	7.100	13.000	20.300
	803703004	外加剂 SN-2	kg	500.000	600.000	700.000
	040901004	黏土	m^3	5.000	5.500	6.000
	173131002	注浆管	kg	317.100	420.000	528.400
	031301007	低碳钢焊条（综合）	kg	75.500	100.000	125.800
机械	990210010	螺旋钻机 400mm	台班	6.500	7.500	—
	990210020	螺旋钻机 600mm	台班	—	—	8.500
	990825020	双液压注浆泵 PH2X5	台班	8.000	9.000	10.000
	990901020	交流弧焊机 32kV · A	台班	5.000	6.000	7.000
	990806020	泥浆泵 100mm	台班	8.000	9.000	10.000
	990803020	电动多级离心清水泵 100mm 120m 以下	台班	8.000	9.000	10.000
	990610010	灰浆搅拌机 200L	台班	6.500	7.500	8.500

10. 灌注桩埋管、后压浆

工作内容： 1. 声测管制作，埋设安装。
2. 注浆管制作，焊接，埋设安装。
3. 准备机具，浆液配置，压注浆。

计量单位： 见表

编号				3-95	3-96	3-97
项目				声测管埋设	注浆管埋设	桩底（侧）后压浆
单位				100m		10t
名称			单位	消耗量		
人工	000201000	综合二类工	工日	0.993	2.002	27.110
材料	170100013	钢管 *D*60 × 3.5	m	106.000	—	—
	182519031	接头管箍	个	17.000	—	—
	031507014	镀锌铁丝 ϕ1.6～1.2	kg	3.920	—	—
	142909001	氧气	m^3	—	0.660	—
	142907002	乙炔气	kg	—	0.254	—
	031301005	低合金钢焊条 E43（综合）	kg	—	2.500	—
	170201005	无缝钢管 *D*32 × 2.5	m	—	106.000	—
	040100005	水泥 42.5	t	—	—	10.200
	341101001	水	m^3	—	—	6.400
	850103006	其他材料费（占材料费）	%	1.000	1.000	1.000
机械	990747030	管子切断机 250mm	台班	—	0.110	—
	990901020	交流弧焊机 32kV · A	台班	—	0.320	—
	990219010	电动灌浆机	台班	—	—	6.100
	990610010	灰浆搅拌机 200L	台班	—	—	6.100

第四章

砌 体 工 程

说　明

一、本章包括砖砌体、砌块砌体、石砌体、轻质墙板和补充项目共五部分。

二、砖砌体、砌块砌体、石砌体：

1. 定额中砖、砌块和石料按标准或常用规格以常规品种编制，遇设计与消耗量定额不同时，涉及规格变化的，砖、砌块、石料及砌筑砂浆、砌筑粘结剂的用量应作调整；涉及品种变化的，砖、砌块、石料的施工损耗率可作换算。定额所列砌筑砂浆按干混预拌砂浆考虑，若实际使用现拌砂浆或湿拌预拌砂浆的，按本定额总说明相应规定进行调整。

非标准砌块型号、常用规格与定额规格不同时，按照本说明进行换算。

2. 砖（石）基础与墙（柱）身的划分：

（1）基础与墙（柱）身使用相同种类及品种的材料时，有地下室者，以地下室室内设计地面为界；无地下室者，以设计室内地面为界。

（2）基础与墙（柱）身使用不同种类及品种的材料时，材料界线位于设计室内地面的高度 ≤ ±300mm 的，以不同材料为界；材料界线位于设计室内地面的高度 > ±300mm 的，按有、无地下室分别以地下室室内设计地面和设计室内地面为界。

（3）石基础与石墙之间遇有石勒脚时，基础与勒脚以设计室外地坪为界，勒脚与墙身以设计室内地面为界。

（4）围墙内、外地坪标高相同的，以设计室外地坪为界，以下为基础，以上为墙身；围墙内、外地坪标高不同的，以较低地坪标高为界，以下为基础，内、外地坪高差部分为挡土墙，挡土墙以上为墙身。

3. 砖基础不分柱基础、墙基础、管道基础及砌筑宽度与有否大放脚，以砖品种及规格按相应项目执行；石基础不分柱基础、墙基础及砌筑宽度与截面形状，以石料成形规格及砌筑方法按相应项目执行。地下筏板基础下翻混凝土构件所用砖模、砖砌挡土墙及砖砌挖孔桩护壁套用砖基础项目。

4. 砖（砌块）墙不分外墙、内墙及砌筑高度，以砖（砌块）品种、规格及墙体厚度与组砌方式（或胶结材料种类）按相应项目执行；石墙不分外墙、内墙及墙体厚度与砌筑高度，以石料成形规格及砌筑方法按相应项目执行。其中：

（1）除空花墙外的砖墙项目已包括立门窗框的调直以及腰线、窗台线、挑檐等一般出线用工；砌块墙、石墙项目均包括立门窗框的调直用工。

（2）空斗墙项目未包括装填充料（空斗灌肚），遇设计有要求时，每 10m^3 砌体增加综合用工 2.30 工日，填充（灌肚）材料按设计要求另行计算。

（3）空花墙与实砌墙相连时，应按各自项目分别计算。遇设计采用预制混凝土镂空花格砌筑的空花墙，按本定额第五章“混凝土及钢筋混凝土工程”相关项目及规定进行计算。

（4）填充墙（夹心保温墙）套用墙相应项目，人工用量乘以系数 1.15，保温填充料按本定额第十章“保温、隔热、防腐工程”相应项目及规定另行计算。

（5）轻集料混凝土小型空心砌块墙项目已包括门窗洞口的同类实心砖镶砌，不单独另行计算。

（6）烧结空心砌块墙项目的砌筑砂浆用量，已包括洞口侧边竖砌砌块的灌芯砂浆。

（7）蒸压加气混凝土砌块墙项目、烧结空心砌块墙项目未包含门窗洞口的实心砖镶砌，如发生时执行实心砖砌体相应砌体墙项目。

（8）女儿墙、围墙套用墙相应项目。

5. 砌块砌体项目中的蒸压加气混凝土砌块分为蒸压粉煤灰加气混凝土砌块、蒸压砂加气混凝土砌块、蒸压加气混凝土高精砌块。其中：

（1）蒸压砂加气混凝土砌块、蒸压加气混凝土高精砌块仅适用于粘结剂砌筑。

（2）蒸压加气混凝土砌块墙项目均已包括砌块零星切割改锯和拉结筋启槽的损耗及费用。

（3）轻质砌块 L 形专用连接件项目按蒸压加气混凝土砌块与混凝土柱（墙）间连接考虑，若为蒸压加气混凝土砌块间的连接，扣除射钉弹用量，水泥钉用量乘以系数 2.00，其余不变。

（4）蒸压加气混凝土砌块墙及蒸压加气混凝土高精砌块墙顶部与混凝土梁或楼板之间的缝隙，定额已按刚性材料嵌缝考虑，若实际采用柔性材料嵌缝的，柔性材料嵌缝按定额规定另列项目计算，并扣除原定额中刚性材料嵌缝部分量，具体调整方法如下：

①采用砂浆砌筑的，每 $10m^3$ 砌体扣除干混砌筑砂浆 $0.10m^3$，综合用工 0.60 工日，干混砂浆罐式搅拌机 0.005 台班；

②采用粘结剂砌筑的，每 $10m^3$ 砌体扣除干混抹灰砂浆 $0.10m^3$，综合用工 0.60 工日，干混砂浆罐式搅拌机 0.005 台班。

（5）采用粘结剂砌筑的蒸压加气混凝土砌块墙及蒸压加气混凝土高精砌块墙，其墙端与混凝土柱或墙等侧面交接处，定额已按粘结剂胶结考虑，若实际需要以柔性材料嵌缝连接的，柔性材料嵌缝按定额规定另列项目计算，原定额每 $10m^3$ 砌体扣除蒸压加气混凝土砌块 $0.05m^3$，砌块砌筑粘结剂 33.5kg；

（6）柔性材料嵌缝定额已包括两侧嵌缝所需用量，其中 PU 发泡剂的单侧嵌缝尺寸按 2.0cm × 2.5cm 考虑，如实际与定额不同时，PU 发泡剂用量按比例调整，其余用量不变。

6. 砖（石）柱均不分截面大小及砌筑高度，砖柱以砖品种按相应项目执行；石柱以石料成形按相应项目执行。其中：

（1）砖（石）柱项目按独立柱编制，依附于砖（石）墙体砌筑的柱按墙垛考虑。

（2）墙垛与墙体的材料种类相同时，墙垛并入墙体计算，套用墙相应项目。

（3）墙垛与墙体的材料种类不同时，墙垛应另行单独计算，套用柱相应项目。

（4）方柱包括矩形柱，圆形、半圆形及多边形柱等套用异形柱项目。

7. 砖（砌块）墙、砖柱项目统一按混水砌筑编制，若为清水砌筑者，按相应墙、柱项目人工用量乘以系数调整，其中单面清水墙乘以系数 1.15，双面清水墙乘以系数 1.35，清水柱乘以系数 1.10。调整后的人工用量包括原浆勾缝用工，遇设计需加浆勾缝的，应按本定额第十二章“墙、柱面装饰与隔断、幕墙工程”相应项目及规定另行计算。

8. 砖碹项目按平碹编制。

9. 零星砌砖系指台阶、台阶挡墙、梯带、锅台、炉灶、蹲台、小便槽、池槽、池槽腿、预制构件胎模、花台、花池、楼梯栏板、阳台栏板、地垄墙、支撑地楞的砖墩、屋面隔热板下的砖墩、排烟道保护薄墙、烟道与主体墙体间塞缝砖、出屋面烟道返墙等体量较小且分散砌筑的以及单个零星部位砌筑体积小于 $0.30m^3$ 的砖砌体。墙体内遇有不同组砌方式或材料种类时，按以下原则处理：

（1）空斗墙的窗间墙、窗下墙、楼板下、梁头下等部位之中，遇设计有实砌要求的，实砌部分应另行单独计算，套用零星砌砖项目。

（2）多孔砖、空心砖及砌块砌筑的墙体，遇有防水、防潮要求时，若以实心砖作为导墙砌筑的，导墙与墙身主体应分别计算，导墙部分套用零星砌砖项目。

（3）多孔砖、空心砖及砌块砌筑或空斗墙、空花墙组砌的围墙，以及采用预制混凝土、铁艺等成品栏杆（板）安装的围墙，如设计要求底部为实心砖实砌的，实砌部分应另行单独计算，套用零星砌砖项目。

（4）多孔砖、空心砖及砌块与石材砌筑的围墙，若为实心砖压顶的，实心砖压顶应另行单独计算，套用零星砌砖项目。

（5）除定额另有说明者外，多孔砖、空心砖及砌块与石墙项目未包括墙体顶缝及门窗洞口立边等的实心砖镶砌，发生时另行单独计算，套用墙体砌砖项目。

10. 贴砌砖墙项目适用于依附墙体或构件砌筑的贴砌砖，贴砌体墙如遇砂浆与墙面粘接时，粘接层部分另行计算执行本定额第十二章“墙、柱面装饰与隔断、幕墙工程”相应项目。

11. 柔性材料嵌缝按设计（规范）要求，以轻质砌块（加气砌块）隔墙与钢筋混凝土梁或楼板、柱或墙之间的缝隙长度计算高度不超过 2.5cm。

12. 石挡土墙、石护坡项目按垂直高度 4m 以内编制，垂直高度超过 4m 时，定额人工用量乘以系数 1.15。

（1）石挡土墙项目已综合考虑预留变形缝、泄水孔所需用工，未包括变形缝、泄水管安装及滤水层铺设，发生时应按市政定额相应项目及规定另行计算。

（2）石护坡项目已综合考虑预留泄水孔所需用工，未包括泄水管安装，发生时应按市政定额相应项目及规定另行计算。

13. 石台阶项目已包括石梯带（垂带），不包括石梯膀，石梯膀应另行单独计算，套用石挡土墙相应项目。

14. 石砌体勾缝项目适用于毛石面、料石面的勾缝，方整石面遇设计需要勾缝时，按料石面勾缝相应项目定额人工用量乘以系数 0.85。

15. 轻质墙板项目适用于框架、框剪、剪力墙结构中的内外墙或隔墙；轻质墙板定额中未考虑安装管线开槽内容，如遇发生按照有关规定另行计算。厚度超过 200 的轻质条板隔墙，按 200 厚项目执行，材料名称进行换算，消耗量不变，人工费乘以 1.1 系数执行。

16. 定额中各砌体项目均按直形砌筑编制，如为圆弧形砌筑者，按相应砌体项目定额人工乘以系数 1.10，砖、砌块及石砌体及砂浆（粘结剂）乘以系数 1.03。

17. 实心砖检查井项目依据 04S531-5 标准图集按不同内径周长以井深 1m 编制，已综合井底垫层、混凝土、底板和井壁砌筑、内壁（含井底）抹灰以及铸铁井圈、井盖的制作、安装等内容。其中：

（1）井深以混凝土底板面至井盖面的距离为准，实际深度不同，套用“每增减 0.2m 深”项目按比例进行调整。

（2）除内径周长 1m 以内者井壁为 1/2 砖厚外，其余均为 1 砖厚。

（3）如遇混凝土井圈、井盖时，应增加综合用工 0.12 工日，C20 预拌混凝土 0.032m^3 及其他材料费 0.06%。

18. 雨水口项目依据 05S518 标准图集井深 1m 编制，已综合井底垫层、混凝土、底板和井壁砌筑、内壁（含井底）抹灰以及铸铁井箅制作、安装等内容。其中：

（1）井深以混凝土底板面至井盖面的距离为准，实际深度不同，套用“增减 0.25”项目按比例进行调整。

（2）雨水口内壁为 1 砖厚。

19. 砌体工程如发生脚手架搭设及垂直运输内容时，执行本定额其他相关章节的项目及规定。

工程量计算规则

一、砖砌体、砌块砌体：

1. 砖基础按设计图示尺寸以包括大放脚在内的体积计算，扣除钢筋混凝土地梁（圈梁）、构造柱所占体积，不扣除基础大放脚 T 形接头、附墙垛（含围墙柱）基础搭接、独立柱基础搭接等的重叠部分及嵌入基础内的钢筋、铁件、管道、基础砂浆防潮层和单个面积 ≤ $0.3m^2$ 的孔洞所占体积，靠墙暖气沟的挑檐和附墙垛（含围墙柱）基础加深部分亦不增加。

（1）基础长度：外墙基础按外墙中心线长度计算，内墙基础按内墙净长计算；独立柱基间的墙基础，不分内、外墙按墙体净长计算；围墙基础按围墙中心线长度计算；管道基础按管道长度计算。附墙垛（含围墙柱）基础宽出部分体积按折加长度合并计算。

（2）独立柱砖基础按设计图示尺寸的体积计算。

2. 砖墙、砌块墙按设计图示尺寸以体积计算，扣除门窗、洞口及嵌入墙内的砖碹和钢筋混凝土柱、梁（含梯段梁）、圈梁、挑梁、过梁与凹进墙内壁龛、管槽、暖气槽、消火栓箱所占体积，不扣除梁头、板头、檩头、垫木（块）、木楞头、沿缘木、木砖、木楔卡固、门窗走头及墙内加固钢筋、木筋、铁件、钢管、刚（柔）性材料嵌缝和单个面积 ≤ $0.3m^2$ 的孔洞所占的体积，凸出墙面的腰线、挑檐、压顶、窗台线、虎头砖、门窗套的体积亦不增加。

（1）墙长度：外墙按外墙中心线长度计算，内墙按内墙净长计算；框架间墙不分内、外墙按墙体净长计算；女儿墙、围墙按各自中心线长度计算。

（2）墙高度：

①外墙：平屋面算至钢筋混凝土屋面板（梁）底。斜（坡）屋面有屋架时，无檐口天棚者不分出檐宽度及室内有无天棚算至屋面板底；室内、外均有天棚者不分出檐宽度算至屋架下弦底另加 200mm；有檐口天棚而无室内天棚者算至屋架下弦底另加 300mm，若出檐宽度超过 600mm 时按实际砌筑高度计算。斜（坡）屋面无屋架时，不分出檐宽度及室内、外有无天棚均算至屋面板底。遇有钢筋混凝土楼板隔层时算至楼板顶。

②内墙：位于屋架下方者，不分有无天棚算至屋架下弦底；未位于屋架下方或无屋架者，有天棚时算至天棚底另加 100mm，无天棚时按实际砌筑高度计算。遇有钢筋混凝土楼板隔层时算至楼板底。

③内、外山墙：按其平均高度计算，其余部位的墙体遇墙顶设有坡度时参照执行。

④框架间墙：不分内、外墙按墙体净高计算。

⑤女儿墙：按屋面板上表面至女儿墙顶面的高度计算，如有混凝土（现浇或预制）压顶或砌块墙身设有砖压顶时算至压顶下表面。

⑥围墙：按设计室外地坪至压顶上表面的高度计算，如为混凝土（现浇或预制）压顶或砌块墙身设有砖压顶时算至压顶下表面。

（3）墙厚度：

①标准砖尺寸以 240mm × 115mm × 53mm 为准，标准砖墙厚度应按下表计算。

标准砖砌体计算厚度表

砖数（厚度）	1/4	1/2	3/4	1	$1\frac{1}{2}$	2	$2\frac{1}{2}$	3
计算厚度（mm）	53	115	178	240	365	490	615	740

②蒸压加气混凝土高精砌块尺寸以 600mm × 240mm × 120/190/240mm 为准，常用规格见下表。

③非标准砖墙厚度按设计厚度计算，遇设计厚度与实际规格的厚度不符时，按实际规格厚度计算。

蒸压加气混凝土高精砌块的常用规格表

长度（mm）	600
高度（mm）	200，240，250，300
厚度（mm）	100，120，150，170，180，190，200，240，250

（4）遇墙身底部设有导墙时，砖砌导墙按设计图示尺寸的体积单独以零星砌砖计算，其中厚度与长度按墙身主体，高度以设计要求的砌筑高度确定，墙身主体的计算高度相应扣减。

（5）空斗墙按设计图示尺寸以空斗墙外形体积计算，空斗墙外形体积应包括墙角、内外墙交接处、门窗洞口立边、窗台砖、屋檐处等按砌筑规范要求的实砌部分体积。

（6）空花墙按设计图示尺寸以空花部分外形体积计算，不扣除空花镂空部分体积。

（7）填充墙（夹心保温墙）砌体按设计图示尺寸以砌体部分体积计算。

（8）砖碹按设计图示尺寸以砖碹外形体积计算，如遇设计无规定时，砖碹按门窗洞口宽度，每边各加 50mm 乘以高度计算，高度按以下规则执行，门窗洞口宽度小于 1500mm 时，高度为 240mm，洞口宽度大于 1500mm 时，高度为 370mm。

（9）附墙烟囱、通风道、垃圾道按设计图示尺寸以扣除孔道空孔体积后的实体积并入所依附的实砌墙体积内计算；依附于空斗墙的，按其孔道侧壁厚度以实体积计入相同厚度的实砌墙工程量内。

（10）附墙垛按设计图示尺寸以凸出墙面部分体积并入所依附的实砌墙体积内计算；依附于空斗墙的，空斗墙与附墙垛按各自体积分别计算，其中附墙垛以含嵌入墙体部分在内的全部体积计入柱工程量内，空斗墙的体积相应扣减。

（11）实砌女儿墙、围墙的柱按设计图示尺寸以凸出墙面部分体积分别并入女儿墙、围墙体积内计算；遇女儿墙、围墙的墙体与柱材料不同时，墙体与柱按各自体积分别计算。

3. 砖柱按设计图示尺寸以体积计算，扣除混凝土及钢筋混凝土梁垫、梁头、板头所占体积。

4. 零星砌砖按设计图示尺寸以体积计算。

5. 砖散水、地坪按设计图示尺寸以面积计算。

6. 砖地沟不分沟壁砖基础与砖砌沟壁，按设计图示尺寸以沟壁砖基础和砖砌沟壁体积之和合并计算。

7. 贴砌砖墙按设计图示尺寸的贴砌面积乘以贴砌砖厚度（不含贴砌面砂浆厚度）以体积计算。

8. 轻质砌块 L 形专用连接件以数量“个”计算。

二、石砌体：

1. 石基础按设计图示尺寸以体积计算，不扣除附墙垛（含围墙柱）基础搭接、独立柱基础搭接等的重叠部分及嵌入基础内的砂浆防潮层和单个面积 $\leqslant 0.3m^2$ 的孔洞所占体积，靠墙暖气沟的挑檐和附墙垛（含围墙柱）基础加深部分亦不增加。

（1）基础长度：外墙基础按外墙中心线长度计算，内墙基础按内墙净长计算；独立柱基间的墙基础，不分内、外墙按墙体净长计算；围墙基础按围墙中心线长度计算。附墙垛（含围墙柱）基础宽出部分体积按折加长度合并计算。

（2）独立柱石基础按设计图示尺寸的体积计算。

2. 石勒脚按设计图示尺寸以体积计算，扣除单个面积 $> 0.3m^2$ 的孔洞所占的体积。

3. 石墙按设计图示尺寸以体积计算，扣除门窗、洞口及嵌入墙内的钢筋混凝土柱、梁（含梯段梁）、圈梁、挑梁、过梁、配套砌砖与凹进墙内壁龛、管槽、暖气槽、消火栓箱所占体积，不扣除梁头、板头、檩头、垫木（块）、木楞头、沿缘木、木砖、门窗走头及墙内加固钢筋、木筋、铁件、钢管和单个面积 $\leqslant 0.3m^2$ 的孔洞所占的体积，凸出墙面的腰线、挑檐、压顶、窗台线、虎头砖、门窗套的体积亦不增加。

（1）墙长度：外墙按外墙中心线长度计算，内墙按内墙净长计算；女儿墙、围墙按各自中心线长度计算。

（2）墙高度：

①外墙：平屋面算至钢筋混凝土屋面板底。斜（坡）屋面有屋架时，无檐口天棚者不分出檐宽度及室内有无天棚算至屋面板底；室内、外均有天棚者不分出檐宽度算至屋架下弦底另加 200mm；有檐口天棚而无室内天棚者算至屋架下弦底另加 300mm，若出檐宽度超过 600mm 时按实际砌筑高度计算。斜（坡）屋面无屋架时，不分出檐宽度及室内、外有无天棚均算至屋面板底。遇有钢筋混凝土楼板隔层时算至楼板顶。

②内墙：位于屋架下方者，不分有无天棚算至屋架下弦底；未位于屋架下方或无屋架者，有天棚时算至天棚底另加 100mm，无天棚时按实际砌筑高度计算。遇有钢筋混凝土楼板隔层时算至楼板底，有框架梁时算至梁底。

③内、外山墙：按其平均高度计算，其余部位的墙体遇墙顶设有坡度时参照执行。

④女儿墙：按屋面板上表面至女儿墙顶面的高度计算，如有混凝土（现浇或预制）及砖压顶时算至压顶下表面。

⑤围墙：按设计室外地坪至压顶上表面的高度计算，如为混凝土（现浇或预制）及砖压顶时算至压顶下表面。

内、外墙的砌筑高度应满足消防设计、施工、验收等规范的要求，遇本规则的计算高度与规范不符时，按规范要求的高度进行计算。

（3）墙厚度：按设计厚度计算。

（4）附墙垛按设计图示尺寸以凸出墙面部分体积并入所依附的墙体积内计算。

（5）女儿墙、围墙的柱按设计图示尺寸以凸出墙面部分体积分别并入女儿墙、围墙体积内计算；遇女儿墙、围墙的墙体为部分石砌或非石砌者时，墙体与柱按各自体积分别计算，其中柱以含嵌入墙体部分在内的全部体积计入柱工程量内，墙体的体积相应扣减。

4. 石挡土墙按设计图示尺寸以体积计算。

5. 石柱按设计图示尺寸以体积计算，扣除混凝土及钢筋混凝土梁垫、梁头、板头所占体积。

6. 石护坡按设计图示尺寸以体积计算。

7. 石台阶按设计图示尺寸以体积计算。

8. 石坡道按设计图示以水平投影面积计算。

9. 石砌体勾缝按设计图示尺寸以石砌体表面展开面积计算。

三、轻质墙板：

轻质墙板按设计图示尺寸以面积计算，扣除门窗洞及单个面积 $> 0.3m^2$ 的孔洞所占的面积。

四、补充项目：

1. 实心砖检查井按照相应规格以座计算。

2. GRC 轻质隔墙板、轻质条板隔墙按设计图示尺寸以面积计算，扣除门窗洞及单个面积 $> 0.3m^2$ 的孔洞所占的面积。

3. 高精砌块墙按设计图示尺寸以体积计算，扣除门窗、洞口及嵌入墙内的砖碹和钢筋混凝土柱、梁（含梯段梁）、圈梁、挑梁、过梁与凹进墙内壁龛、管槽、暖气槽、消火栓箱所占体积，不扣除梁头、板头、檩头、垫木（块）、木楞头、沿缘木、木砖、木楔卡固、门窗走头及墙内加固钢筋、木筋、铁件、钢管、刚（柔）性材料嵌缝和单个面积 $\leqslant 0.3m^2$ 的孔洞所占的体积，凸出墙面的腰线、挑檐、压顶、窗台线、虎头砖、门窗套的体积亦不增加，墙长度及高度计算规则同砌块墙。

4. 多孔砖异形柱按设计图示尺寸以体积计算，扣除混凝土及钢筋混凝土梁垫、梁头、板头所占体积。

5. 雨水口按照相应规格以座计算。

一、砖 砌 体

1. 砖 基 础

工作内容：清理基槽坑，调、运、铺砂浆，运、砌砖。 **计量单位**：$10m^3$

编 号				4-1	4-2
项 目				实心砖基础	
				240 × 115 × 53	190 × 90 × 53
名 称			单位	消 耗 量	
人工	000201000	综合二类工	工日	8.852	10.727
材料	041327004	混凝土实心砖 240 × 115 × 53	千块	5.288	—
	041327003	混凝土实心砖 190 × 90 × 53	千块	—	8.340
	800605004	干混砌筑砂浆 DM M10	m^3	2.399	2.507
	341101001	水	m^3	0.100	0.100
机械	990611010	干混砂浆罐式搅拌机	台班	0.240	0.251

2. 砖 墙

工作内容：调、运、铺砂浆，运、砌砖，安放木砖、垫块。 **计量单位**：$10m^3$

编 号				4-3	4-4	4-5	4-6	4-7
项 目				实心砖实砌墙				
				240 × 115 × 53				
				1/4 砖	1/2 砖	3/4 砖	1 砖	1 砖半及以上
名 称			单位	消 耗 量				
人工	000201000	综合二类工	工日	21.898	14.662	14.109	10.700	9.579
材料	041327004	混凝土实心砖 240 × 115 × 53	千块	6.131	5.613	5.483	5.363	5.305
	800605004	干混砌筑砂浆 DM M10	m^3	1.199	1.958	2.153	2.313	2.414
	341101001	水	m^3	0.100	0.100	0.100	0.100	0.100
	850103006	其他材料费（占材料费）	%	0.200	0.200	0.200	0.200	0.200
机械	990611010	干混砂浆罐式搅拌机	台班	0.120	0.196	0.215	0.231	0.241

工作内容：调、运、铺砂浆，运、砌砖，安放木砖、垫块。 **计量单位：**$10m^3$

编号				4-8	4-9
项目				实心砖实砌墙	
				190×90×53	
				1/2 砖	1 砖
名称			单位	消耗量	
人工	000201000	综合二类工	工日	18.136	13.148
材料	041327003	混凝土实心砖 190×90×53	千块	8.890	8.390
	800605004	干混砌筑砂浆 DM M10	m^3	2.121	2.568
	341101001	水	m^3	0.100	0.100
	850103006	其他材料费（占材料费）	%	0.200	0.200
机械	990611010	干混砂浆罐式搅拌机	台班	0.212	0.257

工作内容：调、运、铺砂浆，运、砌砖，安放木砖、垫块。 **计量单位：**$10m^3$

编号				4-10	4-11	4-12	4-13
项目				多孔砖实砌墙			
				240×115×90			190×190×90
				1/2 砖	1 砖	1 砖半及以上	1 砖
名称			单位	消耗量			
人工	000201000	综合二类工	工日	9.269	8.650	8.072	7.852
材料	041327002	混凝土多孔砖 240×115×90	千块	3.565	3.413	3.363	—
	041327001	混凝土多孔砖 190×190×90	千块	—	—	—	2.670
	800605004	干混砌筑砂浆 DM M10	m^3	1.496	1.892	2.046	1.656
	341101001	水	m^3	0.100	0.100	0.100	0.100
	850103006	其他材料费（占材料费）	%	0.200	0.200	0.200	0.200
机械	990611010	干混砂浆罐式搅拌机	台班	0.150	0.189	0.205	0.166

工作内容：调、运、铺砂浆，运、砌砖，安放木砖、垫块。 **计量单位**：$10m^3$

编号				4-14	4-15	4-16
项目				空心砖实砌墙（卧砌）		
				240×240×115		
				1/2 砖	1 砖	1 砖半及以上
名称			单位	消耗量		
人工	000201000	综合二类工	工日	9.094	7.447	6.521
材料	041317001	非黏土烧结页岩空心砖 240×240×115	千块	1.433	1.370	1.350
	800605004	干混砌筑砂浆 DM M10	m^3	0.894	1.332	1.503
	341101001	水	m^3	1.100	1.000	1.000
	850103006	其他材料费（占材料费）	%	0.200	0.200	0.200
机械	990611010	干混砂浆罐式搅拌机	台班	0.089	0.133	0.150

工作内容：调、运、铺砂浆，运、砌砖，安放木砖、垫块。 **计量单位**：$10m^3$

编号				4-17	4-18	4-19	4-20
项目				实心砖空斗墙			
				240×115×53			
				一眠一斗	一眠三斗	一眠五斗	全空斗
名称			单位	消耗量			
人工	000201000	综合二类工	工日	10.702	10.716	10.716	10.731
材料	041327004	混凝土实心砖 240×115×53	千块	4.344	4.144	4.089	3.998
	800605004	干混砌筑砂浆 DM M10	m^3	1.386	1.331	1.313	1.285
	341101001	水	m^3	0.100	0.100	0.100	0.100
	850103006	其他材料费（占材料费）	%	0.200	0.200	0.200	0.200
机械	990611010	干混砂浆罐式搅拌机	台班	0.139	0.133	0.131	0.129

工作内容：调、运、铺砂浆，运、砌砖。　　　　**计量单位：**10m³

编号				4-21
项目				实心砖空花墙
				240 × 115 × 53
名称			单位	消耗量
人工	000201000	综合二类工	工日	14.018
材料	041327004	混凝土实心砖 240 × 115 × 53	千块	4.019
	800605004	干混砌筑砂浆 DM M10	m³	1.199
	341101001	水	m³	0.100
	850103006	其他材料费（占材料费）	%	0.200
机械	990611010	干混砂浆罐式搅拌机	台班	0.120

工作内容：调、运、铺砂浆，支模，运、砌砖。　　　　**计量单位：**10m³

编号				4-22
项目				实心砖砖碹
				240 × 115 × 53
名称			单位	消耗量
人工	000201000	综合二类工	工日	20.676
材料	041327004	混凝土实心砖 240 × 115 × 53	千块	5.407
	800605004	干混砌筑砂浆 DM M10	m³	2.290
	050401003	板枋材	m³	0.304
	031501007	圆钉	kg	6.600
	341101001	水	m³	0.100
机械	990611010	干混砂浆罐式搅拌机	台班	0.229

3. 砖 柱

工作内容：调、运、铺砂浆，运、砌砖。

计量单位：10m³

编 号				4-23	4-24	4-25
项 目				实心砖方柱	实心砖异形柱	多孔砖方柱
				240 × 115 × 53		240 × 115 × 90
名 称			单位	消 耗 量		
人工	000201000	综合二类工	工日	13.590	17.021	11.919
材料	041327004	混凝土实心砖 240 × 115 × 53	千块	5.577	7.214	—
	041327002	混凝土多孔砖 240 × 115 × 90	千块	—	—	3.480
	800605004	干混砌筑砂浆 DM M10	m^3	2.140	2.686	1.833
	341101001	水	m^3	0.100	0.100	0.100
机械	990611010	干混砂浆罐式搅拌机	台班	0.214	0.269	0.183

4. 零 星 砌 砖

工作内容：调、运、铺砂浆，运、砌砖。

计量单位：10m³

编 号				4-26	4-27
项 目				实心砖零星砌砖	多孔砖零星砌砖
				240 × 115 × 53	240 × 115 × 90
名 称			单位	消 耗 量	
人工	000201000	综合二类工	工日	17.115	13.595
材料	041327004	混凝土实心砖 240 × 115 × 53	千块	5.541	—
	041327002	混凝土多孔砖 240 × 115 × 90	千块	—	3.504
	800605004	干混砌筑砂浆 DM M10	m^3	2.142	1.708
	341101001	水	m^3	0.100	0.100
机械	990611010	干混砂浆罐式搅拌机	台班	0.214	0.171

5. 砖散水、地坪

工作内容： 调、运、铺砂浆，运、砌砖。　　　　**计量单位：** $100m^2$

编号				4-28
项目				砖散水、地坪（平铺）
				240 × 115 × 53
名称			单位	消耗量
人工	000201000	综合二类工	工日	5.505
材料	041327004	混凝土实心砖 240 × 115 × 53	千块	3.728
	800605004	干混砌筑砂浆 DM M10	m^3	0.700
	850103006	其他材料费（占材料费）	%	1.500
机械	990611010	干混砂浆罐式搅拌机	台班	0.070

6. 砖地沟

工作内容： 调、运、铺砂浆，运、砌砖。　　　　**计量单位：** $10m^3$

编号				4-29
项目				实心砖地沟
				240 × 115 × 53
名称			单位	消耗量
人工	000201000	综合二类工	工日	8.419
材料	041327004	混凝土实心砖 240 × 115 × 53	千块	5.728
	800605004	干混砌筑砂浆 DM M10	m^3	2.510
	341101001	水	m^3	0.100
机械	990611010	干混砂浆罐式搅拌机	台班	0.251

7. 贴砌砖墙

工作内容： 调、运、铺砂浆，运、砌砖。　　　　**计量单位：** $10m^3$

编号				4-30	4-31
项目				实心砖贴砌砖墙	
				240 × 115 × 53	
				1/4 砖	1/2 砖
名称			单位	消耗量	
人工	000201000	综合二类工	工日	22.944	15.517
材料	041327004	混凝土实心砖 240 × 115 × 53	千块	6.189	5.659
	800605004	干混砌筑砂浆 DM M10	m^3	3.090	2.830
	341101001	水	m^3	0.800	0.700
机械	990611010	干混砂浆罐式搅拌机	台班	0.309	0.283

二、砌块砌体

1. 砌块墙

工作内容：调、运、铺砂浆，运、安装砌块及运、镶砌砖，安放木砖、垫块。 计量单位：10m³

编号				4-32	4-33	4-34
项目				轻集料混凝土小型空心砌块墙（盲孔）		
				240厚	190厚	120厚
名称			单位	消耗量		
人工	000201000	综合二类工	工日	7.988	8.562	8.669
材料	041509003	陶粒混凝土小型砌块 390×240×190	m^3	7.990	—	—
	041509002	陶粒混凝土小型砌块 390×190×190	m^3	—	7.990	—
	041509001	陶粒混凝土小型砌块 390×120×190	m^3	—	—	7.990
	041325002	陶粒混凝土实心砖 240×115×53	千块	0.830	—	0.870
	041325001	陶粒混凝土实心砖 190×90×53	千块	—	1.310	—
	800605004	干混砌筑砂浆 DM M10	m^3	1.080	1.100	1.020
	341101001	水	m^3	0.100	0.100	0.100
	850103006	其他材料费（占材料费）	%	0.200	0.200	0.200
机械	990611010	干混砂浆罐式搅拌机	台班	0.108	0.110	0.102

工作内容：调、运、铺砂浆，运、安装砌块，洞口侧边竖砌砌块，砂浆灌芯，
安放木砖、垫块。 计量单位：10m³

编号				4-35	4-36	4-37
项目				烧结空心砌块墙（卧砌）		
				240厚	190厚	115厚
名称			单位	消耗量		
人工	000201000	综合二类工	工日	8.061	8.623	8.840
材料	041511003	非黏土烧结空心砌块 290×240×190	m^3	9.250	—	—
	041511002	非黏土烧结空心砌块 290×190×190	m^3	—	9.250	—
	041511001	非黏土烧结空心砌块 290×115×190	m^3	—	—	9.250
	800605004	干混砌筑砂浆 DM M10	m^3	0.890	0.890	0.890
	341101001	水	m^3	1.100	1.100	1.100
	850103006	其他材料费（占材料费）	%	0.200	0.200	0.200
机械	990611010	干混砂浆罐式搅拌机	台班	0.089	0.089	0.089

工作内容： 调、运、铺砂浆或运、搅拌、铺粘结剂，运、部分切割、起槽、安装砌块，安放木砖、垫块，木楔卡固、刚性材料嵌缝。

计量单位： 10m³

编号				4-38	4-39	4-40	4-41	4-42	4-43
项目				蒸压加气混凝土砌块墙					
				≤150厚		≤200厚		≤300厚	
				砂浆	粘接剂	砂浆	粘接剂	砂浆	粘结剂
名称			单位	消耗量					
人工	000201000	综合二类工	工日	8.872	7.728	7.238	6.257	6.666	5.685
材料	041505003	蒸压加气混凝土砌块 600×120×240	m³	9.770	10.150	—	—	—	—
	041505004	蒸压加气混凝土砌块 600×190×240	m³	—	—	9.770	10.150	—	—
	041505005	蒸压加气混凝土砌块 600×240×240	m³	—	—	—	—	9.770	10.150
	800605004	干混砌筑砂浆 DM M10	m³	0.710	0.080	0.710	0.080	0.710	0.080
	800607001	干混抹灰砂浆 DP M10	m³	—	0.100	—	0.100	—	0.100
	144111005	砌块砌筑粘结剂	kg	—	297.400	—	297.400	—	297.400
	341101001	水	m³	0.400	0.200	0.400	0.200	0.400	0.200
	850103006	其他材料费（占材料费）	%	0.200	0.200	0.200	0.200	0.200	0.200
机械	990611010	干混砂浆罐式搅拌机	台班	0.071	0.018	0.071	0.018	0.071	0.018

2. 轻质砌块L形专用连接件

工作内容： 运、安放连接件，射钉弹及水泥钉固定。

计量单位： 10个

编号				4-44
项目				加气混凝土砌块L型专用连接件
名称			单位	消耗量
人工	000201000	综合二类工	工日	0.292
材料	031509004	L型铁件 (12+12)×6×0.15	个	10.200
	031599027	射钉弹	套	30.600
	031501003	水泥钉	kg	0.075

3. 柔性材料嵌缝

工作内容： 清理、嵌PE棒、PU发泡剂嵌缝。

计量单位： 100m

编号				4-45
项目				聚氨酯（PU）发泡剂嵌缝
名称			单位	消耗量
人工	000201000	综合二类工	工日	3.360
材料	143525001	PU发泡剂	L	10.500
	021501001	PE棒	m	204.000

三、石 砌 体

1. 石 基 础

工作内容：调、运、铺砂浆，运、砌石。 **计量单位：**10m³

编 号				4-46	4-47
项 目				料石基础	
				毛料石	粗料石
				浆砌	
名 称			单位	消 耗 量	
人工	000201000	综合二类工	工日	7.821	7.686
材料	041103002	毛石（综合）	m^3	11.220	—
	041107004	料石	m^3	—	9.921
	800605004	干混砌筑砂浆 DM M10	m^3	3.987	1.407
	341101001	水	m^3	0.800	0.800
机械	990611010	干混砂浆罐式搅拌机	台班	0.399	0.141

2. 石 勒 脚

工作内容：调、运、铺砂浆，运、砌石。 **计量单位：**10m³

编 号				4-48	4-49
项 目				料石勒脚	
				粗料石	细料石
				浆砌	
名 称			单位	消 耗 量	
人工	000201000	综合二类工	工日	21.025	16.174
材料	041107004	料石	m^3	10.140	—
	041107007	细料石	m^3	—	10.055
	800605004	干混砌筑砂浆 DM M10	m^3	1.210	0.707
	341101001	水	m^3	0.600	0.400
机械	990611010	干混砂浆罐式搅拌机	台班	0.121	0.071

3. 石　墙

工作内容： 1. 调、运、铺砂浆、运、砌石。
2. 平整墙角及毛料石墙角、门窗洞口处的石料加工。

计量单位： 10m³

编号				4-50	4-51	4-52	4-53
项目				料石墙			方整石墙
				毛料石	粗料石	细料石	
				浆砌			
名称			单位	消耗量			
人工	000201000	综合二类工	工日	13.753	29.202	17.905	13.452
材料	041103002	毛石（综合）	m³	11.220	—	—	—
	041107004	料石	m³	—	10.143	—	—
	041107007	细料石	m³	—	—	10.055	—
	041105001	方整石	m³	—	—	—	9.034
	800605004	干混砌筑砂浆 DM M10	m³	3.987	1.210	0.707	1.431
	341101001	水	m³	0.800	0.700	1.300	0.600
机械	990611010	干混砂浆罐式搅拌机	台班	0.399	0.120	0.071	0.143

4. 石 挡 土 墙

工作内容： 1. 调、运、铺砂浆，运、砌石。
2. 预留变形缝、泄水孔，放置排水管（不含排水管材料费）。
3. 毛料石墙角处的石料加工。

计量单位： 10m³

编号				4-54	4-55	4-56
项目				料石挡土墙		
				毛料石	粗料石	细料石
				浆砌		
名称			单位	消耗量		
人工	000201000	综合二类工	工日	8.917	11.019	11.193
材料	041103002	毛石（综合）	m³	11.220	—	—
	041107004	料石	m³	—	10.143	—
	041107007	细料石	m³	—	—	10.055
	800605004	干混砌筑砂浆 DM M10	m³	3.987	1.210	0.707
	341101001	水	m³	0.800	0.700	1.300
机械	990611010	干混砂浆罐式搅拌机	台班	0.399	0.121	0.071

5. 石 柱

工作内容：1. 调、运、铺砂浆，运、砌石。
2. 砌石、平整柱角处的石料加工。

计量单位：10m³

编号				4-57
项目				方整石柱
				浆砌
名称			单位	消耗量
人工	000201000	综合二类工	工日	22.488
材料	041105001	方整石	m^3	9.086
	800605004	干混砌筑砂浆 DM M10	m^3	1.380
	341101001	水	m^3	0.600
机械	990611010	干混砂浆罐式搅拌机	台班	0.138

6. 石 护 坡

工作内容：1. 运、铺砂或调、运、铺砂浆，运、砌石。
2. 预留泄水孔，放置排水管（不含排水管材料费）。

计量单位：10m³

编号				4-58	4-59
项目				毛料石护坡	
				干砌	浆砌
名称			单位	消耗量	
人工	000201000	综合二类工	工日	7.240	9.675
材料	041103002	毛石（综合）	m^3	11.730	11.730
	040306001	细砂	m^3	3.682	—
	800605004	干混砌筑砂浆 DM M10	m^3	—	4.377
	341101001	水	m^3	—	0.800
机械	990611010	干混砂浆罐式搅拌机	台班	—	0.438

7. 石 台 阶

工作内容：调、运、铺砂浆，运、砌石。 **计量单位：**10m^3

编 号				4-60
项 目				方整石台阶
				浆砌
名 称			单位	消 耗 量
人工	000201000	综合二类工	工日	32.956
材料	041105001	方整石	m^3	8.754
	800605004	干混砌筑砂浆 DM M10	m^3	1.705
	341101001	水	m^3	0.600
机械	990611010	干混砂浆罐式搅拌机	台班	0.171

8. 石 坡 道

工作内容：调、运、铺砂浆，运、砌石。 **计量单位：**100m^2

编 号				4-61
项 目				石板坡道
				浆砌
名 称			单位	消 耗 量
人工	000201000	综合二类工	工日	27.002
材料	041105002	方整石板	m^2	103.000
	800605004	干混砌筑砂浆 DM M10	m^3	7.000
	850103006	其他材料费（占材料费）	%	1.500
机械	990611010	干混砂浆罐式搅拌机	台班	0.700

9. 石砌体勾缝

工作内容：剔缝、洗刷，调、运砂浆、勾缝等。 **计量单位：**100m^2

编 号				4-62	4-63	4-64	4-65
项 目				毛石面勾缝	料石面勾缝		
				凸缝	平缝	凹缝	凸缝
名 称			单位	消 耗 量			
人工	000201000	综合二类工	工日	10.987	3.875	6.937	7.420
材料	800607001	干混抹灰砂浆 DP M10	m^3	0.870	0.250	0.250	0.530
	341101001	水	m^3	5.800	5.800	5.800	5.800
机械	990611010	干混砂浆罐式搅拌机	台班	0.087	0.025	0.025	0.053

四、轻质墙板

工作内容：1. 墙板及辅助材料运输，墙板拼装、固定。
2. 墙板接缝处粘贴玻璃棉网格布条、抹水泥浆或绑扎、铺设钢丝网。
3. 墙板底部填灌细石混凝土。

计量单位：100m²

编号				4-66	4-67	4-68	4-69
项目				轻质墙板（玻纤水泥珍珠岩板）			钢丝网夹心矿棉墙板
				60厚	85厚	95厚	
名称			单位	消耗量			
人工	000201000	综合二类工	工日	15.849	16.936	17.370	14.463
材料	092517001	轻质墙板 δ60	m²	105.000	—	—	—
	092517002	轻质墙板 δ85	m²	—	105.000	—	—
	092517003	轻质墙板 δ95	m²	—	—	105.000	—
	150501004	钢丝网夹心矿棉板（FN-K）	m²	—	—	—	105.000
	050401006	板枋材 杉木	m³	0.110	0.110	0.110	0.005
	150702003	玻璃布 δ0.2	m²	42.840	42.840	42.840	—
	350205001	U型卡	kg	37.800	45.400	48.400	—
	030107056	塑料膨胀螺栓	套	380.000	380.000	380.000	—
	144115002	107胶纯水泥浆	m³	0.030	0.030	0.030	—
	801103004	素水泥浆	m³	0.130	0.130	0.130	—
	802101007	混凝土 C30	m³	0.070	0.090	0.100	—
	031507019	镀锌铁丝 $\phi0.6$	kg	—	—	—	1.280
	341103001	电	kW·h	16.640	16.640	16.640	4.270
	031505016	钢丝网 14# 镀锌	m²	—	—	—	54.940
	031509015	镀锌铁件	kg	—	—	—	8.550
	010101008	热轧光圆钢筋 HPB300 $\phi6$	kg	—	—	—	14.180

五、补 充 项 目

1. 混凝土实心砖检查井

工作内容：铺、夯垫层，浇筑混凝土，调制砂浆，砌砖，内壁抹灰，安装铸铁井圈、盖。　　**计量单位：**座

编　　号				4-70	4-71	4-72	4-73
项　　目				混凝土实心砖检查井 240 × 115 × 53 内径周长：m 以内			
				1.0	1.5	2.0	2.6
名　　称			单位	消　耗　量			
人工	000201000	综合二类工	工日	2.580	5.002	6.106	7.213
材料	041327004	混凝土实心砖 240 × 115 × 53	千块	0.286	0.613	0.818	1.063
	802101012	预拌混凝土 C20	m^3	0.052	0.124	0.165	0.206
	802101015	预拌混凝土 C30	m^3	0.049	0.080	0.120	0.151
	800605004	干混砌筑砂浆 DM M10	m^3	0.179	0.269	0.358	0.466
	800607001	干混抹灰砂浆 DP M10	m^3	0.063	0.110	0.130	0.152
	144115002	107 胶纯水泥浆	m^3	0.003	0.005	0.006	0.007
	360103004	铸铁井盖、井座 ϕ700 重型	套	1.010	1.010	1.010	1.010
	020901001	塑料薄膜	m^2	0.630	0.980	1.330	1.610
	341103001	电	kW · h	0.048	0.080	0.104	0.128
	341101001	水	m^3	0.339	0.434	0.580	0.699
	350313001	塑钢爬梯	kg	3.030	3.030	3.030	3.030
	850103006	其他材料费（占材料费）	%	0.140	0.140	0.140	0.140
机械	990611010	干混砂浆罐式搅拌机	台班	0.009	0.022	0.025	0.030
	990304004	汽车式起重机 8t	台班	0.012	0.016	0.022	0.028
	990401015	载重汽车 4t	台班	0.009	0.013	0.017	0.021

工作内容： 调、运、铺砂浆，运、砌砖，内壁抹灰。 **计量单位：** 座

编号				4-74	4-75	4-76	4-77
项目				混凝土实心砖检查井（每增减 0.2m 深）			
				240 × 115 × 53			
				内径周长：m 以内			
				1.0	1.5	2.0	2.6
		名称	单位	消耗量			
人工	000201000	综合二类工	工日	0.476	0.950	1.045	1.331
材料	041327004	混凝土实心砖 240 × 115 × 53	千块	0.057	0.123	0.164	0.213
	800605004	干混砌筑砂浆 DM M10	m^3	0.036	0.054	0.072	0.093
	800607001	干混抹灰砂浆 DP M10	m^3	0.013	0.022	0.026	0.030
	144115002	107 胶纯水泥浆	m^3	0.001	0.001	0.001	0.001
	341101001	水	m^3	0.003	0.013	0.015	0.019
	850103006	其他材料费（占材料费）	%	0.200	0.200	0.200	0.200
机械	990611010	干混砂浆罐式搅拌机	台班	0.002	0.005	0.006	0.007

2. 板材隔墙

工作内容： 运料、水刷墙板粘结面，调铺砂浆拼装贴网格条布，填灌板下混凝土、轻质隔墙板安装。 **计量单位：** $100m^2$

编号				4-78	4-79	4-80
项目				GRC 轻质隔墙板安装		
				60 厚	90 厚	120 厚
		名称	单位	消耗量		
人工	000201000	综合二类工	工日	11.492	13.323	15.189
材料	043104001	GRC 轻质隔墙板 60mm	m^2	103.900	—	—
	043104002	GRC 轻质隔墙板 90mm	m^2	—	103.900	—
	043104003	GRC 轻质隔墙板 120mm	m^2	—	—	103.900
	800909003	聚合物干粉砂浆 M10	t	0.694	0.806	0.918
	350205004	L 型、U 型钢固定卡	个	211.000	211.000	211.000
	092701005	玻璃纤维嵌缝布	m^2	42.200	42.200	42.200
	030107001	膨胀螺栓（综合）	100 套	2.110	2.110	2.110
	010100004	钢筋（综合）	kg	21.000	21.000	21.000
	341101001	水	m^3	0.010	0.020	0.030
	802101010	预拌混凝土 C15	m^3	0.234	0.261	0.291
	850103006	其他材料费（占材料费）	%	1.000	1.000	1.000
机械	990611010	干混砂浆罐式搅拌机	台班	0.019	0.022	0.026

工作内容：现场清理、隔墙板块定位、板块及固定配件安装、门窗洞口等处条板空心孔洞填塞、填灌缝、贴玻纤布、砂浆找平。

计量单位：100m²

编号				4-81	4-82	4-83	4-84
项目				轻质条板隔墙			
				板厚（mm）			
				≤100	≤120	≤150	≤200
名称			单位	消耗量			
人工	000201000	综合二类工	工日	11.160	13.394	14.733	16.206
材料	043104004	轻质条板隔墙 δ100	m²	105.000	—	—	—
	043104005	轻质条板隔墙 δ120	m²	—	105.000	—	—
	043104006	轻质条板隔墙 δ150	m²	—	—	105.000	—
	043104007	轻质条板隔墙 δ200	m²	—	—	—	105.000
	030525005	墙板固定金属配件（镀锌钢板）	kg	30.062	34.571	43.590	55.614
	092701004	玻璃纤维网格布	m²	21.389	21.389	21.389	21.389
	800909003	聚合物干粉砂浆 M10	t	0.833	0.875	0.958	1.042
	802101012	预拌混凝土 C20	m³	0.261	0.291	0.335	0.409
	010100013	钢筋 ϕ6	t	0.078	0.078	0.078	0.078
	031527007	合金钢切割片 ϕ300	片	2.214	2.546	2.927	3.367
	850103006	其他材料费（占材料费）	%	1.000	1.000	1.000	1.000
机械	990785020	砂轮切割机 ϕ350	台班	0.885	1.018	1.171	1.347

3. 蒸压加气混凝土高精砌块墙

工作内容：调、运、铺砂浆，运、部分切割、起槽、安装砌块，安放木砖、垫块，木楔卡固、材料嵌缝。

计量单位：10m³

编号				4-85	4-86	4-87
项目				蒸压加气混凝土高精砌块墙		
				≤150厚	≤200厚	≤300厚
名称			单位	消耗量		
人工	000201000	综合二类工	工日	8.130	6.582	5.978
材料	041505007	蒸压加气混凝土高精砌块 600×120×240	m³	10.150	—	—
	041505008	蒸压加气混凝土高精砌块 600×190×240	m³	—	10.150	—
	041505009	蒸压加气混凝土高精砌块 600×240×240	m³	—	—	10.150
	800605004	干混砌筑砂浆 DM M10	m³	0.080	0.080	0.080
	800607001	干混抹灰砂浆 DP M10	m³	0.100	0.100	0.100
	144111005	砌块砌筑粘结剂	kg	297.400	297.400	297.400
	341101001	水	m³	0.200	0.200	0.200
	850103006	其他材料费（占材料费）	%	0.200	0.200	0.200
机械	990611010	干混砂浆罐式搅拌机	台班	0.018	0.018	0.180

4. 多孔砖异形柱

工作内容：调、运、铺砂浆。运、砌砖。　　　　**计量单位：**10m³

编号				4-88
项目				多孔砖异形柱
				240 × 115 × 90
名称			单位	消耗量
人工	000201000	综合二类工	工日	14.928
材料	041327002	混凝土多孔砖 240 × 115 × 90	千块	4.501
	800605004	干混砌筑砂浆 DM M10	m^3	2.301
	341101001	水	m^3	0.100
机械	990611010	干混砂浆罐式搅拌机	台班	0.230

5. 井 箅 安 装

工作内容：混凝土浇筑、养生、铺砂浆、砌筑、抹灰、勾缝、井蓖安装、材料运输。　　　　**计量单位：**座

编号				4-89	4-90	4-91	4-92
项目				单平箅（680 × 380）		双平箅（1450 × 380）	
				井深（m）			
				1	增减 0.25	1	增减 0.25
名称			单位	消耗量			
人工	000201000	综合二类工	工日	1.778	0.438	2.823	0.662
材料	360117002	铸铁平箅	套	1.010	—	2.020	—
	041301003	标准砖 240 × 115 × 53	千块	0.371	0.101	0.550	0.151
	020901001	塑料薄膜	m^2	3.815	—	6.690	—
	341101001	水	m^3	0.248	0.032	0.404	0.047
	341103001	电	kW · h	0.103	—	0.171	—
	130121004	煤焦油沥青漆 L01-17	kg	0.347	—	0.796	—
	800615002	预拌水泥砂浆 1 : 2	m^3	0.004	0.001	0.006	0.002
	800615004	预拌水泥砂浆 1 : 3	m^3	0.003	—	0.005	—
	800613004	预拌混合砂浆 M10	m^3	0.174	0.047	0.259	0.071
	802101012	预拌混凝土 C20	m^3	0.134	—	0.223	—
	802101015	预拌混凝土 C30	m^3	—	—	0.011	—
	850103006	其他材料费（占材料费）	%	2.000	2.000	2.000	2.000
机械	990611010	干混砂浆罐式搅拌机	台班	0.006	0.002	0.010	0.003

第五章

混凝土及钢筋混凝土工程

说　明

一、本章定额包括混凝土、钢筋、模板、现场预制混凝土构件安装及接头灌缝、装配式预制混凝土构件安装、装配式后浇混凝土浇捣和补充项目共六部分。

二、混凝土：

1. 混凝土按预拌混凝土编制。采用现场搅拌时，执行相应的预拌混凝土项目（混凝土按照现场拌和配合比调整），再执行现场搅拌混凝土调整费项目。现场搅拌混凝土调整费项目中，已包含了冲洗搅拌机用水量；未考虑石子、砂子含泥量超过规范要求现场冲洗时，需用水量及冲洗设施的情况，发生时另行计算。

2. 预拌混凝土按混凝土运至施工现场，且泵送高度在 150m 内的情况考虑，当输送高度超过 150m 时，需另行计算泵送增加费。

（1）圈过梁及构造柱项目中已综合考虑了因施工条件限制不能直接入模的因素，发生时也按此项目执行。

（2）现浇混凝土泵送项目适用于预拌混凝土运输到施工现场未入模和现场搅拌混凝土泵送入模的特殊情况。

3. 混凝土按某强度等级列入，使用时设计强度等级不同应换算；混凝土配合比中应考虑添加外加剂因素，使用时混凝土含量不扣除添加外加剂用量，图纸设计要求施工现场增加特殊的外加剂另行计算。

4. 毛石混凝土按毛石占混凝土体积的 20%计算，如设计要求毛石比例不同时可以换算。

5. 对于规范要求大体积混凝土进行温度测定和控制时，按照批准的专项施工方案另行计算。

6. 桩承台基础、独立基础（含柱墩）与筏形基础（满堂基础）按设计的构件类型分别执行相应项目，带形桩承台执行条形基础相应项目，与筏形基础（满堂基础）相连的桩承台执行筏形基础相应项目。

7. 斜柱项目适用于柱竖向中心线与其在水平面投影线的夹角 $\geqslant 70°$ 且 $< 90°$ 的各种截面形状的斜柱。

8. 钢管混凝土柱采用顶升法浇筑混凝土，所增加的措施另行计算。

9. 挡土墙墙体的平均厚度 $\leqslant$ 300mm 时，执行薄壁式挡土墙项目，$>$ 300mm 时执行重力式挡土墙项目。

10. 斜梁（板）按坡度 $> 10°$ 且 $\leqslant 30°$ 综合考虑的。斜梁（板）坡度在 $\leqslant 10°$ 的执行梁、板项目；坡度 $> 30°$ 且 $\leqslant 45°$ 时人工乘以系数 1.05；坡度 $> 45°$ 且 $\leqslant 60°$ 时人工乘以系数 1.10。

11. 钢筋桁架楼承板、压型钢板、叠合板上浇捣混凝土，执行平板项目，人工乘以系数 1.10。

12. 挑檐壁、天沟壁高度 $\leqslant$ 300mm，执行挑檐项目；挑檐壁、天沟壁高度 $>$ 300mm，板面以上全高执行栏板项目。

13. 阳台板包括板和梁，不包含阳台栏板及压顶。

14. 预制板间补现浇板缝，适用于需支模才能浇筑的混凝土板缝。

15. 楼梯是按建筑物一个自然层双跑楼梯考虑，混凝土含量是按 $2.56m^3/10m^2$ 综合编制的，如设计含量不同时，除混凝土消耗量可以调整外，其余均不调整。

单坡直行楼梯按相应项目乘以系数 1.2；三跑楼梯按相应项目乘以系数 0.9；四跑楼梯按相应项目乘以系数 0.75。当图纸设计板式楼梯梯段底板（不含踏步三角部分）厚度大于 150mm、梁式楼梯梯段底板（不含踏步三角部分）厚度大于 80mm 时，超过部分执行平板项目。

弧形楼梯是指一个自然层旋转弧度小于 180°的楼梯，螺旋楼梯是指一个自然层旋转弧度大于 180°的楼梯。

16. 散水混凝土按厚度 60mm 编制，如设计厚度不同时，除混凝土消耗量可以调整外，其余均不调整；散水包括了混凝土浇筑、表面压实抹光内容，未包括基础夯实、垫层及嵌缝内容。

17. 台阶混凝土含量是按 $1.22m^3/10m^2$ 综合编制的，如设计含量不同时，除混凝土消耗量可以调整外，其余均不调整。

18. 厨房、卫生间等砌体墙下的现浇混凝土坎台执行圈梁项目。

19. 独立现浇门框、抱框柱按构造柱项目执行。

20. 凸出混凝土外墙面、阳台梁、栏板外侧的混凝土线条，宽度 ≤ 300mm 时执行扶手、压顶项目，宽度 > 300mm 时执行悬挑板项目。

21. 外形尺寸体积在 ≤ $1m^3$ 以内的现浇独立池槽执行小型构件项目，> $1m^3$ 以上的现浇独立池槽及与建筑物相连的梁、板、墙现浇结构式水池，分别执行梁、板、墙相应项目。

22. 小型构件是指单件体积 $0.1m^3$ 以内且本节未列项目的小型构件。

23. 施工现场预制的小型构件执行本章第一部分至第四部分相应项目；叠合板现浇板带执行本章装配式相应项目。

24. 屋面混凝土女儿墙的高度（高度包括压顶扶手及翻沿部分）≤ 1.2m 且墙厚 ≤ 100mm，执行栏板项目；高度 > 1.2m 或墙厚 > 100mm 时执行相应墙项目，压顶扶手及翻沿执行相应项目。

25. 设备基础项目按块体考虑。单构件超 $20m^3$ 的设备基础执行筏形基础项目；框架式设备基础分别执行基础、柱、墙、梁、板等相应项目。

26. 混凝土部分关于异型柱（梁）、拱形梁、悬挑梁的混凝土定义同模板，计量规则以混凝土部分为准。

27. 有梁板及平板的区分详见附图一。

28. 拱板：是指在垂直方向成弧的板，拱板项目适用于半径 ≤ 12m 的拱板，> 12m 的拱板执行平板项目。

三、钢筋：

1. 钢筋工程按钢筋的不同品种和规格以现浇构件、预制构件、预应力构件、箍筋及其他分别列项，钢筋的品种、规格比例按常规工程设计综合考虑。

2. 钢筋制作、安装是按绑扎连接和焊接连接（电阻点焊、电弧焊、闪光对焊）考虑，实际不论采用绑扎连接或焊接连接，均不调整项目消耗量。机械连接、电焊压力焊接、气压焊接另外计算；现场实际使用锥螺纹连接时，按照直螺纹相应项目换算主材调整。

3. 钢筋工程中措施钢筋按设计图纸规定及施工验收规范要求计算，按品种、规格执行相应项目，如采用其他材料时，另行计算。

4. 现浇构件冷拔钢丝按 $\phi10$ 内钢筋制作安装项目执行。

5. 使用 CRB550、CRB600、CRB650、HTRB630E、HRB600E 钢筋按照 HRB500 执行。

6. 型钢混凝土构件中，钢筋执行现浇构件钢筋相应项目，人工乘以系数 1.50，机械乘以系数 1.15；钢筋与型钢连接按不同方式执行相应项目。

7. 弧形构件钢筋执行钢筋相应项目，人工乘以系数 1.05。

8. 混凝土空心楼板（ADS 空心板）中钢筋网片，执行现浇构件钢筋相应项目，人工乘以系数 1.30，机械乘以系数 1.15。

9. 预应力混凝土构件中的非预应力钢筋按钢筋相应项目执行。

10. 非预应力钢筋未包括冷加工，如设计要求冷加工时，应另行计算。

11. 后张法钢筋的锚固是按钢筋帮条焊、U 型插垫编制的，如采用其他方法锚固时，应另行计算。

12. 预应力钢丝束、钢绞线综合考虑了一端、两端张拉；锚具按单锚、群锚分别列项，单锚按单孔锚具列入，群锚按 3 孔列入。预应力钢丝束、钢绞线长度 > 50m 时，应采用分段张拉。

13. 植筋项目中不含钢筋，植筋的钢筋按外露和植入部分之和长度计算执行钢筋制作、安装的相应项目；植筋 ≤ $\phi14$ 按构造植筋编制，植筋 > $\phi14$ 按结构加固编制。

14. 地下连续墙钢筋笼指通过焊接或绑扎，将一整幅地下连续墙纵、横各排钢筋按设计间距尺寸制作成一幅整体的钢筋笼，地下连续墙钢筋笼安放，不包括钢筋笼制作，钢筋笼制作按现浇钢筋制作、安装相应项目执行。若为单片钢筋网，执行钢筋网片项目。

15. 预埋铁件（螺栓）项目固定按焊接考虑，固定方式不同时，另行计算。

16. 缓粘结预应力钢绞线按成品材料考虑；无粘结钢丝（钢绞线）的涂包费在材料中考虑。

四、模板：

1. 模板项目分组合钢模板、大钢模板、复合模板、组合铝合金模板，编制投标最高限价（标底）时按复合模板项目执行。

混凝土柱面、墙面、梁面、平顶面的复合模板、铝模板是按达到清水表面验收标准考虑的，与设计图纸不符时也按此标准计算，不允许换算。

2. 除小构件考虑木支撑外，其余未注明构件采用扣件式钢管脚手架支撑体系。使用承插型盘扣式模板支架的执行相应项目，其材料名称、规格可以替换，消耗量不变。

3. 复合模板适用于竹胶、木胶合板等品种的复合板。

4. 组合钢模板、大钢模板、复合模板、组合铝合金模板均按企业自有编制，铝合金模板、组合钢模板、大钢模板包括回库维修耗量。

5. 组合铝合金模板支撑体系均按成套钢支撑考虑。

6. 墙模板项目中的定位支撑按水泥支撑考虑，如实际使用钢筋定位支撑，按实计算，钢筋执行本章相应项目。

7. 半径 ≤ 12m 的圆弧形条形基础模板执行条形基础相应项目，消耗量乘以 1.15 系数。

8. 地下室底板模板执行筏形基础项目。

9. 使用砖胎模时，砖胎模中砌体执行本定额第四章“砌筑工程”砖基础相应定额项目，抹灰执行装饰工程抹灰的相应定额项目。

10. 独立桩承台执行独立基础项目；带形桩承台执行条形基础项目；除条形基础（有肋式）钢筋混凝土外的其他形式条形基础均执行条形基础无筋混凝土项目。

11. 杯型基础指上部成杯型状的混凝土，杯型在基础顶部，杯口模板采用吊模的施工工艺，高杯基础杯口高度大于杯口大边长度 3 倍以上时，杯口高度部分执行柱项目，杯口高度以下部分执行独立基础项目。

12. 设备基础按块体考虑，单个构件超过 $20m^3$ 的设备基础执行有梁式筏形基础项目；水平截面非矩形的设备基础人工乘 1.3，材料乘 1.15。

13. 现浇混凝土柱（不含构造柱）、墙、梁（不含圈、过梁）、板是按高度（结构板面或地面、垫层面至上层结构板底的高度）3.6m 综合考虑。超过 3.6m 时，超过部分增套相应的超高支模增加项目，不足 1m 按 1m 计算。

14. 高大空间模板是指支模高度超过 8m 的常规梁、板模板（未考虑大跨度、大荷载），模板支撑的架体形式已综合考虑。梁、板支模高度（结构板面或地面、垫层面至上层结构板底的高度）达到 8m 时，执行支模高度 8m 项目，支模高度超过 8m 时，应同时计算每增加 1m 项目，不足 1m 者按 1m 计算；支模高度达到 16m 时，执行支模高度 16m 相应项目，支模高度超过 16m 时，应同时计算每增加 1m 项目，不足 1m 者按 1m 计算；支模高度达到 24m 时，执行支模高度 24m 项目，支模高度超过 24m 时，应同时计算每增加 1m 项目，不足 1m 者按 1m 计算；搭设高度 30m 及以上的模板支撑另行计算。

15. 组合铝合金模板仅适用于住宅工程，已考虑使用组合铝合金模板后表面不抹灰及模板深化设计的费用，使用组合铝合金模板的现浇混凝土柱、墙、梁、板是按高度（结构板面或地面、垫层面至上层结构板底的高度）3.6m 综合考虑。高度超过 3.6m 时，超过部分增套相应 3.6～8m 的超高支模增加项目，高度超过 8m 后，按照施工技术方案据实调整。楼梯、窗台使用组合铝合金模板时，已包含梯面、窗台的铝合金盖板。构造柱、圈梁、过梁执行复合模板相应项目。

16. 异形柱、梁是指截面形状为非矩形的梁、柱，断面形状为梯形、L 形、十字形、T 形、Z 形等。

17. 柱竖向中心线与其在水平面投影线的夹角 ≥ 70°且 < 90°的各种截面形状的斜柱模板均执行异形柱项目，柱竖向中心线与其在水平面投影线的夹角 < 70°的斜柱模板按方案另行计算。

18. 型钢混凝土构件模板按构件对应项目执行，人工、机械乘以系数 1.15。

19. 独立现浇门框、抱框柱按构造柱模板项目执行。

20. 柱帽、柱脚、牛腿模板执行相应柱模板项目，人工乘以系数 1.5、材料乘以系数 1.15。

21. 基础连系梁是指位于地基或垫层上，连接独立基础、条形基础或桩承台的梁。适用于无底模矩形基础梁，有底模时执行现浇梁相应项目。

22. 折梁、变截面梁等梁断面形状为矩形的梁执行矩形梁项目。

23. 截面形式为圆形的梁按小型构件执行。

24. 小型构件包括洞口上的非直线型过梁；厨房、卫生间等砌体墙下的现浇混凝土坎台执行圈梁项目。

25. 弧形梁指沿梁长度在水平方向成弧的梁。弧形梁项目适用于半径 ≤ 12m 的弧形梁，＞ 12m 的弧形梁执行矩形梁项目；有梁板中的弧形梁按弧形梁项目执行；梁断面为异形的弧形梁执行弧形梁项目，人工、材料乘以系数 1.15。

26. 拱形梁是指在垂直方向成弧的梁，拱形梁项目适用于半径 ≤ 12m 的拱形梁，＞ 12m 的拱形梁执行矩形梁项目；拱板是指在垂直方向成弧的板，拱板项目适用于半径 ≤ 12m 的拱板，＞ 12m 的拱板执行平板项目。

27. 斜梁项目适用于坡度 ＞ 10°且 ≤ 30°的现浇构件；坡度 ≤ 10°的执行相应梁项目；坡度在 ＞ 30°且 ≤ 45°以内时人工乘以系数 1.05；坡度 ＞ 45°且 ≤ 60°时人工乘以系数 1.1。

28. 悬挑梁是指一端埋在或者浇筑在支撑物上，另一端挑出支撑物的梁，可为固定、简支或自由端。

29. 短肢剪力墙混凝土、模板项目执行剪力墙相关项目。

30. 对拉螺栓按照常规周转使用考虑，采用止水螺栓或螺栓一次性摊销时，其消耗量按对拉螺栓数量乘以系数 12，并将对拉螺栓材料更换为实际使用的螺栓。

31. 爬模项目的消耗量已包括架体系统的设计、拼装、调试费用等，架体系统的场外运输、特殊设计增加费应另行计算。

32. 斜板按坡度 ＞ 10°且 ≤ 30°综合考虑的。斜板坡度 ≤ 10°的执行板项目；坡度 ＞ 30°且≤ 45°时人工乘以系数 1.05；坡度 ＞ 45°且≤ 60°时人工乘以系数 1.1。

33. 混凝土板适用于厚度 ≤ 250mm 的板，厚度 ＞ 250mm 的板按危大工程管理另行处理。

34. 现浇空心板执行平板项目，内模需在空心楼板底模上抗浮固定时，模板增加费用另行计算。

35. 薄壳板指跨度比较大，而板厚比较薄，主要采用弧线模板来支撑的板，模板不分筒式、球形、双曲形等，均执行薄壳板项目。

36. 膜壳板适用于现浇钢筋混凝土密肋楼板或井字梁楼板，膜壳下仍需要模板及支撑体系，膜壳板模板执行平板项目，膜壳的安装与连接执行预制构件的相关安装项目。

37. 混凝土栏板、屋面混凝土女儿墙的高度（含压顶扶手及翻沿）≤ 1.2m 且厚度 ≤ 100mm 时执行栏板项目；高度 ＞ 1.2m 或厚度 ＞ 100mm 时执行相应墙项目，压顶扶手及翻沿执行压顶项目。栏板、挂板的定义同混凝土，挂板按照栏板项目乘以 1.2 系数。

38. 阳台板系指主体结构外的阳台底板，以外墙外边线为分界线。主体结构内的阳台底板按梁、板等套取。如一面为弧形且半径 ≤ 12m 时，执行圆弧形阳台板；阳台板按图示外挑部分尺寸投影面积计算，项目内已考虑 ≤ 300mm 的翻沿，翻沿高度 ＞ 300mm 时，翻沿按全高执行栏板项目。

39. 雨篷适用于不以柱支撑的结构且雨篷挑出墙面（或梁面）≤ 1.5m 的雨篷。如一面为弧形且半径 ≤ 12m 时，执行圆弧形雨篷，其余执行雨篷项目；工程量以设计图示雨篷板水平投影面积计算，项目内已考虑 ≤ 300mm 翻沿，翻沿高度 ＞ 300mm 时，翻沿按全高执行栏板项目。以柱支撑的雨篷，或者虽不以柱支撑，但雨篷挑出墙面（或梁面）＞ 1.5m 的雨篷，应按设计尺寸分解计算柱、梁、板、栏板工程量，分别执行相应项目。

40. 挑檐壁、天沟壁高度 ≤ 300mm，按外挑部分尺寸投影面积执行挑檐、天沟项目；挑檐壁、天沟壁高度 ＞ 300mm 时，拆分成底板和侧壁分别套用悬挑板、栏板项目。现浇挑檐板、天沟板与板（包括屋面板、楼板）连接时，以外墙外边线为分界限；与圈梁（包括其他梁）连接时，以梁外边线为分界线，外边线以外为挑檐、天沟。

41. 预制板间补现浇板缝是指因设计模数与房间净距不一致出现缝隙需要支底模的部分，模板执行平板项目。

42. 楼梯是按建筑物一个自然层双跑楼梯考虑，如单坡直行楼梯按相应项目人工、材料、机械乘以系数 1.2；三跑楼梯按相应项目人工、材料、机械乘以系数 0.9；四跑楼梯按相应项目人工、材料、机械乘以系数 0.75；剪刀楼梯执行单坡直行楼梯相应系数。

43. 地沟项目适用于内截面宽 × 深 ≤ 1200mm × 1200mm 的各种沟槽，当内截面宽或深 ＞ 1200mm 时分解计算，分别执行相应构件项目。

44. 散水模板执行垫层相应项目。

45. 凸出混凝土柱、梁、墙面的线条，宽度 ≤ 300mm 并入相应构件内计算，再按凸出的线条道数执行模板增加费项目；但单独窗台板、栏板扶手、墙上的压顶不另计算模板增加费；凸出宽度 ＞ 300mm 的执行悬挑板项目（包括空调板、飘窗板）；半径 ≤ 12m 的圆弧形线条乘以 1.2 系数。

46. 小型构件是指单件体积 0.1m^3 以内且本节未列项目的小型构件。

47. 墙、板、梁模板已综合了混凝土表面不抹灰及模板深化改造等因素。

48. 后浇带梁、板、墙模板项目按正常施工考虑，因特殊原因造成的支模期延长，其延长部分执行每增加一个月项目，不足一个月按一个月计算。

49. 快收口钢板网指后浇带或者不同混凝土标号之间分隔使用的成品网片。

五、现场预制混凝土构件安装：

1. 本章的预制构件均按现场预制考虑，其模板已包含地模的摊销量。

2. 预制混凝土隔板执行预制混凝土架空隔热板项目。

六、装配式预制混凝土构件安装及后浇混凝土浇捣：

1. 本章中所列的装配式预制混凝土构件均按外购成品考虑。

2. 楼梯休息平台安装按平台板结构类型不同，分别执行整体楼板或叠合楼板相应项目，相应项目人工、机械，以及除预制混凝土楼板外的材料用量乘以系数 1.3。

3. 阳台板安装不分板式或梁式，均执行同一消耗量。依附于阳台板制作的栏板、翻沿、空调板，并入阳台板内计算；非悬挑的阳台板安装，分别按梁、板安装有关规则计算并套用相应项目。空调板安装项目适用于单独预制的空调板安装。

4. 叠合楼板或整体楼板之间设计采用现浇混凝土板带拼缝的，板带混凝土浇捣并入后浇混凝土叠合梁、板内计算。

5. 后浇混凝土钢筋按本章钢筋部分的相应项目及规定执行。

6. 后浇混凝土模板项目消耗量中已包含了伸出后浇混凝土与预制构件抱合部分模板的用量。

工程量计算规则

一、混凝土：

1. 现浇混凝土：

（1）混凝土工程量除另有规定者外，均按设计图示尺寸以体积计算。应扣除型钢所占体积，不扣除构件内钢筋、预埋铁件及墙、板中 $0.3m^2$ 以内的孔洞所占体积。型钢所占体积按 $7850kg/m^3$ 计算。

（2）基础：按设计图示尺寸以体积计算。

①条形基础：不分有肋式与无肋式均按条形基础项目计算，有肋式条形基础，肋高（指基础扩大顶面至梁顶面的高）≤ 1.2m 时，合并计算；> 1.2m 时，扩大顶面以下的基础部分，按条形基础项目计算，扩大顶面以上部分，按墙项目计算，详见附图二。

②筏形基础：无梁式筏形基础有扩大或角锥型柱墩时，并入无梁式筏形基础内计算；有梁式筏形基础梁高（从板面或板底计算，梁高不含板厚）≤ 1.2m 时，基础和梁合并计算；> 1.2m 时，底板按无梁式筏形基础混凝土项目计算，梁按混凝土墙项目计算。箱式基础分别按基础、柱、墙、梁、板等有关规定计算。

③设备基础：块体设备基础按不同体积，分别计算；框架式设备基础分别按基础、柱、墙、梁、板等有关规定计算；如同一设备基础部分为块体，部分为框架时，应分别计算。

（3）柱：按设计图示尺寸以体积计算。

①有梁板的柱高，应自柱基上表面（或楼板上表面）至上一层楼板上表面之间的高度计算；

②无梁板的柱高，应自柱基上表面（或楼板上表面）至柱帽下表面之间的高度计算；

③框架柱的柱高，应自柱基上表面至柱顶面高度计算；

④构造柱仅适用于先砌墙后浇灌混凝土的混凝土柱。构造柱按全高计算，嵌接墙体部分（马牙槎）并入柱身体积；

⑤依附柱上的牛腿，并入柱身体积内计算；

⑥钢管混凝土柱以钢管高度按照钢管内径计算；

⑦斜柱按柱截面面积乘以柱中心斜长计算。

（4）墙：按设计图示尺寸以体积计算，扣除门窗洞口及 $0.3m^2$ 以外孔洞所占体积，墙垛及凸出部分并入墙体积内计算。直形墙中洞口上的梁并入墙体积计算；短肢剪力墙的暗梁、暗柱并入墙体积内计算。

墙与柱连接时墙算至柱边；墙与梁连接时墙算至梁底；墙与板连接时板算至墙侧。

大模内置保温板墙、叠合板现浇混凝土复合墙按设计图示尺寸以体积计算，扣除内置保温板及各种形式叠合板的体积。

（5）梁：按设计图示尺寸以体积计算。

①梁与柱连接时，梁长算至柱侧面；

②主梁与次梁连接时，次梁长算至主梁侧面。

（6）板：按设计图示尺寸以体积计算，不扣除单个面积 $0.3m^2$ 以内的柱垛及孔洞所占体积，伸入砖墙内的板头并入板体积计算

①有梁板包括梁与板，按梁、板体积之和计算。

②无梁板包括板与柱帽，按板和柱帽体积之和计算。

③薄壳板的肋、基梁并入薄壳体积内计算。

④复合空心板按设计图示尺寸以体积（扣除空心部分）计算。

⑤空心楼板筒芯（箱体）安装项目按筒芯（箱体）外形体积计算。

⑥钢筋桁架楼承板、叠合板、压型板上浇筑混凝土，按设计图示尺寸以体积计算。

（7）栏板、扶手按设计图示尺寸以体积计算。

（8）飘窗板指建筑物窗洞口周边凸出外墙面的混凝土板，按设计图示尺寸以伸出外墙部分体积计算，飘窗水平、竖向板均执行飘窗板项目。

（9）挂板指水平板面一侧边缘下垂部分的混凝土板，按设计图示尺寸以体积计算。

（10）挑檐、天沟按设计图示尺寸以墙外部分体积计算。挑檐、天沟板与板（包括屋面板）连接时，以外墙外边线为分界线；与梁（包括圈梁等）连接时，以梁外边线为分界线；外墙外边线以外为挑檐、天沟。

（11）凸阳台（凸出外墙外侧的阳台）按阳台项目，包括梁、板的体积，按梁板之和计算体积；凹进墙内的阳台，按梁、板分别计算；高度≤300mm的翻沿并入相应项目计算，高度>300mm的翻沿按全高并入栏板项目计算；压顶按压顶项目规则计算。

（12）包括雨棚梁、板，以体积计算，高度≤300mm的栏板并入雨篷体积内计算，栏板高度>300mm时，全高按栏板计算。

（13）楼梯（包括休息平台，平台梁、斜梁及楼梯的连接梁）按设计图示尺寸以水平投影面积计算，不扣除宽度小于500mm楼梯井，伸入墙内部分不计算。当整体楼梯与现浇楼板无梯梁连接时，以楼梯的最后一个踏步边缘加300mm为界。

（14）散水、台阶按设计图示尺寸，以水平投影面积计算。台阶与平台连接时其投影面积应以最上层踏步外沿加300mm计算。

（15）场馆看台、地沟、混凝土后浇带按设计图示尺寸以体积计算，地沟不包括垫层体积。

（16）二次灌浆按照实际灌注体积计算。

2. 预制混凝土：

预制混凝土均按图示尺寸以体积计算，不扣除构件内钢筋、铁件及小于0.3m^{2}以内孔洞所占体积。

二、钢筋：

1. 现浇、预制构件钢筋，按设计图示钢筋中心线长度乘以单位理论质量以质量计算。

2. 钢筋搭接长度及搭接（接头）数量应按设计要求计算；设计要求未标明搭接（接头）位置的通长钢筋按以下规则计算：

（1）ϕ10以内的长钢筋按每12m计算一个钢筋搭接（接头），搭接长度按设计规定计算；

（2）ϕ10以上的长钢筋按每9m计算一个搭接（接头），搭接长度按设计规定计算。

3. 先张法预应力钢筋按设计图示钢筋长度乘以单位理论质量计算。

4. 后张法预应力钢筋按设计图示钢筋（绞线、丝束）长度乘以单位理论质量计算。

（1）低合金钢筋两端均采用螺杆锚具时，钢筋长度按孔道长度减0.35m计算，螺杆另行计算。

（2）低合金钢筋一端采用镦头插片，另一端采用螺杆锚具时，钢筋长度按孔道长度计算，螺杆另行计算。

（3）低合金钢筋一端采用镦头插片，另一端采用帮条锚具时，钢筋按增加0.15m计算；两端均采用帮条锚具时，钢筋长度按孔道长度增加0.3m计算。

（4）低合金钢筋采用后张混凝土自锚时，钢筋长度按孔道长度增加0.35m计算。

（5）低合金钢筋（钢绞线）采用JM、XM、QM型锚具，孔道长度≤20m时，钢筋长度按孔道长度增加1m计算；孔道长度>20m时，钢筋长度按孔道长度增加1.8m计算。

（6）碳素钢丝采用锥形锚具，孔道长度≤20m时，钢丝束长度按孔道长度增加1m计算；孔道长度>20m时，钢丝束长度按孔道长度增加1.8m计算。

（7）碳素钢丝采用墩头锚具时，钢丝束长度按孔道长度增加0.35m计算。

5. 预应力钢丝束、钢绞线锚具安装按套数计算。

6. 当设计要求钢筋接头采用机械连接时，按个计算，不再计算该处的钢筋搭接长度。

7. 植筋按个计算，植入的钢筋按外露和植入部分长度之和以理论质量计算。

8. 型钢混凝土结构中，结构钢筋需穿过型钢时，采用钢筋端头与型钢固定或型钢钻孔钢筋穿过型钢，按照采用方式不同分别执行相应定额项目，箍筋、主筋、套筒与型钢焊接工程量按焊接接头个数计算，型钢柱（梁）钻孔工程量按钻孔个数计算。

9. 地下连续墙钢筋网片、混凝土灌注桩钢筋笼、后插混凝土灌注桩钢筋笼、地下连续墙钢筋笼按设计图示钢筋中心线长度乘以单位理论质量计算。

10. 混凝土构件预埋铁件、预埋螺栓，按设计图示尺寸，以质量计算。

三、模板：

1. 现浇混凝土构件模板：

（1）现浇混凝土构件模板，除另有规定者外，均按模板与混凝土的接触面积计算。

（2）基础。

①条形基础是指肋高（指基础扩大顶面至梁顶面的高）≤ 1.2m 的基础；肋高 > 1.2m 时，基础底板模板按无肋条形基础项目计算，扩大顶面以上部分模板按混凝土墙项目计算。

②独立基础：高度从垫层上表面计算到柱基上表面。

③筏形基础：无梁式筏形基础有扩大或角锥形柱墩时，并入无梁式筏型基础内计算。有梁式筏型基础梁高（从板面或板底计算，梁高不含板厚）≤ 1.2m 时，基础和梁合并计算；> 1.2m 时，底板按无梁式筏型基础模板项目计算，梁按混凝土墙模板项目计算。箱式筏型基础应分别按无梁式筏型基础、柱、墙、梁、板的有关规定计算。

④设备基础按模板接触面积计算。

⑤设备基础地脚螺栓套孔以不同深度以数量计算。

⑥电梯基坑的模板执行集水坑模板项目。

（3）现浇混凝土柱（不含构造柱）、墙的计算高度按结构板面或地面、垫层面至上层结构板面的高度计算；构造柱按混凝土外露宽度乘以柱高以面积计算，与砌体嵌接处按混凝土外露面最大宽度计算。

（4）有梁板及平板的区分同混凝土部分说明，梁与柱连接时，梁长算至柱侧面；主梁与次梁连接时，次梁长算至主梁侧面。

（5）现浇混凝土墙、板上单孔面积在 $0.3m^2$ 以内的孔洞，不予扣除，洞侧壁模板亦不增加；单孔面积在 $0.3m^2$ 以外时，应予扣除，洞侧壁模板面积并入墙、板模板工程量计算。

（6）对拉螺栓堵眼按单侧墙面积、柱面、梁面模板接触面计算。

（7）墙与柱连接时墙算至柱边；墙与梁连接时墙算至梁底；墙与板连接时板算至墙侧；与剪力墙平齐的暗梁、暗柱并入墙内工程量计算；柱、墙、梁、板、栏板相互重叠的部分不扣除。

（8）现浇混凝土悬挑板、雨篷、阳台按图示外挑部分尺寸的水平投影面积计算，项目内已考虑 ≤ 300mm 翻沿，翻沿高度 > 300mm 时，翻沿按全高执行栏板项目。栏板、挂板按照垂直投影面积计算。

（9）膜壳板按照平板的计算规则，以面积计算，膜壳的安、拆另行计算。

（10）现浇混凝土楼梯（包括休息平台、平台梁、斜梁和楼层板连接的梁），按水平投影面积计算，不扣除宽度小于 500mm 楼梯井所占面积，楼梯的踏步、踏步板、平台梁等侧面模板不另行计算，伸入墙内部分亦不增加。当整体楼梯与现浇楼板无梯梁连接时，以楼梯的最后一个踏步边缘加 300mm 为界。

（11）混凝土台阶不包括梯带，按图示台阶尺寸的水平投影面积计算，台阶端头两侧不另计算模板面积；架空式混凝土台阶按现浇楼梯计算。

（12）场馆看台按设计图示尺寸，以水平投影面积计算。

（13）凸出混凝土柱、梁、墙面的线条模板增加费以突出棱线的道数按长度计算。

（14）板或拱形结构的支模高度按板顶平均高度计算。

（15）爬模工程量按照混凝土构件的模板接触面积以“m^2”计算。

（16）混凝土地沟按模板接触面积计算。

（17）大模内置保温板墙、叠合板现浇混凝土复合墙按模板接触面积计算，不扣除 0.3m^2 以内的孔洞。

（18）悬挑梁的长度按悬挑支撑物的外边线以外计算。

（19）薄壳板、膜壳板均按模板接触面积计算，不扣除 0.3m^2 以内的孔洞。

（20）后浇带支撑增加费按后浇带的水平投影面积计算。

（21）快收口钢板网按实际铺设面积计算，不扣除 0.3m^2 以内的孔洞。

（22）高大空间模板以模板接触面积按照 m^2 计算。

（23）组合铝合金模板工程量按照混凝土构件的模板接触面积计算，楼梯、窗台等使用组合铝合金模板时，梯面、窗台的铝合金盖板并入模板工程量中。

2. 现场预制混凝土构件模板：

现场预制混凝土构件模板，按模板与混凝土的接触面积计算；地模不计算接触面积。

四、现场预制混凝土构件安装及接头灌缝：

1. 预制混凝土构件现场运输及安装，除另有规定外，均按构件设计图示尺寸，以体积计算。

2. 预制混凝土构件接头灌缝均按预制混凝土构件体积计算。

3. 混凝土预制构件的制作损耗、运输及堆放损耗、安装（吊装、打桩）损耗不论构件大小，均按下表规定损耗率计算列入工程量内。

损耗率表

构件名称	制作废品率（%）	运输及堆放损耗率（%）	安装、打桩损耗率（%）
各类预制构件	0.20	0.80	0.50
混凝土预制桩	0.10	0.40	1.50

计算方法：

（1）预制构件混凝土、钢筋、模板预算制作工程量 = 图纸计算量 ×（1 + 制作废品率 + 运输及堆放损耗率 + 安装或打桩损耗率）。

（2）预制混凝土构件预算运输工程量 = 图纸计算量 ×（1 + 运输及堆放损耗率 + 安装或打桩损耗率）。

（3）预制混凝土构件预算安装工程量 = 图纸计算量 ×（1 + 安装或打桩损耗率）。

五、装配式预制混凝土构件安装及后浇混凝土浇捣：

1. 装配式构件安装工程量按成品构件设计图示尺寸的实体积以“m^3”计算，不扣除构件内钢筋、预埋铁件、配管、套管、线盒及单个面积 ≤ 0.3m^2 的孔洞、线箱等所占体积，构件外露钢筋体积亦不再增加。

2. 装配式构件后浇混凝土浇捣工程量按设计图示尺寸以实体积计算，不扣除混凝土内钢筋、预埋铁件及单个面积 ≤ 0.3m^2 的孔洞等所占体积，套用本章相应的混凝土定额项目。

3. 装配式构件后浇混凝土钢筋工程量按设计图示钢筋的长度、数量乘以钢筋单位理论质量计算，套用本章相应的钢筋定额项目。

4. 装配式构件后浇混凝土模板工程量按模板接触面积以“m^2”计算，伸出后浇混凝土与预制构件抱合部分的模板面积不增加计算。不扣除后浇混凝土墙板上单孔面积 ≤ 0.3m^2 的孔洞，洞侧壁模板亦不增加；应扣除单孔面积 ≥ 0.3m^2 的孔洞，孔洞侧壁模板面积并入相应的墙、板模板工程量内计算。

附图一：现浇梁、板区分示意图。

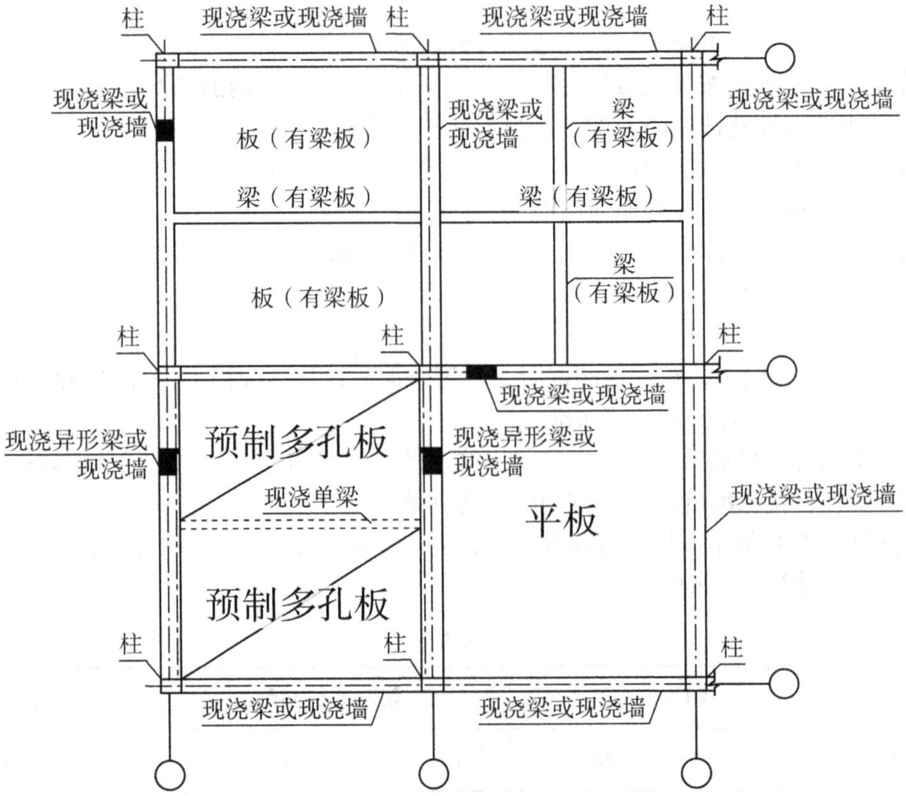

现浇梁、板区分示意图

附图二：有肋式条形（带形）基础肋高简图。

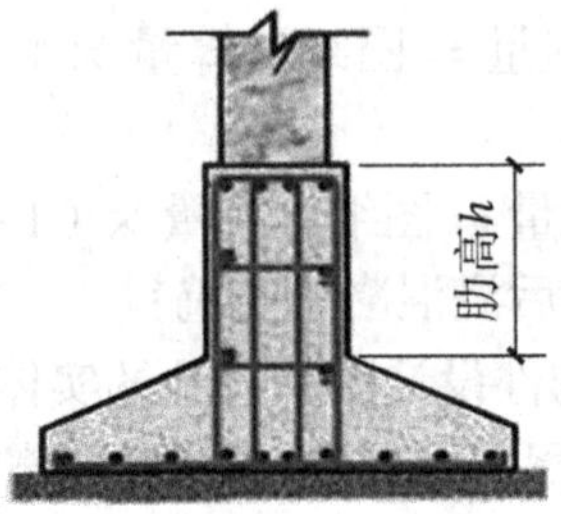

有肋式条形（带形）基础肋高简图

一、混　凝　土

1. 现浇混凝土

（1）基　　础

工作内容：浇筑、振捣、养护等。　　　　计量单位：$10m^3$

编　号				5-1	5-2	5-3	5-4	5-5
项　目				垫层	条形基础		独立基础	
					毛石混凝土	混凝土	毛石混凝土	混凝土
名　称			单位	消　耗　量				
人工	000201000	综合二类工	工日	2.814	2.824	2.733	2.770	2.241
材料	802101010	预拌混凝土 C15	m^3	10.100	—	—	—	—
	802101012	预拌混凝土 C20	m^3	—	8.585	10.100	8.585	10.100
	041103002	毛石（综合）	m^3	—	2.754	—	2.754	—
	020901001	塑料薄膜	m^2	47.775	12.012	12.590	14.480	15.927
	341101001	水	m^3	3.950	0.930	1.009	1.091	1.125
	341103001	电	kW·h	2.310	1.980	2.310	1.980	2.310

工作内容：浇筑、振捣、养护等。　　　　计量单位：$10m^3$

编　号				5-6	5-7	5-8
项　目				杯形基础	筏形基础	
					有梁式	无梁式
名　称			单位	消　耗　量		
人工	000201000	综合二类工	工日	2.291	2.401	2.029
材料	802101012	预拌混凝土 C20	m^3	10.100	10.100	10.100
	020901001	塑料薄膜	m^2	15.927	25.295	25.095
	341101001	水	m^3	1.200	1.339	1.520
	341103001	电	kW·h	2.310	2.310	2.310
机械	990617010	混凝土抹平机 5.5kW	台班	—	0.035	0.030

工作内容：浇筑、振捣、养护等。　　　　计量单位：10m³

编号				5-9	5-10	5-11
项目				桩承台	设备基础	
					块体 ≤ 5m³	块体 ≤ 20m³
名称			单位	消耗量		
人工	000201000	综合二类工	工日	2.602	3.131	2.742
材料	802101012	预拌混凝土 C20	m³	10.100	10.100	10.100
	020901001	塑料薄膜	m²	15.927	18.451	14.761
	341101001	水	m³	1.125	1.115	0.900
	341103001	电	kW · h	2.310	2.310	—

工作内容：浇筑、人工振捣、灌浆料现场拌和、养护等。　　　　计量单位：10m³

编号				5-12	5-13
项目				二次灌浆	
				混凝土	灌浆料
名称			单位	消耗量	
人工	000201000	综合二类工	工日	12.237	14.638
材料	802101019	预拌细石混凝土 C20	m³	10.100	—
	020901001	塑料薄膜	m²	66.675	66.675
	341101001	水	m³	4.151	4.190
	043124001	灌浆料	m³	—	10.100
	341103001	电	kW · h	—	0.500

（2）柱

工作内容：浇筑、振捣、养护等。　　　　计量单位：10m³

编号				5-14	5-15	5-16	5-17
项目				矩形柱	构造柱	异形柱	圆形柱
名称			单位	消耗量			
人工	000201000	综合二类工	工日	5.621	9.657	6.187	6.196
材料	802101012	预拌混凝土 C20	m³	10.100	10.100	10.100	10.100
	020901001	塑料薄膜	m²	27.040	24.336	27.040	24.336
	341101001	水	m³	0.774	1.789	1.789	1.658
	341103001	电	kW · h	3.710	3.720	3.720	3.700

工作内容：浇筑、振捣、养护等。 计量单位：10m³

编号				5-18	5-19	5-20
项目				斜柱	钢管柱	型钢混凝土柱
名称			单位	消耗量		
人工	000201000	综合二类工	工日	6.881	8.294	7.750
材料	802101012	预拌混凝土 C20	m^3	10.100	10.100	10.100
	020901001	塑料薄膜	m^2	27.040	—	27.040
	341101001	水	m^3	1.789	—	0.774
	341103001	电	kW · h	3.750	3.720	3.760

（3）梁

工作内容：浇筑、振捣、养护等。 计量单位：10m³

编号				5-21	5-22	5-23	5-24
项目				基础连系梁	矩形梁	异形梁	悬臂（悬挑）梁
名称			单位	消耗量			
人工	000201000	综合二类工	工日	2.328	2.414	2.575	2.637
材料	802101012	预拌混凝土 C20	m^3	10.100	10.100	10.100	10.100
	020901001	塑料薄膜	m^2	34.924	32.475	39.760	49.899
	341101001	水	m^3	3.040	3.090	3.200	3.795
	341103001	电	kW · h	3.720	3.740	3.760	3.750

工作内容：浇筑、振捣、养护等。 计量单位：10m³

编号				5-25	5-26	5-27	5-28	5-29
项目				圈梁	过梁	弧形、拱形梁	斜梁	型钢混凝土梁
名称			单位	消耗量				
人工	000201000	综合二类工	工日	7.071	8.133	4.087	2.575	3.865
材料	802101012	预拌混凝土 C20	m^3	10.100	10.100	10.100	10.100	10.100
	020901001	塑料薄膜	m^2	45.413	101.327	54.455	54.455	38.599
	341101001	水	m^3	4.640	6.065	3.759	3.795	3.362
	341103001	电	kW · h	3.188	3.750	3.760	3.740	3.760

（4）墙

工作内容：浇筑、振捣、养护等。 **计量单位：**10m³

编号				5-30	5-31	5-32
项目				直形墙		弧形混凝土墙
				毛石混凝土	混凝土	
名称			单位	消耗量		
人工	000201000	综合二类工	工日	4.480	3.310	3.310
材料	802101012	预拌混凝土 C20	m³	8.585	10.100	10.100
	020901001	塑料薄膜	m²	20.350	24.310	29.172
	341101001	水	m³	0.454	0.587	0.672
	041103002	毛石（综合）	m³	2.754	—	—
	341103001	电	kW · h	3.060	3.660	3.660

工作内容：浇筑、振捣、养护等。 **计量单位：**10m³

编号				5-33	5-34	5-35	5-36
项目				挡土墙（重力式）		挡土墙（薄壁式）	电梯井壁直形墙
				毛石混凝土	混凝土		
名称			单位	消耗量			
人工	000201000	综合二类工	工日	3.160	2.891	4.260	3.428
材料	802101012	预拌混凝土 C20	m³	8.585	10.100	10.100	10.100
	041103002	毛石（综合）	m³	2.754	—	—	—
	341101001	水	m³	0.534	0.690	2.690	0.759
	341103001	电	kW · h	3.060	3.660	3.730	3.990

工作内容：浇筑、振捣、养护等。 **计量单位：**10m³

编号				5-37	5-38	5-39
项目				爬模混凝土墙	叠合板混凝土复合墙	大模内置保温板墙
名称			单位	消耗量		
人工	000201000	综合二类工	工日	4.328	3.847	3.646
材料	802101012	预拌混凝土 C20	m³	10.100	10.100	10.100
	341101001	水	m³	1.450	0.690	0.690
	341103001	电	kW · h	4.390	3.660	3.660

(5)板

工作内容：浇筑、振捣、养护等。　　　　**计量单位**：10m³

编号				5-40	5-41	5-42	5-43
项目				有梁板	无梁板	平板	拱板
名称			单位	消耗量			
人工	000201000	综合二类工	工日	2.426	2.421	2.811	5.717
材料	802101012	预拌混凝土 C20	m^3	10.100	10.100	10.100	10.100
	020901001	塑料薄膜	m^2	54.724	57.811	78.209	24.544
	341101001	水	m^3	2.595	3.023	4.104	1.652
	341103001	电	kW·h	3.790	3.780	3.780	3.800
机械	990617010	混凝土抹平机 5.5kW	台班	0.110	0.110	0.140	0.150

工作内容：浇筑、振捣、养护等。　　　　**计量单位**：10m³

编号				5-44	5-45	5-46	5-47
项目				薄壳板	复合空心板	斜板、坡屋面板	栏板
名称			单位	消耗量			
人工	000201000	综合二类工	工日	5.137	4.115	3.061	9.391
材料	802101012	预拌混凝土 C20	m^3	10.100	10.100	10.100	10.100
	020901001	塑料薄膜	m^2	37.727	43.560	80.346	11.750
	341101001	水	m^3	6.675	3.948	8.860	2.617
	341103001	电	kW·h	3.780	3.790	3.780	—
机械	990617010	混凝土抹平机 5.5kW	台班	0.190	0.170	0.190	—

工作内容：浇筑、振捣、养护等。　　　　**计量单位**：10m³

编号				5-48	5-49	5-50	5-51
项目				飘窗板	挂板	挑檐、天沟	雨篷板
名称			单位	消耗量			
人工	000201000	综合二类工	工日	9.660	10.711	9.462	8.784
材料	802101012	预拌混凝土 C20	m^3	10.100	10.100	10.100	10.100
	020901001	塑料薄膜	m^2	85.199	11.750	85.199	95.650
	341101001	水	m^3	5.250	3.010	6.040	7.300
	341103001	电	kW·h	6.000	10.100	6.000	5.190

工作内容：浇筑、振捣、养护等。　　　　计量单位：$10m^3$

编号				5-52	5-53	5-54
项目				悬挑板	阳台板	预制板间补现浇板缝
名称			单位	消耗量		
人工	000201000	综合二类工	工日	8.486	8.891	11.225
材料	802101012	预拌混凝土 C20	m^3	10.100	10.100	10.100
	020901001	塑料薄膜	m^2	105.684	73.629	76.720
	341101001	水	m^3	7.687	9.380	7.878
	341103001	电	kW·h	6.000	5.310	1.860

（6）楼　　梯

工作内容：浇筑、振捣、养护等。　　　　计量单位：$10m^3$

编号				5-55	5-56	5-57
项目				楼梯		
				直形	弧形	螺旋形
名称			单位	消耗量		
人工	000201000	综合二类工	工日	8.350	16.807	16.279
材料	802101012	预拌混凝土 C20	m^3	10.100	10.100	10.100
	020901001	塑料薄膜	m^2	49.285	71.340	54.577
	341101001	水	m^3	2.820	3.910	2.308
	341103001	电	kW·h	6.093	8.875	6.210

（7）其　　他

工作内容：浇筑、振捣、养护等。　　　　计量单位：见表

编号				5-58	5-59	5-60
项目				散水	台阶	场馆看台
单位				$10m^2$ 水平投影面积		$10m^3$
名称			单位	消耗量		
人工	000201000	综合二类工	工日	0.772	1.149	8.996
材料	802101012	预拌混凝土 C20	m^3	0.606	1.236	10.100
	800615001	预拌水泥砂浆（综合）	m^3	0.049	—	—
	020901001	塑料薄膜	m^2	10.500	12.600	84.610
	341101001	水	m^3	3.435	0.139	7.878
	341103001	电	kW·h	0.030	0.462	5.310
机械	990617010	混凝土抹平机 5.5kW	台班	0.040	—	—

工作内容：浇筑、振捣、养护等。 计量单位：10m³

编号				5-61	5-62	5-63
项目				地沟	扶手、压顶	小型构件
名称			单位	消耗量		
人工	000201000	综合二类工	工日	4.575	9.483	10.290
材料	802101012	预拌混凝土 C20	m^3	10.100	10.100	10.100
	020901001	塑料薄膜	m^2	25.550	89.563	95.519
	341101001	水	m^3	2.174	8.322	8.718
	341103001	电	kW · h	6.000	—	—

(8) 后 浇 带

工作内容：浇筑、振捣、养护等。 计量单位：10m³

编号				5-64	5-65	5-66	5-67
项目				梁	板	墙	筏板基础
名称			单位	消耗量			
人工	000201000	综合二类工	工日	4.014	4.014	4.657	3.586
材料	802101012	预拌混凝土 C20	m^3	10.100	10.100	10.100	10.100
	020901001	塑料薄膜	m^2	31.668	55.472	3.080	19.840
	341101001	水	m^3	3.591	6.078	2.521	3.261
	341103001	电	kW · h	3.690	3.580	3.630	2.350

2. 预制混凝土

(1) 梁

工作内容：浇筑、振捣、养护、分类堆放等。 计量单位：10m³

编号				5-68
项目				过梁
名称			单位	消耗量
人工	000201000	综合二类工	工日	3.832
材料	802101003	混凝土 C20	m^3	10.100
	052501005	硬垫木	m^3	0.016
	020901001	塑料薄膜	m^2	53.166
	341101001	水	m^3	3.602
	341103001	电	kW · h	1.500

（2）板

工作内容：浇筑、振捣、养护、分类堆放。 **计量单位：**10m³

编号				5-69	5-70
项目				架空隔热板	地沟盖板
名称			单位	消耗量	
人工	000201000	综合二类工	工日	6.594	5.823
材料	802101012	预拌混凝土 C20	m^3	10.100	10.100
	052501005	硬垫木	m^3	0.112	0.075
	020901001	塑料薄膜	m^2	119.058	99.215
	341101001	水	m^3	9.069	5.550
	341103001	电	kW · h	1.750	1.750

（3）其他构件

工作内容：浇筑、振捣、养护、分类堆放等。 **计量单位：**10m³

编号				5-71	5-72
项目				漏空花格	小型构件
名称			单位	消耗量	
人工	000201000	综合二类工	工日	8.508	8.467
材料	802101012	预拌混凝土 C20	m^3	10.100	10.100
	052501005	硬垫木	m^3	0.584	1.468
	020901001	塑料薄膜	m^2	146.227	121.857
	341101001	水	m^3	9.492	7.910
	341103001	电	kW · h	1.500	1.500

3. 其　　他

工作内容：原材料运输、混凝土搅拌、场内运输等。 **计量单位：**10m³

编号				5-73
项目				现场搅拌混凝土调整费
名称			单位	消耗量
人工	000201000	综合二类工	工日	4.125
材料	341103001	电	kW · h	21.466
	341101001	水	m^3	0.380
机械	990602030	双锥反转出料混凝土搅拌机 500L	台班	0.300

工作内容：内模（筒芯、箱体）敷设、安装、固定，抗浮固定等。

计量单位：10m³

编号				5-74	5-75	5-76	5-77
项目				空心楼板筒芯安装		空心楼板箱体安装	
				筒芯直径		箱体高度	
				≤200mm	>200mm	≤200mm	>200mm
名称			单位	消耗量			
人工	000201000	综合二类工	工日	14.656	7.136	6.960	3.400
材料	042705002	空心板筒芯	m^3	10.100	10.100	—	—
	031509001	铁件（综合）	kg	109.851	42.688	40.500	26.203
	042705003	空心板箱体	m^3	—	—	10.100	10.100
	850103006	其他材料费（占材料费）	%	1.000	1.000	1.000	1.000

工作内容：泵管安装、拆除、清洗、整理、堆放、输送泵（车）就位、混凝土输送、清理等。

计量单位：10m³

编号				5-78	5-79	5-80
项目				现浇混凝土泵送		
				建筑物檐高≤50m	建筑物檐高≤100m	建筑物檐高≤200m
名称			单位	消耗量		
人工	000201000	综合二类工	工日	0.138	0.290	0.345
材料	182525002	卡箍 （泵管用）	个	0.060	0.120	0.180
	340205001	密封圈	个	0.270	0.540	0.810
	172707002	橡胶压力管	m	0.090	0.180	0.180
	341101001	水	m^3	0.016	0.054	0.081
	173103001	泵管	m	—	0.256	0.395
	170100004	钢管（综合）	kg	—	0.916	1.374
	350203002	扣件	个	—	0.152	0.228
机械	990607030	混凝土输送泵车 90m³/h	台班	0.055	—	—
	990608070	混凝土输送泵 26MPa	台班	—	0.065	0.090
	990792010	布料机	台班	—	0.065	0.090

二、钢　筋

1. 现浇构件圆钢筋

工作内容：调直、切断、弯曲成型、运输、绑扎、安装等。　　**计量单位：**t

编　号				5-81	5-82	5-83	5-84
项　目				钢筋 HPB300			
				直径（mm）			
				≤ 10	≤ 18	≤ 25	≤ 32
名　称			单位	消　耗　量			
人工	000201000	综合二类工	工日	7.775	5.253	3.493	2.936
材料	010101002	热轧光圆钢筋 HPB300 ϕ10 以内	kg	1020.000	—	—	—
	010101006	热轧光圆钢筋 HPB300 ϕ12～18	kg	—	1025.000	—	—
	010101007	热轧光圆钢筋 HPB300 ϕ20～25	kg	—	—	1025.000	—
	010101005	热轧光圆钢筋 HPB300 ϕ25 以外	kg	—	—	—	1025.000
	031507020	镀锌铁丝 ϕ0.7	kg	8.910	3.456	1.370	0.870
	031301005	低合金钢焊条 E43（综合）	kg	—	4.560	4.080	—
	341101001	水	m^3	—	0.144	0.093	—
机械	990701040	钢筋调直机 40mm	台班	0.240	0.080	—	—
	990702010	钢筋切断机 40mm	台班	0.110	0.090	0.100	0.130
	990703010	钢筋弯曲机 40mm	台班	0.350	0.230	0.180	0.180
	990904040	直流弧焊机 32kV · A	台班	—	0.380	0.340	—
	990910030	对焊机 75kV · A	台班	—	0.090	0.050	0.060
	990919010	电焊条烘干箱 45 × 35 × 45cm^3	台班	—	0.038	0.034	—

2. 现浇构件带肋钢筋

工作内容：调直、切断、弯曲成型、运输、绑扎、安装等。　　　　计量单位：t

编号				5-85	5-86	5-87	5-88
项目				带肋钢筋 HRB400 以内			
				直径（mm）			
				≤ 10	≤ 18	≤ 25	≤ 40
名称			单位	消耗量			
人工	000201000	综合二类工	工日	6.464	5.568	3.825	3.127
材料	010103004	热轧带肋钢筋 HRB400 ϕ10 以内	kg	1020.000	—	—	—
	010103014	热轧带肋钢筋 HRB400 ϕ12～18	kg	—	1025.000	—	—
	010103016	热轧带肋钢筋 HRB400 ϕ20～25	kg	—	—	1025.000	—
	010103009	热轧带肋钢筋 HRB400 ϕ25 以外	kg	—	—	—	1025.000
	031507020	镀锌铁丝 ϕ0.7	kg	5.640	3.650	1.600	0.870
	031301005	低合金钢焊条 E43（综合）	kg	—	5.400	4.800	—
	341101001	水	m^3	—	0.144	0.093	—
机械	990701040	钢筋调直机 40mm	台班	0.270	—	—	—
	990702010	钢筋切断机 40mm	台班	0.110	0.100	0.090	0.090
	990703010	钢筋弯曲机 40mm	台班	0.310	0.230	0.180	0.130
	990904040	直流弧焊机 32kV · A	台班	—	0.450	0.400	—
	990910030	对焊机 75kV · A	台班	—	0.110	0.060	—
	990919010	电焊条烘干箱 45 × 35 × 45cm^3	台班	—	0.045	0.040	—

工作内容：调直、切断、弯曲成型、运输、绑扎、安装等。　　　　**计量单位：**t

编号				5-89	5-90	5-91	5-92
项目				带肋钢筋 HRB400 以上			
				直径（mm）			
				≤10	≤18	≤25	≤40
名称			单位	消耗量			
人工	000201000	综合二类工	工日	6.772	5.828	3.998	3.265
材料	010103012	热轧带肋钢筋 HRB500 ϕ10 以内	kg	1020.000	—	—	—
	010103018	热轧带肋钢筋 HRB500 ϕ12～18	kg	—	1025.000	—	—
	010103019	热轧带肋钢筋 HRB500 ϕ20～25	kg	—	—	1025.000	—
	010103013	热轧带肋钢筋 HRB500 ϕ25 以外	kg	—	—	—	1025.000
	031507020	镀锌铁丝 ϕ0.7	kg	5.640	3.650	1.597	0.870
	031301005	低合金钢焊条 E43（综合）	kg	—	6.552	5.928	—
	341101001	水	m^3	—	0.144	0.093	—
机械	990701040	钢筋调直机 40mm	台班	0.614	0.095	—	—
	990702010	钢筋切断机 40mm	台班	0.426	0.105	0.095	0.095
	990703010	钢筋弯曲机 40mm	台班	0.436	0.242	0.189	0.137
	990904040	直流弧焊机 32kV·A	台班	—	0.473	0.420	—
	990910030	对焊机 75kV·A	台班	—	0.095	0.063	—
	990919010	电焊条烘干箱 45×35×45cm³	台班	—	0.047	0.042	—

工作内容：调直、切断、弯曲成型、运输、绑扎、安装等。　　计量单位：t

编　号				5-93	5-94	5-95	5-96
项　目				桁架楼承板铺设分布钢筋 HPB300		桁架楼承板铺设分布带肋钢筋 HRB400 以内	
				直径（mm）			
				≤10	>10	≤10	>10
名　称			单位	消　耗　量			
人工	000201000	综合二类工	工日	8.620	6.845	8.453	7.672
材料	010101002	热轧光圆钢筋 HPB300 ϕ10 以内	kg	1020.000	—	—	—
	010101006	热轧光圆钢筋 HPB300 ϕ12～18	kg	—	1025.000	—	—
	010103004	热轧带肋钢筋 HRB400 ϕ10 以内	kg	—	—	1020.000	—
	010103014	热轧带肋钢筋 HRB400 ϕ12～18	kg	—	—	—	1025.000
	031507020	镀锌铁丝 ϕ0.7	kg	8.910	3.456	5.640	3.650
	031301005	低合金钢焊条 E43（综合）	kg	—	4.560	—	5.400
	341101001	水	m^3	—	0.144	—	0.144
机械	990701040	钢筋调直机 40mm	台班	0.240	0.080	0.270	0.090
	990702010	钢筋切断机 40mm	台班	0.110	0.090	0.110	0.100
	990703010	钢筋弯曲机 40mm	台班	0.350	0.230	0.310	0.230
	990904040	直流弧焊机 32kV · A	台班	—	0.380	—	0.450
	990910030	对焊机 75kV · A	台班	—	0.090	—	0.110
	990919010	电焊条烘干箱 45 × 35 × 45cm^3	台班	—	0.038	—	0.045

3. 预制构件圆钢筋

工作内容：调直、切断、弯曲成型、运输、绑扎（点焊）、安装、拼装等。　　**计量单位：**t

编号				5-97	5-98	5-99	5-100	5-101	5-102
项目				冷拔低碳钢丝		圆钢 HPB300			
				≤5		≤10		≤18	
				绑扎	点焊	绑扎	点焊	绑扎	点焊
名称			单位	消耗量					
人工	000201000	综合二类工	工日	23.462	12.930	8.680	6.139	5.541	3.758
材料	010309001	冷拔钢丝	t	1.090	1.090	—	—	—	—
	010101002	热轧光圆钢筋 HPB300 ϕ10 以内	kg	—	—	1020.000	1020.000	—	—
	010101006	热轧光圆钢筋 HPB300 ϕ12～18	kg	—	—	—	—	1025.000	1025.000
	031301005	低合金钢焊条 E43（综合）	kg	—	—	—	—	4.440	4.440
	031507020	镀锌铁丝 ϕ0.7	kg	15.670	2.140	9.597	0.792	3.537	0.293
	341101001	水	m^3	—	5.270	—	3.363	0.150	2.107
机械	990701040	钢筋调直机 40mm	台班	0.730	0.730	0.260	0.260	0.080	0.080
	990702010	钢筋切断机 40mm	台班	0.440	0.440	0.100	0.100	0.080	0.080
	990703010	钢筋弯曲机 40mm	台班	—	—	0.310	0.120	0.200	0.090
	990904040	直流弧焊机 32kV·A	台班	—	—	—	—	0.370	0.370
	990910030	对焊机 75kV·A	台班	—	—	—	—	0.080	0.080
	990919010	电焊条烘干箱 45×35×45cm³	台班	—	—	—	—	0.037	0.037
	990908020	点焊机 75kV·A	台班	—	2.180	—	1.390	—	0.810

4. 预制构件带肋钢筋

工作内容：调直、切断、弯曲成型、运输、绑扎、安装等。　　计量单位：t

编号				5-103	5-104	5-105	5-106
项目				带肋钢筋 HRB400 以内			
				直径（mm）			
				≤10	≤18	≤25	≤40
名称			单位	消耗量			
人工	000201000	综合二类工	工日	6.580	5.802	3.995	3.263
材料	010103004	热轧带肋钢筋 HRB400 ϕ10 以内	kg	1020.000	—	—	—
	010103014	热轧带肋钢筋 HRB400 ϕ12～18	kg	—	1025.000	—	—
	010103016	热轧带肋钢筋 HRB400 ϕ20～25	kg	—	—	1025.000	—
	010103009	热轧带肋钢筋 HRB400 ϕ25 以外	kg	—	—	—	1025.000
	031507020	镀锌铁丝 ϕ0.7	kg	5.640	3.373	1.811	1.188
	031301005	低合金钢焊条 E43（综合）	kg	—	5.400	4.800	—
	341101001	水	m^3	—	0.143	0.093	—
机械	990701040	钢筋调直机 40mm	台班	0.270	—	—	—
	990702010	钢筋切断机 40mm	台班	0.090	0.090	0.100	0.080
	990703010	钢筋弯曲机 40mm	台班	0.270	0.200	0.160	0.120
	990904040	直流弧焊机 32kV · A	台班	—	0.450	0.400	—
	990910030	对焊机 75kV · A	台班	—	0.110	0.060	—
	990919010	电焊条烘干箱 45 × 35 × 45cm^3	台班	—	0.045	0.040	—

工作内容：调直、切断、弯曲成型、运输、绑扎、安装等。 **计量单位：**t

编号				5-107	5-108	5-109	5-110
项目				带肋钢筋 HRB400 以上			
				直径（mm）			
				≤ 10	≤ 18	≤ 25	≤ 40
名称			单位	消耗量			
人工	000201000	综合二类工	工日	6.894	6.074	4.176	3.408
材料	010103012	热轧带肋钢筋 HRB500 ϕ10 以内	kg	1020.000	—	—	—
	010103018	热轧带肋钢筋 HRB500 ϕ12～18	kg	—	1025.000	—	—
	010103019	热轧带肋钢筋 HRB500 ϕ20～25	kg	—	—	1025.000	—
	010103013	热轧带肋钢筋 HRB500 ϕ25 以外	kg	—	—	—	1025.000
	031507020	镀锌铁丝 ϕ0.7	kg	5.640	3.373	1.811	1.188
	031301005	低合金钢焊条 E43（综合）	kg	—	6.552	5.928	—
	341101001	水	m^3	—	0.143	0.093	—
机械	990701040	钢筋调直机 40mm	台班	0.284	0.095	—	—
	990702010	钢筋切断机 40mm	台班	0.095	0.095	0.084	0.084
	990703010	钢筋弯曲机 40mm	台班	0.284	0.210	0.168	0.126
	990904040	直流弧焊机 32kV · A	台班	—	0.473	0.420	—
	990910030	对焊机 75kV · A	台班	—	0.095	0.063	—
	990919010	电焊条烘干箱 45 × 35 × 45cm^3	台班	—	0.047	0.042	—

5. 箍筋及其他

工作内容：调直、切断、弯曲成型、运输、绑扎、安装等。　　　　**计量单位：**t

编号				5-111	5-112	5-113	5-114
项目				箍筋			
				圆钢 HPB300			带肋钢筋 HRB400 以内
				直径（mm）			
				≤5	≤10	>10	≤10
名称			单位	消耗量			
人工	000201000	综合二类工	工日	27.072	13.626	7.057	12.860
材料	010101002	热轧光圆钢筋 HPB300 ϕ10 以内	kg	1020.000	1020.000	—	—
	010101003	热轧光圆钢筋 HPB300 ϕ10 以外	kg	—	—	1025.000	—
	010103004	热轧带肋钢筋 HRB400 ϕ10 以内	kg	—	—	—	1020.000
	031507020	镀锌铁丝 ϕ0.7	kg	15.670	10.037	4.620	10.037
机械	990701040	钢筋调直机 40mm	台班	0.730	0.300	0.120	0.310
	990702010	钢筋切断机 40mm	台班	0.440	0.160	0.090	0.190
	990703010	钢筋弯曲机 40mm	台班	—	1.310	0.650	1.380

工作内容：调直、切断、弯曲成型、运输、绑扎、安装等。　　　　**计量单位：**t

编号				5-115	5-116	5-117
项目				箍筋		
				带肋钢筋 HRB400 以内	带肋钢筋 HRB400 以外	
				直径（mm）		
				>10	≤10	>10
名称			单位	消耗量		
人工	000201000	综合二类工	工日	7.392	13.218	7.593
材料	010103014	热轧带肋钢筋 HRB400 ϕ12～18	kg	1025.000	—	—
	010103012	热轧带肋钢筋 HRB500 ϕ10 以内	kg	—	1020.000	—
	010103018	热轧带肋钢筋 HRB500 ϕ12～18	kg	—	—	1025.000
	031507020	镀锌铁丝 ϕ0.7	kg	4.620	10.037	4.620
机械	990701040	钢筋调直机 40mm	台班	0.130	0.320	0.130
	990702010	钢筋切断机 40mm	台班	0.090	0.200	0.100
	990703010	钢筋弯曲机 40mm	台班	0.680	1.420	0.700

工作内容：调直、切断、弯曲成型、运输、安装、焊接（绑扎）等。 **计量单位：**t

编号				5-118	5-119	5-120	5-121
项目				混凝土灌注桩钢筋笼		地下连续墙钢筋网片	砌体内加固钢筋
				圆钢 HPB300	带肋钢筋 HRB400		
名称			单位	消耗量			
人工	000201000	综合二类工	工日	8.359	4.152	8.359	4.055
材料	010900001	圆钢（综合）	t	1.020	—	1.020	1.020
	010100003	钢筋（综合）	t	—	1.025	—	—
	031301005	低合金钢焊条 E43（综合）	kg	4.032	8.064	—	—
	031507020	镀锌铁丝 ϕ0.7	kg	9.597	3.373	1.760	—
	341101001	水	m^3	0.038	0.090	—	—
机械	990701040	钢筋调直机 40mm	台班	0.290	—	0.230	0.690
	990702010	钢筋切断机 40mm	台班	0.130	0.100	0.120	0.690
	990703010	钢筋弯曲机 40mm	台班	0.420	0.140	0.390	—
	990904040	直流弧焊机 32kV · A	台班	0.079	0.079	—	—
	990919010	电焊条烘干箱 45 × 35 × 45cm^3	台班	0.034	0.067	—	—
	990304012	汽车式起重机 12t	台班	0.139	0.139	0.260	—
	990303020	轮胎式起重机 16t	台班	0.180	0.180	0.260	—
	990908020	点焊机 75kV · A	台班	—	0.110	1.070	—

工作内容：绑扎泡沫塑料板并试拼装、吊运入模、校正对接、就位固定等。 **计量单位：**10t

编号				5-122	5-123	5-124	5-125
项目				地下连续墙钢筋笼安放深度（m）			
				≤ 15	≤ 25	≤ 35	≤ 45
名称			单位	消耗量			
人工	000201000	综合二类工	工日	14.876	15.029	15.570	16.110
材料	031507020	镀锌铁丝 ϕ0.7	kg	10.000	10.000	10.000	10.000
	031509022	预埋铁件	kg	8.910	8.910	8.910	8.910
	031301005	低合金钢焊条 E43（综合）	kg	10.100	12.100	12.700	13.300
	151301007	硬泡沫塑料板	m^3	0.150	0.150	0.150	0.150
机械	990304016	汽车式起重机 16t	台班	0.400	—	—	—
	990904040	直流弧焊机 32kV · A	台班	1.199	1.436	1.508	1.580
	990919010	电焊条烘干箱 45 × 35 × 45cm^3	台班	0.120	0.144	0.151	0.158
	990302035	履带式起重机 40t	台班	—	0.500	—	—
	990302045	履带式起重机 60t	台班	—	—	0.600	0.700

6. 先张法预应力钢筋

工作内容：制作、运输、张拉、放张、切断等。 **计量单位：**t

编号				5-126	5-127	5-128	5-129	5-130
项目				先张法预应力钢筋				
				≤5	≤12	≤16	≤20	≤40
名称			单位	消耗量				
人工	000201000	综合二类工	工日	11.783	6.099	5.351	4.637	3.397
材料	010309001	冷拔钢丝	t	1.040	—	—	—	—
	010103005	热轧带肋钢筋 HRB400 ϕ12 以内	kg	—	1040.000	—	—	—
	010103006	热轧带肋钢筋 HRB400 ϕ16 以内	kg	—	—	1040.000	—	—
	010103015	热轧带肋钢筋 HRB400 ϕ18～20	kg	—	—	—	1040.000	—
	010103008	热轧带肋钢筋 HRB400 ϕ20 以外	kg	—	—	—	—	1040.000
	291713005	张拉机具	kg	39.610	46.600	30.315	18.805	13.930
	341101001	水	m^3	—	0.900	0.715	0.575	0.520
	030907017	张拉锚具及其他材料	kg	—	45.000	29.280	18.165	13.460
机械	990701040	钢筋调直机 40mm	台班	0.750	—	—	—	—
	990702010	钢筋切断机 40mm	台班	0.080	0.080	0.080	0.080	0.070
	990705010	预应力钢筋拉伸机 650kN	台班	1.580	0.720	0.675	0.560	0.500
	990503030	电动单筒慢速卷扬机 50kN	台班	—	0.750	0.635	0.570	0.530
	990910030	对焊机 75kV·A	台班	—	0.560	0.450	0.355	0.320

7. 后张法预应力钢筋

工作内容：制作、运输、穿筋、锚固、放张、切断等。 **计量单位：**t

编号				5-131	5-132	5-133	5-134	5-135
项目				后张法预应力钢筋				
				≤16	≤20	≤25	≤32	≤40
名称			单位	消耗量				
人工	000201000	综合二类工	工日	13.560	9.810	7.850	6.330	5.216
材料	010103006	热轧带肋钢筋 HRB400 ϕ16 以内	kg	1040.000	—	—	—	—
	010103015	热轧带肋钢筋 HRB400 ϕ18～20	kg	—	1040.000	—	—	—
	010103017	热轧带肋钢筋 HRB400 ϕ22～25	kg	—	—	1040.000	—	—

续前

编号				5-131	5-132	5-133	5-134	5-135
项目				后张法预应力钢筋				
				≤16	≤20	≤25	≤32	≤40
名称			单位	消耗量				
材料	010103009	热轧带肋钢筋 HRB400 ϕ25 以外	kg	—	—	—	1040.000	1040.000
	341101001	水	m^3	0.630	0.520	0.430	0.590	0.595
	173121001	孔道成形管	kg	80.184	51.348	33.010	23.055	13.495
	291713005	张拉机具	kg	137.700	88.200	37.800	34.600	23.175
	030907017	张拉锚具及其他材料	kg	91.799	58.802	56.700	26.400	15.450
	801103004	素水泥浆	m^3	1.620	1.053	0.680	0.475	0.275
	850103006	其他材料费（占材料费）	%	2.000	2.000	2.000	2.000	2.000
机械	990910030	对焊机 75kV·A	台班	0.390	0.320	0.270	0.370	0.370
	990702010	钢筋切断机 40mm	台班	0.080	0.080	0.080	0.080	0.080
	990503030	电动单筒慢速卷扬机 50kN	台班	0.640	0.600	0.550	0.490	0.425
	990705010	预应力钢筋拉伸机 650kN	台班	1.730	1.010	0.710	0.500	0.270
	990612010	挤压式灰浆输送泵 $3m^3/h$	台班	1.780	1.140	0.730	0.510	0.300
	990610010	灰浆搅拌机 200L	台班	1.780	1.140	0.730	0.510	0.300

8. 后张法预应力钢丝束（钢绞线）

工作内容：制作、运输、穿筋等。　　　　**计量单位：**t

编号				5-136	5-137	5-138	5-139	5-140
项目				钢丝束		钢绞线		
				有粘结	无粘结	有粘结	无粘结	缓粘结
名称			单位	消耗量				
人工	000201000	综合二类工	工日	13.890	12.260	12.550	11.078	10.010
材料	010700003	钢绞线（钢丝束）（综合）	t	1.040	—	1.040	—	—
	010703001	无粘结预应力钢绞线（钢丝束）	t	—	1.040	—	1.040	—
	010701001	缓粘结预应力钢绞线	t	—	—	—	—	1.040
	031509019	其他铁件	kg	48.790	11.190	48.700	11.190	11.190
	031101001	砂轮片（综合）	片	10.300	10.300	10.300	10.300	10.300
	350101001	木模板	m^3	0.113	0.113	0.113	0.113	0.113
	144303003	胶带纸	卷	—	10.260	—	10.260	—
	801503011	建筑脂（无粘结预应力）	kg	—	2.100	—	2.100	—
	850103006	其他材料费（占材料费）	%	2.000	2.000	2.000	2.000	2.000

工作内容：张拉、锚固、孔道灌浆等。　　　　**计量单位：**见表

编　号				5-141	5-142	5-143	5-144
项　目				预应力钢丝束（钢绞线）张拉	锚具安装		预埋管孔道铺设灌浆
					单锚	群锚	
单　位				10根	10套		10m
名　称			单位	消　耗　量			
人工	000201000	综合二类工	工日	0.898	0.431	0.762	0.901
材料	370915004	承压板垫板	kg	—	20.400	20.400	—
	030907004	单孔锚具	套	—	20.400	—	—
	030907014	群锚锚具 3孔	套	—	—	20.400	—
	172101003	钢质波纹管 $\phi 60$	m	—	—	—	1.122
	801103004	素水泥浆	m^3	—	—	—	0.021
	850103006	其他材料费（占材料费）	%	—	2.000	2.000	2.000
机械	990316020	立式油压千斤顶 200t	台班	0.503	—	—	—
	990811020	高压油泵 80MPa	台班	0.503	—	—	—
	990705010	预应力钢筋拉伸机 650kN	台班	—	0.580	—	—
	990744010	半自动切割机 100mm	台班	—	—	2.000	—
	990705020	预应力钢筋拉伸机 900kN	台班	—	—	0.710	—
	990219010	电动灌浆机	台班	—	—	—	0.050

9. 钢筋焊接、机械连接、植筋

工作内容：材料运输、校正、下料、焊接、清理等。　　　　**计量单位：**10个

编　号				5-145	5-146
项　目				电渣压力焊接	
				≤18	≤32
名　称			单位	消　耗　量	
人工	000201000	综合二类工	工日	0.133	0.157
材料	031305001	焊剂	kg	0.162	0.312
	150113001	石棉垫	kg	0.081	0.156
机械	990916010	电渣焊机 1000A	台班	0.060	0.070

工作内容：材料运输、校正、除锈、下料、焊口、挤压等。　　**计量单位：**10个

编号				5-147	5-148
项目				钢筋气压焊接头	
				≤25	≤40
名称			单位	消耗量	
人工	000201000	综合二类工	工日	0.221	0.229
材料	142909001	氧气	m^3	4.844	5.082
	142907001	乙炔气	m^3	1.620	1.700
	341103001	电	kW·h	0.700	0.750
机械	990955010	气压焊机	台班	0.250	0.270

工作内容：材料运输、校正、除锈、打磨、套丝、现场连接等。　　**计量单位：**10个

编号				5-149	5-150	5-151	5-152	5-153
项目				直螺纹钢筋接头（钢筋直径mm）				
				≤16	≤20	≤25	≤32	≤40
名称			单位	消耗量				
人工	000201000	综合二类工	工日	0.271	0.290	0.315	0.336	0.365
材料	030901001	直螺纹连接套筒（综合）	只	10.100	10.100	10.100	10.100	10.100
	140721001	润滑冷却液	kg	0.100	0.100	0.100	0.100	0.100
	021925002	尼龙帽	个	20.200	20.200	20.200	20.200	20.200
机械	990731010	螺栓套丝机 39mm	台班	0.140	0.160	0.180	0.210	0.250

工作内容：材料运输、接头校正、除锈、打磨、套管挤压、清理等。　　**计量单位：**10个

编号				5-154	5-155
项目				螺纹钢筋冷挤压接头	
				≤25	≤40
名称			单位	消耗量	
人工	000201000	综合二类工	工日	0.196	0.228
材料	030905005	冷挤压套筒	套	10.100	10.100
	850103006	其他材料费（占材料费）	%	2.000	2.000
机械	990765010	钢筋挤压连接机 40mm	台班	0.130	0.170

工作内容：材料运输、孔点测定、钻孔、矫正、清灰、钢筋打磨、灌胶、养护等。 **计量单位：**10 个

编号				5-156	5-157	5-158	5-159	5-160
项目				植筋钢筋直径（mm）				
				≤ 10	≤ 14	≤ 18	≤ 25	≤ 40
名称			单位	消耗量				
人工	000201000	综合二类工	工日	0.134	0.347	0.706	1.680	3.968
材料	031519023	合金钢钻头 $\phi14$	个	0.290	—	—	—	—
	031519019	合金钢钻头 $\phi16 \sim 20$	个	—	0.290	—	—	—
	031519020	合金钢钻头 $\phi22 \sim 26$	个	—	—	0.380	—	—
	031519021	合金钢钻头 $\phi28 \sim 34$	个	—	—	—	0.380	0.630
	144111001	结构胶	L	0.121	0.298	0.623	1.521	4.575
	143315001	丙酮	kg	0.350	0.700	1.090	1.622	3.370
	341103001	电	kW · h	2.200	3.300	5.500	8.560	16.500
	850103006	其他材料费（占材料费）	%	2.000	2.000	2.000	2.000	2.000

工作内容：1. 安装埋设、焊接固定，磨光、固定安装等。
2. 搬运气瓶、定位划线、切割孔洞。 **计量单位：**10 个

编号				5-161	5-162	5-163	5-164
项目				箍筋与型钢焊接	主筋与型钢焊接	直螺纹套筒与型钢焊接	型钢柱（梁）钻孔
					≤ 32		≤ 40
名称			单位	消耗量			
人工	000201000	综合二类工	工日	0.153	0.846	1.036	0.820
材料	031301007	低碳钢焊条（综合）	kg	0.520	2.680	2.650	—
	142909001	氧气	m^3	0.060	0.340	0.320	—
	142907002	乙炔气	kg	0.030	0.160	0.150	—
	031519021	合金钢钻头 $\phi28 \sim 34$	个	—	—	—	0.063
机械	990901010	交流弧焊机 21kV · A	台班	0.110	0.580	0.560	—
	990910030	对焊机 75kV · A	台班	0.110	0.580	0.560	—

10. 铁件、螺栓

工作内容： 材料运输、铁件（螺栓）定位、预埋、安装、电焊固定等。 **计量单位：** t

编号				5-165	5-166
项目				铁件制作、安装	预埋螺栓安装
名称			单位	消耗量	
人工	000201000	综合二类工	工日	19.960	14.661
材料	031509001	铁件（综合）	kg	1010.000	—
	031301005	低合金钢焊条 E43（综合）	kg	36.000	52.680
	030105046	六角螺栓（综合）	kg	—	1010.000
机械	990904040	直流弧焊机 32kV · A	台班	4.390	6.424
	990919010	电焊条烘干箱 45 × 35 × 45cm³	台班	0.439	0.642

三、模　　板

1. 现浇混凝土复合模板

（1）基　　础

工作内容： 模板及支撑制作、安装、拆除、堆放、运输及清理模内杂物、刷隔离剂等。 **计量单位：** 100m²

编号				5-167	5-168	5-169	5-170
项目				基础垫层	条形基础		
				复合模板	毛石混凝土	无筋混凝土	钢筋混凝土（有肋式）
					复合模板		
名称			单位	消耗量			
人工	000201000	综合二类工	工日	5.737	16.633	17.542	16.816
材料	350123002	复合模板	m²	24.675	24.675	24.675	24.675
	050401003	板枋材	m³	0.343	0.208	0.208	0.208
	031501007	圆钉	kg	1.837	5.284	5.284	5.284
	031509001	铁件（综合）	kg	86.518	31.130	24.390	14.869
	143531001	隔离剂	kg	10.000	10.000	10.000	10.000
	031507020	镀锌铁丝 ϕ0.7	kg	0.180	0.180	0.180	0.180
	144303019	塑料粘胶带 20mm × 10m	卷	—	—	25.000	25.000
	330127006	钢支撑及配件	kg	—	19.100	18.940	48.530
	021925002	尼龙帽	个	—	—	129.000	—
	350323001	木支撑	m³	—	0.185	0.230	0.423
	172505011	硬塑料管 ϕ20	m	—	—	—	52.972
	030105220	对拉螺栓	kg	—	—	—	6.477
	850103006	其他材料费（占材料费）	%	1.000	1.000	1.000	1.000
机械	990706010	木工圆锯机 500mm	台班	0.037	0.030	0.028	0.037

工作内容：模板及支撑制作、安装、拆除、堆放、运输及清理模内杂物、刷隔离剂等。 **计量单位：**100m²

编号				5-171	5-172
项目				独立基础	
				毛石混凝土	钢筋混凝土
				复合模板	
名称			单位	消耗量	
人工	000201000	综合二类工	工日	19.559	17.514
材料	350123002	复合模板	m²	24.675	24.675
	050401003	板枋材	m³	0.254	0.254
	330127006	钢支撑及配件	kg	48.530	48.736
	350323001	木支撑	m³	0.604	0.645
	031501007	圆钉	kg	11.880	12.720
	143531001	隔离剂	kg	10.000	10.000
	144303019	塑料粘胶带 20mm×10m	卷	20.000	20.000
	031507020	镀锌铁丝 ϕ0.7	kg	0.180	0.180
	350219002	零星卡具	kg	—	18.674
	850103006	其他材料费（占材料费）	%	1.000	1.000
机械	990706010	木工圆锯机 500mm	台班	0.055	0.064

工作内容：模板及支撑制作、安装、拆除、堆放、运输及清理模内杂物、刷隔离剂等。 **计量单位：**100m²

编号				5-173	5-174	5-175
项目				杯形基础	筏形基础	
				复合模板	无梁式	有梁式
					复合模板	
名称			单位	消耗量		
人工	000201000	综合二类工	工日	21.344	14.808	15.851
材料	350123002	复合模板	m²	24.675	24.675	24.675
	050401003	板枋材	m³	0.231	0.206	0.206
	350323001	木支撑	m³	0.306	0.207	0.042
	350219002	零星卡具	kg	—	—	23.067
	144303019	塑料粘胶带 20mm×10m	卷	20.000	20.000	20.000
	031501007	圆钉	kg	1.224	20.230	5.243
	143531001	隔离剂	kg	10.000	10.000	10.000
	031507020	镀锌铁丝 ϕ0.7	kg	0.180	0.180	0.180
	330127006	钢支撑及配件	kg	29.720	17.750	17.750
	172505011	硬塑料管 ϕ20	m	—	—	47.700
	850103006	其他材料费（占材料费）	%	1.000	1.000	1.000
机械	990706010	木工圆锯机 500mm	台班	0.156	0.074	0.018

工作内容：模板及支撑制作、安装、拆除、堆放、运输及清理模内杂物、刷隔离剂等。　　**计量单位：**100m²

编号				5-176	5-177	5-178
项目				集水坑	设备基础（块体 ≤ 5m³）	设备基础（块体 ≤ 20m³）
				复合模板		
名称			单位	消耗量		
人工	000201000	综合二类工	工日	38.773	29.677	23.966
材料	350123002	复合模板	m²	24.675	24.675	24.675
	050401003	板枋材	m³	1.256	0.254	0.254
	350323001	木支撑	m³	—	0.109	0.216
	144303019	塑料粘胶带 20mm × 10m	卷	—	20.000	20.000
	031501007	圆钉	kg	1.837	0.647	0.647
	143531001	隔离剂	kg	10.000	10.000	10.000
	031507020	镀锌铁丝 ϕ0.7	kg	0.180	—	—
	330127006	钢支撑及配件	kg	—	27.980	30.870
	031509001	铁件（综合）	kg	—	—	9.490
	850103006	其他材料费（占材料费）	%	1.000	1.000	1.000
机械	990706010	木工圆锯机 500mm	台班	0.018	0.037	0.037

工作内容：模板及支撑制作、安装、拆除、堆放、运输及清理模内杂物、刷隔离剂等。　　**计量单位：**10 个

编号				5-179	5-180	5-181
项目				设备基础螺栓套		
				深度（m）		
				≤ 0.5	≤ 1	1 < 孔深 ≤ 1.5
				复合模板木支撑		
名称			单位	消耗量		
人工	000201000	综合二类工	工日	1.399	1.399	2.202
材料	350123002	复合模板	m²	0.235	0.215	0.196
	050401003	板枋材	m³	0.047	0.164	0.173
	350323001	木支撑	m³	0.017	0.021	0.065
	031501007	圆钉	kg	1.090	2.340	2.400
	143531001	隔离剂	kg	0.250	0.580	1.610
机械	990706010	木工圆锯机 500mm	台班	0.009	0.028	0.064

（2）柱

工作内容：模板及支撑制作、安装、拆除、堆放、运输及清理模内杂物、刷隔离剂等。 计量单位：100m²

编号				5-182	5-183	5-184
项目				矩形柱	构造柱	异形柱
				复合模板		
名称			单位	消耗量		
人工	000201000	综合二类工	工日	18.752	28.393	39.757
材料	350123002	复合模板	m^2	24.675	24.675	30.629
	143531001	隔离剂	kg	10.000	10.000	10.000
	031501007	圆钉	kg	0.982	0.983	1.220
	050401003	板枋材	m^3	0.342	0.386	0.377
	170100012	钢管 $D48 \times 3.5$	kg	12.327	46.395	25.690
	011909001	镀锌槽钢 10#	kg	29.035	—	—
	172505011	硬塑料管 $\phi 20$	m	132.500	—	117.766
	350323001	木支撑	m^3	—	0.182	—
	030105220	对拉螺栓	kg	21.638	—	31.040
	144303019	塑料粘胶带 20mm × 10m	卷	12.500	12.500	12.500
机械	990706010	木工圆锯机 500mm	台班	0.055	0.055	0.055

工作内容：模板及支撑制作、安装、拆除、堆放、运输及清理模内杂物、刷隔离剂等。 计量单位：100m²

编号				5-185	5-186
项目				圆形柱	柱支撑每增加 1m
				定型复合模板	
名称			单位	消耗量	
人工	000201000	综合二类工	工日	42.436	2.671
材料	350123001	定型柱复合模板 15mm	m^2	29.753	—
	170100012	钢管 $D48 \times 3.5$	kg	8.834	9.378
	143531001	隔离剂	kg	10.000	—
	031501007	圆钉	kg	1.220	—
	350217001	拉箍连接器	个	29.699	—
	011300002	扁钢（综合）	kg	60.166	—
机械	990706010	木工圆锯机 500mm	台班	0.055	—

（3）梁

工作内容：模板及支撑制作、安装、拆除、堆放、运输及清理模内杂物、刷隔离剂等。　**计量单位：**100m²

编号				5-187	5-188	5-189	5-190	5-191
项目				基础连系梁	矩形梁	异形梁	圈梁	
							直形	弧形
				复合模板			复合模板	
名称			单位	消耗量				
人工	000201000	综合二类工	工日	15.627	22.673	37.762	21.103	43.981
材料	350123002	复合模板	m^2	24.675	24.675	24.675	24.675	40.425
	050401003	板枋材	m^3	0.447	0.390	0.373	0.622	0.622
	031501007	圆钉	kg	1.224	1.224	29.570	1.582	24.160
	144303019	塑料粘胶带 20mm × 10m	卷	22.500	22.500	22.500	22.500	22.500
	143531001	隔离剂	kg	10.000	10.000	10.000	10.000	10.000
	031507020	镀锌铁丝 $\phi0.7$	kg	0.180	0.180	0.180	0.180	0.180
	172505011	硬塑料管 $\phi20$	m	52.930	14.193	149.530	—	—
	030105220	对拉螺栓	kg	4.627	10.750	15.276	—	—
	170100012	钢管 $D48 \times 3.5$	kg	2.499	70.648	80.671	5.922	5.922
	350203003	扣件	kg	—	32.793	22.611	—	—
	350219001	梁卡具 模板用	kg	12.250	—	—	—	—
	850103006	其他材料费（占材料费）	%	1.000	2.000	2.000	2.000	2.000
机械	990706010	木工圆锯机 500mm	台班	0.037	0.037	0.819	0.009	1.408

工作内容：模板及支撑制作、安装、拆除、堆放、运输及清理模内杂物、刷隔离剂等。　**计量单位：**100m²

编　号				5-192	5-193	5-194
项　目				过梁	拱形梁	弧形梁
				复合模板		
名　称			单位	消　耗　量		
人工	000201000	综合二类工	工日	31.022	48.733	49.310
材料	350123002	复合模板	m^2	24.675	24.675	24.675
	050401003	板枋材	m^3	0.601	0.410	0.450
	031501007	圆钉	kg	1.528	1.224	41.769
	031507031	镀锌铁丝 ϕ4.0	kg	—	—	33.210
	143531001	隔离剂	kg	10.000	10.000	10.000
	031507020	镀锌铁丝 ϕ0.7	kg	0.180	0.180	0.180
	144303019	塑料粘胶带 20mm × 10m	卷	22.500	22.500	22.500
	172505011	硬塑料管 ϕ20	m	—	24.009	24.940
	030105220	对拉螺栓	kg	—	6.602	6.854
	012315009	钢背楞 60 × 40 × 2.5	kg	—	—	29.381
	170100012	钢管 D48 × 3.5	kg	49.630	88.739	93.073
	350203003	扣件	kg	—	24.872	52.854
	850103006	其他材料费（占材料费）	%	2.000	2.000	2.000
机械	990706010	木工圆锯机 500mm	台班	0.175	0.331	1.067

工作内容：模板及支撑制作、安装、拆除、堆放、运输及清理模内杂物、刷隔离剂等。　**计量单位：**100m²

编　号				5-195	5-196	5-197
项　目				斜梁	悬挑梁	梁支撑每增加 1m
				复合模板		
名　称			单位	消　耗　量		
人工	000201000	综合二类工	工日	27.489	25.127	2.787
材料	350123002	复合模板	m^2	24.675	24.675	—
	050401003	板枋材	m^3	0.447	0.622	—
	031501007	圆钉	kg	1.138	1.582	—
	143531001	隔离剂	kg	10.000	10.000	—
	172505011	硬塑料管 ϕ20	m	14.193	—	—
	030105220	对拉螺栓	kg	4.138	—	—
	144303019	塑料粘胶带 20mm × 10m	卷	20.000	22.500	—
	031507020	镀锌铁丝 ϕ0.7	kg	0.180	0.182	—
	330127006	钢支撑及配件	kg	—	—	23.834
	170100012	钢管 D48 × 3.5	kg	93.073	5.921	—
	350203003	扣件	kg	52.854	—	—
	850103006	其他材料费（占材料费）	%	2.000	2.000	—
机械	990706010	木工圆锯机 500mm	台班	0.037	—	—

（4）墙

工作内容：模板及支撑制作、安装、拆除、堆放、运输及清理模内杂物、刷隔离剂等。　**计量单位：**100m²

编号				5-198	5-199	5-200	5-201
项目				直形墙	弧形墙	挡土墙	电梯井壁
				复合模板			
名称			单位	消耗量			
人工	000201000	综合二类工	工日	25.882	32.705	16.071	25.964
材料	350123002	复合模板	m²	24.675	24.901	31.126	24.675
	050401003	板枋材	m³	0.790	0.790	0.790	0.790
	031501007	圆钉	kg	18.557	18.557	18.557	18.557
	031509001	铁件（综合）	kg	2.529	2.529	4.836	4.836
	143531001	隔离剂	kg	10.000	10.000	10.000	10.000
	144303019	塑料粘胶带 20mm×10m	卷	20.000	20.000	22.000	—
	172505011	硬塑料管 $\phi20$	m	63.443	63.443	63.443	63.443
	030105220	对拉螺栓	kg	13.546	13.546	13.546	13.546
	170100012	钢管 $D48\times3.5$	kg	16.625	15.453	16.625	16.625
	092901001	方通 50×50	kg	—	42.494	—	—
	350203003	扣件	kg	2.118	2.118	2.118	2.118
	042725018	水泥支撑	个	100.000	100.000	100.000	100.000
	133517001	模板嵌缝料	kg	—	10.000	—	—
	850103006	其他材料费（占材料费）	%	2.000	2.000	2.000	2.000
机械	990706010	木工圆锯机 500mm	台班	0.009	0.736	0.028	0.028

工作内容：模板及支撑制作、安装、拆除、堆放、运输及清理模内杂物、刷隔离剂等。　计量单位：100m²

编号				5-202	5-203	5-204	5-205
项目				叠合板现浇混凝土复合墙	混凝土墙爬模	墙支撑每增加 1m	墙面对拉螺栓堵眼增加费
名称			单位	消耗量			
人工	000201000	综合二类工	工日	8.118	15.013	2.671	4.121
材料	350111003	定型钢模板	kg	88.436	95.554	—	—
	330127006	钢支撑及配件	kg	2.600	—	—	—
	050401003	板枋材	m^3	0.024	0.097	—	—
	350219002	零星卡具	kg	4.620	—	—	—
	031509001	铁件（综合）	kg	8.262	—	—	—
	143531001	隔离剂	kg	10.000	—	—	—
	350323001	木支撑	m^3	0.011	—	—	—
	031501007	圆钉	kg	1.460	—	—	—
	172505011	硬塑料管 $\phi20$	m	47.700	—	—	—
	030105220	对拉螺栓	kg	6.008	—	—	—
	170100012	钢管 $D48 \times 3.5$	kg	—	—	11.335	—
	330117003	钢支架、平台及连接件	kg	—	137.970	—	—
	350203003	扣件	kg	—	—	1.444	—
	012315011	钢滑模	kg	—	4.937	—	—
	143321001	二甲苯	kg	—	—	—	0.495
	031301005	低合金钢焊条 E43（综合）	kg	—	9.264	—	—
	800111001	膨胀水泥砂浆	m^3	—	—	—	0.062
	050700001	纤维板	m^2	—	1.876	—	—
	130502008	聚氨酯甲乙料	kg	—	—	—	11.717
	350317003	提升钢爬杆	kg	—	214.700	—	—
	850103006	其他材料费（占材料费）	%	2.000	2.000	—	0.500
机械	990706010	木工圆锯机 500mm	台班	0.009	—	—	—
	990904040	直流弧焊机 32kV·A	台班	—	2.383	—	—
	990304004	汽车式起重机 8t	台班	—	0.490	—	—
	990401015	载重汽车 4t	台班	—	1.463	—	—
	990406010	机动翻斗车 1t	台班	—	0.110	—	—
	990316030	立式油压千斤顶 300t	台班	—	16.288	—	—
	990316020	立式油压千斤顶 200t	台班	—	24.433	—	—
	991299041	供电通信设备费（占机械费）	%	—	2.970	—	—

（5）板

工作内容：模板及支撑制作、安装、拆除、堆放、运输及清理模内杂物、刷隔离剂等。 **计量单位：**100m²

编号				5-206	5-207	5-208	5-209
项目				有梁板	无梁板	平板	斜板、坡屋面板
				复合模板			
名称			单位	消耗量			
人工	000201000	综合二类工	工日	24.752	20.273	22.843	19.198
材料	350123002	复合模板	m^2	24.675	24.675	24.675	30.660
	050401003	板枋材	m^3	0.275	0.397	0.259	0.259
	170100012	钢管 $D48 \times 3.5$	kg	64.332	38.655	50.718	64.332
	350203003	扣件	kg	7.148	4.295	5.635	7.148
	350219002	零星卡具	kg	12.535	—	—	12.535
	031501007	圆钉	kg	1.149	1.149	1.149	1.149
	143531001	隔离剂	kg	10.000	10.000	10.000	10.000
	031507020	镀锌铁丝 $\phi0.7$	kg	0.180	0.180	0.180	0.180
	172505011	硬塑料管 $\phi20$	m	16.126	—	—	16.123
	144303019	塑料粘胶带 20mm × 10m	卷	20.000	20.000	20.000	20.000
	030105220	对拉螺栓	kg	2.059	—	—	21.439
	850103006	其他材料费（占材料费）	%	2.000	2.000	2.000	2.000
机械	990706010	木工圆锯机 500mm	台班	0.037	0.230	0.083	0.083

工作内容：模板及支撑制作、安装、拆除、堆放、运输及清理模内杂物、刷隔离剂等。 **计量单位：**100m²

编号				5-210	5-211	5-212	5-213
项目				拱板	薄壳板	栏板	挂板
				复合模板			
名称			单位	消耗量			
人工	000201000	综合二类工	工日	16.552	18.396	24.493	28.042
材料	350123002	复合模板	m^2	30.660	38.063	30.660	30.660
	050401003	板枋材	m^3	0.399	0.771	0.202	0.202
	170100012	钢管 $D48 \times 3.5$	kg	64.332	64.332	7.997	7.997
	350203003	扣件	kg	7.148	7.148	0.889	0.889
	031501007	圆钉	kg	1.579	1.961	1.705	1.705
	144303019	塑料粘胶带 20mm × 10m	卷	25.000	32.500	22.000	25.000
	143531001	隔离剂	kg	10.000	10.000	10.000	10.000
	031507020	镀锌铁丝 $\phi0.7$	kg	0.180	0.180	—	—
	350219002	零星卡具	kg	—	—	3.219	3.219
	030105220	对拉螺栓	kg	—	—	5.505	5.505
	172505011	硬塑料管 $\phi20$	m	—	—	41.407	41.407
	850103006	其他材料费（占材料费）	%	2.000	2.000	2.000	2.000
机械	990706010	木工圆锯机 500mm	台班	0.083	0.083	0.156	0.156

工作内容：模板及支撑制作、安装、拆除、堆放、运输及清理模内杂物、刷隔离剂等。

计量单位：100m² 水平投影面积

编　号				5-214	5-215	5-216	5-217
项　目				雨篷板		悬挑板	
				直形	圆弧形	直形	圆弧形
				复合模板			
名　称			单位	消　耗　量			
人工	000201000	综合二类工	工日	40.360	44.315	28.420	31.182
材料	350123002	复合模板	m^2	51.264	53.164	36.792	36.792
	170100012	钢管 $D48\times3.5$	kg	157.890	157.890	243.170	243.170
	350203003	扣件	kg	17.543	17.543	27.019	27.019
	050401003	板枋材	m^3	0.618	0.618	0.603	0.603
	350219002	零星卡具	kg	6.438	6.438	—	—
	172505011	硬塑料管 $\phi20$	m	82.813	82.813	—	—
	030105220	对拉螺栓	kg	11.010	11.010	—	—
	144303019	塑料粘胶带 20mm×10m	卷	30.000	32.500	25.000	27.500
	031501007	圆钉	kg	1.922	1.993	1.379	1.379
	143531001	隔离剂	kg	17.340	17.340	17.340	17.340
	850103006	其他材料费（占材料费）	%	2.000	2.000	2.000	2.000
机械	990706010	木工圆锯机 500mm	台班	0.083	0.083	0.083	0.083

工作内容：模板及支撑制作、安装、拆除、堆放、运输及清理模内杂物、刷隔离剂等。　**计量单位：**见表

编　号				5-218	5-219	5-220	5-221
项　目				阳台板		挑檐、天沟	板支撑每增加1m
				直形	圆弧形	复合模板	
				复合模板			
单　位				100m² 水平投影面积		100m²	
名　称			单位	消　耗　量			
人工	000201000	综合二类工	工日	43.652	47.937	28.759	2.845
材料	350123002	复合模板	m^2	53.164	53.164	30.629	—
	144303019	塑料粘胶带 20mm×10m	卷	34.000	37.500	20.000	—
	350219002	零星卡具	kg	64.375	64.375	—	—
	050401003	板枋材	m^3	0.618	0.618	0.383	—
	170100012	钢管 $D48\times3.5$	kg	157.890	157.890	97.734	20.120
	350203003	扣件	kg	17.543	17.543	10.526	2.236
	031501007	圆钉	kg	1.993	1.993	29.784	—
	143531001	隔离剂	kg	17.340	17.340	10.000	—
	172505011	硬塑料管 $\phi20$	m	82.813	82.813	—	—
	030105220	对拉螺栓	kg	110.105	110.105	—	—
	850103006	其他材料费（占材料费）	%	2.000	2.000	2.000	—
机械	990706010	木工圆锯机 500mm	台班	0.083	0.083	0.588	—

（6）楼　梯

工作内容： 模板及支撑制作、安装、拆除、堆放、运输及清理模内杂物、刷隔离剂等。

计量单位： 100m² 水平投影面积

编　号				5-222	5-223	5-224
项　目				楼梯		
				直形	弧形	螺旋形
				复合模板		
名　称			单位	消　耗　量		
人工	000201000	综合二类工	工日	57.367	63.026	75.269
材料	350123002	复合模板	m²	52.719	59.997	59.389
	050401003	板枋材	m³	0.946	0.946	1.131
	330127006	钢支撑及配件	kg	65.360	69.641	71.630
	031501007	圆钉	kg	2.408	2.408	2.384
	144303019	塑料粘胶带 20mm × 10m	卷	35.000	40.000	40.000
	143531001	隔离剂	kg	19.590	19.590	19.390
	850103006	其他材料费（占材料费）	%	2.000	2.000	2.000
机械	990706010	木工圆锯机 500mm	台班	0.050	0.060	0.060

（7）其　他

工作内容： 模板及支撑制作、安装、拆除、堆放、运输及清理模内杂物、刷隔离剂等。 **计量单位：** 100m²

编　号				5-225	5-226	5-227	5-228
项　目				地沟	小型构件	台阶	场馆看台板
				复合模板			
名　称			单位	消　耗　量			
人工	000201000	综合二类工	工日	14.823	28.786	12.349	66.114
材料	350123002	复合模板	m²	24.650	30.629	45.085	59.705
	330127006	钢支撑及配件	kg	50.133	—	—	256.020
	050401003	板枋材	m³	1.512	0.452	0.722	1.397
	031501007	圆钉	kg	1.867	1.150	1.838	4.037
	143531001	隔离剂	kg	10.000	10.000	10.000	16.350
	030105220	对拉螺栓	kg	5.508	—	—	—
	172505011	硬塑料管 ϕ20	m	124.995	—	—	—
	031507020	镀锌铁丝 ϕ0.7	kg	25.225	—	—	—
	350323001	木支撑	m³	—	0.500	0.637	—
	144303019	塑料粘胶带 20mm × 10m	卷	—	20.000	22.500	60.000
	031509001	铁件（综合）	kg	—	7.970	—	—
	850103006	其他材料费（占材料费）	%	2.000	2.000	2.000	2.000
机械	990706010	木工圆锯机 500mm	台班	0.009	0.902	0.184	0.184

工作内容：模板及支撑制作、安装、拆除、堆放、运输及清理模内杂物、刷隔离剂等。 **计量单位**：见表

编号				5-229	5-230	5-231
项目				扶手压顶	装饰线条增加费	
				复合模板	三道以内或展开宽度 100mm 以内	三道以外或展开宽度 100mm 以外
单位				$100m^2$	100m	
名称			单位	消耗量		
人工	000201000	综合二类工	工日	21.792	1.707	2.881
材料	350123002	复合模板	m^2	11.303	6.728	8.073
	050401003	板枋材	m^3	0.106	0.121	0.145
	350323001	木支撑	m^3	0.423	—	—
	144303019	塑料粘胶带 20mm × 10m	卷	12.500	10.000	11.000
	031501007	圆钉	kg	0.633	0.306	0.369
	143531001	隔离剂	kg	3.300	3.300	3.500
	330127006	钢支撑及配件	kg	—	23.130	23.130
	850103006	其他材料费（占材料费）	%	2.000	—	—
机械	990706010	木工圆锯机 500mm	台班	0.009	0.368	0.552

（8）后 浇 带

工作内容：模板及支撑制作、安装、拆除、堆放、运输及清理模内杂物、刷隔离剂等。 **计量单位**：$100m^2$

编号				5-232	5-233	5-234	5-235
项目				混凝土后浇带支撑增加费			
				梁	板	墙	每增加一个月
名称			单位	消耗量			
人工	000201000	综合二类工	工日	18.604	18.657	12.358	—
材料	350123002	复合模板	m^2	38.063	38.063	38.063	—
	330127006	钢支撑及配件	kg	137.584	114.931	48.673	60.914
	050401003	板枋材	m^3	0.895	0.632	0.903	—
	350323001	木支撑	m^3	0.058	0.386	0.032	—
	031501007	圆钉	kg	2.277	1.609	4.215	—
	143531001	隔离剂	kg	10.000	10.000	10.000	—
	031507020	镀锌铁丝 ϕ0.7	kg	0.180	0.180	—	—
	031509001	铁件（综合）	kg	—	—	7.010	—
机械	990706010	木工圆锯机 500mm	台班	0.037	0.037	0.009	—

工作内容：模板及支撑制作、安装、拆除、堆放、运输及清理模内杂物、刷隔离剂等。 **计量单位：**100m²

编号				5-236
项目				快收口钢板网
名称			单位	消耗量
人工	000201000	综合二类工	工日	8.117
材料	031505011	钢板网	m^2	102.000
	010103014	热轧带肋钢筋 HRB400 ϕ12～18	kg	1186.950
	031507020	镀锌铁丝 ϕ0.7	kg	4.268
	031301005	低合金钢焊条 E43（综合）	kg	6.253
	341101001	水	m^3	0.152
机械	990900010	电焊机（综合）	台班	0.020

2. 现浇混凝土铝合金模板

（1）铝合金模板 柱

工作内容：模板及支撑制作、安装、拆除、堆放、运输及清理模内杂物、刷隔离剂等。 **计量单位：**100m²

编号				5-237	5-238	5-239
项目				矩形柱	异形柱	柱支撑每增加 1m
名称			单位	消耗量		
人工	000201000	综合二类工	工日	22.337	28.725	2.898
材料	350117001	铝模板	kg	28.987	32.757	—
	292105002	斜支撑杆件 $\phi48\times3.5$	套	0.408	0.423	0.722
	030117003	销钉销片	套	80.400	84.422	—
	012315009	钢背楞 $60\times40\times2.5$	kg	6.824	7.712	—
	030105220	对拉螺栓	kg	19.304	22.713	15.586
	143557001	脱模剂	kg	9.576	10.055	—
	350219002	零星卡具	kg	7.344	7.712	5.299
	850103006	其他材料费（占材料费）	%	2.000	2.000	2.000
机械	990401025	载重汽车 6t	台班	0.490	0.490	0.140

（2）铝合金模板 梁

工作内容：模板及支撑制作、安装、拆除、堆放、运输及清理模内杂物、刷隔离剂等。　**计量单位：**100m²

编　号				5-240	5-241	5-242
项　目				矩形梁	异形梁	梁支撑每增加 1m
名　称			单位	消　耗　量		
人工	000201000	综合二类工	工日	18.872	23.346	3.024
材料	350117001	铝模板	kg	29.111	32.890	—
	292105001	立支撑杆件 $\phi48\times3.5$	套	0.969	1.013	0.319
	012315009	钢背楞 60×40×2.5	kg	1.418	1.601	—
	340917001	拉片	kg	21.318	24.084	8.903
	143557001	脱模剂	kg	9.618	10.055	—
	030117003	销钉销片	套	80.520	84.546	—
	350219002	零星卡具	kg	0.918	1.037	—
	850103006	其他材料费（占材料费）	%	2.000	2.000	—
机械	990401025	载重汽车 6t	台班	0.360	0.400	0.030

（3）铝合金模板 墙

工作内容：模板及支撑制作、安装、拆除、堆放、运输及清理模内杂物、刷隔离剂等。　**计量单位：**100m²

编　号				5-243	5-244
项　目				直形墙	墙支撑每增加 1m
名　称			单位	消　耗　量	
人工	000201000	综合二类工	工日	18.867	2.898
材料	350117001	铝模板	kg	28.987	—
	292105002	斜支撑杆件 $\phi48\times3.5$	套	0.449	0.610
	143557001	脱模剂	kg	9.576	—
	012315009	钢背楞 60×40×2.5	kg	6.824	2.850
	030117003	销钉销片	套	80.400	—
	340917001	拉片	kg	26.436	11.040
	350219002	零星卡具	kg	8.976	5.030
	850103006	其他材料费（占材料费）	%	2.000	—
机械	990401025	载重汽车 6t	台班	0.490	0.140

（4）铝合金模板 板

工作内容：模板及支撑制作、安装、拆除、堆放、运输及清理模内杂物、刷隔离剂等。 **计量单位：**$100m^2$

编　号				5-245	5-246
项　目				板	板支撑每增加 1m
名　称			单位	消　耗　量	
人工	000201000	综合二类工	工日	16.156	3.087
材料	350117001	铝模板	kg	27.071	—
	292105001	立支撑杆件 $\phi 48 \times 3.5$	套	0.857	0.291
	143557001	脱模剂	kg	8.946	—
	030117003	销钉销片	套	74.400	—
	850103006	其他材料费（占材料费）	%	2.000	—
机械	990401025	载重汽车 6t	台班	0.330	0.020

（5）铝合金模板 楼梯、扶手

工作内容：模板及支撑制作、安装、拆除、堆放、运输及清理模内杂物、刷隔离剂等。 **计量单位：**$10m^2$

编　号				5-247
项　目				整体楼梯
名　称			单位	消　耗　量
人工	000201000	综合二类工	工日	7.923
材料	350117001	铝模板	kg	9.391
	012315009	钢背楞 $60 \times 40 \times 2.5$	kg	34.215
	143557001	脱模剂	kg	3.104
	292105002	斜支撑杆件 $\phi 48 \times 3.5$	套	0.238
	030117003	销钉销片	套	26.141
	850103006	其他材料费（占材料费）	%	1.000
机械	990401025	载重汽车 6t	台班	0.130

3. 现浇混凝土组合钢模板

（1）基　　础

工作内容：模板及支撑制作、安装、拆除、堆放、运输及清理模内杂物、刷隔离剂等。　**计量单位：**100m²

编　号				5-248	5-249	5-250
项　目				条形基础		
				毛石混凝土	无筋混凝土	钢筋混凝土（有肋式）
				组合钢模板		
名　称			单位	消　耗　量		
人工	000201000	综合二类工	工日	17.987	18.316	18.336
材料	350111007	组合钢模板	kg	63.380	63.550	73.830
	050401003	板枋材	m³	0.145	0.144	0.014
	330127006	钢支撑及配件	kg	19.100	18.940	48.530
	350323001	木支撑	m³	0.185	0.239	0.423
	031501007	圆钉	kg	9.610	9.720	4.200
	031509001	铁件（综合）	kg	30.825	24.390	14.724
	143531001	隔离剂	kg	10.000	10.000	10.000
	031507020	镀锌铁丝 ϕ0.7	kg	0.180	0.180	0.180
	350219002	零星卡具	kg	30.410	29.680	36.990
	031507031	镀锌铁丝 ϕ4.0	kg	—	26.220	66.090
	850103006	其他材料费（占材料费）	%	1.000	1.000	1.000
机械	990706010	木工圆锯机 500mm	台班	0.028	0.028	0.037

工作内容：模板及支撑制作、安装、拆除、堆放、运输及清理模内杂物、刷隔离剂等。　**计量单位：**100m²

编　号				5-251	5-252
项　目				独立基础	
				毛石混凝土	钢筋混凝土
				组合钢模板	
名　称			单位	消　耗　量	
人工	000201000	综合二类工	工日	18.105	19.199
材料	350111007	组合钢模板	kg	66.830	69.660
	050401003	板枋材	m³	0.093	0.095
	330127006	钢支撑及配件	kg	48.530	48.530
	350323001	木支撑	m³	0.604	0.645
	031501007	圆钉	kg	5.760	12.720
	143531001	隔离剂	kg	10.000	10.000
	031507020	镀锌铁丝 ϕ0.7	kg	0.180	0.180
	350219002	零星卡具	kg	17.257	17.257
	031507031	镀锌铁丝 ϕ4.0	kg	48.540	51.990
	850103006	其他材料费（占材料费）	%	1.000	1.000
机械	990706010	木工圆锯机 500mm	台班	0.055	0.064

工作内容：模板及支撑制作、安装、拆除、堆放、运输及清理模内杂物、刷隔离剂等。　**计量单位：**100m²

编号				5-253	5-254	5-255
项目				杯形基础	筏形基础	
				组合钢模板	无梁式	有梁式
					组合钢模板	
名称			单位	消耗量		
人工	000201000	综合二类工	工日	21.403	16.037	15.368
材料	350111007	组合钢模板	kg	63.210	64.250	68.340
	050401003	板枋材	m^3	0.186	0.153	0.018
	330127006	钢支撑及配件	kg	29.720	17.750	17.750
	350323001	木支撑	m^3	0.306	0.207	0.042
	031501007	圆钉	kg	11.130	20.230	1.980
	143531001	隔离剂	kg	10.000	10.000	10.000
	031507020	镀锌铁丝 $\phi0.7$	kg	0.180	0.180	0.180
	350219002	零星卡具	kg	33.510	7.064	31.980
	031507031	镀锌铁丝 $\phi4.0$	kg	50.150	37.140	22.540
	802101012	预拌混凝土 C20	m^3	—	—	0.590
	030105220	对拉螺栓	kg	—	—	40.520
	850103006	其他材料费（占材料费）	%	1.000	1.000	1.000
机械	990706010	木工圆锯机 500mm	台班	0.156	0.074	0.018

工作内容：模板及支撑制作、安装、拆除、堆放、运输及清理模内杂物、刷隔离剂等。　**计量单位：**100m²

编号				5-256	5-257
项目				设备基础（块体 ≤ 5m³）	设备基础（块体 ≤ 20m³）
				组合钢模板	
名称			单位	消耗量	
人工	000201000	综合二类工	工日	27.470	22.259
材料	350111007	组合钢模板	kg	68.530	68.030
	050401003	板枋材	m^3	0.120	0.089
	350323001	木支撑	m^3	0.109	0.216
	350219002	零星卡具	kg	42.950	32.630
	031501007	圆钉	kg	6.640	8.500
	143531001	隔离剂	kg	10.000	10.000
	330127006	钢支撑及配件	kg	27.980	30.870
	031507031	镀锌铁丝 $\phi4.0$	kg	19.050	23.430
	031509001	铁件（综合）	kg	—	9.490
	850103006	其他材料费（占材料费）	%	1.000	1.000
机械	990706010	木工圆锯机 500mm	台班	0.037	0.037

（2）柱

工作内容：模板及支撑制作、安装、拆除、堆放、运输及清理模内杂物、刷隔离剂等。　**计量单位：**$100m^2$

编号				5-258	5-259	5-260
项目				矩形柱	构造柱	异形柱
				组合钢模板		
名称			单位	消耗量		
人工	000201000	综合二类工	工日	22.097	30.861	39.052
材料	350111007	组合钢模板	kg	78.090	78.090	77.140
	330127006	钢支撑及配件	kg	45.485	45.484	59.530
	050401003	板枋材	m^3	0.066	0.066	0.083
	350323001	木支撑	m^3	0.182	0.182	—
	350219002	零星卡具	kg	66.740	66.740	27.940
	143531001	隔离剂	kg	10.000	10.000	10.000
	031501007	圆钉	kg	1.800	1.800	13.860
机械	990706010	木工圆锯机 500mm	台班	0.055	0.055	0.055

（3）梁

工作内容：模板及支撑制作、安装、拆除、堆放、运输及清理模内杂物、刷隔离剂等。　**计量单位：**$100m^2$

编号				5-261	5-262	5-263	5-264
项目				基础连系梁	矩形梁	圈梁	过梁
				组合钢模板		直形	组合钢模板
						组合钢模板	
名称			单位	消耗量			
人工	000201000	综合二类工	工日	16.863	19.191	21.838	37.258
材料	350111007	组合钢模板	kg	76.670	77.340	76.500	73.800
	350323001	木支撑	m^3	0.281	0.029	0.029	0.029
	050401003	板枋材	m^3	0.043	0.017	0.014	0.193
	350219002	零星卡具	kg	31.820	41.100	41.100	12.020
	350219001	梁卡具 模板用	kg	17.150	26.190	—	—
	031501007	圆钉	kg	21.920	0.470	0.470	0.470
	031507031	镀锌铁丝 ϕ4.0	kg	17.220	—	16.070	12.040
	143531001	隔离剂	kg	10.000	10.000	10.000	10.000
	031507020	镀锌铁丝 ϕ0.7	kg	0.180	0.180	0.180	0.180
	330127006	钢支撑及配件	kg	—	69.480	8.290	69.480
	850103006	其他材料费（占材料费）	%	1.000	2.000	2.000	2.000
机械	990706010	木工圆锯机 500mm	台班	0.037	0.037	0.009	0.175

（4）墙

工作内容：模板及支撑制作、安装、拆除、堆放、运输及清理模内杂物、刷隔离剂等。　**计量单位：**$100m^2$

编　号				5-265	5-266	5-267
项　目				直形墙	弧形墙	电梯井壁
				组合钢模板		
名　称			单位	消　耗　量		
人工	000201000	综合二类工	工日	18.482	23.571	28.692
材料	350111007	组合钢模板	kg	71.830	71.830	65.760
	050401003	板枋材	m^3	0.029	0.029	0.149
	330127006	钢支撑及配件	kg	24.580	24.580	19.830
	031501007	圆钉	kg	0.550	0.550	9.880
	031509001	铁件（综合）	kg	3.540	3.540	6.770
	143531001	隔离剂	kg	10.000	10.000	10.000
	350219002	零星卡具	kg	44.030	41.110	38.990
	350323001	木支撑	m^3	0.016	0.016	—
	850103006	其他材料费（占材料费）	%	2.000	2.000	2.000
机械	990706010	木工圆锯机 500mm	台班	0.009	0.009	0.028

工作内容：模板及支撑制作、安装、拆除、堆放、运输及清理模内杂物、刷隔离剂等。　**计量单位：**$100m^2$

编　号				5-268	5-269
项　目				直形墙大钢模板	大模内置保温板墙
名　称			单位	消　耗　量	
人工	000201000	综合二类工	工日	6.484	7.577
材料	350111003	定型钢模板	kg	85.113	88.436
	330127006	钢支撑及配件	kg	2.600	2.600
	050401003	板枋材	m^3	0.024	0.024
	350219002	零星卡具	kg	4.620	4.620
	031509001	铁件（综合）	kg	8.262	8.262
	143531001	隔离剂	kg	10.000	10.000
	350323001	木支撑	m^3	0.011	0.011
	031501007	圆钉	kg	1.460	1.460
	172505011	硬塑料管 $\phi20$	m	47.700	47.700
	030105220	对拉螺栓	kg	—	6.008
	850103006	其他材料费（占材料费）	%	2.000	2.000
机械	990706010	木工圆锯机 500mm	台班	0.009	0.009

（5）板

工作内容：模板及支撑制作、安装、拆除、堆放、运输及清理模内杂物、刷隔离剂等。　**计量单位：**100m²

编　号				5-270	5-271	5-272	5-273
项　目				有梁板	无梁板	平板	斜板、坡屋面板
				组合钢模板			
名　称			单位	消　耗　量			
人工	000201000	综合二类工	工日	16.674	12.095	14.025	15.040
材料	350111007	组合钢模板	kg	72.050	56.710	68.280	68.280
	050401003	板枋材	m^3	0.066	0.182	0.051	0.051
	330127006	钢支撑及配件	kg	58.040	34.750	48.010	48.010
	350323001	木支撑	m^3	0.193	0.303	0.231	0.231
	350219002	零星卡具	kg	35.250	26.090	27.660	27.660
	031501007	圆钉	kg	1.700	9.100	1.790	1.790
	143531001	隔离剂	kg	10.000	10.000	10.000	10.000
	031507020	镀锌铁丝 ϕ0.7	kg	0.180	0.180	0.180	0.180
	350219001	梁卡具 模板用	kg	5.460	—	—	—
	031507031	镀锌铁丝 ϕ4.0	kg	22.140	—	—	—
	850103006	其他材料费（占材料费）	%	2.000	2.000	2.000	2.000
机械	990706010	木工圆锯机 500mm	台班	0.037	0.230	0.083	0.083

4. 现场预制混凝土模板

工作内容：模板制作、安装、拆除、堆放、场内运输及清理模内杂物、刷隔离剂等。　**计量单位：**100m²

编　号				5-274	5-275	5-276
项　目				过梁	地沟盖板	隔板
				复合模板		
名　称			单位	消　耗　量		
人工	000201000	综合二类工	工日	30.220	30.546	38.997
材料	350123002	复合模板	m^2	24.675	24.675	24.675
	031501007	圆钉	kg	7.160	1.640	9.540
	031507020	镀锌铁丝 ϕ0.7	kg	0.350	0.320	1.110
	143531001	隔离剂	kg	10.000	10.000	10.000
	020901001	塑料薄膜	m^2	73.530	189.450	443.900
机械	990706010	木工圆锯机 500mm	台班	0.046	0.038	0.046
	990710010	木工单面压刨床 600mm	台班	0.046	0.038	0.046

工作内容：模板制作、安装、拆除、堆放、场内运输及清理模内杂物、刷隔离剂等。　　**计量单位：**100m²

编号				5-277	5-278	5-279
项目				架空隔热板	漏空花格	小型构件
				复合模板		
名称			单位	消耗量		
人工	000201000	综合二类工	工日	36.753	31.383	45.111
材料	350123002	复合模板	m^2	24.675	24.675	24.675
	031501007	圆钉	kg	4.250	37.960	11.539
	031507020	镀锌铁丝 ϕ0.7	kg	1.030	0.460	0.560
	143531001	隔离剂	kg	10.000	10.000	10.000
	020901001	塑料薄膜	m^2	287.390	564.650	232.300
机械	990706010	木工圆锯机 500mm	台班	0.037	0.966	0.506
	990710010	木工单面压刨床 600mm	台班	0.037	0.966	0.506

四、现场预制混凝土构件安装及接头灌缝

1. 现场预制混凝土构件安装

工作内容：施工现场内的运输与安装。　　**计量单位：**10m³

编号				5-280	5-281	5-282	5-283
项目				过梁	架空隔热板、隔板、地沟盖板	小型构件	漏空花格
				（≤1km）			
名称			单位	消耗量			
人工	000201000	综合二类工	工日	9.205	8.393	10.017	6.770
材料	031507031	镀锌铁丝 ϕ4.0	kg	1.545	1.545	1.545	1.545
	010500001	钢丝绳（综合）	kg	0.310	0.310	0.310	0.310
	031509005	垫铁	kg	18.490	18.490	18.490	18.490
	022901001	麻绳（综合）	kg	0.051	0.051	0.051	0.051
	341101001	水	m^3	0.147	0.147	0.147	0.147
	050401003	板枋材	m^3	0.140	0.140	0.140	0.140

2. 现场预制混凝土构件接头灌缝

工作内容：预制构件的连接、座浆灌缝、节点混凝土的浇捣、养护等。　　　　**计量单位**：$10m^3$

编　号				5-284	5-285
项　目				过梁	小型构件
名　称			单位	消　耗　量	
人工	000201000	综合二类工	工日	1.358	1.762
材料	800605001	干混砌筑砂浆	m^3	0.620	0.235
	341101001	水	m^3	0.142	0.026
	802101019	预拌细石混凝土 C20	m^3	—	0.643
	031501007	圆钉	kg	—	2.450
	020901001	塑料薄膜	m^2	—	3.449
	050401003	板枋材	m^3	—	0.076
	031507031	镀锌铁丝 ϕ4.0	kg	—	9.870
机械	990401025	载重汽车 6t	台班	—	0.010

五、装配式预制混凝土构件安装

1. 板

工作内容：结合面清理，构件吊装、就位、校正、垫实、固定，接头钢筋调直、焊接，搭设及拆除钢支撑。

计量单位：$10m^3$

编　号				5-286
项　目				叠合板
名　称			单位	消　耗　量
人工	000201000	综合二类工	工日	20.420
材料	043107001	装配式混凝土叠合板	m^3	10.050
	031509005	垫铁	kg	3.140
	031301005	低合金钢焊条 E43（综合）	kg	6.100
	050401009	板枋材 松杂	m^3	0.091
	292105001	立支撑杆件 $\phi48\times3.5$	套	2.730
	350219002	零星卡具	kg	37.310
	330127006	钢支撑及配件	kg	39.850
	850103006	其他材料费（占材料费）	%	0.600
机械	990901020	交流弧焊机 32kV · A	台班	0.581

2. 楼　　梯

工作内容： 结合面清理，构件吊装、就位、校正、垫实、固定，接头钢筋调直、焊接，灌缝、嵌缝，搭设及拆除钢支撑。

计量单位： 10m³

编　　号				5-287	5-288
项　　目				直行梯段	
				简支	固支
名　　称			单位	消　耗　量	
人工	000201000	综合二类工	工日	15.540	16.880
材料	043111001	装配式混凝土楼梯	m³	10.050	10.050
	031509005	垫铁	kg	18.070	9.030
	800605004	干混砌筑砂浆 DM M10	m³	0.270	0.140
	052501001	垫木	m³	0.019	—
	031301005	低合金钢焊条 E43（综合）	kg	—	1.310
	050401009	板枋材 松杂	m³	—	0.024
	292105001	立支撑杆件 $\phi48\times3.5$	套	—	0.720
	350219002	零星卡具	kg	—	9.800
	330127006	钢支撑及配件	kg	—	10.470
	850103006	其他材料费（占材料费）	%	0.600	0.600
机械	990611010	干混砂浆罐式搅拌机	台班	0.027	0.014
	990901020	交流弧焊机 32kV · A	台班	—	0.125

3. 阳台板及其他

工作内容： 支撑杆连接件预埋，结合面清理，构件吊装、就位、校正、垫实、固定，接头钢筋调直、焊接，构件打磨、座浆料铺筑、填缝料填缝，搭设及拆除钢支撑。

计量单位： 10m³

编　　号				5-289	5-290	5-291
项　　目				叠合板式阳台	凸（飘）窗	空调板
名　　称			单位	消　耗　量		
人工	000201000	综合二类工	工日	21.700	18.320	23.870
材料	043107004	装配式混凝土阳台板	m³	10.050	—	—
	043121002	装配式混凝土凸窗	m³	—	10.050	—
	043107003	装配式混凝土空调板	m³	—	—	10.050

续前

编号				5-289	5-290	5-291
项目				叠合板式阳台	凸（飘）窗	空调板
名称			单位	消耗量		
材料	050401009	板枋材 松杂	m^3	0.091	—	0.100
	292105001	立支撑杆件 $\phi48\times3.5$	套	2.730	—	3.000
	350219002	零星卡具	kg	37.310	—	41.040
	330127006	钢支撑及配件	kg	39.850	—	43.840
	031509005	垫铁	kg	5.240	18.750	5.760
	031301005	低合金钢焊条 E43（综合）	kg	6.102	3.670	6.710
	800605005	干混砌筑砂浆 DM M20	m^3	—	0.160	—
	021501001	PE 棒	m	—	36.713	—
	052501001	垫木	m^3	—	0.021	—
	292105002	斜支撑杆件 $\phi48\times3.5$	套	—	0.360	—
	031509022	预埋铁件	kg	—	13.980	—
	012927001	定位钢板	kg	—	7.580	—
	850103006	其他材料费（占材料费）	%	0.600	0.600	0.600
机械	990901020	交流弧焊机 32kV · A	台班	0.581	0.350	0.639
	990611010	干混砂浆罐式搅拌机	台班	—	0.016	—

4. 套 筒 注 浆

工作内容：结合面清理、注浆料搅拌、注浆、养护、现场清理。　　**计量单位：**10 个

编号				5-292	5-293
项目				套筒注浆	
				钢筋直径（mm）	
				≤ ϕ18	> ϕ18
名称			单位	消耗量	
人工	000201000	综合二类工	工日	0.220	0.240
材料	043124002	灌浆料	kg	5.630	9.470
	341101001	水	m^3	0.560	0.950
	850103006	其他材料费（占材料费）	%	3.000	3.000

5. 嵌缝、打胶

工作内容：清理缝道、剪裁、固定、注胶、现场清理。 **计量单位：**100m

编　号				5-294
项　目				嵌缝、打胶
名　称			单位	消耗量
人工	000201000	综合二类工	工日	6.587
材料	021309003	泡沫条 ϕ25	m	102.000
	311919001	美纹纸	m	204.000
	133503006	硅酮耐候密封胶	L	31.500
	850103006	其他材料费（占材料费）	%	3.000

六、装配式后浇混凝土浇捣

1. 后浇混凝土浇捣

工作内容：浇筑、振捣、养护等。 **计量单位：**10m^3

编　号				5-295	5-296	5-297	5-298
项　目				梁、柱接头	叠合梁、板	叠合剪力墙	连接墙、柱
名　称			单位	消耗量			
人工	000201000	综合二类工	工日	27.720	6.270	9.427	12.593
材料	802101015	预拌混凝土 C30	m^3	10.150	10.150	10.150	10.150
	341101001	水	m^3	2.000	3.680	2.200	1.340
	341103001	电	kW·h	8.160	4.320	6.528	6.528
	020901005	聚乙烯薄膜	m^2	—	175.000	—	—

2. 后浇混凝土模板

工作内容：模板拼装；清理模板，刷隔离剂；拆除模板，维护、整理、堆放。　　**计量单位：**100m²

编　号				5-299	5-300	5-301
项　目				梁、柱接头	连接墙、柱	板带
名　称			单位	消 耗 量		
人工	000201000	综合二类工	工日	41.950	21.003	25.236
材料	350123002	复合模板	m^2	76.126	29.610	45.676
	330127006	钢支撑及配件	kg	275.168	37.820	137.917
	050401003	板枋材	m^3	1.790	0.640	0.758
	350323001	木支撑	m^3	0.116	0.093	0.463
	031501007	圆钉	kg	4.554	1.630	1.931
	143531001	隔离剂	kg	20.000	12.000	12.000
	800605005	干混砌筑砂浆 DM M20	m^3	0.024	—	0.008
	031507007	镀锌铁丝（综合）	kg	0.360	—	0.216
	144303020	塑料粘胶带 20mm × 50m	卷	10.489	4.080	6.294
	031509001	铁件（综合）	kg	—	3.712	—
	172505001	硬 PVC 管 ϕ20	m	—	88.584	—
	030105220	对拉螺栓	kg	—	36.132	—
	850103006	其他材料费（占材料费）	%	3.000	3.000	3.000
机械	990706010	木工圆锯机 500mm	台班	0.074	0.040	0.044
	990611010	干混砂浆罐式搅拌机	台班	0.002	—	0.001

七、补 充 项 目

1. 混　凝　土

工作内容：模板及支撑制作、安装、拆除、堆放、运输及清理模内杂物、刷隔离剂等。　**计量单位：**100m²

编　号				5-302	5-303
项　目				柱面对拉螺栓堵眼增加费	梁面对拉螺栓堵眼增加费
名　称			单位	消 耗 量	
人工	000201000	综合二类工	工日	1.237	1.443
材料	143321001	二甲苯	kg	0.495	0.495
	800111001	膨胀水泥砂浆	m^3	0.062	0.062
	130502008	聚氨酯甲乙料	kg	11.717	11.717
	850103006	其他材料费（占材料费）	%	0.500	0.500

2. 钢　　筋

工作内容： 调直、切断、弯曲成型、运输、安装、焊接（绑扎）等。　　　　**计量单位：** t

编　　号				5-304
项　　目				后插筋灌注桩钢筋笼 带肋钢筋 HRB400
名　　称			单位	消　耗　量
人工	000201000	综合二类工	工日	4.152
材料	031301005	低合金钢焊条 E43（综合）	kg	8.064
材料	031507020	镀锌铁丝 ϕ0.7	kg	3.373
材料	341101001	水	m^3	0.090
材料	010100003	钢筋（综合）	t	1.025
机械	990702010	钢筋切断机 40mm	台班	0.100
机械	990703010	钢筋弯曲机 40mm	台班	0.140
机械	990904040	直流弧焊机 32kV · A	台班	0.079
机械	990919010	电焊条烘干箱 $45 \times 35 \times 45cm^3$	台班	0.067
机械	990304012	汽车式起重机 12t	台班	0.139
机械	990303020	轮胎式起重机 16t	台班	0.180
机械	990908020	点焊机 75kV · A	台班	0.110
机械	990205020	振动沉拔桩机 400kN	台班	0.640

工作内容： 材料运输、校正、下料、焊接、清理等。　　　　**计量单位：** 10 个

编　　号				5-305
项　　目				电渣压力焊接 ≥ 12
名　　称			单位	消　耗　量
人工	000201000	综合二类工	工日	0.124
材料	031305001	焊剂	kg	0.093
材料	150113001	石棉垫	kg	0.046
机械	990916010	电渣焊机 1000A	台班	0.057

3. 高 大 模 板

工作内容：模板及支撑制作、安装、拆除、堆放、运输及清理模内杂物、刷隔离剂等。　**计量单位：**100m²

编　号				5-306	5-307	5-308
项　目				梁、板		
				复合模板		
				支模高度 8m	支模高度 16m	支模高度 24m
名　称			单位	消　耗　量		
人工	000201000	综合二类工	工日	49.747	78.297	109.339
材料	050401003	板枋材	m^3	0.324	0.324	0.324
	330127006	钢支撑及配件	kg	211.219	414.787	594.422
	350219002	零星卡具	kg	7.224	7.224	7.224
	031501007	圆钉	kg	1.181	1.181	1.181
	143531001	隔离剂	kg	10.000	10.000	10.000
	031507020	镀锌铁丝 ϕ0.7	kg	0.180	0.180	0.180
	350123002	复合模板	m^2	24.675	24.675	24.675
	172505011	硬塑料管 ϕ20	m	15.307	15.307	15.307
	144303019	塑料粘胶带 20mm × 10m	卷	21.059	21.059	21.059
	030105220	对拉螺栓	kg	5.741	5.741	5.741
	850103006	其他材料费（占材料费）	%	2.000	2.000	2.000
机械	990706010	木工圆锯机 500mm	台班	0.037	0.037	0.037

工作内容：模板及支撑制作、安装、拆除、堆放、运输及清理模内杂物、刷隔离剂等。　**计量单位：**100m²

编　号				5-309	5-310	5-311
项　目				梁、板		
				复合模板		
				支模高度 8m，每增加 1m	支模高度 16m，每增加 1m	支模高度 24m，每增加 1m
名　称			单位	消　耗　量		
人工	000201000	综合二类工	工日	3.040	3.767	5.634
材料	330127006	钢支撑及配件	kg	21.006	22.454	29.477

第六章

金属结构工程

说 明

一、本章定额包括预制钢构件安装、围护体系安装、钢结构现场制作及除锈和补充项目共四部分。

二、预制钢构件均按购入成品到场考虑，不再考虑场外运输。

三、预制钢构件安装包括钢网架安装、厂（库）房钢结构安装、高层钢结构安装等内容。大卖场、物流中心等钢结构安装工程可参照厂（库）房钢结构安装的相应项目；高层商务楼、商住楼、医院、教学楼等钢结构安装工程可参照高层钢结构安装相应项目。

四、钢构件安装定额中已包含现场施工发生的零星油漆破坏的修补、节点焊接或切割需要的除锈及补漆。预制钢构件的除锈、油漆及防火涂料费用应在成品价格内包含，若成品价格中未包括除锈、油漆及防火涂料等费用，另按本章及本定额第十四章“油漆、涂料、裱糊工程”相应项目及规定执行。

五、构件安装场内转运水平距离按 300m 考虑。钢构件场外运输及超过 300m 以外的场内运输套用钢构件运输相应项目。

六、预制钢构件安装：

1. 钢构件安装项目中预制钢构件以外购成品编制，不考虑施工损耗。

2. 钢构件安装项目按檐高 20m 以内、跨内吊装编制。

3. 预制钢结构构件安装按构件种类、重量不同分别套用项目。

4. 钢构件安装中已包括了施工企业按照质量验收规范要求所需的超声波探伤费用，如设计要求 X 射线拍片检测，套用相应 X 射线拍片探伤项目。

5. 不锈钢螺栓球网架安装套用螺栓球节点网架安装项目，同时扣减项目中油漆及稀释剂含量，人工乘以系数 0.95。

6. 钢支座项目适用于单独成品支座安装。

7. 厂（库）房钢结构的柱间支撑、屋面支撑、系杆、撑杆、隅撑、檩条、墙梁、钢天窗架、通风器支架、钢天沟支架、钢板天沟等安装套用“钢支撑等其他构件”安装定额项目。钢墙架柱、钢墙架梁和配套连接杆件套用钢墙架（挡风架）安装定额项目。

8. 零星钢构件安装项目适用于本章未列项目且单件重量在 50kg 以内的小型构件。高层钢结构的钢平台、钢走道及零星钢构件安装套用厂（库）房钢结构的钢平台、钢走道及零星钢构件安装项目，同时定额中汽车式起重机消耗量乘以系数 0.20。

9. 组合钢板剪力墙安装套用住宅钢结构 3t 以内钢柱安装项目，相应人工、机械及除预制钢柱外的材料用量乘以系数 1.50。

10. 钢网架安装按平面网格网架安装考虑，如设计为筒壳、球壳及其他曲面结构时，安装人工、机械乘以系数 1.20。

11. 钢桁架安装按直线型桁架安装考虑，如设计为曲线、折线型或其他非直线型桁架，安装人工、机械乘以系数 1.20。

12. 型钢混凝土组合结构中钢构件安装套用本章相应定额项目，人工、机械乘以系数 1.15。

13. 螺旋形楼梯安装套用踏步式楼梯安装项目，人工、机械乘以系数 1.30。

14. 钢构件安装项目中已考虑现场拼装费用，但未考虑分块或整体吊装的钢网架、钢桁架等施工现场地面平台拼装摊销，如发生套用现场拼装平台摊销项目。

15. 厂（库）房钢结构安装机械按常规方案综合考虑，除另有规定或特殊要求者外，实际发生不同时均按项目执行，不做调整。

16. 厂（库）房钢构件安装的垂直运输已包括在相应项目内，不另行计算。高层钢结构安装项目内的汽车式起重机台班用量为钢构件场内转运消耗量，垂直运输按本定额第十七章“措施项目”相应定额项目执行。

17. 基坑围护中的格构柱安装套用本章相应项目乘以系数 0.50。同时考虑钢格构柱的拆除及回收残值等因素。

18. 螺栓（高强螺栓、剪力栓钉、花篮螺栓）安装，设计使用的材料强度等级、规格与项目不同时，允许按设计图纸进行调整换算，用量不变。

19. 钢梁、钢桁架安装按照跨度 30m 以内考虑，跨度超过 30m 时，人工、机械乘以 1.2 调整系数。

七、围护体系安装：

1. 钢楼（承）板上混凝土浇捣所需收边板的用量，均已包含在项目消耗量中，不单独计算。

2. 屋面板、墙面板安装需要的包角、包边、窗台泛水等用量，均已包含在相应项目的消耗量中，不单独计算。

3. 墙面板安装按竖装考虑，如发生横向铺设，按相应项目人工、机械乘以系数 1.20。

4. 屋面保温棉已考虑铺设需要的钢丝网费用，如不发生，扣除不锈钢丝含量，同时按 1 工日/100m^2 予以扣减人工消耗量。

5. 屋面墙面保温棉铺设按 50mm 列入，实际铺设厚度不同时允许换算。

6. 硅酸钙板灌浆墙面板项目中施工需要的包角、包边、窗台泛水等硅酸钙板用量，均已包含在相应项目的消耗量中，不单独计算。

7. 硅酸钙板墙面板项目中双面隔墙项目墙体厚度按 180mm、镀锌钢龙骨按 15kg/m^2 编制，设计与项目不同时允许材料调整换算。

8. 蒸压砂加气保温块贴面按 60mm 考虑，如发生厚度变化，相应保温块用量调整。

9. 钢楼（承）板如因天棚施工需要拆除，增加拆除用工 0.15 工日/m^2。

10. 钢楼（承）板安装需要增设的临时支撑消耗量项目中未考虑，如有发生另行计算。

11. 围护体系适用于金属结构屋面工程，如为其他屋面套用本定额第九章“屋面及防水工程”相应定额项目。

12. 保温岩棉铺设仅限于硅酸钙板墙面板配套使用，蒸压砂加气保温块贴面项目仅用于组合钢板墙体配套使用，屋面墙面玻纤保温棉定额项目配合钢结构围护体系使用，如为其他形式保温套用本定额第十章“保温、隔热、防腐工程”相应定额项目。硅酸钙板包梁包柱仅用于钢结构配套使用。

13. 不锈钢天沟、彩钢板天沟展开宽度为 600mm，若实际展开宽度与项目不同时，板材按比例调整，其他不变。

八、钢结构现场制作：

1. 本定额适用于非工厂制作的构件，除钢柱、钢梁、钢屋架外的钢构件均套用其他构件项目。本定额按直线型构件编制，如发生弧形、曲线型构件制作人工、机械乘以系数 1.30。

2. 一般除锈工艺和一遍防锈漆，如采用喷砂除锈，另行套用相应项目。喷砂除锈项目按 Sa2.5 除锈等级编制，如设计为 Sa3 级则项目乘以系数 1.1，设计为 Sa2 级则项目乘以系数 0.75。

3. 现场制作的钢构件安装套用厂（库）房钢结构安装定额项目。

4. 现场制作钢构件的工程，其围护体系套用本章围护体系安装定额项目。

5. 抛丸除锈项目按 Sa2.5 除锈等级编制，如设计为 Sa3 级则项目乘以系数 1.1，设计为 Sa2 级则项目乘以系数 0.75；手工及动力工具除锈项目按 St3 除锈等级编制，如设计为 St2 级则项目乘以系数 0.75。

工程量计算规则

一、预制钢构件安装：

1. 构件安装及运输工程量按成品构件的设计图示尺寸以质量计算，不扣除单个面积≤$0.3m^2$的孔洞质量，焊缝、铆钉、螺栓等不另增加质量。

2. 钢网架安装工程量不扣除孔眼的质量，焊缝、铆钉等不另增加质量。焊接空心球网架质量包括连接钢管杆件、连接球、支托和网架支座等零件的质量；螺栓球节点网架质量包括连接钢管杆件（含高强螺栓、销子、套筒、锥头或封板）、螺栓球、支托和网架支座等零件的质量。

3. 依附在钢柱上的牛腿及悬臂梁的质量等并入钢柱的质量内，钢柱上的柱脚板、加劲板、柱顶板、隔板和肋板并入钢柱工程量内。

4. 钢管柱上的节点板、加强环、内衬板（管）、牛腿等并入钢管柱的质量内。

5. 钢吊车梁工程量包含吊车梁、制动梁、制动板、车档等。

6. 钢平台的工程量包括钢平台的柱、梁、板、斜撑等的质量，依附于钢平台上的钢格栅、钢扶梯及平台栏杆，并入钢平台工程量内。

7. 钢楼梯的工程量包括楼梯平台、楼梯梁、楼梯踏步等的质量，钢楼梯上的扶手、栏杆并入钢楼梯工程量内。钢平台、钢楼梯上不锈钢、铸铁或其他非钢材类栏杆、扶手套用装饰部分相应项目。

8. 钢构件现场拼装平台摊销工程量按现场在平台上实施拼装构件的工程量计算。

9. 高强螺栓、栓钉、花篮螺栓等安装配件工程量按设计图示节点工程量计算。

二、围护体系安装：

1. 钢楼（承）板、屋面板按设计图示尺寸以铺设面积计算，不扣除单个面积≤$0.3m^2$的柱、垛及孔洞所占面积，屋面玻纤保温棉面积同单层压型钢板屋面板面积。

2. 压型钢板、彩钢夹心板、采光板墙面板、墙面玻纤保温棉按设计图示尺寸以铺挂面积计算，不扣除单个面积≤$0.3m^2$孔洞所占面积，墙面玻纤保温棉面积同单层压型钢板墙面板面积。

3. 硅酸钙板墙面板按设计图示尺寸的墙体面积以“m^2”计算，不扣除单个面积≤$0.3m^2$的孔洞所占面积。

4. 保温岩棉铺设、EPS 混凝土浇灌按设计图示尺寸的铺设或浇灌体积以“m^3”计算，不扣除单个面积≤$0.3m^2$的孔洞所占体积。

5. 硅酸钙板包柱、包梁及蒸压砂加气保温块贴面工程量按钢构件设计断面周长乘以构件长度，以平方米计算。

6. 钢板天沟按设计图示尺寸以质量计算，依附天沟的型钢并入天沟的质量内计算；不锈钢天沟、彩钢板天沟按设计图示尺寸以长度计算。

三、钢构件现场制作：

1. 构件制作工程量按设计图示尺寸以质量计算，不扣除单个面积≤$0.3m^2$的孔洞质量，焊缝、铆钉、螺栓等不另增加质量。

一、预制钢构件安装

1. 钢　网　架

（1）钢　网　架

工作内容： 场内转运、卸料、检验、基础线测定、找正、找平、拼装、翻身加固、吊装、就位、校正、焊接及超探检验、固定、零星除锈、补漆、清理。　　**计量单位：** t

编　号				6-1	6-2	6-3
项　目				焊接空心球网架	螺栓球节点网架	焊接不锈钢空心球网架
名　称			单位	消　耗　量		
人工	000201000	综合二类工	工日	6.516	6.156	6.516
材料	330101003	焊接空心球网架（成品）	t	1.000	—	—
	330101004	螺栓球节点网架（成品）	t	—	1.000	—
	330101002	焊接不锈钢空心球网架（成品）	t	—	—	1.000
	130507026	环氧富锌底漆	kg	4.240	4.240	—
	031301005	低合金钢焊条 E43（综合）	kg	7.519	—	—
	031509017	金属结构铁件	kg	6.630	3.570	6.630
	142919001	二氧化碳气体	m^3	2.200	—	—
	142909001	氧气	m^3	2.530	—	—
	031303013	焊丝 $\phi3.2$	kg	3.574	—	—
	031513003	吊装夹具	套	0.060	0.060	0.060
	010501009	钢丝绳 $\phi12$	kg	8.200	8.200	8.200
	052501001	垫木	m^3	0.034	0.034	0.034
	143511001	稀释剂	kg	0.339	0.339	—
	030105062	六角螺栓带螺母（综合）	kg	—	19.890	—
	031303017	不锈钢焊丝（综合）	kg	—	—	10.043
	142911001	氩气	m^3	—	—	7.975
	340101002	钨棒	kg	—	—	0.155
	850103006	其他材料费（占材料费）	%	0.500	0.500	0.500
机械	990304020	汽车式起重机 20t	台班	0.312	0.312	0.312
	990901020	交流弧焊机 32kV·A	台班	0.238	—	—
	990913020	二氧化碳气体保护焊机 500A	台班	0.238	—	—
	872128028	超声波探伤仪	台班	0.200	—	0.200
	990912010	氩弧焊机 500A	台班	—	—	0.475

（2）钢　支　座

工作内容：吊装、定位、固定、焊接、清理。　　　　**计量单位：**套

编　号				6-4	6-5	6-6
项　目				固定支座	单向滑移支座	双向滑移支座
名　称			单位	消　耗　量		
人工	000201000	综合二类工	工日	2.000	2.400	2.800
材料	330121003	钢构件固定支座	套	1.000	—	—
	031301005	低合金钢焊条 E43（综合）	kg	1.071	0.721	0.371
	031509017	金属结构铁件	kg	0.734	0.734	0.734
	142919001	二氧化碳气体	m^3	0.704	0.462	0.264
	031303013	焊丝 $\phi3.2$	kg	1.257	0.803	0.433
	031513003	吊装夹具	套	0.030	0.030	0.030
	010500001	钢丝绳（综合）	kg	0.820	0.820	0.820
	052501001	垫木	m^3	0.002	0.002	0.002
	330121001	单向滑移支座	套	—	1.000	—
	330121007	双向滑移支座	套	—	—	1.000
	850103006	其他材料费（占材料费）	%	0.500	0.500	0.500
机械	990304020	汽车式起重机 20t	台班	0.078	0.078	0.078
	990901020	交流弧焊机 32kV·A	台班	0.110	0.066	0.036
	990913020	二氧化碳气体保护焊机 500A	台班	0.110	0.066	0.036

2. 厂（库）房钢结构

（1）钢屋架（钢托架）

工作内容：场内转运、卸料、检验、划线、构件拼装、加固，翻身就位、绑扎吊装、校正、焊接及超探检验、固定、零星除锈、补漆、清理。　　　　**计量单位：**t

编　号				6-7	6-8	6-9	6-10	6-11
项　目				钢屋架（钢托架）				
				质量（t）				
				≤1.5	≤3	≤8	≤15	≤25
名　称			单位	消　耗　量				
人工	000201000	综合二类工	工日	2.702	2.759	2.503	2.604	2.748
材料	330103004	钢屋架（成品）	t	1.000	1.000	1.000	1.000	1.000
	130507026	环氧富锌底漆	kg	1.060	1.060	1.060	1.060	1.060
	031301005	低合金钢焊条 E43（综合）	kg	1.236	1.236	1.483	1.854	2.966
	031509017	金属结构铁件	kg	6.120	4.284	2.244	2.244	2.244
	142919001	二氧化碳气体	m^3	0.715	0.715	0.858	0.858	1.210
	031303013	焊丝 $\phi3.2$	kg	1.082	1.082	1.298	1.298	1.854
	031513003	吊装夹具	套	0.020	0.020	0.020	0.020	0.020

续前

编号				6-7	6-8	6-9	6-10	6-11
项目				钢屋架（钢托架）				
				质量（t）				
				≤ 1.5	≤ 3	≤ 8	≤ 15	≤ 25
名称			单位	消耗量				
材料	010501009	钢丝绳 $\phi12$	kg	4.280	4.280	4.280	5.380	5.380
	052501001	垫木	m^3	0.013	0.007	0.007	0.007	0.007
	143511001	稀释剂	kg	0.085	0.085	0.085	0.085	0.085
	850103006	其他材料费（占材料费）	%	0.500	0.500	0.500	0.500	0.500
机械	990302040	履带式起重机 50t	台班	—	—	—	—	0.325
	990304020	汽车式起重机 20t	台班	0.299	0.234	0.195	—	—
	990901020	交流弧焊机 32kV · A	台班	0.110	0.110	0.132	0.165	0.264
	990913020	二氧化碳气体保护焊机 500A	台班	0.110	0.110	0.132	0.132	0.198
	872128028	超声波探伤仪	台班	0.050	0.050	0.050	0.050	0.050
	990304036	汽车式起重机 40t	台班	—	—	—	0.195	—

（2）钢桁架

工作内容：场内转运、卸料、检验、划线、构件拼装、加固，翻身就位、绑扎吊装、校正、焊接及超探检验、固定、零星除锈、补漆、清理。 **计量单位：**t

编号				6-12	6-13	6-14	6-15	6-16	6-17
项目				钢桁架					
				质量（t）					
				≤ 1.5	≤ 3	≤ 8	≤ 15	≤ 25	≤ 40
名称			单位	消耗量					
人工	000201000	综合二类工	工日	3.912	3.217	2.960	3.065	3.924	4.835
材料	330103002	钢桁架（成品）	t	1.000	1.000	1.000	1.000	1.000	1.000
	130507026	环氧富锌底漆	kg	2.120	2.120	2.120	2.120	2.120	2.120
	031301005	低合金钢焊条 E43（综合）	kg	3.461	2.843	2.163	2.163	3.461	3.461
	031509017	金属结构铁件	kg	5.508	4.488	3.162	2.193	2.193	2.193
	142919001	二氧化碳气体	m^3	2.002	1.650	1.210	1.210	2.002	2.002
	031303013	焊丝 $\phi3.2$	kg	3.028	2.472	1.854	1.854	3.028	3.028
	031513003	吊装夹具	套	0.025	0.025	0.025	0.025	0.025	0.025
	010501009	钢丝绳 $\phi12$	kg	5.793	5.793	5.793	6.993	6.993	6.993
	052501001	垫木	m^3	0.013	0.013	0.013	0.013	0.013	0.013
	143511001	稀释剂	kg	0.170	0.170	0.170	0.170	0.170	0.170
	850103006	其他材料费（占材料费）	%	0.500	0.500	0.500	0.500	0.500	0.500
机械	990304020	汽车式起重机 20t	台班	0.312	0.234	0.273	—	—	—
	990304036	汽车式起重机 40t	台班	—	—	—	0.234	—	—

续前

编号				6-12	6-13	6-14	6-15	6-16	6-17
项目				钢桁架					
				质量（t）					
				≤1.5	≤3	≤8	≤15	≤25	≤40
	名称		单位	消耗量					
机械	990302040	履带式起重机 50t	台班	—	—	—	—	0.390	0.468
	990901020	交流弧焊机 32kV·A	台班	0.308	0.253	0.198	0.198	0.308	0.308
	990913020	二氧化碳气体保护焊机 500A	台班	0.308	0.253	0.198	0.198	0.308	0.308
	872128028	超声波探伤仪	台班	0.150	0.150	0.150	0.150	0.150	0.150

（3）钢　柱

工作内容：场内转运、卸料、检验、划线、构件拼装、加固，翻身就位、绑扎吊装、校正、焊接及超探检验、固定、零星除锈、补漆、清理。放样、画线、截料、平直、钻孔、拼装、焊接、成品矫正、除锈、刷防漆一遍及成品编号堆放。　**计量单位：t**

编号				6-18	6-19	6-20	6-21
项目				钢柱			
				质量（t）			
				≤3	≤8	≤15	≤25
	名称		单位	消耗量			
人工	000201000	综合二类工	工日	3.105	2.520	2.313	2.718
材料	330105001	钢柱（成品）	t	1.000	1.000	1.000	1.000
	130507026	环氧富锌底漆	kg	1.060	1.060	1.060	1.060
	031301005	低合金钢焊条 E43（综合）	kg	1.236	1.059	1.236	1.483
	031509017	金属结构铁件	kg	10.588	7.344	3.570	2.550
	142919001	二氧化碳气体	m^3	0.715	0.715	0.715	0.858
	031303013	焊丝 $\phi3.2$	kg	1.082	0.949	1.082	1.298
	031513003	吊装夹具	套	0.020	0.020	0.020	0.025
	010501009	钢丝绳 $\phi12$	kg	4.690	4.690	4.690	5.790
	052501001	垫木	m^3	0.011	0.011	0.011	0.011
	143511001	稀释剂	kg	0.085	0.085	0.085	0.085
	850103006	其他材料费（占材料费）	%	0.500	0.500	—	—
机械	990304020	汽车式起重机 20t	台班	0.156	0.130	—	—
	990304036	汽车式起重机 40t	台班	—	—	0.195	—
	990302040	履带式起重机 50t	台班	—	—	—	0.260
	990901020	交流弧焊机 32kV·A	台班	0.110	0.092	0.110	0.132
	990913020	二氧化碳气体保护焊机 500A	台班	0.110	0.092	0.110	0.132
	872128028	超声波探伤仪	台班	0.100	0.100	0.100	0.100

注：板厚不同时可置换，但人工、材料、机械数量不变。

（4）钢 梁

工作内容： 场内转运、卸料、检验、划线、构件拼装、加固，翻身就位、绑扎吊装、校正、焊接及超探检验、固定、零星除锈、补漆、清理。

计量单位：t

编 号				6-22	6-23	6-24	6-25
项 目				钢梁			
				质量（t）			
				≤1.5	≤3	≤8	≤15
名 称			单位	消 耗 量			
人工	000201000	综合二类工	工日	2.151	1.889	1.452	1.654
材料	330115002	钢梁（成品）	t	1.000	1.000	1.000	1.000
	130507026	环氧富锌底漆	kg	1.060	1.060	1.060	1.060
	031301005	低合金钢焊条 E43（综合）	kg	3.461	2.163	1.854	2.163
	031509017	金属结构铁件	kg	7.344	7.344	3.672	5.304
	142919001	二氧化碳气体	m^3	2.002	1.210	1.078	1.210
	031303013	焊丝 $\phi3.2$	kg	3.028	1.854	1.627	1.854
	031513003	吊装夹具	套	0.020	0.020	0.020	0.020
	010501009	钢丝绳 $\phi12$	kg	4.280	4.280	4.280	5.095
	052501001	垫木	m^3	0.012	0.012	0.012	0.012
	143511001	稀释剂	kg	0.085	0.085	0.085	0.085
	850103006	其他材料费（占材料费）	%	0.500	0.500	0.500	0.500
机械	990304020	汽车式起重机 20t	台班	0.234	0.156	0.221	—
	990304036	汽车式起重机 40t	台班	—	—	—	0.195
	990901020	交流弧焊机 32kV·A	台班	0.308	0.198	0.165	0.198
	990913020	二氧化碳气体保护焊机 500A	台班	0.308	0.198	0.165	0.198
	872128028	超声波探伤仪	台班	0.100	0.100	0.100	0.100

（5）钢吊车梁

工作内容：场内转运、卸料、检验、划线、构件拼装、加固，翻身就位、绑扎吊装、校正、焊接及超探检验、固定、零星除锈、补漆、清理。

计量单位：t

编　号				6-26	6-27	6-28	6-29
项　目				钢吊车梁			
				质量（t）			
				≤3	≤8	≤15	≤25
名　称			单位	消　耗　量			
人工	000201000	综合二类工	工日	1.683	1.232	0.864	1.332
材料	330115003	钢吊车梁（成品）	t	1.000	1.000	1.000	1.000
	130507026	环氧富锌底漆	kg	1.060	1.060	1.060	1.060
	031301005	低合金钢焊条 E43（综合）	kg	2.472	2.119	2.472	2.966
	031509017	金属结构铁件	kg	7.344	3.672	3.672	5.712
	142919001	二氧化碳气体	m^3	1.430	1.275	1.430	1.716
	031303013	焊丝 ϕ3.2	kg	2.163	1.898	2.163	2.596
	031513003	吊装夹具	套	0.020	0.020	0.020	0.025
	010501009	钢丝绳 ϕ12	kg	3.280	3.280	3.280	3.895
	052501001	垫木	m^3	0.011	0.011	0.011	0.011
	143511001	稀释剂	kg	0.085	0.085	0.085	0.085
	850103006	其他材料费（占材料费）	%	0.500	0.500	0.500	0.500
机械	990304020	汽车式起重机 20t	台班	0.234	0.195	—	—
	990304036	汽车式起重机 40t	台班	—	—	0.156	—
	990302040	履带式起重机 50t	台班	—	—	—	0.260
	990901020	交流弧焊机 32kV·A	台班	0.220	0.150	0.220	0.264
	990913020	二氧化碳气体保护焊机 500A	台班	0.220	0.150	0.220	0.264
	872128028	超声波探伤仪	台班	0.120	0.120	0.120	0.120

（6）钢平台、钢楼梯

工作内容：场内转运、卸料、检验、划线、构件拼装、加固，翻身就位、绑扎吊装、校正、焊接及超探检验、固定、零星除锈、补漆、清理。

计量单位：t

编　号				6-30	6-31	6-32
项　目				钢平台（钢走道）	钢楼梯	
					踏步式	爬式
名　称			单位	消　耗　量		
人工	000201000	综合二类工	工日	5.399	5.338	9.046
材料	330117001	钢平台（成品）	t	1.000	—	—
	330119002	钢楼梯（成品） 踏步式	t	—	1.000	—
	330119001	钢楼梯（成品） 爬式	t	—	—	1.000
	031509017	金属结构铁件	kg	3.612	7.344	8.813
	130507026	环氧富锌底漆	kg	2.120	2.120	4.240
	031301005	低合金钢焊条 E43（综合）	kg	3.461	3.461	5.191
	030105046	六角螺栓（综合）	kg	5.406	3.570	—
	142909001	氧气	m^3	0.528	0.880	1.430
	031513003	吊装夹具	套	0.020	0.020	0.020
	010501009	钢丝绳 ϕ12	kg	3.280	3.280	3.280
	052501001	垫木	m^3	0.023	0.026	0.026
	143511001	稀释剂	kg	0.170	0.170	0.339
	850103006	其他材料费（占材料费）	%	0.500	0.500	0.500
机械	990304020	汽车式起重机 20t	台班	0.247	0.195	0.208
	990901020	交流弧焊机 32kV · A	台班	0.308	0.308	0.308
	872128028	超声波探伤仪	台班	0.120	0.100	—

（7）其他钢构件

工作内容：场内转运、卸料、检验、划线、构件拼装、加固，翻身就位、绑扎吊装、校正、焊接及超探检验、固定、零星除锈、补漆、清理。

计量单位：t

编号				6-33	6-34	6-35
项目				钢支撑等其他构件	钢墙架（挡风架）	零星钢构件
名称			单位	消耗量		
人工	000201000	综合二类工	工日	2.546	5.078	6.620
材料	330127002	钢支撑	t	1.000	—	—
	330113001	钢墙架（成品）	t	—	1.000	—
	330199009	零星钢构件	t	—	—	1.000
	031509017	金属结构铁件	kg	4.600	4.600	1.272
	130507026	环氧富锌底漆	kg	2.120	2.120	2.120
	031301005	低合金钢焊条 E43（综合）	kg	3.461	2.163	3.461
	030105046	六角螺栓（综合）	kg	5.569	3.570	6.630
	142909001	氧气	m^3	0.220	0.220	1.100
	031513003	吊装夹具	套	0.020	0.020	0.020
	010501009	钢丝绳 $\phi12$	kg	4.920	4.920	4.920
	052501001	垫木	m^3	0.014	0.023	0.023
	143511001	稀释剂	kg	0.170	0.170	0.170
	850103006	其他材料费（占材料费）	%	0.500	0.500	0.500
机械	990304020	汽车式起重机 20t	台班	0.234	0.221	0.273
	990901020	交流弧焊机 32kV · A	台班	0.308	0.198	0.308

（8）现场拼装平台摊销

工作内容： 场内转运、卸料、检验、划线、切割、组立、焊接及超探检验、翻身、校正、调平、清理、拆除、整理。

计量单位： t

编号				6-36
项目				现场拼装平台摊销
名称			单位	消耗量
人工	000201000	综合二类工	工日	1.422
材料	012300001	型钢（综合）	kg	38.160
	012903002	中厚钢板（综合）	kg	5.300
	031301005	低合金钢焊条 E43（综合）	kg	0.283
	031303013	焊丝 $\phi3.2$	kg	0.902
	142919001	二氧化碳气体	m^3	0.537
	142909001	氧气	m^3	0.858
	031513003	吊装夹具	套	0.001
	010501009	钢丝绳 $\phi12$	kg	0.394
	052501001	垫木	m^3	0.032
	850103006	其他材料费（占材料费）	%	0.500
机械	990901020	交流弧焊机 32kV·A	台班	0.021
	990304020	汽车式起重机 20t	台班	0.039
	990913020	二氧化碳气体保护焊机 500A	台班	0.079
	872128028	超声波探伤仪	台班	0.100

3. 高层钢结构

（1）钢　　柱

工作内容： 场内转运、卸料、检验、划线、构件拼装、加固，翻身就位、绑扎、校正、焊接及超探检验、固定、零星除锈、补漆、清理。

计量单位： t

编号				6-37	6-38	6-39	6-40
项目				钢柱			
				质量（t）			
				≤3	≤5	≤10	≤15
名称			单位	消耗量			
人工	000201000	综合二类工	工日	3.623	3.261	2.935	2.827
材料	330105001	钢柱（成品）	t	1.000	1.000	1.000	1.000
	031301005	低合金钢焊条 E43（综合）	kg	2.575	2.575	2.575	2.575
	031509017	金属结构铁件	kg	10.588	7.344	6.528	5.610
	142919001	二氧化碳气体	m^3	2.420	2.090	1.870	2.200
	031303013	焊丝 $\phi3.2$	kg	4.429	3.708	3.296	4.017
	010500001	钢丝绳（综合）	kg	3.690	3.690	3.690	5.690
	052501001	垫木	m^3	0.011	0.011	0.011	0.011

续前

编号				6-37	6-38	6-39	6-40
项目				钢柱			
				质量（t）			
				≤3	≤5	≤10	≤15
名称			单位	消耗量			
材料	130507029	环氧富锌底漆（封闭漆）	kg	1.060	1.060	1.060	1.060
	143511023	环氧富锌底漆稀释剂	kg	0.085	0.085	0.085	0.085
	031513003	吊装夹具	套	0.020	0.020	0.020	0.020
	850103006	其他材料费（占材料费）	%	0.500	0.500	0.500	0.500
机械	990304036	汽车式起重机 40t	台班	0.026	0.026	0.026	0.026
	990901020	交流弧焊机 32kV · A	台班	0.187	0.180	0.170	0.190
	990913020	二氧化碳气体保护焊机 500A	台班	0.209	0.190	0.170	0.200
	872128028	超声波探伤仪	台班	0.100	0.100	0.100	0.100

（2）钢　　梁

工作内容：场内转运、卸料、检验、划线、构件拼装、加固，翻身就位、绑扎、校正、焊接及超探检验、固定、零星除锈、补漆、清理。

计量单位：t

编号				6-41	6-42	6-43	6-44
项目				钢梁			
				质量（t）			
				≤0.5	≤1.5	≤3	≤5
名称			单位	消耗量			
人工	000201000	综合二类工	工日	2.629	2.390	2.099	1.774
材料	330115002	钢梁（成品）	t	1.000	1.000	1.000	1.000
	031301005	低合金钢焊条 E43（综合）	kg	3.708	3.296	2.884	2.884
	031509017	金属结构铁件	kg	7.344	6.936	6.528	5.712
	142919001	二氧化碳气体	m^3	1.870	1.870	1.760	1.650
	031303013	焊丝 $\phi 3.2$	kg	3.296	3.296	3.090	2.884
	010500001	钢丝绳（综合）	kg	3.280	3.280	3.280	3.280
	052501001	垫木	m^3	0.012	0.012	0.012	0.012
	130507029	环氧富锌底漆（封闭漆）	kg	1.060	1.060	1.060	1.060
	143511023	环氧富锌底漆稀释剂	kg	0.085	0.085	0.085	0.085
	031513003	吊装夹具	套	0.020	0.020	0.020	0.020
	850103006	其他材料费（占材料费）	%	0.500	0.500	0.500	0.500
机械	990304036	汽车式起重机 40t	台班	0.026	0.026	0.026	0.026
	990901020	交流弧焊机 32kV · A	台班	0.280	0.250	0.220	0.220
	990913020	二氧化碳气体保护焊机 500A	台班	0.170	0.170	0.150	0.140
	872128028	超声波探伤仪	台班	0.100	0.100	0.100	0.100

（3）钢 支 撑

工作内容： 场内转运、卸料、检验、划线、构件拼装、加固，翻身就位、绑扎、校正、焊接及超探检验、固定、零星除锈、补漆、清理。

计量单位： t

编号				6-45	6-46	6-47	6-48
项目				钢支撑			
				质量（t）			
				≤1.5	≤3	≤5	≤8
名称			单位	消耗量			
人工	000201000	综合二类工	工日	2.898	2.898	2.608	2.478
材料	330127002	钢支撑	t	1.000	1.000	1.000	1.000
	031301005	低合金钢焊条 E43（综合）	kg	3.296	2.884	2.266	2.884
	031509017	金属结构铁件	kg	10.588	7.344	5.610	3.876
	142919001	二氧化碳气体	m^3	2.750	2.420	1.980	2.750
	031303013	焊丝 $\phi3.2$	kg	4.944	4.326	3.605	4.944
	010500001	钢丝绳（综合）	kg	4.920	4.920	4.920	4.920
	052501001	垫木	m^3	0.014	0.014	0.014	0.014
	130507029	环氧富锌底漆（封闭漆）	kg	1.060	1.060	1.060	1.060
	143511023	环氧富锌底漆稀释剂	kg	0.085	0.085	0.085	0.085
	031513003	吊装夹具	套	0.020	0.020	0.020	0.020
	850103006	其他材料费（占材料费）	%	0.500	0.500	0.500	0.500
机械	990304036	汽车式起重机 40t	台班	0.026	0.026	0.026	0.026
	990901020	交流弧焊机 32kV·A	台班	0.250	0.220	0.200	0.220
	990913020	二氧化碳气体保护焊机 500A	台班	0.240	0.210	0.180	0.240
	872128028	超声波探伤仪	台班	0.100	0.100	0.100	0.100

（4）踏步式钢楼梯

工作内容：场内转运、卸料、检验、划线、构件拼装、加固，翻身就位、绑扎、校正、焊接及超探检验、固定、零星除锈、补漆、清理。

计量单位：t

编　号				6-49
项　目				踏步式钢楼梯
名　称			单位	消　耗　量
人工	000201000	综合二类工	工日	5.338
材料	330119002	钢楼梯（成品） 踏步式	t	1.000
	031301005	低合金钢焊条 E43（综合）	kg	3.811
	031509017	金属结构铁件	kg	7.344
	142919001	二氧化碳气体	m^3	2.090
	031303013	焊丝 ϕ3.2	kg	3.708
	010500001	钢丝绳（综合）	kg	3.280
	052501001	垫木	m^3	0.026
	130507029	环氧富锌底漆（封闭漆）	kg	2.120
	143511023	环氧富锌底漆稀释剂	kg	0.170
	031513003	吊装夹具	套	0.020
	850103006	其他材料费（占材料费）	%	0.500
机械	990304036	汽车式起重机 40t	台班	0.026
	990901020	交流弧焊机 32kV · A	台班	0.275
	990913020	二氧化碳气体保护焊机 500A	台班	0.275
	872128028	超声波探伤仪	台班	0.100

4. 钢结构安装配件

工作内容：1. 高强螺栓：垫片及螺母配套、对孔、初拧、终拧。
2. 花篮螺栓：定位、调整、拧紧。
3. 剪力栓钉：定位、瓷环配套、焊接、检验、补位。

计量单位：100 套

编　号				6-50	6-51	6-52
项　目				高强螺栓	花篮螺栓	剪力栓钉
名　称			单位	消　耗　量		
人工	000201000	综合二类工	工日	0.350	0.350	0.500
材料	030105221	高强螺栓	套	102.000	—	—
	030105202	花篮螺栓 M12 × 200	套	—	102.000	—
	031502009	栓钉	套	—	—	106.000
机械	990799020	电动扭力扳手 27 × 30	台班	0.670	0.670	—
	990955030	栓钉焊机	台班	—	—	0.500

二、围护体系安装

1. 钢 楼 层 板

工作内容：场内转运，卸料、选料、放线、安装收边板、配板，切割、拼装、安装、焊接。

计量单位：$100m^2$

编号				6-53	6-54
项目				自承式楼承板	压型钢板楼板
名称			单位	消耗量	
人工	000201000	综合二类工	工日	19.844	16.577
材料	330199001	自承式楼承板	m^2	104.000	—
	012927011	压型钢板楼板 0.9	m^2	—	104.000
	052501001	垫木	m^3	0.050	0.020
	012901022	热轧薄钢板 $\delta3.0$	m^2	2.067	2.067
	130505010	红丹防锈漆	kg	11.700	11.700
	140509006	油漆溶剂油	kg	1.365	1.365
	142909001	氧气	m^3	2.730	1.910
	010900002	圆钢（综合）	kg	2.000	2.000
	031301005	低合金钢焊条 E43（综合）	kg	0.578	0.578
	850103006	其他材料费（占材料费）	%	2.000	2.000
机械	990737040	折方机 4×2000mm	台班	13.920	13.920
	990901020	交流弧焊机 32kV·A	台班	1.046	0.500

2. 墙 面 板

工作内容： 1. 墙面板：场内转运、卸料、放样、下料，切割断料、开门窗洞口，周边塞口，清扫、弹线、安装接口型材、安装墙面板、打胶、紧固、安装收边及泛水板。

2. 保温棉：场内转运、放样、下料、安装保温棉。

计量单位： $100m^2$

编号				6-55	6-56	6-57	6-58
项目				墙面板			墙面玻纤保温棉
				彩钢夹芯板	采光板	压型钢板	
名称			单位	消耗量			
人工	000201000	综合二类工	工日	20.850	18.680	18.680	2.765
材料	092505001	彩钢夹芯板 δ75	m^2	106.000	—	—	—
	091105001	彩钢板 δ0.5	m^2	10.000	20.000	20.000	—
	150702012	袋装玻璃棉 δ50	m^2	—	—	—	106.000
	014903002	槽铝 75	m	34.400	—	—	—
	014905001	工字铝（综合）	m	167.900	—	—	—
	014901002	角铝 25.4×1	m	26.500	—	—	—
	030107017	膨胀螺栓 M10	100 套	0.400	—	—	—
	030101009	铝拉铆钉 M5×40	100 个	10.700	3.500	3.500	—
	133503002	防水密封胶	支	32.000	32.000	32.000	—
	031519018	合金钢钻头 φ6～13	个	0.600	0.600	0.600	—
	340201002	橡皮密封条 20×4	m	173.300	173.300	173.300	—
	031509017	金属结构铁件	kg	2.000	5.000	5.000	2.300
	090907001	聚酯采光板 δ1.2	m^2	—	106.000	—	—
	030103040	自攻螺钉 ST6×20	100 个	—	6.500	6.500	1.100
	052501001	垫木	m^3	—	0.020	0.020	—
	340205002	彩钢密封圈	只	—	650.000	650.000	—
	012927010	压型钢板 δ0.5	m^2	—	—	106.000	—
	340203002	密封带 3×20	m	—	—	—	100.000
	850103006	其他材料费（占材料费）	%	2.000	2.000	2.000	2.000
机械	990304020	汽车式起重机 20t	台班	0.100	0.100	0.100	0.100

工作内容： 1. 预制轻钢龙骨隔墙安装：场内转运、卸料、基底清理、弹线、安放隔墙板块、洞口定位、板块及固定配件安装、板缝填塞、贴玻纤布、安装隔声材料。
2. 硅酸钙板安装：场内转运、基底清理、定位、硅酸钙板安装。 **计量单位：** 100m²

编号				6-59	6-60	6-61	6-62
项目				预制轻钢龙骨隔墙板			增加一道硅酸钙板
				板厚（mm 以内）			
				80	100	150	
名称			单位	消耗量			
人工	000201000	综合二类工	工日	14.857	17.829	19.612	2.586
材料	092513001	预制轻钢龙骨内隔墙板 δ80	m^2	102.000	—	—	—
	030525004	墙板固定金属配件（不锈钢板）	kg	9.801	11.722	16.526	—
	091900003	硅酸钙板 δ10	m^2	—	—	—	102.000
	030107052	金属膨胀螺栓（综合）	套	316.667	316.667	316.667	—
	150707004	玻璃棉毡 δ20	m^2	8.931	11.160	16.733	—
	092701004	玻璃纤维网格布	m^2	16.800	16.800	16.800	8.400
	031527007	合金钢切割片 ϕ300	片	3.720	4.278	4.920	1.302
	092513002	预制轻钢龙骨内隔墙板 δ100	m^2	—	102.000	—	—
	092513003	预制轻钢龙骨内隔墙板 δ150	m^2	—	—	102.000	—
	850103006	其他材料费（占材料费）	%	2.000	2.000	2.000	2.000
机械	990785020	砂轮切割机 ϕ350	台班	2.011	2.313	2.659	0.704

工作内容： 1. 场内转运、卸料、检验、放样划线、切割、龙骨固定、墙面板安装、点漆、清理。
2. 清理基层、保温岩棉铺设、双面胶纸固定。
3. 墙面开孔、上料、搅拌、泵送、灌浆、敲击振捣、灌浆口抹平清理。 **计量单位：** 见表

编号				6-63	6-64	6-65
项目				硅酸钙板灌浆墙面板		
				双面隔墙	保温岩棉铺设	EPS 混凝土浇灌
单位				$100m^2$	$10m^3$	
名称			单位	消耗量		
人工	000201000	综合二类工	工日	51.896	26.648	13.668
材料	091900003	硅酸钙板 δ10	m^2	106.000	—	—
	091900002	硅酸钙板 δ8	m^2	106.000	—	—
	031599022	连接件 *PD25*	个	150.000	—	—
	100100001	镀锌钢龙骨	kg	1500.000	—	—
	340201001	橡胶密封条	m	173.300	—	—
	052501001	垫木	m^3	0.020	—	—
	030105056	六角螺栓 M6×35	100 套	0.200	—	—

续前

编号				6-63	6-64	6-65
项目				硅酸钙板灌浆墙面板		
				双面隔墙	保温岩棉铺设	EPS 混凝土浇灌
单位				$100m^2$	$10m^3$	
名称			单位	消耗量		
材料	031519022	合金钢钻头 $\phi10$	个	0.600	—	—
	144309001	玻璃胶（综合）	支	29.000	—	—
	031301005	低合金钢焊条 E43（综合）	kg	81.750	—	—
	142909001	氧气	m^3	9.000	—	—
	150301004	岩棉板 $\delta50$	m^3	—	10.400	—
	020901005	聚乙烯薄膜	m^2	—	42.000	—
	144305003	双面胶纸	m	—	260.000	—
	043124003	EPS 灌浆料	m^3	—	—	10.500
	341103001	电	kW·h	—	—	16.200
	850103006	其他材料费（占材料费）	%	2.000	2.000	2.000
机械	990901020	交流弧焊机 32kV·A	台班	20.350	—	—
	990601030	涡浆式混凝土搅拌机 500L	台班	—	—	2.025

工作内容： 1. 场内转运、卸料、检验、放样、划线、切割、就位、校正、打胶、固定、清理。

2. 场内转运、卸料、选料、切割、抹砂浆、贴砌块、固定、擦缝、清理。　　**计量单位：**$100m^2$

编号				6-66	6-67
项目				硅酸钙板包柱、包梁	蒸压砂加气保温块贴面
名称			单位	消耗量	
人工	000201000	综合二类工	工日	43.720	32.434
材料	091900002	硅酸钙板 $\delta8$	m^2	115.000	—
	802309001	蒸压砂加气混凝土（AAC）保温块	m^3	—	5.830
	031599023	连接件 *PD*80	个	80.000	—
	100100001	镀锌钢龙骨	kg	300.000	—
	340201001	橡胶密封条	m	173.300	173.300
	052501001	垫木	m^3	0.020	—
	030105056	六角螺栓 M6×35	100套	0.200	0.200
	031519022	合金钢钻头 $\phi10$	个	0.600	0.600
	144309001	玻璃胶（综合）	支	29.000	29.000
	031301005	低合金钢焊条 E43（综合）	kg	10.900	—
	142909001	氧气	m^3	1.200	—
	031599022	连接件 *PD*25	个	—	150.000
	850103006	其他材料费（占材料费）	%	2.000	2.000
机械	990901020	交流弧焊机 32kV·A	台班	0.603	—

3. 屋 面 板

工作内容： 1. 屋面板：场内转运、卸料、放样、下料、切割断料、周边塞口、清扫、弹线、安装支座、安装屋面板、打胶、紧固、安装收边及泛水板。
2. 保温棉：场内转运、放样、下料、焊接连接铁件、安装钢丝网、安装保温棉。

计量单位： $100m^2$

编号				6-68	6-69	6-70	6-71
项目				屋面板			屋面玻纤保温棉
				彩钢夹芯板	采光板	压型钢板	厚 50
名称			单位	消耗量			
人工	000201000	综合二类工	工日	19.089	17.273	16.338	2.304
材料	092505001	彩钢夹芯板 δ75	m^2	104.000	—	—	—
	091105001	彩钢板 δ0.5	m^2	4.750	20.000	13.870	—
	150702012	袋装玻璃棉 δ50	m^2	—	—	—	104.000
	014903002	槽铝 75	m	49.000	—	—	—
	014905001	工字铝（综合）	m	167.900	—	—	—
	014901002	角铝 25.4 × 1	m	26.500	—	—	—
	030101009	铝拉铆钉 M5 × 40	100个	13.700	6.500	6.500	—
	133503002	防水密封胶	支	32.000	40.000	40.000	—
	031519018	合金钢钻头 ϕ6～13	个	0.600	0.600	0.600	—
	092519005	彩钢内外扣槽	m	84.200	—	—	—
	340201002	橡皮密封条 20 × 4	m	173.300	173.300	173.300	—
	090907001	聚酯采光板 δ1.2	m^2	—	104.000	—	—
	030103040	自攻螺钉 ST6 × 20	100个	—	6.320	6.320	1.100
	031509017	金属结构铁件	kg	—	5.000	5.000	5.000
	052501001	垫木	m^3	—	0.020	0.020	—
	340205002	彩钢密封圈	只	—	632.000	632.000	—
	183109003	金属堵头	只	—	58.000	58.000	—
	012927010	压型钢板 δ0.5	m^2	—	—	104.000	—
	010305001	不锈钢丝 ϕ1.2	kg	—	—	—	22.260
	340203002	密封带 3 × 20	m	—	—	—	100.000
	850103006	其他材料费（占材料费）	%	2.000	2.000	2.000	2.000
机械	990304020	汽车式起重机 20t	台班	0.100	0.100	0.100	0.100

工作内容：放样、划线、裁料、平整、拼装、焊接、成品校正。 **计量单位：**见表

编号				6-72	6-73	6-74
项目				天沟		
				钢板	不锈钢	彩钢板
单位				t	10m	
名称			单位	消耗量		
人工	000201000	综合二类工	工日	8.540	1.910	1.980
材料	012900010	钢板 δ3～10	t	1.060	—	—
	012913011	不锈钢板 δ1	m^2	—	7.200	—
	091105002	彩钢板 δ0.8	m^2	—	—	7.200
	031301005	低合金钢焊条 E43（综合）	kg	7.320	—	—
	142909001	氧气	m^3	6.000	—	—
	130505010	红丹防锈漆	kg	6.780	—	—
	144309001	玻璃胶（综合）	支	0.500	2.000	2.000
	140509006	油漆溶剂油	kg	0.700	—	—
	052501001	垫木	m^3	0.020	—	—
	180315001	彩钢堵头	只	—	4.200	4.200
	031303017	不锈钢焊丝（综合）	kg	—	3.300	—
	092519006	槽形彩钢条 2	m	—	—	16.300
	850103006	其他材料费（占材料费）	%	2.000	2.000	2.000
机械	990732050	剪板机 40×3100mm	台班	0.030	0.070	0.070
	990901020	交流弧焊机 32kV·A	台班	0.640	—	—
	990304020	汽车式起重机 20t	台班	0.220	—	—
	990912010	氩弧焊机 500A	台班	—	0.270	—

三、钢构件现场制作及除锈

工作内容： 1. 现场制作：放样、划线、切割、平整、组立、焊接、钻孔、成品校正、除锈、防锈漆涂装、检验、堆放。
2. 喷砂除锈：装填磨料、除锈、清理表面。 **计量单位：** t

编号				6-75	6-76	6-77	6-78
项目				钢柱、钢梁、钢屋架		其他构件	喷砂除锈
				钢板	型钢		
名称			单位	消耗量			
人工	000201000	综合二类工	工日	8.342	11.532	8.530	—
	000301000	综合三类工	工日	—	—	—	0.800
材料	012903001	中厚钢板（综合）	t	0.947	0.194	0.150	—
	012300003	型钢（综合）	t	0.113	0.866	0.910	—
	040319003	石英砂（综合）	kg	—	—	—	16.800
	031301012	电焊条 E43（综合）	kg	12.570	19.300	19.000	—
	031303013	焊丝 ϕ3.2	kg	16.760	—	—	—
	031305001	焊剂	kg	6.450	—	—	—
	142909001	氧气	m^3	5.090	4.950	4.400	—
	130507029	环氧富锌底漆（封闭漆）	kg	5.120	6.600	5.300	—
	143511023	环氧富锌底漆稀释剂	kg	0.540	0.700	0.550	—
	030105031	带帽六角螺栓（综合）	kg	1.740	1.740	1.740	—
	850103006	其他材料费（占材料费）	%	2.000	2.000	2.000	2.000
机械	990744010	半自动切割机 100mm	台班	0.100	0.040	0.020	—
	990304020	汽车式起重机 20t	台班	0.040	0.040	0.020	—
	990728020	摇臂钻床 50mm	台班	0.120	0.120	0.090	—
	990732050	剪板机 40 × 3100mm	台班	0.030	0.010	—	—
	990736020	刨边机 12000mm	台班	0.030	0.020	—	—
	990309020	门式起重机 10t	台班	0.360	0.450	0.190	—
	990749010	型钢剪断机 500mm	台班	0.010	0.080	0.070	—
	990305020	叉式起重机 5t	台班	0.050	0.050	0.050	—
	990913010	二氧化碳气体保护焊机 250A	台班	0.360	—	—	—
	990901040	交流弧焊机 42kV · A	台班	0.500	0.800	0.800	—
	991003070	电动空气压缩机 $10m^3/min$	台班	0.070	0.060	0.070	—
	990919010	电焊条烘干箱 45 × 35 × 45cm^3	台班	0.590	0.450	0.430	—
	990775010	喷砂除锈机 $3m^3/min$	台班	—	—	—	0.300

四、补 充 项 目

1. 钢构件运输

工作内容：绑扎、运输、卸车、堆放。　　**计量单位：**10t

编　号				6-79	6-80	6-81	6-82
项　目				钢构件场外运输		钢构件二次运输	
				40km	每增加 5km	500m 以内	每增加 100m
名　称			单位	消　耗　量			
人工	000201000	综合二类工	工日	1.640	0.060	1.096	0.004
材料	052501001	垫木	m^3	0.020	—	—	—
	330117003	钢支架、平台及连接件	kg	1.600	—	—	—
	050401009	板枋材 松杂	m^3	—	—	0.030	—
	010501009	钢丝绳 $\phi12$	kg	0.200	—	—	—
	010501010	钢丝绳 $\phi12.5$	m	—	—	0.036	—
	031507031	镀锌铁丝 $\phi4.0$	kg	1.800	—	—	—
	850103006	其他材料费（占材料费）	%	3.000	—	3.000	—
机械	990304024	汽车式起重机 25t	台班	0.128	—	0.116	—
	990403020	平板拖车组 20t	台班	0.340	0.030	0.048	0.003

2. 现 场 除 锈

工作内容：除锈、除尘、运钢丸、装钢丸、喷丸、钢丸回收、现场清理及维修工机具。　　**计量单位：**t

编　号				6-83
项　目				抛丸除锈
名　称			单位	消　耗　量
人工	000301000	综合三类工	工日	0.420
材料	016123001	钢丸	kg	14.680
机械	990304016	汽车式起重机 16t	台班	0.100
	990776010	抛丸除锈机 219mm	台班	0.150
	990407020	轨道平车 10t	台班	0.100

3. X 射线探伤

工作内容：准备工作、机具搬运安装，焊缝表面处理、除锈打磨，现场探伤检测、鉴定、技术报告。

计量单位：10 张

编　号				6-84
项　目				X 射线透视拍片探伤
名　称			单位	消 耗 量
人工	000301000	综合三类工	工日	8.100
材料	161109003	X 射线胶片 80×300	张	12.000
	301327002	增感屏 80×300	副	0.600
	161107002	定影剂 1000cc	瓶	2.880
	161105001	显影剂	L	2.900
	850103006	其他材料费（占材料费）	%	2.000
机械	872128019	X 射线探伤机	台班	1.440

第七章

木结构工程

说　　明

一、本章定额包括传统木结构工程与装配式木结构工程。传统木结构工程指现场制作、安装；装配式木结构指工厂制作（预制）、现场安装。

二、木材木种均以一、二类木种取定。传统木结构如采用三、四类木种时，相应项目制作人工、机械乘以系数 1.2。

三、设计刨光的木构件应增加刨光损耗，设计要求现场刨光的木材，板方木单面刨光边长加 2.5mm，双面刨光边长加 4mm；圆木全刨光直径加 5mm。

四、屋架跨度是指屋架两端上、下弦中心线交点之间的距离。

五、屋面板制作厚度不同时可进行调整。

六、木屋架、钢木屋架定额项目中的钢板、型钢、圆钢用量与设计不同时，可按设计数量另加 6% 损耗进行换算，其余不得调整。

七、预制木构件的安装：

1. 地梁板安装定额已包括底部防水卷材的内容，按墙体厚度不同套用相应定额。

2. 木构件安装定额包括构件固定所需临时支撑的搭拆，以及支撑种类、数量及搭设方式。

3. 柱、梁安装定额按材质和截面积不同套用相应项目。

4. 墙体木骨架安装按墙体厚度不同套用相应项目，墙体龙骨间距按 400mm 编制，设计与定额不同时可按设计数量应进行调整。

5. 楼板格栅安装按格栅跨度不同套用相应项目，其中跨度 5m 以内按木格栅，跨度 5m 以上按桁架格栅进行编制。楼板格栅项目按楼面设计活荷载标准值 2.0kN/m^2 编制，设计活荷载不同时，按荷载差别比例进行相应增减。

6. 平撑、剪刀撑以及封头板的用量已包括在楼板格栅项目中，不另单独计算。地面格栅和平屋面格栅套用楼板格栅相应项目。

7. 桁架安装不分直角形、人字形等形式，均套用桁架定额。

8. 屋面板安装根据屋面形式不同，按两坡以内和两坡以上分别套用相应项目。

工程量计算规则

一、木屋架：

1. 木屋架、檩条工程量按设计图示尺寸以体积计算。附属于其上的木夹板、垫木、风撑、挑檐木、檩条三角条均按图示体积并入相应的屋架、檩条工程量内。单独挑檐木并入檩条工程量内。檩托木、檩垫木已包括在定额项目内，不另计算。

2. 圆木屋架工程量按设计图示尺寸以体积计算，圆木屋架上的挑檐木，风撑等设计规定为方木时，应将方木体积乘以系数 1.7 折成圆木并入圆木屋架工程量内。

3. 钢木屋架工程量按木屋架设计图示尺寸以体积计算。钢构件的用量已包括在项目内，不另计算。

4. 气楼屋架按设计图示尺寸以体积计算，工程量并入所依附的屋架工程量内。

5. 屋架的马尾、折角和正交部分半屋架均按设计图示尺寸以体积计算，工程量并入相连屋架工程量内计算。

6. 简支檩木按设计图示尺寸以长度计算，设计无尺寸时，按相邻屋架或山墙中距增加 200mm 计算，两端出山檩条长度算至搏风板，连续檩按设计总长度乘以系数 1.05 计算。

二、木构件：

1. 木柱、木梁按设计图示尺寸以体积计算。

2. 木楼梯按设计图示尺寸以水平投影面积计算，不扣除宽度 ≤ 300mm 的楼梯井，伸入墙内部分不另计算。

3. 木地楞按设计图示尺寸以体积计算。平撑、剪刀撑、沿油木的用量已包括在定额内，不另计算。

三、屋面木基层：

1. 屋面椽子、屋面板、挂瓦条、竹帘子工程量按设计图示尺寸以屋面斜面积计算，不扣除屋面烟囱、风帽底座、风道、小气窗及斜沟等所占面积，小气窗的出檐部分不增加面积。

2. 封檐板工程量按设计图示檐口外围长度计算。搏风板按斜长度计算，设计无规定时每个大刀头增加长度 500mm。

四、预制木构件安装：

1. 地梁板安装按设计图示尺寸以长度计算。

2. 木柱、木梁按设计图示尺寸以体积计算。

3. 墙体木骨架及墙面板安装按设计图示尺寸以面积计算，不扣除 ≤ 0.3m^2 的孔洞所占面积，孔洞周边加固板不另计算，但墙体木骨架安装应扣除结构柱所占面积。

4. 楼板格栅及楼面板安装按设计图示尺寸以面积计算，不扣除 ≤ 0.3m^2 的洞口所占面积，孔洞周边加固板不另计算，但楼板格栅安装应扣除结构梁所占面积。

5. 格栅挂架按设计图示数量以套计算。

6. 木楼梯安装按设计图示尺寸以水平投影面积计算，不扣除宽度 ≤ 500mm 的楼梯井，伸入墙内部分不另计算。

7. 屋面椽条和桁架安装按设计图示尺寸以体积计算，不扣除切肢、切角部分所占体积。屋面板安装按设计图示尺寸以展开面积计算。

8. 封檐板安装按设计图示尺寸以檐口外围长度计算。

一、木　屋　架

工作内容：屋架制作，拼装，安装，装配钢铁件，锚定，梁端刷防腐油。　　　　**计量单位：**10m³

编　号				7-1	7-2	7-3	7-4
项　目				圆木木屋架		方木木屋架	
				跨度（m）			
				≤10	>10	≤10	>10
名　称			单位	消　耗　量			
人工	000201000	综合二类工	工日	56.550	51.270	52.780	50.620
材料	050100001	原木（综合）	m³	10.520	10.510	—	—
	050401003	板枋材	m³	1.692	1.230	10.600	10.600
	291705003	钢拉杆	kg	169.918	223.342	228.854	313.124
	030105046	六角螺栓（综合）	kg	241.332	158.304	311.712	221.952
	030109026	六角螺母（综合）	kg	39.780	28.866	53.652	40.494
	203107003	钢垫板 δ2.5～5	kg	1297.746	907.290	1786.326	1302.642
	370915003	铸铁垫板	kg	33.708	42.930	45.368	60.208
	031501001	扒钉	kg	53.212	48.018	71.656	44.838
	042725014	预制混凝土块	m³	1.580	0.950	2.130	1.340
	133301001	石油沥青油毡	m²	4.900	2.900	6.700	4.100
	140509006	油漆溶剂油	kg	1.300	1.000	1.800	1.500
	130507001	防腐油	kg	4.300	2.700	6.700	4.400
	850103006	其他材料费（占材料费）	%	0.800	0.800	0.800	0.800
机械	990310010	桅杆式起重机 5t	台班	0.210	0.130	0.180	0.090

工作内容： 屋架制作，拼装，安装，装配钢铁件，锚定，梁端刷防腐油。　　计量单位：$10m^3$

编　号				7-5	7-6	7-7	7-8	7-9	7-10
项　目				圆木钢木屋架			方木钢木屋架		
				跨度（m）					
				≤15	≤20	≤25	≤15	≤20	≤25
名　称			单位	消　耗　量					
人工	000201000	综合二类工	工日	92.927	110.808	139.969	78.781	92.327	116.380
材料	050100005	杉原木 屋架用	m^3	10.300	10.200	10.300	—	—	—
	050401003	板枋材	m^3	0.728	0.421	0.311	10.000	10.300	10.400
	291705003	钢拉杆	kg	404.072	555.122	544.522	614.058	723.026	700.130
	012100002	角钢（综合）	kg	920.928	1223.346	1047.386	1399.624	1593.180	1346.624
	030105046	六角螺栓（综合）	kg	29.784	47.532	35.598	37.740	51.918	39.474
	030109026	六角螺母（综合）	kg	24.582	31.314	29.376	37.332	40.800	37.842
	203107003	钢垫板 δ2.5～5	kg	674.628	843.642	597.414	917.796	1011.534	751.434
	370915003	铸铁垫板	kg	33.496	61.268	44.838	50.880	79.818	57.664
	031301005	低合金钢焊条 E43（综合）	kg	60.000	79.700	68.300	91.200	103.800	87.800
	142909001	氧气	m^3	5.700	7.500	6.500	8.600	9.800	8.300
	142907002	乙炔气	kg	2.192	2.885	2.500	3.308	3.769	3.192
	042725014	预制混凝土块	m^3	3.860	2.180	1.600	5.870	2.840	2.060
	140509006	油漆溶剂油	kg	1.500	1.900	1.600	2.200	2.500	2.200
	130507001	防腐油	kg	3.200	1.900	1.400	4.900	2.500	2.000
	133301001	石油沥青油毡	m^2	—	—	—	11.700	5.700	4.100
	850103006	其他材料费（占材料费）	%	0.800	0.800	0.800	0.800	0.800	0.800
机械	990901020	交流弧焊机 32kV·A	台班	2.120	1.290	1.260	2.120	1.580	1.310
	990310020	桅杆式起重机 10t	台班	0.240	0.210	0.150	0.240	0.220	0.160

二、木　构　件

工作内容： 1. 放样，选料，运料，錾剥，刨光，划线，起线，凿眼，挖底拔灰，锯榫。
2. 安装，吊线，校正，临时支撑。　　计量单位：$10m^3$

编　号				7-11	7-12
项　目				木柱	
				圆木	方木
名　称			单位	消　耗　量	
人工	000201000	综合二类工	工日	48.140	43.860
材料	050100001	原木（综合）	m^3	13.050	—
	050401003	板枋材	m^3	—	11.870

工作内容：1. 放样，选料，运料，錾剥，刨光，划线，起线，凿眼，挖底拔灰，锯榫。
2. 安装，吊线，校正，临时支撑，伸入墙内部分刷防腐油。

计量单位：$10m^3$

编号				7-13	7-14
项目				木梁	
				圆木	方木
名称			单位	消耗量	
人工	000201000	综合二类工	工日	67.060	52.591
材料	050100001	原木（综合）	m^3	11.797	—
	031509001	铁件（综合）	kg	5.000	5.000
	130507001	防腐油	kg	9.550	9.250
	050401003	板枋材	m^3	—	10.863
	031501007	圆钉	kg	—	5.610

工作内容：制作、安装楼梯踏步、楼梯平台楞木，伸入墙身部分刷防腐油。

计量单位：$100m^2$

编号				7-15
项目				木楼梯
名称			单位	消耗量
人工	000201000	综合二类工	工日	102.680
材料	050401003	板枋材	m^3	14.970
	031501007	圆钉	kg	51.000
	130507001	防腐油	kg	18.400

工作内容：制作、安装木地楞，搁墙部分刷防腐油。

计量单位：$10m^3$

编号				7-16	7-17	7-18	7-19
项目				木地楞			
				圆木楞		方木楞	
				带平撑	不带平撑	带剪刀撑	不带剪刀撑
名称			单位	消耗量			
人工	000201000	综合二类工	工日	30.186	28.638	27.540	22.950
材料	050401003	板枋材	m^3	11.571	10.530	12.270	11.250
	031501007	圆钉	kg	7.000	7.000	35.000	13.000
	850103006	其他材料费（占材料费）	%	0.060	0.060	0.080	0.080

三、屋面木基层

工作内容：制作、安装檩木，檩托木（或垫木），伸入墙内部分及垫木刷防腐油。 **计量单位：**$10m^3$

编号				7-20	7-21
项目				檩木	
				方木	圆木
名称			单位	消耗量	
人工	000201000	综合二类工	工日	23.698	21.880
材料	050401003	板枋材	m^3	11.645	1.040
	050100001	原木（综合）	m^3	—	10.500
	031501007	圆钉	kg	45.094	33.762
	130507001	防腐油	kg	38.900	28.500

工作内容：屋面板制作。 **计量单位：**$100m^2$

编号				7-22	7-23	7-24	7-25
项目				屋面板制作			
				平口	错口	平口	错口
				15mm厚		15mm厚一面刨光	
名称			单位	消耗量			
人工	000201000	综合二类工	工日	1.778	2.592	1.826	2.475
材料	050401003	板枋材	m^3	1.644	1.780	1.864	2.017
机械	990706010	木工圆锯机 500mm	台班	0.230	0.250	0.230	0.250
	990709020	木工平刨床 500mm	台班	1.600	1.730	—	—
	990717010	木工裁口机 400mm	台班	—	0.620	—	0.620
	990712010	木工三面压刨床 400mm	台班	—	—	1.600	1.730

工作内容：檩木上钉椽板、挂瓦条，钉屋面板、挂瓦条，钉屋面，钉椽板。 **计量单位：**$100m^2$

编号				7-26	7-27	7-28	7-29
项目				檩木上钉椽子挂瓦条		檩木上钉屋面板油毡挂瓦条	檩木上钉屋面板
				檩木斜中距			
				≤1.0m	≤1.5m		
名称			单位	消耗量			
人工	000201000	综合二类工	工日	2.919	2.924	3.906	3.052
材料	050401003	板枋材	m^3	0.876	1.046	0.235	—
	031501007	圆钉	kg	9.374	7.415	6.406	4.345
	092509001	金属屋面板	m^2	—	—	105.000	105.000
	133301001	石油沥青油毡	m^2	—	—	110.000	—
	120111002	板条 1000×30×8	100根	—	—	2.121	—

工作内容：檩木上钉椽板、挂瓦条，钉屋面板、挂瓦条，钉屋面，钉椽板。　　　　**计量单位：**100m²

编　　号				7-30	7-31
项　　目				檩木上钉椽板	混凝土上钉挂瓦条
名　　称			单位	消　耗　量	
人工	000201000	综合二类工	工日	2.024	1.224
材料	050401003	板枋材	m^3	0.945	0.320
	031501007	圆钉	kg	6.100	—
	031501002	不锈钢钉	kg	—	3.910

工作内容：制作、安装封檐板、博风板，檩木上钉竹帘子。　　　　**计量单位：**见表

编　　号				7-32	7-33	7-34
项　　目				封檐板、博风板		檩椽上铺钉竹帘子
				高度（cm）		
				≤20	≤30	
单　　位				100m		$100m^2$
名　　称			单位	消　耗　量		
人工	000201000	综合二类工	工日	4.448	5.076	1.176
材料	050401003	板枋材	m^3	0.630	0.945	0.032
	031501007	圆钉	kg	1.163	1.554	1.100
	053505001	竹帘子	m^2	—	—	120.000

四、预制木构件安装

1. 地　梁　板

工作内容：清理工作面，铺设防水卷材，防腐木就位、校正、垫实、螺栓固定。　　　　**计量单位：**10m

编　　号				7-35	7-36	7-37
项　　目				地梁板		
				墙厚（mm）		
				≤120	≤180	≤240
名　　称			单位	消　耗　量		
人工	000201000	综合二类工	工日	1.033	1.100	1.200
材料	051100004	防腐木 δ40	m^3	0.048	0.072	0.096
	133303001	SBS 改性沥青防水卷材	m^2	0.132	0.198	0.264
	030103028	镀锌螺钉	kg	0.120	0.120	0.120
	850103006	其他材料费（占材料费）	%	0.800	0.800	0.800

2. 柱

工作内容：吊装，支撑就位、校正、垫实、固定。　　　　**计量单位：**$10m^3$

编号				7-38	7-39	7-40	7-41
项目				规格材组合柱		胶合柱	
				截面积（m^2）			
				≤0.1	≤0.2	≤0.1	≤0.2
名称			单位	消耗量			
人工	000201000	综合二类工	工日	33.333	40.000	40.000	60.000
材料	043131001	规格材组合柱	m^3	10.100	10.100	—	—
	043131002	胶合柱	m^3	—	—	10.000	10.000
	031599013	金属连接件	kg	22.500	30.000	200.000	300.000
	050100007	支撑木材	m^3	0.130	0.130	0.130	0.130
	030103028	镀锌螺钉	kg	6.500	8.500	—	—
	850103006	其他材料费（占材料费）	%	0.800	0.800	0.800	0.800
机械	990304020	汽车式起重机 20t	台班	2.932	2.444	2.932	2.444

3. 梁

工作内容：吊装，支撑就位、校正、垫实、固定。　　　　**计量单位：**$10m^3$

编号				7-42	7-43	7-44	7-45
项目				规格材组合梁		胶合梁	
				截面积（m^2）			
				≤0.1	≤0.2	≤0.1	≤0.2
名称			单位	消耗量			
人工	000201000	综合二类工	工日	46.667	53.333	60.000	80.000
材料	043127001	规格材组合梁	m^3	10.100	10.100	—	—
	043127002	胶合梁	m^3	—	—	10.000	10.000
	031599013	金属连接件	kg	15.000	22.500	75.000	100.000
	050100007	支撑木材	m^3	0.130	0.130	0.130	0.130
	030103028	镀锌螺钉	kg	6.500	8.500	—	—
	850103006	其他材料费（占材料费）	%	0.800	0.800	0.800	0.800
机械	990304020	汽车式起重机 20t	台班	4.154	3.665	4.154	3.665

4. 墙

工作内容：装配木骨架墙体，钉镀锌螺纹钉，吊装、就位、校正、固定。　　**计量单位：**10m²

编号				7-46	7-47	7-48	7-49
项目				墙体木骨架			墙面板铺装
				墙厚（mm）			
				≤120	≤180	≤240	
名称			单位	消耗量			
人工	000201000	综合二类工	工日	2.666	3.000	4.000	1.200
材料	043125001	规格材木骨架	m^3	0.016	0.026	0.034	—
	050100007	支撑木材	m^3	0.130	0.130	0.130	—
	051501001	定向刨花板 δ12	m^2	—	—	—	10.300
	030103028	镀锌螺钉	kg	0.020	0.020	0.035	0.060
	850103006	其他材料费（占材料费）	%	0.800	0.800	0.800	0.800
机械	990304020	汽车式起重机 20t	台班	0.096	0.115	0.139	—

5. 楼　　板

工作内容：装配楼面格栅，吊装、就位、校正、固定，钉镀锌螺纹钉。　　**计量单位：**10m²

编号				7-50	7-51	7-52	7-53
项目				楼板格栅			桁架格栅
				格栅跨度（m）			
				≤3	≤4	≤5	>5
名称			单位	消耗量			
人工	000201000	综合二类工	工日	3.333	4.000	4.533	5.000
材料	043129001	规格材格栅	m^3	0.037	0.043	0.052	—
	092921002	桁架格栅	m^3	—	—	—	0.051
	030103028	镀锌螺钉	kg	0.015	0.015	0.020	0.020
	850103006	其他材料费（占材料费）	%	0.800	0.800	0.800	0.800
机械	990304020	汽车式起重机 20t	台班	0.222	0.190	0.213	0.209

工作内容：安装格栅挂件；吊装、就位、校正、固定，钉镀锌螺纹钉，打结构胶。　　**计量单位：**见表

编号				7-54	7-55
项目				格栅挂件	楼面板铺装
单位				10套	10m²
名称			单位	消耗量	
人工	000201000	综合二类工	工日	0.333	1.333
材料	030403002	格栅挂件	套	10.000	—
	051501001	定向刨花板 δ12	m^2	—	10.100
	144111004	硅酮结构胶 300mL	支	—	5.000
	850103006	其他材料费（占材料费）	%	0.800	0.800

6. 楼　梯

工作内容：吊装、就位、校正、固定，钉镀锌螺纹钉。　　**计量单位：**$10m^2$

编号				7-56
项目				木楼梯
名称			单位	消耗量
人工	000201000	综合二类工	工日	6.667
材料	050303001	规格材	m^3	0.450
	051501002	定向刨花板 δ18	m^2	13.700
	030403003	金属挂件	套	20.000
	850103006	其他材料费（占材料费）	%	0.800
机械	990304020	汽车式起重机 20t	台班	1.843

7. 屋　面

工作内容：吊装、就位、校正、固定，钉镀锌螺纹钉。　　**计量单位：**$10m^3$

编号				7-57	7-58	7-59	7-60
项目				椽条	桁架	屋面板铺装	
						两坡以内	两坡以上
						$10m^2$	
名称			单位	消耗量			
人工	000201000	综合二类工	工日	153.333	120.000	1.667	2.000
材料	050303001	规格材	m^3	10.100	10.100	—	—
	050100007	支撑木材	m^3	0.010	0.010	—	—
	051501001	定向刨花板 δ12	m^2	—	—	10.500	12.500
	030103028	镀锌螺钉	kg	2.500	2.200	0.035	0.045
	850103006	其他材料费（占材料费）	%	0.800	0.800	0.800	0.800
机械	990304020	汽车式起重机 20t	台班	1.098	1.246	—	—

工作内容：安装封檐板。　　**计量单位：**100m

编号				7-61	7-62
项目				封檐板	
				高度（cm）	
				≤20	≤30
名称			单位	消耗量	
人工	000201000	综合二类工	工日	5.838	6.663
材料	050303001	规格材	m^3	0.606	0.909
	031501007	圆钉	kg	1.163	1.554

第八章

门 窗 工 程

说　明

一、本章定额包括木门及门框，金属门，金属卷帘（闸），厂房大门、特种门，其他门，金属窗，门钢架、门窗套，窗台板，窗帘、窗帘盒、窗帘轨，门五金和补充项目共十一部分。

二、木门及门框套装木门安装包括门套和门扇的安装。本章各类门窗均按工厂成品、现场安装编制，除项目注明外，成品均包括玻璃及五金配件等。

三、金属门、窗：

1. 铝合金门窗安装项目按隔热断桥铝合金型材考虑，当设计为普通铝合金型材时，按相应项目执行，其中人工乘以系数 0.8。

2. 金属门连窗，门、窗应分别执行相应项目。

3. 彩板钢窗附框安装执行彩板钢门附框安装项目。

4. 钢制防盗门、防火门如用聚氨酯发泡密封胶（750mL/支）填缝，则去掉项目中的水泥砂浆，增加聚氨酯发泡密封胶 81.48 支/100m^2，人工不变。

5. 钢制防盗门、防火门安装项目未包括门框灌浆，设计要求时需另外计算。

6. 阳台封闭窗、转角窗安装执行相应飘凸窗安装项目。

7. 金属窗不包括纱扇，发生时执行相应项目。

四、金属卷帘（闸）：

1. 金属卷帘（闸）项目是按卷帘侧装（即安装在洞口内侧或外侧）考虑的，当设计为中装（即安装在洞口中）时，按相应项目执行，其中人工乘以系数 1.1。

2. 金属卷帘（闸）项目是按不带活动小门考虑的，当设计为带活动小门时，按相应项目执行，其中人工乘以系数 1.07，材料调整为带活动小门金属卷帘（闸）。

3. 防火卷帘（闸）（无机布基防火卷帘除外）按镀锌钢板卷帘（闸）项目执行，并将材料中的镀锌钢板卷帘换为相应的防火卷帘。

五、厂库房大门、特种门：

1. 厂库房大门及特种门已包括门扇所用铁件，除成品门附件以外，墙、柱、楼地面等部位的预埋铁件按设计要求另按本定额第五章“混凝土及钢筋混凝土工程”中相应定额项目执行。

2. 特种门安装项目按成品门安装考虑。

六、其他门：

1. 全玻璃门扇安装项目按地弹门考虑，其中地弹簧消耗量可按实际调整。

2. 全玻璃门门框、横梁、立柱钢架的制作安装及饰面装饰，按本章门钢架相应项目执行。

3. 全玻璃门有框亮子安装按全玻璃有框门扇安装项目执行，人工乘以系数 0.75，地弹簧换为膨胀螺栓，消耗量调整为 277.55 个/100m^2；无框亮子安装按固定玻璃安装项目执行。

4. 电子感应自动门传感装置、伸缩门电动装置安装已包括调试用工。

七、门钢架、门窗套：

1. 门钢架基层、面层项目未包括封边线条，设计要求时，另按本定额第十五章“其他工程”中相应线条定额项目执行。

2. 门窗套、门窗筒子板均执行门窗套（筒子板）项目。

3. 门窗贴脸为成品线条时，按本定额第十五章“其他工程”相应线条定额项目执行，筒子板仍按本章规定的计算规则执行相应定额项目。

4. 门窗套（筒子板）项目未包括封边线条，设计要求时，按本定额第十五章“其他工程”中相应线条定额项目执行。

八、窗台板、窗帘盒：

1. 窗台板与暖气罩相连时，窗台板并入暖气罩，按本定额第十五章“其他工程”中相应暖气罩定额项目执行。

2. 石材窗台板安装项目按成品窗台板考虑。实际为非成品需现场加工时，石材加工另按本定额第十五章“其他工程”中石材加工相应定额项目执行。

3. 窗帘盒项目按高 250mm、宽 150mm 规格考虑，设计不同时可按帷幕板执行本章相应项目。

4. 窗帘帷幕板项目按单面粘贴面层考虑，设计为双面粘贴面层时，执行相应项目，人工乘以系数 1.20，材料中柚木胶合饰面板消耗量调整。

九、门五金：

1. 木门（扇）安装项目（木质防火门除外）中五金配件的安装仅包括合页安装人工和合页材料费，设计要求的其他五金另按本章“门五金”中门特殊五金相应项目执行。

2. 木质防火门、金属门窗、金属卷帘（闸）、厂库房大门、特种门、其他门（全玻璃门扇除外）安装项目包括五金安装人工，五金材料费包括在成品门窗价格中。

3. 全玻璃扇安装项目中仅包括地弹簧安装的人工和材料费，设计要求的其他五金另执行本章“门五金”中门特殊五金相应项目。

4. 厂库房大门项目均包括五金铁件安装人工，五金材料铁件费另执行本章“门五金”一节中相应项目，设计与定额取定不同时，按设计规定计算。

十、人防门本章节人防门工程适用于建筑物地下人防工程人防混凝土门、钢质人防密闭门均包括门扇、门框，按成品门考虑，其五金、预埋件不另行计算包含在成品门价格中。

工程量计算规则

一、木门及门框：

1. 木门框按设计图示框的中心线长度计算。
2. 木门扇安装按设计图示扇面积计算。
3. 套装木门安装按设计图示数量计算。
4. 木质防火门安装按设计图示洞口面积计算。

二、金属门、窗：

1. 铝合金门窗、塑钢门窗（飘窗除外）均按设计图示门、窗洞口面积计算。
2. 门连窗按设计图示洞口面积分别计算门、窗面积，其中窗的宽度算至门框的外边线。
3. 纱门、纱窗扇按设计图示扇外围面积计算。
4. 飘窗按设计图示框型材中心线尺寸以展开面积计算，飘窗指：凸出结构，两面或三面为窗。
5. 钢质防火门、防盗门、防火窗按设计图示门洞口面积计算。
6. 防盗窗按设计图示窗框外围面积计算，如防盗窗有凸出时，按展开面积计算。
7. 彩板钢门窗按设计图示门、窗洞口面积计算。彩板钢门窗附框按框中心线长度计算。

三、金属卷帘（闸）：

金属卷帘（闸）按设计图示卷帘门宽度乘以卷帘门高度（包括卷帘箱高度）以面积计算。电动装置安装按设计图示套数计算。

四、厂库房大门、特种门：

1. 厂库房大门按设计图示扇面积计算。
2. 特种门按设计图示门洞口面积计算。

五、其他门：

1. 全玻有框门扇按设计图示扇边框外边线尺寸以扇面积计算。
2. 全玻无框（条夹）门扇按设计图示扇面积计算，高度算至条夹外边线、宽度算至玻璃外边线。
3. 全玻无框（点夹）门扇按设计图示玻璃外边线尺寸以扇面积计算。
4. 无框亮子按设计图示门框与横梁或立柱内边缘尺寸玻璃面积计算。
5. 全玻转门按设计图示数量计算。
6. 不锈钢伸缩门按设计图示尺寸以长度计算。
7. 传感和电动装置按设计图示套数计算。

六、门钢架、门窗套：

1. 门钢架按设计图示尺寸以质量计算。
2. 门钢架基层、面层按设计图示饰面外围尺寸展开面积计算。
3. 门窗套（筒子板）龙骨、面层、基层均按设计图示饰面外围尺寸展开面积计算。
4. 成品木质门窗套按设计图示饰面外围尺寸展开面积计算。

七、窗台板、窗帘、窗帘盒、轨：

1. 窗台板按设计图示长度乘以宽度以面积计算。图纸未注明尺寸的，窗台板长度按窗框的外围宽度两边共加 100mm 计算。窗台板凸出墙面的宽度按墙面外加 50mm 计算。
2. 布窗帘按设计尺寸成活后展开面积计算。百叶帘、卷帘按设计窗帘宽度乘以高度以面积计算。
3. 窗帘盒、窗帘轨按设计图示长度计算。
4. 窗帘帷幕板按设计图示尺寸单面面积计算，伸入天棚内的面积与露明面积合并计算。

八、人防门：

人防门按设计图示门洞口面积计算。

一、木门及门框

工作内容：门框、门扇、门套安装，合页安装，框（套）周边塞缝等。　　**计量单位：**见表

编号				8-1	8-2	8-3	8-4	8-5
项目				木门扇安装	木门框安装	套装木门安装		
						单扇门	双扇门	子母门
单位				100m²	100m	10 樘		
名称			单位	消耗量				
人工	000201000	综合二类工	工日	7.980	4.010	3.683	5.409	5.335
材料	113501001	装饰门扇（成品）	m²	100.000	—	—	—	—
	110105001	木门框（成品）	m	—	102.000	—	—	—
	110101004	单扇套装平开实木门	樘	—	—	10.000	—	—
	110101005	双扇套装平开实木门	樘	—	—	—	10.000	—
	110101006	双扇套装子母对开实木门	樘	—	—	—	—	10.000
	050301002	木材（成材）	m³	0.003	0.106	0.003	0.002	0.002
	030309006	不锈钢合页	个	115.948	—	20.200	40.400	40.400
	030103024	沉头木螺钉 *L*32	个	704.228	—	122.400	244.800	244.800
	133503011	聚氨酯发泡密封胶 750mL/支	支	—	37.570	9.730	11.230	10.480
	130507001	防腐油	kg	—	6.710	—	—	—
	031501007	圆钉	kg	—	1.040	—	—	—
	850103006	其他材料费（占材料费）	%	0.100	—	0.100	0.100	0.100

工作内容：框、扇、五金安装，框周边塞缝等。　　**计量单位：**100m²

编号				8-6
项目				木质防火门安装
名称			单位	消耗量
人工	000201000	综合二类工	工日	22.050
材料	110101003	木质防火门	m²	98.250
	133503011	聚氨酯发泡密封胶 750mL/支	支	73.500
	341103001	电	kW · h	11.450
	850103006	其他材料费（占材料费）	%	0.100

二、金　属　门

1. 铝 合 金 门

工作内容：框、扇、五金安装，框周边塞缝等。　　　　**计量单位**：100m²

编　号				8-7	8-8	8-9
项　目				隔热断桥铝合金门安装		普通铝合金门纱扇安装
				推拉	平开	
名　称			单位	消　耗　量		
人工	000201000	综合二类工	工日	29.249	32.875	4.706
材料	110903009	铝合金推拉门	m²	96.980	—	—
	110903008	铝合金平开门	m²	—	96.040	—
	110903010	铝合金纱门扇	m²	—	—	100.000
	133503007	硅酮耐候密封胶	kg	66.706	86.029	—
	133503011	聚氨酯发泡密封胶 750mL/支	支	99.840	123.084	—
	030107056	塑料膨胀螺栓	套	445.913	575.453	—
	341103001	电	kW · h	7.000	7.000	—
	850103006	其他材料费（占材料费）	%	0.200	0.200	0.200

2. 塑钢、彩板钢门

工作内容：框、扇、五金安装，框周边塞缝等。　　　　**计量单位**：见表

编　号				8-10	8-11	8-12	8-13	8-14
项　目				塑钢门安装			彩板钢门安装	彩板钢门安装
				推拉	平开	纱门扇	附框	
单　位				100m²			100m	100m²
名　称			单位	消　耗　量				
人工	000201000	综合二类工	工日	20.329	24.660	4.706	3.548	22.510
材料	111101009	塑钢推拉门	m²	96.980	—	—	—	—
	111101008	塑钢平开门	m²	—	96.040	—	—	—
	111101010	塑钢纱门扇	m²	—	—	100.000	—	—
	030355006	附框	m	—	—	—	103.000	—

续前

编号				8-10	8-11	8-12	8-13	8-14
项目				塑钢门安装			彩板钢门安装	彩板钢门安装
				推拉	平开	纱门扇	附框	
单位				100m²			100m	100m²
名称			单位	消耗量				
材料	110501001	彩钢板门	m²	—	—	—	—	94.560
	030355013	塑钢门窗配件 固定连接铁件（地脚）	个	441.542	569.812	—	—	—
	133503011	聚氨酯发泡密封胶 750mL/支	支	99.840	123.084	—	6.670	—
	133503007	硅酮耐候密封胶	kg	66.706	86.029	—	—	—
	030107056	塑料膨胀螺栓	套	445.913	575.453	—	—	—
	341103001	电	kW · h	7.000	7.000	—	—	—
	031301008	低碳钢焊条 J422（综合）	kg	—	—	—	1.850	—
	030103047	镀锌自攻螺钉 ST5 × 16	个	—	—	—	4.100	—
	030355004	彩板钢门配件 固定连接铁件（地脚）	个	—	—	—	203.000	—
	850103006	其他材料费（占材料费）	%	0.200	0.200	0.200	—	0.010
机械	990901030	交流弧焊机 40kV · A	台班	—	—	—	0.080	—

3. 钢质防火、防盗门

工作内容：框、扇、五金安装，框周边塞缝等。 **计量单位：**100m²

编号				8-15	8-16
项目				钢质防火门安装	钢质防盗门安装
名称			单位	消耗量	
人工	000201000	综合二类工	工日	32.150	33.920
材料	110203001	钢质防火门	m²	98.250	—
	112327003	钢制防盗门	m²	—	97.810
	030107043	膨胀螺栓 M12 × 110	10 套	42.000	42.000
	800100006	水泥砂浆 1 : 3	m³	0.230	0.280
	341103001	电	kW · h	11.450	11.450
	031301008	低碳钢焊条 J422（综合）	kg	—	9.690
	850103006	其他材料费（占材料费）	%	0.100	0.100
机械	990901010	交流弧焊机 21kV · A	台班	—	0.410

三、金属卷帘（闸）

工作内容：支架、导槽、附件安装，卷帘、门锁（电动装置）安装、试开关等。　　**计量单位：**100m^2

编号				8-17	8-18	8-19
项目				卷帘（闸）安装		
				镀锌钢板	铝合金	彩钢板
名称			单位	消耗量		
人工	000201000	综合二类工	工日	26.040	26.040	26.040
材料	112501001	镀锌钢板卷帘	m^2	100.000	—	—
	112505001	铝合金卷帘	m^2	—	100.000	—
	112507001	彩钢卷帘	m^2	—	—	100.000
	031509001	铁件（综合）	kg	28.799	28.799	28.799
	030107042	膨胀螺栓 M12×100	套	530.002	530.002	530.002
	031301008	低碳钢焊条 J422（综合）	kg	5.100	9.500	9.500
机械	990901010	交流弧焊机 21kV·A	台班	0.210	0.400	0.400

工作内容：支架、导槽、附件安装，卷帘、电动装置安装、试开关等。　　**计量单位：**见表

编号				8-20	8-21
项目				卷帘（闸）安装	电动装置安装
				不锈钢	
单位				100m^2	套
名称			单位	消耗量	
人工	000201000	综合二类工	工日	26.040	2.250
材料	112503001	不锈钢卷帘	m^2	100.000	—
	030327001	电动装置	套	—	1.000
	031509001	铁件（综合）	kg	28.799	—
	030107042	膨胀螺栓 M12×100	套	530.002	—
	031301001	不锈钢焊条（综合）	kg	5.712	—
	031301008	低碳钢焊条 J422（综合）	kg	—	3.200
机械	990901010	交流弧焊机 21kV·A	台班	0.240	0.130

四、厂库房大门、特种门

1. 厂库房大门

工作内容： 门扇、五金铁件安装等。　　**计量单位：** $100m^2$

编号				8-22	8-23	8-24	8-25
项目				木板大门安装		钢木大门安装	
				平开	推拉	平开	推拉
名称			单位	消耗量			
人工	000201000	综合二类工	工日	21.855	38.732	25.532	45.338
材料	110101001	木板平开大门	m^2	100.000	—	—	—
	110101002	木板推拉大门	m^2	—	100.000	—	—
	110201001	钢木平开大门	m^2	—	—	100.000	—
	110201002	钢木推拉大门	m^2	—	—	—	100.000
	031509001	铁件（综合）	kg	67.620	143.960	52.790	222.750
	031301008	低碳钢焊条 J422（综合）	kg	16.410	34.940	12.810	54.070
	850103006	其他材料费（占材料费）	%	1.000	1.000	1.000	1.000
机械	990901010	交流弧焊机 21kV · A	台班	0.690	1.470	0.540	2.270

2. 特 种 门

工作内容： 门、五金安装等。　　**计量单位：** $100m^2$

编号				8-26	8-27	8-28	8-29
项目				隔音门安装	保温门安装	冷藏库门安装	冷藏间冻结门安装
名称			单位	消耗量			
人工	000201000	综合二类工	工日	24.150	71.250	110.550	118.130
材料	112305001	隔音门	m^2	100.000	—	—	—
	112301001	保温门	m^2	—	100.000	—	—
	112325002	冷藏库门	m^2	—	—	100.000	—
	112325001	冷藏间冻结门	m^2	—	—	—	100.000
	031509001	铁件（综合）	kg	105.000	105.000	124.700	124.700
	031301008	低碳钢焊条 J422（综合）	kg	25.500	25.500	85.600	85.600
	850103006	其他材料费（占材料费）	%	1.000	1.000	1.000	1.000
机械	990901010	交流弧焊机 21kV · A	台班	1.070	1.070	3.610	3.610

工作内容：门、五金安装等。 **计量单位：**100m²

编号				8-30	8-31
项目				变电室门安装	射线防护门安装
名称			单位	消耗量	
人工	000201000	综合二类工	工日	85.280	32.475
材料	112303001	变电室门	m^2	100.000	—
	112331001	防射线门	m^2	—	100.000
	031509001	铁件（综合）	kg	124.700	124.700
	031301008	低碳钢焊条 J422（综合）	kg	85.600	31.100
	850103006	其他材料费（占材料费）	%	1.000	1.000
机械	990901010	交流弧焊机 21kV·A	台班	3.610	3.610

五、其 他 门

工作内容：门扇（玻璃）、地弹簧安装等。 **计量单位：**100m²

编号				8-32	8-33	8-34	8-35
项目				全玻璃门扇安装			固定玻璃安装
				有框门扇	无框（条夹）门扇	无框（点夹）门扇	
名称			单位	消耗量			
人工	000201000	综合二类工	工日	27.340	27.340	28.780	18.450
材料	113501004	全玻有框门扇	m^2	100.000	—	—	—
	113501003	全玻无框 （条夹）门扇	m^2	—	100.000	—	—
	113501002	全玻无框 （点夹）门扇	m^2	—	—	100.000	—
	060500002	钢化玻璃 δ12	m^2	—	—	—	123.900
	030312001	地弹簧	套	45.804	45.804	45.804	—
	800100003	水泥砂浆 1∶2	m^3	0.340	0.340	0.340	—
	850103006	其他材料费（占材料费）	%	—	—	—	0.100

工作内容：轨道、门、电动装置安装，调试等。　　　　**计量单位**：见表

编号				8-36	8-37	8-38	8-39
项目				全玻转门安装 直径 3.6m、不锈钢柱、玻璃 12mm	电子感应自动门传感装置	不锈钢伸缩门安装	伸缩门电动装置
单位				樘	套	10m	套
名称			单位	消耗量			
人工	000201000	综合二类工	工日	11.250	1.875	6.000	1.875
材料	111901001	全玻璃转门（含玻璃转轴全套）	樘	1.000	—	—	—
	030355001	不锈钢玻璃门传感装置	套	—	1.000	—	—
	110701001	不锈钢伸缩门（含轨道）	m	—	—	10.000	—
	030327002	伸缩门电动装置系统	套	—	—	—	1.000
	012101006	角钢 50	t	—	0.004	—	—
	030107054	金属膨胀螺栓 M8	套	—	6.120	—	—
	031301008	低碳钢焊条 J422（综合）	kg	—	0.500	—	—
	031509001	铁件（综合）	kg	—	—	4.110	—
	031301001	不锈钢焊条（综合）	kg	—	—	0.200	—
	850103006	其他材料费（占材料费）	%	0.100	—	—	—
机械	990901010	交流弧焊机 21kV·A	台班	—	0.020	—	—

六、金属窗

1. 铝合金窗

工作内容：框、扇、五金安装，框周边塞缝等。　　　　**计量单位**：$100m^2$

编号				8-40	8-41	8-42	8-43
项目				铝合金			
				普通窗安装			飘凸窗安装
				推拉	平开	内平开下悬	推拉
名称			单位	消耗量			
人工	000201000	综合二类工	工日	17.603	22.049	27.585	17.002
材料	110903007	铝合金推拉窗	m^2	95.430	—	—	—
	110903005	铝合金平开窗	m^2	—	94.590	—	—
	110903006	铝合金内平开下悬窗	m^2	—	—	94.590	—
	110903003	铝合金飘凸窗推拉	m^2	—	—	—	100.000
	133503011	聚氨酯发泡密封胶 750mL/支	支	142.719	151.372	151.372	118.758
	133503007	硅酮耐候密封胶	kg	98.717	102.242	102.242	79.820
	030107056	塑料膨胀螺栓	套	558.113	721.630	721.630	456.838
	341103001	电	kW·h	7.000	7.000	7.000	7.000
	850103006	其他材料费（占材料费）	%	0.200	0.200	0.200	0.200

工作内容：框、扇、五金安装，框周边塞缝等。　　　　**计量单位**：100m²

编号				8-44	8-45	8-46	8-47
项目				铝合金飘凸窗安装		普通铝合金窗安装	
				平开	内平开下悬	固定	百叶
名称			单位	消耗量			
人工	000201000	综合二类工	工日	21.261	26.797	15.751	15.751
材料	110903001	铝合金飘凸窗平开	m^2	100.000	—	—	—
	110903002	铝合金飘凸窗内平开下悬	m^2	—	100.000	—	—
	110901002	铝合金固定窗	m^2	—	—	92.640	—
	110901001	铝合金百叶窗	m^2	—	—	—	92.640
	133503011	聚氨酯发泡密封胶 750mL/支	支	118.758	118.758	222.976	222.976
	133503007	硅酮耐候密封胶	kg	79.820	79.820	150.896	150.896
	030107056	塑料膨胀螺栓	套	456.838	456.838	558.113	558.113
	341103001	电	kW·h	7.000	7.000	7.000	7.000
	850103006	其他材料费（占材料费）	%	0.200	0.200	0.020	0.020

工作内容：纱扇、五金安装等。　　　　**计量单位**：100m²

编号				8-48	8-49	8-50
项目				普通铝合金窗纱扇安装		
				推拉	平开	隐形纱扇
名称			单位	消耗量		
人工	000201000	综合二类工	工日	10.022	9.746	10.962
材料	112107001	铝合金推拉纱窗扇	m^2	100.000	—	—
	112105001	铝合金平开纱窗扇	m^2	—	100.000	—
	112105002	铝合金隐形纱窗扇	m^2	—	—	100.000
	850103006	其他材料费（占材料费）	%	0.200	0.200	0.200

2. 塑 钢 窗

工作内容：框、扇、五金安装，框周边塞缝等。　　**计量单位：**100m²

编号				8-51	8-52	8-53	8-54
项目				塑钢窗安装			
				普通窗			
				推拉	平开	内平开下悬	固定
名称			单位	消耗量			
人工	000201000	综合二类工	工日	14.477	18.056	22.476	13.464
材料	111101006	塑钢推拉窗（含 5mm 玻璃）	m²	94.530	—	—	—
	111101005	塑钢平开窗（含 5mm 玻璃）	m²	—	94.590	—	—
	111101003	塑钢内平开下悬窗（含 5mm 玻璃）	m²	—	—	94.590	—
	111101002	塑钢固定窗	m²	—	—	—	92.640
	030355013	塑钢门窗配件 固定连接铁件（地脚）	个	580.124	714.555	714.555	580.124
	133503011	聚氨酯发泡密封胶 750mL/支	支	142.719	151.372	151.372	222.976
	133503007	硅酮耐候密封胶	kg	98.717	102.242	102.242	150.896
	030107056	塑料膨胀螺栓	套	585.868	721.630	721.630	585.868
	341103001	电	kW · h	7.000	7.000	7.000	7.000
	850103006	其他材料费（占材料费）	%	0.200	0.200	0.200	0.200

工作内容：框、扇、五金安装，框周边塞缝等。　　**计量单位：**100m²

编号				8-55	8-56	8-57
项目				塑钢窗安装		
				普通窗	飘凸窗	
				百叶	平开	内平开下悬
名称			单位	消耗量		
人工	000201000	综合二类工	工日	13.464	17.341	21.775
材料	111101001	塑钢百叶窗	m²	92.640	—	—
	111101007	塑钢平开飘窗	m²	—	100.000	—
	111101004	塑钢内平开下悬飘窗	m²	—	—	100.000
	030355013	塑钢门窗配件 固定连接铁件（地脚）	个	580.124	—	—
	133503011	聚氨酯发泡密封胶 750mL/支	支	222.976	82.468	82.468
	133503007	硅酮耐候密封胶	kg	150.896	79.820	79.820
	030107056	塑料膨胀螺栓	套	585.868	456.838	456.838
	341103001	电	kW · h	7.000	7.000	7.000
	850103006	其他材料费（占材料费）	%	0.200	0.200	0.200

工作内容：纱扇、五金安装等。　　计量单位：100m²

编号				8-58	8-59
项目				塑钢窗纱扇安装	
				推拉	平开
名称			单位	消耗量	
人工	000201000	综合二类工	工日	10.022	9.746
材料	112107002	塑钢推拉纱窗扇	m²	100.000	—
	112105003	塑钢平开纱窗扇	m²	—	100.000

3. 彩板钢窗、防盗钢窗、防火钢窗

工作内容：1. 彩板钢窗：扇、五金安装，框周边塞缝等。
2. 防火窗：框、扇、五金安装，框周边塞缝等。
3. 防盗窗：打眼剔洞，格栅安装等。　　计量单位：100m²

编号				8-60	8-61	8-62	8-63
项目				彩板钢窗安装	圆钢防盗格栅窗安装	不锈钢防盗格栅窗安装	钢质防火窗安装
名称			单位	消耗量			
人工	000201000	综合二类工	工日	18.520	14.440	13.720	26.460
材料	110511001	彩钢板窗	m²	94.800	—	—	—
	112327002	圆钢防盗格栅窗	m²	—	100.000	—	—
	112327001	不锈钢防盗格栅窗	m²	—	—	100.000	—
	110703001	防火窗 钢质	m²	—	—	—	98.250
	030107030	膨胀螺栓 M6×75	套	—	315.068	811.920	—
	031509001	铁件（综合）	kg	—	68.020	—	—
	031301008	低碳钢焊条 J422（综合）	kg	—	9.690	—	—
	341103001	电	kW·h	—	—	7.000	11.268
	133503014	密封胶	kg	—	—	—	32.343
	031519016	合金钢钻头	个	—	—	—	3.755
	850103006	其他材料费（占材料费）	%	0.100	0.100	0.100	—
机械	990901010	交流弧焊机 21kV·A	台班	—	0.410	—	—

七、门钢架、门窗套

1. 门　钢　架

工作内容： 1. 钢架：定位、划线、放样、截料、平直、钻孔、拼装、焊接、补刷防锈漆等。
2. 木质基层：下料、粘贴基层板等。

计量单位： 见表

编　号				8-64	8-65	8-66
项　目				钢架制作、安装	基层制作、安装 胶合板（板厚 9mm）	基层制作、安装 胶合板（板厚 18mm）
单　位				t	100m²	
名　称			单位	消　耗　量		
人工	000201000	综合二类工	工日	15.540	7.800	8.775
材料	012101006	角钢 50	t	1.080	—	—
	031507014	镀锌铁丝 ϕ1.6～1.2	kg	0.011	—	—
	050301002	木材（成材）	m³	0.013	—	—
	130505010	红丹防锈漆	kg	6.780	—	—
	140509006	油漆溶剂油	kg	0.700	—	—
	031301008	低碳钢焊条 J422（综合）	kg	27.485	—	—
	142909001	氧气	m³	1.500	—	—
	142907001	乙炔气	m³	0.870	—	—
	050500005	胶合板 δ9	m²	—	105.000	—
	030105124	六角螺栓带螺母、2 垫圈 M8 × 40	套	—	3340.070	3340.070
	050500008	胶合板 δ18	m²	—	—	105.000
机械	990901010	交流弧焊机 21kV · A	台班	1.160	—	—

工作内容： 1. 木质、金属面层：下料、粘贴面层板等。

2. 石材面层：锯板磨边、安装面层板、擦缝等。

计量单位：$100m^2$

编号				8-67	8-68	8-69
项目				面层制作、安装		
				木质饰面板	不锈钢饰面板	石材饰面板
						干挂
名称			单位	消耗量		
人工	000201000	综合二类工	工日	13.125	14.700	61.373
材料	090301003	木质饰面板 δ3	m^2	105.000	—	—
	012913021	不锈钢镜面板（8K 板）δ1	m^2	—	105.000	—
	081713001	石材饰面板	m^2	—	—	102.000
	144307003	万能胶	kg	41.192	41.192	—
	031502005	气排钉 L20 2000 个/盒	盒	2.751	—	—
	144309004	玻璃胶 335g/支	支	—	9.660	—
	144101006	云石胶	kg	—	—	8.967
	101111001	不锈钢固定连接件	个	—	—	1950.310
	030105124	六角螺栓带螺母、2 垫圈 M8×40	套	—	—	1950.310
	341101001	水	m^3	—	—	1.200
	341103001	电	kW·h	—	—	21.010
	850103006	其他材料费（占材料费）	%	—	—	0.020
机械	991003010	电动空气压缩机 $0.3m^3/min$	台班	0.990	—	—

2. 门、窗套（筒子板）

工作内容： 1. 木龙骨：龙骨单面刨光、刷防腐油，打眼、下木楔，安装龙骨、找平等。

2. 基层：下料、裁板、钉贴基层板、修边等。

计量单位：$10m^2$

编号				8-70	8-71	8-72	8-73
项目				门窗套（筒子板）制作、安装			
				木龙骨	木工板直接安装在墙面上	木工板基层安装在龙骨上	
						带止口	不带止口
名称			单位	消耗量			
人工	000201000	综合二类工	工日	0.885	1.118	0.683	0.653
材料	100500001	木龙骨	m^3	0.105	—	—	—
	050900001	细木工板 δ15	m^2	—	13.115	—	—
	050900002	细木工板 δ18	m^2	—	—	13.115	10.500
	050301002	木材（成材）	m^3	0.004	0.008	—	—
	031501015	圆钉 50	kg	1.741	0.824	0.824	0.653
	144105002	聚醋酸乙烯乳液	kg	3.296	3.090	3.090	3.090
	130507001	防腐油	kg	2.752	5.988	—	—

工作内容：定位、划线、放样、下料、面层板安装等。　　　　**计量单位：**10m²

编号				8-74	8-75
项目				门窗套（筒子板）制作、安装	
				面层	
				木质饰面板	不锈钢板
名称			单位	消耗量	
人工	000201000	综合二类工	工日	1.313	1.470
材料	090301003	木质饰面板 δ3	m²	10.500	—
	012913021	不锈钢镜面板（8K 板）δ1	m²	—	10.500
	144105002	聚醋酸乙烯乳液	kg	3.675	—
	031502011	蚊钉 20mm 6000 个/盒	盒	0.105	—
	144307003	万能胶	kg	—	4.200
	144309004	玻璃胶 335g/支	支	—	0.969
机械	991003010	电动空气压缩机 0.3m³/min	台班	0.150	—

工作内容：清理基层、找平、门窗套安装等。　　　　**计量单位：**10m²

编号				8-76
项目				门窗套（筒子板）安装
				木质
名称			单位	消耗量
人工	000201000	综合二类工	工日	0.770
材料	110115001	木质门窗套	m²	10.500
	144105002	聚醋酸乙烯乳液	kg	4.500
	133503011	聚氨酯发泡密封胶 750mL/支	支	4.493
	850103006	其他材料费（占材料费）	%	0.500

八、窗 台 板

工作内容： 1. 龙骨、基层：定位、打眼剔洞、下木楔、木龙骨制作安装、刷防腐油、基层板下料、安装等。
2. 木质饰面板、铝塑板、不锈钢板面层：下料、面层板安装等。
3. 石材面层：调运砂浆、锯板磨边、镶贴石材等。

计量单位： 10m²

编　号				8-77	8-78	8-79	8-80	8-81
项　目				窗台板				
				木龙骨基层板	面层			
					木质饰面板	铝塑板	不锈钢板	石材
名　称			单位	消　耗　量				
人工	000201000	综合二类工	工日	1.560	1.358	1.748	1.605	3.945
材料	100500001	木龙骨	m^3	0.128	—	—	—	—
	090301003	木质饰面板 δ3	m^2	—	10.500	—	—	—
	091101002	铝塑板 δ4	m^2	—	—	10.500	—	—
	090501001	不锈钢饰面板 δ1.0	m^2	—	—	—	10.500	—
	081715002	石材窗台板 （成品）	m^2	—	—	—	—	10.500
	050301002	木材（成材）	m^3	0.001	—	—	—	—
	050500008	胶合板 δ18	m^2	10.500	—	—	—	—
	031501012	圆钉 25 （1"）	kg	1.867	—	—	—	—
	130507001	防腐油	kg	1.710	—	—	—	—
	144105002	聚醋酸乙烯乳液	kg	3.533	3.605	—	—	—
	031502011	蚊钉 20mm 6000 个/盒	盒	—	0.105	—	—	—
	144307003	万能胶	kg	—	—	4.160	4.160	—
	144309004	玻璃胶 335g/支	支	—	—	0.960	0.960	—
	801103004	素水泥浆	m^3	—	—	—	—	0.021
	800100008	水泥砂浆 1：4	m^3	—	—	—	—	0.303
	040113001	白色硅酸盐水泥 32.5	t	—	—	—	—	0.001
	341101001	水	m^3	—	—	—	—	0.143
机械	991003010	电动空气压缩机 $0.3m^3/min$	台班	—	1.460	—	—	—

九、窗帘、窗帘盒、窗帘轨

1. 窗　　帘

工作内容：窗帘安装等。　　　　**计量单位：**$100m^2$

编　　号				8-82	8-83
项　　目				窗帘安装	
				布帘	百叶帘、卷帘
名　　称			单位	消　耗　量	
人工	000201000	综合二类工	工日	3.330	5.200
材料	112601001	布窗帘	m^2	105.000	—
	030325001	窗纱吊钩	个	135.660	—
	112500001	百叶帘、卷帘	m^2	—	105.000
	030103022	沉头木螺钉 $L25$	个	—	150.960
	021913001	塑料胀塞	个	—	150.960

2. 窗　帘　盒

工作内容：1. 制作、安装：定位、划线、选料、木龙骨制作安装、刷防腐油，下料、裁板、钉贴板、修边等。
2. 成品安装：定位、划线、打眼、安装铁件、除锈、刷防锈漆、组装塑料窗帘盒等。

计量单位：10m

编　　号				8-84	8-85	8-86
项　　目				窗帘盒（不带轨）		
				制作、安装		成品安装
				木龙骨胶合板	胶合板	塑料
名　　称			单位	消　耗　量		
人工	000201000	综合二类工	工日	1.688	1.530	1.335
材料	100500001	木龙骨	m^3	0.036	—	—
	050500003	胶合板 $\delta5$	m^2	4.410	—	1.470
	050500008	胶合板 $\delta18$	m^2	—	4.410	—
	030314002	塑料窗帘盒 宽 140	m	—	—	10.600
	030107029	膨胀螺栓 M6 × 60	套	11.220	11.220	38.760

续前

编号				8-84	8-85	8-86
项目				窗帘盒（不带轨）		
				制作、安装		成品安装
				木龙骨胶合板	胶合板	塑料
名称			单位	消耗量		
材料	031509001	铁件（综合）	kg	5.029	5.029	—
	031501012	圆钉 25 （1"）	kg	0.275	0.275	—
	130505007	酚醛防锈漆	kg	0.020	0.020	0.045
	140509006	油漆溶剂油	kg	0.001	0.001	0.002
	011300001	扁钢（综合）	t	—	—	0.004
	030103001	螺钉	套	—	—	80.580
	142909001	氧气	m^3	—	—	0.033
	142907001	乙炔气	m^3	—	—	0.011
机械	991003010	电动空气压缩机 $0.3m^3/min$	台班	0.140	—	—

工作内容： 定位，划线，打眼，下膨胀螺栓，帷幕板制作、安装，刷防腐油，镶贴面层等。

计量单位： $10m^2$

编号				8-87	8-88
项目				窗帘帷幕板制作、安装	
				木质饰面板	
				木龙骨基层	胶合板基层
名称			单位	消耗量	
人工	000201000	综合二类工	工日	2.010	1.930
材料	090301003	木质饰面板 δ3	m^2	10.500	10.500
	100500001	木龙骨	m^3	0.045	—
	050500008	胶合板 δ18	m^2	—	10.500
	144105002	聚醋酸乙烯乳液	kg	3.605	2.987
	030107029	膨胀螺栓 M6 × 60	套	68.340	68.340
	031501014	圆钉 50～75	kg	0.505	0.505
	031502006	气排钉 L30 2000 个/盒	盒	0.490	0.490
机械	991003010	电动空气压缩机 $0.3m^3/min$	台班	0.140	0.140

3. 窗 帘 轨

工作内容：组配窗帘轨、安装支撑及配件，校正等。 **计量单位：**10m

编号				8-89	8-90	8-91	8-92
项目				窗帘轨安装			
				暗装		明装	
				单轨	双轨	单轨	双轨
名称			单位	消耗量			
人工	000201000	综合二类工	工日	0.300	0.473	0.383	0.421
材料	030313007	铝合金窗帘轨 单轨成套	m	10.100	—	—	—
	030313008	铝合金窗帘轨 双轨成套	m	—	10.100	—	—
	112603003	窗帘杆（成品）	m	—	—	10.100	20.200
	030103025	沉头木螺钉 *L*35	个	30.600	61.200	45.900	91.800
	021913001	塑料胀塞	个	30.600	61.200	45.900	91.800

十、门 五 金

1. 门特殊五金

工作内容：特殊五金安装。 **计量单位：**10 个

编号				8-93	8-94	8-95	8-96
项目				L 形执手插锁	球形执手锁	管子拉手	推手板
名称			单位	消耗量			
人工	000201000	综合二类工	工日	3.240	1.804	0.500	0.500
材料	030305007	执手锁	把	10.100	—	—	—
	030301006	球形门锁	把	—	10.100	—	—
	030305003	管子拉手	把	—	—	10.100	—
	030355014	推手板	把	—	—	—	10.100

工作内容：门特殊五金安装。　　　　　　　　　　　　　　　　　　**计量单位：**10个

编号				8-97	8-98	8-99	8-100	8-101
项目				自由门		铁搭扣	底板拉手	门吸
				弹簧合页	地弹簧			
名称			单位	消耗量				
人工	000201000	综合二类工	工日	1.140	5.980	0.150	0.620	1.000
材料	030309007	弹簧合页	副	10.100	—	—	—	—
	030312001	地弹簧	套	—	10.100	—	—	—
	350203007	铁搭扣	个	—	—	10.100	—	—
	030305002	底板拉手	个	—	—	—	10.100	—
	030319001	门磁吸	只	—	—	—	—	10.100

工作内容：门特殊五金安装。　　　　　　　　　　　　　　　　　　**计量单位：**见表

编号				8-102	8-103	8-104	8-105	8-106
项目				吊装滑动门轨	地锁	门轧头	防盗门扣	门眼猫眼
单位				m	10个			
名称			单位	消耗量				
人工	000201000	综合二类工	工日	0.043	1.350	0.250	0.415	0.415
材料	030313005	吊装滑动门轨	m	1.010	—	—	—	—
	031515001	地锁	把	—	10.100	—	—	—
	030339001	门轧头	只	—	—	10.100	—	—
	030333001	防盗门扣	副	—	—	—	10.100	—
	030329001	门猫眼	套	—	—	—	—	10.100

工作内容：门特殊五金安装。　　　　　　　　　　　　　　　　　　**计量单位：**10个

编号				8-107	8-108	8-109	8-110
项目				电子锁（磁卡锁）	闭门器		顺位器
					明装	暗装	
名称			单位	消耗量			
人工	000201000	综合二类工	工日	3.672	1.458	3.672	1.458
材料	030302001	电子锁	把	10.100	—	—	—
	030311001	闭门器	套	—	10.100	10.100	—
	030337001	顺位器	套	—	—	—	10.100

十一、补 充 项 目

1. 人防门窗安装

工作内容：门洞修整、凿洞、预埋铁件、成品框扇安装、五金安装、周边塞缝等。　　**计量单位：**100m²

编　　号				8-111	8-112	8-113	8-114	8-115
项　　目				人防混凝土密闭门安装	人防混凝土防密门安装	人防混凝土门式悬板活门安装	人防混凝土挡窗板安装	钢质人防密闭门安装
名　　称			单位	消　耗　量				
人工	000201000	综合二类工	工日	306.850	306.350	723.430	163.980	327.340
材料	112329004	人防混凝土密闭门	m^2	100.000	—	—	—	—
	112329002	人防混凝土防密门	m^2	—	100.000	—	—	—
	112329003	人防混凝土门式悬板活门	m^2	—	—	100.000	—	—
	112329001	人防混凝土档窗板	m^2	—	—	—	100.000	—
	112333004	钢质人防密闭门	m^2	—	—	—	—	100.000
	144307003	万能胶	kg	—	—	8.400	—	—
	020101002	橡胶板 δ1～3	kg	—	—	703.000	—	—
	020301008	P 型橡胶条	m	330.800	330.800	—	—	330.800
	850103006	其他材料费（占材料费）	%	0.167	0.152	0.092	0.032	0.143

注：板厚不同时可置换，但人工、材料、机械数量不变。

第九章

屋面及防水工程

说　明

一、本章定额包括屋面工程、防水工程及其他和补充项目共三部分。

二、本章中瓦屋面、金属板屋面、采光板屋面、玻璃采光顶、防水、水落管、水口、水斗、沥青砂浆填缝、变形缝盖板、止水带等项目是按标准或常用材料编制，设计与定额不同时材料允许换算，但人工、机械不变；屋面保温等项目执行本定额第十章“保温、隔热、防腐工程”相应定额项目，找平层等项目执行本定额第十一章“楼地面装饰工程”相应定额项目。

三、屋面工程：

1. 黏土瓦若穿铁丝钉圆钉，每100m^2增加人工11工日，增加镀锌铁丝ϕ0.7，3.5kg，圆钉2.5kg；若用挂瓦条，每100m^2增加人工4工日，增加挂瓦条（规格25mm×30mm）300.3m，圆钉2.5kg。瓦屋面木挂瓦条等项目执行本定额第七章“木结构工程”相应定额项目，瓦屋面钢挂瓦条等项目执行本定额第六章“金属结构工程”相应定额项目。

2. 金属板屋面中一般金属板屋面，执行彩钢板和彩钢夹心板项目；装配式单层金属压型板屋面区分檩距不同执行相应定额项目。

3. 采光板屋面如设计为滑动式采光顶，可以按设计增加U型滑动盖帽等部件材料，人工乘以系数1.05。

4. 膜结构屋面的钢支柱、锚固支座混凝土基础等执行有关章节相应定额项目。

5. 25%＜坡度≤45%及人字形、锯齿形、弧形等不规则瓦屋面，人工乘以系数1.3；45%＜坡度≤51%的，人工乘以系数1.43。

四、防水工程：

1. 细石混凝土防水层中使用钢筋网时，钢筋网执行本定额第五章“混凝土及钢筋混凝土工程”相应定额项目。

2. 平（屋）面以坡度≤15%为准，15%＜坡度≤25%的，按相应项目的人工乘以系数1.18；25%＜坡度≤45%及人字形、锯齿形、弧形等不规则屋面或平面，人工乘以系数1.3；45%＜坡度≤51%的，人工乘以系数1.43。

3. 防水卷材、防水涂料及防水砂浆，定额以平面和立面列项，实际施工桩头、地沟、零星部位（池槽、花台、干湿分离阳台、电梯坑、集水坑、天沟、檐沟、挑檐）时执行相应项目，人工乘以系数1.43；厨房、卫生间人工乘以系数1.3。

4. 卷材防水附加层套用卷材防水相应项目，人工乘以系数1.43。

5. 防水立面是以直形为依据编制的，弧形者，相应项目的人工乘以系数1.18。

6. 冷粘法以满铺为依据编制的，如果为点、条铺粘者也按相应项目执行，不再调整。

7. 刚性防水水泥砂浆内掺防水粉、防水剂项目，如设计与项目不同时，掺和剂及其含量可以换算，人工不变。

五、其他工程：

1. 屋面排水：

（1）水落管、水口、水斗均按材料成品、现场安装考虑。

（2）铁皮屋面及铁皮排水项目内已包括铁皮咬口和搭接的工料。

2. 变形缝与止水带：

变形缝、止水带、钢板盖缝、橡胶板盖缝项目，设计断面与定额不同时，材料可以换算，人工和机械不变。

（1）变形缝嵌填缝项目中，建筑油膏、聚氯乙烯胶泥设计断面取定为30mm×20mm；油浸木丝板取定为 150mm × 25mm；其他填料取定为 150mm × 30mm。

（2）变形缝盖板，木板盖板断面取定为 200mm × 25mm；铝合金盖板厚度取定为 1mm；不锈钢板厚度取定为 1mm。铝合金盖板和不锈钢盖板材料展开宽度平面 590mm，立面按 500mm 编制。

（3）钢板（紫铜板）止水带展开宽度 400mm；氯丁橡胶宽 300mm；涂刷式氯丁胶贴玻璃纤维止水片宽 350mm；其他均为 150mm × 30mm。

工程量计算规则

一、屋面工程：

1. 各种屋面（包括挑檐部分），均按设计图示尺寸以面积计算，不扣除房上烟囱、风帽底座、风道、小气窗、斜沟和脊瓦等所占面积，小气窗的出檐部分也不增加。

2. S 形瓦的正斜脊瓦与檐口线、瓷质波形瓦的正斜脊瓦与檐口线、彩色混凝土瓦屋面的正斜脊瓦与檐口线，按设计图示尺寸以长度计算。

3. 采光板屋面和玻璃采光顶屋面按设计图示尺寸以面积计算；不扣除面积 $\leqslant 0.3m^2$ 孔洞所占面积。

4. 膜结构屋面按设计图示尺寸以需要覆盖的水平投影面积计算。

二、防水工程：

1. 防水：

（1）屋面防水，按设计图示尺寸以面积计算，不扣除房上烟囱、风帽底座、风道、屋面小气窗等所占面积，上翻部分也不另计算；屋面的天沟、檐沟、挑檐、雨棚、出屋面房间及高低跨处、女儿墙、伸缩缝和天窗等处的弯起部分，按设计图示尺寸计算；弯起部分 $\leqslant$ 300mm 时，计入平面工程量内，弯起部分 > 300mm 时，计入立面工程量内；设计无规定时，天沟、檐沟、挑檐、雨棚、出屋面房间及高低跨处、伸缩缝、女儿墙、天窗的弯起部分按 500mm 计算，计入立面工程量内。

（2）楼地面防水、防潮层按设计图示尺寸以主墙间净面积计算，扣除凸出地面的构筑物、设备基础等所占面积，不扣除间壁墙及单个面积 $\leqslant 0.3m^2$ 柱、垛、烟囱和孔洞所占面积，平面与立面交接处，上翻高度 $\leqslant$ 300mm 时，按展开面积并入平面工程量内计算，高度 > 300mm 时，按立面防水层计算。

（3）墙基防水、防潮层按照设计图示尺寸以面积计算，不扣除间壁墙及单个面积 $\leqslant 0.3m^2$ 柱、垛、烟囱和孔洞所占面积。

（4）墙立面的防水、防潮层按照设计图示尺寸以面积计算，不扣除单个面积 $\leqslant 0.3m^2$ 孔洞所占面积。

（5）基础底板的防水、防潮层按设计图示尺寸以面积计算。桩头处外包防水按桩头投影外扩 300mm 以面积计算，地沟处防水按展开面积计算，均计入平面工程量，执行相应规定。

（6）屋面、楼地面及墙面、基础底板等，其防水搭接、拼缝、压边、留槎用量已综合考虑，不另行计算，卷材防水附加层按设计铺贴尺寸以面积计算。

（7）屋面分隔缝，按设计图示尺寸，以长度计算。

三、其他工程：

1. 屋面排水：

（1）水落管、镀锌铁皮天沟、檐沟，按设计图示尺寸，以长度计算；设计无规定时，按檐口至室外散水上表面的垂直距离计算。

（2）水斗、下水口、雨水口、弯头、短管等，均以设计数量计算。

（3）种植屋面排水按设计尺寸以铺设排水层面积计算；不扣除房上烟囱、风帽底座、风道、屋面小气窗、斜沟和脊瓦等所占面积，以及面积 $\leqslant 0.3m^2$ 的孔洞所占面积，屋面小气窗的出檐部分也不增加。

（4）陶粒排水层按设计尺寸以体积计算；不扣除房上烟囱、风帽底座、风道、屋面小气窗、斜沟和脊瓦等所占面积，以及面积 $\leqslant 0.3m^2$ 的孔洞所占面积，屋面小气窗的出檐部分也不增加。

（5）屋面检查孔盖板和风帽以设计数量计算。

2. 变形缝与止水带：

变形缝（嵌填缝与盖板）与止水带按设计图示尺寸，以长度计算。

四、补充项目：

1. 非固化橡胶沥青防水涂料，按设计图示尺寸以面积计算，不扣除房上烟囱、风帽底座、风道、屋面小气窗等所占面积，上翻部分也不另计算；屋面的天沟、檐沟、挑檐、雨棚、出屋面房间及高低跨处、女儿墙、伸缩缝和天窗等处的弯起部分，按设计图示尺寸计算；弯起部分 ≤ 300mm 时，计入平面工程量内，弯起部分 > 300mm 时，计入立面工程量内；设计无规定时，天沟、檐沟、挑檐、雨棚、出屋面房间及高低跨处、伸缩缝、女儿墙、天窗的弯起部分按 500mm 计算，计入立面工程量内。

2. 无纺布按设计图示尺寸以面积计算；不扣除房上烟囱、风帽底座、风道、屋面小气窗、斜沟和脊瓦等所占面积，以及面积 ≤ $0.3m^2$ 的孔洞所占面积，屋面小气窗的出檐部分也不增加。

一、屋面工程

1. 块瓦屋面

工作内容： 1. 铺瓦，钢、混凝土檩条上铺钉，铺泥挂瓦。

2. 调制砂浆、安脊瓦、檐口梢头坐灰。

计量单位： 100m²

编　　号				9-1	9-2
项　　目				普通黏土瓦	
				屋面板上或椽子挂瓦条上铺设	混凝土板上浆贴
名　　称			单位	消　耗　量	
人工	000201000	综合二类工	工日	6.210	5.881
材料	800609001	干混地面砂浆 DS M15	m³	0.115	2.165
	041702001	黏土平瓦 387×218	千块	1.805	1.805
	041703001	黏土脊瓦 455×195	块	28.188	28.188
机械	990611010	干混砂浆罐式搅拌机	台班	0.012	0.217

工作内容： 调制砂浆，铺瓦；修界瓦边，安脊瓦、檐口梢头坐灰；固定，清扫瓦面。　　**计量单位：** 见表

编　　号				9-3	9-4	9-5	9-6
项　　目				小青瓦	水泥瓦	S 形瓦	
				椽子上铺设	混凝土板上浆贴	屋面板上或椽子挂瓦条上铺设	正斜脊
单　　位				100m²			100m
名　　称			单位	消　耗　量			
人工	000201000	综合二类工	工日	10.916	5.881	6.663	2.479
材料	311105001	小青瓦 200×130	千块	5.639	—	—	—
	041717002	水泥平瓦 420×330	块	—	973.750	—	—
	041717001	水泥脊瓦 330	块	—	39.463	—	—
	041735003	S 形瓦无釉 310×310	块	—	—	1576.450	—
	041735002	S 形脊瓦 285×180	块	—	—	—	358.750
	041735001	S 盾瓦 250×90×10	块	—	—	—	820.000
	800609001	干混地面砂浆 DS M15	m³	0.318	2.165	3.075	0.923
	031507022	镀锌铁丝 $\phi1.2$	kg	—	—	14.400	14.400
	031501007	圆钉	kg	—	—	0.900	0.900
机械	990611010	干混砂浆罐式搅拌机	台班	0.032	0.217	0.308	0.092

工作内容：调制砂浆，铺瓦；修界瓦边，安脊瓦、檐口梢头坐灰；固定，清扫瓦面。　　**计量单位：**见表

编号				9-7	9-8	9-9	9-10
项目				瓷质波形瓦		彩色混凝土瓦	
				屋面板上或椽子挂瓦条上铺设	正斜脊	屋面板上或椽子挂瓦条上铺设	正斜脊
单位				$100m^2$	100m	$100m^2$	100m
名称			单位	消耗量			
人工	000201000	综合二类工	工日	6.849	2.479	6.663	2.479
材料	041733002	瓷质波形瓦无釉 150×150×9	块	4995.050	—	—	—
	041733001	瓷质波形瓦脊瓦	块	—	543.250	—	—
	041721002	彩色混凝土瓦 420×332	块	—	—	1068.000	—
	041721001	彩色混凝土脊瓦	块	—	—	—	297.250
	800609001	干混地面砂浆 DS M15	m^3	2.563	0.923	2.563	0.923
	801103004	素水泥浆	m^3	0.103	—	—	—
	144115003	108 胶	kg	2.210	—	—	—
机械	990611010	干混砂浆罐式搅拌机	台班	0.256	0.092	0.256	0.092

2. 沥青瓦屋面

工作内容：固定钉固定，粘结铺瓦；满粘加钉脊瓦，封檐。　　**计量单位：**$100m^2$

编号				9-11
项目				铺设叠合沥青瓦
名称			单位	消耗量
人工	000201000	综合二类工	工日	4.778
材料	041731001	沥青瓦 1000×333	块	690.000
	031501007	圆钉	kg	6.180
	140507001	冷底子油	kg	84.000

3. 金属板屋面

工作内容：截料，制作安装铁件，吊装安装屋面板；安装防水堵头、屋脊板。　　**计量单位：**100m²

编　号				9-12	9-13	9-14
项　目				钢（木）檩条上铺钉镀锌瓦垄铁皮	单层彩钢板	彩钢夹芯板
					檩条或基层混凝土（钢）板面上	
名　称			单位	消　耗　量		
人工	000201000	综合二类工	工日	1.785	6.248	11.183
材料	092519007	瓦垄铁皮 26#	m²	126.000	—	—
	091105003	压型彩钢板 δ0.5	m²	—	128.263	—
	092505002	彩钢夹芯板 δ100	m²	—	—	105.000
	012907004	镀锌薄钢板（综合）	m²	4.080	—	—
	030125002	镀锌瓦钉带垫	个	202.000	—	—
	030125001	镀锌瓦钩	个	202.000	—	—
	031501007	圆钉	kg	0.140	0.070	0.070
	041729001	彩钢脊瓦	m	—	4.730	4.730
	031301005	低合金钢焊条 E43（综合）	kg	—	4.030	4.030
	050401003	板枋材	m³	—	0.059	0.059
	030105223	固定螺栓	100套	—	4.200	4.200
	030101007	铝拉铆钉（综合）	100个	—	7.000	7.000
	031509001	铁件（综合）	kg	—	9.710	9.710
机械	990901020	交流弧焊机 32kV·A	台班	—	1.100	1.100
	990304004	汽车式起重机 8t	台班	—	0.112	0.112

工作内容：截料，制作安装铁件，吊装安装屋面板；安装防水堵头、屋脊板。　　　　**计量单位**：100m²

编号				9-15	9-16	9-17
项目				金属压型板屋面		
				单层彩钢板 W-550 压型板屋面		
				檩距 ≤ 1.5m	檩距 ≤ 2.5m	檩距 ≤ 3.5m
名称			单位	消耗量		
人工	000201000	综合二类工	工日	19.089	17.273	16.338
材料	090511005	压型屋面板 W-550	m²	116.520	116.525	116.525
	031599036	中间固定架 WG-2	个	79.160	54.813	42.632
	031599037	端部固定架 WG-3	个	2.190	1.515	1.182
	030105216	单面固定螺栓 ML-850R	套	160.520	111.140	86.446
	030105217	单面连接螺栓 R-8	套	143.420	143.420	143.420
	030105060	六角螺栓 M8	套	177.780	177.780	177.780
	090511002	檐口堵头板 WD-1	块	59.310	59.310	59.310
	090511003	屋脊堵头板 WD-2	块	59.310	59.310	59.310
	090511004	屋脊挡雨板 WD-3	块	59.310	59.310	59.310
	091107001	屋脊板 $\delta 2$	m²	4.340	4.340	4.340
	092921003	沿口包角板 $\delta 0.8$	m²	1.110	1.110	1.110
	133501007	密封膏	kg	20.000	20.000	20.000
	031301005	低合金钢焊条 E43（综合）	kg	7.480	5.180	4.030
	031507028	镀锌铁丝 $\phi 2.8$	kg	3.000	3.000	3.000
	031502003	拉铳钉 LD-1	个	30.300	30.300	30.300
	340201001	橡胶密封条	m	16.430	16.430	16.430
机械	990901020	交流弧焊机 32kV·A	台班	1.100	1.100	1.100
	990304004	汽车式起重机 8t	台班	1.600	1.600	1.600

4. 采 光 屋 面

工作内容： 截料，制作安装龙骨支撑；刷防护材料、油漆；安装固定阳光板面层，接缝、嵌缝。

计量单位： 100m²

编 号				9-18	9-19
项 目				阳光板屋面	
				铝合金龙骨上安装	钢龙骨上安装
名 称			单位	消 耗 量	
人工	000201000	综合二类工	工日	56.985	68.158
材料	090907002	阳光板	m²	107.000	107.000
	014900002	铝合金型材（综合）	kg	502.370	—
	144309004	玻璃胶 335g/支	支	20.400	—
	020711005	耐热胶垫 2×38	m	169.810	—
	030105147	镀锌六角螺栓（综合）	套	1095.000	—
	203307022	橡胶垫片 宽 250	m	169.400	104.740
	020301002	橡胶条 （大）	m	161.640	161.640
	020301003	橡胶条 （小）	m	161.640	161.640
	031509001	铁件（综合）	kg	74.650	74.650
	011901008	槽钢 6.3#	kg	—	1966.300
	012301001	T 型钢 25×25	kg	—	20.780
	011301005	扁钢 100×10	kg	—	76.860
	011301011	扁钢 5	kg	—	399.650
	030105032	带帽六角螺栓 M12 以外	kg	—	4.510
	041735006	镀锌铁皮脊瓦 26#	m²	—	1.000
	133501006	建筑油膏	kg	—	89.260
	031501007	圆钉	kg	—	1.400
	130115002	无光调和漆	kg	—	38.440
	203307021	橡胶垫片 25	m	—	64.660

工作内容：截料，制作安装龙骨支撑；刷防护材料、油漆；安装玻璃，嵌缝、打胶、密封。

计量单位：100m²

编号				9-20	9-21	9-22
项目				玻璃采光顶屋面		
				铝龙骨上安装中空玻璃	钢龙骨上安装中空玻璃	钢龙骨上安装钢化玻璃
名称			单位	消耗量		
人工	000201000	综合二类工	工日	80.579	100.439	67.807
材料	061100001	中空玻璃	m²	97.000	107.000	—
	060500001	钢化玻璃 δ5	m²	—	—	109.170
	015101004	铝框骨架	kg	502.370	—	—
	144309004	玻璃胶 335g/支	支	20.400	—	—
	020711005	耐热胶垫 2×38	m	169.810	—	—
	030105147	镀锌六角螺栓（综合）	套	1095.000	—	—
	011901008	槽钢 6.3#	kg	—	1966.300	460.820
	011301011	扁钢 5	kg	—	399.650	283.800
	012301001	T 型钢 25×25	kg	—	20.780	294.280
	011301005	扁钢 100×10	kg	—	76.860	54.580
	030105032	带帽六角螺栓 M12 以外	kg	—	4.510	3.280
	041735006	镀锌铁皮脊瓦 26#	m²	—	1.000	—
	133501006	建筑油膏	kg	—	89.260	—
	031501007	圆钉	kg	—	1.400	—
	130115002	无光调和漆	kg	—	38.440	13.260
	203307021	橡胶垫片 25	m	—	64.660	—
	203307022	橡胶垫片 宽 250	m	—	104.740	45.910
	020301002	橡胶条（大）	m	—	161.640	137.720
	020301003	橡胶条（小）	m	—	161.640	—
	031509001	铁件（综合）	kg	—	74.650	—
	291705007	铁钩	kg	—	—	26.920
	140103003	熟桐油	kg	—	—	6.700

5. 膜结构屋面

工作内容：膜布裁剪、热压胶接，穿高强钢丝拉索（或钢丝绳、钢绞线）、锚头锚固，膜布安装、施加预张力，膜体表面内外清洁。 **计量单位：**100m²

编号				9-23
项目				膜结构屋面
名称			单位	消耗量
人工	000201000	综合二类工	工日	113.400
材料	020909001	膜材料	m^2	162.500
	020909002	膜结构附件	m^2	125.000
	010101015	热轧光圆钢筋 HPB300 ϕ25	kg	119.389
	010501016	钢丝绳 ϕ26	m	40.000
	030907013	锚头 ϕ26	套	2.000
	030105059	六角螺栓 M30×200	套	2.400

二、防水工程及其他

1. 卷 材 防 水

（1）玻璃纤维布卷材防水

工作内容：基层清理，配置涂刷冷底子油、调制玛琋脂，铺贴玛琋脂玻璃纤维布。 **计量单位：**100m²

编号				9-24	9-25	9-26	9-27
项目				玛琋脂玻璃纤维布			
				二布三油		每增减一布一油	
				平面	立面	平面	立面
名称			单位	消耗量			
人工	000201000	综合二类工	工日	2.069	4.137	0.724	1.448
材料	092701001	玻璃纤维布（综合）	m^2	238.596	238.596	130.000	130.000
	140507001	冷底子油	kg	48.480	48.480	—	—
	142119002	石油沥青玛琋脂	m^3	0.510	0.540	0.160	0.170

（2）改性沥青卷材防水

工作内容： 清理基层，刷基底处理剂，收头钉压条等全部操作过程。　　　　**计量单位：** 100m²

编　号				9-28	9-29	9-30	9-31
项　目				SBS 改性沥青卷材			
				热熔法一层		热熔法每增一层	
				平面	立面	平面	立面
名　称			单位	消　耗　量			
人工	000201000	综合二类工	工日	2.122	4.244	0.743	1.486
材料	133303001	SBS 改性沥青防水卷材	m²	113.375	113.375	113.375	113.375
	133517003	改性沥青嵌缝油膏	kg	5.977	5.977	5.977	5.977
	143183002	液化石油气	kg	26.992	26.992	26.992	26.992
	133503001	SBS 弹性沥青防水胶	kg	28.920	28.920	—	—
	140507001	冷底子油	kg	48.480	48.480	—	—

工作内容： 清理基层，刷基底处理剂，收头钉压条等全部操作过程。　　　　**计量单位：** 100m²

编　号				9-32	9-33	9-34	9-35
项　目				SBS 改性沥青卷材			
				冷粘法一层		冷粘法每增一层	
				平面	立面	平面	立面
名　称			单位	消　耗　量			
人工	000201000	综合二类工	工日	2.076	4.152	0.727	1.450
材料	133303001	SBS 改性沥青防水卷材	m²	113.375	113.375	113.375	113.375
	133517003	改性沥青嵌缝油膏	kg	5.977	5.977	5.977	5.977
	144105003	聚丁胶粘合剂	kg	53.743	53.743	53.743	53.743
	133503001	SBS 弹性沥青防水胶	kg	28.920	28.920	—	—
	140507001	冷底子油	kg	48.480	48.480	—	—

工作内容： 清理基层，刷基底处理剂，收头钉压条等全部操作过程。　　　　**计量单位：** 100m²

编　号				9-36	9-37	9-38	9-39
项　目				高聚物改性沥青自粘卷材			
				自粘法一层		自粘法每增一层	
				平面	立面	平面	立面
名　称			单位	消　耗　量			
人工	000201000	综合二类工	工日	1.769	3.537	0.619	1.238
材料	133303003	高聚物改性沥青自粘卷材	m²	113.375	113.375	113.375	113.375
	140507001	冷底子油	kg	48.480	48.480	—	—

工作内容：清理基层，刷基底处理剂，收头钉压条等全部操作过程。 **计量单位：**100m²

编 号				9-40
项 目				耐根穿刺复合铜胎基改性沥青卷材
名 称			单位	消 耗 量
人工	000201000	综合二类工	工日	2.720
材料	133303002	复合铜胎基 SBS 改性沥青卷材	m^2	113.000
	133517003	改性沥青嵌缝油膏	kg	5.977
	143183002	液化石油气	kg	26.992
	133503001	SBS 弹性沥青防水胶	kg	28.920

工作内容：基层清理，刷基底处理剂，铺设防水层，收口、压条等全部操作。 **计量单位：**100m²

编 号				9-41
项 目				铝箔改性沥青防水卷材
名 称			单位	消 耗 量
人工	000201000	综合二类工	工日	5.772
材料	133303004	铝箔改性沥青防水卷材	m^2	113.375
	140507001	冷底子油	kg	48.480

（3）高分子卷材

工作内容：清理基层，刷基底处理剂，收头钉压条等全部操作过程。 **计量单位：**100m²

编 号				9-42	9-43	9-44	9-45
项 目				聚氯乙烯卷材			
				冷粘法一层		冷粘法每增一层	
				平面	立面	平面	立面
名 称			单位	消 耗 量			
人工	000201000	综合二类工	工日	2.567	5.133	0.898	1.797
材料	133311003	聚氯乙烯防水卷材	m^2	113.375	113.375	113.375	113.375
	144135005	FL-15 胶粘剂	kg	117.100	117.100	117.100	117.100

工作内容：清理基层，刷基底处理剂，收头钉压条等全部操作过程。 计量单位：100m²

编号				9-46	9-47	9-48	9-49
项目				聚氯乙烯卷材			
				热风焊接法一层		热风焊接法每增一层	
				平面	立面	平面	立面
名称			单位	消耗量			
人工	000201000	综合二类工	工日	2.843	5.686	0.995	1.990
材料	133311003	聚氯乙烯防水卷材	m²	113.375	113.375	113.375	113.375
	341103001	电	kW·h	20.000	20.000	20.000	20.000
	020901003	聚氯乙烯薄膜	m²	12.500	12.500	12.500	12.500
	031501007	圆钉	kg	0.030	0.030	0.030	0.030
	133503002	防水密封胶	支	15.000	15.000	15.000	15.000
	144135022	粘合剂	kg	20.650	20.650	20.650	20.650

工作内容：清理基层，刷基底处理剂，收头钉压条等全部操作过程。 计量单位：100m²

编号				9-50	9-51	9-52	9-53
项目				高分子自粘胶膜卷材			
				自粘法一层		自粘法每增一层	
				平面	立面	平面	立面
名称			单位	消耗量			
人工	000201000	综合二类工	工日	2.330	4.659	0.815	1.631
材料	133309001	高分子自粘胶膜卷材	m²	113.375	113.375	113.375	113.375
	140507001	冷底子油	kg	48.480	48.480	—	—

工作内容：清理基层，刷基底处理剂，收头钉压条等全部操作过程。 计量单位：100m²

编号				9-54	9-55	9-56	9-57
项目				聚乙烯丙纶复合防水卷材			
				冷贴一层		冷贴每增一层	
				平面	立面	平面	立面
名称			单位	消耗量			
人工	000201000	综合二类工	工日	2.076	4.187	0.727	1.454
材料	133309003	聚乙烯丙纶双面复合防水卷材 SBC	m²	113.375	113.375	113.375	113.375
	801103004	素水泥浆	m³	0.150	0.150	—	—
	144115003	108 胶	kg	11.380	11.380	11.380	11.380
	130502006	聚氨酯甲料	kg	19.040	19.040	19.040	19.040
	130502007	聚氨酯乙料	kg	28.560	28.560	28.560	28.560
	143177001	乙酸乙酯	kg	5.050	5.050	5.050	5.050
	133511003	CSPE 嵌缝油膏 330mL	支	48.960	48.960	48.960	48.960

2. 涂 料 防 水

（1）改性沥青防水涂料

工作内容：清理基层，调配及涂刷涂料。 **计量单位：**100m²

编号				9-58	9-59	9-60	9-61
项目				聚合物复合改性沥青防水涂料			
				2mm 厚		每增减 0.5mm 厚	
				平面	立面	平面	立面
名称			单位	消耗量			
人工	000201000	综合二类工	工日	2.062	4.124	0.722	1.443
材料	133307001	聚合物复合改性沥青防水涂料	kg	231.000	249.480	52.500	56.700

工作内容：清理基层，调配涂料，粘贴纤维布，刷涂料（最后二遍掺水泥做保护层）。 **计量单位：**100m²

编号				9-62	9-63	9-64	9-65
项目				水乳型普通乳化沥青涂料			
				二布三涂		每增减一布一涂	
				平面	立面	平面	立面
名称			单位	消耗量			
人工	000201000	综合二类工	工日	4.434	8.867	1.552	3.103
材料	092705008	聚酯布 100g/m²	m²	228.300	228.300	114.150	114.150
	133103002	乳化沥青	kg	260.000	280.800	104.000	112.320
	040100006	水泥 42.5	kg	13.770	13.770	—	—

工作内容：清理基层，调配涂料，粘贴纤维布，刷涂料（最后二遍掺水泥做保护层）。 **计量单位：**100m²

编号				9-66	9-67	9-68	9-69
项目				溶剂型再生胶沥青涂料			
				二布三涂		每增减一布一涂	
				平面	立面	平面	立面
名称			单位	消耗量			
人工	000201000	综合二类工	工日	4.471	8.941	1.565	3.129
材料	092705008	聚酯布 100g/m²	m²	228.300	228.300	114.150	114.150
	133103003	再生胶沥青（溶剂型）	kg	312.000	336.960	156.000	168.480
	040100006	水泥 42.5	kg	20.400	20.400	—	—

（2）高分子防水涂料

工作内容： 清理基层，调配及涂刷涂料。　　　　**计量单位：** 100m²

编　号				9-70	9-71	9-72	9-73
项　目				聚氯酯防水涂膜			
				2mm 厚		每增减 0.5mm 厚	
				平面	立面	平面	立面
名　称			单位	消　耗　量			
人工	000201000	综合二类工	工日	2.305	4.610	0.806	1.614
材料	143321001	二甲苯	kg	12.600	12.600	4.850	4.850
	130502008	聚氨酯甲乙料	kg	270.680	298.130	71.080	76.770

工作内容： 清理基层，调配及涂刷涂料。　　　　**计量单位：** 100m²

编　号				9-74	9-75	9-76	9-77
项　目				聚合物水泥防水涂料			
				1.0mm 厚		每增减 0.5mm 厚	
				平面	立面	平面	立面
名　称			单位	消　耗　量			
人工	000201000	综合二类工	工日	1.365	2.730	0.478	0.956
材料	130502002	防水涂料 JS	kg	220.500	237.384	94.500	102.060
	341101001	水	m³	0.047	0.047	0.005	0.005

工作内容： 清理基层，调配及涂刷涂料。　　　　**计量单位：** 100m²

编　号				9-78	9-79	9-80	9-81
项　目				水泥基渗透结晶型防水涂料			
				1.0mm 厚		每增减 0.5mm 厚	
				平面	立面	平面	立面
名　称			单位	消　耗　量			
人工	000201000	综合二类工	工日	1.365	2.730	0.478	0.956
材料	130502010	水泥基渗透结晶防水涂料	kg	137.000	147.960	42.000	45.360
	341101001	水	m³	0.038	0.038	0.013	0.013

3. 板 材 防 水

工作内容： 基层清理，铺设防水层，收口、压条等全部操作。　　**计量单位：** $100m^2$

编　号				9-82	9-83	9-84
项　目				塑料防水板	金属防水板	膨润土防水毯
名　称			单位	消　耗　量		
人工	000201000	综合二类工	工日	0.945	0.945	2.092
材料	021107002	塑料防水板	m^2	107.000	—	—
	133905002	金属防水板	m^2	—	107.000	—
	023103001	膨润土防水毯	m^2	—	—	111.500
	144305001	不干胶纸	m^2	5.000	5.000	—
	023101001	土工布（综合）	m^2	106.000	106.000	—
	144135018	强力胶	kg	12.000	12.000	—
	031501007	圆钉	kg	—	—	1.090
	040901006	膨润土	kg	—	—	4.200
	341101001	水	m^3	—	—	0.008

4. 刚 性 防 水

工作内容： 清理基层、调制砂浆、铺混凝土或砂浆，压实、抹光。　　**计量单位：** $100m^2$

编　号				9-85	9-86	9-87	9-88
项　目				细石混凝土		水泥砂浆二次抹压	
				厚 40mm	每增减 10mm	厚 20mm	每增减 10mm
名　称			单位	消　耗　量			
人工	000201000	综合二类工	工日	9.922	1.557	9.072	1.557
材料	802101019	预拌细石混凝土 C20	m^3	4.040	1.010	—	—
	800609001	干混地面砂浆 DS M15	m^3	—	—	2.050	1.025
	350101001	木模板	m^3	0.069	0.010	0.040	0.010
	341101001	水	m^3	9.640	0.200	1.127	0.300
机械	990611010	干混砂浆罐式搅拌机	台班	—	—	0.205	0.103

工作内容： 清理基层，调配砂浆，抹水泥砂浆。　　　　**计量单位：** $100m^2$

编号				9-89	9-90	9-91	9-92
项目				防水砂浆			
				掺防水粉		掺防水剂	
				20mm厚	每增减10mm	20mm厚	每增减10mm
名称			单位	消耗量			
人工	000201000	综合二类工	工日	8.568	1.557	8.574	1.557
材料	800609001	干混地面砂浆 DS M15	m^3	2.050	1.025	2.050	1.025
	801103004	素水泥浆	m^3	0.100	—	0.100	—
	133507001	防水粉	kg	66.300	33.150	—	—
	133505001	防水剂	kg	—	—	132.600	66.300
机械	990611010	干混砂浆罐式搅拌机	台班	0.205	0.103	0.205	0.103

工作内容： 清理基层，调配砂浆，抹水泥砂浆。　　　　**计量单位：** $100m^2$

编号				9-93	9-94	9-95	9-96
项目				聚合物水泥防水砂浆		防水砂浆五层做法	
				10mm厚	每增减5mm	平面	立面
名称			单位	消耗量			
人工	000201000	综合二类工	工日	5.145	2.058	13.317	17.727
材料	800609001	干混地面砂浆 DS M15	m^3	1.025	0.513	1.025	1.025
	130502009	聚合物胶乳	kg	80.800	40.400	—	—
	801103004	素水泥浆	m^3	—	—	0.615	0.615
	341101001	水	m^3	—	—	3.800	3.800
机械	990611010	干混砂浆罐式搅拌机	台班	0.103	0.051	0.103	0.103

工作内容： 1. 清理基层，细石混凝土面做分隔缝，灌缝膏。　　　　**计量单位：** 100m

编号				9-97	9-98	9-99
项目				分隔缝		
				细石混凝土面 40mm厚	水泥砂浆面层 20mm厚	厚度每增减10mm
名称			单位	消耗量		
人工	000201000	综合二类工	工日	5.355	4.515	1.071
材料	133501006	建筑油膏	kg	67.320	33.660	15.300

5. 屋 面 排 水

工作内容： 1. 埋设管卡，成品水落管安装。
2. 铁皮排水零件安装。

计量单位： 见表

编号				9-100	9-101	9-102	9-103	9-104
项目				镀锌铁皮排水				
				水落管	檐沟	天沟、泛水	水斗	水口
单位				100m			10个	
名称			单位	消耗量				
人工	000201000	综合二类工	工日	4.307	2.587	4.471	2.205	2.091
材料	173116003	镀锌铁皮水落管 26#	m	105.000	—	—	—	—
	092519004	镀锌铁皮檐沟	m	—	105.000	—	—	—
	092519003	镀锌铁皮天沟	m	—	—	105.000	—	—
	330501001	镀锌铁皮排水水斗	个	—	—	—	10.000	—
	330901001	镀锌铁皮排水水口	个	—	—	—	—	10.000
	031509001	铁件（综合）	kg	15.444	17.453	—	—	—
	031501007	圆钉	kg	—	0.566	2.060	0.015	1.017

工作内容： 1. 埋设管卡，成品水落管安装。
2. 排水零件制作、安装。

计量单位： 见表

编号				9-105	9-106	9-107
项目				铸铁管排水		
				水落管	落水斗	弯头落水口（含箅子板）
单位				100m	10个	
名称			单位	消耗量		
人工	000201000	综合二类工	工日	34.570	2.091	1.033
材料	171101010	铸铁排水管 *DN*100	m	104.737	—	—
	330501002	铸铁水斗 *DN*100	个	—	10.100	—
	180107010	铸铁雨水弯头	个	—	—	10.100
	040100006	水泥 42.5	kg	116.280	—	—
	031507028	镀锌铁丝 ϕ2.8	kg	8.160	—	—
	040303001	中粗砂	m^3	0.204	—	—
	030105055	六角螺栓 M4×30	套	210.000	—	—
	022907001	麻丝	kg	1.836	—	—
	030107053	金属膨胀螺栓 M6	套	105.000	—	—
	150113003	石棉绒	kg	17.368	—	—
	180103010	铸铁三通	个	36.050	—	—
	341101001	水	m^3	0.294	—	—
	031509001	铁件（综合）	kg	14.241	10.830	2.424
	142119002	石油沥青玛琋脂	m^3	—	—	0.070
	130507001	防腐油	kg	—	—	0.399
	050401003	板枋材	m^3	—	—	0.036

工作内容：1. 埋设管卡，成品水落管安装。
2. 排水零件制作、安装。

计量单位：见表

编号				9-108	9-109	9-110	9-111
项目				塑料管排水			
				水落管 $\phi \leqslant 110$mm	水落管 $\phi > 110$mm	檐沟、天沟	落水斗
单位				100m			10个
名称			单位	消耗量			
人工	000201000	综合二类工	工日	3.910	5.275	9.412	0.503
材料	173116001	塑料水落管 ϕ110 以内	m	105.000	—	—	—
	290645048	塑料管卡子 ϕ110mm 以内	个	61.200	—	—	—
	173116002	塑料水落管 ϕ110 以外	m	—	105.000	—	—
	290645049	塑料管卡子 ϕ110mm 以外	个	—	61.200	—	—
	312301001	塑料檐沟	m	—	—	103.000	—
	180931001	塑料落水斗	个	—	—	—	10.200
	031509001	铁件（综合）	kg	31.694	31.694	54.500	5.760
	180933001	伸缩节	只	27.000	27.000	—	—
	290645057	塑料管卡子 110mm	个	—	—	—	10.000

工作内容：1. 埋设管卡，成品水落管安装。
2. 排水零件制作、安装。

计量单位：10个

编号				9-112	9-113	9-114
项目				塑料管排水		
				弯头落水口	落水口	阳台、雨篷排水短管
名称			单位	消耗量		
人工	000201000	综合二类工	工日	0.508	0.408	0.384
材料	180931003	塑料弯头落水口	个	10.100	—	—
	180931002	塑料落水口	个	—	10.100	—
	172505012	硬塑料管 ϕ32	m	—	—	3.150
	133503014	密封胶	kg	—	—	0.100
	050401003	板枋材	m^3	0.037	0.037	—
	142119003	石油沥青玛𤧛脂	kg	0.070	0.070	—

工作内容：1. 埋设管卡，成品水落管安装。
2. 排水零件制作、安装。

计量单位：见表

编　号				9-115	9-116	9-117	9-118	9-119
项　目				玻璃钢管排水				
				水落管	檐沟、天沟	落水斗	弯头 90 度	阳台、雨篷短管
单　位				100m		10 个		
名　称			单位	消　耗　量				
人工	000201000	综合二类工	工日	7.615	9.412	2.091	0.508	0.383
材料	173000004	玻璃钢排水管 110×1500	m	105.242	—	—	—	—
	030713002	玻璃钢排水管检查口 ϕ110	个	10.100	—	—	—	—
	180933004	玻璃钢排水管伸缩节 ϕ110	个	11.110	—	—	—	—
	182525007	卡箍膨胀螺栓 ϕ110	套	71.400	—	—	—	—
	312303001	玻璃钢檐沟	m	—	103.000	—	—	—
	312303002	玻璃钢檐沟带嘴	个	—	10.000	—	—	—
	031509001	铁件（综合）	kg	—	54.500	—	—	—
	334105003	玻璃钢雨水斗带罩 ϕ110	个	—	—	10.100	—	—
	802101019	预拌细石混凝土 C20	m^3	—	—	0.030	—	—
	180603001	玻璃钢弯头 ϕ50	个	—	—	—	10.100	—
	173000002	玻璃钢短管 ϕ50	个	—	—	—	—	10.100
	133503014	密封胶	kg	1.162	—	0.303	0.101	0.101

工作内容：1. 埋设管卡，成品水落管安装。
2. 排水零件制作、安装。

计量单位：见表

编　号				9-120	9-121
项　目				虹吸式排水	
				不锈钢虹吸雨水斗	HDPE 水落管
单　位				10 个	100m
名　称			单位	消　耗　量	
人工	000201000	综合二类工	工日	2.091	3.910
材料	334105002	不锈钢虹吸雨水斗	个	10.100	—
	172513008	HDPE 排水管 DN110	m	—	105.242
	030713001	HDPE 排水管检查口 ϕ110	个	—	10.100
	180933003	HDPE 排水管伸缩节 ϕ110	个	—	11.110
	182525007	卡箍膨胀螺栓 ϕ110	套	—	71.400
	802101019	预拌细石混凝土 C20	m^3	0.030	0.030
	133503014	密封胶	kg	0.303	1.162

工作内容：1. 埋设管卡，成品水落管安装。
2. 排水零件制作、安装。

计量单位：见表

编号				9-122	9-123
项目				镀锌钢管排水	
				水落管	阳台、雨篷短管
单位				100m	10 个
名称			单位	消耗量	
人工	000201000	综合二类工	工日	6.882	0.383
材料	170301007	镀锌钢管 *DN*32	m	—	3.060
	170301017	镀锌钢管 *DN*100	m	102.000	—
	181303013	镀锌弯头 90° *DN*100	个	10.000	—
	031301005	低合金钢焊条 E43（综合）	kg	12.400	—
	031507031	镀锌铁丝 ϕ4.0	kg	8.160	—
	040315003	黄砂 中砂	m^3	2.060	—
	030105055	六角螺栓 M4×30	套	210.000	—
	030107053	金属膨胀螺栓 M6	套	105.000	—
	031509001	铁件（综合）	kg	14.400	—
	142909001	氧气	m^3	17.400	—
	142907001	乙炔气	m^3	5.900	—
	341101001	水	m^3	2.940	—
	133503014	密封胶	kg	—	0.100
机械	990747020	管子切断机 150mm	台班	0.600	—
	990901020	交流弧焊机 32kV·A	台班	6.900	—
	990758030	电动弯管机 108mm	台班	1.300	—

工作内容：基层清理，铺设防排水层，收口、压条等全部操作。

计量单位：见表

编号				9-124	9-125	9-126	9-127
项目				种植屋面排水			
				土工布过滤层	凹凸型排水板	网状交织排水层	陶粒排水层
							厚度 18cm
单位				$100m^2$			m^3
名称			单位	消耗量			
人工	000201000	综合二类工	工日	1.224	0.926	0.926	2.220
材料	023101001	土工布（综合）	m^2	111.500	—	—	—
	133901002	凹凸型排水板	m^2	—	107.000	—	—
	133901007	网状交织排水板	m^2	—	—	107.000	—
	040701001	陶粒	m^3	—	—	—	10.150
	031501007	圆钉	kg	1.090	—	—	—
	144135018	强力胶	kg	—	12.000	12.000	—

工作内容：制作、安装检查孔盖板；安装成品风帽。　　　　计量单位：个

编号				9-128	9-129
项目				检查孔盖板	成品风帽
名称			单位	消耗量	
人工	000201000	综合二类工	工日	1.843	0.481
材料	031509001	铁件（综合）	kg	1.400	—
	092519002	镀锌铁皮 0.4mm	m^2	1.500	—
	050401003	板枋材	m^3	0.056	—
	050500001	胶合板（综合）	m^2	1.010	—
	030317003	插销 150mm	个	1.000	—
	224715001	风钩 200mm	个	2.000	—
	030103049	木螺钉（综合）	100个	0.190	—
	030309008	折页 75mm	个	4.000	—
	224713001	不锈钢风帽	个	—	1.000
	030107052	金属膨胀螺栓（综合）	套	—	6.060
	850103006	其他材料费（占材料费）	%	—	0.100
机械	990712010	木工三面压刨床 400mm	台班	0.007	—
	990706010	木工圆锯机 500mm	台班	0.007	—

6. 变形缝与止水带

（1）嵌　填　缝

工作内容：1. 调制沥青麻丝，填塞、嵌缝。

2. 调制石油沥青玛琋脂，填塞、嵌缝。

3. 调制建筑油膏，填塞、嵌缝。　　　　计量单位：100m

编号				9-130	9-131	9-132	9-133	9-134
项目				油浸麻丝		沥青玛琋脂嵌缝	建筑油膏	
				平面	立面		平面	立面
名称			单位	消耗量				
人工	000201000	综合二类工	工日	7.052	10.549	6.269	3.721	5.296
材料	022907001	麻丝	kg	55.080	55.080	—	—	—
	133103002	乳化沥青	kg	214.200	214.200	—	—	—
	142119002	石油沥青玛琋脂	m^3	—	—	0.473	—	—
	133501006	建筑油膏	kg	—	—	—	86.940	86.940

工作内容： 1. 调制沥青砂浆，填塞、嵌缝。
2. 油浸木丝板、填塞、嵌缝。
3. 泡沫塑料，填塞、嵌缝。

计量单位： 100m

编号				9-135	9-136	9-137	9-138	9-139
项目				沥青砂浆		油浸木丝板	泡沫塑料填塞	
				平面	立面		平面	立面
名称			单位	消耗量				
人工	000201000	综合二类工	工日	5.279	6.203	5.264	3.302	5.265
材料	800903002	石油沥青砂浆 1：2：7	m^3	0.473	0.473	—	—	—
	051703002	木丝板 δ25	m^2	—	—	15.525	—	—
	133103002	乳化沥青	kg	—	—	161.700	19.000	19.000
	151301001	聚苯乙烯板	m^3	—	—	—	0.600	0.600

（2）变形缝盖板

工作内容： 制作盖板，埋木砖；铺设，钉盖板。

计量单位： 100m

编号				9-140	9-141	9-142	9-143
项目				木板盖板		镀锌铁皮盖板	
				平面	立面	平面	立面
名称			单位	消耗量			
人工	000201000	综合二类工	工日	5.081	11.280	12.972	12.898
材料	050401003	板枋材	m^3	0.617	1.097	0.252	0.303
	130507001	防腐油	kg	5.949	10.565	11.171	5.313
	144135003	XY-508 胶	kg	1.515	—	—	—
	031501007	圆钉	kg	—	1.809	2.097	0.703
	012907004	镀锌薄钢板（综合）	m^2	—	—	60.180	51.000
	031305002	焊锡	kg	—	—	4.064	3.444

工作内容： 制作盖板，埋木砖；铺设，钉盖板。

计量单位： 100m

编号				9-144	9-145	9-146	9-147	9-148	9-149
项目				铝合金盖板			不锈钢盖板		
				平面	立面	天棚面	平面	立面	天棚面
名称			单位	消耗量					
人工	000201000	综合二类工	工日	14.557	14.442	15.886	14.557	14.442	15.886
材料	090503003	铝合金方板 δ1.0	m^2	61.950	52.500	61.950	—	—	—
	012913011	不锈钢板 δ1	m^2	—	—	—	61.950	52.500	61.950
	050401003	板枋材	m^3	0.252	0.303	0.252	0.252	0.303	0.252
	130507001	防腐油	kg	11.171	5.313	11.171	11.171	5.313	11.171
	031501007	圆钉	kg	2.097	0.703	2.097	2.097	0.703	2.097

工作内容：制作盖板，埋木砖；铺设，钉盖板。　　　　**计量单位**：100m

编号				9-150	9-151	9-152	9-153	9-154	9-155
项目				铝板			胶合板		
				平面	立面	天棚面	平面	立面	天棚面
名称			单位	消耗量					
人工	000201000	综合二类工	工日	14.557	14.442	15.886	9.950	9.871	10.858
材料	014301001	铝板（综合）	kg	194.850	106.400	152.620	—	—	—
	050500003	胶合板 δ5	m^2	—	—	—	10.500	10.500	10.500
	031502008	射钉	100 个	—	—	—	10.000	10.000	10.000
	012911001	花纹钢板（综合）	t	0.008	—	—	—	—	—
	012907011	镀锌薄钢板 δ0.45	m^2	38.760	—	—	—	—	—
	030107045	膨胀螺栓 镀锌连母 M8 × 80	100 套	6.800	—	—	—	—	—
	030107027	膨胀螺栓 M5 × 50	100 套	—	6.800	6.800	—	—	—

工作内容：制作盖板，埋木砖；铺设，钉盖板。　　　　**计量单位**：100m

编号				9-156	9-157	9-158	9-159	9-160	9-161
项目				钢板			橡胶板		
				平面	立面	天棚面	平面	立面	天棚面
名称			单位	消耗量					
人工	000201000	综合二类工	工日	20.525	20.688	22.757	20.525	20.688	22.757
材料	012901021	热轧薄钢板 δ3.0	t	0.350	0.350	0.350	—	—	—
	092519002	镀锌铁皮 0.4mm	m^2	20.780	20.780	20.780	22.900	22.900	22.900
	012101020	热轧角钢 Q235	kg	378.630	378.630	378.630	378.630	378.630	378.630
	010101001	热轧光圆钢筋 HPB300	kg	8.270	8.270	8.270	8.270	8.270	8.270
	050401003	板枋材	m^3	0.320	0.320	0.320	—	—	—
	012903018	热轧中厚钢板 δ5.0	t	—	—	—	0.540	0.540	0.540
	020101016	花纹硬橡胶板 150 × 20	m^3	—	—	—	0.310	0.310	0.310
	130505010	红丹防锈漆	kg	9.600	9.600	9.600	11.930	11.930	11.930
	030105029	带帽螺栓	kg	2.510	2.510	2.510	—	—	—
	022907001	麻丝	kg	3.672	3.672	3.672	—	—	—

（3）止 水 带

工作内容： 1. 清理基层，刷底胶，粘贴止水带。
2. 裁剪止水带，焊接铺设。

计量单位： 100m

编 号				9-162	9-163	9-164	9-165
项 目				橡胶止水带	钢板止水带	塑料止水带	紫铜板止水带
名 称			单位	消 耗 量			
人工	000201000	综合二类工	工日	10.315	12.407	10.315	12.393
材料	133705005	橡胶止水带	m	105.000	—	—	—
	012935002	止水钢板（成品）3×450mm	m	—	105.000	—	—
	133705004	塑料止水带	m	—	—	105.000	—
	013503005	紫铜板 450×2	m	—	—	—	105.000
	143315001	丙酮	kg	3.040	—	3.040	—
	144101004	环氧树脂胶合剂	kg	3.040	—	3.040	—
	143327001	甲苯	kg	2.400	—	2.400	—
	143179001	乙二胺	kg	0.240	—	0.240	—
	031301005	低合金钢焊条 E43（综合）	kg	—	20.720	—	—
	031301024	铜焊条（综合）	kg	—	—	—	14.300
机械	990901020	交流弧焊机 32kV·A	台班	—	0.700	—	0.700

工作内容： 1. 清理基层，刷底胶，粘贴。
2. 止水片表面涂胶并粘粒砂。

计量单位： 100m

编 号				9-166	9-167	9-168
项 目				氯丁胶粘玻璃纤维布止水（一布二涂）		氯丁橡胶片止水带
				湿基层	干基层	
名 称			单位	消 耗 量		
人工	000201000	综合二类工	工日	4.246	4.246	3.434
材料	150702001	玻璃布（综合）	m^2	95.200	95.200	—
	133705002	氯丁橡胶片止水带	m	—	—	105.000
	142107003	环氧树脂 618#	kg	14.420	—	—
	142113001	聚酰胺 300#	kg	2.880	—	—
	040100006	水泥 42.5	kg	7.000	3.000	9.090
	144117001	氯丁胶沥青胶液	kg	116.940	135.980	60.580
	143335001	三异氰酸酯	kg	17.540	20.400	9.090
	040300002	砂粒	m^3	0.180	0.180	0.160
	143177001	乙酸乙酯	kg	15.310	15.310	23.000
	340505001	牛皮纸	m^2	—	—	5.912

三、补充项目

1. 屋面涂膜防水

工作内容：清理基层、涂料配制、刮涂、喷涂、涂刷附加层及防水涂料等。　　**计量单位**：100m²

编号				9-169	9-170
项目				屋面涂膜防水	
				非固化橡胶沥青防水涂料（喷涂法）	
				2mm 厚	每增减 0.5mm
名称			单位	消耗量	
人工	000201000	综合二类工	工日	4.885	1.221
材料	130502011	橡化沥青非固化防水涂料	kg	260.000	65.000

工作内容：清理基层，刷基底处理剂，调配及涂刷涂料。　　**计量单位**：100m²

编号				9-171	9-172	9-173	9-174
项目				屋面涂膜防水			
				高固型水性橡胶高分子防水涂料			
				1.5mm 厚		每增减 0.5mm 厚	
				平面	立面	平面	立面
名称			单位	消耗量			
人工	000201000	综合二类工	工日	1.649	3.296	0.807	1.613
材料	130502012	高固型水性橡胶高分子防水涂料	kg	228.520	251.695	79.982	86.385
	144135028	封固胶	kg	18.701	21.360	6.296	7.120
	040100005	水泥 42.5	t	0.055	0.064	0.019	0.022
	040306001	细砂	m³	0.309	0.356	0.102	0.118
	341101001	水	m³	0.187	0.214	0.063	0.071

2. 无纺布铺设

工作内容：清理基层、铺贴无纺布、压平等。　　**计量单位**：100m²

编号				9-175
项目				铺设无纺布
名称			单位	消耗量
人工	000201000	综合二类工	工日	1.800
材料	022703004	无纺布	m²	110.500

3. 其他复合防水卷材

工作内容： 清理基层、刷基底处理剂、铺贴柔性片材、撕除隔离膜、铺设网格布、调配及施工保护结合层等全部操作过程。

计量单位： 100m²

编号				9-176	9-177	9-178	9-179
项目				预铺现制复合防水卷材			
				柔性片材一层、内衬网格布、保护结合层		柔性片材每增一层	
				平面	立面	平面	立面
名称			单位	消耗量			
人工	000201000	综合二类工	工日	4.291	7.521	0.832	1.663
材料	133309002	预铺复合防水卷材	m²	113.375	113.375	113.375	113.378
	801103007	聚合物水泥浆	m³	0.150	0.150	0.150	0.150
	144115003	108 胶	kg	11.380	11.380	11.380	11.380
	133503004	防水密封膏	kg	2.800	2.800	2.800	2.800
	092701004	玻璃纤维网格布	m²	110.500	110.500	—	—
	133503028	保护结合层用液料 + 粉料	kg	598.245	658.070	—	—
机械	991003030	电动空气压缩机 1m³/min	台班	0.298	—	—	—

工作内容： 清理基层，刷基底处理剂，粘贴卷材胎基，喷涂面层涂料等全部操作过程。 **计量单位：** 100m²

编号				9-180	9-181	9-182	9-183
项目				现制水性橡胶高分子复合防水卷材			
				一布两涂		每增一布一涂	
				平面	立面	平面	立面
名称			单位	消耗量			
人工	000201000	综合二类工	工日	3.197	6.393	1.566	3.129
材料	133309005	水性橡胶高分子复合防水卷材胶料	kg	210.000	210.000	104.800	104.800
	133309006	水性橡胶高分子复合防水卷材胎基	m²	114.150	114.150	114.150	114.150
	143501002	促进剂	kg	11.053	11.053	5.516	5.516
	144135028	封固胶	kg	18.701	21.360	—	—
	040100005	水泥 42.5	t	0.055	0.064	—	—
	040306001	细砂	m³	0.309	0.356	—	—
	341101001	水	m³	0.187	0.214	—	—
机械	991003030	电动空气压缩机 1m³/min	台班	0.298	0.405	—	—

第十章

保温、隔热、防腐工程

说　明

一、本章定额包括保温、隔热，防腐面层，其他防腐和补充项目共四部分。

二、保温、隔热工程：

1. 保温层的保温材料配合比、材质、厚度与设计不同时可以换算。

2. 弧形墙墙面保温隔热层，按相应定额项目的人工乘以系数 1.10。

3. 独立柱柱面保温根据墙面保温定额项目人工乘以系数 1.19、材料乘以系数 1.04。

4. 墙面岩棉板保温、聚苯乙烯板保温及保温装饰一体板保温如使用钢骨架，钢骨架按本定额第十二章“墙、柱面装饰与隔断、幕墙工程”相应定额项目执行。

5. 抗裂保护层工程如采用塑料膨胀螺栓固定时，每 $1m^2$ 增加人工 0.03 工日和塑料膨胀螺栓 6.12套。

三、防腐工程：

1. 各种胶泥、砂浆、混凝土配合比以及各种整体面层的厚度，如设计与定额不同时，可以换算。项目已综合考虑各种块料面层的结合层、胶结料厚度及灰缝宽度。

2. 花岗岩面层以六面剁斧的块料为准，结合层厚度为 15mm，板底为毛面时，其结合层胶结料用量按设计厚度调整。

3. 整体面层踢脚板按整体面层相应定额项目执行，块料面层踢脚板按立面砌块相应项目人工乘以系数 1.2。

4. 环氧自流平洁净地面中间层（刮腻子）按每层 1mm 厚度考虑，设计要求厚度不同时，按厚度可以调整。

5. 卷材防腐接缝、附加层、收头工料已包括在定额项目内，不再另行计算。

6. 块料防腐中面层材料的规格、材质与设计不同时，可以换算。

工程量计算规则

一、保温、隔热工程：

1. 屋面保温隔热层工程量按设计图示尺寸以面积计算，扣除单个 > $0.3m^2$ 孔洞所占面积。屋面排气等项目按设计图示尺寸以定额规定的计量单位计算。

2. 天棚保温隔热层工程量按设计图示尺寸以面积计算，扣除单个面积 > $0.3m^2$ 柱、垛、孔洞所占面积，与天棚相连的梁按展开面积计算，其工程量并入天棚内。

3. 墙面保温隔热层工程量按设计图示尺寸以面积计算，扣除门窗洞口及单个面积 > $0.3m^2$ 梁、孔洞所占面积；门窗洞口侧壁以及与墙相连的柱，并入保温墙体工程量内。墙体及混凝土板下铺贴隔热层不扣除与木框架及木龙骨的交叉部分。其中外墙按隔热层中心线长度计算，内墙按隔热层净长度计算。保温线条以设计图示尺寸以长度或面积计算。

4. 柱、梁保温隔热层工程量按设计图示尺寸以面积计算。柱按设计图示柱断面保温层中心线展开长度乘以高度以面积计算，扣除单个面积 > $0.3m^2$ 梁所占面积。梁按设计图示梁断面保温层中心线展开长度乘以保温层长度以面积计算。

5. 楼地面保温隔热层工程量按设计图示尺寸以面积计算，扣除柱、垛及单个 > $0.3m^2$ 孔洞所占面积。

6. 其他保温隔热层工程量按设计图示尺寸以展开面积计算，扣除单个面积 > $0.3m^2$ 孔洞所占面积。

7. 大于 $0.3m^2$ 孔洞侧壁周围及梁头、连系梁等其他零星工程保温隔热工程量，并入墙面的保温隔热工程量内。

8. 柱帽保温隔热层，并入天棚保温隔热层工程量内。

9. 保温层排气管按设计图示尺寸以长度计算，不扣除管件所占长度，保温层排气孔以数量计算。

10. 防火隔离带工程量按设计图示尺寸以面积计算。

二、防腐工程：

1. 防腐工程面层、隔离层及防腐油漆工程量均按设计图示尺寸以面积计算。

2. 平面防腐工程量应扣除凸出地面的构筑物、设备基础等以及单个面积 > $0.3m^2$ 孔洞、柱、垛等所占面积，门洞、空圈、暖气包槽、壁龛的开口部分不增加面积。

3. 立面防腐工程量应扣除门、窗、洞口以及单个面积 > $0.3m^2$ 孔洞、梁所占面积，门、窗、洞口侧壁、垛凸出部分按展开面积并入墙面内。

4. 池、槽块料防腐面层工程量按设计图示尺寸以展开面积计算。

5. 砌筑沥青浸渍砖工程量按设计图示尺寸以面积计算。

6. 踢脚板防腐工程量按设计图示长度乘以高度以面积计算，扣除门洞所占面积，并相应增加侧壁展开面积。

7. 混凝土面及抹灰面防腐按设计图示尺寸以面积计算。

三、补充项目：

墙面保温隔热层工程量按设计图示尺寸以面积计算，扣除门窗洞口及单个面积 > $0.3m^2$ 梁、孔洞所占面积；门窗侧壁有保温时，门窗洞口侧壁并入保温墙体工程量内。其中外墙按隔热层中心线长度计算，内墙按隔热层净长度计算。保温线条以设计图示尺寸以长度或面积计算。

一、保温、隔热

1. 屋　　面

工作内容：清理基层，调制保温混合料及铺设保温层。　　　　**计量单位：**100m²

编　　号				10-1	10-2	10-3	10-4
项　　目				加气混凝土块			
				干铺		浆砌	
				厚度（mm）			
				180	每增减 10	180	每增减 10
名　　称			单位	消　耗　量			
人工	000201000	综合二类工	工日	4.903	0.246	6.961	0.348
材料	041505001	加气混凝土砌块 600×240×180	m^3	18.900	1.050	17.810	1.050
	800100006	水泥砂浆　1：3	m^3	—	—	1.090	0.065
	341101001	水	m^3	—	—	0.329	0.020
机械	990610010	灰浆搅拌机　200L	台班	—	—	0.205	0.006

工作内容：清理基层，调制保温混合料及铺设保温层。　　　　**计量单位：**100m²

编　　号				10-5	10-6	10-7	10-8	10-9	10-10
项　　目				干铺水泥蛭石块		干铺珍珠岩		干铺蛭石	
				厚度（mm）					
				100	每增减 10	100	每增减 10	100	每增减 10
名　　称			单位	消　耗　量					
人工	000201000	综合二类工	工日	5.205	0.468	2.822	0.254	2.820	0.254
材料	041113002	水泥蛭石块	m^3	10.400	1.040	—	—	—	—
	091700001	珍珠岩	m^3	—	—	12.480	1.248	—	—
	041113001	膨胀蛭石	m^3	—	—	—	—	12.480	1.248

工作内容：清理基层，调制保温混合料、铺填及养护。　　　　**计量单位：**100m²

编号				10-11	10-12	10-13	10-14	10-15	10-16
项目				水泥炉渣		水泥珍珠岩		水泥蛭石	
				厚度（mm）					
				100	每增减10	100	每增减10	100	每增减10
名称			单位	消耗量					
人工	000201000	综合二类工	工日	7.013	0.631	7.383	0.665	7.060	0.636
材料	040707004	水泥炉渣 1∶6	m^3	10.200	1.020	—	—	—	—
	802307003	水泥珍珠岩 1∶8	m^3	—	—	10.400	1.040	—	—
	041113003	水泥蛭石 1∶8	m^3	—	—	—	—	10.400	1.040
	341101001	水	m^3	—	—	7.000	0.700	7.000	0.700

工作内容：清理基层，调制保温混合料、铺填及养护。　　　　**计量单位：**100m²

编号				10-17	10-18	10-19	10-20
项目				泡沫混凝土		陶粒混凝土	
				厚度（mm）			
				100	每增减10	100	每增减10
名称			单位	消耗量			
人工	000201000	综合二类工	工日	7.013	0.631	7.383	0.665
材料	040100006	水泥 42.5	kg	4120.000	412.000	3050.000	305.000
	143525002	发泡剂	kg	22.000	2.200	—	—
	040701001	陶粒	m^3	—	—	8.500	0.850
	040315001	黄砂 净砂	t	—	—	6.800	0.680
	341101001	水	m^3	1.400	0.140	1.800	0.180
机械	990610010	灰浆搅拌机 200L	台班	0.250	0.025	—	—
	990602030	双锥反转出料混凝土搅拌机 500L	台班	—	—	0.653	0.065

工作内容：清理基层，铺设保温块料或棉毡。 计量单位：100m²

编号				10-21	10-22	10-23	10-24	10-25	10-26
项目				沥青玻璃棉毡		沥青矿渣棉毡		沥青珍珠岩板（块）	
				厚度（mm）					
				30	每增减5	30	每增减5	80	每增减10
名称			单位	消耗量					
人工	000201000	综合二类工	工日	1.253	0.376	1.253	0.376	7.298	0.821
材料	150707003	沥青玻璃棉毡	m³	3.190	0.531	—	—	—	—
	150501003	沥青矿渣棉毡	m³	—	—	3.120	0.520	—	—
	150901001	沥青珍珠岩板	m³	—	—	—	—	8.320	1.040

工作内容：清理基层，铺设保温块料。 计量单位：100m²

编号				10-27	10-28	10-29
项目				干铺岩棉板		
				厚度（mm）		
				30	50	60
名称			单位	消耗量		
人工	000201000	综合二类工	工日	2.000	2.378	2.848
材料	150301003	岩棉板 δ30	m³	3.060	—	—
	150301004	岩棉板 δ50	m³	—	5.100	—
	150301005	岩棉板 δ60	m³	—	—	6.120

工作内容：清理基层，铺设保温块料。 计量单位：100m²

编号				10-30	10-31	10-32
项目				干铺岩棉板		
				厚度（mm）		
				80	100	120
名称			单位	消耗量		
人工	000201000	综合二类工	工日	3.422	4.512	5.405
材料	150301006	岩棉板 δ80	m³	8.160	—	—
	150301007	岩棉板 δ100	m³	—	10.200	—
	150301008	岩棉板 δ120	m³	—	—	12.240

工作内容：基层清理，粘贴保温层。　　　　**计量单位**：$100m^2$

编号				10-33	10-34	10-35	10-36
项目				粘贴岩棉板			
				厚度（mm）			
				30	50	60	80
名称			单位	消耗量			
人工	000201000	综合二类工	工日	2.200	3.400	4.000	5.200
材料	150301003	岩棉板 δ30	m^3	3.060	—	—	—
	150301004	岩棉板 δ50	m^3	—	5.100	—	—
	150301005	岩棉板 δ60	m^3	—	—	6.120	—
	150301006	岩棉板 δ80	m^3	—	—	—	8.160
	800909002	聚合物粘接砂浆	kg	460.000	460.000	460.000	460.000
	850103006	其他材料费（占材料费）	%	1.000	1.000	1.000	1.000
机械	990610010	灰浆搅拌机 200L	台班	0.037	0.037	0.037	0.037

工作内容：基层清理，粘贴保温层。　　　　**计量单位**：$100m^2$

编号				10-37	10-38
项目				粘贴岩棉板	
				厚度（mm）	
				100	120
名称			单位	消耗量	
人工	000201000	综合二类工	工日	6.400	7.600
材料	150301007	岩棉板 δ100	m^3	10.200	—
	150301008	岩棉板 δ120	m^3	—	12.240
	800909002	聚合物粘接砂浆	kg	460.000	460.000
	850103006	其他材料费（占材料费）	%	1.500	1.800
机械	990610010	灰浆搅拌机 200L	台班	0.037	0.037

工作内容：配料，清理喷涂表面，喷涂测试、喷涂。 **计量单位**：100m²

编号				10-39	10-40
项目				金属波纹拱形屋盖聚氨酯喷涂保温	
				厚度（mm）	
				50	每增减 10
名称			单位	消耗量	
人工	000201000	综合二类工	工日	10.462	2.092
材料	151303001	聚氨酯泡沫塑料	kg	293.700	58.740
	143315001	丙酮	kg	0.400	—
	150702009	玻璃丝布 δ0.2	m²	14.100	—
	850103006	其他材料费（占材料费）	%	0.760	—
机械	990512030	平台作业升降车 20m	台班	0.290	—
	991003050	电动空气压缩机 6m³/min	台班	0.290	0.060
	990612010	挤压式灰浆输送泵 3m³/h	台班	0.290	0.060

工作内容：清理基层，粘贴、铺设保温块材。 **计量单位**：100m²

编号				10-41	10-42	10-43	10-44
项目				干铺聚苯乙烯板		粘贴聚苯乙烯板	
				厚度（mm）	每增减 5mm	厚度（mm）	每增减 5mm
				50		40	
名称			单位	消耗量			
人工	000201000	综合二类工	工日	2.720	0.272	2.960	0.300
材料	151301001	聚苯乙烯板	m³	5.100	0.510	4.080	0.510
	143541001	界面剂	kg	—	—	16.000	—
	800909002	聚合物粘接砂浆	kg	—	—	460.000	—
	341101001	水	m³	—	—	0.530	—
机械	990610010	灰浆搅拌机 200L	台班	—	—	0.037	0.004

工作内容：清理基层，保温板裁割，调制砂浆，粘贴保温层。 **计量单位**：100m²

编号				10-45	10-46
项目				泡沫玻璃	
				厚度（mm）	
				30	每增减 10mm
名称			单位	消耗量	
人工	000201000	综合二类工	工日	7.420	1.966
材料	151501001	泡沫玻璃	m³	3.060	1.020
	800909002	聚合物粘接砂浆	kg	460.000	—
	341101001	水	m³	2.550	—
机械	990610010	灰浆搅拌机 200L	台班	0.037	—

工作内容： 基层清理，砂浆调制，找坡抹平。　　　　**计量单位：** $100m^2$

编　号				10-47	10-48	10-49	10-50
项　目				无机轻集料保温砂浆		聚苯颗粒保温砂浆	
				厚度（mm）			
				30	每增减 5	30	每增减 5
名　称			单位	消　耗　量			
人工	000201000	综合二类工	工日	14.331	1.898	15.020	1.991
材料	800803001	膨胀玻化微珠保温浆料	m^3	3.366	0.561	—	—
	800815001	胶粉聚苯颗粒保温浆料	m^3	—	—	3.366	0.561
	341101001	水	m^3	0.930	—	0.930	—
机械	990610010	灰浆搅拌机 200L	台班	0.420	0.070	0.440	0.070

工作内容： 1. 清理基层，调制微孔硅酸钙或混合料及铺填、养护。
2. 保温层排气管、排气孔制作、安装。　　　　**计量单位：** 见表

编　号				10-51	10-52	10-53	10-54	10-55
项　目				微孔硅酸钙		保温层排气管安装	保温层排气孔安装	
				厚度（mm）			PVC 管	钢管
				100	每增减 10			
单　位				$100m^2$		100m	10 个	
名　称			单位	消　耗　量				
人工	000201000	综合二类工	工日	2.822	0.254	3.530	0.635	0.635
材料	152301001	微孔硅酸钙	m^3	10.200	1.020	—	—	—
	173117005	塑料排水管 *DN*50	m	—	—	101.500	4.200	—
	170301009	镀锌钢管 *DN*40	m	—	—	—	—	4.600
	180901005	塑料排水三通 *DN*50	个	—	—	20.000	—	—
	180905006	塑料排水弯头 *DN*50	个	—	—	10.000	20.000	—
	181611003	塑料排水外接 *DN*50	个	—	—	10.000	—	—
	133503010	聚氯乙烯热熔密封胶	kg	—	—	1.000	0.050	—
	850103006	其他材料费（占材料费）	%	—	—	—	2.000	2.000
	802101003	混凝土 C20	m^3	—	—	—	0.006	0.006
机械	990759010	液压弯管机 60mm	台班	—	—	—	—	0.030

2. 天　　棚

工作内容：搬运材料，木框架制作安装，粘贴保温层。　　　　**计量单位：**100m²

编　　号				10-56	10-57
项　　目				混凝土板下天棚保温（带龙骨）	天棚板面上铺放
				粘贴聚苯乙烯板	聚苯乙烯板
				厚度（mm）	
				50	
名　　称			单位	消　耗　量	
人工	000201000	综合二类工	工日	15.734	1.543
材料	151301001	聚苯乙烯板	m^3	4.784	5.100
	800909002	聚合物粘接砂浆	kg	421.818	—
	050401003	板枋材	m^3	0.375	—
	031509001	铁件（综合）	kg	22.725	—
	130507001	防腐油	kg	5.665	—
	150113002	石棉粉	kg	22.583	—
	143303001	酒精	kg	221.453	—
	850103006	其他材料费（占材料费）	%	1.000	2.000
机械	990610010	灰浆搅拌机 200L	台班	0.034	—

工作内容：刷界面剂，调制砂浆，粘贴保温层。　　　　**计量单位：**100m²

编　　号				10-58
项　　目				混凝土板下天棚保温（不带龙骨）
				聚合物砂浆粘贴聚苯乙烯板
				厚度（mm）
				50
名　　称			单位	消　耗　量
人工	000201000	综合二类工	工日	12.775
材料	151301001	聚苯乙烯板	m^3	5.100
	143541001	界面剂	kg	8.000
	030107056	塑料膨胀螺栓	套	600.000
	800909002	聚合物粘接砂浆	kg	460.000
	341101001	水	m^3	0.232
	341103001	电	kW·h	2.000
	850103006	其他材料费（占材料费）	%	1.370
机械	990610010	灰浆搅拌机 200L	台班	0.037

工作内容：清理基层，刷底漆，喷发保温层。 **计量单位：**100m²

编号				10-59	10-60
项目				硬泡聚氨酯现场喷发	
				厚度（mm）	
				50	每增减 5
名称			单位	消耗量	
人工	000201000	综合二类工	工日	13.700	0.500
材料	151313002	硬泡聚氨酯组合料	kg	312.600	31.260
	130111028	聚氨酯防潮底漆	kg	11.300	—
	850103006	其他材料费（占材料费）	%	1.490	1.420
机械	991003050	电动空气压缩机 $6m^3/min$	台班	0.765	0.100
	991269010	聚氨酯发泡机	台班	0.765	0.100

工作内容：清理基层，刷粘接剂，调制砂浆，粘贴保温层。 **计量单位：**100m²

编号				10-61	10-62	10-63
项目				超细无机纤维		粘贴岩棉板
				厚度（mm）		
				50	每增减 10	50
名称			单位	消耗量		
人工	000201000	综合二类工	工日	15.100	1.100	15.100
材料	152307003	无机纤维棉	kg	1250.000	250.000	—
	144135024	粘接剂	kg	125.000	25.000	—
	143527002	无机纤维罩面剂	kg	49.800	—	—
	800801003	界面砂浆 DB	m³	0.110	—	—
	150301004	岩棉板 δ50	m³	—	—	5.100
	800909002	聚合物粘接砂浆	kg	—	—	460.000
	850103006	其他材料费（占材料费）	%	1.500	1.500	1.000
机械	990610010	灰浆搅拌机 200L	台班	—	—	0.037

工作内容：基层清理，砂浆调制，找坡抹灰。　　计量单位：100m²

编号				10-64	10-65	10-66	10-67
项目				聚苯颗粒保温砂浆		无机轻集料保温砂浆	
				厚度（mm）			
				20	每增减 5	20	每增减 5
名称			单位	消耗量			
人工	000201000	综合二类工	工日	17.702	3.816	17.278	3.710
材料	800815001	胶粉聚苯颗粒保温浆料	m^3	2.332	0.583	—	—
	800803001	膨胀玻化微珠保温浆料	m^3	—	—	2.332	0.583
	341101001	水	m^3	0.640	—	0.640	—
	850103006	其他材料费（占材料费）	%	0.250	0.250	0.200	0.200
机械	990610010	灰浆搅拌机 200L	台班	0.300	0.075	0.280	0.070

3. 墙、柱面

工作内容：清理基层，砂浆调制，抹平。　　计量单位：100m²

编号				10-68	10-69	10-70	10-71
项目				聚苯颗粒保温砂浆		无机轻集料保温砂浆	
				厚度（mm）			
				25	每增减 5	25	每增减 5
名称			单位	消耗量			
人工	000201000	综合二类工	工日	16.536	2.756	16.112	2.650
材料	800815001	胶粉聚苯颗粒保温浆料	m^3	2.888	0.578	—	—
	800803001	膨胀玻化微珠保温浆料	m^3	—	—	2.888	0.578
	341101001	水	m^3	3.300	—	3.300	—
机械	990610010	灰浆搅拌机 200L	台班	0.448	0.090	0.400	0.080

工作内容：基层清理，抹界面剂，喷发保温层。　　计量单位：100m²

编号				10-72	10-73
项目				硬泡聚氨酯现场喷发	
				厚度（mm）	
				50	每增减 5
名称			单位	消耗量	
人工	000201000	综合二类工	工日	9.800	1.000
材料	151313002	硬泡聚氨酯组合料	kg	312.600	31.260
	130111028	聚氨酯防潮底漆	kg	11.300	—
	800801003	界面砂浆 DB	m^3	0.110	—
	850103006	其他材料费（占材料费）	%	1.500	1.420

工作内容：清理基层，调制砂浆，粘贴保温层。　　**计量单位：**100m²

编号				10-74	10-75	10-76	10-77
项目				粘贴沥青珍珠岩板		粘贴水泥珍珠岩板	
				附墙粘贴			
				厚度（mm）			
				50	每增减 10	50	每增减 10
名称			单位	消耗量			
人工	000201000	综合二类工	工日	16.203	2.917	16.203	2.917
材料	150901001	沥青珍珠岩板	m^3	5.200	1.040	—	—
	150901002	水泥珍珠岩板	m^3	—	—	5.200	1.040
	800909002	聚合物粘接砂浆	kg	460.000	—	460.000	—
	030107056	塑料膨胀螺栓	套	600.000	—	600.000	—
	341103001	电	kW·h	2.000	—	2.000	—
机械	990610010	灰浆搅拌机 200L	台班	0.037	—	0.037	—

工作内容：玻璃棉矿渣棉装袋、填装。调制砂浆，石膏板铺砌，贴玻璃丝布，刮腻子。　　**计量单位：**100m²

编号				10-78	10-79	10-80	10-81	10-82	10-83
项目				沥青玻璃棉		沥青矿渣棉		保温石膏板	
				厚度（mm）					
				100	每增减 10	100	每增减 10	40	50
名称			单位	消耗量					
人工	000201000	综合二类工	工日	12.850	1.157	12.850	1.157	30.644	30.644
材料	150701001	沥青玻璃棉	m^3	10.400	1.040	—	—	—	—
	150501003	沥青矿渣棉毡	m^3	—	—	10.400	1.040	—	—
	090117001	保温石膏板 600 × 600 × 40	m^2	—	—	—	—	106.000	—
	090117002	保温石膏板 600 × 600 × 50	m^2	—	—	—	—	—	106.000
	020901002	塑料薄膜	kg	61.953	—	61.953	—	—	—
	150702009	玻璃丝布 $\delta 0.2$	m^2	—	—	—	—	149.500	149.500
	800909002	聚合物粘接砂浆	kg	—	—	—	—	460.000	460.000
	144115004	108 建筑胶	kg	—	—	—	—	55.130	55.130
	040905007	石膏粉	kg	—	—	—	—	10.700	10.700
	040909001	大白粉	kg	—	—	—	—	4.900	4.900
	031102003	砂布	张	—	—	—	—	15.000	15.000
	850103006	其他材料费（占材料费）	%	—	—	—	—	1.000	1.000
机械	990610010	灰浆搅拌机 200L	台班	—	—	—	—	0.037	0.037

工作内容：清理基层，刷界面剂，调制砂浆，粘贴保温层。　　**计量单位：**100m²

编　　号				10-84	10-85
项　　目				聚苯乙烯板	
				厚度（mm）	
				50	每增减 10mm
名　　称			单位	消　耗　量	
人工	000201000	综合二类工	工日	8.500	2.900
材料	151301001	聚苯乙烯板	m^3	5.100	1.020
	143541001	界面剂	kg	80.000	16.000
	800909002	聚合物粘接砂浆	kg	460.000	92.000
	030107056	塑料膨胀螺栓	套	600.000	120.000
	341103001	电	kW · h	2.000	0.400
	850103006	其他材料费（占材料费）	%	1.000	1.000
机械	990610010	灰浆搅拌机 200L	台班	0.037	0.007

工作内容：基层处理，刷界面剂，固定托架，钻孔锚钉，粘接单面钢丝聚苯乙烯保温板，聚合物砂浆。

计量单位：100m²

编　　号				10-86
项　　目				单面钢丝网聚苯乙烯板
				厚度（mm）
				50
名　　称			单位	消　耗　量
人工	000201000	综合二类工	工日	23.900
材料	151302001	单面钢丝聚苯乙烯板 δ50 15kg/m^3	m^2	102.000
	143541001	界面剂	kg	25.800
	800909002	聚合物粘接砂浆	kg	667.000
	030107056	塑料膨胀螺栓	套	600.000
	341103001	电	kW · h	2.000
机械	990610010	灰浆搅拌机 200L	台班	0.054

工作内容：清理基层，调制砂浆，保温板裁割，粘贴保温层。　　　　**计量单位：**$100m^2$

编　号				10-87	10-88
项　目				泡沫玻璃	
				厚度（mm）	
				30	每增减 10mm
名　称			单位	消　耗　量	
人工	000201000	综合二类工	工日	11.050	3.681
材料	151501001	泡沫玻璃	m^3	3.060	1.020
	800909002	聚合物粘接砂浆	kg	460.000	—
	030107056	塑料膨胀螺栓	套	700.000	—
	341103001	电	kW · h	2.330	—
机械	990610010	灰浆搅拌机 200L	台班	0.037	0.013

工作内容：清理基层，钻孔锚钉，锡纸包裹，刷界面剂，铺设保温块料，膨胀螺钉固定。　　　　**计量单位：**$100m^2$

编　号				10-89
项　目				干挂岩棉板
				厚度（mm）
				50
名　称			单位	消　耗　量
人工	000201000	综合二类工	工日	16.400
材料	150301004	岩棉板 δ50	m^3	5.100
	143541001	界面剂	kg	10.000
	016111001	锡纸	m^2	156.000
	030107056	塑料膨胀螺栓	套	800.000

工作内容：裁剪，铺设网格布，砂浆调制，抹平。　　　　**计量单位：**$100m^2$

编　号				10-90	10-91
项　目				抗裂保护层	
				耐碱网格布抗裂砂浆	增加一层网格布抗裂砂浆
				厚度（mm）	
				4	2
名　称			单位	消　耗　量	
人工	000201000	综合二类工	工日	8.500	3.000
材料	800909001	聚合物抗裂砂浆	kg	550.000	275.000
	092701006	耐碱玻璃纤维网格布	m^2	117.000	112.700
	341101001	水	m^3	4.000	0.060
机械	990610010	灰浆搅拌机 200L	台班	0.044	0.022

工作内容： 裁剪，运输，砂浆调制，锚固钢丝网，抹平。单片保温模网安装、校正、固定。

计量单位： 100m²

编号				10-92	10-93
项目				热镀锌钢丝网抗裂砂浆	单片保温模网
				厚度（mm）	
				8	
名称			单位	消耗量	
人工	000201000	综合二类工	工日	12.769	3.651
材料	031505014	钢丝网（综合）	m^2	115.000	—
	800909001	聚合物抗裂砂浆	kg	1101.600	—
	030107056	塑料膨胀螺栓	套	612.000	—
	341101001	水	m^3	4.080	—
	152319001	单片保温模网	m^2	—	101.000
	031507031	镀锌铁丝 ϕ4.0	kg	—	19.720
	031507020	镀锌铁丝 ϕ0.7	kg	—	0.060
	330127004	钢支撑	kg	—	1.140
机械	990610010	灰浆搅拌机 200L	台班	0.089	—

工作内容： 清理基层，刷界面剂，砂浆调制，钻孔锚钉，粘贴保温板。

计量单位： 100m²

编号				10-94	10-95
项目				酚醛保温板	膨胀硅酸盐水泥保温板
				厚度（mm）	
				50	
名称			单位	消耗量	
人工	000201000	综合二类工	工日	5.349	4.325
材料	151305001	酚醛保温板 δ50	m^2	108.000	—
	152311002	膨胀硅酸盐水泥板 δ50	m^2	—	103.000
	143541001	界面剂	kg	30.000	10.000
	800909002	聚合物粘接砂浆	kg	460.000	460.000
	030107056	塑料膨胀螺栓	套	1000.000	1200.000
	341103001	电	kW · h	3.330	4.000
	850103006	其他材料费（占材料费）	%	1.000	1.000
机械	990610010	灰浆搅拌机 200L	台班	0.037	0.037

工作内容：基层清理，安放保温层。 **计量单位：**100m²

编号				10-96	10-97	10-98	10-99
项目				随混凝土浇筑			
				挤塑聚苯板		膨胀聚苯板	
				厚度（mm）			
				50	每增减 10	50	每增减 10
名称			单位	消耗量			
人工	000201000	综合二类工	工日	8.000	1.600	7.300	1.400
材料	152317001	大模内置专用挤塑聚苯板	m^3	5.500	1.100	—	—
	152317002	大模内置专用膨胀聚苯板	m^3	—	—	5.500	1.100
	850103006	其他材料费（占材料费）	%	1.500	1.500	1.500	1.500

工作内容：现场运输，放样切割。清理基层，苯板切割，裁剪网格布，砂浆调制，刮胶泥，贴苯板，打胀钉，贴网格布，刮胶泥罩面。 **计量单位：**见表

编号				10-100	10-101	10-102	10-103
项目				线条			
				成品加工	现场加工	粘贴	表面刮胶贴网
单位				100m		100m²	
名称			单位	消耗量			
人工	000301000	综合三类工	工日	1.025	2.050	68.334	49.770
材料	121105001	苯板线条（成品）	m	104.000	—	—	—
	151301003	聚苯乙烯泡沫板（综合）	m^3	—	1.575	—	—
	144135008	干粉式苯板胶	kg	—	—	418.000	510.000
	092705006	标准网格布	m^2	—	—	—	123.420
	092705007	加强网格布	m^2	—	—	—	47.780
	341101001	水	m^3	—	—	0.090	0.126
	850103006	其他材料费（占材料费）	%	1.000	2.000	0.170	0.170

工作内容：基层处理，排版、分格、弹线，钻孔安装固定件，下料，粘贴保温层，嵌缝、勾缝，撕保护膜，清洁面板。

计量单位：100m²

编　　号				10-104
项　　目				保温装饰一体板
				厚度（mm）
				50
名　　称			单位	消　耗　量
人工	000201000	综合二类工	工日	65.700
材料	151301012	聚苯乙烯塑料保温装饰一体化板	m^2	107.000
	800909002	聚合物粘接砂浆	kg	900.000
	292199001	固定件	套	900.000
	144135017	耐候型硅胶	kg	9.900
	850103006	其他材料费（占材料费）	%	2.000
机械	990793010	裁板机　1300mm	台班	0.800
	990610010	灰浆搅拌机　200L	台班	0.072

4. 楼　地　面

工作内容：清理基层，调制砂浆，铺、贴保温板。

计量单位：100m²

编　　号				10-105	10-106	10-107
项　　目				粘贴聚苯乙烯板	干铺聚苯乙烯板	每增减厚度（mm）
				厚度（mm）		10
				50		
名　　称			单位	消　耗　量		
人工	000201000	综合二类工	工日	4.416	2.349	0.400
材料	151301001	聚苯乙烯板	m^3	5.100	5.100	1.020
	800909002	聚合物粘接砂浆	kg	554.325	—	—
机械	990610010	灰浆搅拌机　200L	台班	0.044	—	—

5. 防火隔离带

工作内容：清理基层，切割，调制砂浆，贴防火带。　　**计量单位：**100m²

编号				10-108	10-109	10-110	10-111
项目				聚苯乙烯板			
				宽度（mm）			
				300	450	500	600
名称			单位	消耗量			
人工	000201000	综合二类工	工日	28.003	26.311	24.619	22.927
材料	151301010	热固性改性聚苯乙烯泡沫板	m³	5.900	5.800	5.700	5.600
	800909002	聚合物粘接砂浆	kg	460.000	460.000	460.000	460.000
	030107056	塑料膨胀螺栓	套	1112.000	742.000	668.000	558.000
	341103001	电	kW·h	2.000	2.000	2.000	2.000
	850103006	其他材料费（占材料费）	%	2.000	2.000	2.000	2.000
机械	990610010	灰浆搅拌机 200L	台班	0.037	0.037	0.037	0.037

工作内容：清理基层，切割，调制砂浆，贴防火带。　　**计量单位：**100m²

编号				10-112	10-113	10-114	10-115
项目				泡沫玻璃			
				宽度（mm）			
				300	450	500	600
名称			单位	消耗量			
人工	000201000	综合二类工	工日	17.766	16.920	16.074	15.228
材料	151501002	泡沫玻璃 δ50	m³	5.600	5.500	5.450	5.350
	800909002	聚合物粘接砂浆	kg	460.000	460.000	460.000	460.000
	341101001	水	m³	2.800	2.700	2.600	2.800
机械	990610010	灰浆搅拌机 200L	台班	0.037	0.037	0.037	0.037

工作内容：清理基层，切割，调制砂浆，贴防火带。　　　　**计量单位：**100m²

编号				10-116	10-117	10-118	10-119
项目				岩棉板			
				宽度（mm）			
				300	450	500	600
	名称		单位	消耗量			
人工	000201000	综合二类工	工日	16.400	15.580	14.760	13.940
材料	150301004	岩棉板 δ50	m^3	5.500	5.390	5.313	5.220
	092701006	耐碱玻璃纤维网格布	m^2	245.000	240.100	236.670	232.505
	030107056	塑料膨胀螺栓	套	1112.000	742.000	668.000	558.000
	800909002	聚合物粘接砂浆	kg	460.000	460.000	460.000	460.000
	800801003	界面砂浆 DB	m^3	0.110	0.108	0.106	0.104
	341103001	电	kW·h	1.100	1.100	1.100	1.100
	850103006	其他材料费（占材料费）	%	1.500	1.500	1.500	1.500
机械	990610010	灰浆搅拌机 200L	台班	0.037	0.037	0.037	0.037

二、防 腐 面 层

1. 防腐混凝土

工作内容：清扫基层，制运混凝土、胶泥，涂刷胶泥，摊铺混凝土，养护等。　　　　**计量单位：**100m²

编号				10-120	10-121	10-122	10-123
项目				水玻璃耐酸混凝土		耐酸沥青混凝土	
				厚度（mm）			
				60	每增减 5	60	每增减 5
	名称		单位	消耗量			
人工	000301000	综合三类工	工日	18.510	1.991	11.618	1.249
材料	802709002	水玻璃耐酸混凝土	m^3	6.120	0.510	—	—
	801501001	水玻璃胶泥 1：0.15：1.2：1.1	m^3	0.210	—	—	—
	802709001	沥青耐酸混凝土	m^3	—	—	6.060	0.505
	801517001	沥青稀胶泥 100：30	m^3	—	—	0.202	—
	140507001	冷底子油	kg	—	—	47.660	—
机械	990601030	涡浆式混凝土搅拌机 500L	台班	1.220	0.100	1.220	0.100
	991273010	沥青熔化炉 XLL-0.5t	台班	—	—	1.440	0.116

工作内容： 基层清理，选料，制运混凝土，摊铺混凝土，养护等。　　　　**计量单位：** 100m²

编号				10-124	10-125	10-126	10-127	10-128
项目				耐碱混凝土	密实混凝土		重晶石混凝土	
				厚度（mm）				
				60		每增减 5	60	每增减 5
名称			单位	消耗量				
人工	000301000	综合三类工	工日	12.900	12.900	1.200	12.600	1.200
材料	802711001	耐碱混凝土	m^3	6.060	—	—	—	—
	802800001	密实混凝土	m^3	—	6.100	0.510	—	—
	802715001	重晶石混凝土	m^3	—	—	—	6.060	0.510
	850103006	其他材料费（占材料费）	%	2.000	2.000	1.290	1.490	1.470
机械	990601030	涡浆式混凝土搅拌机 500L	台班	1.165	1.173	0.098	1.165	0.097

2. 防腐砂浆

工作内容： 清扫基层，制运砂浆、胶泥，涂刷胶泥，铺设压实砂浆。　　　　**计量单位：** 100m²

编号				10-129	10-130	10-131	10-132
项目				水玻璃耐酸砂浆		耐酸沥青砂浆	
				厚度（mm）			
				20	每增减 5	30	每增减 5
名称			单位	消耗量			
人工	000301000	综合三类工	工日	14.808	1.594	9.625	1.520
材料	800701002	水玻璃耐酸砂浆 1∶0.15∶1.1∶1∶2.6	m^3	2.020	0.505	—	—
	801501001	水玻璃胶泥 1∶0.15∶1.2∶1.1	m^3	0.300	—	—	—
	800903002	石油沥青砂浆 1∶2∶7	m^3	—	—	3.030	0.505
	801517001	沥青稀胶泥 100∶30	m^3	—	—	0.202	—
	140507001	冷底子油	kg	—	—	47.660	—
机械	990610010	灰浆搅拌机 200L	台班	0.337	0.084	0.505	0.084
	991273010	沥青熔化炉 XLL-0.5t	台班	—	—	0.743	0.116

工作内容：清扫基层，制运砂浆、胶泥，涂刷胶泥，铺设压实砂浆。　　**计量单位：**100m²

编　号				10-133	10-134	10-135	10-136
项　目				环氧砂浆		不饱和聚酯砂浆	
				厚度（mm）			
				5	每增减 1	5	每增减 1
名　称			单位	消　耗　量			
人工	000301000	综合三类工	工日	15.300	6.300	15.300	6.300
材料	800905001	环氧树脂砂浆	m^3	0.510	0.100	—	—
	800901001	不饱和聚酯砂浆	m^3	—	—	0.500	0.100
	130507014	环氧树脂打底料	m^3	0.030	—	0.100	—
	850103006	其他材料费（占材料费）	%	1.000	1.000	2.000	2.000
机械	991201010	轴流通风机 7.5kW	台班	2.000	—	2.000	—

工作内容：清扫基层，制运砂浆、胶泥，涂刷胶泥，铺设压实砂浆。　　**计量单位：**100m²

编　号				10-137	10-138	10-139	10-140
项　目				钢屑砂浆		不发火沥青砂浆	不发火水泥石灰砂浆
				一般抹面	吊车梁抹面	厚度（mm）	
				厚度（mm）		20	
				30			
名　称			单位	消　耗　量			
人工	000301000	综合三类工	工日	16.982	18.068	26.540	11.506
材料	801103004	素水泥浆	m^3	0.101	0.101	—	0.101
	800911001	钢屑砂浆	m^3	3.030	3.030	—	—
	341101001	水	m^3	8.400	8.400	—	4.700
	800903003	不发火沥青砂浆	m^3	—	—	2.020	—
	801517001	沥青稀胶泥 100：30	m^3	—	—	0.202	—
	140507001	冷底子油	kg	—	—	48.000	—
	801105002	水泥石灰膏砂浆	m^3	—	—	—	2.020
	850103006	其他材料费（占材料费）	%	—	—	—	2.000
机械	990610010	灰浆搅拌机 200L	台班	0.505	0.505	—	0.337
	991273010	沥青熔化炉 XLL-0.5t	台班	—	—	0.511	—

工作内容：清扫基层，碎石灌沥青。配料、涂刷、酸化处理。　　　　**计量单位：**$100m^2$

编号				10-141	10-142	10-143
项目				碎石灌沥青		酸化处理
				石英碎石	普通碎石	
				厚度（mm）		
				100		
名称			单位	消耗量		
人工	000301000	综合三类工	工日	29.187	29.610	5.607
材料	133101001	石油沥青（综合）	kg	3608.000	3608.000	—
	040501025	石英碎石（卵石）	m^3	10.800	—	—
	140301003	汽油 92#	kg	108.240	108.240	—
	040501018	碎石 15	m^3	—	10.800	—
	143105001	硫酸 38%	kg	—	—	45.000
	341101001	水	m^3	—	—	0.100
机械	991273010	沥青熔化炉 XLL-0.5t	台班	4.000	4.000	—

3. 防腐胶泥

工作内容：清扫基层，制运胶泥，涂刷胶泥。　　　　**计量单位：**$100m^2$

编号				10-144	10-145	10-146	10-147
项目				环氧稀胶泥		双酚 A 型不饱和聚酯稀胶泥	
				厚度（mm）			
				2	每增减 1	2	每增减 1
名称			单位	消耗量			
人工	000301000	综合三类工	工日	15.400	5.200	27.356	8.207
材料	801503004	环氧稀胶泥	m^3	0.210	0.100	—	—
	130507014	环氧树脂打底料	m^3	0.014	—	—	—
	801505001	双酚 A 型不饱和聚酯胶泥	m^3	—	—	0.213	0.100
	850103006	其他材料费（占材料费）	%	1.000	—	1.500	1.500
机械	991201010	轴流通风机 7.5kW	台班	2.000	—	2.000	—

工作内容：清扫基层，制运胶泥，涂刷胶泥。　　　　**计量单位：**$100m^2$

编号				10-148	10-149
项目				二甲苯不饱和聚酯稀胶泥	
				厚度（mm）	
				2	每增减 1
名称			单位	消耗量	
人工	000301000	综合三类工	工日	27.356	8.207
材料	801503001	二甲苯不饱和聚酯胶泥	m^3	0.213	0.100
	850103006	其他材料费（占材料费）	%	1.500	1.500
机械	991201010	轴流通风机 7.5kW	台班	2.000	—

4. 玻璃钢防腐

工作内容：清理基层，填料干燥、过筛，腻子配置及嵌刮，胶浆配置涂刷，贴布（包括脱脂下料），面漆。

计量单位：100m²

编号				10-150	10-151	10-152	10-153
项目				玻璃钢底漆及腻子		环氧玻璃钢	
				底漆每层	刮腻子	贴布每层	树脂每层
名称			单位	消耗量			
人工	000301000	综合三类工	工日	2.715	1.666	22.582	1.728
材料	142107001	环氧树脂	kg	16.500	3.590	30.000	20.000
	143315001	丙酮	kg	9.680	0.720	6.090	4.290
	143179001	乙二胺	kg	0.840	0.250	1.260	0.840
	040915006	石英粉	kg	2.390	7.180	3.590	0.840
	092705002	纱布	张	—	40.000	20.000	—
	150702009	玻璃丝布 δ0.2	m²	—	—	115.000	—
	850103006	其他材料费（占材料费）	%	2.000	2.000	2.000	—
机械	991201010	轴流通风机 7.5kW	台班	1.000	1.600	5.000	1.000

工作内容：清理基层，填料干燥、过筛，腻子配置及嵌刮，胶浆配置涂刷，贴布（包括脱脂下料），面漆。

计量单位：100m²

编号				10-154	10-155	10-156	10-157
项目				环氧酚醛玻璃钢		酚醛玻璃钢	
				贴布每层	树脂每层	贴布每层	树脂每层
名称			单位	消耗量			
人工	000301000	综合三类工	工日	22.582	1.604	22.582	1.604
材料	150702009	玻璃丝布 δ0.2	m²	115.000	—	115.000	—
	142107001	环氧树脂	kg	21.000	14.000	21.000	—
	142101001	酚醛树脂	kg	9.000	6.000	9.000	20.000
	143315001	丙酮	kg	5.190	1.200	15.920	—
	143179001	乙二胺	kg	0.900	0.600	1.570	—
	040915006	石英粉	kg	3.590	1.200	7.160	1.200
	092705002	纱布	张	20.000	—	—	—
	143313001	苯磺酰氯	kg	—	—	1.610	1.080
	143303001	酒精	kg	—	—	4.290	3.490
	850103006	其他材料费（占材料费）	%	2.000	—	2.000	—
机械	991201010	轴流通风机 7.5kW	台班	5.000	1.000	5.000	1.000

工作内容：清理基层，填料干燥、过筛，腻子配置及嵌刮，胶浆配置涂刷，贴布（包括脱脂下料），面漆。

计量单位：100m²

编号				10-158	10-159
项目				环氧呋喃玻璃钢	
				贴布每层	树脂每层
名称			单位	消耗量	
人工	000301000	综合三类工	工日	22.582	1.851
材料	150702009	玻璃丝布 δ0.2	m²	115.000	—
	142107001	环氧树脂	kg	21.000	14.000
	142105001	呋喃树脂	kg	9.000	6.000
	143179001	乙二胺	kg	0.900	0.600
	143315001	丙酮	kg	2.690	1.200
	040915006	石英粉	kg	2.690	1.200
	092705002	纱布	张	20.000	—
机械	991201010	轴流通风机 7.5kW	台班	5.000	1.000

工作内容：清理基层，填料干燥、过筛，腻子配置及嵌刮，胶浆配置涂刷，贴布（包括脱脂下料），面漆。

计量单位：100m²

编号				10-160	10-161	10-162	10-163
项目				环氧煤焦油玻璃钢			
				底漆每层	刮腻子	贴布每层	树脂每层
名称			单位	消耗量			
人工	000301000	综合三类工	工日	6.500	15.000	55.000	6.500
材料	140311001	环氧煤焦油	kg	23.000	30.000	60.000	23.000
	150702009	玻璃丝布 δ0.2	m²	—	—	115.000	—
	143511008	NSJ-Ⅱ稀释剂	kg	1.200	—	3.000	1.200
	040915006	石英粉	kg	—	33.000	—	—
	850103006	其他材料费（占材料费）	%	2.000	2.000	2.000	2.000
机械	991201010	轴流通风机 7.5kW	台班	1.000	2.000	5.000	1.000

工作内容： 清理基层，填料干燥、过筛，腻子配置及嵌刮，胶浆配置涂刷，贴布（包括脱脂下料），面漆。

计量单位：100m²

编号				10-164	10-165	10-166	10-167
项目				不饱和聚酯树脂玻璃钢			
				底漆每层	刮腻子	贴布每层	树脂每层
名称			单位	消耗量			
人工	000301000	综合三类工	工日	7.000	15.000	46.530	6.000
材料	142117001	不饱和聚酯树脂	kg	30.100	40.200	45.000	20.000
	150702008	玻璃丝布 δ0.2～0.4	m²	—	—	115.000	—
	040319003	石英砂（综合）	kg	—	—	—	35.000
	040915006	石英粉	kg	—	48.000	—	—
	143511008	NSJ-Ⅱ稀释剂	kg	4.500	—	—	—
	143563001	引发剂	kg	0.900	1.200	1.300	0.600
	143501001	促进剂 KA	kg	0.700	0.900	1.000	0.500
	850103006	其他材料费（占材料费）	%	2.000	2.000	2.000	2.000
机械	991201010	轴流通风机 7.5kW	台班	1.000	5.000	5.000	1.000

工作内容： 清理基层，填料干燥、过筛，腻子配置及嵌刮，胶浆配置涂刷，贴布（包括脱脂下料），面漆。

计量单位：100m²

编号				10-168	10-169	10-170	10-171
项目				不饱和聚酯树脂玻璃钢			
				短切毡	表面毡	玻璃丝布 0.2mm	玻璃丝布 0.4mm
名称			单位	消耗量			
人工	000301000	综合三类工	工日	55.000	27.500	35.000	35.000
材料	142117001	不饱和聚酯树脂	kg	110.000	110.000	45.000	75.000
	143501001	促进剂 KA	kg	2.900	2.000	1.000	1.700
	143563001	引发剂	kg	3.900	2.700	1.300	2.300
	092701002	玻璃纤维布 δ0.2	m²	—	—	115.000	—
	092701003	玻璃纤维布 δ0.4	m²	—	—	—	115.000
	022709001	短切毡（综合）	m²	115.000	—	—	—
	150707001	表面毡	m²	—	115.000	—	—
	850103006	其他材料费（占材料费）	%	2.000	2.000	2.000	2.000
机械	991201010	轴流通风机 7.5kW	台班	5.000	5.000	5.000	5.000

工作内容：撒砂。 **计量单位**：100m²

编号				10-172	10-173
项目				玻璃钢撒砂	
				平面	立面
名称			单位	消耗量	
人工	000301000	综合三类工	工日	1.300	1.820
材料	040319003	石英砂（综合）	kg	30.000	35.000

5. 软聚氯乙烯板

工作内容：清理基层，配料、下料、涂胶铺贴，滚压、养护、焊接缝整平，安装压条，铺贴板。 **计量单位**：100m²

编号				10-174
项目				软聚氯乙烯板地面
名称			单位	消耗量
人工	000301000	综合三类工	工日	59.526
材料	021101006	软聚氯乙烯板 δ3	m²	149.020
	130507001	防腐油	kg	6.750
	031301015	聚氯乙烯焊条（综合）	kg	2.226
	144135002	XY-401 胶	kg	90.000
	050401003	板枋材	m³	0.339
	020901004	聚氯乙烯薄膜	kg	0.100
	120107002	木压条 15×40	m	0.176
	143511008	NSJ-Ⅱ稀释剂	kg	35.300
	022703001	白布	m²	3.570
	030103013	圆头木螺钉	100个	3.805
	031501007	圆钉	kg	1.081
	092705002	纱布	张	70.000
机械	991201010	轴流通风机 7.5kW	台班	1.400

6. 块 料 防 腐

（1）平 面 块 料

工作内容：清理基层，清洗砖板，制运胶泥，涂底料，铺砌砖板。 **计量单位：**100m²

编号				10-175	10-176	10-177	10-178
项目				环氧树脂胶泥结合、环氧树脂胶泥勾缝砖（板）厚（mm）			
				瓷砖		瓷板	陶板
				230×113×65		150×150×30	
				65	113	30	
名称			单位	消耗量			
人工	000301000	综合三类工	工日	76.260	99.210	79.030	79.540
材料	132101001	耐酸瓷砖 230×113×65	块	3774.144	6438.127	—	—
	132103012	耐酸板 150×150×30	块	—	—	4442.667	—
	132103026	耐酸陶板 150×150×30	块	—	—	—	4442.667
	801503010	环氧树脂胶泥 1∶0.1∶0.08∶2	m^3	1.090	1.600	0.850	0.850
	801503002	环氧树脂胶泥打底料	m^3	0.200	0.200	0.200	0.200
	341101001	水	m^3	6.000	8.000	5.000	5.000
	341103001	电	kW·h	9.060	9.060	9.060	9.060
机械	991201010	轴流通风机 7.5kW	台班	2.000	2.000	2.000	2.000

工作内容：清理基层，清洗砖板，制运胶泥，涂底料，铺砌砖板。 **计量单位：**100m²

编号				10-179	10-180	10-181	10-182
项目				酚醛树脂胶泥结合、环氧树脂胶泥勾缝砖（板）厚度（mm）			
				瓷砖		瓷板	陶板
				230×113×65		150×150×30	
				65	113	30	
名称			单位	消耗量			
人工	000301000	综合三类工	工日	76.260	99.210	79.030	79.540
材料	132101001	耐酸瓷砖 230×113×65	块	3774.144	6438.127	—	—
	132103012	耐酸板 150×150×30	块	—	—	4442.667	—
	132103026	耐酸陶板 150×150×30	块	—	—	—	4442.667
	801503006	酚醛树脂胶泥 1∶0.08∶0.06∶1.8	m^3	0.890	1.300	0.750	0.750
	130507007	酚醛树脂打底料	m^3	0.200	0.200	0.200	0.200
	341101001	水	m^3	6.000	8.000	5.000	5.000
	341103001	电	kW·h	9.060	9.060	9.060	9.060
	801503008	环氧树脂胶泥 1∶0.08∶0.1∶1	m^3	0.200	0.300	0.100	0.100
机械	991201010	轴流通风机 7.5kW	台班	2.000	2.000	2.000	2.000

工作内容：清理基层，清洗砖板，制运胶泥，涂底料，铺砌砖板。　　　　**计量单位：**100m²

编号				10-183	10-184	10-185	10-186
项目				环氧酚醛胶泥结合、环氧树脂胶泥勾缝砖（板）厚度（mm）			
				瓷砖		瓷板	陶板
				230×113×65		150×150×30	
				65	113	30	
名称			单位	消耗量			
人工	000301000	综合三类工	工日	75.530	99.080	78.370	78.920
材料	132101001	耐酸瓷砖 230×113×65	块	3774.144	6438.127	—	—
	132103012	耐酸板 150×150×30	块	—	—	4442.667	—
	132103026	耐酸陶板 150×150×30	块	—	—	—	4442.667
	801503007	环氧酚醛胶泥 0.7：0.3：0.06：0.05：1.7	m^3	0.900	1.300	0.700	0.700
	130507019	环氧酚醛树脂打底料	m^3	0.200	0.200	0.200	0.200
	341101001	水	m^3	6.000	8.000	5.000	5.000
	341103001	电	kW·h	9.060	9.060	9.060	9.060
	801503008	环氧树脂胶泥 1：0.08：0.1：1	m^3	0.200	0.300	0.100	0.100
机械	991201010	轴流通风机 7.5kW	台班	2.000	2.000	2.000	2.000

工作内容：清理基层，清洗砖板，制运胶泥，涂底料，铺砌砖板。　　　　**计量单位：**100m²

编号				10-187	10-188	10-189	10-190
项目				呋喃树脂胶泥结合、环氧树脂胶泥勾缝砖（板）厚度（mm）			
				瓷砖		瓷板	陶板
				230×113×65		150×150×30	
				65	113	30	
名称			单位	消耗量			
人工	000301000	综合三类工	工日	76.260	99.210	79.030	79.540
材料	132101001	耐酸瓷砖 230×113×65	块	3774.144	6438.127	—	—
	132103012	耐酸板 150×150×30	块	—	—	4442.667	—
	132103026	耐酸陶板 150×150×30	块	—	—	—	4442.667
	801503003	呋喃树脂胶泥	m^3	0.890	1.300	0.750	0.750
	130507010	呋喃树脂打底料	m^3	0.200	0.200	0.200	0.200
	341101001	水	m^3	6.000	8.000	5.000	5.000
	341103001	电	kW·h	9.060	9.060	9.060	9.060
	801503008	环氧树脂胶泥 1：0.08：0.1：1	m^3	0.200	0.300	0.100	0.100
机械	991201010	轴流通风机 7.5kW	台班	2.000	2.000	2.000	2.000

工作内容：清理基层，清洗砖板，制运胶泥，涂底料，铺砌砖板。　　计量单位：100m²

编　号				10-191	10-192	10-193	10-194
项　目				环氧呋喃胶泥结合、环氧树脂胶泥勾缝砖（板）厚度（mm）			
				瓷砖		瓷板	陶板
				230×113×65		150×150×30	
				65	113	30	
名　称			单位	消　耗　量			
人工	000301000	综合三类工	工日	75.530	99.080	78.370	78.920
材料	132101001	耐酸瓷砖 230×113×65	块	3774.144	6438.127	—	—
	132103012	耐酸板 150×150×30	块	—	—	4442.667	—
	132103026	耐酸陶板 150×150×30	块	—	—	—	4442.667
	801503003	呋喃树脂胶泥	m^3	0.900	1.300	0.700	0.700
	130507015	环氧呋喃树脂底料	m^3	0.200	0.200	0.200	0.200
	341101001	水	m^3	6.000	8.000	5.000	5.000
	341103001	电	kW·h	9.060	9.060	9.060	9.060
	801503008	环氧树脂胶泥 1：0.08：0.1：1	m^3	0.200	0.300	0.100	0.100
机械	991201010	轴流通风机 7.5kW	台班	2.000	2.000	2.000	2.000

工作内容：清理基层，清洗砖板，制运胶泥，涂底料，铺砌砖板。　　计量单位：100m²

编　号				10-195	10-196	10-197	10-198
项　目				不饱和聚酯胶泥结合、环氧树脂胶泥勾缝（邻苯型、双酚“A”型）砖（板）厚度（mm）			
				瓷砖		瓷板	陶板
				230×113×65		150×150×30	
				65	113	30	
名　称			单位	消　耗　量			
人工	000301000	综合三类工	工日	78.310	101.790	81.080	81.620
材料	132101001	耐酸瓷砖 230×113×65	块	3774.144	6438.127	—	—
	132103012	耐酸板 150×150×30	块	—	—	4442.667	—
	132103026	耐酸陶板 150×150×30	块	—	—	—	4442.667
	801505001	双酚 A 型不饱和聚酯胶泥	m^3	0.900	1.300	0.700	0.700
	130507010	呋喃树脂打底料	m^3	0.200	0.200	0.200	0.200
	341101001	水	m^3	6.000	8.000	5.000	5.000
	341103001	电	kW·h	9.060	9.060	9.060	9.060
	801503008	环氧树脂胶泥 1：0.08：0.1：1	m^3	0.200	0.300	0.100	0.100
机械	991201010	轴流通风机 7.5kW	台班	2.000	2.000	2.000	2.000

工作内容： 清理基层，清洗砖板，制运胶泥，涂底料，铺砌砖板。　　　　**计量单位：** 100m²

编　号				10-199	10-200	10-201	10-202
项　目				环氧煤焦油胶泥结合、环氧树脂胶泥勾缝砖（板）厚度（mm）			
				瓷砖		瓷板	陶板
				230 × 113 × 65		150 × 150 × 30	
				65	113	30	
名　称			单位	消　耗　量			
人工	000301000	综合三类工	工日	75.530	99.080	78.370	78.920
材料	132101001	耐酸瓷砖 230 × 113 × 65	块	3774.144	6438.127	—	—
	132103012	耐酸板 150 × 150 × 30	块	—	—	4442.667	—
	132103026	耐酸陶板 150 × 150 × 30	块	—	—	—	4442.667
	801500001	环氧煤焦油胶泥 0.5：0.5：0.04：2.2	m³	0.900	1.300	0.700	0.700
	130111019	环氧煤焦油树脂底料	m³	0.200	0.200	0.200	0.200
	341101001	水	m³	6.000	8.000	5.000	5.000
	341103001	电	kW · h	9.060	9.060	9.060	9.060
	801503008	环氧树脂胶泥 1：0.08：0.1：1	m³	0.200	0.300	0.100	0.100
机械	991201010	轴流通风机 7.5kW	台班	2.000	2.000	2.000	2.000

工作内容： 清理基层，清洗砖板，制运胶泥，涂底料，铺砌砖板。　　　　**计量单位：** 100m²

编　号				10-203	10-204
项　目				环氧煤焦油胶泥铺砌砖厚度（mm）	
				缸砖	
				300 × 200 × 45	300 × 200 × 65
				45	65
名　称			单位	消　耗　量	
人工	000301000	综合三类工	工日	96.000	96.000
材料	132101003	耐酸缸砖 300 × 200 × 45	块	1700.000	—
	132101004	耐酸缸砖 300 × 200 × 65	块	—	1700.000
	140311001	环氧煤焦油	kg	784.000	800.000
	040915006	石英粉	kg	1411.000	1440.000
	151301002	聚苯乙烯板 δ40	m²	2.000	2.000
	341103001	电	kW · h	9.060	9.060
机械	991201010	轴流通风机 7.5kW	台班	2.000	2.000

工作内容：清理基层，清洗砖板，制运胶泥，涂底料，铺砌砖板。 **计量单位**：100m²

编号				10-205	10-206
项目				环氧煤焦油胶泥铺砌砖厚度（mm）	
				缸砖	
				300 × 200 × 80	300 × 200 × 100
				80	100
名称			单位	消耗量	
人工	000301000	综合三类工	工日	100.000	100.000
材料	132101005	耐酸缸砖 300 × 200 × 80	块	1700.000	—
	132101006	耐酸缸砖 300 × 200 × 100	块	—	1700.000
	140311001	环氧煤焦油	kg	818.000	835.400
	040915006	石英粉	kg	1472.000	1506.000
	151301002	聚苯乙烯板 δ40	m²	2.000	2.000
	341103001	电	kW · h	9.060	9.060
机械	991201010	轴流通风机 7.5kW	台班	2.000	2.000

工作内容：清理基层，清洗砖板，制运胶泥，涂底料，铺砌砖板。 **计量单位**：100m²

编号				10-207	10-208	10-209	10-210
项目				水玻璃耐酸胶泥结合、 环氧树脂胶泥勾缝砖（板）厚度（mm）			
				瓷砖		瓷板	陶板
				230 × 113 × 65		150 × 150 × 30	
				65	113	30	
名称			单位	消耗量			
人工	000301000	综合三类工	工日	76.780	99.210	79.510	79.510
材料	132101001	耐酸瓷砖 230 × 113 × 65	块	3774.144	6438.127	—	—
	132103012	耐酸板 150 × 150 × 30	块	—	—	4442.667	—
	132103026	耐酸陶板 150 × 150 × 30	块	—	—	—	4442.667
	801501001	水玻璃胶泥 1 : 0.15 : 1.2 : 1.1	m³	0.890	1.710	0.750	0.750
	341101001	水	m³	6.000	8.000	5.000	5.000
	341103001	电	kW · h	9.060	9.060	9.060	9.060
	801503008	环氧树脂胶泥 1 : 0.08 : 0.1 : 1	m³	0.200	0.300	0.100	0.100
机械	991201010	轴流通风机 7.5kW	台班	2.000	2.000	2.000	2.000

工作内容：清理基层，清洗砖板，制运胶泥，涂底料，铺砌砖板。　　　　**计量单位：**$100m^2$

编号				10-211
项目				水玻璃耐酸胶泥铺砌砖（板）厚度（mm）
				花岗岩板
				500 × 400 × 80
				80
名称			单位	消耗量
人工	000301000	综合三类工	工日	72.929
材料	080703001	花岗岩 500 × 400 × 80mm	m^2	101.500
	801501001	水玻璃胶泥 1 ∶ 0.15 ∶ 1.2 ∶ 1.1	m^3	2.200
	341101001	水	m^3	6.000
	341103001	电	kW · h	11.070
机械	991201010	轴流通风机 7.5kW	台班	2.000

工作内容：清理基层，清洗砖板，制运胶泥，涂底料，铺砌砖板。　　　　**计量单位：**$100m^2$

编号				10-212	10-213	10-214	10-215
项目				耐酸沥青胶泥结合、环氧树脂胶泥勾缝砖（板）厚度（mm）			
				瓷砖		瓷板	陶板
				230 × 113 × 65		150 × 150 × 30	
				65	113	30	
名称			单位	消耗量			
人工	000301000	综合三类工	工日	76.800	99.230	79.510	79.510
材料	132101001	耐酸瓷砖 230 × 113 × 65	块	3774.144	6438.127	—	—
	132103012	耐酸板 150 × 150 × 30	块	—	—	4442.667	—
	132103026	耐酸陶板 150 × 150 × 30	块	—	—	—	4442.667
	341101001	水	m^3	6.000	8.000	5.000	5.000
	801507004	耐酸沥青胶泥 砌块材用 1 ∶ 1 ∶ 0.05	m^3	0.660	0.920	0.560	0.520
	140507001	冷底子油	kg	84.000	84.000	84.000	84.000
	801503008	环氧树脂胶泥 1 ∶ 0.08 ∶ 0.1 ∶ 1	m^3	0.200	0.300	0.100	0.100
机械	991201010	轴流通风机 7.5kW	台班	2.000	2.000	2.000	2.000
	991273010	沥青熔化炉 XLL-0.5t	台班	0.152	0.219	0.129	0.120

工作内容：清理基层，清洗砖板，制运砂浆，涂底料，铺砌砖板。 **计量单位：**100m²

编号				10-216	10-217
项目				水玻璃耐酸砂浆铺砌板厚度（mm）	耐酸沥青砂浆铺砌板厚度（mm）
				花岗岩板	
				500 × 400 × 80	
				80	
名称			单位	消耗量	
人工	000301000	综合三类工	工日	72.590	72.070
材料	080703001	花岗岩 500 × 400 × 80mm	m²	101.500	101.500
	800701002	水玻璃耐酸砂浆 1∶0.15∶1.1∶1∶2.6	m³	1.700	—
	341101001	水	m³	6.000	6.000
	341103001	电	kW · h	11.070	11.070
	800701001	耐酸沥青砂浆	m³	—	1.640
机械	991201010	轴流通风机 7.5kW	台班	2.000	2.000

工作内容：清理基层，清洗砖板，调运胶泥，铺砌块材，树脂胶泥勾缝。 **计量单位：**100m²

编号				10-218	10-219	10-220	10-221
项目				水玻璃耐酸胶泥结合、环氧树脂胶泥勾缝			
				瓷砖		瓷板	陶板
				230 × 113 × 65		150 × 150 × 30	
				65	113	30	
名称			单位	消耗量			
人工	000301000	综合三类工	工日	76.960	103.640	83.920	82.920
材料	132101001	耐酸瓷砖 230 × 113 × 65	块	3586.350	5977.258	—	—
	132103012	耐酸板 150 × 150 × 30	块	—	—	4219.111	—
	132103026	耐酸陶板 150 × 150 × 30	块	—	—	—	4219.111
	801501001	水玻璃胶泥 1∶0.15∶1.2∶1.1	m³	1.040	1.500	0.790	0.790
	801503009	环氧树脂胶泥 1∶0.08∶0.1∶2	m³	0.180	0.260	0.110	0.110
	341101001	水	m³	6.000	6.000	4.000	4.000
	341103001	电	kW · h	9.060	9.060	9.060	9.060
机械	991201010	轴流通风机 7.5kW	台班	2.000	2.000	2.000	2.000

工作内容： 清理基层，清洗花岗岩板，调运胶泥，铺砌块材，树脂胶泥勾缝。　　**计量单位：** 100m²

编号				10-222
项目				水玻璃耐酸胶泥结合、环氧树脂胶泥勾缝铺砌厚度（mm）
				花岗岩板
				500 × 400 × 80
				80
名称			单位	消耗量
人工	000301000	综合三类工	工日	74.450
材料	080703001	花岗岩 500 × 400 × 80mm	m^2	101.500
	801503009	环氧树脂胶泥 1∶0.08∶0.1∶2	m^3	0.100
	801501001	水玻璃胶泥 1∶0.15∶1.2∶1.1	m^3	2.100
	130507014	环氧树脂打底料	m^3	0.100
	143105001	硫酸 38%	kg	5.000
	341101001	水	m^3	6.000
	341103001	电	kW · h	11.070
机械	991201010	轴流通风机 7.5kW	台班	2.000

工作内容： 清理基层，清洗砖板，调运砂浆、胶泥，铺砌块材，树脂胶泥勾缝。　　**计量单位：** 100m²

编号				10-223	10-224	10-225	10-226
项目				水玻璃耐酸砂浆结合、环氧树脂胶泥勾缝铺砌厚度（mm）			
				瓷砖		瓷板	陶板
				230 × 113 × 65		150 × 150 × 30	
				65	113	30	
名称			单位	消耗量			
人工	000301000	综合三类工	工日	84.530	107.200	85.950	85.950
材料	132101001	耐酸瓷砖 230 × 113 × 65	块	3586.350	5977.258	—	—
	800701002	水玻璃耐酸砂浆 1∶0.15∶1.1∶1∶2.6	m^3	1.300	2.100	1.000	1.000
	801503009	环氧树脂胶泥 1∶0.08∶0.1∶2	m^3	0.200	0.300	0.100	0.100
	801501001	水玻璃胶泥 1∶0.15∶1.2∶1.1	m^3	0.200	0.200	0.200	0.200
	130507014	环氧树脂打底料	m^3	0.100	0.100	0.100	0.100
	143105001	硫酸 38%	kg	8.600	12.200	8.600	8.600
	341101001	水	m^3	6.000	8.000	5.000	5.000
	341103001	电	kW · h	9.060	9.060	9.060	9.060
	132103012	耐酸板 150 × 150 × 30	块	—	—	4219.110	—
	132103026	耐酸陶板 150 × 150 × 30	块	—	—	—	4219.110
机械	991201010	轴流通风机 7.5kW	台班	2.000	2.000	2.000	2.000

工作内容：清理基层，清洗花岗岩板，调运砂浆、胶泥，铺砌块材，树脂胶泥勾缝。 **计量单位：**100m²

编号				10-227
项目				水玻璃耐酸砂浆结合、环氧树脂胶泥勾缝铺砌厚度（mm）
				花岗岩板
				500 × 400 × 80
				80
名称			单位	消耗量
人工	000301000	综合三类工	工日	77.900
材料	080703001	花岗岩 500 × 400 × 80mm	m^2	101.500
	800701002	水玻璃耐酸砂浆 1：0.15：1.1：1：2.6	m^3	1.900
	801503009	环氧树脂胶泥 1：0.08：0.1：2	m^3	0.100
	801501001	水玻璃胶泥 1：0.15：1.2：1.1	m^3	0.200
	130507014	环氧树脂打底料	m^3	0.100
	143105001	硫酸 38%	kg	5.000
	341101001	水	m^3	6.000
	341103001	电	kW · h	11.070
机械	991201010	轴流通风机 7.5kW	台班	2.000

工作内容：清理基层，运清洗砖板，调运砂浆、胶泥，铺砌块材，树脂胶泥勾缝。 **计量单位：**100m²

编号				10-228	10-229	10-230
项目				1：2 水泥砂浆结合、环氧树脂胶泥勾缝铺砌厚度（mm）		
				瓷砖		瓷板
				230 × 113 × 65		150 × 150 × 30
				65	113	30
名称			单位	消耗量		
人工	000301000	综合三类工	工日	78.980	100.230	83.110
材料	132101001	耐酸瓷砖 230 × 113 × 65	块	3586.350	5977.258	—
	132103012	耐酸板 150 × 150 × 30	块	—	—	4219.110
	800100003	水泥砂浆 1：2	m^3	1.300	2.100	1.000
	801503009	环氧树脂胶泥 1：0.08：0.1：2	m^3	0.200	0.300	0.100
	130507014	环氧树脂打底料	m^3	0.100	0.100	0.100
	143105001	硫酸 38%	kg	8.600	12.200	8.600
	341101001	水	m^3	6.000	8.000	5.000
机械	991201010	轴流通风机 7.5kW	台班	2.000	2.000	2.000
	990610010	灰浆搅拌机 200L	台班	1.000	1.000	1.000

工作内容：清理基层，运清洗砖板，调运砂浆、胶泥，铺砌块材，树脂胶泥勾缝。 **计量单位：**100m²

编号				10-231	10-232
项目				1：2 水泥砂浆结合、环氧树脂胶泥勾缝铺砌厚度（mm）	
				陶板	花岗岩
				150×150×30	500×400×80
				30	80
名称			单位	消耗量	
人工	000301000	综合三类工	工日	83.110	77.900
材料	132103026	耐酸陶板 150×150×30	块	4219.110	—
	080703001	花岗岩 500×400×80mm	m²	—	101.500
	800100003	水泥砂浆 1：2	m³	1.000	1.000
	801503009	环氧树脂胶泥 1：0.08：0.1：2	m³	0.100	0.100
	130507014	环氧树脂打底料	m³	0.100	0.100
	143105001	硫酸 38%	kg	8.600	5.000
	341101001	水	m³	5.000	6.000
机械	991201010	轴流通风机 7.5kW	台班	2.000	—
	990610010	灰浆搅拌机 200L	台班	1.000	1.000

（2）立面块料

工作内容：清理基层，清洗砖板，调运胶泥，涂底料，铺砌砖板。 **计量单位：**100m²

编号				10-233	10-234	10-235	10-236
项目				环氧树脂胶泥结合、环氧树脂胶泥勾缝板（砖）厚度（mm）			
				瓷砖		瓷板	陶板
				230×113×65		150×150×30	
				65	113	30	
名称			单位	消耗量			
人工	000301000	综合三类工	工日	107.340	138.740	112.210	112.210
材料	132101001	耐酸瓷砖 230×113×65	块	3774.144	6438.127	—	—
	132103012	耐酸板 150×150×30	块	—	—	4442.667	—
	132103026	耐酸陶板 150×150×30	块	—	—	—	4442.667
	801503009	环氧树脂胶泥 1：0.08：0.1：2	m³	0.900	1.300	0.700	0.700
	130507014	环氧树脂打底料	m³	0.200	0.200	0.200	0.200
	341101001	水	m³	6.000	8.000	5.000	5.000
	341103001	电	kW·h	9.060	9.060	9.060	9.060
	801503008	环氧树脂胶泥 1：0.08：0.1：1	m³	0.200	0.300	0.100	0.100
机械	991201010	轴流通风机 7.5kW	台班	2.000	2.000	2.000	2.000

工作内容：清理基层，清洗砖板，调运胶泥，涂底料，铺砌砖板。 计量单位：100m²

编号				10-237	10-238	10-239	10-240
项目				环氧酚醛胶泥结合、环氧树脂胶泥勾缝砖（板）厚度（mm）			
				瓷砖		瓷板	陶板
				230×113×65		150×150×30	
				65	113	30	
名称			单位	消耗量			
人工	000301000	综合三类工	工日	107.340	138.740	112.210	112.210
材料	132101001	耐酸瓷砖 230×113×65	块	3774.144	6438.127	—	—
	132103012	耐酸板 150×150×30	块	—	—	4442.667	—
	132103026	耐酸陶板 150×150×30	块	—	—	—	4442.667
	801503007	环氧酚醛胶泥 0.7：0.3：0.06：0.05：1.7	m^3	0.900	1.300	0.700	0.700
	130507019	环氧酚醛树脂打底料	m^3	0.200	0.200	0.200	0.200
	341101001	水	m^3	6.000	8.000	5.000	5.000
	341103001	电	kW·h	9.060	9.060	9.060	9.060
	801503008	环氧树脂胶泥 1：0.08：0.1：1	m^3	0.200	0.300	0.100	0.100
机械	991201010	轴流通风机 7.5kW	台班	2.000	2.000	2.000	2.000

工作内容：清理基层，清洗砖板，调运胶泥，涂底料，铺砌砖板。 计量单位：100m²

编号				10-241	10-242	10-243	10-244
项目				环氧呋喃胶泥结合、环氧树脂胶泥勾缝砖（板）厚度（mm）			
				瓷砖		瓷板	陶板
				230×113×65		150×150×30	
				65	113	30	
名称			单位	消耗量			
人工	000301000	综合三类工	工日	107.340	138.740	112.210	112.210
材料	132101001	耐酸瓷砖 230×113×65	块	3774.144	6438.127	—	—
	132103012	耐酸板 150×150×30	块	—	—	4442.667	—
	132103026	耐酸陶板 150×150×30	块	—	—	—	4442.667
	801503003	呋喃树脂胶泥	m^3	0.900	1.300	0.700	0.700
	130507015	环氧呋喃树脂底料	m^3	0.200	0.200	0.200	0.200
	341101001	水	m^3	6.000	8.000	5.000	5.000
	341103001	电	kW·h	9.060	9.060	9.060	9.060
	801503008	环氧树脂胶泥 1：0.08：0.1：1	m^3	0.200	0.300	0.100	0.100
机械	991201010	轴流通风机 7.5kW	台班	2.000	2.000	2.000	2.000

工作内容： 清理基层，清洗砖板，调运胶泥，涂底料，铺砌砖板。 **计量单位：** 100m²

编号				10-245	10-246	10-247	10-248
项目				酚醛树脂胶泥结合、环氧树脂胶泥勾缝板（砖）厚度（mm）			
				瓷砖		瓷板	陶板
				230 × 113 × 65		150 × 150 × 30	
				65	113	30	
名称			单位	消耗量			
人工	000301000	综合三类工	工日	110.000	141.450	114.920	114.920
材料	132101001	耐酸瓷砖 230 × 113 × 65	块	3774.144	6438.127	—	—
	132103012	耐酸板 150 × 150 × 30	块	—	—	4442.667	—
	132103026	耐酸陶板 150 × 150 × 30	块	—	—	—	4442.667
	801503005	酚醛树脂胶泥 1#	m³	0.900	1.300	0.700	0.700
	130507019	环氧酚醛树脂打底料	m³	0.200	0.200	0.200	0.200
	341101001	水	m³	6.000	8.000	5.000	5.000
	341103001	电	kW · h	9.060	9.060	9.060	9.060
	801503008	环氧树脂胶泥 1 : 0.08 : 0.1 : 1	m³	0.200	0.300	0.100	0.100
机械	991201010	轴流通风机 7.5kW	台班	2.000	2.000	2.000	2.000

工作内容： 清理基层，清洗砖板，调运胶泥，涂底料，铺砌砖板。 **计量单位：** 100m²

编号				10-249	10-250	10-251	10-252
项目				环氧煤焦油胶泥结合、环氧树脂胶泥勾缝砖（板）厚度（mm）			
				瓷砖		瓷板	陶板
				230 × 113 × 65		150 × 150 × 30	
				65	113	30	
名称			单位	消耗量			
人工	000301000	综合三类工	工日	107.000	138.740	112.210	112.210
材料	132101001	耐酸瓷砖 230 × 113 × 65	块	3774.144	6438.127	—	—
	132103012	耐酸板 150 × 150 × 30	块	—	—	4442.667	—
	132103026	耐酸陶板 150 × 150 × 30	块	—	—	—	4442.667
	801500001	环氧煤焦油胶泥 0.5 : 0.5 : 0.04 : 2.2	m³	0.900	1.300	0.700	0.700
	130111019	环氧煤焦油树脂底料	m³	0.200	0.200	0.200	0.200
	341101001	水	m³	6.000	8.000	5.000	5.000
	341103001	电	kW · h	9.060	9.060	9.060	9.060
	801503008	环氧树脂胶泥 1 : 0.08 : 0.1 : 1	m³	0.200	0.300	0.100	0.100
机械	991201010	轴流通风机 7.5kW	台班	2.000	2.000	2.000	2.000

工作内容：清理基层，清洗砖板，调运胶泥，涂底料，铺砌砖板。 计量单位：100m²

编号				10-253	10-254
项目				环氧煤焦油胶泥铺砌砖（板）厚度（mm）	
				缸砖	
				300×200×45	300×200×65
				45	65
名称			单位	消耗量	
人工	000301000	综合三类工	工日	120.000	120.000
材料	132101003	耐酸缸砖 300×200×45	块	1700.000	—
	132101004	耐酸缸砖 300×200×65	块	—	1700.000
	151301002	聚苯乙烯板 δ40	m²	2.000	2.000
	140311001	环氧煤焦油	kg	996.000	1016.000
	040915006	石英粉	kg	1793.000	1829.000
	341103001	电	kW·h	9.060	9.060
机械	991201010	轴流通风机 7.5kW	台班	2.000	2.000

工作内容：清理基层，清洗砖板，调运胶泥，涂底料，铺砌砖板。 计量单位：100m²

编号				10-255	10-256
项目				环氧煤焦油胶泥铺砌砖（板）厚度（mm）	
				缸砖	
				300×200×80	300×200×100
				80	100
名称			单位	消耗量	
人工	000301000	综合三类工	工日	128.000	128.000
材料	132101005	耐酸缸砖 300×200×80	块	1700.000	—
	132101006	耐酸缸砖 300×200×100	块	—	1700.000
	151301002	聚苯乙烯板 δ40	m²	2.000	2.000
	140311001	环氧煤焦油	kg	1038.000	1063.000
	040915006	石英粉	kg	1869.000	1913.000
	341103001	电	kW·h	9.060	9.060
机械	991201010	轴流通风机 7.5kW	台班	2.000	2.000

工作内容： 清理基层，清洗砖板，调运胶泥，涂底料，铺砌砖板。　　　　**计量单位：** $100m^2$

编号				10-257	10-258	10-259	10-260
项目				不饱和聚酯胶泥结合、环氧树脂胶泥勾缝（邻苯型、双酚"A"型）砖（板）厚度（mm）			
				瓷砖		瓷板	陶板
				230×113×65		150×150×30	
				65	113	30	
名称			单位	消耗量			
人工	000301000	综合三类工	工日	110.050	141.450	114.920	114.920
材料	132101001	耐酸瓷砖 230×113×65	块	3774.144	6438.127	—	—
	132103012	耐酸板 150×150×30	块	—	—	4442.667	—
	132103026	耐酸陶板 150×150×30	块	—	—	—	4442.667
	801505001	双酚A型不饱和聚酯胶泥	m^3	0.900	1.300	0.700	0.700
	801505002	双酚A型不饱和聚酯胶泥底料	m^3	0.200	0.200	0.200	0.200
	341101001	水	m^3	6.000	8.000	5.000	5.000
	341103001	电	kW·h	9.060	9.060	9.060	9.060
	801503008	环氧树脂胶泥 1∶0.08∶0.1∶1	m^3	0.200	0.300	0.100	0.100
机械	991201010	轴流通风机 7.5kW	台班	2.000	2.000	2.000	2.000

工作内容： 清理基层，清洗砖板，调运胶泥，涂底料，铺砌砖板。　　　　**计量单位：** $100m^2$

编号				10-261	10-262	10-263	10-264
项目				水玻璃耐酸胶泥结合、环氧树脂胶泥勾缝砖（板）厚度（mm）			
				瓷砖		瓷板	陶板
				230×113×65		150×150×30	
				65	113	30	
名称			单位	消耗量			
人工	000301000	综合三类工	工日	110.050	141.450	114.920	114.920
材料	132101001	耐酸瓷砖 230×113×65	块	3774.144	6438.127	—	—
	132103012	耐酸板 150×150×30	块	—	—	4442.667	—
	132103026	耐酸陶板 150×150×30	块	—	—	—	4442.667
	801501001	水玻璃胶泥 1∶0.15∶1.2∶1.1	m^3	0.890	1.710	0.750	0.750
	341101001	水	m^3	6.000	8.500	5.000	5.000
	341103001	电	kW·h	9.060	9.060	9.060	9.060
	801503008	环氧树脂胶泥 1∶0.08∶0.1∶1	m^3	0.200	0.300	0.100	0.100
机械	991201010	轴流通风机 7.5kW	台班	2.000	2.000	2.000	2.000

工作内容：清理基层，清洗砖板，调运胶泥、砂浆，涂底料，铺砌砖板。 **计量单位：**100m²

编号				10-265	10-266
项目				水玻璃耐酸胶泥铺砌砖（板）厚度（mm）	
				花岗岩板	
				500 × 400 × 80	
				水玻璃胶泥结合层	水玻璃耐酸砂浆
名称			单位	消耗量	
人工	000301000	综合三类工	工日	108.490	108.490
材料	080703001	花岗岩 500 × 400 × 80mm	m^2	102.000	102.000
	801501001	水玻璃胶泥 1∶0.15∶1.2∶1.1	m^3	2.000	—
	341101001	水	m^3	6.000	6.000
	341103001	电	kW · h	11.070	11.070
	800701002	水玻璃耐酸砂浆 1∶0.15∶1.1∶1∶2.6	m^3	—	2.000
机械	991201010	轴流通风机 7.5kW	台班	0.200	2.000
	990610010	灰浆搅拌机 200L	台班	—	1.157

工作内容：清理基层，清洗砖板，调运砂浆，涂底料，铺砌砖板。 **计量单位：**100m²

编号				10-267	10-268	10-269	10-270
项目				水玻璃耐酸砂浆结合、环氧树脂胶泥勾缝砖（板）厚度（mm）			
				瓷砖		瓷板	陶板
				230 × 113 × 65		150 × 150 × 30	
				65	113	30	
名称			单位	消耗量			
人工	000301000	综合三类工	工日	106.660	138.740	110.860	110.860
材料	132101001	耐酸瓷砖 230 × 113 × 65	块	3774.144	6438.127	—	—
	132103012	耐酸板 150 × 150 × 30	块	—	—	4442.667	—
	132103026	耐酸陶板 150 × 150 × 30	块	—	—	—	4442.667
	800701002	水玻璃耐酸砂浆 1∶0.15∶1.1∶1∶2.6	m^3	1.300	1.900	1.000	1.000
	801501001	水玻璃胶泥 1∶0.15∶1.2∶1.1	m^3	0.200	0.200	0.200	0.200
	341101001	水	m^3	6.000	8.000	5.000	5.000
	341103001	电	kW · h	9.060	9.060	9.060	9.060
	801503008	环氧树脂胶泥 1∶0.08∶0.1∶1	m^3	0.200	0.300	0.100	0.100
机械	991201010	轴流通风机 7.5kW	台班	2.000	2.000	2.000	2.000
	990610010	灰浆搅拌机 200L	台班	1.056	1.432	0.869	0.869

工作内容：清理基层，清洗砖板，调运胶泥，涂底料，铺砌砖板。 **计量单位：**$100m^2$

编号				10-271	10-272	10-273	10-274
项目				耐酸沥青胶泥结合、环氧树脂勾缝砖（板）厚度（mm）			
				瓷砖		瓷板	陶板
				230 × 113 × 65		150 × 150 × 30	
				65	113	30	
名称			单位	消耗量			
人工	000301000	综合三类工	工日	103.820	133.740	111.130	110.050
材料	132101001	耐酸瓷砖 230 × 113 × 65	块	3774.144	6438.127	—	—
	132103012	耐酸板 150 × 150 × 30	块	—	—	4442.667	—
	132103026	耐酸陶板 150 × 150 × 30	块	—	—	—	4442.667
	801507004	耐酸沥青胶泥 砌块材用 1：1：0.05	m^3	1.000	1.500	0.700	0.700
	140507001	冷底子油	kg	84.000	84.000	84.000	84.000
	341101001	水	m^3	6.000	8.000	5.000	5.000
	341103001	电	kW · h	9.060	9.060	9.060	9.060
	801503008	环氧树脂胶泥 1：0.08：0.1：1	m^3	0.200	0.300	0.100	0.100
机械	991273010	沥青熔化炉 XLL-0.5t	台班	0.800	1.200	0.600	0.600

三、其 他 防 腐

1. 隔 离 层

工作内容：清理基层，制运胶泥，涂冷底子油，铺设油毡，玻璃丝布。 **计量单位：**$100m^2$

编号				10-275	10-276	10-277	10-278
项目				耐酸沥青胶泥卷材		沥青胶泥玻璃布	
				二毡三油	增减一毡一油	一布一油	增减一布一油
名称			单位	消耗量			
人工	000301000	综合三类工	工日	8.950	4.010	4.807	3.691
材料	801507003	耐酸沥青胶泥 隔离层用 1：0.3：0.05	m^3	0.567	0.181	0.400	0.200
	133301001	石油沥青油毡	m^2	237.500	115.400	—	—
	140507001	冷底子油	kg	107.080	—	107.080	—
	150702009	玻璃丝布 δ0.2	m^2	—	—	115.000	115.000
机械	991273010	沥青熔化炉 XLL-0.5t	台班	0.130	0.042	0.092	0.046

工作内容：清理基层，熬制沥青，配置冷底子油，涂刷。　　计量单位：100m²

编　号				10-279	10-280
项　目				沥青胶泥	
				厚度（mm）	
				8	每增减 2
名　称			单位	消　耗　量	
人工	000301000	综合三类工	工日	17.950	6.230
材料	801507003	耐酸沥青胶泥 隔离层用 1：0.3：0.05	m^3	0.800	0.200
机械	991273010	沥青熔化炉 XLL-0.5t	台班	0.184	0.046

工作内容：清理基层，熬制沥青，配置冷底子油，涂刷。　　计量单位：100m²

编　号				10-281	10-282	10-283
项　目				刷热沥青		混凝土桩防腐翻身
				一道冷底子油 二道热沥青	每增减一道热沥青	
名　称			单位	消　耗　量		
人工	000301000	综合三类工	工日	4.230	1.350	0.169
材料	140507001	冷底子油	kg	48.000	—	—
	133101001	石油沥青（综合）	kg	405.200	203.000	—
	140301003	汽油 92#	kg	12.200	6.100	—
	850103006	其他材料费（占材料费）	%	—	—	2.000
机械	990302010	履带式起重机 10t	台班	—	—	0.100
	991273010	沥青熔化炉 XLL-0.5t	台班	0.397	0.199	—

工作内容：打磨、清理基层。　　计量单位：100m²

编　号				10-284	10-285
项　目				基层打磨	
				混凝土面墙面、楼地面	抹灰面墙面
名　称			单位	消　耗　量	
人工	000301000	综合三类工	工日	10.700	9.000
材料	031107004	石材磨光片	片	10.000	5.400
	850103006	其他材料费（占材料费）	%	2.000	2.000
机械	990789020	磨光机	台班	0.750	0.750
	991201010	轴流通风机 7.5kW	台班	0.630	0.500

2. 砌筑沥青浸渍砖

工作内容：清理基层，清洗块料，调制胶泥，铺块料。　　　　**计量单位：**100m²

编　号				10-286	10-287
项　目				沥青胶泥铺砌、沥青浸渍砖	
				厚度（mm）	
				115	53
名　称			单位	消　耗　量	
人工	000301000	综合三类工	工日	99.420	80.530
材料	133101001	石油沥青（综合）	kg	2979.000	1440.000
	801507003	耐酸沥青胶泥 隔离层用 1：0.3：0.05	m³	2.030	1.140
	041327004	混凝土实心砖 240×115×53	千块	7.389	3.571
机械	991201010	轴流通风机 7.5kW	台班	2.000	2.000
	991273010	沥青熔化炉 XLL-0.5t	台班	2.919	1.411

3. 防 腐 油 漆

工作内容：清理基层，调配油漆，涂刷。　　　　**计量单位：**100m²

编　号				10-288	10-289	10-290	10-291
项　目				环氧呋喃树脂漆			
				混凝土面			
				底漆		面漆	
				二遍	增一遍	二遍	增一遍
名　称			单位	消　耗　量			
人工	000301000	综合三类工	工日	7.995	4.568	6.168	3.046
材料	142107001	环氧树脂	kg	24.440	10.500	22.700	10.900
	143315001	丙酮	kg	11.500	5.500	11.600	5.700
	143345001	邻苯二甲酸二丁酯	kg	3.300	1.400	3.500	1.700
	142105001	呋喃树脂	kg	10.000	4.700	10.400	5.000
	143179001	乙二胺	kg	2.400	1.200	2.500	1.200
	040915006	石英粉	kg	4.400	2.100	—	—
	092705001	破布	kg	2.000	—	—	—
	092705002	纱布	张	30.000	15.000	—	—
机械	991201010	轴流通风机 7.5kW	台班	16.000	9.000	16.000	9.000

工作内容：清理基层，调配油漆，涂刷。 **计量单位**：100m²

编号				10-292	10-293	10-294	10-295
项目				环氧呋喃树脂漆			
				抹灰面			
				底漆		面漆	
				二遍	增一遍	二遍	增一遍
名称			单位	消耗量			
人工	000301000	综合三类工	工日	7.385	4.188	5.558	2.817
材料	142107001	环氧树脂	kg	20.700	9.600	22.500	10.800
	143315001	丙酮	kg	11.000	5.300	8.700	4.200
	143345001	邻苯二甲酸二丁酯	kg	3.100	1.400	3.300	1.700
	142105001	呋喃树脂	kg	9.200	4.300	9.600	4.600
	143179001	乙二胺	kg	2.000	0.900	2.800	1.200
	040915006	石英粉	kg	4.200	1.900	—	—
	092705001	破布	kg	2.000	—	—	—
	031102001	砂纸	张	30.000	15.000	—	—
机械	991201010	轴流通风机 7.5kW	台班	16.000	9.000	16.000	9.000

工作内容：清理基层，调配油漆，涂刷。 **计量单位**：100m²

编号				10-296	10-297	10-298	10-299
项目				氯磺化聚乙烯漆			
				混凝土面			
				底漆一遍	刮腻子	中间漆一遍	面漆一遍
名称			单位	消耗量			
人工	000301000	综合三类工	工日	6.880	5.349	6.115	6.653
材料	130507045	氯磺化聚乙烯漆底漆	kg	28.000	25.000	—	—
	130507043	氯磺化聚乙烯中间漆	kg	—	—	24.000	—
	130507041	氯磺化聚乙烯面漆	kg	—	—	—	26.000
	143511028	氯磺化聚乙烯稀释剂	kg	5.600	5.000	4.300	5.200
	040915006	石英粉	kg	—	7.200	—	—
	850103006	其他材料费（占材料费）	%	2.000	2.000	2.000	2.000
机械	991201010	轴流通风机 7.5kW	台班	9.000	9.000	9.000	9.000

工作内容：清理基层，调配油漆，涂刷。　　　　**计量单位：**100m²

编　号				10-300	10-301	10-302	10-303	10-304
项　目				氯磺化聚乙烯漆			沥青漆	
				抹灰面			混凝土、抹灰面	
				底漆一遍	中间漆一遍	面漆一遍	面漆	
							一遍	每增一遍
名　称			单位	消　耗　量				
人工	000301000	综合三类工	工日	6.502	5.660	6.266	23.783	10.186
材料	130507045	氯磺化聚乙烯漆底漆	kg	28.000	—	—	—	—
	130507043	氯磺化聚乙烯中间漆	kg	—	24.000	—	—	—
	130507041	氯磺化聚乙烯面漆	kg	—	—	26.000	—	—
	143511028	氯磺化聚乙烯稀释剂	kg	5.600	4.800	5.200	—	—
	133101001	石油沥青（综合）	kg	—	—	—	22.000	—
	140301003	汽油 92#	kg	—	—	—	24.000	—
	130121001	沥青漆	kg	—	—	—	19.000	9.000
	850103006	其他材料费（占材料费）	%	2.000	2.000	2.000	—	—
机械	991273010	沥青熔化炉 XLL-0.5t	台班	—	—	—	5.060	—
	991201010	轴流通风机 7.5kW	台班	9.000	9.000	9.000	9.000	9.000

工作内容：清理基层，调配油漆，涂刷。　　　　**计量单位：**100m²

编　号				10-305	10-306	10-307	10-308
项　目				苯乙烯漆			
				混凝土、抹灰面			
				屋顶一遍	墙面一遍	地面一遍	基层腻子一遍
名　称			单位	消　耗　量			
人工	000301000	综合三类工	工日	4.690	4.226	3.807	3.807
材料	130301005	苯乙烯屋面漆	kg	31.000	—	—	—
	130301004	苯乙烯墙面漆	kg	—	31.000	—	—
	130307001	苯乙烯地面漆	kg	—	—	31.000	—
	130105002	苯乙烯清漆	kg	—	—	—	31.000
	040915006	石英粉	kg	—	—	—	7.200
	092705001	破布	kg	2.000	2.000	2.000	2.000
	031102001	砂纸	张	30.000	30.000	30.000	30.000
机械	991201010	轴流通风机 7.5kW	台班	9.000	9.000	9.000	9.000

工作内容：清理基层，调配油漆，涂刷。　　**计量单位**：100m²

编号				10-309	10-310	10-311	10-312	10-313
项目				聚氨酯漆				
				混凝土面				
				清漆		刮腻子	底漆	
				二遍	每增一遍		二遍	每增一遍
名称			单位	消耗量				
人工	000301000	综合三类工	工日	5.046	3.701	3.515	7.696	5.643
材料	130105006	聚氨酯清漆	kg	30.000	9.900	—	—	—
	130101004	聚氨酯腻子	kg	—	—	15.000	—	—
	130111024	聚氨酯底漆	kg	—	—	—	26.000	8.580
	031102001	砂纸	张	—	—	30.000	30.000	15.000
	143321001	二甲苯	kg	12.600	6.300	3.800	7.600	3.800
	850103006	其他材料费（占材料费）	%	2.000	2.000	—	—	—

工作内容：清理基层，调配油漆，涂刷。　　**计量单位**：100m²

编号				10-314	10-315	10-316	10-317
项目				聚氨酯漆			
				混凝土面			
				中间漆		面漆	
				一遍	每增一遍	二遍	每增一遍
名称			单位	消耗量			
人工	000301000	综合三类工	工日	3.667	3.667	5.501	4.037
材料	130113007	聚氨酯磁漆	kg	3.200	1.067	2.600	0.867
	143321001	二甲苯	kg	3.800	3.800	7.600	3.800
	130111024	聚氨酯底漆	kg	9.800	3.267	—	—
	092705002	纱布	张	15.000	15.000	—	—

工作内容：清理基层，调配油漆，涂刷。　　　　计量单位：100m²

编号				10-318	10-319	10-320	10-321	10-322
项目				聚氨酯漆				
				抹灰面				
				清漆		刮腻子	底漆	
				二遍	每增一遍		二遍	每增一遍
名称			单位	消耗量				
人工	000301000	综合三类工	工日	4.706	3.451	3.289	7.002	5.135
材料	130105006	聚氨酯清漆	kg	27.800	9.174	—	—	—
	130101004	聚氨酯腻子	kg	—	—	13.900	—	—
	130111024	聚氨酯底漆	kg	—	—	—	24.000	7.920
	143321001	二甲苯	kg	—	—	—	7.400	3.700
	031102001	砂纸	张	—	—	—	30.000	15.000
	850103006	其他材料费（占材料费）	%	2.000	2.000	—	—	—

工作内容：清理基层，调配油漆，涂刷。　　　　计量单位：100m²

编号				10-323	10-324	10-325	10-326
项目				聚氨酯漆			
				抹灰面			
				中间漆		面漆	
				一遍	每增一遍	二遍	每增一遍
名称			单位	消耗量			
人工	000301000	综合三类工	工日	3.448	3.448	5.046	3.794
材料	130113007	聚氨酯磁漆	kg	3.000	1.000	24.000	8.000
	130111024	聚氨酯底漆	kg	9.000	6.000	—	—
	143321001	二甲苯	kg	3.700	3.700	7.400	3.700
	031102001	砂纸	张	15.000	16.000	—	—

工作内容：清理基层，调配油漆，涂刷。 **计量单位：**100m²

编号				10-327	10-328	10-329	10-330
项目				氯化橡胶漆			
				混凝土面			
				底漆		面漆	
				二遍	每增一遍	二遍	每增一遍
名称			单位	消耗量			
人工	000301000	综合三类工	工日	13.857	6.929	13.403	6.701
材料	130111022	氯化橡胶底漆	kg	56.000	28.000	—	—
	143511027	氯化橡胶稀释剂	kg	11.200	5.600	10.400	5.200
	130507036	氯化橡胶面漆	kg	—	—	52.000	26.000
	850103006	其他材料费（占材料费）	%	2.000	2.000	2.000	2.000
机械	991201010	轴流通风机 7.5kW	台班	18.000	9.000	18.000	9.000

工作内容：清理基层，调配油漆，涂刷。 **计量单位：**100m²

编号				10-331	10-332	10-333	10-334
项目				氯化橡胶漆			
				抹灰面			
				底漆		面漆	
				二遍	每增一遍	二遍	每增一遍
名称			单位	消耗量			
人工	000301000	综合三类工	工日	13.096	6.548	12.640	6.320
材料	130111022	氯化橡胶底漆	kg	56.000	28.000	—	—
	143511027	氯化橡胶稀释剂	kg	11.200	5.600	10.000	5.200
	130507036	氯化橡胶面漆	kg	—	—	52.000	26.000
	850103006	其他材料费（占材料费）	%	2.000	2.000	2.000	2.000
机械	991201010	轴流通风机 7.5kW	台班	18.000	9.000	18.000	9.000

工作内容：清理基层，调配油漆，涂刷。　　**计量单位：**100m²

<table>
<tr><td colspan="3">编　号</td><td>10-335</td><td>10-336</td><td>10-337</td><td>10-338</td></tr>
<tr><td colspan="3" rowspan="4">项　目</td><td colspan="4">漆酚树脂漆</td></tr>
<tr><td colspan="4">抹灰面</td></tr>
<tr><td rowspan="2">三遍成活</td><td>底漆</td><td>中间漆</td><td>面漆</td></tr>
<tr><td colspan="3">每增一遍</td></tr>
<tr><td colspan="2">名　称</td><td>单位</td><td colspan="4">消　耗　量</td></tr>
<tr><td>人工</td><td>000301000</td><td>综合三类工</td><td>工日</td><td>15.370</td><td>6.466</td><td>4.664</td><td>4.240</td></tr>
<tr><td rowspan="4">材料</td><td>130507050</td><td>漆酚树脂漆</td><td>kg</td><td>37.400</td><td>13.200</td><td>11.200</td><td>10.700</td></tr>
<tr><td>140301003</td><td>汽油 92#</td><td>kg</td><td>19.000</td><td>6.500</td><td>4.400</td><td>4.200</td></tr>
<tr><td>040915006</td><td>石英粉</td><td>kg</td><td>11.600</td><td>6.600</td><td>3.200</td><td>—</td></tr>
<tr><td>092705002</td><td>纱布</td><td>张</td><td>30.000</td><td>20.000</td><td>10.000</td><td>—</td></tr>
<tr><td>机械</td><td>991201010</td><td>轴流通风机 7.5kW</td><td>台班</td><td>27.000</td><td>9.000</td><td>9.000</td><td>9.000</td></tr>
</table>

工作内容：清理基层，调配油漆，涂刷。　　**计量单位：**100m²

<table>
<tr><td colspan="3">编　号</td><td>10-339</td><td>10-340</td><td>10-341</td><td>10-342</td></tr>
<tr><td colspan="3" rowspan="4">项　目</td><td colspan="4">互穿网络防腐漆</td></tr>
<tr><td colspan="4">混凝土面</td></tr>
<tr><td colspan="2">底漆</td><td colspan="2">面漆</td></tr>
<tr><td>二遍</td><td>每增一遍</td><td>二遍</td><td>每增一遍</td></tr>
<tr><td colspan="2">名　称</td><td>单位</td><td colspan="4">消　耗　量</td></tr>
<tr><td>人工</td><td>000301000</td><td>综合三类工</td><td>工日</td><td>20.473</td><td>9.137</td><td>14.890</td><td>7.445</td></tr>
<tr><td rowspan="4">材料</td><td>130111009</td><td>互穿网络底漆</td><td>kg</td><td>56.000</td><td>28.000</td><td>—</td><td>—</td></tr>
<tr><td>143511019</td><td>互穿网络稀释剂</td><td>kg</td><td>11.200</td><td>5.600</td><td>10.400</td><td>5.200</td></tr>
<tr><td>130103008</td><td>互穿网络面漆</td><td>kg</td><td>—</td><td>—</td><td>52.000</td><td>26.000</td></tr>
<tr><td>850103006</td><td>其他材料费（占材料费）</td><td>%</td><td>2.000</td><td>2.000</td><td>2.000</td><td>2.000</td></tr>
<tr><td>机械</td><td>991201010</td><td>轴流通风机 7.5kW</td><td>台班</td><td>18.000</td><td>9.000</td><td>18.000</td><td>9.000</td></tr>
</table>

工作内容：清理基层，调配油漆，涂刷。　　　　**计量单位：**100m²

编　号				10-343	10-344	10-345	10-346
项　目				互穿网络防腐漆			
				抹灰面			
				底漆		面漆	
				二遍	每增一遍	二遍	每增一遍
名　称			单位	消　耗　量			
人工	000301000	综合三类工	工日	14.551	7.276	14.044	7.022
材料	130111009	互穿网络底漆	kg	56.000	28.000	—	—
	143511019	互穿网络稀释剂	kg	11.200	5.600	10.400	5.200
	130103008	互穿网络面漆	kg	—	—	52.000	26.000
	850103006	其他材料费（占材料费）	%	2.000	2.000	2.000	2.000
机械	991201010	轴流通风机 7.5kW	台班	18.000	9.000	18.000	9.000

工作内容：清理基层，调配油漆，涂刷。　　　　**计量单位：**100m²

编　号				10-347	10-348	10-349	10-350
项　目				高效防腐漆（FVC 防腐漆）			
				混凝土面			
				底漆一遍	刮腻子	中间漆一遍	面漆一遍
名　称			单位	消　耗　量			
人工	000301000	综合三类工	工日	7.699	7.614	7.614	7.445
材料	130111010	FVC 底漆（NJG）	kg	28.000	25.000	24.000	—
	143511007	FVC 稀释剂（NJG）	kg	5.600	5.000	4.300	5.200
	040915006	石英粉	kg	—	7.600	—	—
	130507003	FVC 面漆（NJG）	kg	—	—	—	26.000
	850103006	其他材料费（占材料费）	%	2.000	2.000	2.000	2.000
机械	991201010	轴流通风机 7.5kW	台班	9.000	9.000	9.000	9.000

4. 环氧自流平防腐地面

工作内容： 基层清理，刮腻子，刷涂料等。　　**计量单位：** $100m^2$

编号				10-351	10-352	10-353	10-354
项目				环氧涂层			每增减0.5mm
				1mm			
				平面	立面	顶面	
名称			单位	消耗量			
人工	000301000	综合三类工	工日	4.900	9.170	5.110	5.110
材料	130530001	环氧涂层	kg	48.200	49.600	50.600	27.500
	130101003	环氧腻子	kg	1.000	1.030	1.060	—
	850103006	其他材料费（占材料费）	%	2.000	2.000	2.000	2.000

四、补充项目

1. 外墙内保温喷涂墙面

工作内容： 基层清理、刷粘结材料、喷涂或粘贴保温层等。　　**计量单位：** $100m^2$

编号				10-355	10-356
项目				保温隔热墙面	
				外墙内保温	
				无机纤维粒状棉	
				喷涂	
				30mm厚	每增减5mm
名称			单位	消耗量	
人工	000301000	综合三类工	工日	24.800	2.200
材料	152307007	无机纤维粒状棉	kg	750.000	125.000
	144105007	水基环保胶粘剂	kg	75.000	12.500
	143527002	无机纤维罩面剂	kg	49.800	—
	850103006	其他材料费（占材料费）	%	2.000	2.000

2. 外墙保温苯板

工作内容：基层清理、砂浆找平、涂刷界面剂、粘贴保温层、安装锚固件、铺设网格布、抹面砂浆、铺设面层网格布、抹抹面胶浆等。

计量单位：100m²

编　号				10-357
项　目				外墙保温 石墨聚苯板 200mm 厚
名　称			单位	消　耗　量
人工	000301000	综合三类工	工日	58.400
材料	152317003	石墨聚苯板	m^3	22.000
	143541001	界面剂	kg	28.000
	144100002	胶粘剂	kg	1890.000
	030907022	普通锚固件 $\phi10\times162$	套	500.000
	030907021	断桥锚固件 $\phi10\times375$	套	900.000
	031599039	镀锌铁板托件 400×(100+180)	套	149.100
	092701008	耐碱涂塑玻纤网格布	m^2	300.000
	800801001	抹面胶浆	kg	1080.000
	133705011	遇水膨胀止水条	m	31.400
	850103006	其他材料费（占材料费）	%	2.000
机械	990610010	灰浆搅拌机 200L	台班	0.800
	990793010	裁板机 1300mm	台班	0.072

3. 免拆模保温板

工作内容：基层处理，安装保温层等。

计量单位：100m²

编　号				10-358
项　目				免拆模保温板 80mm
名　称			单位	消　耗　量
人工	000301000	综合三类工	工日	5.700
材料	092507002	免拆模保温板	m^2	107.000
	050401003	板枋材	m^3	0.390
	031599023	连接件 *PD*80	个	5.100
机械	990785030	砂轮切割机 $\phi400$	台班	1.750

第十一章

楼地面装饰工程

说　明

一、本章定额包括楼地面垫层、找平层及整体面层、块料面层、木地板及复合地板面层、橡塑面层、其他材料面层、踢脚线、楼梯面层、台阶装饰、零星装饰项目、其他装饰项目和补充项目共十二部分。

二、人工级配砂石垫层是按中（粗）砂 15%（不含填充石子空隙）、砾石 85%（含填充砂）的级配比例编制的。垫层用于基础垫层时，按相应定额项目人工、机械乘以系数 1.2；垫层级配比例（配合比）设计与定额取定不同者，按设计要求调整。

三、干混地面砂浆强度等级、水磨石地面水泥石子浆的配合比，设计与定额项目不同时，按设计要求调整。水磨石地面包含酸洗打蜡，其他块料项目如需做酸洗打蜡者，单独执行相应酸洗打蜡项目。

四、同一铺贴面上有不同种类、材质的材料，应分别按本章相应定额项目执行。

五、厚度 ≤ 60mm 的细石混凝土按找平层定额项目执行，厚度 > 60mm 的按本定额第五章“混凝土及钢筋混凝土工程”垫层定额项目执行。细石混凝土楼地面压实赶光按水泥砂浆楼地面随捣随抹相应定额项目人工、机械乘以系数 1.10。

六、采用地暖的地面垫层，按不同材料执行相应定额项目，人工乘以系数 1.3，材料乘以系数 0.95。

七、块料面层：

1. 对于设计要求对缝、分色、圆弧形等不规则楼地面以及楼地面铺贴面积与块料规格模数不符发生的块料切割（锯材）损耗可另行计算。

2. 镶贴块料项目是按规格料考虑的，如需现场倒角、磨边者按本定额第十五章“其他工程”相应定额项目执行。

3. 石材楼地面拼花按成品考虑。

4. 镶嵌规格在 100mm × 100mm 以内的石材执行点缀项目。

5. 玻化砖按陶瓷地面砖相应定额项目执行。

6. 石材楼地面设计分色、隔条分格的，按相应项目人工乘以系数 1.10；精磨、打胶、勾缝按相应定额另行计算。

7. 块料结合层砂浆厚度按 20mm 考虑，设计与定额不同时，按砂浆找平层每增减 1mm 定额项目调整。

八、木地板及复合地板面层：

1. 木地板及复合地板安装按成品企口考虑，若采用平口安装，其人工乘以系数 0.85。

2. 木地板及复合地板填充材料，按本定额第十章“保温、隔热、防腐工程”相应定额项目执行。

九、弧形墙踢脚线按直行墙相应定额项目人工、机械乘以系数 1.15。

十、楼梯段踢脚线按相应定额项目人工、机械乘以系数 1.15；楼梯靠墙踢脚线锯齿三角形部分按零星项目执行，不再乘以系数。踢脚线高度均按 12cm 考虑，设计与定额项目不同者，除水泥砂浆踢脚线用量可按设计高度比例调整外，其他材料踢脚线均按成品考虑，其人工、机械与其他材料用量均不予调整。

十一、石材螺旋形楼梯，执行弧形楼梯项目。

十二、零星项目面层适用于楼梯侧面、台阶的牵边，花台、小便池、蹲台、池槽，以及面积在 $0.5m^2$ 以内且未列定额项目的工程。

工程量计算规则

一、地面垫层按照基础垫层实铺体积计算。不扣除间壁墙及单个面积 ≤ 0.3m^2 柱、垛、附墙烟囱及孔洞所占体积。

二、楼地面找平层及整体面层按设计图示结构尺寸以面积计算。扣除凸出地面构筑物、设备基础、地沟等所占面积，不扣除间壁墙及单个面积 ≤ 0.3m^2 柱、垛、附墙烟囱及孔洞所占面积。门洞、空圈、暖气包槽、壁龛的开口部分不增加面积。

三、块料面层、木地板及复合地板面层、橡塑面层、其他材料面层：

1. 块料面层、木地板及复合地板面层、橡塑面层及其他材料面层按镶贴表面积计算。门洞、空圈、暖气包槽、壁龛的开口部分并入相应的工程量内。

2. 石材拼花按最大外围尺寸以矩形面积计算。有拼花的石材地面，按镶贴表面积扣除拼花的最大外围矩形面积计算面积。

3. 点缀按数量计算，计算主体铺贴地面面积时，不扣除点缀所占面积。

4. 石材底面刷养护液包括侧面涂刷，工程量按设计图示尺寸以底面积计算。

5. 石材表面刷保护液按设计图示尺寸以表面积计算。

6. 石材地面精磨、勾缝按石材设计图示尺寸以面积计算。

7. 打胶按设计图示尺寸以“延长米”计算。

8. 块料地面圆弧形部分增加费按设计图示尺寸以“延长米”计算。

四、踢脚线按设计图示长度以“延长米”计算。

五、楼梯面层按设计图示尺寸以楼梯（包括踏步、休息平台及 ≤ 500mm 的楼梯井）水平投影面积计算。楼梯与楼地面相连时，算至梯口梁内侧边沿；无梯口梁者，算至最上一层踏步边沿加 300mm。

六、台阶面层按设计图示尺寸以台阶（包括最上层踏步边沿加 300mm）水平投影面积计算。

七、零星项目按设计图示尺寸以面积计算。

八、分格嵌条、防滑条按设计图示尺寸以“延长米”计算。

九、块料楼地面做酸洗打蜡者，按设计图示尺寸以表面积计算。

十、标线已包含各类油漆的损耗，按设计图示尺寸以面积计算。

十一、补充项目：

大面积地面切缝按图示尺寸以“延长米”计算。

一、楼地面垫层

工作内容：拌和、铺设垫层，找平压（夯）实。

计量单位：10m³

编号				11-1	11-2	11-3
项目				灰土 3：7	碎石三合土 1：4：8	砂
名称			单位	消耗量		
人工	000101000	综合一类工	工日	3.959	4.322	—
	000301000	综合三类工	工日	—	—	2.654
材料	040905012	熟石灰	kg	3210.000	981.500	—
	040901004	黏土	m³	11.730	—	—
	040501002	碎石（综合）	m³	—	9.731	—
	040301001	中砂	m³	—	4.865	—
	040300003	砂子	m³	—	—	14.450
	341101001	水	m³	2.040	3.060	3.000
机械	990123010	电动夯实机 250N · m	台班	0.440	0.630	0.160
	990106010	履带式单斗液压挖掘机 0.6m³	台班	0.440	0.630	—

工作内容：1. 拌和、铺设垫层，找平压（夯）实。
2. 调制砂浆、灌浆。

计量单位：10m³

编号				11-4	11-5	11-6	11-7
项目				砂石		毛石	
				人工级配	天然级配	干铺	灌浆
名称			单位	消耗量			
人工	000301000	综合三类工	工日	4.035	3.816	4.869	6.482
材料	040303001	中粗砂	m³	4.835	—	2.720	—
	040505005	砾石 10mm	m³	9.017	—	—	—
	341101001	水	m³	3.000	2.500	—	1.000
	803501005	天然级配砂砾	m³	—	12.240	—	—
	041103002	毛石（综合）	m³	—	—	12.240	12.240
	800605004	干混砌筑砂浆 DM M10	m³	—	—	—	2.734
机械	990123010	电动夯实机 250N · m	台班	0.240	0.240	0.290	0.490
	990106010	履带式单斗液压挖掘机 0.6m³	台班	0.240	—	—	—
	990611010	干混砂浆罐式搅拌机	台班	—	—	—	0.274

工作内容：1. 拌和、铺设垫层，找平压（夯）实。
2. 调制砂浆、灌缝。

计量单位：10m³

编号				11-8	11-9	11-10	11-11
项目				碎砖		碎石	
				干铺	灌浆	干铺	灌浆
名称			单位	消耗量			
人工	000301000	综合三类工	工日	4.448	5.566	3.827	3.705
材料	040713001	碎砖	m^3	13.195	13.195	—	—
	040305002	粗砂	m^3	2.142	—	2.872	—
	341101001	水	m^3	2.000	2.500	—	1.000
	800605004	干混砌筑砂浆 DM M10	m^3	—	2.153	—	2.886
	040501002	碎石（综合）	m^3	—	—	11.016	11.016
机械	990123010	电动夯实机 250N · m	台班	0.260	0.260	0.260	0.260
	990611010	干混砂浆罐式搅拌机	台班	—	0.215	—	0.289

工作内容：拌和、铺设垫层，找平压（夯）实。

计量单位：10m³

编号				11-12	11-13	11-14
项目				炉（矿）渣		
				干铺	水泥石灰拌和 1：1：10	石灰拌和 1：4
名称			单位	消耗量		
人工	000301000	综合三类工	工日	2.181	4.432	4.432
材料	040707001	炉（矿）渣（综合）	m^3	12.240	12.546	12.036
	341101001	水	m^3	2.000	3.060	3.060
	040905012	熟石灰	kg	—	981.500	2360.800
	040100005	水泥 42.5	t	—	1.479	—
机械	990123010	电动夯实机 250N · m	台班	0.240	0.240	0.240
	990106010	履带式单斗液压挖掘机 $0.6m^3$	台班	—	0.240	0.240

二、找平层及整体面层

工作内容：清理基层、调运砂浆、抹平、压实。 **计量单位：**$100m^2$

编号				11-15	11-16	11-17
项目				楼地面砂浆找平层		
				混凝土或硬基层上	填充材料上	每增减1mm
				20mm		
名称			单位	消耗量		
人工	000301000	综合三类工	工日	5.638	6.201	0.185
材料	800609002	干混地面砂浆 DS M20	m^3	2.040	2.550	0.102
	341101001	水	m^3	0.910	1.038	—
机械	990611010	干混砂浆罐式搅拌机	台班	0.204	0.255	0.010

工作内容：细石混凝土搅拌捣平、压实。 **计量单位：**$100m^2$

编号				11-18	11-19
项目				楼地面细石混凝土找平层	
				30mm	每增减1mm
名称			单位	消耗量	
人工	000201000	综合二类工	工日	7.723	0.151
材料	802101019	预拌细石混凝土 C20	m^3	3.030	0.101
	341101001	水	m^3	0.400	—

工作内容：1. 清理基层、调运砂浆、抹面层、压光、养护。
2. 原浆或加浆抹光。

计量单位：$100m^2$

编号				11-20	11-21	11-22	11-23	11-24	11-25
项目				刷素水泥浆	水泥砂浆楼地面				
					混凝土或硬基层上	填充材料上	随捣随抹		防滑坡道
					20mm		原浆	加浆	20mm
名称			单位	消耗量					
人工	000301000	综合三类工	工日	0.850	6.286	6.914	2.207	4.580	12.232
材料	040100005	水泥 42.5	t	0.165	—	—	—	0.774	—
	800609002	干混地面砂浆 DS M20	m^3	—	2.040	2.550	—	—	2.580
	144100001	建筑胶	kg	29.151	—	—	—	—	—
	341101001	水	m^3	3.258	3.710	3.838	2.800	3.071	3.880
机械	990611010	干混砂浆罐式搅拌机	台班	—	0.204	0.255	—	—	0.258

工作内容：清理、打磨基层，刷界面剂，涂刷底涂、批刮中抹、修补打磨、刮涂面层，养护。

计量单位：$100m^2$

编　号				11-26	11-27	11-28
项　目				环氧树脂自流平地面	环氧中涂层	环氧面涂层
				厚 2mm	每增减 0.5mm	
名　称			单位	消　耗　量		
人工	000301000	综合三类工	工日	10.413	2.227	2.491
材料	130103010	环氧自流平面漆	kg	123.000	—	61.500
	130117004	环氧中层漆	kg	61.500	30.750	—
	040319003	石英砂（综合）	kg	61.200	30.600	—
	130507034	环氧渗透底漆	kg	41.000	—	—
	143541001	界面剂	kg	20.500	—	—
	341101001	水	m^3	3.060	0.320	0.780
	031107003	金刚石磨盘	个	2.000	—	—
机械	990789010	金刚石吸尘磨光机	台班	2.830	—	—

注：1. 环氧树脂自流平地面按环氧中涂层、环氧面涂层各 1mm 考虑。
2. 材料设计用量与项目不同时，可以调整。

工作内容：清理、打磨基层，刷界面剂，调制浆液，面层涂刷，切缝，养护。

计量单位：$100m^2$

编　号				11-29	11-30
项　目				水泥基自流平砂浆	
				面层 4mm 厚	每增减 1mm
名　称			单位	消　耗　量	
人工	000301000	综合三类工	工日	8.755	1.390
材料	800907001	水泥基自流平砂浆	m^3	0.408	0.102
	143541001	界面剂	kg	20.400	—
	341101001	水	m^3	3.302	0.025
机械	990611010	干混砂浆罐式搅拌机	台班	0.041	0.010

注：1. 水泥基自流平砂浆水灰比为 1：4。
2. 自流平砂浆材料设计用量与项目不同时，可调整。

工作内容： 清理基层、浇捣混凝土、抹平、撒布金刚砂、压实抹光，滚涂固化剂、打磨，切缝、填缝。

计量单位：100m²

编　号				11-31
项　目				金刚砂耐磨地面
名　称			单位	消 耗 量
人工	000301000	综合三类工	工日	12.118
材料	040317001	金刚砂	kg	550.000
	143513001	固化剂	kg	60.000
	341101001	水	m^3	2.100
	031525001	金刚石（综合）	块	13.000
	802101014	预拌混凝土 C25	m^3	4.040
机械	990618010	混凝土切缝机 7.5kW	台班	1.200
	990617010	混凝土抹平机 5.5kW	台班	2.000
	990773010	平面水磨石机 3kW	台班	4.150
	990789020	磨光机	台班	2.400

注：1. 本项目为在C25 混凝土找平层上面撒 2 遍骨料，达到强度后滚涂固化剂，3 遍渗透、打磨，材料用量与项目含量不同时，可调整。
2. 打磨每增 1 遍，相应增加人工 0.88 工日/100m² 和打磨机 0.88 台班/100m²。
3. 如使用模板，按混凝土基础垫层模板项目执行，人工乘以系数 1.5。
4. 设计为彩色地面者，其色粉用量按设计要求增加，人工不变。

工作内容： 清理基层、铺设面层、嵌玻璃条、磨石抛光、酸洗打蜡。调制菱苦土砂浆，打蜡。

计量单位：100m²

编　号				11-32	11-33	11-34	11-35
项　目				水磨石楼地面		彩色镜面水磨石楼地面	
				带嵌条	带嵌条分色	带嵌条	带嵌条分色
				15mm		20mm	
名　称			单位	消 耗 量			
人工	000301000	综合三类工	工日	43.230	46.166	67.283	70.221
材料	801301004	白水泥白石子浆 1∶2	m^3	1.734	—	—	—
	140307001	煤油	kg	4.001	4.001	4.001	4.001
	140103001	清油	kg	0.530	0.530	0.530	0.530
	801103004	素水泥浆	m^3	0.102	0.102	0.102	0.102
	040100001	水泥（综合）	kg	26.520	26.520	26.520	26.520
	060103001	平板玻璃 δ3	m^2	5.300	5.300	7.066	7.066
	140917001	石蜡	kg	2.650	2.650	2.650	2.650
	031525001	金刚石（综合）	块	33.000	33.000	50.000	50.000
	341101001	水	m^3	4.380	4.380	8.900	8.900
	801305001	白水泥彩色石子浆 1∶2	m^3	—	1.734	2.448	2.448
	031105001	油石	块	—	—	63.000	63.000
	850103006	其他材料费（占材料费）	%	1.500	1.500	1.500	1.500
机械	990773010	平面水磨石机 3kW	台班	10.172	10.863	15.831	16.523
	990610010	灰浆搅拌机 200L	台班	0.288	0.288	0.410	0.410

注：若采用其他嵌条应扣除玻璃用量，其他不变，嵌条执行相应项目。

工作内容： 清理基层、铺设面层、嵌玻璃条、磨石抛光、酸洗打蜡。调制菱苦土砂浆，打蜡。

计量单位： 100m^2

编号				11-36	11-37
项目				水磨石	菱苦土地面
				每增减 1mm	底 15mm 面 10mm
名称			单位	消耗量	
人工	000301000	综合三类工	工日	0.171	13.733
材料	801301004	白水泥白石子浆 1∶2	m^3	0.112	—
	800913001	菱苦土砂浆 1∶4	m^3	—	2.754
	040305002	粗砂	m^3	—	0.500
	140307001	煤油	kg	—	3.960
	140103001	清油	kg	—	6.000
	142311001	色粉	kg	—	76.000
	140911001	地蜡（砂蜡）	kg	—	2.650
	850103006	其他材料费（占材料费）	%	—	2.000
机械	990610010	灰浆搅拌机 200L	台班	0.037	—
	990602010	双锥反转出料混凝土搅拌机 200L	台班	—	0.450

注：若采用其他嵌条应扣除玻璃用量，其他不变，嵌条执行相应项目。

工作内容： 1. 细石混凝土搅拌捣平、压实、压光、养护。
2. 铺设钢丝网。

计量单位： 100m^2

编号				11-38	11-39	11-40
项目				细石混凝土地面面层		地面铺设钢丝网
				30mm	每增减 5mm	
名称			单位	消耗量		
人工	000201000	综合二类工	工日	9.983	0.790	—
	000301000	综合三类工	工日	—	—	1.318
材料	802101019	预拌细石混凝土 C20	m^3	3.030	0.510	—
	031505014	钢丝网（综合）	m^2	—	—	105.000
	341101001	水	m^3	3.200	—	—
	850103006	其他材料费（占材料费）	%	—	—	2.000

三、块料面层

工作内容：清理基层、试排弹线、锯板修边、铺抹结合层、铺贴饰面、清理净面。 **计量单位：**100m²

编号				11-41	11-42	11-43
项目				石材楼地面（每块面积）		
				0.36m² 以内	0.64m² 以内	0.64m² 以外
名称			单位	消耗量		
人工	000301000	综合三类工	工日	17.188	19.305	19.964
材料	081713003	天然石材饰面板 600 × 600	m²	102.000	—	—
	081713004	天然石材饰面板 800 × 800	m²	—	102.000	—
	081713005	天然石材饰面板 1000 × 1000	m²	—	—	102.000
	800609002	干混地面砂浆 DS M20	m³	2.040	2.040	2.040
	144115007	胶粘剂 DTA 砂浆	m³	0.100	0.100	0.100
	341101001	水	m³	2.300	2.300	2.300
	341103001	电	kW · h	17.880	20.080	20.760
	850103006	其他材料费（占材料费）	%	0.500	0.500	0.500
机械	990611010	干混砂浆罐式搅拌机	台班	0.204	0.204	0.204

工作内容：清理基层、试排弹线、锯板修边、铺抹结合层、铺贴饰面、清理净面。
磨光；打胶；勾缝。
计量单位：见表

编号				11-44	11-45	11-46	11-47	11-48	11-49
项目				石材楼地面			石材地面精磨	打胶	勾缝
				拼花	点缀	碎拼			
单位				100m²	100 个	100m²		100m	100m²
名称			单位	消耗量					
人工	000301000	综合三类工	工日	28.233	23.567	26.698	13.873	2.720	3.400
材料	081713006	天然石材饰面板（成品）拼花	m²	104.000	—	—	—	—	—
	081715001	石材板（成品）点缀	个	—	104.000	—	—	—	—
	081713007	天然石材饰面板 碎拼	m²	—	—	104.000	—	—	—
	800609002	干混地面砂浆 DS M20	m³	2.040	—	2.040	—	—	—
	144115007	胶粘剂 DTA 砂浆	m³	0.100	—	0.100	—	—	—

续前

编号				11-44	11-45	11-46	11-47	11-48	11-49
项目				石材楼地面			石材地面精磨	打胶	勾缝
				拼花	点缀	碎拼			
单位				$100m^2$	100个	$100m^2$		100m	$100m^2$
名称			单位	消耗量					
材料	341101001	水	m^3	2.300	—	2.300	7.800	—	—
	341103001	电	kW·h	—	24.510	—	7.820	—	—
	031105001	油石	块	—	—	—	22.000	—	—
	311919001	美纹纸	m	—	—	—	—	110.000	—
	144309004	玻璃胶 335g/支	支	—	—	—	—	8.000	—
	133504003	密封剂	kg	—	—	—	—	—	30.000
	850103006	其他材料费（占材料费）	%	0.500	0.500	1.000	—	—	2.000
机械	990611010	干混砂浆罐式搅拌机	台班	0.204	—	0.204	—	—	—
	990773010	平面水磨石机 3kW	台班	—	—	—	5.440	—	—

工作内容：清理基层、试排弹线、锯板修边、铺抹结合层、铺贴饰面、清理净面。
石材底面刷养护液；石材表面刷保护液；石材弧形部分切割。　　**计量单位：**见表

编号				11-50	11-51	11-52	11-53	11-54
项目				石材	石材底面刷养护液		石材表面刷保护液	块料地面圆弧形部分增加费
				波打线（嵌边）	光面	麻面		
单位				$100m^2$				100m
名称			单位	消耗量				
人工	000301000	综合三类工	工日	28.039	3.121	3.745	3.121	6.767
材料	081713002	天然石材饰面板（综合）	m^2	104.000	—	—	—	—
	800609002	干混地面砂浆 DS M20	m^3	2.040	—	—	—	—
	144115007	胶粘剂 DTA 砂浆	m^3	0.100	—	—	—	—
	341101001	水	m^3	2.300	—	—	—	—
	082101001	石材养护液	kg	—	21.500	30.000	—	—
	082102001	石材保护液	kg	—	—	—	25.000	—
	341103001	电	kW·h	29.160	—	—	—	10.870
	850103006	其他材料费（占材料费）	%	0.500	—	—	—	—
机械	990611010	干混砂浆罐式搅拌机	台班	0.204	—	—	—	—

工作内容：清理基层、试排弹线、锯板修边、铺抹结合层、铺贴饰面、清理净面。　　**计量单位：**100m²

编　号				11-55	11-56	11-57	11-58
项　目				陶瓷地面砖			
				水泥砂浆粘贴			
				0.10m²以内	0.36m²以内	0.64m²以内	0.64m²以外
名　称			单位	消　耗　量			
人工	000301000	综合三类工	工日	19.084	18.683	19.354	20.227
材料	070500003	地砖 300×300	m²	103.000	—	—	—
	070500004	地砖 600×600	m²	—	103.000	—	—
	070500005	地砖 800×800	m²	—	—	104.000	—
	070500006	地砖 1000×1000	m²	—	—	—	104.000
	800609002	干混地面砂浆 DS M20	m³	2.040	2.040	2.040	2.040
	144115007	胶粘剂 DTA 砂浆	m³	0.103	0.100	0.100	0.102
	341101001	水	m³	2.300	2.300	2.300	2.300
	341103001	电	kW·h	19.850	19.430	20.130	21.040
	850103006	其他材料费（占材料费）	%	0.500	0.500	0.500	0.500
机械	990611010	干混砂浆罐式搅拌机	台班	0.204	0.204	0.204	0.204

工作内容：清理基层，调制粘贴剂，贴块料面层，擦缝，清理净面。　　**计量单位：**100m²

编　号				11-59	11-60	11-61	11-62
项　目				陶瓷地面砖			
				干粉型粘结剂			
				0.10m²以内	0.36m²以内	0.64m²以内	0.64m²以外
名　称			单位	消　耗　量			
人工	000301000	综合三类工	工日	20.085	19.663	20.368	21.287
材料	070500003	地砖 300×300	m²	103.000	—	—	—
	070500004	地砖 600×600	m²	—	103.000	—	—
	070500005	地砖 800×800	m²	—	—	104.000	—
	070500006	地砖 1000×1000	m²	—	—	—	104.000
	144105001	粉状型建筑胶粘剂	kg	400.000	400.000	400.000	400.000
	341101001	水	m³	2.300	2.300	2.300	2.300
	341103001	电	kW·h	20.890	20.450	21.180	22.140
	850103006	其他材料费（占材料费）	%	0.500	0.500	0.500	0.500

工作内容： 清理基层、试排弹线、铺贴饰面、清理净面。　　　　**计量单位：** 100m²

编号				11-63	11-64	11-65	11-66
项目				镭射玻璃砖			
				8mm 厚单层钢化砖		（8＋5）mm 厚夹层钢化砖	
				0.36m² 以内	0.36m² 以外	0.36m² 以内	0.36m² 以外
名称			单位	消耗量			
人工	000301000	综合三类工	工日	24.480	24.752	23.120	23.596
材料	064100002	镭射玻璃 600×600×8	m²	103.000	—	—	—
	064100003	镭射玻璃 800×800×8	m²	—	103.000	—	—
	064103001	镭射夹层玻璃（8＋5）600×600	m²	—	—	103.000	—
	064103002	镭射夹层玻璃（8＋5）800×800	m²	—	—	—	103.000
	144309004	玻璃胶 335g/支	支	84.000	75.600	84.000	75.600
	850103006	其他材料费（占材料费）	%	0.500	0.500	0.500	0.500

工作内容： 清理基层、弹线、锯板修边、瓷砖浸水、铺抹结合层、铺贴饰面、勾缝、清理净面。　　　　**计量单位：** 100m²

编号				11-67	11-68	11-69
项目				缸砖		陶瓷锦砖
				勾缝	不勾缝	
名称			单位	消耗量		
人工	000301000	综合三类工	工日	19.575	17.897	24.992
材料	360503002	缸砖	m²	91.933	102.000	—
	070703001	陶瓷锦砖	m²	—	—	102.000
	800609002	干混地面砂浆 DS M20	m³	2.050	2.040	2.040
	341101001	水	m³	2.400	2.400	2.400
	341103001	电	kW·h	20.350	18.620	—
	144115007	胶粘剂 DTA 砂浆	m³	—	—	0.100
	850103006	其他材料费（占材料费）	%	2.000	2.000	2.000
机械	990611010	干混砂浆罐式搅拌机	台班	0.205	0.204	0.204

工作内容：清理基层、试排弹线、锯板修边、铺抹结合层、铺贴饰面、清理净面。　　**计量单位**：$100m^2$

编　号				11-70	11-71
项　目				广场砖	
				拼图案	不拼图案
名　称			单位	消耗量	
人工	000301000	综合三类工	工日	21.242	19.159
材料	360500001	广场砖（综合）	m^2	90.334	88.597
	800609002	干混地面砂浆 DS M20	m^3	2.282	2.282
	341101001	水	m^3	2.600	2.600
	341103001	电	kW·h	22.090	19.930
	850103006	其他材料费（占材料费）	%	1.500	1.500
机械	990611010	干混砂浆罐式搅拌机	台班	0.228	0.228

四、木地板及复合地板面层

工作内容：1. 清理基层，修整找平、钻孔、安楔、铺钉龙骨或夹板基层。
2. 铺设，净面。

计量单位：$100m^2$

编　号				11-72	11-73	11-74	11-75	11-76
项　目				杉木龙骨基层	夹板基层	条形实木地板（成品）		
						铺在杉木龙骨基层上	铺在夹板基层上	铺在水泥地面上
名　称			单位	消耗量				
人工	000301000	综合三类工	工日	3.020	2.420	8.101	9.597	11.133
材料	050401006	板枋材 杉木	m^3	2.100	—	—	—	—
	050500006	胶合板 δ12	m^2	—	105.000	—	—	—
	071300001	实木地板	m^2	—	—	105.000	105.000	105.000
	340507001	泡沫防潮纸	m^2	—	—	110.000	110.000	110.000
	850103006	其他材料费（占材料费）	%	0.500	0.500	0.500	0.500	0.500
机械	990706010	木工圆锯机 500mm	台班	0.600	0.480	1.620	1.920	2.230

工作内容：铺设，净面。　　计量单位：100m²

编号				11-77	11-78	11-79
项目				条形复合地板（成品）		
				铺在杉木龙骨基层上	铺在夹板基层上	铺在水泥地面上
名称			单位	消耗量		
人工	000301000	综合三类工	工日	7.048	8.349	9.686
材料	071401001	复合木地板	m²	105.000	105.000	105.000
	340507001	泡沫防潮纸	m²	110.000	110.000	110.000
	850103006	其他材料费（占材料费）	%	0.500	0.500	0.500
机械	990706010	木工圆锯机 500mm	台班	1.410	1.670	1.940

五、橡塑面层

工作内容：清理基层、弹线、刮腻子、涂刷粘结剂、贴面层、收口、净面。　　计量单位：100m²

编号				11-80	11-81	11-82	11-83
项目				橡胶板	橡胶卷材	塑料板	塑料卷材
名称			单位	消耗量			
人工	000301000	综合三类工	工日	12.308	9.996	14.464	10.336
材料	020101007	橡胶板 δ3	m²	105.000	—	—	—
	133309004	再生橡胶卷材	m²	—	110.000	—	—
	021100001	塑料板	m²	—	—	105.000	—
	133311001	塑料地板卷材 δ1.5	m²	—	—	—	110.000
	144103002	氯丁橡胶粘接剂	kg	54.460	45.000	54.460	45.000
	850103006	其他材料费（占材料费）	%	1.500	1.500	1.500	1.500

六、其他材料面层

工作内容：清理基层、弹线、分格、定位、裁剪、拼接、铺设、修边、钉压条、净面。　**计量单位：**100m²

编　号				11-84	11-85	11-86
项　目				地毯		
				不固定	固定	
					不带垫	带垫
名　称			单位	消　耗　量		
人工	000301000	综合三类工	工日	6.321	11.480	17.220
材料	072900001	地毯	m²	105.000	105.000	105.000
	072909002	地毯烫带	m	65.620	65.620	65.620
	072909001	地毯木条	m	—	109.370	109.370
	120303004	铝合金压条（综合）	m	—	9.770	9.770
	144103002	氯丁橡胶粘接剂	kg	—	7.290	7.290
	020711004	地毯胶垫	m²	—	—	105.000
	850103006	其他材料费（占材料费）	%	0.500	0.500	0.500

工作内容：清理基层、安装支架横梁，铺设面板、清扫净面。　**计量单位：**100m²

编　号				11-87	11-88
项　目				防静电活动地板安装	
				铝质	陶瓷
名　称			单位	消　耗　量	
人工	000301000	综合三类工	工日	19.940	22.931
材料	072501001	铝合金活动地板	m²	105.000	—
	072513001	陶瓷活动地板	m²	—	105.000
	850103006	其他材料费（占材料费）	%	0.100	0.100

注：防静电地板含支架。

七、踢 脚 线

工作内容： 1. 清理基层、调运砂浆、抹面、压光、养护。
2. 清理基层、铺贴面层、净面。

计量单位： 100m

编号				11-89	11-90	11-91	11-92	11-93
项目				水泥砂浆	石材	陶瓷地面砖	玻璃地砖	缸砖
名称			单位	消耗量				
人工	000301000	综合三类工	工日	3.260	3.903	4.218	4.398	4.712
材料	800607001	干混抹灰砂浆 DP M10	m^3	0.306	0.245	0.245	—	0.245
	120503003	天然石材踢脚线	m	—	102.000	—	—	—
	120503002	陶瓷地砖踢脚线	m	—	—	102.000	—	—
	064100001	镭射玻璃（成品）	m^2	—	—	—	12.480	—
	120503001	缸砖踢脚线	m	—	—	—	—	102.000
	144115007	胶粘剂 DTA 砂浆	m^3	—	0.012	0.012	—	0.012
	341101001	水	m^3	0.408	0.264	0.264	—	0.400
	341103001	电	kW·h	—	4.060	4.390	—	4.900
	144309004	玻璃胶 335g/支	支	—	—	—	11.400	—
	850103006	其他材料费（占材料费）	%	—	0.500	0.500	0.500	0.500
机械	990611010	干混砂浆罐式搅拌机	台班	0.031	0.025	0.025	—	0.025

工作内容： 清理基层、安装踢脚线。

计量单位： 100m

编号				11-94	11-95	11-96	11-97
项目				塑料板	木踢脚线	金属踢脚线	防静电踢脚线
名称			单位	消耗量			
人工	000301000	综合三类工	工日	2.203	2.563	2.678	2.624
材料	120907001	塑料板踢脚线	m	106.000	—	—	—
	144135020	塑料粘结剂	kg	4.950	—	—	—
	120103002	硬木踢脚线	m	—	106.000	—	—
	050401006	板枋材 杉木	m^3	—	0.063	—	—
	120301001	金属踢脚线	m	—	—	106.000	—
	121701001	防静电踢脚线	m	—	—	—	106.000
	850103006	其他材料费（占材料费）	%	0.500	2.000	1.000	1.000

八、楼 梯 面 层

工作内容：清理基层、调运砂浆、铺设面层；试排弹线、锯板修边、铺抹结合层，铺贴饰面、清理净面。

计量单位：100m²

编号				11-98	11-99	11-100	11-101	11-102
项目				水泥砂浆		石材	石材弧形楼梯	陶瓷地面砖
				20mm	每增减1mm			
名称			单位	消耗量				
人工	000301000	综合三类工	工日	22.170	0.272	29.069	40.703	26.931
材料	800609002	干混地面砂浆 DS M20	m^3	2.785	0.139	2.754	3.342	2.785
	144115007	胶粘剂 DTA 砂浆	m^3	0.140	—	0.140	0.167	0.140
	341101001	水	m^3	5.187	—	3.400	4.000	3.400
	081713002	天然石材饰面板（综合）	m^2	—	—	144.690	173.628	—
	341103001	电	kW·h	—	—	30.230	42.330	28.010
	070500001	陶瓷地砖（综合）	m^2	—	—	—	—	144.690
	850103006	其他材料费（占材料费）	%	—	—	1.000	1.000	2.000
机械	990611010	干混砂浆罐式搅拌机	台班	0.279	0.014	0.275	0.334	0.279

工作内容：清理基层、弹线、裁剪、铺设地毯、安装压条、净面。

计量单位：见表

编号				11-103	11-104	11-105	11-106
项目				地毯		地毯配件	
				不带垫	带垫	铜质	
						压棍	压板
单位				100m²		套	100m
名称			单位	消耗量			
人工	000301000	综合三类工	工日	14.518	21.794	0.094	4.712
材料	072900001	地毯	m^2	143.325	143.325	—	—
	072909002	地毯烫带	m	23.620	23.620	—	—
	072909001	地毯木条	m	192.430	192.430	—	—
	120303004	铝合金压条（综合）	m	20.380	20.380	—	—
	020711004	地毯胶垫	m^2	—	143.325	—	—
	031599029	铜质压棍	m	—	—	1.530	—
	171500001	铜管	m	—	—	0.025	—
	170100006	钢管 D15	m	—	—	0.106	—
	372321001	铜压板 5×40	m	—	—	—	106.000
	850103006	其他材料费（占材料费）	%	0.500	0.500	2.000	2.000

工作内容：清理基层、刮腻子、涂刷粘结剂、贴面层、净面。 **计量单位**：$100m^2$

编号				11-107	11-108
项目				木板面层	橡胶板面层
名称			单位	消耗量	
人工	000301000	综合三类工	工日	21.516	16.800
材料	071300001	实木地板	m^2	143.325	—
	040927002	水胶粉	kg	21.840	—
	144135002	XY-401 胶	kg	95.550	—
	341101001	水	m^3	7.100	—
	020101007	橡胶板 $\delta 3$	m^2	—	143.325
	144103002	氯丁橡胶粘接剂	kg	—	74.530
	850103006	其他材料费（占材料费）	%	0.500	1.500
机械	990706010	木工圆锯机 500mm	台班	4.300	—

九、台阶装饰

工作内容：清理基层、调运砂浆、铺设面层；试排弹线、锯板修边、铺抹结合层，铺贴饰面、清理净面。 **计量单位**：$100m^2$

编号				11-109	11-110	11-111	11-112	11-113
项目				水泥砂浆		石材	石材弧形台阶	陶瓷地面砖
				20mm	每增减1mm			
名称			单位	消耗量				
人工	000301000	综合三类工	工日	23.337	0.286	30.599	42.845	28.348
材料	800609002	干混地面砂浆 DS M20	m^3	3.019	0.151	2.960	4.228	3.019
	081713002	天然石材饰面板（综合）	m^2	—	—	156.880	219.664	—
	070500001	陶瓷地砖（综合）	m^2	—	—	—	—	156.880
	144115007	胶粘剂 DTA 砂浆	m^3	0.153	—	0.150	0.150	0.150
	341103001	电	kW·h	—	—	31.820	44.560	29.480
	341101001	水	m^3	5.300	—	3.854	5.388	3.550
	850103006	其他材料费（占材料费）	%	—	—	0.500	0.500	2.000
机械	990611010	干混砂浆罐式搅拌机	台班	0.302	0.015	0.296	0.423	0.302

工作内容：清理基层、调运砂浆、铺设面层、剁斧。

计量单位：$100m^2$

编　号				11-114
项　目				剁假石
				20mm
名　称			单位	消　耗　量
人工	000301000	综合三类工	工日	48.773
材料	801301002	水泥白石子浆 1 : 1.5	m^3	1.153
	800609002	干混地面砂浆 DS M20	m^3	1.387
	144115007	胶粘剂 DTA 砂浆	m^3	0.151
	341101001	水	m^3	0.945
	850103006	其他材料费（占材料费）	%	2.000
机械	990611010	干混砂浆罐式搅拌机	台班	0.139

十、零星装饰项目

工作内容：清理基层、调运砂浆、铺设面层；试排弹线、锯板修边、铺抹结合层，铺贴饰面、清理净面。

计量单位：$100m^2$

编　号				11-115	11-116
项　目				水泥砂浆	石材
				20mm	
名　称			单位	消　耗　量	
人工	000301000	综合三类工	工日	27.016	38.327
材料	800609002	干混地面砂浆 DS M20	m^3	2.040	2.040
	341101001	水	m^3	3.800	2.600
	081713002	天然石材饰面板（综合）	m^2	—	106.000
	144115007	胶粘剂 DTA 砂浆	m^3	—	0.110
	341103001	电	kW · h	—	39.860
	850103006	其他材料费（占材料费）	%	—	0.500
机械	990611010	干混砂浆罐式搅拌机	台班	0.204	0.204

工作内容： 清理基层、试排弹线、锯板修边、铺抹结合层、铺贴饰面、清理净面。　　**计量单位：** $100m^2$

编号				11-117	11-118
项目				陶瓷地面砖	缸砖
名称			单位	消耗量	
人工	000301000	综合三类工	工日	47.454	47.179
材料	070500001	陶瓷地砖（综合）	m^2	106.000	—
	360503002	缸砖	m^2	—	106.000
	800609002	干混地面砂浆 DS M20	m^3	2.040	2.040
	144115007	胶粘剂 DTA 砂浆	m^3	0.150	—
	341101001	水	m^3	2.600	2.600
	341103001	电	kW · h	49.350	49.070
	850103006	其他材料费（占材料费）	%	2.000	2.000
机械	990611010	干混砂浆罐式搅拌机	台班	0.204	0.204

十一、其他装饰项目

工作内容： 清理、切割、镶嵌、固定。　　**计量单位：** 100m

编号				11-119	11-120
项目				楼地面嵌金属分隔条	
				水磨石铜嵌条	块料地面铜分隔条
				2 × 12	T 形 5 × 10
名称			单位	消耗量	
人工	000301000	综合三类工	工日	2.400	2.800
材料	013701002	铜条 12 × 2	m	106.000	—
	013701003	铜条 T 型 5 × 10	m	—	106.000
	050401006	板枋材 杉木	m^3	0.010	—
	341103001	电	kW · h	0.580	0.670
	850103006	其他材料费（占材料费）	%	2.000	2.000

注：铜嵌条规格与定额取定不同时，材料单价可以换算。

工作内容：清理、切割、镶嵌、固定。　　　　**计量单位**：100m

编　　号				11-121	11-122	11-123	11-124
项　　目				楼梯、台阶踏步防滑条			
				铜嵌条	青铜板（直角）	铸铜条板	金刚砂
				4×6	5×50×50	6×110	
名　　称			单位	消　耗　量			
人工	000301000	综合三类工	工日	9.280	11.840	8.960	4.600
材料	013701001	铜条 4×6	m	106.000	—	—	—
	144111004	硅酮结构胶 300mL	支	11.000	15.000	30.000	—
	341103001	电	kW·h	2.220	2.830	2.150	—
	013505001	青铜板 直条 5×50	m	—	106.000	—	—
	013701004	铸铜条 6×110	m	—	—	106.000	—
	040317001	金刚砂	kg	—	—	—	43.347
	040100001	水泥（综合）	kg	—	—	—	42.514
	341101001	水	m^3	—	—	—	0.300

注：防滑条规格与定额取定不同时，材料单价可以换算。

工作内容：清理表面、酸洗打蜡、磨光。　　　　**计量单位**：$100m^2$

编　　号				11-125	11-126
项　　目				酸洗打蜡	
				楼地面	楼梯台阶
名　　称			单位	消　耗　量	
人工	000301000	综合三类工	工日	3.946	5.490
材料	143107001	草酸	kg	1.000	1.420
	140911001	地蜡（砂蜡）	kg	2.650	3.760
	140307001	煤油	kg	4.000	5.680
	140111001	松节油	kg	0.530	0.750
	140103001	清油	kg	0.530	0.750

工作内容：清扫地面、定位放线、涂料制备、涂敷、漆划、养护。广角镜安装。
标志制作安装。

计量单位：见表

编号				11-127	11-128	11-129	11-130
项目				地下车库标线		广角镜安装	标志制作安装
				常温涂料	热熔涂料		
单位				100m²		个	m²
名称			单位	消耗量			
人工	000301000	综合三类工	工日	7.150	7.520	0.230	0.256
材料	131103001	常温涂料	kg	53.000	—	—	—
	131103003	热熔标线涂料	kg	—	300.000	—	—
	130111001	底漆	kg	—	23.500	—	—
	362103001	反光材料（玻璃珠）	kg	—	20.000	—	—
	362109001	广角镜	个	—	—	1.000	—
	362113001	反光膜	m²	—	—	—	1.600
	030105027	粗制六角螺栓 M18×40～100	10套	—	—	—	8.160
	014901001	角铝（综合）	m	—	—	—	4.100
	014301006	纯铝板 δ3	m²	—	—	—	1.080
机械	991263020	路面喷涂机	台班	0.645	—	—	—
	990401025	载重汽车 6t	台班	0.645	0.650	0.077	0.093
	990933010	热熔釜溶解车	台班	—	0.650	—	—
	990931010	热熔划线车 手推式	台班	—	0.650	—	—
	990512010	平台作业升降车 9m	台班	—	—	0.077	0.670
	990797030	手提式砂轮机	台班	—	—	—	0.009
	990785040	砂轮切割机 φ500	台班	—	—	—	0.011
	990727010	立式钻床 25mm	台班	—	—	—	0.277

十二、补充项目

1. 地面切缝

工作内容：清理、切割等。

计量单位：10m

编号				11-131
项目				大面积地面切缝
名称			单位	消耗量
人工	000301000	综合三类工	工日	0.600
机械	990618010	混凝土切缝机 7.5kW	台班	0.100

第十二章

墙、柱面装饰与隔断、幕墙工程

说　　明

一、本章定额包括抹灰、墙面块料面层、柱面镶贴块料、镶贴零星块料、墙饰面、柱饰面、幕墙工程、隔断和补充项目共九部分。

二、圆弧形、锯齿形、异形等不规则墙面抹灰、镶贴块料按相应项目人工及机械乘以系数 1.15,材料按相应项目乘以系数 1.05。

三、干挂石材、面砖、陶土板骨架及玻璃幕墙型钢骨架，均按干挂石材钢骨架项目执行。预埋铁件按本定额第五章“混凝土及钢筋混凝土工程”铁件制作安装项目执行。

四、女儿墙无泛水挑砖者，人工及机械乘以系数 1.10 按内墙面相应项目执行；女儿墙带泛水挑砖者，人工及机械乘以系数 1.30 按内墙面相应项目执行；女儿墙外侧并入外墙计算。

五、抹灰：

1. 墙面抹灰项目中砂浆强度等级设计与定额不同时，按设计要求调整；如设计厚度与定额取定厚度不同者，按墙面一般抹灰每增减 1mm 项目调整。

2. 与墙相连的梁、柱侧面抹灰并入相应墙面定额项目执行。

3. 抹灰工程的“零星抹灰”适用于各种壁柜、碗柜、书柜、过人洞、池槽花台、挑沿、天沟、雨篷侧面及顶部、飘窗板、阳台栏板、空调搁板、暖气罩、出屋面烟气道、通气道、附墙烟道、垃圾道等孔洞内侧以及 $\leqslant 0.5m^2$ 的其他各种零星抹灰。

4. 抹灰工程的线条适用于门窗套、挑檐、腰线、压顶、遮阳板外边、宣传栏边框以及突出墙面单面宽度在 500mm 以内的竖横线条等定额的抹灰，单面宽度超过 500mm 分别按楼地面、墙柱面及天棚相应抹灰项目执行。

5. 抹灰项目的工作内容已包括搭拆脚手架及支模板产生孔洞的修补堵眼，对拉螺栓堵眼另按本定额第五章“混凝土及钢筋混凝土工程”对拉螺栓堵眼增加费定额项目执行。

6. 墙面抹灰包括分格缝，如设计要求嵌（填）分格缝者，按本章外墙面嵌（填）分格缝增加费定额项目计取嵌缝增加费。

7. 墙面抹灰中的轻质墙是指轻质条板隔墙，即用轻质条板组装的非承重内隔墙，如混凝土轻质条板、玻璃纤维增强水泥条板、玻璃纤维增强石膏空心条板、钢丝（钢丝网）增强水泥条板、硅镁加气混凝土空心条板、复合夹芯条板等隔墙。

六、玻化砖、干挂玻化砖或玻岩板按面砖相应项目执行。

七、梁面镶贴块料，按相应柱面镶贴块料项目人工、机械乘以系数 1.15。

八、镶贴块料中砂浆结合层厚度除石材综合考虑外，其他镶贴块料均按 15mm 考虑，设计厚度与定额取定厚度不同者，按墙面一般抹灰每增减 1mm 项目调整。

九、镶贴零星块料适用挑檐、天沟、腰线、窗台线、门窗套、飘窗板、空调搁板、压顶、扶手、雨篷周边和壁柜、碗柜等。

十、除已列有挂贴石材柱帽、柱墩项目外，其他项目的柱帽、柱墩并入相应柱面积内，每个柱帽或柱墩另增人工：抹灰 0.25 工日，块料 0.38 工日，饰面 0.5 工日。

十一、木龙骨基层是按双向计算的，如设计为单向时，乘以系数 0.55。

十二、柱饰面：

1. 圆柱包铜饰面按相应的圆柱包不锈钢板饰面项目执行。

2. 钢龙骨圆柱包不锈钢板饰面，不分结构柱为方形或圆形，均执行同一项目。

3. 柱饰面除玻璃饰面项目外，其他材料饰面项目均未包括压条、装饰线或封边包角线条，设计要求时，按本定额第十五章“其他工程”中压条、装饰线项目人工、机械乘以系数 1.20。

4. 柱饰面在胶合板或抹灰面上粘贴玻璃按墙饰面相应项目人工、机械乘以系数 1.20。

5. 成品装饰柱项目已包含柱帽、柱墩安装。

十三、幕墙、隔断：

1. 幕墙如设计为曲面、异形或者斜面，按相应项目人工乘以系数 1.15。

2. 玻璃幕墙中的玻璃按成品玻璃考虑；幕墙的封边、封顶的费用按相应项目另行计算。型钢、挂件设计用量与定额取定用量不同时，按设计要求调整。

3. 幕墙饰面中的结构胶与耐候胶设计用量与定额取定用量不同时，消耗量按设计计算的用量加15%的施工损耗计算。

4. 型材弧形拉弯增加费按照型材弧形部分长度或重量套用相应项目计算，若型材材料价格已考虑拉弯费用的，则不另行计算。型材弧形拉弯增加费项目只考虑人工、机械增加费用。

5. 点支式玻璃幕墙钢结构桁架安装按本定额第六章“金属结构工程”相应定额项目计算。

6. 本章中的单元式幕墙是指由各种面板与支承框架在工厂制成，形成完整的幕墙结构基本单位后，运至施工现场直接安装在主体结构上的建筑幕墙。单元板块使用材料材质不同时，可按设计调整单元板块材料消耗量，其他不变。槽型埋件及连接件适用于单元式幕墙在钢筋混凝土或钢结构中预置。

7. 玻璃幕墙开启窗面积并入幕墙计算，增加的人工费及五金配件套用相应项目计算，增加的型材用量并入相应幕墙项目中。

8. 隔墙按隔断相应项目执行。

9. 面层、隔墙（间壁）、隔断（护壁）项目内，除注明者外均未包括压边、收边、装饰线（板），如设计要求时，应按照本定额第十五章“其他工程”相应项目执行；浴厕隔断已综合了隔断门所增加的工料。

10. 隔墙（间壁）、隔断（护壁）、幕墙等项目中龙骨间距、规格如与设计不同时，按设计要求调整。

十四、本章设计要求做防火、防腐处理者，应按本定额第十四章“油漆、涂料、裱糊工程”相应项目执行。

工程量计算规则

一、抹灰：

1. 内墙面、墙裙抹灰按设计图示结构尺寸以面积计算，扣除门窗洞口和单个面积 > $0.3m^2$ 以上的空圈所占的面积，不扣除踢脚线、挂镜线及单个面积 ≤ $0.3m^2$ 的孔洞和墙与构件交接处的面积。且门窗洞口、空圈、孔洞的侧壁面积亦不增加，附墙柱的侧面抹灰应并入墙面、墙裙抹灰工程量内计算。

2. 内墙面、墙裙的长度以主墙间的图示净长计算，墙面高度按室内地面或楼面至天棚底面净高计算，墙面抹灰面积应扣除墙裙抹灰面积，如墙面和墙裙抹灰种类相同者，工程量合并计算，有吊顶天棚的，其高度按吊顶高度增加 100mm 计算。

3. 外墙抹灰面积，按垂直投影面积计算，应扣除门窗洞口、外墙裙（墙面和墙裙抹灰种类相同者应合并计算）和单个面积 > $0.3m^2$ 的孔洞所占面积，不扣除单个面积 ≤ $0.3m^2$ 的孔洞所占面积，门窗洞口及孔洞侧壁面积亦不增加。附墙柱侧面抹灰面积应并入外墙面抹灰工程量内。

4. 女儿墙（包括泛水、挑砖）内侧、阳台栏板（不扣除花格所占空洞面积）内侧与阳台栏板外侧抹灰工程量按结构设计图示尺寸以面积计算。

5. 柱抹灰按结构断面周长乘以抹灰高度计算。

6. 线条抹灰按设计图示尺寸以长度计算。

7. 外墙面嵌（填）分格缝增加费按设计图示尺寸以长度计算。

8. “零星项目”按设计图示尺寸以展开面积计算。

二、块料面层：

1. 挂贴石材零星项目中柱墩、柱帽是按圆弧形成品考虑的，按其圆的最大外径以周长计算；其他类型的柱帽、柱墩工程量按设计图示尺寸以展开面积计算。

2. 镶贴块料面层，按镶贴表面积计算。

3. 柱镶贴块料面层按设计图示饰面外围尺寸乘以高度以面积计算。

4. 女儿墙（包括泛水、挑砖）内侧、阳台栏板（不扣除花格所占空洞面积）内侧与阳台栏板外侧镶贴块料按展开面积计算。

三、墙饰面、柱（梁）饰面：

1. 龙骨、基层、面层墙饰面项目按设计图示饰面尺寸以面积计算，扣除门窗洞口及单个面积 > $0.3m^2$ 以上的空圈所占的面积，不扣除单个面积 ≤ $0.3m^2$ 的孔洞所占面积。

2. 柱饰面的龙骨、基层、面层按设计图示饰面尺寸以面积计算，柱帽、柱墩并入相应柱面积计算。

3. 成品装饰柱按设计图示数量计算。

四、幕墙、隔断：

1. 玻璃幕墙、铝板幕墙以框外围面积计算，如设计为曲面，按其展开面积计算；半玻隔断、全玻幕墙如有加强肋者，工程量按其展开面积计算。

2. 幕墙防火隔离带按其设计图示尺寸以延长米计算。

3. 幕墙与建筑物的封顶、封边按设计图示尺寸以面积计算。

4. 幕墙、门窗铝型材龙骨弧形拉弯按其设计图示尺寸以延长米计算。幕墙钢型材弧形拉弯按设计图示尺寸以理论质量计算。

5. 单元式幕墙的工程量按图示尺寸的外围面积计算，不扣除幕墙区域设置的窗面积。槽型预埋件及 T 型转接件螺栓安装的工程量按设计图示数量计算。

6. 玻璃幕墙开启窗人工及五金增加费按开启窗的设计图示数量计算。

7. 幕墙铝骨架调整按铝骨架的设计图示尺寸以理论质量计算。

8. 隔断按设计图示框外围尺寸以面积计算，扣除门窗洞及单个面积 > $0.3m^2$ 的孔洞所占面积。

五、补充项目：

墙柱面拉条（砖墙面）、墙柱面拉条（混凝土墙面）、墙柱面甩毛（砖墙面）、墙柱面甩毛、（混凝土墙面）墙面、墙裙抹灰按设计图示尺寸以面积计算，扣除门窗洞口和单个面积 > $0.3m^2$ 以上的空圈所占的面积，不扣除踢脚线、挂镜线及单个面积 ≤ $0.3m^2$ 的孔洞和墙与构件交接处的面积。且门窗洞口、空圈、孔洞的侧壁面积亦不增加，附墙柱的侧面抹灰应并入墙面、墙裙抹灰工程量内计算。

一、抹 灰

1. 墙面抹灰

工作内容：1. 清理基层、修补堵眼、湿润基层、调运砂浆、清扫落地灰。
2. 分层抹灰找平、面层压光（包括门窗洞口侧壁抹灰）。

计量单位：100m²

编 号				12-1	12-2	12-3
项 目				一般抹灰		
				内墙	外墙	每增减 1mm
				（14 + 6mm）		
名 称			单位	消 耗 量		
人工	000301000	综合三类工	工日	9.667	15.732	0.196
材料	800607001	干混抹灰砂浆 DP M10	m^3	2.320	2.320	0.116
	341101001	水	m^3	0.980	0.980	0.029
机械	990611010	干混砂浆罐式搅拌机	台班	0.232	0.232	0.012

工作内容：1. 清理基层、修补堵眼、湿润基层、调运砂浆、清扫落地灰。
2. 分层抹灰。

计量单位：100m²

编 号				12-4	12-5
项 目				一般抹灰	
				毛石墙	轻质墙
				（24 + 6mm）	（15 + 5mm）
名 称			单位	消 耗 量	
人工	000301000	综合三类工	工日	13.354	11.620
材料	800607001	干混抹灰砂浆 DP M10	m^3	3.214	2.143
	341101001	水	m^3	1.203	0.935
机械	990611010	干混砂浆罐式搅拌机	台班	0.321	0.214

工作内容：线条抹灰。

计量单位：100m

编 号				12-6	12-7	12-8	12-9	12-10
项 目				一般抹灰				
				线条抹灰				
				单面宽度（mm）以内				
				100	200	300	400	500
名 称			单位	消 耗 量				
人工	000301000	综合三类工	工日	4.187	8.139	11.859	14.878	16.261
材料	800607001	干混抹灰砂浆 DP M10	m^3	0.154	0.308	0.461	0.615	0.769
	341101001	水	m^3	0.073	0.145	0.218	0.291	0.363
机械	990611010	干混砂浆罐式搅拌机	台班	0.015	0.031	0.046	0.062	0.077

工作内容：1. 清理基层、修补堵眼、湿润基层、调运砂浆、清扫落地灰。
2. 分层抹灰找平、抹装饰面、勾分格缝。

计量单位：100m²

编号				12-11	12-12
项目				外墙面装饰抹灰	
				水刷石	斩假石
名称			单位	消耗量	
人工	000301000	综合三类工	工日	18.969	33.222
材料	800607001	干混抹灰砂浆 DP M10	m³	1.285	1.285
	800105001	水泥豆石浆 1∶1.25	m³	1.030	1.030
	341101001	水	m³	3.159	0.968
机械	990610010	灰浆搅拌机 200L	台班	0.172	0.172
	990611010	干混砂浆罐式搅拌机	台班	0.129	0.129

工作内容：清理基层，调运砂浆；胶贴玻纤网格布；挂贴钢丝网。

计量单位：100m²

编号				12-13	12-14
项目				贴玻纤网格布	挂钢丝网
名称			单位	消耗量	
人工	000301000	综合三类工	工日	2.465	2.805
材料	092701004	玻璃纤维网格布	m²	105.000	—
	031505014	钢丝网（综合）	m²	—	105.000
	850103006	其他材料费（占材料费）	%	2.000	2.000

工作内容：嵌（填）缝、勾缝、净面。

计量单位：100m

编号				12-15
项目				外墙面嵌（填）分格缝增加费
名称			单位	消耗量
人工	000301000	综合三类工	工日	3.650
材料	144123001	填缝剂	kg	6.300

2. 柱（梁）面抹灰

工作内容：1. 清理基层、修补堵眼、湿润基层、调运砂浆、清扫落地灰。
2. 分层抹灰找平、面层压光。

计量单位：100m²

编号				12-16	12-17
项目				一般抹灰	
				异形柱（梁）面	矩形柱（梁）面
名称			单位	消耗量	
人工	000301000	综合三类工	工日	17.391	13.070
材料	800607001	干混抹灰砂浆 DP M10	m³	2.260	2.260
	341101001	水	m³	0.965	0.965
机械	990611010	干混砂浆罐式搅拌机	台班	0.226	0.226

工作内容：1. 清理基层、修补堵眼、湿润基层、调运砂浆、清扫落地灰。
2. 砂浆打底、抹装饰面等。

计量单位：100m²

编号				12-18	12-19
项目				装饰抹灰	
				水刷石	斩假石
名称			单位	消耗量	
人工	000301000	综合三类工	工日	27.992	45.165
材料	800607001	干混抹灰砂浆 DP M10	m³	1.298	1.298
	800105001	水泥豆石浆 1∶1.25	m³	1.030	1.030
	341101001	水	m³	3.159	1.000
机械	990610010	灰浆搅拌机 200L	台班	0.214	0.172
	990611010	干混砂浆罐式搅拌机	台班	0.130	0.130

3. 零 星 抹 灰

工作内容：1. 清理基层、湿润基层、调运砂浆、清扫落地灰。
2. 分层抹灰、面层压光。
3. 砂浆打底、抹装饰面等。

计量单位：100m²

编号				12-20	12-21	12-22
项目				一般抹灰	水刷石	斩假石
名称			单位	消耗量		
人工	000301000	综合三类工	工日	35.586	41.871	53.123
材料	800607001	干混抹灰砂浆 DP M10	m³	2.260	1.298	1.298
	800105001	水泥豆石浆 1∶1.25	m³	—	1.040	1.050
	341101001	水	m³	0.965	3.159	0.953
机械	990611010	干混砂浆罐式搅拌机	台班	0.226	0.130	0.130
	990610010	灰浆搅拌机 200L	台班	—	0.173	0.175

4. 打 底

工作内容：清理基层、修补堵眼、湿润基层、调运砂浆、抹灰、涂刷、清扫落地灰。 **计量单位**：100m²

编号				12-23	12-24	12-25	12-26
项目				打底找平（15mm 厚）		墙面界面剂	素水泥浆界面剂
				内墙	外墙		
名称			单位	消耗量			
人工	000301000	综合三类工	工日	7.792	13.233	0.919	0.918
材料	800607001	干混抹灰砂浆 DP M10	m³	1.740	1.740	—	—
	800607004	干混界面砂浆 DIT M10	m³	—	—	0.113	—
	341101001	水	m³	0.835	0.835	0.432	0.034
	144100001	建筑胶	kg	—	—	5.100	29.151
	040100005	水泥 42.5	t	—	—	—	0.165
机械	990611010	干混砂浆罐式搅拌机	台班	0.174	0.174	0.011	—

注：如打底找平设计厚度与定额取定不同时，按墙面一般抹灰每增减 1mm 项目调整。

二、墙面块料面层

1. 石 材 墙 面

工作内容： 1. 清理、修补基层表面、制作安装钢筋、焊接固定；选料、钻孔成槽、穿丝固定；灌浆；挂贴面层；擦缝、清洁表面。
2. 清理、修补基层表面、铺抹结合层、粘贴面层；擦缝、清洁表面。　　**计量单位：** $100m^2$

编号				12-27	12-28
项目				挂贴石材	拼碎石材
名称			单位	消耗量	
人工	000301000	综合三类工	工日	41.895	41.044
材料	080100002	石材（综合）	m^2	102.000	—
	081713007	天然石材饰面板 碎拼	m^2	—	102.000
	800607001	干混抹灰砂浆 DP M10	m^3	3.966	1.545
	014101001	铜丝	kg	7.875	—
	010101018	热轧圆盘条 $\phi6$	kg	107.201	—
	031301005	低合金钢焊条 E43（综合）	kg	1.510	—
	031519019	合金钢钻头 $\phi16\sim\phi20$	个	6.681	—
	030107054	金属膨胀螺栓 M8	套	528.870	—
	341101001	水	m^3	1.737	0.872
	341103001	电	kW · h	67.120	—
	801105001	水泥石膏砂浆 1∶0.2∶2.5	m^3	—	1.236
	031525001	金刚石（综合）	块	—	21.420
	850103006	其他材料费（占材料费）	%	1.000	1.000
机械	990901020	交流弧焊机 32kV · A	台班	8.370	—
	990611010	干混砂浆罐式搅拌机	台班	0.397	0.155
	990610010	灰浆搅拌机 200L	台班	—	0.206

工作内容：1. 清理、修补基层表面、调运砂浆、砂浆打底、铺抹结合层（刷粘结剂）。
2. 选料、面层粘贴、清洁表面。

计量单位：100m²

编号				12-29	12-30
项目				粘贴石材	
				预拌砂浆（干混）	粉状型建筑胶贴剂
名称			单位	消耗量	
人工	000301000	综合三类工	工日	36.373	37.021
材料	080100002	石材（综合）	m^2	102.000	102.000
	800607001	干混抹灰砂浆 DP M10	m^3	1.978	1.288
	341101001	水	m^3	0.939	0.766
	341103001	电	kW·h	37.800	38.500
	144105001	粉状型建筑胶粘剂	kg	—	682.500
	850103006	其他材料费（占材料费）	%	2.000	0.500
机械	990611010	干混砂浆罐式搅拌机	台班	0.198	0.129

工作内容：1. 基层清理、清洗石材、钻孔开槽、安挂件（螺栓）。
2. 面层安装、嵌缝；刷胶、清洁表面。

计量单位：100m²

编号				12-31	12-32	12-33	12-34
项目				挂钩式干挂石材			
				1.0m² 以下		1.5m² 以下	1.5m² 以上
				密缝	嵌缝	嵌缝（石材 3～5cm 厚）	
名称			单位	消耗量			
人工	000301000	综合三类工	工日	39.800	46.429	41.075	42.716
材料	080100005	石材 800×800	m^2	102.000	100.000	—	—
	080100006	石材 1200×1200	m^2	—	—	102.000	—
	080100007	石材 1300×1300	m^2	—	—	—	102.000
	081710001	不锈钢石材干挂挂件	套	318.750	311.100	141.780	122.400
	030107054	金属膨胀螺栓 M8	套	637.500	622.200	283.560	244.800
	031519019	合金钢钻头 ϕ16～20	个	18.312	18.312	16.454	16.454
	144115006	云石胶 AB 胶	kg	19.630	19.610	19.630	19.610
	133503014	密封胶	kg	10.250	39.670	39.670	39.670
	311919001	美纹纸	m	500.000	487.000	328.000	303.000
	341101001	水	m^3	1.420	1.420	1.420	1.420
	341103001	电	kW·h	63.830	74.420	65.840	68.490
	021309002	泡沫条 ϕ18	m	—	306.000	306.000	306.000
	850103006	其他材料费（占材料费）	%	0.500	0.500	0.500	0.500

工作内容：1. 基层清理、清洗石材、钻孔开槽、安挂件（螺栓）。
2. 面层安装、嵌缝；刷胶、清洁表面。

计量单位：100m²

编号				12-35	12-36	12-37	12-38
项目				背栓式干挂石材			
				1.0m² 以下		1.5m² 以下	1.5m² 以上
				密缝	嵌缝	嵌缝（石材 3～5cm 厚）	
名称			单位	消耗量			
人工	000301000	综合三类工	工日	42.337	47.041	42.716	45.229
材料	080100005	石材 800×800	m²	103.000	100.980	—	—
	080100006	石材 1200×1200	m²	—	—	103.000	—
	080100007	石材 1300×1300	m²	—	—	—	103.000
	030105024	不锈钢石材背栓	套	637.500	622.200	283.560	241.740
	030403004	铝合金石材干挂挂件	套	637.500	622.200	283.560	241.740
	015101003	铝合金型材转接件	kg	173.000	169.000	75.650	64.600
	030105008	不锈钢六角螺栓 M6×30	10 套	63.750	85.800	28.356	24.174
	030105009	不锈钢六角螺栓 M8×30	套	637.500	622.200	283.560	241.740
	031519022	合金钢钻头 ϕ10	个	5.720	5.720	5.720	5.720
	144115006	云石胶 AB 胶	kg	19.630	19.610	19.610	19.610
	133503014	密封胶	kg	10.250	39.670	39.670	39.670
	311919001	美纹纸	m	500.000	487.000	328.000	303.000
	341101001	水	m³	1.491	1.491	1.491	1.491
	341103001	电	kW·h	67.840	75.380	68.490	72.500
	021309002	泡沫条 ϕ18	m	—	321.300	321.300	321.300
	850103006	其他材料费（占材料费）	%	1.000	1.000	1.000	1.000
机械	991136010	锥形双头台式打孔机	台班	1.230	1.205	1.230	1.230

2. 陶瓷锦砖、玻璃马赛克

工作内容： 1. 基层清理、修补；调运砂浆、砂浆打底、铺抹结合层（刷粘结剂）。
2. 选料、贴瓷块、擦缝、清洁表面。

计量单位： 100m²

编　号				12-39	12-40	12-41	12-42
项　目				陶瓷锦砖		玻璃马赛克	
				水泥石膏砂浆	粉状型建筑胶贴剂	水泥石膏砂浆	粉状型建筑胶贴剂
名　称			单位	消　耗　量			
人工	000301000	综合三类工	工日	37.799	37.756	37.801	37.743
材料	070703001	陶瓷锦砖	m^2	102.000	102.000	—	—
	065300001	玻璃马赛克	m^2	—	—	102.000	102.000
	800607001	干混抹灰砂浆 DP M10	m^3	1.545	1.545	1.545	1.545
	801105001	水泥石膏砂浆 1∶0.2∶2.5	m^3	0.824	—	0.824	—
	341101001	水	m^3	0.964	0.766	0.823	0.823
	144105001	粉状型建筑胶粘剂	kg	—	420.000	—	420.000
	850103006	其他材料费（占材料费）	%	1.000	1.000	0.250	0.250
机械	990610010	灰浆搅拌机 200L	台班	0.137	—	0.137	—
	990611010	干混砂浆罐式搅拌机	台班	0.155	0.155	0.155	0.155

3. 瓷　　板

工作内容： 1. 清理、修补基层表面；调运砂浆、砂浆打底、铺抹结合层（刷粘结剂）。
2. 选料、贴瓷块、擦缝、清洁表面。

计量单位： 100m²

编　号				12-43	12-44	12-45	12-46
项　目				瓷板每块面积 0.025m² 以内		瓷板每块面积 0.025m² 以外	
				预拌砂浆（干混）	粉状型建筑胶贴剂	预拌砂浆（干混）	粉状型建筑胶贴剂
名　称			单位	消　耗　量			
人工	000301000	综合三类工	工日	31.782	31.748	31.375	31.328
材料	092302002	瓷板 152×152	m^2	103.000	103.000	—	—
	092302003	瓷板 200×300	m^2	—	—	104.000	104.000
	800607001	干混抹灰砂浆 DP M10	m^3	2.163	1.545	2.163	1.545
	341101001	水	m^3	0.832	0.714	0.832	0.714
	341103001	电	kW·h	33.050	33.010	33.010	32.580
	144105001	粉状型建筑胶粘剂	kg	—	420.000	—	420.000
	850103006	其他材料费（占材料费）	%	0.500	0.500	0.500	0.500
机械	990611010	干混砂浆罐式搅拌机	台班	0.216	0.155	0.216	0.155

注：瓷板厚度按 ＜7mm 考虑，≥7mm 者按面砖相应项目执行。

4. 面　　砖

工作内容：1. 清理、修补基层表面；调运砂浆、砂浆打底、铺抹结合层（刷粘结剂）。
2. 选料、贴面砖、拖缝、清洁表面。

计量单位：$100m^2$

编　　号				12-47	12-48	12-49	12-50
项　　目				面砖每块面积 $0.01m^2$ 以内			
				预拌砂浆（干混）		粉状型建筑胶贴剂	
				面砖灰缝（mm 以内）			
				5	10	5	10
名　　称			单位	消　耗　量			
人工	000301000	综合三类工	工日	36.133	36.131	36.066	36.081
材料	070000001	面砖 95×95	m^2	92.961	87.630	92.961	87.630
	800607001	干混抹灰砂浆 DP M10	m^3	2.225	2.256	1.545	1.545
	341101001	水	m^3	1.005	1.009	0.775	0.779
	341103001	电	kW·h	37.570	37.570	37.530	37.520
	144105001	粉状型建筑胶粘剂	kg	—	—	462.000	483.000
	850103006	其他材料费（占材料费）	%	1.000	1.000	1.000	1.000
机械	990611010	干混砂浆罐式搅拌机	台班	0.223	0.226	0.155	0.155

注：面砖灰缝如采用不同材料嵌缝（勾缝）者，另按加浆勾缝项目执行。

工作内容：1. 清理、修补基层表面；调运砂浆、砂浆打底、铺抹结合层（刷粘结剂）。
2. 选料、贴面砖、拖缝、清洁表面。

计量单位：$100m^2$

编　　号				12-51	12-52	12-53	12-54
项　　目				面砖每块面积 $0.02m^2$ 以内			
				预拌砂浆（干混）		粉状型建筑胶贴剂	
				面砖灰缝（mm 以内）			
				5	10	5	10
名　　称			单位	消　耗　量			
人工	000301000	综合三类工	工日	31.764	31.757	31.718	31.712
材料	070000004	面砖 240×60	m^2	93.112	89.257	93.112	89.257
	800607001	干混抹灰砂浆 DP M10	m^3	2.222	2.245	1.545	1.545
	341101001	水	m^3	1.032	1.036	0.959	0.818
	341103001	电	kW·h	33.830	33.020	32.980	32.980
	144105001	粉状型建筑胶粘剂	kg	—	—	420.000	420.000
	850103006	其他材料费（占材料费）	%	1.000	1.000	1.000	1.000
机械	990611010	干混砂浆罐式搅拌机	台班	0.222	0.225	0.155	0.155

注：面砖灰缝如采用不同材料嵌缝（勾缝）者，另按加浆勾缝项目执行。

工作内容： 1. 清理、修补基层表面；调运砂浆、砂浆打底、铺抹结合层。
2. 选料、贴面砖、擦缝、清洁表面。

计量单位： 100m²

编　　号				12-55	12-56	12-57	12-58
项　　目				面砖			
				预拌砂浆（干混）			
				每块面积			
				≤0.06m²	≤0.20m²	≤0.64m²	>0.64m²
名　　称			单位	消　耗　量			
人工	000301000	综合三类工	工日	31.431	28.640	28.273	29.375
材料	070000003	面砖 200×300	m²	104.000	—	—	—
	070000005	面砖 400×500	m²	—	104.000	—	—
	070000006	面砖 800×800	m²	—	—	105.000	—
	070000007	面砖 1000×1000	m²	—	—	—	105.000
	800607001	干混抹灰砂浆 DP *M*10	m³	2.163	2.163	2.163	2.163
	341101001	水	m³	0.996	0.996	0.996	0.996
	341103001	电	kW·h	32.680	29.780	29.400	30.550
	850103006	其他材料费（占材料费）	%	1.000	1.000	0.500	0.500
机械	990611010	干混砂浆罐式搅拌机	台班	0.216	0.216	0.216	0.216

工作内容： 1. 清理、修补基层表面；调运砂浆、砂浆打底、刷粘结剂。
2. 选料、贴面砖、擦缝、清洁表面。

计量单位： 100m²

编　　号				12-59	12-60	12-61	12-62
项　　目				面砖			
				粉状型建筑胶贴剂			
				每块面积			
				≤0.06m²	≤0.20m²	≤0.64m²	>0.64m²
名　　称			单位	消　耗　量			
人工	000301000	综合三类工	工日	29.835	27.094	26.711	27.795
材料	070000003	面砖 200×300	m²	104.000	—	—	—
	070000005	面砖 400×500	m²	—	104.000	—	—
	070000006	面砖 800×800	m²	—	—	105.000	—
	070000007	面砖 1000×1000	m²	—	—	—	105.000
	800607001	干混抹灰砂浆 DP M10	m³	1.545	1.545	1.545	1.545
	144105001	粉状型建筑胶粘剂	kg	442.050	442.050	442.050	442.050
	341101001	水	m³	0.810	0.810	0.810	0.810
	341103001	电	kW·h	31.020	28.170	27.770	28.900
	850103006	其他材料费（占材料费）	%	1.000	1.000	0.500	0.500
机械	990611010	干混砂浆罐式搅拌机	台班	0.155	0.155	0.155	0.155

工作内容：砖缝清理、调运砂浆、勾缝、清洁表面。　　**计量单位：**100m²

编　号				12-63	12-64
项　目				面砖	
				加浆勾缝	
				5mm 以内	10mm 以内
名　称			单位	消　耗　量	
人工	000301000	综合三类工	工日	6.242	5.852
材料	800607001	干混抹灰砂浆 DP M10	m³	0.110	0.204
	341101001	水	m³	0.348	0.357
机械	990611010	干混砂浆罐式搅拌机	台班	0.011	0.020

5. 背栓式干挂面砖

工作内容：1. 清理、修补基层表面；刷浆、安挂件（螺栓）。
2. 选料、钻孔成槽；安装面层；刷胶、清洁表面。　　**计量单位：**100m²

编　号				12-65
项　目				背栓式干挂面砖
名　称			单位	消　耗　量
人工	000301000	综合三类工	工日	41.871
材料	070000008	面砖 600×800（厚≥13mm）	m²	106.000
	030403004	铝合金石材干挂挂件	套	849.660
	015101003	铝合金型材转接件	kg	229.000
	030105024	不锈钢石材背栓	套	849.660
	030105009	不锈钢六角螺栓 M8×30	套	849.660
	144115006	云石胶 AB 胶	kg	19.630
	133503014	密封胶	kg	10.250
	341101001	水	m³	1.420
	341103001	电	kW·h	43.480
	850103006	其他材料费（占材料费）	%	1.000
机械	991136010	锥形双头台式打孔机	台班	2.770

6. 干挂陶土板

工作内容： 1. 清理、修补基层表面；刷浆、安挂件（螺栓）。
2. 选料、钻孔成槽；安装面层；刷胶、清洁表面。

计量单位： $100m^2$

编　号				12-66	12-67
项　目				干挂陶土板	
				陶板墙面	陶辊墙面
名　称			单位	消　耗　量	
人工	000301000	综合三类工	工日	52.101	44.818
材料	092301001	陶土板	m^2	105.000	—
	144309004	玻璃胶 335g/支	支	160.900	—
	012315001	不锈钢型钢	kg	10.680	—
	012913018	不锈钢板托 4mm	个	414.000	—
	012913023	不锈钢燕尾板	个	828.000	—
	341103001	电	kW · h	54.180	46.610
	070309002	陶辊	m	—	385.000
	092913001	铝合金接插件	个	—	897.600
	030105010	不锈钢六角螺栓 M8 × 30	10 套	—	1830.400
	850103006	其他材料费（占材料费）	%	2.000	2.000

7. 凹凸假麻石

工作内容： 1. 清理、修补基层表面；调运砂浆、砂浆打底、铺抹结合层（刷粘结剂）。
2. 选料、贴假石块、擦缝、清洁表面。

计量单位： $100m^2$

编　号				12-68	12-69
项　目				凹凸假麻石	
				预拌砂浆（干混）	粉状型建筑胶贴剂
名　称			单位	消　耗　量	
人工	000301000	综合三类工	工日	31.620	31.585
材料	080901001	凹凸麻石块	m^2	103.000	103.000
	800607001	干混抹灰砂浆 DP M10	m^3	2.163	1.545
	341101001	水	m^3	0.939	0.766
	341103001	电	kW · h	32.850	32.850
	144105001	粉状型建筑胶粘剂	kg	—	420.000
	850103006	其他材料费（占材料费）	%	1.500	1.500
机械	990611010	干混砂浆罐式搅拌机	台班	0.261	0.155

8. 干挂石材钢骨架、后置件

工作内容：铁件加工、钢架制作、安装、焊接等全部操作过程。 **计量单位：**见表

编号				12-70	12-71
项目				钢骨架	后置件
单位				t	套
名称			单位	消耗量	
人工	000301000	综合三类工	工日	20.433	0.100
材料	012300001	型钢（综合）	kg	1080.000	—
	031301005	低合金钢焊条 E43（综合）	kg	23.415	—
	142909001	氧气	m^3	6.000	0.050
	142907001	乙炔气	m^3	2.600	0.050
	130505011	红丹环氧防锈漆	kg	3.900	—
	341103001	电	kW·h	11.520	0.060
	031509015	镀锌铁件	kg	—	1.440
	030105215	化学锚栓 M12×160	套	—	4.080
	850103006	其他材料费（占材料费）	%	1.000	—
机械	990901020	交流弧焊机 32kV·A	台班	4.090	—

注：钢骨架弧形拉弯按幕墙工程相应项目执行。

三、柱面镶贴块料

1. 石材柱面

工作内容：1. 清理、修补基层表面、刷浆、安铁件、制作安装钢筋、焊接固定；砂浆打底、铺抹结合层；安挂件（螺栓）。
2. 选料、钻孔开槽、穿丝固定；调运砂浆；挂贴、安装面层；嵌缝；刷胶、清洁表面。

计量单位：$100m^2$

编号				12-72	12-73	12-74	12-75
项目				柱面			
				挂贴石材	拼碎石材	挂钩式干挂石材	背栓式干挂石材
名称			单位	消耗量			
人工	000301000	综合三类工	工日	52.922	55.572	61.124	60.619
材料	080100002	石材（综合）	m^2	106.000	—	—	—
	081713007	天然石材饰面板 碎拼	m^2	—	106.000	—	—

续前

编　号				12-72	12-73	12-74	12-75
项　目				柱面			
				挂贴石材	拼碎石材	挂钩式干挂石材	背栓式干挂石材
名　称			单位	消　耗　量			
材料	080100004	石材 600×900	m^2	—	—	106.000	106.000
材料	800607001	干混抹灰砂浆 DP M10	m^3	4.004	1.362	—	—
材料	040113004	白水泥	kg	15.450	—	—	—
材料	031301005	低合金钢焊条 E43（综合）	kg	1.224	—	—	—
材料	014101001	铜丝	kg	8.075	—	—	—
材料	010900002	圆钢（综合）	kg	150.120	—	—	—
材料	030107054	金属膨胀螺栓 M8	套	929.220	—	754.800	—
材料	031519019	合金钢钻头 ϕ16～20	个	11.730	—	21.882	—
材料	341101001	水	m^3	1.578	0.872	1.491	1.420
材料	341103001	电	kW·h	84.870	—	98.040	97.230
材料	801105001	水泥石膏砂浆 1：0.2：2.5	m^3	—	1.248	—	—
材料	031525001	金刚石（综合）	块	—	22.260	—	—
材料	040127001	麻刀快硬水泥	m^3	—	—	0.364	—
材料	081710001	不锈钢石材干挂挂件	套	—	—	377.400	—
材料	120303007	铝合金条 ϕ4	m	—	—	252.280	—
材料	144115006	云石胶 AB 胶	kg	—	—	19.610	19.610
材料	133503014	密封胶	kg	—	—	39.670	39.670
材料	030403004	铝合金石材干挂挂件	套	—	—	—	754.800
材料	015101003	铝合金型材转接件	kg	—	—	—	204.100
材料	030105009	不锈钢六角螺栓 M8×30	套	—	—	—	754.800
材料	030105008	不锈钢六角螺栓 M6×30	10套	—	—	—	75.480
材料	030105024	不锈钢石材背栓	套	—	—	—	754.800
材料	031519022	合金钢钻头 ϕ10	个	—	—	—	5.610
材料	850103006	其他材料费（占材料费）	%	2.000	1.000	0.500	0.500
机械	990901020	交流弧焊机 32kV·A	台班	0.240	—	—	—
机械	990611010	干混砂浆罐式搅拌机	台班	0.400	0.136	—	—
机械	990610010	灰浆搅拌机 200L	台班	—	0.208	—	—
机械	991136010	锥形双头台式打孔机	台班	—	—	—	1.230

工作内容： 1. 清理基层、清理石材、钻孔、预埋铁件、制作安装钢筋网、焊接固定。
2. 面层安装、挂板、镶贴、穿丝固定、调运砂浆、灌浆、清洁表面。 **计量单位：** $100m^2$

编号				12-76	12-77
项目				石材包圆柱饰面	
				包圆柱	方柱包圆柱
名称			单位	消耗量	
人工	000301000	综合三类工	工日	53.384	66.510
材料	081717001	石材圆弧形（成品）	m^2	106.000	106.000
	800607001	干混抹灰砂浆 DP M10	m^3	2.600	3.016
	014101001	铜丝	kg	7.350	7.350
	010900002	圆钢（综合）	kg	216.000	81.000
	031519019	合金钢钻头 ϕ16～20	个	32.640	32.640
	341103001	电	kW·h	85.630	106.680
	341101001	水	m^3	1.670	1.670
	012100002	角钢（综合）	kg	—	1263.600
	011300002	扁钢（综合）	kg	—	118.720
	030107054	金属膨胀螺栓 M8	套	—	816.000
	850103006	其他材料费（占材料费）	%	1.500	1.500
机械	990901020	交流弧焊机 32kV·A	台班	0.648	3.241
	990611010	干混砂浆罐式搅拌机	台班	0.260	0.302

2. 陶瓷锦砖、玻璃马赛克

工作内容： 1. 清理、修补基层表面；调运砂浆、砂浆打底、铺抹结合层（刷粘结剂）。
2. 选料、贴瓷块、擦缝、清洁表面。 **计量单位：** $100m^2$

编号				12-78	12-79	12-80	12-81
项目				陶瓷锦砖		玻璃马赛克	
				矩形柱			
				水泥石膏砂浆	粉状型建筑胶贴剂	水泥石膏砂浆	粉状型建筑胶贴剂
名称			单位	消耗量			
人工	000301000	综合三类工	工日	47.589	46.431	47.589	46.444
材料	070703001	陶瓷锦砖	m^2	104.000	104.000	—	—
	065300001	玻璃马赛克	m^2	—	—	104.000	104.000
	800607001	干混抹灰砂浆 DP M10	m^3	1.560	1.560	1.560	1.560
	801105001	水泥石膏砂浆 1∶0.2∶2.5	m^3	0.832	—	0.832	—
	341101001	水	m^3	0.824	0.769	0.973	0.828
	144105001	粉状型建筑胶粘剂	kg	—	420.000	—	420.000
	850103006	其他材料费（占材料费）	%	1.000	1.000	0.250	0.250
机械	990610010	灰浆搅拌机 200L	台班	0.139	—	0.139	—
	990611010	干混砂浆罐式搅拌机	台班	0.156	0.156	0.156	0.156

3. 瓷　　板

工作内容：1. 清理、修补基层表面；调运砂浆、砂浆打底、铺抹结合层（刷粘结剂）。
　　　　　2. 选料、贴瓷块、擦缝、清洁表面。

计量单位：100m²

编　　号				12-82	12-83
项　　目				矩形柱	
				预拌砂浆（干混）	粉状型建筑胶贴剂
名　　称			单位	消　耗　量	
人工	000301000	综合三类工	工日	36.498	36.078
材料	092302001	瓷板（综合）	m^2	106.000	106.000
	800607001	干混抹灰砂浆 DP M10	m^3	2.184	1.560
	341101001	水	m^3	0.904	0.704
	341103001	电	kW · h	37.960	37.520
	144105001	粉状型建筑胶粘剂	kg	—	420.000
	850103006	其他材料费（占材料费）	%	0.500	0.500
机械	990611010	干混砂浆罐式搅拌机	台班	0.218	0.156

注：瓷板厚度按 < 7mm 考虑，≥ 7mm 者按面砖相应项目执行。

4. 面　　砖

工作内容：1. 清理、修补基层表面；调运砂浆、砂浆打底、铺抹结合层（刷粘结剂）。
　　　　　2. 选料、贴面砖、拖缝、擦缝、清洁表面。

计量单位：100m²

编　　号				12-84	12-85	12-86	12-87
项　　目				矩形柱		圆形柱	
				预拌砂浆（干混）			
				勾缝	密缝	勾缝	密缝
名　　称			单位	消　耗　量			
人工	000301000	综合三类工	工日	37.930	34.395	40.564	39.691
材料	070000002	面砖 194 × 94	m^2	99.450	106.000	99.450	106.000
	800607001	干混抹灰砂浆 DP M10	m^3	2.340	2.184	2.340	2.184
	341101001	水	m^3	1.040	1.006	1.040	1.006
	341103001	电	kW · h	39.450	39.780	42.190	41.280
	850103006	其他材料费（占材料费）	%	1.000	1.000	1.000	1.000
机械	990611010	干混砂浆罐式搅拌机	台班	0.234	0.218	0.234	0.218

工作内容：1. 清理、修补基层表面；调运砂浆、砂浆打底、铺抹结合层（刷粘结剂）。
2. 选料、贴面砖、拖缝、擦缝、清洁表面。

计量单位：100m²

编号				12-88	12-89	12-90	12-91
项目				矩形柱		圆形柱	
				粉状型建筑胶贴剂			
				勾缝	密缝	勾缝	密缝
名称			单位	消耗量			
人工	000301000	综合三类工	工日	35.155	31.873	40.564	36.691
材料	070000002	面砖 194×94	m²	99.450	106.000	99.450	106.000
	800607001	干混抹灰砂浆 DP M10	m³	1.716	1.560	1.716	1.560
	144105001	粉状型建筑胶粘剂	kg	420.000	420.000	420.000	420.000
	341101001	水	m³	0.893	0.859	0.893	0.859
	341103001	电	kW·h	36.560	33.150	42.190	41.280
	850103006	其他材料费（占材料费）	%	1.000	1.000	1.000	1.000
机械	990611010	干混砂浆罐式搅拌机	台班	0.172	0.156	0.172	0.156

5. 凹凸假麻石

工作内容：1. 清理、修补基层表面；调运砂浆、砂浆打底、铺抹结合层（刷粘结剂）。
2. 选料、贴假麻石、擦缝、清洁表面。

计量单位：100m²

编号				12-92	12-93
项目				矩形柱	
				凹凸假麻石	
				预拌砂浆（干混）	粉状型建筑胶贴剂
名称			单位	消耗量	
人工	000301000	综合三类工	工日	38.351	37.998
材料	080901002	凹凸假麻石块	m²	106.000	106.000
	800607001	干混抹灰砂浆 DP M10	m³	2.184	1.560
	341101001	水	m³	1.043	1.355
	341103001	电	kW·h	39.890	39.520
	144105001	粉状型建筑胶粘剂	kg	—	498.960
	850103006	其他材料费（占材料费）	%	1.000	1.000
机械	990611010	干混砂浆罐式搅拌机	台班	0.218	0.156

四、镶贴零星块料

1. 石　　材

工作内容： 1. 清理、修补基层表面、刷浆、安铁件、制作安装钢筋、焊接固定；砂浆打底、铺抹结合层；安挂件（螺栓）。
2. 选料、钻孔开槽、穿丝固定；调运砂浆；挂贴、安装面层；清洁表面。　**计量单位：** 100m²

编　号				12-94	12-95	12-96	12-97
项　目				挂贴石材	拼碎石材	粘贴石材	
						预拌砂浆（干混）	粉状型建筑胶贴剂
名　称			单位	消　耗　量			
人工	000301000	综合三类工	工日	54.891	57.642	42.596	45.184
材料	080100002	石材（综合）	m^2	106.000	—	106.000	106.000
	081713007	天然石材饰面板 碎拼	m^2	—	106.000	—	—
	800607001	干混抹灰砂浆 DP M10	m^3	4.004	1.362	2.078	1.248
	030107054	金属膨胀螺栓 M8	套	612.000	—	—	—
	010901007	圆钢 ϕ8～14	kg	148.400	—	—	—
	341101001	水	m^3	1.541	0.964	1.001	0.769
	341103001	电	kW·h	88.050	—	44.300	46.990
	801105001	水泥石膏砂浆 1：0.2：2.5	m^3	—	1.248	—	—
	031525001	金刚石（综合）	块	—	22.260	—	—
	144105001	粉状型建筑胶粘剂	kg	—	—	—	682.500
	850103006	其他材料费（占材料费）	%	2.000	1.000	2.000	1.000
机械	990611010	干混砂浆罐式搅拌机	台班	0.400	0.136	0.208	0.125
	990610010	灰浆搅拌机 200L	台班	—	0.208	—	—

工作内容： 1. 清理、安铁件、制作安装钢筋、焊接固定；砂浆打底、铺抹结合层；安挂件（螺栓）。
2. 选料、钻孔开槽、穿丝固定；调运砂浆；挂贴、安装面层；嵌缝；清洁表面。

计量单位： 100m

编号				12-98	12-99
项目				柱墩	柱帽
名称			单位	消耗量	
人工	000301000	综合三类工	工日	37.046	37.919
材料	081704001	石材石柱墩（成品）圆弧形	m	106.000	—
	081719001	石材柱帽圆弧形（成品）	m	—	106.000
	800607001	干混抹灰砂浆 DP M10	m^3	5.845	4.680
	031509001	铁件（综合）	kg	41.200	35.700
	010100004	钢筋（综合）	kg	287.000	266.000
	031301005	低合金钢焊条 E43（综合）	kg	9.653	8.874
	030107053	金属膨胀螺栓 M6	套	1234.200	1224.000
	014101001	铜丝	kg	10.710	10.710
	031519016	合金钢钻头	个	15.504	15.504
	341101001	水	m^3	1.575	1.575
	341103001	电	kW·h	59.420	60.820
	850103006	其他材料费（占材料费）	%	1.000	1.000
机械	990901020	交流弧焊机 32kV·A	台班	0.691	0.756
	990611010	干混砂浆罐式搅拌机	台班	0.585	0.468

2. 陶瓷锦砖、玻璃马赛克

工作内容： 1. 清理、修补基层表面；调运砂浆、砂浆打底、铺抹结合层（刷粘结剂）。
2. 选料、贴瓷块、擦缝、清洁表面。

计量单位： $100m^2$

编号				12-100	12-101	12-102	12-103
项目				陶瓷锦砖		玻璃马赛克	
				水泥石膏砂浆	粉状型建筑胶贴剂	水泥石膏砂浆	粉状型建筑胶贴剂
名称			单位	消耗量			
人工	000301000	综合三类工	工日	47.824	47.442	48.154	46.922
材料	070703001	陶瓷锦砖	m^2	104.000	104.000	—	—
	065300001	玻璃马赛克	m^2	—	—	104.000	104.000
	800607001	干混抹灰砂浆 DP M10	m^3	1.560	1.560	1.560	1.560
	801105001	水泥石膏砂浆 1∶0.2∶2.5	m^3	0.832	—	0.832	—
	341101001	水	m^3	1.575	0.685	1.271	1.094
	144105001	粉状型建筑胶粘剂	kg	—	466.200	—	466.200
	850103006	其他材料费（占材料费）	%	1.000	1.000	0.250	0.250
机械	990610010	灰浆搅拌机 200L	台班	0.139	—	0.139	—
	990611010	干混砂浆罐式搅拌机	台班	0.156	0.156	0.156	0.156

3. 瓷 板

工作内容： 1. 清理、修补基层表面；调运砂浆、砂浆打底、铺抹结合层（刷粘结剂）。
2. 选料、贴瓷块、擦缝、清洁表面。

计量单位： 100m²

编号				12-104	12-105
项目				瓷板	
				预拌砂浆（干混）	粉状型建筑胶贴剂粘贴
名称			单位	消耗量	
人工	000301000	综合三类工	工日	37.516	37.454
材料	092302001	瓷板（综合）	m²	106.000	106.000
	800607001	干混抹灰砂浆 DP M10	m³	2.184	1.560
	341101001	水	m³	1.271	1.092
	341103001	电	kW·h	39.020	38.950
	144105001	粉状型建筑胶粘剂	kg	—	466.200
	850103006	其他材料费（占材料费）	%	0.250	0.250
机械	990611010	干混砂浆罐式搅拌机	台班	0.218	0.156

注：瓷板厚度按＜7mm 考虑，≥7mm 者按面砖相应项目执行。

4. 面 砖

工作内容： 1. 清理、修补基层表面；调运砂浆、砂浆打底、铺抹结合层（刷粘结剂）。
2. 选料、贴面砖、拖缝、擦缝、清洁表面。

计量单位： 100m²

编号				12-106	12-107	12-108	12-109
项目				面砖			
				预拌砂浆（干混）		粉状型建筑胶贴剂	
				勾缝	密缝	勾缝	密缝
名称			单位	消耗量			
人工	000301000	综合三类工	工日	34.177	34.177	38.400	38.400
材料	070000002	面砖 194×94	m²	96.153	106.000	96.153	106.000
	800607001	干混抹灰砂浆 DP M10	m³	2.340	2.184	1.716	1.560
	341101001	水	m³	0.920	0.920	0.780	0.780
	341103001	电	kW·h	35.540	35.540	39.940	39.940
	144105001	粉状型建筑胶粘剂	kg	—	—	502.720	502.720
	850103006	其他材料费（占材料费）	%	1.000	1.000	1.000	1.000
机械	990611010	干混砂浆罐式搅拌机	台班	0.234	0.218	0.172	0.156

5. 凹凸假麻石

工作内容： 1. 清理、修补基层表面；调运砂浆、砂浆打底、铺抹结合层（刷粘结剂）。
2. 选料、贴假麻石、擦缝、清洁表面。

计量单位： 100m²

编号				12-110	12-111
项目				凹凸假麻石块	
				预拌砂浆（干混）	粉状型建筑胶贴剂
名称			单位	消耗量	
人工	000301000	综合三类工	工日	40.088	39.831
材料	080901002	凹凸假麻石块	m^2	106.000	106.000
	800607001	干混抹灰砂浆 DP M10	m^3	2.184	1.560
	341101001	水	m^3	1.512	1.355
	341103001	电	kW·h	41.690	41.420
	144105001	粉状型建筑胶粘剂	kg	—	498.960
	850103006	其他材料费（占材料费）	%	1.000	1.000
机械	990611010	干混砂浆罐式搅拌机	台班	0.218	0.156

五、墙　饰　面

1. 龙骨基层

工作内容： 清理基层，定位下料，钻眼，钉木楔，铺钉龙骨基层。

计量单位： 100m²

编号				12-112	12-113	12-114	12-115	12-116
项目				断面 7.5cm² 以内		断面 13cm² 以内		
				木龙骨平均中距（cm 以内）				
				30	40	30	40	45
名称			单位	消耗量				
人工	000301000	综合三类工	工日	6.888	5.927	6.936	5.966	5.600
材料	050401006	板枋材 杉木	m^3	0.861	0.702	1.283	1.041	0.952
	030107054	金属膨胀螺栓 M8	套	315.930	269.870	315.930	272.300	262.500
	031519016	合金钢钻头	个	7.820	6.680	7.820	6.740	6.498
	341103001	电	kW·h	3.880	3.340	3.910	3.360	3.160
	850103006	其他材料费（占材料费）	%	1.500	1.500	1.500	1.500	1.500
机械	990706010	木工圆锯机 500mm	台班	1.380	1.190	1.390	1.190	1.120

工作内容：清理基层，定位下料，钻眼，钉木楔，铺钉龙骨基层。　　　　**计量单位**：100m²

编　号				12-117	12-118	12-119	12-120
项　目				断面 20cm² 以内			
				木龙骨平均中距（cm 以内）			
				30	40	45	50
名　称			单位	消　耗　量			
人工	000301000	综合三类工	工日	6.767	6.350	6.102	5.291
材料	050401006	板枋材 杉木	m³	1.831	1.480	1.355	1.252
	030107054	金属膨胀螺栓 M8	套	322.400	278.760	272.300	238.360
	031519016	合金钢钻头	个	7.980	6.900	6.740	5.910
	341103001	电	kW · h	3.820	3.580	3.440	2.980
	850103006	其他材料费（占材料费）	%	1.000	1.000	1.000	1.000
机械	990706010	木工圆锯机 500mm	台班	1.350	1.270	1.220	1.060

工作内容：清理基层，定位下料，钻眼，钉木楔，铺钉龙骨基层。　　　　**计量单位**：100m²

编　号				12-121	12-122	12-123	12-124
项　目				断面 30cm² 以内			
				木龙骨平均中距（cm 以内）			
				40	45	50	55
名　称			单位	消　耗　量			
人工	000301000	综合三类工	工日	6.430	6.184	6.146	6.104
材料	050401006	板枋材 杉木	m³	2.168	1.988	1.830	1.627
	030107054	金属膨胀螺栓 M8	套	281.990	278.760	244.820	231.350
	031519016	合金钢钻头	个	6.980	6.900	6.060	5.726
	341103001	电	kW · h	3.580	3.490	3.470	3.440
	850103006	其他材料费（占材料费）	%	0.500	0.500	0.500	0.500
机械	990706010	木工圆锯机 500mm	台班	1.290	1.240	1.230	1.220

工作内容：清理基层，定位下料，钻眼，钉木楔，铺钉龙骨基层。　　　　**计量单位**：$100m^2$

编号				12-125	12-126	12-127
项目				断面 $45cm^2$ 以内		
				木龙骨平均中距（cm 以内）		
				50	60	80
名称			单位	消耗量		
人工	000301000	综合三类工	工日	6.132	6.117	6.102
材料	050401006	板枋材 杉木	m^3	2.520	2.232	1.952
	030107054	金属膨胀螺栓 M8	套	248.060	226.200	167.260
	031519016	合金钢钻头	个	6.140	5.600	4.140
	341103001	电	kW · h	3.460	3.450	3.440
	850103006	其他材料费（占材料费）	%	0.250	0.250	0.250
机械	990706010	木工圆锯机 500mm	台班	1.230	1.220	1.220

工作内容：清理基层，定位，弹线，钻眼、安膨胀螺栓、安装龙骨。　　　　**计量单位**：见表

编号				12-128	12-129	12-130
项目				轻钢龙骨	铝合金龙骨	型钢龙骨
				中距（mm 以内）		
				竖 603 横 1500	单向 500	单向 1500
单位				$100m^2$		t
名称			单位	消耗量		
人工	000301000	综合三类工	工日	4.437	4.708	22.476
材料	100101004	镀锌轻钢龙骨 75×50	m	198.750	—	—
	100101003	镀锌轻钢龙骨 75×40	m	106.000	—	—
	100301001	铝合金 T 型龙骨 $h=35$	m	—	247.333	—
	030101003	抽芯铆钉 $\phi4\times13$	100 个	9.350	—	—
	012100001	角钢（综合）	t	—	—	1.080
	030107054	金属膨胀螺栓 M8	套	211.555	542.111	674.000
	031519016	合金钢钻头	个	6.220	12.760	15.860
	341103001	电	kW · h	2.580	2.660	12.680
	031301005	低合金钢焊条 E43（综合）	kg	—	—	23.415
	142909001	氧气	m^3	—	—	6.000
	142907001	乙炔气	m^3	—	—	2.600
	130505011	红丹环氧防锈漆	kg	—	—	3.900
	850103006	其他材料费（占材料费）	%	—	—	1.000
机械	990785010	砂轮切割机	台班	0.890	0.940	4.500
	990901020	交流弧焊机 32kV · A	台班	—	—	4.500

2. 夹板、卷材基层

工作内容：龙骨基层上钉隔离层。　　　　计量单位：100m²

编号				12-131	12-132	12-133	12-134	12-135
项目				玻璃棉毡隔离层	石膏板基层	胶合板基层		细木工板基层
						5mm	9mm	
名称			单位	消耗量				
人工	000301000	综合三类工	工日	2.211	4.223	3.986	4.403	4.883
材料	150707005	玻璃棉毡 δ75	m²	105.000	—	—	—	—
	090101001	纸面石膏板	m²	—	106.000	—	—	—
	050900001	细木工板 δ15	m²	—	—	—	—	105.000
	144105002	聚醋酸乙烯乳液	kg	—	14.070	14.007	14.007	—
	050500003	胶合板 δ5	m²	—	—	105.000	—	—
	050500005	胶合板 δ9	m²	—	—	—	105.000	—
	850103006	其他材料费（占材料费）	%	0.500	1.500	1.500	1.500	1.500
机械	991003020	电动空气压缩机 0.6m³/min	台班	—	—	0.800	0.880	0.980
	990706010	木工圆锯机 500mm	台班	—	—	0.800	0.880	0.980

3. 面　　层

工作内容：安装玻璃面层、钉压条等。　　　　计量单位：100m²

编号				12-136	12-137	12-138	12-139
项目				镜面玻璃		镭射玻璃	
				在胶合板上粘贴	在抹灰面上粘贴	在胶合板上粘贴	在抹灰面上粘贴
名称			单位	消耗量			
人工	000301000	综合三类工	工日	8.191	11.473	9.090	12.291
材料	062527005	镜面玻璃（成品）	m²	105.000	105.000	—	—
	120303003	不锈钢压条 65×15×2	m	124.202	—	124.202	—
	144309004	玻璃胶 335g/支	支	113.400	—	113.400	—
	341103001	电	kW·h	4.620	6.470	5.130	6.930
	120303004	铝合金压条（综合）	m	—	678.400	—	678.400
	144303013	双面弹性胶带	m	—	504.000	—	504.000
	064100001	镭射玻璃（成品）	m²	—	—	106.000	106.000
	850103006	其他材料费（占材料费）	%	1.500	0.500	0.500	0.500

工作内容：清理基层、打胶、粘贴面层、清理净面等。　　**计量单位：**见表

编号				12-140	12-141	12-142	12-143	12-144	12-145
项目				不锈钢面板		人造革软包	贴丝绒	塑料板面	木质饰面板
				墙面	不锈钢卡口槽	墙面、墙裙			
单位				100m²	100m	100m²			
名称			单位	消耗量					
人工	000301000	综合三类工	工日	16.898	7.751	27.053	12.673	3.568	5.552
材料	012913012	不锈钢板 δ1.2	m²	115.869	—	—	—	—	—
	144309004	玻璃胶 335g/支	支	97.223	21.000	—	—	—	—
	031599002	不锈钢卡口槽	m	—	102.000	—	—	—	—
	023501001	人造革	m²	—	—	110.000	—	—	—
	050401008	板枋材 松木	m³	—	—	0.206	—	—	—
	151311002	泡沫塑料（综合）	m²	—	—	105.000	—	—	—
	120303004	铝合金压条（综合）	m	—	—	106.000	—	—	—
	030103030	镀锌螺钉（综合）	10个	—	—	134.000	—	—	—
	092705009	丝绒面料	m²	—	—	—	112.000	—	—
	144307005	万能胶 1kg/瓶	kg	—	—	—	23.100	—	—
	144303024	专用粘胶带	m	—	—	—	52.500	—	—
	021100001	塑料板	m²	—	—	—	—	105.000	—
	120915001	塑料板扫脚盖板	m	—	—	—	—	58.334	—
	120915002	塑料板压口盖板	m	—	—	—	—	58.334	—
	120915003	塑料板阴阳角卡口板	m	—	—	—	—	52.500	—
	050500011	榉木板 δ3	m²	—	—	—	—	—	105.000
	120105005	木弧线 50	m	—	—	—	—	—	70.667
	850103006	其他材料费（占材料费）	%	—	—	—	1.500	1.500	1.000
机械	991003020	电动空气压缩机 0.6m³/min	台班	—	—	—	—	—	1.110

工作内容：铺钉面层、钉压条、清理等。　　　　**计量单位：**100m²

编号				12-146	12-147	12-148	12-149
项目				硬木条吸音墙面（成品）	硬木板条墙面（成品）	石膏板墙面	竹片内墙面（成品）
名称			单位	消耗量			
人工	000301000	综合三类工	工日	14.861	12.018	10.157	10.736
材料	050500012	吸音胶合板	m²	105.000	—	—	—
	120111001	硬木板条	m²	—	105.000	—	—
	090101001	纸面石膏板	m²	—	—	106.000	—
	120703005	石膏顶角线 80×30	m	—	—	70.667	—
	053507001	半圆竹片 *DN*20	m²	—	—	—	105.000
	850103006	其他材料费（占材料费）	%	1.000	1.000	2.000	2.000
机械	990706010	木工圆锯机 500mm	台班	2.970	2.400	—	2.150

工作内容：钉或贴面层、钉压条、清理等。　　　　**计量单位：**100m²

编号				12-150	12-151	12-152	12-153	12-154	12-155
项目				铝合金装饰板墙面	铝合金复合板墙面		塑料扣板	柚木皮	岩棉吸音板
					胶合板基层上	木龙骨基层上			
名称			单位	消耗量					
人工	000301000	综合三类工	工日	15.107	15.661	15.661	5.192	18.360	5.422
材料	092901008	铝合金条板	m²	110.000	—	—	—	—	—
	091101003	铝塑板 δ5	m²	—	110.000	110.000	—	—	—
	090901001	塑料装饰扣板	m²	—	—	—	105.000	—	—
	050205001	柚木皮	m²	—	—	—	—	110.000	—
	150301010	岩棉吸音板	m²	—	—	—	—	—	105.000
	120303004	铝合金压条（综合）	m	105.509	—	—	—	—	—
	144309004	玻璃胶 335g/支	支	—	85.869	28.623	—	—	—
	133503012	密封胶	支	—	50.048	50.048	—	—	—
	120906001	塑料压条	m	—	—	—	117.777	—	—
	144307005	万能胶 1kg/瓶	kg	—	—	—	—	31.500	—
	850103006	其他材料费（占材料费）	%	1.000	—	—	1.000	—	2.000

工作内容： 1. 钉或铺贴面层、清理等。
2. 清理基层、打胶、粘贴二层、清理净面等。

计量单位： 100m²

编号				12-156	12-157	12-158	12-159	12-160
项目				GRC 板		FC 板	超细玻璃棉板	木制饰面板拼色、拼花
				粘贴	背栓干挂			
名称			单位	消耗量				
人工	000301000	综合三类工	工日	9.480	39.590	7.932	4.608	25.300
材料	095107001	GRC 饰面板（综合）	m²	101.000	101.000	—	—	—
	092515001	FC 板 300×600×8	m²	—	—	105.000	—	—
	150701002	超细玻璃棉板 δ50	m²	—	—	—	105.000	—
	050500011	榉木板 δ3	m²	—	—	—	—	110.000
	144111004	硅酮结构胶 300mL	支	83.300	—	—	—	—
	144115006	云石胶 AB 胶	kg	—	19.630	—	—	—
	030403004	铝合金石材干挂挂件	套	—	440.600	—	—	—
	030107054	金属膨胀螺栓 M8	套	—	440.600	—	—	—
	341103001	电	kW·h	—	63.500	—	—	—
	144105002	聚醋酸乙烯乳液	kg	—	—	—	—	42.000
	850103006	其他材料费（占材料费）	%	0.500	1.000	1.500	1.000	0.500
机械	990706010	木工圆锯机 500mm	台班	—	—	—	—	5.060
	991003020	电动空气压缩机 0.6m³/min	台班	1.896	—	—	—	5.060

工作内容： 骨架及边框制作、安装；隔板制作、安装；嵌缝、塞口；装钉压条、清理净面等。

计量单位： 100m²

编号				12-161	12-162
项目				墙面丝绒面料软包（木龙骨五夹板衬底）	
				装饰线条分格	装饰板分格
名称			单位	消耗量	
人工	000301000	综合三类工	工日	34.416	38.570
材料	133301001	石油沥青油毡	m²	110.250	110.250
	050500003	胶合板 δ5	m²	115.500	72.050
	050401006	板枋材 杉木	m³	1.292	1.292
	021917003	海绵 δ20	m²	110.250	68.775
	120107005	木封边条 10×20	m	349.650	829.920
	120105006	木弧线 50×20	m	211.900	—
	092705009	丝绒面料	m²	125.440	78.221
	144105002	聚醋酸乙烯乳液	kg	29.484	34.976
	050500005	胶合板 δ9	m²	—	39.127
	050500011	榉木板 δ3	m²	—	40.986
	850103006	其他材料费（占材料费）	%	2.000	2.000
机械	991003020	电动空气压缩机 0.6m³/min	台班	6.880	7.710
	990706010	木工圆锯机 500mm	台班	6.880	7.710

六、柱　饰　面

1. 龙骨基层及饰面

工作内容：1. 清理基层、定位下料、钻眼、钉木楔、铺钉龙骨基层。
2. 打胶、粘贴装铺层面、清理等。　　　　**计量单位**：100m²

编　号				12-163	12-164	12-165
项　目				圆柱包不锈钢板饰面		
				方柱木龙骨	圆柱木龙骨	钢龙骨
名　称			单位	消　耗　量		
人工	000301000	综合三类工	工日	56.527	49.282	56.527
材料	050500003	胶合板 δ5	m²	105.000	105.000	105.000
	012913025	不锈钢板圆柱 δ1.2	m²	102.000	102.000	102.000
	050401006	板枋材 杉木	m³	1.292	1.607	—
	050900001	细木工板 δ15	m²	13.377	13.650	—
	144105002	聚醋酸乙烯乳液	kg	42.000	42.000	—
	144307005	万能胶 1kg/瓶	kg	42.000	42.000	42.000
	341103001	电	kW·h	29.260	27.800	31.880
	012100002	角钢（综合）	kg	—	—	777.171
	011300002	扁钢（综合）	kg	—	—	228.578
	012900002	钢板（综合）	kg	—	—	105.979
	030107054	金属膨胀螺栓 M8	套	—	—	204.000
	031301005	低合金钢焊条 E43（综合）	kg	—	—	26.040
	850103006	其他材料费（占材料费）	%	0.500	0.500	1.000
机械	991003020	电动空气压缩机 0.6m³/min	台班	10.380	9.860	—
	990706010	木工圆锯机 500mm	台班	10.380	9.860	—
	990901020	交流弧焊机 32kV·A	台班	—	—	11.310

注：钢龙骨型钢含量设计与定额取定不同者，按设计要求调整，人工、机械不变。

工作内容： 1. 清理基层、定位下料、钻眼、钉木楔、铺钉龙骨基层。
2. 打胶、粘贴装铺层面、清理等。

计量单位： 100m²

编号				12-166	12-167
项目				圆柱饰面	
				木龙骨胶合板基层	
				人造革软包	饰面夹板
名称			单位	消耗量	
人工	000301000	综合三类工	工日	47.082	36.435
材料	050500003	胶合板 δ5	m²	105.000	105.000
	023501001	人造革	m²	110.000	—
	151311002	泡沫塑料（综合）	m²	105.000	—
	050505002	饰面胶合板	m²	—	110.000
	050401006	板枋材 杉木	m³	1.607	1.607
	050900001	细木工板 δ15	m²	24.003	24.003
	144105002	聚醋酸乙烯乳液	kg	27.300	42.000
	341103001	电	kW · h	26.550	20.550
	850103006	其他材料费（占材料费）	%	1.500	2.000
机械	991003020	电动空气压缩机 0.6m³/min	台班	9.420	7.290
	990706010	木工圆锯机 500mm	台班	9.420	7.290

工作内容： 1. 清理基层、定位下料、钻眼、钉木楔、铺钉龙骨基层。
2. 打胶、粘贴装铺层面、清理等。

计量单位： 100m²

编号				12-168	12-169	12-170	12-171
项目				方柱饰面			
				木龙骨胶合板基层			
				镜面玻璃	镭射玻璃	饰面夹板	不锈钢板
名称			单位	消耗量			
人工	000301000	综合三类工	工日	32.791	32.791	33.792	39.575
材料	062527005	镜面玻璃（成品）	m²	105.000	—	—	—
	064100001	镭射玻璃（成品）	m²	—	105.000	—	—
	050505002	饰面胶合板	m²	—	—	110.000	—
	012913024	不锈钢板方柱 δ1.2	m²	—	—	—	102.000
	050500003	胶合板 δ5	m²	105.000	105.000	105.000	105.000
	050401006	板枋材 杉木	m³	0.704	0.704	0.914	0.914
	144105002	聚醋酸乙烯乳液	kg	55.650	55.650	27.300	42.000
	341103001	电	kW · h	18.490	18.490	19.060	22.320
	144307005	万能胶 1kg/瓶	kg	—	—	—	42.000
	120303001	不锈钢压条 2	m	216.123	216.123	—	—
	144309004	玻璃胶 335g/支	支	105.000	105.000	—	—
	850103006	其他材料费（占材料费）	%	1.000	0.500	0.500	0.500
机械	991003020	电动空气压缩机 0.6m³/min	台班	6.560	6.560	6.760	7.910
	990706010	木工圆锯机 500mm	台班	6.560	6.560	6.760	7.910

2. 成品装饰柱

工作内容： 定位、安装、清理。 **计量单位：** 10 根

编号				12-172	12-173	12-174
项目				石膏柱安装	GRC 柱安装 粉状胶结剂 柱高 4m 以内	GRC 柱安装 粉状胶结剂 柱高 4m 以外
	名称		单位	消耗量		
人工	000301000	综合三类工	工日	15.725	29.155	29.156
材料	123503001	石膏装饰柱（成品） $\phi350$	根	10.000	—	—
	095103005	GRC 装饰柱（成品） $\phi400$	根	—	10.000	—
	095103006	GRC 装饰柱（成品） $\phi600$	根	—	—	10.000
	030107014	膨胀螺栓 M8	10 套	8.000	—	—
	143165001	石膏粉 特制	kg	2.600	—	—
	144307003	万能胶	kg	1.300	—	—
	800100004	水泥砂浆 1：2.5	m^3	—	0.100	0.100
	144105001	粉状型建筑胶粘剂	kg	—	2.000	3.000
	850103006	其他材料费（占材料费）	%	2.000	2.000	2.000
机械	990515010	吊装机械（综合）	台班	0.119	0.149	0.192

七、幕 墙 工 程

工作内容： 1. 型材矫正、放料下料、钻孔、切割断料、安装固定。

2. 注胶安玻璃；铝板下料安装；清洁净面。 **计量单位：** $100m^2$

编号				12-175	12-176	12-177	12-178	12-179
项目				玻璃幕墙			铝板幕墙	
				全隐框	半隐框	明框	铝塑板	铝单板
	名称		单位	消耗量				
人工	000301000	综合三类工	工日	88.985	88.984	89.081	61.414	61.414
材料	090503001	铝单板（幕墙）	m^2	4.400	4.400	4.400	—	102.000
	062107001	钢化镀膜玻璃 $\delta6$	m^2	102.282	99.378	95.317	—	—
	091101001	铝塑板 $\delta3$	m^2	—	—	—	102.000	—

续前

编号				12-175	12-176	12-177	12-178	12-179
项目				玻璃幕墙			铝板幕墙	
				全隐框	半隐框	明框	铝塑板	铝单板
名称			单位	消耗量				
材料	015103002	铝合金型材 110系列	kg	—	—	—	644.688	628.523
	144111003	硅酮结构胶（双组份）	L	35.000	22.400	—	7.435	8.204
	144135016	耐候胶	L	22.313	24.938	22.313	22.838	22.838
	030105018	不锈钢六角螺栓带螺母 M12×45	套	132.812	132.812	132.812	132.812	132.812
	030105019	不锈钢六角螺栓带螺母 M12×110	套	132.812	132.812	132.812	132.812	132.812
	021309002	泡沫条 ϕ18	m	247.917	319.010	277.083	253.750	253.750
	031509001	铁件（综合）	kg	200.970	200.970	200.970	200.970	200.970
	031301005	低合金钢焊条 E43（综合）	kg	21.000	21.000	21.000	21.000	21.000
	341103001	电	kW·h	50.190	50.190	50.240	45.300	45.300
	015103003	铝合金型材 140系列	kg	1068.260	1147.947	983.827	—	—
	144305002	双面胶带纸	m²	364.583	420.000	—	—	—
	020301006	空心胶条	m	—	—	729.166	—	—
	850103006	其他材料费（占材料费）	%	2.000	2.000	2.000	2.000	2.000
机械	990901020	交流弧焊机 32kV·A	台班	17.800	17.800	17.820	16.060	16.060

注：铝板幕墙按成品安装考虑，如现场制作，铝塑板与铝单板用量调整为116.76m²，每100m²幕墙面积增加人工18.90工日。

工作内容：1. 放线、定位、玻璃吊装、就位、安装、注密封胶、表面清理等幕墙制作、安装。

2. 框边封闭；嵌缝、塞口；清洗等隔离带制作、安装。

计量单位：见表

编号				12-180	12-181	12-182
项目				全玻璃幕墙		防火隔离带
				挂式	点式	100×240
单位				100m²		100m
名称			单位	消耗量		
人工	000301000	综合三类工	工日	18.139	24.302	17.695
材料	060500003	钢化玻璃 δ15	m²	107.164	103.000	—
	144111003	硅酮结构胶（双组份）	L	15.750	22.240	—
	144135016	耐候胶	L	6.462	6.185	—
	030403001	玻璃吊挂件	套	24.231	—	—

续前

编　　号				12-180	12-181	12-182
项　　目				全玻璃幕墙		防火隔离带
				挂式	点式	100 × 240
单　　位				$100m^2$		100m
名　　称			单位	消　耗　量		
材料	021309002	泡沫条 ϕ18	m	68.007	37.500	—
	030409001	不锈钢四爪件	套	—	35.028	—
	030407001	不锈钢二爪件	套	—	23.352	—
	030105020	不锈钢六角螺栓带螺母 M14 × 120	套	—	46.704	—
	341103001	电	kW · h	—	13.710	—
	012105005	镀锌角钢 5#	kg	—	—	318.000
	012907008	镀锌薄钢板 δ1～1.5	kg	—	—	954.000
	012105001	镀锌角钢（综合）	kg	—	—	10.200
	031301005	低合金钢焊条 *E*43（综合）	kg	—	—	3.941
	150301002	岩棉板（综合）	m^3	—	—	2.604
	850103006	其他材料费（占材料费）	%	1.000	1.000	—
机械	991224010	电动吸盘	台班	6.050	8.100	—
	990304004	汽车式起重机 8t	台班	3.630	4.860	—
	990901020	交流弧焊机 32kV · A	台班	—	—	3.540

注：全玻璃幕墙是指由玻璃肋和玻璃面板构成的无框玻璃幕墙。

工作内容： 清理基层、定位、弹线、下料、安装封边面板、注密封胶、表面清理等。　　**计量单位：** $100m^2$

编　　号				12-183	12-184	12-185
项　　目				幕墙与建筑物的封顶、封边		
				不锈钢板	铝板	镀锌铁皮
名　　称			单位	消　耗　量		
人工	000301000	综合三类工	工日	17.446	13.086	14.887
材料	012913011	不锈钢板 δ1	m^2	115.650	—	—
	014301009	弯折成型铝板 3mm	m^2	—	102.000	—
	092519001	镀锌铁皮（综合）	m^2	—	—	115.650
	144309004	玻璃胶 335g/支	支	6.770	—	6.770
	341103001	电	kW · h	5.410	4.060	4.620
	144135016	耐候胶	L	—	28.730	—
	850103006	其他材料费（占材料费）	%	2.000	2.000	2.000

注：铝塑复合板封顶、封边参照铝板项目执行。

工作内容： 1. 测量放线、固定、拉弯、调整、清洗。
2. 不锈钢板、镀锌钢板剪裁、折边。
3. 预埋放线、预埋件校准、桁架安装焊接、校准检验、连接受力拉索、施加预应力、整体调整、校准检验、施加配重物、安装驳接系统、安装玻璃、调整检验、玻璃清洗。

计量单位： 见表

编号				12-186	12-187	12-188	12-189
项目				钢型材弧形拉弯增加费	铝型材弧形拉弯增加费	不锈钢板、镀锌钢板折边	拉索、拉杆点支式玻璃幕墙
单位				t	100m		$100m^2$
名称			单位	消耗量			
人工	000301000	综合三类工	工日	2.863	5.368	0.665	50.440
材料	030425001	不锈钢拉索 $L=500$，$\phi20$ 幕墙用	套	—	—	—	341.000
	030907003	不锈钢锚具	套	—	—	—	47.000
	144309005	大玻璃结构胶	L	—	—	—	22.000
	060500003	钢化玻璃 $\delta15$	m^2	—	—	—	105.000
	030425005	弦掌栏	套	—	—	—	19.000
	850103006	其他材料费（占材料费）	%	—	—	—	2.000
机械	990901020	交流弧焊机 32kV · A	台班	—	—	—	10.090
	990737040	折方机 4 × 2000mm	台班	3.968	6.614	4.960	—

工作内容： 1. 单元板块零部件加工组装养护。
2. 预埋件清理、幕墙板块定位、安装、板块间及板块连接件固定、注胶、清洗。
3. 槽式预埋件定位、放置、调整及开口封堵、槽式预埋件封口清理、T 型螺栓安装。

计量单位： 见表

编号				12-190	12-191	12-192	12-193
项目				单元式玻璃幕墙板块制作	单元板块安装	槽式预埋件安装	T 型转接螺栓安装
单位				$100m^2$		10 套	10 个
名称			单位	消耗量			
人工	000301000	综合三类工	工日	98.430	36.465	1.027	1.027
材料	015103001	幕墙铝型材	kg	1945.500	—	—	—
	020301001	橡胶条（综合）	m	640.000	—	—	—
	030103027	不锈钢螺钉 M6 × 30	10 个	131.000	—	—	—

续前

编号				12-190	12-191	12-192	12-193
项目				单元式玻璃幕墙板块制作	单元板块安装	槽式预埋件安装	T 型转接螺栓安装
单位				100m²		10 套	10 个
名称			单位	消耗量			
材料	030105220	对拉螺栓	kg	51.290	—	—	—
	030105011	不锈钢六角螺栓 M12 × 30	套	55.000	—	—	—
	030425002	单元幕墙挂钩	套	22.000	—	—	—
	031509015	镀锌铁件	kg	260.000	260.000	—	—
	061101001	钢化中空玻璃（LOW-E）（5 + 6A + 5）	m²	72.100	—	—	—
	090503001	铝单板（幕墙）	m²	30.600	—	—	—
	133503005	硅酮密封胶	L	41.900	18.000	—	—
	144111002	幕墙结构胶	L	53.900	—	—	—
	144304001	幕墙双面不干胶条 8 × 16	m	364.600	—	—	—
	021309002	泡沫条 ϕ18	m	203.700	—	—	—
	030425003	单元幕墙专用安装镀锌件	kg	—	93.000	—	—
	031301007	低碳钢焊条（综合）	kg	—	0.100	—	—
	031519018	合金钢钻头 ϕ6～13	个	—	1.000	—	—
	330125001	槽式埋件	个	—	—	10.700	—
	030105025	不锈钢 T 型螺栓 M16 × 70	套	—	—	—	10.100
	850103006	其他材料费（占材料费）	%	0.500	0.500	—	—
机械	990308010	桥式起重机 5t	台班	8.000	—	—	—
	990726010	台式钻床 16mm	台班	3.000	—	—	—
	990744010	半自动切割机 100mm	台班	4.140	—	—	—
	990509010	单速电动葫芦 2t	台班	—	1.600	—	—
	990772010	岩石切割机 3kW	台班	—	0.010	—	—
	990901010	交流弧焊机 21kV · A	台班	—	0.010	—	—
	990737040	折方机 4 × 2000mm	台班	16.346	—	—	—

注：钢骨架如需镀锌，其镀锌费用另计。

工作内容： 1. 清理基层、测量定位、五金及面板安装、注胶、清理。
2. 定位、弹线、下料、安装龙骨。 **计量单位：** 见表

编号				12-194	12-195
项目				玻璃幕墙开启窗人工及五金增加费	幕墙骨架调整 铝骨架
单位				樘	t
名称			单位	消耗量	
人工	000301000	综合三类工	工日	0.134	47.934
材料	030307001	风撑	只	2.040	—
	030307002	滑撑	只	2.040	—
	030425004	铝传动杆	只	1.020	—
	030305007	执手锁	把	1.020	—
	014900002	铝合金型材（综合）	kg	—	1060.000
	030105019	不锈钢六角螺栓带螺母 M12×110	套	—	124.370
	850103006	其他材料费（占材料费）	%	2.000	—

注：幕墙钢骨架按干挂石材钢骨架项目执行。

八、隔　　断

工作内容： 定位弹线、下料、安装龙骨、安玻璃、嵌缝清理等。 **计量单位：** 100m²

编号				12-196	12-197	12-198	12-199
项目				木骨架玻璃隔断		全玻璃隔断	
				半玻	全玻	普通玻璃	钢化玻璃
名称			单位	消耗量			
人工	000301000	综合三类工	工日	21.097	22.114	16.234	16.234
材料	050401006	板枋材 杉木	m^3	2.353	2.316	—	—
	060103002	平板玻璃 $\delta 5$	m^2	91.490	89.250	—	—
	341103001	电	kW·h	11.900	12.470	9.160	9.160
	060103005	平板玻璃 $\delta 12$	m^2	—	—	108.103	—
	012100002	角钢（综合）	kg	—	—	436.226	436.226
	031301005	低合金钢焊条 E43（综合）	kg	—	—	9.420	9.420
	332101004	橡胶条伸缩缝	m	—	—	157.360	157.360
	030107054	金属膨胀螺栓 M8	套	—	—	353.600	353.600
	144309004	玻璃胶 335g/支	支	—	—	25.666	25.666
	060500002	钢化玻璃 $\delta 12$	m^2	—	—	—	108.103
	850103006	其他材料费（占材料费）	%	1.000	1.000	—	—
机械	991003020	电动空气压缩机 0.6m^3/min	台班	4.220	4.420	3.250	3.250
	990706010	木工圆锯机 500mm	台班	4.220	4.420	3.250	3.250

工作内容：定位弹线、下料、安装龙骨、安玻璃、嵌缝清理等。　　**计量单位：**100m²

编　号				12-200
项　目				防弹玻璃隔断
名　称			单位	消　耗　量
人工	000301000	综合三类工	工日	42.962
材料	064317001	防弹玻璃 δ19	m²	97.394
	011907001	不锈钢槽钢 10×20×1	m	151.428
	170700005	不锈钢管 ϕ76	m	86.992
	144309004	玻璃胶 335g/支	支	76.667
	341103001	电	kW·h	68.910
	850103006	其他材料费（占材料费）	%	0.500

工作内容：定位弹线、下料、安装龙骨、安玻璃或板条、嵌缝清理等。　　**计量单位：**100m²

编　号				12-201	12-202
项　目				铝合金玻璃隔断	铝合金板条隔断
名　称			单位	消　耗　量	
人工	000301000	综合三类工	工日	21.946	18.597
材料	060103002	平板玻璃 δ5	m²	105.000	—
	014900002	铝合金型材（综合）	kg	411.739	393.753
	031509001	铁件（综合）	kg	0.032	94.646
	030107054	金属膨胀螺栓 M8	套	348.840	—
	144309004	玻璃胶 335g/支	支	63.000	—
	341103001	电	kW·h	35.200	29.830
	092901008	铝合金条板	m²	—	97.275
	014901002	角铝 25.4×1	m	—	277.268
	014903001	槽铝 50	m	—	628.149
	030107053	金属膨胀螺栓 M6	套	—	259.723
	850103006	其他材料费（占材料费）	%	0.500	0.500

工作内容：定位弹线、下料、安装龙骨、安玻璃、嵌缝清理等。 **计量单位**：$100m^2$

编号				12-203	12-204	12-205	12-206	12-207
项目				花式木隔断			玻璃砖隔断	
				直栅漏空	井格（mm × mm）		分格嵌缝	全砖
					100 × 100	200 × 200		
名称			单位	消耗量				
人工	000301000	综合三类工	工日	23.036	35.274	29.865	22.230	15.892
材料	050401006	板枋材 杉木	m^3	2.293	4.650	3.928	0.683	—
	144105002	聚醋酸乙烯乳液	kg	12.600	17.426	7.204	—	—
	341103001	电	kW · h	12.990	19.890	16.840	12.540	8.960
	065101001	玻璃砖 190 × 190 × 95	块	—	—	—	2458.838	2761.341
	011901003	槽钢 18#以外	kg	—	—	—	—	906.617
	801301003	白水泥石子浆 1 : 1.5	m^3	—	—	—	0.370	0.421
	010309002	冷拔钢丝	kg	—	—	—	58.395	65.580
	011900002	槽钢（综合）	kg	—	—	—	1853.338	—
	011301004	扁钢 60 以外	kg	—	—	—	705.375	—
	031509001	铁件（综合）	kg	—	—	—	187.545	210.629
	850103006	其他材料费（占材料费）	%	0.500	1.500	1.000	0.250	0.250
机械	991003020	电动空气压缩机 $0.6m^3/min$	台班	4.610	7.050	5.970	—	—
	990706010	木工圆锯机 500mm	台班	4.610	7.050	5.970	—	—
	990901020	交流弧焊机 32kV · A	台班	—	—	—	4.450	3.180

工作内容：定位安装、周边塞口、下料、安装龙骨及面层、安玻璃、嵌缝清理等。 **计量单位**：100m²

	编号			12-208	12-209	12-210	12-211	12-212	12-213
项目				塑钢隔断			浴厕隔断		
				全玻	半玻	全塑钢板	木龙骨基层榉木板面	不锈钢磨砂玻璃	成品浴厕隔断
	名称		单位	消耗量					
人工	000301000	综合三类工	工日	22.352	16.749	15.110	33.992	50.511	8.544
材料	093901003	塑钢全玻璃隔断	m²	105.000	—	—	—	—	—
	093901002	塑钢半玻璃隔断	m²	—	105.000	—	—	—	—
	093901001	塑钢隔断	m²	—	—	102.000	—	—	—
	050500011	榉木板 δ3	m²	—	—	—	220.000	—	—
	093913001	浴厕隔断（成品）包括五金配件	m²	—	—	—	—	—	100.000
	062507001	磨砂玻璃 δ5	m²	—	—	—	—	91.705	—
	144309004	玻璃胶 335g/支	支	14.039	14.039	14.039	—	100.000	—
	030107053	金属膨胀螺栓 M6	套	218.191	218.191	218.188	—	510.204	—
	020301004	橡胶条 ϕ20	个	625.274	625.274	625.274	—	—	—
	050401006	板枋材 杉木	m³	—	—	—	1.188	—	—
	120107003	榉木线条 22×5	m	—	—	—	0.120	—	—
	031509001	铁件（综合）	kg	—	—	—	174.930	—	—
	030501002	铰链 65 型	只	—	—	—	57.142	—	—
	030305006	拉手 30 以外	只	—	—	—	28.571	—	—
	030317002	插销 100mm	副	—	—	—	28.571	—	—
	130507001	防腐油	kg	—	—	—	1.272	—	—
	142107001	环氧树脂	kg	—	—	—	19.080	—	—
	800607001	干混抹灰砂浆 DP M10	m³	—	—	—	0.124	—	—
	144105002	聚醋酸乙烯乳液	kg	—	—	—	32.076	—	—
	012900002	钢板（综合）	kg	—	—	—	—	59.042	—
	170725001	不锈钢方管 35×38×1	m	—	—	—	—	393.613	—
	170700004	不锈钢管 ϕ50	m	—	—	—	—	314.890	—
	340926001	不锈钢球 ϕ63	个	—	—	—	—	189.380	—
	341103001	电	kW·h	44.790	33.560	30.280	68.120	101.220	4.820
	850103006	其他材料费（占材料费）	%	0.500	0.500	0.500	0.500	2.000	0.500
机械	991003020	电动空气压缩机 0.6m³/min	台班	—	—	—	6.800	—	—
	990706010	木工圆锯机 500mm	台班	—	—	—	6.800	—	—

九、补 充 项 目

1. 墙柱面拉条、甩毛

工作内容： 清理、修补、湿润基层表面，堵墙眼、调运砂浆、清扫落地灰，分层抹灰、刷浆、找平、罩面、分格、甩毛、拉条（包括门窗洞口侧壁抹灰）。 **计量单位：** $100m^2$

编号				12-214	12-215	12-216	12-217
项目				墙柱面拉条		墙柱面甩毛	
				砖墙面	混凝土墙面	砖墙面	混凝土墙面
				24mm			
名称			单位	消耗量			
人工	000301000	综合三类工	工日	14.071	16.060	16.871	18.620
材料	800607001	干混抹灰砂浆 DP M10	m^3	2.875	2.875	2.875	2.875
	341101001	水	m^3	0.860	0.900	0.810	0.800
	040901011	红土子	kg	—	—	12.020	12.020
机械	990611010	干混砂浆罐式搅拌机	台班	0.288	0.288	0.288	0.288

注：甩毛如采用矿物颜料代替红土粉者，品种可以调整，用量不变。

2. 穿孔硅钙板墙面

工作内容： 铺钉面层、钉压条、清理等。 **计量单位：** $100m^2$

编号				12-218
项目				穿孔硅钙板墙面
名称			单位	消耗量
人工	000301000	综合三类工	工日	10.157
材料	091901001	穿孔硅钙板 8mm	m^2	105.000
	030103048	镀锌自攻螺钉 ST5×20	个	49.500
	050401008	板枋材 松木	m^3	0.005
	120107002	木压条 15×40	m^3	85.000

注：主材不一致可进行换算。

第十三章

天 棚 工 程

[illegible]

新 工 [illegible] [illegible]

说 明

一、本章定额包括天棚抹灰、天棚吊顶、天棚其他装饰和补充项目共四部分。

二、抹灰项目中砂浆强度是按照 DP.M10 等级，如与设计不同时，可按设计要求换算；如设计厚度与定额取定厚度不同时，按每增减项目调整。

三、如混凝土天棚刷素水泥浆或界面剂，按本定额第十二章“墙、柱面装饰与隔断、幕墙工程”相应定额项目人工乘以系数 1.15。

四、楼梯底板抹灰按本章相应定额项目执行，其中锯齿形楼梯按相应项目人工乘以系数 1.35。

五、平面与跌级天棚、艺术造型天棚：

1. 平面天棚和跌级天棚指一般直线型天棚，不包括灯光槽的制作安装。灯光槽制作安装应按本章相应定额项目执行。艺术造型天棚项目中包括灯光槽的制作安装。

2. 平面与跌级天棚、艺术造型天棚均为天棚龙骨、基层、面层分别列项编制。

3. 天棚面层不在同一标高，且高差在 400mm 以下、跌级三级以内的一般直线形平面天棚按跌级天棚相应定额项目执行；高差在 400mm 以上或跌级超过三级，以及圆弧形、拱形等造型天棚按艺术造型天棚相应定额项目执行。

4. 天棚面层在同一标高者或高差在 100mm 以内者为平面天棚，天棚面层不在同一标高者且高差在 100mm 以上为跌级天棚。跌级天棚其面层按相应项目人工乘以系数 1.30。

5. 龙骨的种类、间距、规格和基层、面层材料的型号、规格是按常用材料和常用做法考虑的，如设计要求与定额不同时，材料可按设计调整，人工、机械不变。

6. 轻钢龙骨、铝合金龙骨项目中龙骨按双层双向结构考虑，即中、小龙骨紧贴大龙骨底面吊挂，如为单层结构时，即大、中龙骨底面在同一水平上者，人工乘以系数 0.85。

7. 轻钢龙骨、铝合金龙骨项目中，如面层规格与项目不同时，按相近面层的项目执行。

8. 轻钢龙骨和铝合金龙骨不上人型吊杆长度为 0.6m，上人型吊杆长度为 1.4m。吊杆长度与定额不同时可按实际调整，人工不变。轻钢龙骨和铝合金龙骨吊杆连接方式除混凝土结构外按实际方案另行计算。

9. 天棚检查孔的工料已包括在项目内，不另计算。

10. 龙骨、基层、面层的防火处理及天棚龙骨的刷防腐油，石膏板刮嵌缝膏、贴绷带，按本定额第十四章“油漆、涂料、裱糊工程”相应定额项目执行。

11. 天棚压条、装饰线，按本定额第十五章“其他工程”相应定额项目执行。

12. 天棚面层项目按单层面板编制，设计要求为两层或两层以上时，按相应层数执行单层面板项目，人工乘以系数 0.85。

13. 风口消耗量项目包括开孔及附加龙骨，不包括风口面板。

14. 天棚项目已综合面层上检修孔，在天棚面层上开灯孔、开孔另行计算。

六、龙骨吊挂天棚均按龙骨、面层合并列项编制。

工程量计算规则

一、天棚抹灰：

1. 天棚抹灰按设计图示结构尺寸以展开面积计算，不扣除间壁墙、垛、柱、附墙烟囱、检查口和管道所占的面积，检查口侧壁面积也不增加，带梁天棚，梁两侧抹灰面积并入天棚面积内。

2. 密肋梁、井字梁等板底梁，其梁底面抹灰并入天棚面积内套用相应项目；梁侧面抹灰另行计算，执行天棚相应项目乘以系数 2.15，其余不变。

3. 伸出外墙的阳台、雨棚，其底面抹灰按外墙外侧设计图示尺寸以水平投影面积计算，执行天棚抹灰相应项目；阳台或雨棚悬挑梁底面抹灰并入阳台或雨棚面积内计算，梁侧面抹灰另行计算，执行天棚相应项目人工乘以系数 2.15，其余不变。

4. 板式楼梯底面抹灰面积（包括踏步、休息平台以及 ≤ 500mm 宽的楼梯井）按水平投影面积乘以系数 1.15 计算，锯齿形楼梯底板抹灰面积（包括踏步、休息平台以及 ≤ 500mm 宽的楼梯井）按水平投影面积乘以系数 1.37 计算。

二、天棚吊顶：

1. 天棚龙骨按主墙间水平投影面积计算，不扣除间壁墙、垛、附墙烟囱、检查口和管道所占的面积，扣除单个面积 > $0.3m^2$ 的独立柱、孔洞及与天棚相连的窗帘盒所占的面积。斜面龙骨按斜面计算。

2. 天棚吊顶的基层和面层均按设计图示尺寸以展开面积计算。天棚面中的灯槽及跌级、阶梯式、锯齿形、吊挂式、藻井式天棚面积按展开计算。不扣除间壁墙、垛、附墙烟囱、检查口和管道所占的面积，扣除单个面积 > $0.3m^2$ 的独立柱、孔洞及与天棚相连的窗帘盒所占的面积。

3. 格栅吊顶、藤条造型悬挂吊顶、织物软雕吊顶和装饰网架吊顶，按主墙间水平投影面积计算。吊筒吊顶以最大外围水平投影尺寸，以外接矩形面积计算。

三、天棚其他装饰：

1. 悬挑式、附加式灯带（槽）按设计图示尺寸以框外围面积计算。

2. 送风口、回风口及灯光孔按设计图示数量计算。

3. 天棚固定检修道按设计尺寸以“延长米”计算；活动走道板按实际安装长度以“延长米”计算。

四、补充项目：

天棚粉刷石膏按设计图示尺寸以展开面积计算，不扣除间壁墙、垛、柱、附墙烟囱、检查口、灯孔和管道所占的面积，带梁天棚，梁两侧粉刷石膏面积并入天棚面积内。

一、天 棚 抹 灰

工作内容：清理基层、修补堵眼、调运砂浆、清扫落地灰；抹灰找平、压光。　　　　**计量单位：**100m²

编　号				13-1	13-2
项　目				混凝土天棚抹灰	
				一遍成活（10mm）	每增减 1mm
名　称			单位	消　耗　量	
人工	000301000	综合三类工	工日	8.628	0.216
材料	800607001	干混抹灰砂浆　DP M10	m^3	1.130	0.113
	341101001	水	m^3	0.683	0.028
机械	990611010	干混砂浆罐式搅拌机	台班	0.113	0.011

二、天 棚 吊 顶

1. 平面、跌级天棚

（1）方 木 龙 骨

工作内容：制作、安装木楞（包括检查孔）等。　　　　**计量单位：**100m²

编　号				13-3	13-4	13-5	13-6	13-7
项　目				方木天棚龙骨（搁在砖墙上）				
				单层楞	双层楞			
					规格（mm）			
					300 × 300	450 × 450	600 × 600	> 600 × 600
名　称			单位	消　耗　量				
人工	000301000	综合三类工	工日	6.087	8.575	8.117	8.010	7.910
材料	050301007	杉木板	m^3	0.990	2.748	1.961	1.497	1.174
	031509001	铁件（综合）	kg	10.948	24.632	16.422	10.948	8.211

工作内容：制作、安装木楞（包括检查孔）等。　　　　**计量单位**：100m²

编号				13-8	13-9	13-10	13-11	13-12
项目				方木天棚龙骨（吊在梁下或板下）				
				单层楞	双层楞			
					规格（mm）			
					300 × 300	450 × 450	600 × 600	> 600 × 600
名称			单位	消耗量				
人工	000301000	综合三类工	工日	6.983	9.439	8.985	8.882	8.782
材料	050301007	杉木板	m^3	1.452	2.567	1.855	1.463	1.143
	031509001	铁件（综合）	kg	94.681	94.681	94.681	94.681	94.681
	031507018	镀锌铁丝 ϕ2.8～4.0	kg	7.992	7.992	7.992	7.992	7.992
	031301005	低合金钢焊条 E43（综合）	kg	3.230	3.230	3.230	3.230	3.230
	341103001	电	kW · h	3.940	5.320	5.070	5.010	4.950
	850103006	其他材料费（占材料费）	%	1.000	2.000	2.000	1.500	1.000
机械	990901020	交流弧焊机 32kV · A	台班	1.400	1.890	1.800	1.780	1.760
	990706010	木工圆锯机 500mm	台班	1.400	1.890	1.800	1.780	1.760

（2）轻钢龙骨

工作内容：1. 吊件加工、安装。
2. 定位、弹线、射钉。
3. 选料、下料、定位杆控制高度、平整、安装龙骨及吊配附件、孔洞预留等。
4. 临时加固、调整、校正。
5. 灯箱风口封边、龙骨设置。
6. 预留位置、整体调整。

计量单位：100m²

编号				13-13	13-14	13-15	13-16
项目				装配式 U 型轻钢天棚龙骨（不上人型）			
				规格（mm）			
				300 × 300		450 × 450	
				平面	跌级	平面	跌级
名称			单位	消耗量			
人工	000301000	综合三类工	工日	11.957	13.288	10.917	12.734
材料	100103005	轻钢龙骨不上人型（平面）300 × 300	m^2	105.000	—	—	—
	100103001	轻钢龙骨不上人型（跌级）300 × 300	m^2	—	105.000	—	—
	100103006	轻钢龙骨不上人型（平面）450 × 450	m^2	—	—	105.000	—
	100103002	轻钢龙骨不上人型（跌级）450 × 450	m^2	—	—	—	105.000
	255901001	吊杆	kg	23.683	35.700	26.163	36.000
	031301005	低合金钢焊条 E43（综合）	kg	2.180	2.580	2.240	2.580
	031509001	铁件（综合）	kg	40.000	40.000	40.000	40.000

续前

编号				13-13	13-14	13-15	13-16
项目				装配式U型轻钢天棚龙骨（不上人型）			
				规格（mm）			
				300×300		450×450	
				平面	跌级	平面	跌级
名称			单位	消耗量			
材料	341103001	电	kW·h	6.740	7.490	6.160	7.180
	050301007	杉木板	m^3	—	0.070	—	0.070
	170901001	方钢管 25×25×2.5	m	—	6.120	—	6.120
	850103006	其他材料费（占材料费）	%	1.000	1.000	1.000	1.000
机械	990901020	交流弧焊机 32kV·A	台班	2.390	2.660	2.180	2.550

工作内容： 1. 吊件加工、安装。
2. 定位、弹线、射钉。
3. 选料、下料、定位杆控制高度、平整、安装龙骨及吊配附件、孔洞预留等。
4. 临时加固、调整、校正。
5. 灯箱风口封边、龙骨设置。
6. 预留位置、整体调整。

计量单位： $100m^2$

编号				13-17	13-18	13-19	13-20
项目				装配式U型轻钢天棚龙骨（不上人型）			
				规格（mm）			
				600×600		＞600×600	
				平面	跌级	平面	跌级
名称			单位	消耗量			
人工	000301000	综合三类工	工日	9.884	11.627	9.358	11.073
材料	100103007	轻钢龙骨不上人型（平面）600×600	m^2	105.000	—	—	—
	100103003	轻钢龙骨不上人型（跌级）600×600	m^2	—	105.000	—	—
	100103008	轻钢龙骨不上人型（平面）600×600以上	m^2	—	—	105.000	—
	100103004	轻钢龙骨不上人型（跌级）600×600以上	m^2	—	—	—	105.000
	255901001	吊杆	kg	27.200	35.700	25.979	33.900
	031301005	低合金钢焊条 E43（综合）	kg	2.280	2.600	2.240	2.540
	031509001	铁件（综合）	kg	40.000	40.700	40.000	40.700
	341103001	电	kW·h	5.570	6.560	5.280	6.240
	050301007	杉木板	m^3	—	0.070	—	0.070
	170901001	方钢管 25×25×2.5	m	—	6.120	—	6.120
	850103006	其他材料费（占材料费）	%	1.500	1.500	1.500	1.500
机械	990901020	交流弧焊机 32kV·A	台班	1.980	2.330	1.870	2.210

工作内容： 1. 吊件加工、安装。
2. 定位、弹线、射钉。
3. 选料、下料、定位杆控制高度、平整、安装龙骨及吊配附件、孔洞预留等。
4. 临时加固、调整、校正。
5. 灯箱风口封边、龙骨设置。
6. 预留位置、整体调整。

计量单位： 100m^2

编号				13-21	13-22	13-23	13-24
项目				装配式U型轻钢天棚龙骨（上人型）			
				规格（mm）			
				300×300		450×450	
				平面	跌级	平面	跌级
名称			单位	消耗量			
人工	000301000	综合三类工	工日	12.100	13.431	11.061	12.877
材料	100103014	轻钢龙骨上人型（平面）300×300	m^2	105.000	—	—	—
	100103010	轻钢龙骨上人型（跌级）300×300	m^2	—	105.000	—	—
	100103015	轻钢龙骨上人型（平面）450×450	m^2	—	—	105.000	—
	100103011	轻钢龙骨上人型（跌级）450×450	m^2	—	—	—	105.000
	255901001	吊杆	kg	83.951	100.000	83.951	100.000
	031509001	铁件（综合）	kg	170.000	170.470	170.000	170.470
	031301005	低合金钢焊条 E43（综合）	kg	8.640	9.200	8.640	9.200
	050301007	杉木板	m^3	0.010	0.070	0.010	0.070
	341103001	电	kW·h	6.820	7.580	6.240	7.260
	170901001	方钢管 25×25×2.5	m	—	6.120	—	6.120
	850103006	其他材料费（占材料费）	%	0.500	0.500	0.500	0.500
机械	990901020	交流弧焊机 32kV·A	台班	2.420	2.690	2.210	2.580

工作内容： 1. 吊件加工、安装。
2. 定位、弹线、射钉。
3. 选料、下料、定位杆控制高度、平整、安装龙骨及吊配附件、孔洞预留等。
4. 临时加固、调整、校正。
5. 灯箱风口封边、龙骨设置。
6. 预留位置、整体调整。

计量单位： $100m^2$

编号				13-25	13-26	13-27	13-28
项目				装配式U型轻钢天棚龙骨（上人型）			
				规格（mm）			
				600×600		>600×600	
				平面	跌级	平面	跌级
名称			单位	消耗量			
人工	000301000	综合三类工	工日	10.026	11.770	9.501	11.216
材料	100103016	轻钢龙骨上人型（平面）600×600	m^2	105.000	—	—	—
	100103012	轻钢龙骨上人型（跌级）600×600	m^2	—	105.000	—	—
	100103017	轻钢龙骨上人型（平面）600×600以上	m^2	—	—	105.000	—
	100103013	轻钢龙骨上人型（跌级）600×600以上	m^2	—	—	—	105.000
	255901001	吊杆	kg	96.420	99.500	83.951	88.400
	031509001	铁件（综合）	kg	170.000	170.470	170.000	170.470
	031301005	低合金钢焊条 E43（综合）	kg	9.040	9.180	8.640	8.810
	050301007	杉木板	m^3	0.010	0.070	0.010	0.070
	170901001	方钢管 25×25×2.5	m	1.280	6.120	1.280	6.120
	341103001	电	kW·h	5.660	6.640	5.360	6.330
	850103006	其他材料费（占材料费）	%	0.500	0.500	0.500	0.500
机械	990901020	交流弧焊机 32kV·A	台班	2.010	2.350	1.900	2.240

工作内容： 1. 吊件加工、安装。
2. 定位、弹线、射钉。
3. 选料、下料、定位杆控制高度、平整、安装龙骨及吊配附件、孔洞预留等。
4. 临时加固、调整、校正。
5. 灯箱风口封边、龙骨设置。
6. 预留位置、整体调整。基层清理，定位，划线，钻眼、安膨胀螺栓、安装龙骨。

计量单位： 100m²

编号				13-29	13-30
项目				轻钢天棚龙骨	
				圆弧形	
				不上人	上人
名称			单位	消耗量	
人工	000301000	综合三类工	工日	17.099	17.242
材料	100103009	轻钢龙骨不上人型（圆弧形）	m²	105.000	—
	100103018	轻钢龙骨上人型（圆弧形）	m²	—	105.000
	255901001	吊杆	kg	64.286	150.000
	031301005	低合金钢焊条 E43（综合）	kg	2.210	5.100
	341103001	电	kW·h	9.640	9.720
	850103006	其他材料费（占材料费）	%	1.500	1.500
机械	990901020	交流弧焊机 32kV·A	台班	3.420	3.450

（3）铝合金龙骨

工作内容： 1. 定位、弹线、射钉、膨胀螺栓及吊筋安装。
2. 选料、下料组装。
3. 安装龙骨及吊配附件、临时加固支撑。
4. 预留空洞、安封边龙骨。
5. 调整、校正。

计量单位： 100m²

编号				13-31	13-32	13-33	13-34
项目				装配式 T 型铝合金天棚龙骨（不上人型）			
				规格（mm）			
				300 × 300		450 × 450	
				平面	跌级	平面	跌级
名称			单位	消耗量			
人工	000301000	综合三类工	工日	8.838	9.819	7.798	9.273
材料	100303020	铝合金龙骨不上人型（平面）300 × 300	m²	105.000	—	—	—
	100303021	铝合金龙骨不上人型（平面）450 × 450	m²	—	—	105.000	—
	100303017	铝合金龙骨不上人型（跌级）450 × 450	m²	—	—	—	105.000
	255901001	吊杆	kg	31.600	35.600	31.600	35.600

续前

编号				13-31	13-32	13-33	13-34
项目				装配式T型铝合金天棚龙骨（不上人型）			
				规格（mm）			
				300×300		450×450	
				平面	跌级	平面	跌级
名称			单位	消耗量			
人工	000301000	综合三类工	工日	8.838	9.819	7.798	9.273
材料	030107032	膨胀螺栓 M8×60	套	125.995	125.995	125.995	125.995
	031301005	低合金钢焊条 E43（综合）	kg	1.070	5.370	1.070	5.370
	341103001	电	kW·h	4.980	5.540	4.400	5.230
	100303016	铝合金龙骨不上人型（跌级）300×300	m^2	—	105.000	—	—
	031509001	铁件（综合）	kg	—	5.410	—	5.410
	012100002	角钢（综合）	kg	—	122.000	—	122.000
	050301007	杉木板	m^3	—	0.040	—	0.040
	850103006	其他材料费（占材料费）	%	2.000	2.000	2.000	2.000
机械	990901020	交流弧焊机 32kV·A	台班	1.770	1.960	1.560	1.850

工作内容： 1. 定位、弹线、射钉、膨胀螺栓及吊筋安装。
2. 选料、下料组装。
3. 安装龙骨及吊配附件、临时加固支撑。
4. 预留空洞、安封边龙骨。
5. 调整、校正。

计量单位： $100m^2$

编号				13-35	13-36	13-37	13-38
项目				装配式T型铝合金天棚龙骨（不上人型）			
				规格（mm）			
				600×600		>600×600	
				平面	跌级	平面	跌级
名称			单位	消耗量			
人工	000301000	综合三类工	工日	7.278	8.182	6.758	7.637
材料	100303022	铝合金龙骨不上人型（平面）600×600	m^2	105.000	—	—	—
	100303023	铝合金龙骨不上人型（平面）600×600以上	m^2	—	—	105.000	—
	100303019	铝合金龙骨不上人型（跌级）600×600以上	m^2	—	—	—	105.000
	255901001	吊杆	kg	31.600	35.600	31.600	35.600
	031509001	铁件（综合）	kg	40.000	45.360	40.000	45.360
	030107032	膨胀螺栓 M8×60	套	125.995	125.995	125.995	125.995
	031301005	低合金钢焊条 E43（综合）	kg	2.430	6.900	2.430	6.900

续前

编号				13-35	13-36	13-37	13-38
项目				装配式 T 型铝合金天棚龙骨（不上人型）			
				规格（mm）			
				600 × 600		> 600 × 600	
				平面	跌级	平面	跌级
	名称		单位	消耗量			
材料	341103001	电	kW · h	4.100	4.610	3.810	4.390
	100303018	铝合金龙骨不上人型（跌级）600 × 600	m^2	—	105.000	—	—
	012100002	角钢（综合）	kg	—	122.000	—	122.000
	050301007	杉木板	m^3	—	0.040	—	0.040
	850103006	其他材料费（占材料费）	%	2.000	2.000	2.000	2.000
机械	990901020	交流弧焊机 32kV · A	台班	1.460	1.640	1.350	1.530

工作内容： 1. 定位、弹线、射钉、膨胀螺栓及吊筋安装。
2. 选料、下料组装。
3. 安装龙骨及吊配附件、临时加固支撑。
4. 预留空洞、安封边龙骨。
5. 调整、校正。

计量单位： $100m^2$

编号				13-39	13-40	13-41	13-42
项目				装配式 T 型铝合金天棚龙骨（上人型）			
				规格（mm）			
				300 × 300		450 × 450	
				平面	跌级	平面	跌级
	名称		单位	消耗量			
人工	000301000	综合三类工	工日	8.981	9.962	7.941	9.591
材料	100303028	铝合金龙骨上人型（平面）300 × 300	m^2	105.000	—	—	—
	100303024	铝合金龙骨上人型（跌级）300 × 300	m^2	—	105.000	—	—
	100303029	铝合金龙骨上人型（平面）450 × 450	m^2	—	—	105.000	—
	100303025	铝合金龙骨上人型（跌级）450 × 450	m^2	—	—	—	105.000
	255901001	吊杆	kg	54.355	66.800	54.355	66.800
	031509001	铁件（综合）	kg	170.440	175.800	170.440	175.800
	050301007	杉木板	m^3	0.010	0.050	0.010	0.050
	030107032	膨胀螺栓 M8 × 60	套	125.995	125.995	125.995	125.995
	031301005	低合金钢焊条 E43（综合）	kg	7.650	12.410	7.650	12.410
	341103001	电	kW · h	5.070	5.620	4.480	5.410
	012100002	角钢（综合）	kg	—	122.000	—	122.000
	850103006	其他材料费（占材料费）	%	1.000	1.000	1.000	1.000
机械	990901020	交流弧焊机 32kV · A	台班	1.800	1.990	1.590	1.920

工作内容：1. 定位、弹线、射钉、膨胀螺栓及吊筋安装。
2. 选料、下料组装。
3. 安装龙骨及吊配附件、临时加固支撑。
4. 预留空洞、安封边龙骨。
5. 调整、校正。

计量单位：100m²

编号				13-43	13-44	13-45	13-46
项目				装配式T型铝合金天棚龙骨（上人型）			
				规格（mm）			
				600×600		600×600以上	
				平面	跌级	平面	跌级
名称			单位	消耗量			
人工	000301000	综合三类工	工日	7.421	8.326	6.902	7.780
材料	100303030	铝合金龙骨上人型（平面）600×600	m²	105.000	—	—	—
	100303026	铝合金龙骨上人型（跌级）600×600	m²	—	105.000	—	—
	100303031	铝合金龙骨上人型（平面）600×600以上	m²	—	—	105.000	—
	100303027	铝合金龙骨上人型（跌级）600×600以上	m²	—	—	—	105.000
	255901001	吊杆	kg	54.355	66.800	54.355	66.800
	031509001	铁件（综合）	kg	170.440	175.850	170.440	175.850
	031301005	低合金钢焊条 E43（综合）	kg	7.650	12.410	7.650	12.410
	030107032	膨胀螺栓 M8×60	套	125.995	125.995	125.995	125.995
	050301007	杉木板	m³	0.010	0.050	0.010	0.050
	341103001	电	kW·h	4.190	4.700	3.890	4.390
	012100002	角钢（综合）	kg	—	122.000	—	122.000
	850103006	其他材料费（占材料费）	%	1.000	1.000	1.000	1.000
机械	990901020	交流弧焊机 32kV·A	台班	1.480	1.670	1.380	1.560

工作内容： 1. 定位、弹线、射钉、膨胀螺栓及吊筋安装。
2. 选料、下料组装。
3. 安装龙骨及吊配附件、临时加固支撑。
4. 预留空洞、安封边龙骨。
5. 调整、校正。

计量单位： 100m²

编号				13-47	13-48	13-49
项目				铝合金方板天棚龙骨（不上人型）		
				嵌入式		
				规格（mm）		
				500 × 500	600 × 600	600 × 600 以上
名称			单位	消耗量		
人工	000301000	综合三类工	工日	7.792	7.278	6.758
材料	100303007	铝合金方板天棚龙骨不上人型（嵌入式）500 × 500	m²	105.000	—	—
	100303008	铝合金方板天棚龙骨不上人型（嵌入式）600 × 600	m²	—	105.000	—
	100303009	铝合金方板天棚龙骨不上人型（嵌入式）600 × 600 以上	m²	—	—	105.000
	255901001	吊杆	kg	23.995	23.295	20.159
	012100002	角钢（综合）	kg	151.000	151.000	113.000
	031301005	低合金钢焊条 E43（综合）	kg	5.950	5.950	4.520
	341103001	电	kW · h	4.100	4.100	3.810
	850103006	其他材料费（占材料费）	%	2.000	2.000	2.000
机械	990901020	交流弧焊机 32kV · A	台班	1.460	1.460	1.350

工作内容： 1. 定位、弹线、射钉、膨胀螺栓及吊筋安装。
2. 选料、下料组装。
3. 安装龙骨及吊配附件、临时加固支撑。
4. 预留空洞、安封边龙骨。
5. 调整、校正。

计量单位： 100m²

编号				13-50	13-51	13-52
项目				铝合金方板天棚龙骨（上人型）		
				嵌入式		
				规格（mm）		
				500 × 500	600 × 600	600 × 600 以上
名称			单位	消耗量		
人工	000301000	综合三类工	工日	8.349	7.798	7.278
材料	100303014	铝合金方板天棚龙骨上人型（嵌入式）600 × 600	m^2	—	105.000	—
	100303015	铝合金方板天棚龙骨上人型（嵌入式）600 × 600 以上	m^2	—	—	105.000
	100303013	铝合金方板天棚龙骨上人型（嵌入式）500 × 500	m^2	105.000	—	—
	255901001	吊杆	kg	85.058	82.578	71.463
	031301005	低合金钢焊条 E43（综合）	kg	8.670	8.600	8.210
	341103001	电	kW · h	4.400	4.400	4.100
	031509001	铁件（综合）	kg	170.000	170.000	170.000
	850103006	其他材料费（占材料费）	%	1.500	1.500	1.500
机械	990901020	交流弧焊机 32kV · A	台班	1.560	1.560	1.460

工作内容： 1. 定位、弹线、射钉、膨胀螺栓及吊筋安装。
2. 选料、下料组装。
3. 安装龙骨及吊配附件、临时加固支撑。
4. 预留空洞、安封边龙骨。
5. 调整、校正。

计量单位： 100m²

编号				13-53	13-54	13-55
项目				铝合金方板天棚龙骨（不上人型）		
				浮搁式		
				规格（mm）		
				500×500	600×600	600×600 以上
名称			单位	消耗量		
人工	000301000	综合三类工	工日	7.792	7.278	6.758
材料	100303004	铝合金方板天棚龙骨不上人型 （浮搁式）500×500	m²	105.000	—	—
	100303005	铝合金方板天棚龙骨不上人型 （浮搁式）600×600	m²	—	105.000	—
	100303006	铝合金方板天棚龙骨不上人型 （浮搁式）600×600 以上	m²	—	—	105.000
	255901001	吊杆	kg	23.995	23.295	20.159
	031509001	铁件（综合）	kg	40.000	40.000	30.000
	030107032	膨胀螺栓 M8×60	套	130.000	130.000	130.000
	031301005	低合金钢焊条 E43（综合）	kg	2.180	2.150	1.710
	341103001	电	kW·h	4.100	4.100	3.810
	850103006	其他材料费（占材料费）	%	2.000	2.000	2.000
机械	990901020	交流弧焊机 32kV·A	台班	1.460	1.460	1.350

工作内容： 1. 定位、弹线、射钉、膨胀螺栓及吊筋安装。
2. 选料、下料组装。
3. 安装龙骨及吊配附件、临时加固支撑。
4. 预留空洞、安封边龙骨。
5. 调整、校正。

计量单位： $100m^2$

编号				13-56	13-57	13-58
项目				铝合金方板天棚龙骨（上人型）		
				浮搁式		
				规格（mm）		
				500 × 500	600 × 600	600 × 600 以上
名称			单位	消耗量		
人工	000301000	综合三类工	工日	8.349	7.798	7.278
材料	100303010	铝合金方板天棚龙骨上人型（浮搁式）500 × 500	m^2	105.000	—	—
	100303011	铝合金方板天棚龙骨上人型（浮搁式）600 × 600	m^2	—	105.000	—
	100303012	铝合金方板天棚龙骨上人型（浮搁式）600 × 600 以上	m^2	—	—	105.000
	255901001	吊杆	kg	85.058	82.578	71.463
	031509001	铁件（综合）	kg	170.000	170.000	140.000
	030107032	膨胀螺栓 M8 × 60	套	130.000	130.000	130.000
	031301005	低合金钢焊条 E43（综合）	kg	8.670	8.600	7.170
	341103001	电	kW · h	4.400	4.400	4.100
	850103006	其他材料费（占材料费）	%	1.000	1.000	1.000
机械	990901020	交流弧焊机 32kV · A	台班	1.560	1.560	1.460

工作内容： 1. 定位、弹线、射钉、膨胀螺栓及吊筋安装。
2. 选料、下料组装。
3. 安装龙骨及吊配附件、临时加固支撑。
4. 预留空洞、安封边龙骨。
5. 调整、校正。

计量单位： 100m²

编号				13-59	13-60	13-61
项目				铝合金轻型方板天棚龙骨		
				中龙骨直接吊挂骨架		
				规格（mm）		
				500 × 500	600 × 600	600 × 600 以上
名称			单位	消耗量		
人工	000301000	综合三类工	工日	6.227	5.706	5.187
材料	100303032	铝合金轻型方板天棚龙骨（中龙骨直接吊挂骨架）500 × 500	m²	105.000	—	—
	100303033	铝合金轻型方板天棚龙骨（中龙骨直接吊挂骨架）600 × 600	m²	—	105.000	—
	100303034	铝合金轻型方板天棚龙骨（中龙骨直接吊挂骨架）600 × 600 以上	m²	—	—	105.000
	255901001	吊杆	kg	15.243	13.891	7.082
	012100002	角钢（综合）	kg	67.928	61.902	28.269
	031301005	低合金钢焊条 E43（综合）	kg	2.820	2.580	1.200
	341103001	电	kW · h	3.510	3.220	2.930
	850103006	其他材料费（占材料费）	%	2.000	2.000	2.000
机械	990901020	交流弧焊机 32kV · A	台班	1.250	1.140	1.040

工作内容： 1. 定位、弹线、射钉、膨胀螺栓及吊筋安装。
2. 选料、下料组装。
3. 安装龙骨及吊配附件、临时加固支撑。
4. 预留空洞、安封边龙骨。
5. 调整、校正。

计量单位： 100m²

编号				13-62	13-63
项目				铝合金条板天棚龙骨	铝合金格片式天棚 龙骨间距 150mm 以内
名称			单位	消耗量	
人工	000301000	综合三类工	工日	7.266	4.153
材料	100303036	铝合金条板天棚龙骨（中型）	m²	105.000	—
	100303035	铝合金格片天棚龙骨（间距 100mm）	m²	—	105.000
	255901001	吊杆	kg	12.716	2.000
	031301005	低合金钢焊条 E43（综合）	kg	1.180	0.750
	341103001	电	kW · h	4.100	2.340
	031509001	铁件（综合）	kg	22.000	20.000
	850103006	其他材料费（占材料费）	%	1.000	1.000
机械	990901020	交流弧焊机 32kV · A	台班	1.450	0.830

（4）天棚基层

工作内容： 安装天棚基层。

计量单位： 100m²

编号				13-64	13-65	13-66
项目				胶合板基层		硅酸钙板天棚基层
				5mm	9mm	
名称			单位	消耗量		
人工	000301000	综合三类工	工日	4.346	4.614	5.938
材料	050500003	胶合板 δ5	m²	105.000	—	—
	050500005	胶合板 δ9	m²	—	105.000	—
	091900001	硅酸钙板（综合）	m²	—	—	105.000
	341103001	电	kW · h	—	—	6.176
	850103006	其他材料费（占材料费）	%	2.000	2.000	2.000
机械	991003020	电动空气压缩机 $0.6m^3/min$	台班	0.870	0.920	—
	990706010	木工圆锯机 500mm	台班	0.870	0.920	—

（5）天 棚 面 层

工作内容：安装天棚面层。　　　　计量单位：100m²

编　　号				13-67	13-68	13-69	13-70
项　　目				板条	漏风条	胶合板	水泥木丝板
				天棚面层			
名　　称			单位	消　耗　量			
人工	000301000	综合三类工	工日	6.695	6.900	4.383	4.543
材料	120111002	板条 1000×30×8	100根	27.358	—	—	—
	050401008	板枋材松木	m^3	0.020	—	—	—
	050301007	杉木板	m^3	—	1.080	—	—
	050500005	胶合板 δ9	m^2	—	—	105.000	—
	051703001	木丝板	m^2	—	—	—	105.000
	012907014	镀锌薄钢板 δ0.55	kg	—	—	—	3.612
	850103006	其他材料费（占材料费）	%	2.000	2.000	1.000	1.000
机械	990706010	木工圆锯机 500mm	台班	1.340	1.380	0.880	0.910

工作内容：安装天棚面层。　　　　计量单位：100m²

编　　号				13-71	13-72	13-73	13-74
项　　目				胶压刨花木屑板	埃特板	玻璃纤维板（搁放型）	宝丽板
				天棚面层			天棚面板
名　　称			单位	消　耗　量			
人工	000301000	综合三类工	工日	4.505	6.224	4.500	8.322
材料	051500001	刨花板 1830×915×4	m^2	105.000	—	—	—
	091503001	埃特板	m^2	—	105.000	—	—
	341103001	电	kW·h	—	6.473	4.680	—
	050700002	玻璃纤维板	m^2	—	—	105.000	—
	090301001	宝丽板	m^2	—	—	—	105.000
	144100002	胶粘剂	kg	—	—	—	32.550
	850103006	其他材料费（占材料费）	%	2.000	2.000	0.500	—
机械	990706010	木工圆锯机 500mm	台班	0.901	—	—	1.660

工作内容：安装天棚面层。 计量单位：$100m^2$

编号				13-75	13-76	13-77
项目				塑料板天棚面板	铝板网天棚面层	
					搁在龙骨上	钉在龙骨上
名称			单位	消耗量		
人工	000301000	综合三类工	工日	6.230	5.710	6.224
材料	021100001	塑料板	m^2	105.000	—	—
	144100002	胶粘剂	kg	32.550	—	—
	031505022	铝板网 1mm	m^2	—	105.000	105.000
	850103006	其他材料费（占材料费）	%	—	—	1.000

工作内容：安装天棚面层。 计量单位：$100m^2$

编号				13-78	13-79	13-80
项目				铝塑板天棚面层		
				贴在混凝土板下	贴在胶合板上	贴在龙骨底
名称			单位	消耗量		
人工	000301000	综合三类工	工日	8.818	8.818	7.784
材料	091101003	铝塑板 δ5	m^2	105.000	105.000	105.000
	144100002	胶粘剂	kg	32.550	32.550	5.859
	341103001	电	kW·h	9.170	9.170	8.095

注：主材不同，可以换算。

工作内容：安装天棚面层。 计量单位：$100m^2$

编号				13-81	13-82	13-83
项目				矿棉板天棚面层	硅酸钙板天棚面层	
				搁放在龙骨上	安在U型轻钢龙骨上	安在T型铝合金龙骨上
名称			单位	消耗量		
人工	000301000	综合三类工	工日	5.191	7.466	5.926
材料	150501001	矿棉板	m^2	105.000	—	—
	091900001	硅酸钙板（综合）	m^2	—	105.000	105.000
	341103001	电	kW·h	5.399	7.765	6.163
	850103006	其他材料费（占材料费）	%	—	2.000	—

注：主材不同，可以换算。

工作内容： 安装天棚面层。 **计量单位：** 100m²

编号				13-84	13-85	13-86
项目				石膏板天棚面层		玻岩板天棚面层
				安在U型轻钢龙骨上	安在T型铝合金龙骨上	安在U型轻钢龙骨上
名称			单位	消耗量		
人工	000301000	综合三类工	工日	7.090	5.671	7.265
材料	090101001	纸面石膏板	m²	105.000	105.000	—
	150301001	玻岩板	m²	—	—	105.000
	341103001	电	kW · h	7.374	5.898	7.556
	850103006	其他材料费（占材料费）	%	2.000	—	2.000

工作内容： 安装天棚面层。 **计量单位：** 100m²

编号				13-87	13-88	13-89
项目				竹片	不锈钢板	镜面玲珑胶板
				天棚面层		
名称			单位	消耗量		
人工	000301000	综合三类工	工日	10.917	11.435	17.180
材料	053507003	竹片	m²	105.000	—	—
	090501003	镜面不锈钢板 δ0.8	m²	—	105.000	—
	144100002	胶粘剂	kg	—	32.550	32.550
	092309001	镜面玲珑胶板 3	m²	—	—	105.000
	850103006	其他材料费（占材料费）	%	2.000	0.500	0.500

工作内容： 安装天棚面层。 **计量单位：** 100m²

编号				13-90	13-91	13-92
项目				阻燃聚丙烯天棚面层	真空镀膜仿金（仿银）装饰板天棚面层	空腹PVC扣板天棚面层
名称			单位	消耗量		
人工	000301000	综合三类工	工日	6.224	5.707	6.439
材料	021107006	聚丙烯板 阻燃	m²	105.000	—	—
	092311001	真空镀膜仿金装饰板	m²	—	110.000	—
	021101016	PVC装饰板 δ1.25	m²	—	—	105.000
	021307002	聚氯乙烯边条	m	—	—	145.830
	850103006	其他材料费（占材料费）	%	2.000	1.000	2.000

工作内容：安装天棚面层。　　　　计量单位：100m²

编　号				13-93	13-94	13-95	13-96
项　目				吸音板天棚			
				矿棉吸音板	石膏吸音板	胶合板 穿孔面板	隔音板
名　称			单位	消　耗　量			
人工	000301000	综合三类工	工日	7.375	7.375	6.436	7.375
材料	150501002	矿棉吸音板	m^2	105.000	—	—	—
	090119001	石膏吸音板	m^2	—	105.000	—	—
	050509001	穿孔胶合板	m^2	—	—	105.000	—
	160301001	隔音板	m^2	—	—	—	105.000
	144305002	双面胶带纸	m^2	—	—	—	105.000
	341103001	电	kW · h	7.670	7.670	—	7.670
	144100002	胶粘剂	kg	—	—	2.000	32.550
	850103006	其他材料费（占材料费）	%	0.500	0.500	2.000	0.500
机械	990706010	木工圆锯机 500mm	台班	—	—	1.490	—

注：1. 穿孔面板按现场打孔考虑，若是成品按人工乘系数 0.5 执行。
　　2. 矿棉或石膏板安在 U 型龙骨上时增加自攻螺钉 3450 个/100m²。

工作内容：安装天棚面层。　　　　计量单位：100m²

编　号				13-97	13-98	13-99
项　目				铝合金方板天棚		
				嵌入式（平板）	吸音板	搁式（平板）
名　称			单位	消　耗　量		
人工	000301000	综合三类工	工日	4.671	4.671	4.671
材料	090503006	铝合金嵌入式方板	m^2	100.000	—	—
	090503008	铝合金吸音板	m^2	—	100.000	—
	090503005	铝合金浮搁式方板	m^2	—	—	100.000
	015101001	铝合金靠墙条板	m^2	5.000	5.000	5.000
	030107035	膨胀螺栓 M8 × 80	10 套	10.833	—	—
	341103001	电	kW · h	6.924	—	—

工作内容：安装天棚面层。 **计量单位：**100m²

编号				13-100	13-101	13-102	13-103
项目				铝板天棚		铝合金条板天棚	
				600×600	1200×300	闭缝	开缝
名称			单位	消耗量			
人工	000301000	综合三类工	工日	6.224	6.745	8.304	5.705
材料	014301007	铝板 600×600×0.8	m²	105.000	—	—	—
	014301008	铝板 1200×300×1	m²	—	105.000	—	—
	144309004	玻璃胶 335g/支	支	35.522	35.523	—	—
	092901008	铝合金条板	m²	—	—	86.780	86.780
	015101001	铝合金靠墙条板	m²	—	—	1.021	1.021
	090503007	铝合金插缝板	m²	—	—	42.218	—
	290499002	插接件	个	—	—	338.906	338.906
	030107032	膨胀螺栓 M8×60	套	—	—	63.194	—

工作内容：安装天棚面层。 **计量单位：**100m²

编号				13-104	13-105	13-106	13-107
项目				铝合金挂片天棚			
				条形			块形
				间距（mm）			
				100	150	200	
名称			单位	消耗量			
人工	000301000	综合三类工	工日	2.595	2.075	1.555	2.595
材料	092909001	铝合金挂片 间距 100	m²	105.000	—	—	—
	092909002	铝合金挂片 间距 150	m²	—	105.000	—	—
	092909003	铝合金挂片 间距 200	m²	—	—	105.000	—
	092909004	铝合金挂片 块型 200 间距	m²	—	—	—	105.000

工作内容：安装天棚面层。 **计量单位：**100m²

编号				13-108	13-109	13-110
项目				铝方通天棚		
				条形		
				间距（mm）		
				100	150	200
名称			单位	消耗量		
人工	000301000	综合三类工	工日	3.634	3.115	2.595
材料	092901002	铝方通 间距 100	m²	105.000	—	—
	092901003	铝方通 间距 150	m²	—	105.000	—
	092901004	铝方通 间距 200	m²	—	—	105.000

注：材料不同，可以换算。

工作内容：安装天棚面层。

计量单位：100m²

编号				13-111	13-112
项目				铝合金扣板天棚	方形铝扣板 300×300
名称			单位	消耗量	
人工	000301000	综合三类工	工日	6.230	7.784
材料	092901007	铝合金扣板	m²	105.000	—
	090503004	铝合金方板 300×300	m²	—	105.000
	850103006	其他材料费（占材料费）	%	1.000	0.500

工作内容：1. 安装天棚面层。

2. 钉收边线。

计量单位：见表

编号				13-113	13-114
项目				铝扣板收边线	不锈钢镜面板 方形
单位				100m	100m²
名称			单位	消耗量	
人工	000301000	综合三类工	工日	2.593	15.393
材料	120303006	铝合金收边条	m	105.000	—
	090501002	镜面不锈钢板	m²	—	105.000
	144105004	立时得胶	kg	—	32.550
	050301007	杉木板	m³	—	0.800
	850103006	其他材料费（占材料费）	%	2.000	0.500

工作内容：安装天棚面层。

计量单位：100m²

编号				13-115	13-116	13-117	13-118	13-119
项目				镜面玻璃天棚	镭射玻璃		镜面玻璃	
				平缝	平面	异形	井格形	锥形
名称			单位	消耗量				
人工	000301000	综合三类工	工日	14.371	13.171	20.355	21.555	22.990
材料	062527006	镜面玻璃（成品） δ5	m²	105.000	—	—	105.000	—
	064100001	镭射玻璃（成品）	m²	—	105.000	—	—	—
	064100004	镭射玻璃 造型	m²	—	—	105.000	—	—
	062527008	镜面玻璃 异形 δ5	m²	—	—	—	—	105.000
	050401006	板枋材 杉木	m³	—	—	—	5.800	7.800
	031502002	镜钉	个	1390.200	—	—	—	—
	144309004	玻璃胶 335g/支	支	64.423	104.478	104.478	—	—
	850103006	其他材料费（占材料费）	%	0.500	0.500	0.500	0.500	0.500

工作内容：安装天棚面层。 **计量单位：**100m²

编　号				13-120	13-121	13-122
项　目				有机胶片	金属板	嵌入式
				方格式	烤漆异形板条 吊顶	不锈钢格栅
名　称			单位	消　耗　量		
人工	000301000	综合三类工	工日	6.224	8.304	6.224
材料	021701001	有机玻璃片 方格型	m^2	105.000	—	—
	090509001	金属烤漆板条 异型 2500×200×2	m^2	—	105.000	—
	014901001	角铝（综合）	m	—	210.000	—
	092903001	不锈钢格栅	m^2	—	—	105.000
	850103006	其他材料费（占材料费）	%	—	—	0.500

工作内容：安装天棚面层。 **计量单位：**100m²

编　号				13-123	13-124	13-125	13-126
项　目				天棚灯片（搁放型）			
				乳白胶片	分光铝格栅	塑料透光片	玻璃纤维片
名　称			单位	消　耗　量			
人工	000301000	综合三类工	工日	6.388	6.388	6.388	6.388
材料	090909003	天棚乳白胶片	m^2	105.000	—	—	—
	092901005	铝格栅	m^2	—	105.000	—	—
	090909002	塑料透光片	m^2	—	—	105.000	—
	050700002	玻璃纤维板	m^2	—	—	—	105.000

2. 艺术造型天棚

（1）方木龙骨

工作内容：定位、弹线、选料、下料制作安装龙骨等。 **计量单位：**100m²

编　号				13-127	13-128
项　目				方木天棚龙骨	
				圆形	半圆形
名　称			单位	消　耗　量	
人工	000301000	综合三类工	工日	7.685	6.783
材料	030107032	膨胀螺栓 M8×60	套	170.000	160.000
	050401006	板枋材 杉木	m^3	2.200	2.000
	341103001	电	kW·h	4.330	3.830
	850103006	其他材料费（占材料费）	%	2.000	2.000
机械	990706010	木工圆锯机 500mm	台班	1.540	1.360

（2）轻钢龙骨

工作内容：1. 吊件加工、安装。
2. 定位、弹线、安膨胀螺栓。
3. 选料、下料、定位杆控制高度、平整、安装龙骨及调整横支撑附件、孔洞预留等。
4. 临时加固、调整、校正。
5. 灯箱风口封边、龙骨设置。
6. 预留位置、整体调整。

计量单位：$100m^2$

编号				13-129	13-130	13-131	13-132
项目				藻井天棚			
				平面		拱形	
				圆弧形	矩形	曲面形	筒形
名称			单位	消耗量			
人工	000301000	综合三类工	工日	16.085	14.526	20.752	18.679
材料	100103029	轻钢龙骨藻井天棚龙骨（圆弧型）	m^2	105.000	—	—	—
	100103026	轻钢龙骨藻井天棚龙骨（矩型）	m^2	—	105.000	—	—
	100103027	轻钢龙骨藻井天棚龙骨（曲面型）	m^2	—	—	105.000	—
	100103028	轻钢龙骨藻井天棚龙骨（筒型）	m^2	—	—	—	105.000
	255901001	吊杆	kg	150.000	150.000	150.000	150.000
	031301005	低合金钢焊条 E43（综合）	kg	5.100	5.100	5.100	5.100
	341103001	电	kW·h	9.070	8.190	11.700	10.530
	850103006	其他材料费（占材料费）	%	1.500	1.500	1.500	1.500
机械	990901020	交流弧焊机 32kV·A	台班	3.220	2.910	4.150	3.740

工作内容： 1. 吊件加工、安装。
2. 定位、弹线、安膨胀螺栓。
3. 选料、下料、定位杆控制高度、平整、安装龙骨及调整横支撑附件、孔洞预留等。
4. 临时加固、调整、校正。
5. 灯箱风口封边、龙骨设置。
6. 预留位置、整体调整。

计量单位：$100m^2$

编号				13-133	13-134	13-135
项目				吊挂式天棚		
				弧拱形	圆形	矩形
名称			单位	消耗量		
人工	000301000	综合三类工	工日	21.792	12.972	11.413
材料	100103019	轻钢龙骨吊挂式天棚龙骨（弧拱型）	m^2	105.000	—	—
	100103021	轻钢龙骨吊挂式天棚龙骨（圆型）	m^2	—	105.000	—
	100103020	轻钢龙骨吊挂式天棚龙骨（矩型）	m^2	—	—	105.000
	255901001	吊杆	kg	150.000	150.000	150.000
	031301005	低合金钢焊条 E43（综合）	kg	5.100	5.100	5.100
	341103001	电	kW·h	12.290	7.320	8.440
	850103006	其他材料费（占材料费）	%	1.500	1.500	1.500
机械	990901020	交流弧焊机 32kV·A	台班	4.360	2.590	2.280

工作内容： 1. 吊件加工、安装。
2. 定位、弹线、安膨胀螺栓。
3. 选料、下料、定位杆控制高度、平整、安装龙骨及调整横支撑附件、孔洞预留等。
4. 临时加固、调整、校正。
5. 灯箱风口封边、龙骨设置。
6. 预留位置、整体调整。

计量单位：$100m^2$

编号				13-136	13-137	13-138	13-139
项目				阶梯形天棚		锯齿形天棚	
				直线形	弧线形	直线形	弧线形
名称			单位	消耗量			
人工	000301000	综合三类工	工日	23.866	26.465	23.866	26.465
材料	100103023	轻钢龙骨阶梯型天棚龙骨（直线型）	m^2	105.000	—	—	—
	100103022	轻钢龙骨阶梯型天棚龙骨（弧线型）	m^2	—	105.000	—	—
	100103025	轻钢龙骨锯齿型天棚龙骨（直线型）	m^2	—	—	105.000	—
	100103024	轻钢龙骨锯齿型天棚龙骨（弧线型）	m^2	—	—	—	105.000
	255901001	吊杆	kg	150.000	150.000	150.000	150.000
	031301005	低合金钢焊条 E43（综合）	kg	5.100	5.100	5.100	5.100
	341103001	电	kW·h	13.460	14.930	13.460	14.930
	850103006	其他材料费（占材料费）	%	1.500	1.500	1.500	1.500
机械	990901020	交流弧焊机 32kV·A	台班	4.770	5.290	4.770	5.290

（3）天 棚 基 层

工作内容：钉天棚基层板。 **计量单位：**100m²

编 号				13-140	13-141	13-142	13-143
项 目				藻井天棚			
				平面			
				圆弧形		矩形	
				石膏板	胶合板	石膏板	胶合板
名 称			单位	消 耗 量			
人工	000301000	综合三类工	工日	9.342	7.785	8.302	7.261
材料	090101001	纸面石膏板	m^2	130.000	—	115.000	—
	050500003	胶合板 δ5	m^2	—	130.000	—	115.000
	341103001	电	kW · h	9.716	—	8.634	—
	850103006	其他材料费（占材料费）	%	2.000	2.000	2.000	2.000
机械	990706010	木工圆锯机 500mm	台班	—	1.560	—	1.450
	991003020	电动空气压缩机 $0.6m^3/min$	台班	—	1.560	—	1.450

工作内容：钉天棚基层板。 **计量单位：**100m²

编 号				13-144	13-145	13-146	13-147
项 目				藻井天棚			
				拱形			
				圆弧形		矩形	
				石膏板	胶合板	石膏板	胶合板
名 称			单位	消 耗 量			
人工	000301000	综合三类工	工日	11.935	10.899	9.342	8.820
材料	090101001	纸面石膏板	m^2	130.000	—	115.000	—
	050500003	胶合板 δ5	m^2	—	130.000	—	115.000
	341103001	电	kW · h	12.412	—	9.716	—
	850103006	其他材料费（占材料费）	%	2.000	2.000	2.000	2.000
机械	990706010	木工圆锯机 500mm	台班	—	2.180	—	1.760
	991003020	电动空气压缩机 $0.6m^3/min$	台班	—	2.180	—	1.760

工作内容：钉天棚基层板。 **计量单位：**100m²

编号				13-148	13-149	13-150	13-151
项目				吊挂式天棚			
				弧拱形		圆形	
				石膏板	胶合板	石膏板	胶合板
名称			单位	消耗量			
人工	000301000	综合三类工	工日	10.376	9.342	9.856	8.823
材料	090101001	纸面石膏板	m^2	130.000	—	130.000	—
	050500003	胶合板 δ5	m^2	—	130.000	—	130.000
	341103001	电	kW · h	10.791	—	10.250	—
	850103006	其他材料费（占材料费）	%	2.000	2.000	2.000	2.000
机械	990706010	木工圆锯机 500mm	台班	—	1.870	—	1.760
	991003020	电动空气压缩机 $0.6m^3/min$	台班	—	1.870	—	1.760

工作内容：钉天棚基层板。 **计量单位：**100m²

编号				13-152	13-153
项目				吊挂式天棚	
				矩形	
				石膏板	胶合板
名称			单位	消耗量	
人工	000301000	综合三类工	工日	8.822	7.786
材料	090101001	纸面石膏板	m^2	115.000	—
	050500003	胶合板 δ5	m^2	—	115.000
	341103001	电	kW · h	9.175	—
	850103006	其他材料费（占材料费）	%	2.000	2.000
机械	990706010	木工圆锯机 500mm	台班	—	1.560
	991003020	电动空气压缩机 $0.6m^3/min$	台班	—	1.560

工作内容：钉天棚基层板。 **计量单位**：$100m^2$

编号				13-154	13-155	13-156	13-157
项目				阶梯形天棚			
				直线形		弧线形	
				石膏板	胶合板	石膏板	胶合板
名称			单位	消耗量			
人工	000301000	综合三类工	工日	16.082	14.526	17.642	16.602
材料	090101001	纸面石膏板	m^2	115.000	—	130.000	—
	050500003	胶合板 δ5	m^2	—	115.000	—	130.000
	341103001	电	kW · h	16.725	—	18.348	—
	850103006	其他材料费（占材料费）	%	2.000	2.000	2.000	2.000
机械	990706010	木工圆锯机 500mm	台班	—	2.910	—	3.320
	991003020	电动空气压缩机 $0.6m^3/min$	台班	—	2.910	—	3.320

工作内容：钉天棚基层板。 **计量单位**：$100m^2$

编号				13-158	13-159	13-160	13-161
项目				锯齿形天棚			
				直线形		弧线形	
				石膏板	胶合板	石膏板	胶合板
名称			单位	消耗量			
人工	000301000	综合三类工	工日	15.568	14.012	16.602	16.083
材料	090101001	纸面石膏板	m^2	115.000	—	130.000	—
	050500003	胶合板 δ5	m^2	—	115.000	—	130.000
	341103001	电	kW · h	16.191	—	17.266	—
	850103006	其他材料费（占材料费）	%	2.000	2.000	—	2.000
机械	990706010	木工圆锯机 500mm	台班	—	2.800	—	3.220
	991003020	电动空气压缩机 $0.6m^3/min$	台班	—	2.800	—	3.220

（4）天 棚 面 层

工作内容：安装天棚面层。 **计量单位：**100m²

编号				13-162	13-163	13-164
项目				藻井天棚		
				平面		
				圆弧形		
				石膏板	饰面板	金属板
名称			单位	消耗量		
人工	000301000	综合三类工	工日	7.581	6.387	16.365
材料	090101001	纸面石膏板	m^2	130.000	—	—
	050505002	饰面胶合板	m^2	—	130.000	—
	341103001	电	kW · h	7.884	—	17.020
	144100002	胶粘剂	kg	—	35.000	—
	090511001	金属板	m^2	—	—	130.000
	144307005	万能胶 1kg/瓶	kg	—	—	39.000
	850103006	其他材料费（占材料费）	%	2.000	2.000	—
机械	990706010	木工圆锯机 500mm	台班	—	1.280	—
	991003020	电动空气压缩机 $0.6m^3/min$	台班	—	1.280	—

工作内容：安装天棚面层。 **计量单位：**100m²

编号				13-165	13-166	13-167
项目				藻井天棚		
				平面		
				矩形		
				石膏板	饰面板	金属板
名称			单位	消耗量		
人工	000301000	综合三类工	工日	6.786	5.989	14.368
材料	090101001	纸面石膏板	m^2	115.000	—	—
	050505002	饰面胶合板	m^2	—	115.000	—
	090511001	金属板	m^2	—	—	115.000
	144100002	胶粘剂	kg	—	32.000	—
	144307005	万能胶 1kg/瓶	kg	—	—	35.000
	341103001	电	kW · h	7.057	—	14.943
	850103006	其他材料费（占材料费）	%	2.000	2.000	—
机械	990706010	木工圆锯机 500mm	台班	—	1.200	—
	991003020	电动空气压缩机 $0.6m^3/min$	台班	—	1.200	—

工作内容：安装天棚面层。　　　　　　　　　　　　　　　　**计量单位：**100m²

编　　号				13-168	13-169	13-170
项　　目				藻井天棚		
				拱形		
				曲面形		
				石膏板	饰面板	金属板
	名　　称		单位	消　耗　量		
人工	000301000	综合三类工	工日	9.976	8.781	19.160
材料	090101001	纸面石膏板	m²	130.000	—	—
	050505002	饰面胶合板	m²	—	130.000	—
	090511001	金属板	m²	—	—	130.000
	341103001	电	kW · h	10.375	—	19.926
	144100002	胶粘剂	kg	—	40.000	—
	144307005	万能胶 1kg/瓶	kg	—	—	45.000
	850103006	其他材料费（占材料费）	%	2.000	2.000	—
机械	990706010	木工圆锯机 500mm	台班	—	1.760	—
	991003020	电动空气压缩机 $0.6m^3/min$	台班	—	1.760	—

工作内容：安装天棚面层。　　　　　　　　　　　　　　　　**计量单位：**100m²

编　　号				13-171	13-172	13-173
项　　目				藻井天棚		
				拱形		
				筒形		
				石膏板	饰面板	金属板
	名　　称		单位	消　耗　量		
人工	000301000	综合三类工	工日	7.981	7.584	17.163
材料	090101001	纸面石膏板	m²	115.000	—	—
	050505002	饰面胶合板	m²	—	115.000	—
	090511001	金属板	m²	—	—	115.000
	144307005	万能胶 1kg/瓶	kg	—	—	45.000
	341103001	电	kW · h	8.300	—	17.850
	144100002	胶粘剂	kg	—	40.000	—
	850103006	其他材料费（占材料费）	%	2.000	2.000	—
机械	990706010	木工圆锯机 500mm	台班	—	1.520	—
	991003020	电动空气压缩机 $0.6m^3/min$	台班	—	1.520	—

工作内容：安装天棚面层。 **计量单位：**100m²

编号				13-174	13-175	13-176
项目				吊挂式天棚		
				弧拱形		
				石膏板	饰面板	金属板
名称			单位	消耗量		
人工	000301000	综合三类工	工日	9.181	7.982	19.160
材料	090101001	纸面石膏板	m^2	130.000	—	—
	050505002	饰面胶合板	m^2	—	130.000	—
	090511001	金属板	m^2	—	—	130.000
	341103001	电	kW·h	9.548	—	19.926
	144100002	胶粘剂	kg	—	23.000	—
	144307005	万能胶 1kg/瓶	kg	—	—	29.000
	850103006	其他材料费（占材料费）	%	2.000	2.000	—
机械	990706010	木工圆锯机 500mm	台班	—	1.600	—
	991003020	电动空气压缩机 $0.6m^3/min$	台班	—	1.600	—

工作内容：安装天棚面层。 **计量单位：**100m²

编号				13-177	13-178	13-179
项目				吊挂式天棚		
				圆形		
				石膏板	饰面板	金属板
名称			单位	消耗量		
人工	000301000	综合三类工	工日	7.981	7.186	15.966
材料	090101001	纸面石膏板	m^2	130.000	—	—
	050505002	饰面胶合板	m^2	—	130.000	—
	090511001	金属板	m^2	—	—	130.000
	144100002	胶粘剂	kg	—	32.000	—
	144307005	万能胶 1kg/瓶	kg	—	—	35.000
	341103001	电	kW·h	8.300	—	16.605
	850103006	其他材料费（占材料费）	%	2.000	2.000	—
机械	990706010	木工圆锯机 500mm	台班	—	1.440	—
	991003020	电动空气压缩机 $0.6m^3/min$	台班	—	1.440	—

工作内容：安装天棚面层。

计量单位：100m²

编号				13-180	13-181	13-182
项目				吊挂式天棚		
				矩形		
				石膏板	饰面板	金属板
名称			单位	消耗量		
人工	000301000	综合三类工	工日	7.981	6.784	15.964
材料	090101001	纸面石膏板	m^2	115.000	—	—
	341103001	电	kW·h	8.300	—	16.603
	050505002	饰面胶合板	m^2	—	115.000	—
	144100002	胶粘剂	kg	—	30.000	—
	090511001	金属板	m^2	—	—	120.000
	144307005	万能胶 1kg/瓶	kg	—	—	35.000
	850103006	其他材料费（占材料费）	%	2.000	2.000	—
机械	990706010	木工圆锯机 500mm	台班	—	1.360	—
	991003020	电动空气压缩机 $0.6m^3/min$	台班	—	1.360	—

工作内容：安装天棚面层。

计量单位：100m²

编号				13-183	13-184	13-185
项目				阶梯形天棚		
				直线形		
				石膏板	饰面板	金属板
名称			单位	消耗量		
人工	000301000	综合三类工	工日	15.166	14.368	18.358
材料	090101001	纸面石膏板	m^2	115.000	—	—
	050505002	饰面胶合板	m^2	—	115.000	—
	090511001	金属板	m^2	—	—	115.000
	144307005	万能胶 1kg/瓶	kg	—	—	68.000
	341103001	电	kW·h	15.773	—	19.092
	144100002	胶粘剂	kg	—	56.000	—
	850103006	其他材料费（占材料费）	%	2.000	2.000	—
机械	990706010	木工圆锯机 500mm	台班	—	2.870	—
	991003020	电动空气压缩机 $0.6m^3/min$	台班	—	2.870	—

工作内容：安装天棚面层。 **计量单位：**100m²

编号				13-186	13-187	13-188
项目				阶梯形天棚		
				弧线形		
				石膏板	饰面板	金属板
名称			单位	消耗量		
人工	000301000	综合三类工	工日	18.360	16.365	19.556
材料	090101001	纸面石膏板	m²	130.000	—	—
	050505002	饰面胶合板	m²	—	130.000	—
	090511001	金属板	m²	—	—	130.000
	144100002	胶粘剂	kg	—	62.000	—
	341103001	电	kW · h	19.094	—	20.338
	144307005	万能胶 1kg/瓶	kg	—	—	75.000
	850103006	其他材料费（占材料费）	%	2.000	2.000	—
机械	990706010	木工圆锯机 500mm	台班	—	3.270	—
	991003020	电动空气压缩机 0.6m³/min	台班	—	3.270	—

工作内容：安装天棚面层。 **计量单位：**100m²

编号				13-189	13-190	13-191
项目				锯齿形天棚		
				直线形		
				石膏板	饰面板	金属板
名称			单位	消耗量		
人工	000301000	综合三类工	工日	14.370	13.569	17.963
材料	090101001	纸面石膏板	m²	115.000	—	—
	050505002	饰面胶合板	m²	—	115.000	—
	090511001	金属板	m²	—	—	115.000
	341103001	电	kW · h	14.945	—	18.653
	144100002	胶粘剂	kg	—	59.000	—
	144307005	万能胶 1kg/瓶	kg	—	—	71.000
	850103006	其他材料费（占材料费）	%	2.000	2.000	—
机械	990706010	木工圆锯机 500mm	台班	—	2.710	—
	991003020	电动空气压缩机 0.6m³/min	台班	—	2.710	—

工作内容：安装天棚面层。 **计量单位：**100m²

编号				13-192	13-193	13-194
项目				锯齿形天棚		
				弧线形		
				石膏板	饰面板	金属板
名称			单位	消耗量		
人工	000301000	综合三类工	工日	17.960	15.966	19.160
材料	090101001	纸面石膏板	m^2	130.000	—	—
	050505002	饰面胶合板	m^2	—	130.000	—
	090511001	金属板	m^2	—	—	130.000
	144100002	胶粘剂	kg	—	64.000	—
	144307005	万能胶 1kg/瓶	kg	—	—	77.000
	341103001	电	kW · h	18.678	—	19.926
	850103006	其他材料费（占材料费）	%	2.000	2.000	—
机械	990706010	木工圆锯机 500mm	台班	—	3.190	—
	991003020	电动空气压缩机 0.6m³/min	台班	—	3.190	—

3. 龙骨吊挂天棚

（1）烤漆龙骨天棚

工作内容：1. 吊件加工、安装。
2. 定位、弹线、射钉。
3. 选料、下料、定位杆控制高度、平整、安装龙骨及吊配附件、孔洞预留等。
4. 临时加固、调整、校正。
5. 灯箱风口封边、龙骨设置。
6. 预留位置、整体调整。

计量单位：100m²

编号				13-195	13-196
项目				复合式烤漆 T 型龙骨吊顶	H 形矿棉吸音板轻钢吊顶
				明架式吊顶	暗架式吊顶
名称			单位	消耗量	
人工	000301000	综合三类工	工日	14.530	15.564
材料	150501002	矿棉吸音板	m^2	105.000	105.000
	100701002	复合式烤漆龙骨（明架式）	m^2	105.000	—
	255901001	吊杆	kg	77.560	77.560
	031301005	低合金钢焊条 E43（综合）	kg	2.650	2.650
	341103001	电	kW · h	8.190	8.780
	100701001	复合式烤漆龙骨（暗架式）	m^2	—	105.000
	340927001	插片	件	—	560.000
	101701001	弹簧件	件	—	280.000
	850103006	其他材料费（占材料费）	%	1.000	1.000
机械	990901020	交流弧焊机 32kV · A	台班	2.910	3.110

注：面层材料不同可以换算，其他不变。

（2）铝合金格栅与条板天棚

工作内容： 1. 定位、弹线、射钉膨胀螺栓及吊筋安装。
2. 选料、下料组装。
3. 安装龙骨及吊配附件、临时加固支撑。
4. 预留空洞、安封边龙骨。
5. 调整、校正。

计量单位： $100m^2$

编号				13-197
项目				铝合金格栅吊顶天棚
				铝格栅（包括吊配件）规格（mm）
				125 × 125 × 4.5
名称			单位	消耗量
人工	000301000	综合三类工	工日	6.745
材料	092901006	铝格栅（含配件）125 × 125 × 4.5	m^2	105.000
	031509019	其他铁件	kg	20.000
	031301005	低合金钢焊条 E43（综合）	kg	0.680
	341103001	电	kW · h	3.800
	850103006	其他材料费（占材料费）	%	2.000
机械	990901020	交流弧焊机 32kV · A	台班	1.350

注：铝格栅规格不同可以换算。

工作内容： 电锤打眼、埋膨胀螺栓，吊、安天棚面层。

计量单位： $100m^2$

编号				13-198	13-199
项目				铝合金格栅天棚（直接吊在楼板下）	
				直条形铝合金格栅天棚	铝合金空腹格栅天棚
				规格（mm）	多边形
				1260 × 60 × 126	
名称			单位	消耗量	
人工	000301000	综合三类工	工日	7.264	7.784
材料	092901010	直条型铝合金格栅（含配件）1260 × 60 × 126	m^2	105.000	—
	092901009	多边形铝合金空腹格栅（含配件）	m^2	—	105.000
	030107032	膨胀螺栓 M8 × 60	套	320.000	320.000
	341103001	电	kW · h	4.100	4.390
	850103006	其他材料费（占材料费）	%	2.000	2.000

注：格栅规格不同可以换算。

（3）木格栅天棚

工作内容：定位、放线、下料、安装等。

计量单位：100m²

编号				13-200
项目				木格栅天棚
				井格规格（mm）
				100 × 100 × 55
名称			单位	消耗量
人工	000301000	综合三类工	工日	6.815
材料	052511001	木格栅（成品）100 × 100 × 55	m^2	105.000
	030107032	膨胀螺栓 M8 × 60	套	149.000
	031519016	合金钢钻头	个	0.750
	011300002	扁钢（综合）	kg	220.000
	341103001	电	kW · h	3.840
	850103006	其他材料费（占材料费）	%	1.000
机械	990706010	木工圆锯机 500mm	台班	1.360

工作内容：定位、放线、下料、制作、安装等。

计量单位：100m²

编号				13-201	13-202
项目				胶合板格栅天棚	
				井格规格（mm）	
				100 × 100 × 55	150 × 150 × 80
名称			单位	消耗量	
人工	000301000	综合三类工	工日	16.085	14.530
材料	050500006	胶合板 δ12	m^2	130.000	128.000
	101307001	轻钢龙骨吊挂件 U38	个	120.000	120.000
	011300002	扁钢（综合）	kg	220.000	220.000
	341103001	电	kW · h	9.070	8.190
	850103006	其他材料费（占材料费）	%	1.500	1.500
机械	990706010	木工圆锯机 500mm	台班	3.220	2.910

工作内容：定位、放线、下料、制作、安装等。　　　　**计量单位：**100m²

编号				13-203	13-204
项目				胶合板格栅天棚	
				井格规格（mm）	
				200 × 200 × 100	250 × 250 × 120
名称			单位	消耗量	
人工	000301000	综合三类工	工日	11.932	10.379
材料	050500006	胶合板 δ12	m²	120.000	120.000
	101307001	轻钢龙骨吊挂件 U38	个	120.000	120.000
	011300002	扁钢（综合）	kg	220.000	220.000
	341103001	电	kW · h	6.730	5.850
	850103006	其他材料费（占材料费）	%	1.500	1.500
机械	990706010	木工圆锯机 500mm	台班	2.370	2.080

（4）吊筒吊挂

工作内容：清理基层、安装吊挂装饰。　　　　**计量单位：**100m²

编号				13-205	13-206	13-207	13-208
项目				铝合金筒形天棚（直接吊在天棚下）			
				圆筒形	方筒形		
				分组规格（mm）			
				600 × 600		900 × 900	1200 × 1200
名称			单位	消耗量			
人工	000301000	综合三类工	工日	8.818	8.304	7.784	7.264
材料	100303038	圆筒型铝合金（含配件）600 × 600	m²	105.000	—	—	—
	100303001	方筒型铝合金（含配件）600 × 600	m²	—	105.000	—	—
	100303002	方筒型铝合金（含配件）900 × 900	m²	—	—	105.000	—
	100303003	方筒型铝合金（含配件）1200 × 1200	m²	—	—	—	105.000
	030107032	膨胀螺栓 M8 × 60	套	320.000	320.000	320.000	320.000
	341103001	电	kW · h	4.970	4.680	4.390	4.100
	850103006	其他材料费（占材料费）	%	1.000	1.000	1.000	1.000

（5）藤条造型悬挂

工作内容：清理基层、安装吊挂装饰。 **计量单位：**100m²

编号				13-209
项目				藤条造型悬挂吊顶
名称			单位	消耗量
人工	000301000	综合三类工	工日	9.162
材料	095101001	造型藤条吊顶	m²	110.000
	341103001	电	kW·h	5.170
	850103006	其他材料费（占材料费）	%	2.000

（6）织物软雕吊挂

工作内容：清理基层、安装吊挂装饰。 **计量单位：**100m²

编号				13-210	13-211	13-212	13-213
项目				织物软雕吊顶	软膜吊顶		
					弧拱形	圆形	矩形
名称			单位	消耗量			
人工	000301000	综合三类工	工日	7.782	20.754	14.528	10.375
材料	023303002	织物软雕	m²	280.000	—	—	—
	090903001	软膜	m²	—	130.000	115.000	105.000
	031507019	镀锌铁丝 ϕ0.6	kg	3.000	3.000	3.000	3.000
	030107032	膨胀螺栓 M8×60	套	200.000	200.000	200.000	200.000
	031519016	合金钢钻头	个	1.000	1.000	1.000	1.000
	341103001	电	kW·h	4.390	11.710	8.190	5.850
	850103006	其他材料费（占材料费）	%	0.500	0.500	0.500	0.500

（7）装饰网架吊挂

工作内容：清理基层、网架安装。 **计量单位：**100m²

编号				13-214
项目				装饰钢网架天棚
名称			单位	消耗量
人工	000301000	综合三类工	工日	9.257
材料	330101001	钢网架（成品）	m²	105.000
	341103001	电	kW·h	5.220
	850103006	其他材料费（占材料费）	%	1.000

三、天棚其他装饰

1. 灯　带（槽）

工作内容：定位、弹线、下料、钻孔埋木楔、灯槽制作安装。　　**计量单位：**$100m^2$

编号				13-215	13-216	13-217	13-218
项目				悬挑式灯槽			附加式灯槽
				直形		弧形	
				胶合板面	细木工板面	胶合板面	
名称			单位	消耗量			
人工	000301000	综合三类工	工日	40.790	45.982	53.248	98.510
材料	050500003	胶合板 δ5	m^2	175.000	—	183.333	315.000
	050900002	细木工板 δ18	m^2	—	175.000	—	—
	341103001	电	kW · h	23.010	25.930	30.030	55.560
	850103006	其他材料费（占材料费）	%	2.000	2.000	2.000	2.000
机械	991003020	电动空气压缩机 $0.6m^3/min$	台班	8.150	9.200	10.650	19.700
	990706010	木工圆锯机 500mm	台班	8.150	9.200	10.650	19.700

2. 送风口、回风口安装

工作内容：对口、号眼、安装木柜条、过滤网及风口校正、上螺钉、固定等。　　**计量单位：**个

编号				13-219	13-220	13-221	13-222
项目				铝合金		硬木	
				送风口	回风口	送风口	回风口
名称			单位	消耗量			
人工	000301000	综合三类工	工日	0.067	0.067	0.067	0.067
材料	224113001	铝合金送风口（成品）	个	1.050	—	—	—
	224111001	铝合金回风口（成品）	个	—	1.050	—	—
	224137001	硬木风口（成品）	个	—	—	1.050	1.050

注：开灯光孔、风口以方形为准，如为圆形者，其人工乘以系数 1.3。

3. 检修道、走道制作安装

工作内容：1. 吊筋安装，走道铁件制作、安装，刷防锈漆，铺走道板、固定等。
2. 截料、制框、安装、清理等全部操作过程。

计量单位：10m

编号				13-223	13-224	13-225
项目				天棚固定检修道		活动走道板
				有吊杆	无吊杆	
名称			单位	消耗量		
人工	000301000	综合三类工	工日	2.550	0.655	0.145
材料	050401003	板枋材	m^3	0.161	0.161	0.080
	255901001	吊杆	kg	27.941	—	—
	030107032	膨胀螺栓 M8×60	套	20.400	—	—
	031301005	低合金钢焊条 E43（综合）	kg	0.942	—	—
	341103001	电	kW·h	1.438	—	—
	850103006	其他材料费（占材料费）	%	2.000	1.000	—

注：固定走道板的铁件按设计用量进行调整，走道板宽按 500mm，厚按 30mm 计算，实际不同时可换算。

4. 天 棚 开 孔

工作内容：天棚面层开孔。

计量单位：见表

编号				13-226	13-227	13-228	13-229	13-230
项目				灯光孔、风口（每个面积在 m^2 以内）开孔				格栅灯带
				0.02	0.04	0.1	0.5	
单位				10 个				10m
名称			单位	消耗量				
人工	000301000	综合三类工	工日	0.340	0.425	0.569	0.705	0.935

注：开灯光孔、风口以方形为准，如为圆形者，其人工乘以系数 1.3。

四、补 充 项 目

1. 天棚石膏抹灰

工作内容：清理基层，定位、弹线、调运砂浆、底层抹灰、面层抹灰、涂刷等。　　**计量单位：**100m²

编　号				13-231	13-232	13-233
项　目				天棚抹灰		
				粉刷石膏		
				厚度 10mm		每增减 1mm
				预制板	现浇板	
名　称			单位	消　耗　量		
人工	000301000	综合三类工	工日	7.400	6.800	0.500
材料	801101001	抹灰石膏	m²	1.080	1.080	0.108
	092701007	耐碱玻纤布 200mm 宽	m	166.670	—	—
	800801002	界面砂浆	m²	0.300	—	—
	850103006	其他材料费（占材料费）	%	1.500	1.500	1.500
机械	990611010	干混砂浆罐式搅拌机	台班	0.113	0.113	0.011

第十四章

油漆、涂料、裱糊工程

[illegible]

[illegible]

说　明

一、本章定额包括木门油漆，木扶手及其他板条、线条油漆，其他木材面油漆，金属面油漆，抹灰面油漆，喷刷涂料和裱糊共七部分。

二、木材面、金属面、抹灰面油漆、涂料项目中注明的涂（喷）刷遍数设计与本定额不同时，可按本章中相应项目进行调整。涂（喷）刷油漆、涂料需强制通风时，机械使用费另计。

三、油漆、涂料定额中均已考虑刮腻子。当抹灰面油漆、喷刷涂料设计与定额取定的刮腻子遍数不同时，可按本章喷刷涂料一节中刮腻子每增减一遍项目进行调整。喷刷涂料一节中刮腻子定额仅适用于单独刮腻子工程。

四、附着安装在同材质装饰面上的木线条、石膏线条等油漆、涂料，与装饰面同色者，并入装饰面计算；与装饰面分色者，执行本章线条相应项目单独计算。

五、门窗套、窗台板、腰线、压顶、扶手（栏板上扶手）等抹灰面刷油漆、涂料，与整体墙面同色者，并入墙面计算；与整体墙面分色者，单独计算，按墙面相应项目执行，其中人工乘以系数 1.43。

六、纸面石膏板等装饰板材面刮腻子刷油漆、涂料，按抹灰面刮腻子刷油漆、涂料相应项目执行。

七、附墙柱抹灰面喷刷油漆、涂料、裱糊，按墙面相应项目执行；独立柱抹灰面喷刷油漆、涂料、裱糊，按墙面相应项目执行，其中人工乘以系数 1.15。

八、油漆：

1. 油漆浅、中、深各种颜色已在定额中综合考虑，颜色不同时，人工、材料消耗量不另调整。

2. 定额综合考虑了在同一平面上的分色，但美术图案需另外计算。

3. 木材面硝基清漆定额中每增加刷理漆片一遍项目和每增加硝基清漆一遍项目均适用于三遍以内。

4. 木材面聚酯清漆、聚酯色漆定额，当设计与定额取定的底漆遍数不同时，可执行每增加聚酯清漆（聚酯色漆）一遍项目进行调整，其中聚酯清漆（聚酯色漆）调整为聚酯底漆，消耗量不变。

5. 木材面刷底油一遍、清油一遍可按相应底油一遍、熟桐油一遍项目执行，其中熟桐油调整为清油，消耗量不变。

6. 木门、木扶手、其他木材面刷油漆，按熟桐油、底油、生漆二遍项目执行。

7. 金属面油漆项目均考虑了手工除锈，如实际为机械除锈，另按本定额第六章“金属结构工程”中相应项目执行，油漆项目中的除锈用工亦不扣除。

8. 环氧富锌、环氧云铁漆与氯磺化聚乙烯漆或氯化橡胶漆配合使用时，面漆可按氯磺化聚乙烯面漆或氯化橡胶面漆项目执行。

9. 喷塑（一塑三油）：底油、装饰漆、面油，其规格划分如下：

（1）大压花：喷点压平，点面积在 $1.2cm^2$ 以上。

（2）中压花：喷点压平，点面积在 1～$2cm^2$。

（3）喷中点、幼点：喷点面积在 $1cm^2$ 以下。

10. 墙面真石漆、氟碳漆项目不包括分格嵌缝，设计要求做分格嵌缝时，执行本定额第十二章“墙、柱面装饰与隔断、幕墙工程”墙面抹灰一节中相应项目。

九、涂料：

1. 木龙骨刷防火涂料按四面涂刷考虑，木龙骨刷防腐涂料按一面（接触结构基层面）涂刷考虑。

2. 木龙骨、木基层板刷防蛀虫剂，按防腐油项目执行，其中防腐油调整为防蛀虫剂，消耗量不变。

3. 金属面防火涂料项目中防火涂料消耗量设计与定额不同时，可以调整。

4. 金属面防火涂料项目中超薄型防火涂料涂层厚度不大于 3mm，薄型防火涂料涂层厚度不大于

7mm，厚型防火涂料涂层厚度不大于 45mm。

5. 艺术造型天棚吊顶、墙面装饰的基层板缝粘贴胶带，按本章相应项目执行，人工乘以系数 1.15。

十、金属面油漆也适用于基层为防火涂料油漆。

十一、本章中油漆、涂料工程适用于《建筑装饰装修工程质量验收标准》GB 50210—2018 中普通涂饰，质量标准高于普通涂饰的另行考虑。

十二、乳胶漆踢脚线执行乳胶漆线条。

工程量计算规则

一、木门油漆工程：

执行单层木门油漆的项目，其工程量计算规则及相应系数见下表。

工程量计算规则和系数表

项目		系数	工程量计算规则（设计图示尺寸）
1	单层木门	1.00	门洞口面积
2	单层半玻门	0.85	
3	单层全玻门	0.75	
4	半截百叶门	1.50	
5	全百叶门	1.70	
6	厂库房大门	1.10	
7	纱门扇	0.80	
8	特种门（包括冷藏门）	1.00	
9	单独门框	0.40	
10	装饰门扇	0.90	扇外围尺寸面积
11	间壁、隔断	1.00	单面外围面积
12	玻璃间壁露明墙筋	0.80	
13	木栅栏、木栏杆（带扶手）	0.90	

注：多面涂刷按单面计算工程量。

二、木扶手及其他板条、线条油漆工程：

1. 执行木扶手（不带托板）油漆的项目，其工程量计算规则及相应系数见下表。

工程量计算规则和系数表

项目		系数	工程量计算规则（设计图示尺寸）
1	木扶手（不带托板）	1.00	延长米
2	木扶手（带托板）	2.50	
3	封檐板、博风板	1.70	
4	黑板框、生活园地框	0.50	

2. 木线条油漆按设计图示尺寸以中心线长度计算。

三、其他木材面油漆工程：

1. 执行其他木材面油漆的项目，其工程量计算规则及相应系数见下表。

工程量计算规则和系数表

项目		系数	工程量计算规则（设计图示尺寸）
1	木板、胶合板天棚	1.00	长×宽
2	屋面板带檩条	1.10	斜长×宽

续前

项　　目		系数	工程量计算规则（设计图示尺寸）
3	清水板条檐口天棚	1.10	长 × 宽
4	吸音板（墙面或天棚）	0.87	
5	鱼鳞板墙	2.40	
6	木护墙、木墙裙、木踢脚	0.83	
7	窗台板、窗帘盒	0.83	
8	出入口盖板、检查口	0.87	
9	壁橱	0.83	展开面积
10	木屋架	1.77	跨度（长）× 中高 × 1/2
11	以上未包括的其余木材面油漆	0.83	展开面积

2. 木地板油漆按设计图示尺寸以面积计算，空洞、空圈、暖气包槽、壁龛的开口部分并入相应的工程量内。

3. 木龙骨刷防火、防腐涂料按设计图示尺寸以龙骨架投影面积计算。

4. 基层板刷防火、防腐涂料按实际涂刷面积计算。

5. 油漆面抛光打蜡、封油刮腻子按相应刷油部位油漆工程量计算规则计算。

四、金属面油漆工程：

1. 执行金属面油漆、涂料项目，其工程量按设计图示尺寸以展开面积计算。质量在 500kg 以内的单个金属构件，可参考下表中相应的系数，将质量（t）折算为面积（m^2）。

质量折算面积参考系数表

项　　目		系数
1	钢栅栏门、栏杆、窗栅	64. 98
2	钢爬梯	44.84
3	踏步式钢扶梯	39.90
4	轻型屋架	53.20
5	零星铁件	58.00

2. 执行金属面（涂刷磷化底漆）油漆的项目，其工程量计算规则及相应的系数见下表。

工程量计算规则和系数表

项　　目		系数	工程量计算规则（设计图示尺寸）
1	平板屋面	1.00	斜长 × 宽
2	瓦垄板屋面	1.20	
3	排水、伸缩缝盖板	1.05	展开面积
4	吸气罩	2.20	水平投影面积
5	包镀锌薄钢板门	2.20	门窗洞口面积

注：多面涂刷按单面计算工程量。

五、抹灰面油漆、涂料工程：

1. 抹灰面油漆、涂料（另做说明的除外）按设计图示尺寸以面积计算。

2. 踢脚线刷耐磨漆按设计图示尺寸以长度计算。

3. 槽型底板、混凝土折瓦板、有梁板底、密肋梁板底、井字梁板底刷油漆、涂料按设计图示尺寸以展开面积计算。

4. 混凝土花格窗刷（喷）油漆、涂料按设计图示尺寸以窗洞口面积计算。

5. 混凝土栏杆、花饰刷（喷）油漆、涂料按设计图示尺寸以垂直投影面积计算。

6. 软包面、地毯面喷阻燃剂按软包工程、地毯工程相应工程量计算规则计算。

7. 天棚、墙、柱面基层板缝粘贴胶带纸按相应天棚、墙、柱面基层板面积计算。

六、裱糊工程：

按裱糊设计图示尺寸以面积计算。

一、木门油漆

1. 调　和　漆

工作内容： 1. 清扫、打磨、补嵌腻子、刷底油、调和漆等。
2. 清扫、打磨、润油粉、满刮腻子、刷调和漆等。
3. 清扫、打磨、刷调和漆等。

计量单位： 100m²

编　号				14-1	14-2	14-3
项　目				单层木门		
				刷底油	润油粉、满刮腻子	每增加一遍调和漆
				调和漆二遍		
名　称			单位	消　耗　量		
人工	000301000	综合三类工	工日	12.494	19.059	3.617
材料	130115007	酚醛调和漆 各色	kg	21.894	21.894	—
	130115006	酚醛调和漆	kg	24.846	24.846	23.604
	140103003	熟桐油	kg	4.255	6.888	—
	140509006	油漆溶剂油	kg	8.213	5.990	—
	040905007	石膏粉	kg	5.040	5.292	—
	140103001	清油	kg	1.733	3.541	—
	031102002	水砂纸	张	42.000	54.000	12.000
	040909001	大白粉	kg	—	18.662	—
	850103006	其他材料费（占材料费）	%	1.000	1.000	1.000

2. 醇酸磁漆

工作内容： 1. 清扫、打磨、补嵌腻子、刷底油、调和漆、磁漆等。
2. 清扫、打磨、润油粉、满刮腻子、刷调和漆、磁漆等。
3. 清扫、打磨、刷磁漆等。

计量单位： 100m²

编　号				14-4	14-5	14-6
项　目				单层木门		
				刷底油、调和漆二遍	润油粉、满刮腻子、调和漆一遍	每增加一遍磁漆
				磁漆一遍	磁漆二遍	
名　称			单位	消　耗　量		
人工	000301000	综合三类工	工日	15.431	23.304	4.810
材料	130113003	醇酸磁漆 各色	kg	20.910	39.730	18.820
	130115006	酚醛调和漆	kg	49.692	24.846	—
	140103003	熟桐油	kg	4.255	6.888	—

续前

编号				14-4	14-5	14-6
项目				单层木门		
				刷底油、调和漆二遍	润油粉、满刮腻子、调和漆一遍	每增加一遍磁漆
				磁漆一遍	磁漆二遍	
名称			单位	消耗量		
材料	140509006	油漆溶剂油	kg	8.213	5.990	—
	040905007	石膏粉	kg	5.040	5.292	—
	140103001	清油	kg	1.733	3.541	—
	031102002	水砂纸	张	48.000	60.000	6.000
	143511011	醇酸漆稀释剂	kg	—	2.122	2.122
	040909001	大白粉	kg	—	18.662	—
	850103006	其他材料费（占材料费）	%	1.000	1.000	1.000

3. 硝基清漆

工作内容： 1. 清扫、打磨、润水粉、满刮腻子、刷理硝基清漆、磨退出亮等。
2. 清扫、打磨、刷理漆片（硝基清漆）等。

计量单位： 100m^2

编号				14-7	14-8	14-9
项目				单层木门		
				润水粉、满刮腻子、硝基清漆五遍、磨退出亮	每增加刷理漆片一遍	每增加硝基清漆一遍
名称			单位	消耗量		
人工	000301000	综合三类工	工日	42.173	5.055	6.232
材料	130105010	硝基清漆	kg	48.263	—	9.652
	143511030	硝基漆稀释剂	kg	99.840	—	19.968
	040909001	大白粉	kg	27.994	—	—
	311713001	氧化铁红	kg	2.252	—	—
	144135010	骨胶	kg	0.881	—	—
	143303001	酒精	kg	5.931	10.956	—
	040905007	石膏粉	kg	3.647	—	—
	140913001	光蜡	kg	1.212	—	—
	140915001	砂蜡	kg	3.672	—	—
	031102002	水砂纸	张	84.000	4.000	4.800
	142131001	漆片 各种规格	kg	—	2.585	—
	850103006	其他材料费（占材料费）	%	1.000	1.000	1.000

4. 醇 酸 清 漆

工作内容： 1. 清扫、打磨、补嵌腻子、刷底油、油色、刷清漆等。
2. 清扫、打磨、润油粉、满刮腻子、油色、刷清漆等。
3. 清扫、打磨、刷清漆等。

计量单位： 100m²

编号				14-10	14-11	14-12
项目				单层木门		
				刷底油、油色	润油粉、满刮腻子、油色	每增加一遍清漆
				清漆二遍		
名称			单位	消耗量		
人工	000301000	综合三类工	工日	12.819	19.301	2.177
材料	130115005	醇酸调和漆 各色	kg	0.903	3.344	—
	130105003	醇酸清漆	kg	23.002	24.300	9.964
	140103001	清油	kg	2.472	2.804	—
	140103003	熟桐油	kg	4.255	5.990	—
	140509006	油漆溶剂油	kg	14.578	12.355	1.123
	040905007	石膏粉	kg	5.040	5.292	—
	031102002	水砂纸	张	42.000	78.000	6.000
	040909001	大白粉	kg	—	18.662	—
	850103006	其他材料费（占材料费）	%	1.000	1.000	1.000

5. 聚 酯 清 漆

工作内容： 1. 清扫、打磨、满刮腻子、刷底漆、聚酯清漆等。
2. 清扫、打磨、刷聚酯清漆等。

计量单位： 100m²

编号				14-13	14-14
项目				单层木门	
				满刮腻子、底漆二遍、聚酯清漆二遍	每增加一遍聚酯清漆
名称			单位	消耗量	
人工	000301000	综合三类工	工日	14.800	2.847
材料	130111023	聚酯底漆	kg	17.888	—
	130105007	聚酯清漆	kg	15.256	7.569
	143511015	高级聚酯漆稀释剂	kg	33.511	7.679
	143513012	聚酯固化剂	kg	16.594	3.783
	130101005	聚酯透明腻子	kg	9.734	—
	031102002	水砂纸	张	66.000	6.000
	850103006	其他材料费（占材料费）	%	1.000	1.000

6. 聚酯色漆

工作内容： 1. 清扫、打磨、满刮腻子、刷底漆、聚酯色漆等。
2. 清扫、打磨、刷聚酯色漆等。

计量单位： 100m²

编号				14-15	14-16
项目				单层木门	
				满刮腻子、底漆二遍、聚酯色漆二遍	每增加一遍聚酯色漆
名称			单位	消耗量	
人工	000301000	综合三类工	工日	15.184	2.921
材料	130109002	聚酯色漆	kg	15.256	7.569
	130111023	聚酯底漆	kg	17.888	—
	143513012	聚酯固化剂	kg	16.594	3.802
	143511015	高级聚酯漆稀释剂	kg	33.511	7.679
	130101005	聚酯透明腻子	kg	9.734	—
	031102002	水砂纸	张	66.000	6.000
	850103006	其他材料费（占材料费）	%	1.000	1.000

7. 其他油漆

工作内容： 1. 清扫、打磨、满刮腻子、刷底漆一遍、磁漆二遍、清漆二遍等。
2. 清扫、打磨、刷底漆（磁漆、清漆）等。

计量单位： 100m²

编号				14-17	14-18	14-19	14-20
项目				单层木门过氯乙烯漆			
				五遍成活	每增加一遍		
					底漆	磁漆	清漆
名称			单位	消耗量			
人工	000301000	综合三类工	工日	25.754	4.522	4.512	4.512
材料	143511016	过氯乙烯漆稀释剂 X3	kg	63.208	9.247	8.248	18.731
	130111014	过氯乙烯底漆（综合）	kg	31.745	31.745	—	—
	130113006	过氯乙烯磁漆 G52-1	kg	63.960	—	31.980	—
	130105005	过氯乙烯清漆（综合）	kg	86.124	—	—	43.061
	130101006	过氯乙烯腻子	kg	7.416	—	—	—
	031102002	水砂纸	张	72.000	6.000	6.000	6.000
	850103006	其他材料费（占材料费）	%	1.000	1.000	1.000	1.000

工作内容： 1. 清扫、打磨、满刮腻子、刷底漆、喷裂纹漆等。
2. 清扫、打磨、刷底油、熟桐油等。
3. 清扫、打磨、补嵌腻子、涂熟桐油、刷底油、刷生漆等。
4. 清扫、打蜡等。

计量单位：$100m^2$

编号				14-21	14-22	14-23	14-24
项目				单层木门			
				底漆二遍、裂纹漆二遍	底油一遍、熟桐油一遍	熟桐油、底油、生漆二遍	油漆面抛光打蜡
名称			单位	消耗量			
人工	000301000	综合三类工	工日	28.906	9.699	71.588	4.367
材料	140103001	清油	kg	19.482	1.733	—	—
	142117002	双酚A型不饱和聚酯树脂	kg	52.562	—	—	—
	130113001	硝基磁漆	kg	46.025	—	—	—
	143511030	硝基漆稀释剂	kg	6.432	—	—	—
	130301001	裂纹漆	kg	33.891	—	—	—
	130105010	硝基清漆	kg	25.482	—	—	—
	031102002	水砂纸	张	80.000	24.000	—	—
	140103003	熟桐油	kg	—	15.238	20.530	—
	140509006	油漆溶剂油	kg	—	8.213	4.100	—
	130133001	生漆	kg	—	—	25.536	—
	140105001	亚麻子油	kg	—	—	2.150	—
	140307001	煤油	kg	—	—	7.317	—
	311713001	氧化铁红	kg	—	—	5.474	—
	040905007	石膏粉	kg	—	—	7.750	—
	140913001	光蜡	kg	—	—	—	1.210
	140915001	砂蜡	kg	—	—	—	3.670
	850103006	其他材料费（占材料费）	%	1.000	1.000	1.000	1.000

二、木扶手及其他板条、线条油漆

1. 调　和　漆

工作内容： 清扫、打磨、补嵌腻子、刷底油、调和漆等。　　**计量单位：** 100m

编　号				14-25	14-26	14-27	14-28
项　目				木扶手不带托板	木线条（宽度）		
				刷底油、调和漆二遍	≤50mm	≤100mm	≤150mm
					刷底油、调和漆二遍		
名　称			单位	消　耗　量			
人工	000301000	综合三类工	工日	3.212	1.502	2.570	4.227
材料	130115007	酚醛调和漆 各色	kg	2.098	1.003	1.642	2.372
	130115006	酚醛调和漆	kg	2.381	1.139	1.863	2.692
	140103001	清油	kg	0.166	0.080	0.130	0.188
	140103003	熟桐油	kg	0.408	0.195	0.319	0.461
	140509006	油漆溶剂油	kg	0.787	0.376	0.616	0.890
	031102002	水砂纸	张	4.000	1.900	3.200	4.600
	040905007	石膏粉	kg	0.483	0.231	0.378	0.546
	850103006	其他材料费（占材料费）	%	1.000	1.000	1.000	1.000

工作内容： 清扫、打磨、润油粉、满刮腻子、刷调和漆等。　　**计量单位：** 100m

编　号				14-29	14-30	14-31	14-32
项　目				木扶手	木线条（宽度）		
				不带托板	≤50mm	≤100mm	≤150mm
				润油粉、满刮腻子、调和漆二遍			
名　称			单位	消　耗　量			
人工	000301000	综合三类工	工日	5.201	2.425	4.165	5.906
材料	130115007	酚醛调和漆 各色	kg	2.098	1.003	1.642	2.372
	130115006	酚醛调和漆	kg	2.381	1.139	1.863	2.692
	140103001	清油	kg	0.339	0.162	0.265	0.384
	040909001	大白粉	kg	1.788	0.855	1.400	2.022
	140103003	熟桐油	kg	0.660	0.316	0.517	0.746
	140509006	油漆溶剂油	kg	0.574	0.275	0.449	0.649
	040905007	石膏粉	kg	0.507	0.243	0.397	0.573
	031102002	水砂纸	张	5.200	2.500	4.100	5.900
	850103006	其他材料费（占材料费）	%	1.000	1.000	1.000	1.000

工作内容：清扫、打磨、刷调和漆等。　　　　**计量单位**：100m

编号				14-33	14-34	14-35	14-36
项目				木扶手	木线条（宽度）		
				不带托板	≤50mm	≤100mm	≤150mm
				每增加一遍调和漆			
名称			单位	消耗量			
人工	000301000	综合三类工	工日	0.974	0.456	0.777	1.274
材料	130115006	酚醛调和漆	kg	2.262	1.082	1.770	2.557
	031102002	水砂纸	张	1.200	0.600	0.900	1.300
	850103006	其他材料费（占材料费）	%	1.000	1.000	1.000	1.000

2. 醇酸磁漆

工作内容：清扫、打磨、补嵌腻子、刷底油、调和漆、磁漆等。　　　　**计量单位**：100m

编号				14-37	14-38	14-39	14-40
项目				木扶手	木线条（宽度）		
				不带托板	≤50mm	≤100mm	≤150mm
				刷底油、调和漆二遍、磁漆一遍			
名称			单位	消耗量			
人工	000301000	综合三类工	工日	4.145	1.927	3.306	4.684
材料	130113003	醇酸磁漆 各色	kg	2.004	0.958	1.568	2.265
	130115006	酚醛调和漆	kg	4.762	2.278	3.727	5.383
	140103001	清油	kg	0.166	0.080	0.130	0.188
	140103003	熟桐油	kg	0.408	0.195	0.319	0.461
	140509006	油漆溶剂油	kg	0.787	0.376	0.616	0.890
	040905007	石膏粉	kg	0.483	0.231	0.378	0.546
	031102002	水砂纸	张	4.600	2.200	3.600	5.200
	850103006	其他材料费（占材料费）	%	1.000	1.000	1.000	1.000

工作内容：清扫、打磨、润油粉、满刮腻子、刷调和漆、磁漆等。　　　　**计量单位：**100m

编号				14-41	14-42	14-43	14-44
项目				木扶手	木线条（宽度）		
				不带托板	≤ 50mm	≤ 100mm	≤ 150mm
				润油粉、满刮腻子、调和漆一遍、磁漆二遍			
名称			单位	消耗量			
人工	000301000	综合三类工	工日	6.445	3.005	5.150	7.305
材料	130113003	醇酸磁漆 各色	kg	3.808	1.821	2.980	4.304
	130115006	酚醛调和漆	kg	2.381	1.139	1.863	2.692
	143511011	醇酸漆稀释剂	kg	0.203	0.756	0.159	0.230
	140103001	清油	kg	0.339	0.162	0.265	0.384
	040909001	大白粉	kg	1.788	0.855	1.400	2.022
	140103003	熟桐油	kg	0.660	0.316	0.517	0.746
	140509006	油漆溶剂油	kg	0.574	0.275	0.449	0.649
	040905007	石膏粉	kg	0.507	0.243	0.397	0.573
	031102002	水砂纸	张	5.800	2.800	4.500	6.500
	850103006	其他材料费（占材料费）	%	1.000	1.000	1.000	1.000

工作内容：清扫、打磨、刷磁漆等。　　　　**计量单位：**100m

编号				14-45	14-46	14-47	14-48
项目				木扶手	木线条（宽度）		
				不带托板	≤ 50mm	≤ 100mm	≤ 150mm
				每增加一遍磁漆			
名称			单位	消耗量			
人工	000301000	综合三类工	工日	1.295	0.601	1.036	1.461
材料	130113003	醇酸磁漆 各色	kg	1.803	0.863	1.411	2.039
	143511011	醇酸漆稀释剂	kg	0.203	0.097	0.159	0.230
	031102002	水砂纸	张	0.600	0.300	0.500	0.700
	850103006	其他材料费（占材料费）	%	1.000	1.000	1.000	1.000

3. 硝基清漆

工作内容：清扫、打磨、润水粉、满刮腻子、刷理硝基清漆、磨退出亮等。　　　　**计量单位：**100m

编号				14-49	14-50	14-51	14-52
项目				木扶手	木线条（宽度）		
				不带托板	≤ 50mm	≤ 100mm	≤ 150mm
				润水粉、满刮腻子、硝基清漆五遍、磨退出亮			
名称			单位	消耗量			
人工	000301000	综合三类工	工日	12.450	5.818	9.964	14.110
材料	130105010	硝基清漆	kg	4.625	2.212	3.619	5.229
	143511030	硝基漆稀释剂	kg	9.568	4.576	7.488	10.816
	040909001	大白粉	kg	2.683	1.283	2.100	3.033
	311713001	氧化铁红	kg	0.216	0.104	0.169	0.244
	144135010	骨胶	kg	0.084	0.040	0.066	0.095
	143303001	酒精	kg	0.568	0.272	0.445	0.643
	040905007	石膏粉	kg	0.350	0.167	0.274	0.395
	140913001	光蜡	kg	0.116	0.056	0.091	0.131
	140915001	砂蜡	kg	0.352	0.168	0.275	0.398
	031102002	水砂纸	张	8.100	3.900	6.300	9.100
	850103006	其他材料费（占材料费）	%	1.000	1.000	1.000	1.000

工作内容：清扫、打磨、刷理漆片等。　　　　**计量单位：**100m

编号				14-53	14-54	14-55	14-56
项目				木扶手	木线条（宽度）		
				不带托板	≤ 50mm	≤ 100mm	≤ 150mm
				每增加刷理漆片一遍			
名称			单位	消耗量			
人工	000301000	综合三类工	工日	1.401	0.656	1.127	1.588
材料	142131001	漆片各种规格	kg	0.248	0.118	0.194	0.280
	143303001	酒精	kg	1.050	0.502	0.822	1.187
	031102002	水砂纸	张	0.400	0.200	0.300	0.400
	850103006	其他材料费（占材料费）	%	1.000	1.000	1.000	1.000

工作内容：清扫、打磨、刷硝基清漆等。　　**计量单位：**100m

编　号				14-57	14-58	14-59	14-60
项　目				木扶手	木线条（宽度）		
				不带托板	≤ 50mm	≤ 100mm	≤ 150mm
				每增加硝基清漆一遍			
名　称			单位	消　耗　量			
人工	000301000	综合三类工	工日	1.715	0.804	1.372	1.949
材料	130105010	硝基清漆	kg	0.926	0.442	0.725	1.046
	143511030	硝基漆稀释剂	kg	1.914	0.915	1.498	2.163
	031102002	水砂纸	张	0.500	0.200	0.400	0.500
	850103006	其他材料费（占材料费）	%	1.000	1.000	1.000	1.000

4. 醇酸清漆

工作内容：清扫、打磨、补嵌腻子、刷底油、油色、刷清漆等。　　**计量单位：**100m

编　号				14-61	14-62	14-63	14-64
项　目				木扶手	木线条（宽度）		
				不带托板	≤ 50mm	≤ 100mm	≤ 150mm
				刷底油、油色、清漆二遍			
名　称			单位	消　耗　量			
人工	000301000	综合三类工	工日	3.236	1.517	2.596	3.674
材料	130115005	醇酸调和漆 各色	kg	0.086	0.042	0.068	0.097
	130105003	醇酸清漆	kg	2.204	1.054	1.725	2.492
	140103001	清油	kg	0.237	0.114	0.186	0.268
	140103003	熟桐油	kg	0.408	0.195	0.319	0.461
	140509006	油漆溶剂油	kg	1.397	0.668	1.093	1.579
	040905007	石膏粉	kg	0.483	0.231	0.378	0.546
	031102002	水砂纸	张	4.000	1.900	3.200	4.600
	850103006	其他材料费（占材料费）	%	1.000	1.000	1.000	1.000

工作内容：清扫、打磨、润油粉、满刮腻子、油色、刷清漆等。 **计量单位**：100m

编号				14-65	14-66	14-67	14-68
项目				木扶手	木线条（宽度）		
				不带托板	≤50mm	≤100mm	≤150mm
				润油粉、满刮腻子、油色、清漆二遍			
名称			单位	消耗量			
人工	000301000	综合三类工	工日	5.045	2.353	4.044	5.715
材料	130115005	醇酸调和漆 各色	kg	0.321	0.153	0.251	0.362
	130105003	醇酸清漆	kg	2.329	1.113	1.822	2.632
	140103001	清油	kg	0.269	0.128	0.210	0.303
	040909001	大白粉	kg	1.788	0.855	1.400	2.022
	140103003	熟桐油	kg	0.574	0.275	0.449	0.649
	140509006	油漆溶剂油	kg	1.184	0.566	0.927	1.338
	040905007	石膏粉	kg	0.507	0.243	0.397	0.573
	031102002	水砂纸	张	7.500	3.600	5.900	8.500
	850103006	其他材料费（占材料费）	%	1.000	1.000	1.000	1.000

工作内容：清扫、打磨、刷清漆等。 **计量单位**：100m

编号				14-69	14-70	14-71	14-72
项目				木扶手	木线条（宽度）		
				不带托板	≤50mm	≤100mm	≤150mm
				每增加一遍清漆			
名称			单位	消耗量			
人工	000301000	综合三类工	工日	0.506	0.233	0.409	0.573
材料	130105003	醇酸清漆	kg	0.955	0.457	0.747	1.085
	140509006	油漆溶剂油	kg	0.108	0.051	0.084	0.120
	031102002	水砂纸	张	0.570	0.280	0.450	0.650
	850103006	其他材料费（占材料费）	%	1.000	1.000	1.000	1.000

5. 聚 酯 清 漆

工作内容：清扫、打磨、满刮腻子、刷底漆、聚酯清漆等。　　计量单位：100m

编　　号				14-73	14-74	14-75	14-76
项　　目				木扶手	木线条（宽度）		
				不带托板	≤ 50mm	≤ 100mm	≤ 150mm
				满刮腻子、底漆二遍、聚酯清漆二遍			
名　　称			单位	消　耗　量			
人工	000301000	综合三类工	工日	3.066	1.421	2.450	3.469
材料	130111023	聚酯底漆	kg	1.715	0.820	1.342	1.937
	130105007	聚酯清漆	kg	1.462	0.700	1.144	1.653
	143511015	高级聚酯漆稀释剂	kg	3.212	1.536	2.514	3.631
	143513012	聚酯固化剂	kg	1.590	0.761	1.245	1.798
	130101005	聚酯透明腻子	kg	0.933	0.446	0.730	1.055
	031102002	水砂纸	张	6.330	3.030	4.950	7.150
	850103006	其他材料费（占材料费）	%	1.000	1.000	1.000	1.000

工作内容：清扫、打磨、刷聚酯清漆等。　　计量单位：100m

编　　号				14-77	14-78	14-79	14-80
项　　目				木扶手	木线条（宽度）		
				不带托板	≤ 50mm	≤ 100mm	≤ 150mm
				每增加一遍聚酯清漆			
名　　称			单位	消　耗　量			
人工	000301000	综合三类工	工日	0.666	0.313	0.529	0.754
材料	130105007	聚酯清漆	kg	0.726	0.347	0.567	0.820
	143513012	聚酯固化剂	kg	0.362	0.173	0.284	0.410
	143511015	高级聚酯漆稀释剂	kg	0.735	0.353	0.576	0.832
	031102002	水砂纸	张	0.580	0.280	0.450	0.650
	850103006	其他材料费（占材料费）	%	1.000	1.000	1.000	1.000

6. 聚酯色漆

工作内容： 清扫、打磨、满刮腻子、刷底漆、聚酯色漆等。　　**计量单位：** 100m

编号				14-81	14-82	14-83	14-84
项目				木扶手	木线条（宽度）		
				不带托板	≤ 50mm	≤ 100mm	≤ 150mm
				满刮腻子、底漆二遍、聚酯色漆二遍			
名称			单位	消耗量			
人工	000301000	综合三类工	工日	3.146	1.458	2.513	3.559
材料	130109002	聚酯色漆	kg	1.462	0.700	1.144	1.653
	130111023	聚酯底漆	kg	1.715	0.820	1.342	1.937
	143513012	聚酯固化剂	kg	1.590	0.761	1.245	1.798
	143511015	高级聚酯漆稀释剂	kg	3.212	1.536	2.514	3.631
	130101005	聚酯透明腻子	kg	0.933	0.446	0.730	1.055
	031102002	水砂纸	张	6.330	3.030	4.950	7.150
	850103006	其他材料费（占材料费）	%	1.000	1.000	1.000	1.000

工作内容： 清扫、打磨、刷聚酯色漆等。　　**计量单位：** 100m

编号				14-85	14-86	14-87	14-88
项目				木扶手	木线条（宽度）		
				不带托板	≤ 50mm	≤ 100mm	≤ 150mm
				每增加一遍聚酯色漆			
名称			单位	消耗量			
人工	000301000	综合三类工	工日	0.684	0.321	0.543	0.774
材料	130109002	聚酯色漆	kg	0.726	0.347	0.567	0.820
	143513012	聚酯固化剂	kg	0.364	0.174	0.285	0.412
	143511015	高级聚酯漆稀释剂	kg	0.735	0.353	0.576	0.832
	031102002	水砂纸	张	0.580	0.280	0.450	0.650
	850103006	其他材料费（占材料费）	%	1.000	1.000	1.000	1.000

7. 其 他 油 漆

工作内容： 1. 清扫、打磨、满刮腻子、刷底漆一遍、磁漆二遍、清漆二遍等。
2. 清扫、打磨、刷底漆（磁漆、清漆）等。

计量单位： 100m

编　号				14-89	14-90	14-91	14-92
项　目				木扶手（不带托板）过氯乙烯漆			
				五遍成活	每增加一遍		
					底漆	磁漆	清漆
名　称			单位	消　耗　量			
人工	000301000	综合三类工	工日	6.989	1.215	1.215	1.215
材料	143511016	过氯乙烯漆稀释剂 X3	kg	6.058	0.886	0.790	1.795
	130111014	过氯乙烯底漆（综合）	kg	3.043	3.043	—	—
	130113006	过氯乙烯磁漆 G52-1	kg	6.130	—	3.065	—
	130105005	过氯乙烯清漆（综合）	kg	8.253	—	—	4.127
	130101006	过氯乙烯腻子	kg	0.711	—	—	—
	031102002	水砂纸	张	6.900	0.600	0.600	0.600
	850103006	其他材料费（占材料费）	%	1.000	1.000	1.000	1.000

工作内容： 1. 清扫、打磨、刷底油、熟桐油等。
2. 清扫、打磨、补嵌腻子、涂熟桐油、刷底油、刷生漆等。

计量单位： 100m

编　号				14-93	14-94
项　目				木扶手（不带托板）	
				底油一遍、熟桐油一遍	熟桐油、底油、生漆二遍
名　称			单位	消　耗　量	
人工	000301000	综合三类工	工日	2.459	12.685
材料	140103003	熟桐油	kg	1.460	1.940
	140509006	油漆溶剂油	kg	0.787	0.390
	140103001	清油	kg	0.166	—
	031102002	水砂纸	张	2.300	—
	130133001	生漆	kg	—	2.428
	140105001	亚麻子油	kg	—	0.200
	140307001	煤油	kg	—	0.700
	311713001	氧化铁红	kg	—	0.518
	040905007	石膏粉	kg	—	0.560
	850103006	其他材料费（占材料费）	%	1.000	1.000

工作内容： 清扫、打蜡等。　　　　**计量单位：** 100m

编号				14-95	14-96
项目				木扶手（不带托板）	木线条
				油漆面抛光打蜡	
名称			单位	消耗量	
人工	000301000	综合三类工	工日	0.945	0.540
材料	140913001	光蜡	kg	0.120	0.090
	140915001	砂蜡	kg	0.350	0.280
	850103006	其他材料费（占材料费）	%	1.000	1.000

三、其他木材面油漆

1. 调　和　漆

工作内容： 1. 清扫、打磨、补嵌腻子、刷底油、调和漆等。
2. 清扫、打磨、润油粉、满刮腻子、刷调和漆等。
3. 清扫、打磨、刷调和漆等。　　　　**计量单位：** $100m^2$

编号				14-97	14-98	14-99
项目				其他木材面		
				刷底油	润油粉、满刮腻子	每增加一遍调和漆
				调和漆二遍		
名称			单位	消耗量		
人工	000301000	综合三类工	工日	8.911	13.698	2.632
材料	130115007	酚醛调和漆 各色	kg	11.038	11.038	—
	130115006	酚醛调和漆	kg	12.527	12.527	11.900
	140103001	清油	kg	0.873	1.786	—
	140103003	熟桐油	kg	2.145	3.473	—
	140509006	油漆溶剂油	kg	4.141	3.020	—
	040905007	石膏粉	kg	2.541	2.668	—
	031102002	水砂纸	张	21.200	27.200	6.100
	040909001	大白粉	kg	—	9.409	—
	850103006	其他材料费（占材料费）	%	1.000	1.000	1.000

2. 醇酸磁漆

工作内容： 1. 清扫、打磨、补嵌腻子、刷底油、调和漆、磁漆等。
2. 清扫、打磨、润油粉、满刮腻子、刷调和漆、磁漆等。
3. 清扫、打磨、刷磁漆等。

计量单位： 100m²

编号				14-100	14-101	14-102
项目				其他木材面		
				刷底油、调和漆二遍	润油粉、满刮腻子、调和漆一遍	每增加一遍磁漆
				磁漆一遍	磁漆二遍	
名称			单位	消耗量		
人工	000301000	综合三类工	工日	11.211	16.899	3.492
材料	130113003	醇酸磁漆 各色	kg	10.542	20.031	9.488
	130115006	酚醛调和漆	kg	25.053	12.527	—
	140103001	清油	kg	0.873	1.786	—
	140103003	熟桐油	kg	2.145	3.473	—
	140509006	油漆溶剂油	kg	4.141	3.020	—
	040905007	石膏粉	kg	2.541	2.668	—
	031102002	水砂纸	张	24.200	30.300	3.000
	143511011	醇酸漆稀释剂	kg	—	1.070	1.070
	040909001	大白粉	kg	—	9.409	—
	850103006	其他材料费（占材料费）	%	1.000	1.000	1.000

3. 硝基清漆

工作内容： 1. 清扫、打磨、润水粉、满刮腻子、刷理硝基清漆、磨退出亮等。
2. 清扫、打磨、刷理漆片（硝基清漆）等。

计量单位： 100m²

编号				14-103	14-104	14-105
项目				其他木材面		
				润水粉、满刮腻子、硝基清漆五遍、磨退出亮	每增加刷理漆片一遍	每增加硝基清漆一遍
名称			单位	消耗量		
人工	000301000	综合三类工	工日	32.534	3.694	4.556
材料	130105010	硝基清漆	kg	24.332	—	4.867
	143511030	硝基漆稀释剂	kg	50.336	—	10.067
	040909001	大白粉	kg	14.113	—	—
	311713001	氧化铁红	kg	1.136	—	—

续前

编号				14-103	14-104	14-105
项目				其他木材面		
				润水粉、满刮腻子、硝基清漆五遍、磨退出亮	每增加刷理漆片一遍	每增加硝基清漆一遍
名称			单位	消耗量		
材料	144135010	骨胶	kg	0.444	—	—
	143303001	酒精	kg	2.990	5.524	—
	040905007	石膏粉	kg	1.839	—	—
	140913001	光蜡	kg	0.611	—	—
	140915001	砂蜡	kg	1.851	—	—
	031102002	水砂纸	张	42.000	2.000	2.400
	142131001	漆片 各种规格	kg	—	1.303	—
	850103006	其他材料费（占材料费）	%	1.000	1.000	1.000

4. 醇 酸 清 漆

工作内容： 1. 清扫、打磨、补嵌腻子、刷底油、油色、刷清漆等。
2. 清扫、打磨、润油粉、满刮腻子、油色、刷清漆等。
3. 清扫、打磨、刷清漆等。

计量单位： 100m²

编号				14-106	14-107	14-108
项目				其他木材面		
				刷底油、油色	润油粉、刮腻子、油色	每增加一遍清漆
				清漆二遍		
名称			单位	消耗量		
人工	000301000	综合三类工	工日	9.068	13.345	1.419
材料	130115005	醇酸调和漆 各色	kg	0.455	1.686	—
	130105003	醇酸清漆	kg	11.598	12.251	5.024
	140103001	清油	kg	1.246	1.415	—
	140103003	熟桐油	kg	2.145	3.020	—
	140509006	油漆溶剂油	kg	7.350	6.229	0.566
	040905007	石膏粉	kg	2.541	2.668	—
	031102002	水砂纸	张	21.200	39.300	3.030
	040909001	大白粉	kg	—	9.409	—
	850103006	其他材料费（占材料费）	%	1.000	1.000	1.000

5. 聚酯清漆

工作内容：1. 清扫、打磨、满刮腻子、刷底漆、聚酯清漆等。
2. 清扫、打磨、刷聚酯清漆等。

计量单位：$100m^2$

编　　号				14-109	14-110
项　　目				其他木材面	
				满刮腻子、底漆二遍、聚酯清漆二遍	每增加一遍聚酯清漆
名　　称			单位	消　耗　量	
人工	000301000	综合三类工	工日	8.259	1.861
材料	130111023	聚酯底漆	kg	9.019	—
	130105007	聚酯清漆	kg	7.692	3.815
	143511015	高级聚酯漆稀释剂	kg	16.895	3.872
	143513012	聚酯固化剂	kg	8.366	1.917
	130101005	聚酯透明腻子	kg	4.908	—
	031102002	水砂纸	张	33.280	3.030
	850103006	其他材料费（占材料费）	%	1.000	1.000

6. 聚酯色漆

工作内容：1. 清扫、打磨、满刮腻子、刷底漆、聚酯色漆等。
2. 清扫、打磨、刷聚酯色漆等。

计量单位：$100m^2$

编　　号				14-111	14-112
项　　目				其他木材面	
				满刮腻子、底漆二遍、聚酯色漆二遍	每增加一遍聚酯色漆
名　　称			单位	消　耗　量	
人工	000301000	综合三类工	工日	8.474	1.910
材料	130109002	聚酯色漆	kg	7.692	3.815
	130111023	聚酯底漆	kg	9.019	—
	143513012	聚酯固化剂	kg	8.366	1.917
	143511015	高级聚酯漆稀释剂	kg	16.895	3.872
	130101005	聚酯透明腻子	kg	4.908	—
	031102002	水砂纸	张	33.280	3.030
	850103006	其他材料费（占材料费）	%	1.000	1.000

7. 其 他 油 漆

工作内容： 1. 清扫、打磨、满刮腻子、刷底漆一遍、磁漆二遍、清漆二遍等。
2. 清扫、打磨、刷底漆（磁漆、清漆）等。

计量单位： 100m²

编号				14-113	14-114	14-115	14-116
项目				其他木材面过氯乙烯漆			
				五遍成活	每增加一遍		
					底漆	磁漆	清漆
名称			单位	消耗量			
人工	000301000	综合三类工	工日	18.691	3.276	3.276	3.276
材料	143511016	过氯乙烯漆稀释剂 X3	kg	31.868	4.662	4.159	9.444
	130111014	过氯乙烯底漆（综合）	kg	16.005	16.005	—	—
	130113006	过氯乙烯磁漆 G52-1	kg	32.247	—	16.123	—
	130105005	过氯乙烯清漆（综合）	kg	43.421	—	—	21.711
	130101006	过氯乙烯腻子	kg	3.739	—	—	—
	031102002	水砂纸	张	36.300	3.000	3.000	3.000
	850103006	其他材料费（占材料费）	%	1.000	1.000	1.000	1.000

工作内容： 1. 清扫、打磨、满刮腻子、刷底漆、喷裂纹漆等。
2. 清扫、打磨、刷底油、熟桐油等。
3. 清扫、打磨、补嵌腻子、涂熟桐油、刷底油、刷生漆等。
4. 清扫、打蜡等。

计量单位： 100m²

编号				14-117	14-118	14-119	14-120
项目				其他木材面			
				底漆二遍、裂纹漆二遍	底油一遍、熟桐油一遍	熟桐油、底油、生漆二遍	油漆面抛光打蜡
名称			单位	消耗量			
人工	000301000	综合三类工	工日	21.731	7.183	31.298	2.025
材料	130113001	硝基磁漆	kg	23.204	—	—	—
	143511030	硝基漆稀释剂	kg	3.243	—	—	—
	130301001	裂纹漆	kg	17.087	—	—	—
	130105010	硝基清漆	kg	12.846	—	—	—
	140103001	清油	kg	9.823	0.873	—	—
	142117002	双酚A型不饱和聚酯树脂	kg	26.500	—	—	—
	031102002	水砂纸	张	48.000	12.100	—	—
	140103003	熟桐油	kg	—	7.682	8.210	—
	140509006	油漆溶剂油	kg	—	4.141	1.640	—
	130133001	生漆	kg	—	—	10.210	—
	140105001	亚麻子油	kg	—	—	0.860	—
	140307001	煤油	kg	—	—	2.912	—
	311713001	氧化铁红	kg	—	—	2.189	—
	040905007	石膏粉	kg	—	—	3.100	—
	140913001	光蜡	kg	—	—	—	0.610
	140915001	砂蜡	kg	—	—	—	1.850
	850103006	其他材料费（占材料费）	%	1.000	1.000	1.000	1.000

工作内容：1. 清扫、打磨、满刮腻子等。
2. 清扫、打磨、刷底油等。

计量单位：100m²

编号				14-121	14-122
项目				木材面	
				满刮腻子每增加一遍	清漆操底油
名称			单位	消耗量	
人工	000301000	综合三类工	工日	2.304	1.973
材料	040909001	大白粉	kg	12.600	—
	140103001	清油	kg	1.194	10.947
	040927003	羧甲基纤维素	kg	0.900	—
	144115001	107 胶	kg	3.764	—
	144105002	聚醋酸乙烯乳液	kg	1.492	—
	031102002	水砂纸	张	10.000	—
	850103006	其他材料费（占材料费）	%	1.000	1.000

工作内容：清扫、打磨、刷防火涂料等。

计量单位：100m²

编号				14-123	14-124	14-125
项目				双向木龙骨	单向木龙骨	木基层板
				防火涂料二遍		
名称			单位	消耗量		
人工	000301000	综合三类工	工日	7.689	3.801	3.489
材料	130501005	防火涂料	kg	40.010	20.005	52.788
	850103006	其他材料费（占材料费）	%	1.000	1.000	1.000

工作内容：清扫、打磨、刷防火涂料等。

计量单位：100m²

编号				14-126	14-127	14-128
项目				双向木龙骨	单向木龙骨	木基层板
				防火涂料每增加一遍		
名称			单位	消耗量		
人工	000301000	综合三类工	工日	3.266	1.652	1.475
材料	130501005	防火涂料	kg	16.004	8.002	21.115
	850103006	其他材料费（占材料费）	%	1.000	1.000	1.000

工作内容： 清扫、打磨、刷防腐油等。　　　　**计量单位：** 100m²

编号				14-129	14-130	14-131
项目				双向木龙骨	单向木龙骨	木基层板
				防腐油一遍		
名称			单位	消耗量		
人工	000301000	综合三类工	工日	1.691	0.845	0.778
材料	130507001	防腐油	kg	5.571	2.965	24.381
	850103006	其他材料费（占材料费）	%	1.000	1.000	1.000

8. 木地板油漆

工作内容： 1. 清扫、打磨、补嵌腻子、刷底油、调和漆等。
2. 清扫、打磨、补嵌腻子、刷底油、油色、刷清漆等。
3. 清扫、打磨、补嵌腻子、刷底油、润油粉、漆片、擦蜡等。　　　　**计量单位：** 100m²

编号				14-132	14-133	14-134
项目				木地板面		
				底油一遍		
				调和漆三遍	油色、清漆三遍	润油粉一遍、漆片四遍、擦蜡
名称			单位	消耗量		
人工	000301000	综合三类工	工日	5.440	6.217	6.761
材料	130115007	酚醛调和漆 各色	kg	9.123	0.376	—
	130115006	酚醛调和漆	kg	20.705	—	—
	140103001	清油	kg	0.723	1.030	1.476
	140103003	熟桐油	kg	1.773	1.773	1.310
	140509006	油漆溶剂油	kg	3.422	6.542	2.496
	040905007	石膏粉	kg	2.100	2.100	0.630
	031102002	水砂纸	张	17.500	17.500	15.000
	130105003	醇酸清漆	kg	—	13.736	—
	142131001	漆片 各种规格	kg	—	—	4.309
	040909001	大白粉	kg	—	—	7.776
	143303001	酒精	kg	—	—	18.261
	850103006	其他材料费（占材料费）	%	1.000	1.000	1.000

四、金属面油漆

1. 金属面防腐涂料、漆

工作内容：除锈、清扫、打磨、刷冷固环氧树脂涂料等。　　计量单位：100m²

编号				14-135	14-136	14-137
项目				金属面		
				冷固环氧树脂涂料		
				底漆		面漆
				二遍	每增加一遍	每一遍
名称			单位	消耗量		
人工	000301000	综合三类工	工日	4.750	2.508	1.710
材料	130507020	冷固环氧树脂涂料	kg	32.160	15.040	13.440
	143511004	专用稀释剂	kg	9.600	4.640	3.680
	143513003	T31 固化剂	kg	1.920	0.880	0.960
	031102001	砂纸	张	57.600	28.800	—
	850103006	其他材料费（占材料费）	%	1.000	1.000	1.000

工作内容：除锈、清扫、打磨、刷环氧呋喃树脂涂料等。　　计量单位：100m²

编号				14-138	14-139	14-140
项目				金属面		
				环氧呋喃树脂涂料		
				底漆		面漆
				二遍	每增加一遍	每一遍
名称			单位	消耗量		
人工	000301000	综合三类工	工日	4.798	2.527	1.720
材料	130507016	环氧呋喃树脂涂料	kg	40.230	21.170	19.150
	143511021	环氧-呋喃树脂稀释剂	kg	6.710	3.540	3.200
	143513008	环氧-呋喃树脂涂料固化剂	kg	5.020	2.640	2.380
	031102001	砂纸	张	57.600	28.800	—
	850103006	其他材料费（占材料费）	%	1.000	1.000	1.000

工作内容： 除锈、清扫、打磨、刷氯磺化聚乙烯涂料等。　　　　**计量单位：** 100m²

编号				14-141	14-142	14-143
项目				金属面		
				氯磺化聚乙烯涂料		
				底漆	中间漆	面漆
				每一遍		
名称			单位	消耗量		
人工	000301000	综合三类工	工日	6.242	5.102	4.560
材料	130507046	氯磺化聚乙烯涂料	kg	21.120	19.200	16.320
	143511028	氯磺化聚乙烯稀释剂	kg	5.200	4.960	1.520
	031102001	砂纸	张	2.080	—	—
	850103006	其他材料费（占材料费）	%	1.000	1.000	1.000

工作内容： 除锈、清扫、打磨、刷聚氨酯涂料等。　　　　**计量单位：** 100m²

编号				14-144	14-145	14-146	14-147
项目				金属面			
				聚氨酯涂料			
				底漆		中间漆	面漆
				二遍	每增加一遍	每一遍	
名称			单位	消耗量			
人工	000301000	综合三类工	工日	4.959	3.164	2.356	2.356
材料	130111026	聚氨酯底层涂料	kg	19.200	9.600	—	—
	143511026	聚氨酯涂料稀释剂	kg	6.720	3.360	3.440	3.600
	031102001	砂纸	张	57.600	28.800	28.800	—
	130103011	聚氨酯面层涂料	kg	—	—	8.320	11.360
	850103006	其他材料费（占材料费）	%	1.000	1.000	1.000	1.000

工作内容： 除锈、清扫、打磨、刷酚醛树脂涂料等。　　　　**计量单位：** 100m²

编号				14-148	14-149	14-150	14-151
项目				金属面			
				酚醛树脂涂料			
				底漆		中间漆	面漆
				二遍	每增加一遍	每一遍	
名称			单位	消耗量			
人工	000301000	综合三类工	工日	5.966	3.211	2.622	2.128
材料	130507005	酚醛树脂涂料	kg	28.320	13.280	10.560	11.600
	143511013	酚醛树脂稀释剂	kg	9.280	4.480	3.360	3.040
	143313001	苯磺酰氯	kg	1.840	0.880	0.800	0.960
	031102001	砂纸	张	57.600	28.800	14.400	—
	850103006	其他材料费（占材料费）	%	1.000	1.000	1.000	1.000

工作内容：除锈、清扫、打磨、喷过氯乙烯涂料等。　　**计量单位：**100m²

编　号				14-152	14-153	14-154	14-155	14-156
项　目				金属面				
				磷化底漆	过氯乙烯涂料			
				一遍	底漆		中间漆	面漆
					两遍	每增加一遍	每一遍	
名　称			单位	消 耗 量				
人工	000301000	综合三类工	工日	3.610	3.260	1.007	1.406	0.627
材料	130531001	磷化底漆	kg	12.640	—	—	—	—
	143307001	丁醇 95%	kg	2.000	—	—	—	—
	143303002	酒精 工业用 99.5%	kg	0.640	—	—	—	—
	031102001	砂纸	张	28.800	33.880	16.940	—	—
	130111015	过氯乙烯底层涂料	kg	—	17.410	8.660	—	—
	130103006	过氯乙烯面层涂料	kg	—	—	—	—	6.210
	143511017	过氯乙烯涂料稀释剂	kg	—	17.410	8.660	14.870	6.210
	130117008	过氯乙烯中间层涂料	kg	—	—	—	14.870	—
	850103006	其他材料费（占材料费）	%	1.000	1.000	1.000	1.000	1.000
机械	991003040	电动空气压缩机 3m³/min	台班	—	2.260	1.130	1.790	0.940

工作内容：除锈、清扫、打磨、刷环氧富锌、云铁中间层涂料等。　　**计量单位：**100m²

编　号				14-157	14-158
项　目				金属面	
				环氧富锌底漆	环氧云铁中间漆
				每一遍	
名　称			单位	消 耗 量	
人工	000301000	综合三类工	工日	1.815	2.366
材料	130507027	环氧富锌底层涂料	kg	20.100	—
	143511004	专用稀释剂	kg	4.010	8.020
	143513003	T31 固化剂	kg	4.010	8.020
	130507037	氯化橡胶云铁中间层涂料	kg	—	40.580
	850103006	其他材料费（占材料费）	%	1.000	1.000

工作内容：除锈、清扫、打磨、刷耐高温防腐漆等。　　**计量单位：**100m²

编号				14-159	14-160	14-161	14-162
项目				金属面			
				耐高温防腐漆		改性沥青漆	
				面漆		三遍	每增加一遍
				二遍	每增加一遍		
名称			单位	消耗量			
人工	000301000	综合三类工	工日	14.331	5.212	7.063	2.257
材料	130507048	耐高温防腐底漆	kg	34.000	17.000	—	—
	130507049	耐高温防腐面漆	kg	24.000	12.500	—	—
	143511029	耐高温防腐稀释剂	kg	2.400	1.200	—	—
	031102001	砂纸	张	30.000	5.000	20.000	2.500
	130121002	改性沥青漆	kg	—	—	19.660	6.550
	140509006	油漆溶剂油	kg	—	—	21.840	7.280
	140103001	清油	kg	—	—	2.149	0.716
	850103006	其他材料费（占材料费）	%	1.000	1.000	1.000	1.000

工作内容：除锈、清扫、打磨、刷氯化橡胶漆等。　　**计量单位：**100m²

编号				14-163	14-164	14-165	14-166
项目				金属面			
				氯化橡胶漆			
				底漆	中间漆		面漆
				一遍		每增一遍	一遍
名称			单位	消耗量			
人工	000301000	综合三类工	工日	7.166	5.863	5.863	5.212
材料	130111022	氯化橡胶底漆	kg	29.500	—	—	—
	143511008	NSJ-Ⅱ稀释剂	kg	1.800	1.000	1.000	0.900
	031102001	砂纸	张	15.000	15.000	—	—
	130507039	氯化橡胶中间漆	kg	—	20.000	18.000	—
	130507036	氯化橡胶面漆	kg	—	—	—	18.000
	850103006	其他材料费（占材料费）	%	1.000	1.000	1.000	1.000

工作内容：除锈、清扫、打磨、刷互穿网络防腐漆等。　　**计量单位：**100m²

编　号				14-167	14-168	14-169	14-170
项　目				金属面			
				互穿网络防腐漆			
				底漆		面漆	
				二遍	每增加一遍	二遍	每增加一遍
名　称			单位	消　耗　量			
人工	000301000	综合三类工	工日	13.028	5.863	10.396	5.212
材料	130111009	互穿网络底漆	kg	40.000	19.000	—	—
	143511019	互穿网络稀释剂	kg	4.000	0.190	3.600	1.800
	031102001	砂纸	张	30.000	5.000	—	—
	130103008	互穿网络面漆	kg	—	—	36.000	18.000
	850103006	其他材料费（占材料费）	%	1.000	1.000	1.000	1.000

2. 金属面其他油漆

工作内容：除锈、清扫、打磨、刷调和漆等。　　**计量单位：**100m²

编　号				14-171	14-172
项　目				金属面	
				调和漆二遍	调和漆每增加一遍
名　称			单位	消　耗　量	
人工	000301000	综合三类工	工日	3.618	1.696
材料	130115007	酚醛调和漆 各色	kg	16.550	8.280
	140509006	油漆溶剂油	kg	0.880	0.440
	031102001	砂纸	张	8.150	0.060
	850103006	其他材料费（占材料费）	%	1.000	1.000

工作内容：除锈、清扫、打磨、刷醇酸磁漆等。　　**计量单位：**100m²

编　号				14-173	14-174
项　目				金属面	
				醇酸磁漆	
				二遍	每增加一遍
名　称			单位	消　耗　量	
人工	000301000	综合三类工	工日	4.085	1.919
材料	130113003	醇酸磁漆 各色	kg	15.584	7.792
	143511011	醇酸漆稀释剂	kg	0.828	0.414
	031102001	砂纸	张	8.000	4.000
	850103006	其他材料费（占材料费）	%	1.000	1.000

工作内容： 1. 除锈、清扫、打磨、刷油漆等。
2. 除锈、清扫、刷防锈漆、满刮抗裂腻子三遍、光面腻子二遍、刷底漆、中间漆、金属氟碳漆、氟碳罩面清漆等。

计量单位： $100m^2$

编号				14-175	14-176	14-177	14-178
项目				金属面			
				银粉漆二遍	红丹防锈漆一遍	每增加一遍	氟碳漆
名称			单位	消耗量			
人工	000301000	综合三类工	工日	3.618	2.063	1.548	24.840
材料	140103001	清油	kg	7.623	—	—	—
	130903003	银粉	kg	1.890	—	—	—
	140509006	油漆溶剂油	kg	19.000	0.640	0.576	—
	031102001	砂纸	张	6.000	—	—	—
	130505004	醇酸防锈漆 红丹	kg	—	12.180	10.962	—
	130505008	酚醛防锈漆 红丹	kg	—	—	—	24.093
	130101010	氟碳漆用光面腻子粉	kg	—	—	—	85.554
	130111013	丙烯酸聚氨酯底漆	kg	—	—	—	7.975
	130117006	丙烯酸聚氨酯中间漆	kg	—	—	—	15.816
	143511009	丙烯酸聚氨酯稀释剂	kg	—	—	—	14.217
	130901001	金属氟碳漆面漆	kg	—	—	—	17.425
	143511014	氟碳漆面漆稀释剂	kg	—	—	—	4.784
	143513018	丙烯酸聚氨脂固化剂	kg	—	—	—	4.254
	130105004	氟碳罩面清漆	kg	—	—	—	6.017
	143513016	氟碳漆固化剂	kg	—	—	—	1.576
	341101001	水	m^3	—	—	—	0.010
	850103006	其他材料费（占材料费）	%	1.000	1.000	1.000	1.000

3. 金属面防火涂料

工作内容： 局部除锈、清扫、打磨、喷刷防火涂料等。　　**计量单位：** 100m²

编　号				14-179	14-180
项　目				金属面	
				超薄型防火涂料（耐火时间 ≥ 1h）	
				涂层厚度（mm）	
				2.0	每增减 0.5
名　称			单位	消　耗　量	
人工	000301000	综合三类工	工日	3.472	0.421
材料	130501003	超薄型防火涂料	kg	193.500	48.375
	143511012	防火涂料稀释剂	kg	36.360	9.000
机械	991003040	电动空气压缩机 $3m^3/min$	台班	0.800	0.100

工作内容： 局部除锈、清扫、打磨、喷刷防火涂料等。　　**计量单位：** 100m²

编　号				14-181	14-182
项　目				金属面	
				薄型防火涂料（耐火时间 ≥ 1h）	
				涂层厚度（mm）	
				5.0	每增减 0.5
名　称			单位	消　耗　量	
人工	000301000	综合三类工	工日	3.974	0.476
材料	130501001	薄型防火涂料	kg	550.000	55.000
机械	991003040	电动空气压缩机 $3m^3/min$	台班	0.920	0.110

工作内容： 局部除锈、清扫、打磨、喷刷防火涂料等。　　**计量单位：** 100m²

编　号				14-183	14-184
项　目				金属面	
				厚型防火涂料（耐火时间 ≥ 2h）	
				涂层厚度（mm）	
				25.0	每增减 5.0
名　称			单位	消　耗　量	
人工	000301000	综合三类工	工日	8.820	1.510
材料	130501007	厚型防火涂料	kg	1473.350	294.670
	341101001	水	m^3	0.900	0.300
机械	991003040	电动空气压缩机 $3m^3/min$	台班	4.350	0.940

五、抹灰面油漆

1. 调和漆、真石漆、氟碳漆

工作内容： 1. 清扫、打磨、满刮腻子一遍、刷底油、调和漆等。
2. 清扫、打磨、刷调和漆等。

计量单位： 100m²

编号				14-185	14-186
项目				调和漆	
				墙面	
				满刮腻子、底油一遍、调和漆二遍	每增加一遍调和漆
名称			单位	消耗量	
人工	000301000	综合三类工	工日	4.381	0.913
材料	130115003	醇酸无光调和漆	kg	9.270	8.807
	130115004	醇酸调和漆 白	kg	9.270	—
	140509006	油漆溶剂油	kg	6.136	1.040
	130101009	腻子粉（成品）	kg	124.950	—
	140103003	熟桐油	kg	1.560	—
	140103001	清油	kg	1.538	—
	341101001	水	m³	0.060	—
	031102001	砂纸	张	9.090	1.000
	850103006	其他材料费（占材料费）	%	1.000	1.000

工作内容： 1. 清扫、打磨、满刮腻子二遍、刷底漆、真石漆、罩面漆等。
2. 清扫、打磨、满刮抗裂腻子三遍、光面腻子二遍、刷底漆、中涂漆、金属漆、罩面漆等。
3. 清扫、打磨、满刮腻子二遍、刷底漆和面漆等。

计量单位： 100m²

编号				14-187	14-188	14-189
项目				真石漆	氟碳漆	裂纹漆
				墙面		
名称			单位	消耗量		
人工	000301000	综合三类工	工日	29.323	33.655	27.510
材料	130105003	醇酸清漆	kg	27.675	—	—
	143511011	醇酸漆稀释剂	kg	3.120	—	—
	130103020	真石漆	kg	447.200	—	—
	130101009	腻子粉（成品）	kg	198.450	—	198.450
	341101001	水	m³	0.095	0.135	0.095
	031102001	砂纸	张	8.080	12.000	12.400

续前

编号				14-187	14-188	14-189
项目				真石漆	氟碳漆	裂纹漆
				墙面		
名称			单位	消耗量		
材料	130101011	氟碳漆用抗裂腻子粉	kg	—	277.200	—
	130101010	氟碳漆用光面腻子粉	kg	—	198.450	—
	130111013	丙烯酸聚氨酯底漆	kg	—	8.088	—
	130117006	丙烯酸聚氨酯中间漆	kg	—	16.054	—
	143513018	丙烯酸聚氨脂固化剂	kg	—	4.239	—
	143511009	丙烯酸聚氨酯稀释剂	kg	—	14.237	—
	130901001	金属氟碳漆面漆	kg	—	17.670	—
	130105004	氟碳罩面清漆	kg	—	6.109	—
	143513016	氟碳漆固化剂	kg	—	1.572	—
	143511014	氟碳漆面漆稀释剂	kg	—	4.786	—
	130105010	硝基清漆	kg	—	—	12.846
	143511030	硝基漆稀释剂	kg	—	—	3.243
	130301001	裂纹漆	kg	—	—	17.337
	130113001	硝基磁漆	kg	—	—	23.204
	140103001	清油	kg	—	—	9.823
	850103006	其他材料费（占材料费）	%	1.000	0.900	0.500

2. 过氯乙烯漆

工作内容： 1. 五遍成活：清扫、打磨、补嵌腻子、刷底漆一遍、磁漆二遍、清漆二遍等。

2. 每增加一遍：清扫、打磨、刷底漆（磁漆、清漆）等。

计量单位： 100m²

编号				14-190	14-191	14-192	14-193
项目				过氯乙烯漆			
				墙面			
				五遍成活	每增加一遍		
					底漆	磁漆	清漆
名称			单位	消耗量			
人工	000301000	综合三类工	工日	7.131	1.169	1.210	1.210
材料	143511016	过氯乙烯漆稀释剂 X3	kg	26.312	3.848	3.432	7.800
	130111014	过氯乙烯底漆（综合）	kg	13.287	13.287	—	—
	130113006	过氯乙烯磁漆 G52-1	kg	26.780	—	13.390	—
	130105005	过氯乙烯清漆（综合）	kg	36.050	—	—	18.025
	130101006	过氯乙烯腻子	kg	3.090	—	—	—
	031102001	砂纸	张	30.000	2.500	2.500	2.500
	850103006	其他材料费（占材料费）	%	1.000	1.000	1.000	1.000

3. 乳 胶 漆

工作内容： 1. 清扫、打磨、满刮腻子二遍、刷底漆一遍、乳胶漆二遍等。
2. 清扫、打磨、刷乳胶漆等。

计量单位：100m²

编 号				14-194	14-195	14-196	14-197	14-198
项 目				乳胶漆				
				室外		室内		
				墙面	每增加一遍	墙面	天棚面	每增加一遍
				二遍		二遍		
名 称			单位	消 耗 量				
人工	000301000	综合三类工	工日	9.213	1.847	7.798	9.747	1.847
材料	130301003	苯丙乳胶漆 外墙用	kg	28.080	12.480	—	—	—
	130303004	苯丙乳胶漆 内墙用	kg	—	—	27.810	27.810	12.360
	341101001	水	m³	0.100	0.002	0.100	0.100	0.002
	031102001	砂纸	张	10.100	4.000	10.100	10.100	4.000
	130111031	苯丙乳胶底漆（综合）	kg	11.620	—	11.620	11.620	—
	130101009	腻子粉（成品）	kg	198.450	—	198.450	198.450	—
	850103006	其他材料费（占材料费）	%	0.900	0.900	0.900	0.900	0.900

工作内容： 清扫、打磨、补嵌腻子、刷乳胶漆等。

计量单位：100m²

编 号				14-199	14-200	14-201
项 目				乳胶漆		
				室内拉毛面	石膏饰物	混凝土花格窗、栏杆、花饰
				二遍		
名 称			单位	消 耗 量		
人工	000301000	综合三类工	工日	6.218	28.500	7.757
材料	130111031	苯丙乳胶底漆（综合）	kg	23.240	11.620	—
	130303004	苯丙乳胶漆 内墙用	kg	55.620	27.810	—
	031102001	砂纸	张	6.000	6.262	6.000
	341101001	水	m³	0.020	0.010	0.010
	130101009	腻子粉（成品）	kg	—	9.923	—
	130301003	苯丙乳胶漆 外墙用	kg	—	—	56.160
	850103006	其他材料费（占材料费）	%	0.900	0.800	0.900

工作内容：清扫、打磨、补嵌腻子、刷乳胶漆等。　　**计量单位：**100m

编　　号				14-202	14-203	14-204
项　　目				乳胶漆		
				线条（宽度）		
				≤ 50mm	≤ 100mm	≤ 150mm
名　　称			单位	消　耗　量		
人工	000301000	综合三类工	工日	2.257	3.088	4.225
材料	130111031	苯丙乳胶底漆（综合）	kg	1.390	2.090	3.020
	130303004	苯丙乳胶漆 内墙用	kg	3.333	5.010	7.229
	130101009	腻子粉（成品）	kg	1.186	1.789	2.577
	031102001	砂纸	张	0.747	1.131	1.626
	341101001	水	m^3	0.001	0.002	0.003
	850103006	其他材料费（占材料费）	%	1.000	1.000	1.000

4. 耐　磨　漆

工作内容：清扫、打磨、满刮腻子、刷防护涂料、刷油漆、磨退等。　　**计量单位：**见表

编　　号				14-205	14-206	14-207	14-208
项　　目				KCM 耐磨漆			
				地面		踢脚线	
				三遍	每增减一遍	三遍	每增减一遍
单　　位				$100m^2$		100m	
名　　称			单位	消　耗　量			
人工	000301000	综合三类工	工日	11.108	2.869	2.009	0.806
材料	130105001	KCM 清漆	kg	4.700	3.500	0.700	0.500
	130109001	KCM 色漆	kg	12.000	—	1.700	—
	040100006	水泥 42.5	kg	60.000	—	8.400	—
	144100001	建筑胶	kg	25.800	—	3.600	—
	143321001	二甲苯	kg	1.600	1.100	0.200	0.100
	850103006	其他材料费（占材料费）	%	1.000	0.200	0.900	1.000

六、喷刷涂料

1. 涂　　料

工作内容：1. 清扫、打磨、满刮腻子二遍、刷涂料等。
2. 清扫、打磨、刷涂料等。

计量单位：100m²

编　号				14-209	14-210	14-211
项　目				内墙涂料		
				墙面	天棚面	每增加一遍
				二遍		
名　称			单位	消　耗　量		
人工	000301000	综合三类工	工日	7.008	8.759	1.950
材料	130303003	内墙涂料	kg	38.110	38.110	17.510
	130101009	腻子粉（成品）	kg	198.450	198.450	—
	341101001	水	m³	0.101	0.101	0.003
	031102001	砂纸	张	10.100	10.100	4.000
	850103006	其他材料费（占材料费）	%	0.900	0.900	0.900

工作内容：1. 清扫、打磨、满刮腻子一遍、刮涂料等。
2. 清扫、打磨、刮涂料等。

计量单位：100m²

编　号				14-212	14-213	14-214
项　目				仿瓷涂料		
				墙面	天棚面	每增加一遍
				三遍		
名　称			单位	消　耗　量		
人工	000301000	综合三类工	工日	9.025	11.281	1.615
材料	130303005	仿瓷涂料	kg	127.000	127.000	38.000
	130101009	腻子粉（成品）	kg	124.950	124.950	—
	341101001	水	m³	0.060	0.060	—
	031102001	砂纸	张	7.000	7.000	4.000
	850103006	其他材料费（占材料费）	%	1.000	1.000	1.000

工作内容：清扫、打磨、满刮腻子二遍、调刷底漆、中间漆、面漆等。 计量单位：100m²

编号				14-215	14-216
项目				凹凸型涂料	多彩涂料
				墙面	
名称			单位	消耗量	
人工	000301000	综合三类工	工日	7.495	6.545
材料	134105001	复层涂料骨浆 喷涂型	kg	150.000	—
	130103018	水性耐候面漆（半光型）	kg	20.000	—
	130117005	水性中间（层）涂料	kg	20.000	—
	130111006	水性封底漆 普通	kg	12.500	12.500
	130101009	腻子粉（成品）	kg	198.450	198.450
	341101001	水	m³	0.095	0.095
	031102001	砂纸	张	4.200	4.200
	130111008	多彩底涂料	kg	—	10.400
	130117003	多彩中涂料	kg	—	20.800
	130103003	多彩面涂料	kg	—	34.500
	850103006	其他材料费（占材料费）	%	1.000	1.000

工作内容：1. 清扫、打磨、满刮腻子二遍、刷涂料等。
2. 清扫、打磨、刷涂料等。
3. 清扫、打磨、刷涂料等。 计量单位：100m²

编号				14-217	14-218	14-219
项目				外墙丙烯酸酯涂料		
				墙面		混凝土花格窗栏杆花饰
				二遍	每增加一遍	二遍
名称			单位	消耗量		
人工	000301000	综合三类工	工日	7.758	1.826	7.911
材料	130301007	高级丙烯酸外墙涂料 无光	kg	93.600	46.800	234.000
	130101009	腻子粉（成品）	kg	198.450	—	—
	341101001	水	m³	0.113	0.009	0.045
	031102001	砂纸	张	10.100	4.000	6.000
	850103006	其他材料费（占材料费）	%	0.900	0.900	0.900

注：每增加一遍项目适用于墙面项目。

2. 胶砂、彩砂喷涂

工作内容：清扫、打磨、刮腻子、喷涂料、压平等。　　　　**计量单位：**$100m^2$

编号				14-220	14-221
项目				胶砂喷涂	彩砂喷涂
				墙面	
名称			单位	消耗量	
人工	000301000	综合三类工	工日	9.619	8.550
材料	130301002	砂胶料	kg	110.000	—
	131105001	丙烯酸彩砂涂料	kg	—	380.000
	040113001	白色硅酸盐水泥 32.5	t	—	0.030
	341101001	水	m^3	—	0.640
	850103006	其他材料费（占材料费）	%	1.000	1.000
机械	991003030	电动空气压缩机 $1m^3/min$	台班	1.200	0.710

3. 一塑三油

工作内容：清扫、打磨、调制、刷底油、喷塑、胶辘、压平、刷面油等。　　　　**计量单位：**$100m^2$

编号				14-222	14-223	14-224	14-225
项目				一塑三油			
				墙面			
				大压花	中压花喷大点	喷中点、细点	平面
名称			单位	消耗量			
人工	000301000	综合三类工	工日	10.355	9.310	8.427	4.845
材料	130103014	面层高光面油	kg	43.200	40.850	40.000	35.190
	130117002	中层涂料	kg	142.500	93.100	65.610	—
	143513011	底层硬化剂	kg	21.750	17.100	15.070	8.700
	341101001	水	m^3	0.200	0.200	0.200	0.100
	850103006	其他材料费（占材料费）	%	0.280	0.360	0.430	0.440
机械	991003050	电动空气压缩机 $6m^3/min$	台班	0.990	0.890	0.810	—

4. 美 术 涂 饰

工作内容：清扫、打磨、涂熟桐油、满刮腻子二遍、磨光、刷底油、做花纹、刷漆等。 **计量单位**：100m²

编 号				14-226	14-227
项 目				仿木纹涂饰	仿石纹涂饰
				墙面	
名 称			单位	消 耗 量	
人工	000301000	综合三类工	工日	14.891	10.189
材料	130115001	调和漆	kg	17.500	17.500
	130115002	无光调和漆	kg	4.300	4.300
	140103001	清油	kg	3.100	3.100
	143511010	醇酸稀释剂	kg	3.300	2.200
	140103003	熟桐油	kg	2.300	2.300
	140509006	油漆溶剂油	kg	5.000	5.000
	130105003	醇酸清漆	kg	5.200	—
	130101009	腻子粉（成品）	kg	198.450	198.450
	341101001	水	m^3	0.095	0.095
	031102001	砂纸	张	4.000	4.000
	850103006	其他材料费（占材料费）	%	0.200	0.200

5. 腻子及其他

工作内容：清扫、打磨、满刮腻子等。 **计量单位**：100m²

编 号				14-228	14-229	14-230	14-231
项 目				刮腻子			
				室外	室内		每增减一遍
				墙面		天棚面	
				二遍			
名 称			单位	消 耗 量			
人工	000301000	综合三类工	工日	5.205	4.732	5.915	2.117
材料	130101009	腻子粉（成品）	kg	198.450	198.450	198.450	99.225
	341101001	水	m^3	0.095	0.095	0.095	0.047
	031102002	水砂纸	张	4.000	4.000	4.000	2.000

工作内容：清扫、打磨、刷涂料等。 **计量单位：**100m²

编号				14-232	14-233	14-234	14-235
项目				抗碱封底涂料		防霉涂料	
				墙面	天棚面	墙面	天棚面
名称			单位	消耗量			
人工	000301000	综合三类工	工日	2.100	2.625	3.150	3.950
材料	130111004	抗碱底涂料	kg	18.430	18.430	—	—
	130509001	防霉涂料	kg	—	—	30.720	30.720
	850103006	其他材料费（占材料费）	%	1.000	1.000	1.000	1.000

工作内容：清扫、打磨、喷刷阻燃剂等。 **计量单位：**100m²

编号				14-236	14-237
项目				喷刷阻燃剂	
				软包面	地毯面
名称			单位	消耗量	
人工	000301000	综合三类工	工日	4.500	6.000
材料	143529001	高效阻燃剂	kg	56.000	69.000
	850103006	其他材料费（占材料费）	%	2.000	2.000

工作内容：清扫、打磨，天棚、墙、柱面板缝粘贴胶带等。 **计量单位：**100m²

编号				14-238
项目				天棚、墙、柱面板缝粘贴胶带
名称			单位	消耗量
人工	000301000	综合三类工	工日	3.758
材料	144303022	贴缝胶带 9m	卷	18.310
	850103006	其他材料费（占材料费）	%	1.000

七、裱　　糊

1. 壁　　纸

工作内容： 清扫、打磨、补嵌腻子、刷基膜、刷粘贴剂、铺贴壁纸等。　　**计量单位：** 100m²

编号				14-239	14-240	14-241
项目				墙面		
				普通壁纸		金属壁纸
				对花	不对花	
名称			单位	消耗量		
人工	000301000	综合三类工	工日	7.346	5.222	11.973
材料	093100001	壁纸	m^2	116.000	110.000	—
	093111001	壁纸专用基膜	kg	16.590	16.590	16.590
	130101009	腻子粉（成品）	kg	51.450	51.450	51.450
	144101003	壁纸专用粘贴剂	kg	27.810	27.810	27.810
	341101001	水	m^3	0.030	0.030	0.030
	093107001	金属壁纸	m^2	—	—	115.000
	850103006	其他材料费（占材料费）	%	1.000	1.000	1.000

工作内容： 清扫、打磨、补嵌腻子、刷基膜、刷粘贴剂、铺贴壁纸等。　　**计量单位：** 100m²

编号				14-242	14-243	14-244
项目				天棚面		
				普通壁纸		金属壁纸
				对花	不对花	
名称			单位	消耗量		
人工	000301000	综合三类工	工日	11.081	8.064	16.590
材料	093100001	壁纸	m^2	116.000	110.000	—
	093111001	壁纸专用基膜	kg	16.590	16.590	16.590
	130101009	腻子粉（成品）	kg	51.450	51.450	51.450
	144101003	壁纸专用粘贴剂	kg	27.810	27.810	27.810
	341101001	水	m^3	0.030	0.030	0.030
	093107001	金属壁纸	m^2	—	—	115.000
	850103006	其他材料费（占材料费）	%	1.000	1.000	1.000

2. 织 锦 缎

工作内容：清扫、打磨、补嵌腻子、刷基膜、配置贴面材料、裱糊刷胶、裁贴墙纸布等。**计量单位：**$100m^2$

编号				14-245	14-246
项目				墙面	天棚面
				贴织锦缎	
名称			单位	消耗量	
人工	000301000	综合三类工	工日	13.369	21.382
材料	023303001	织锦缎	m^2	116.000	116.000
	093111001	壁纸专用基膜	kg	16.590	16.590
	130101009	腻子粉（成品）	kg	51.450	51.450
	144101003	壁纸专用粘贴剂	kg	27.810	27.810
	341101001	水	m^3	0.030	0.030
	850103006	其他材料费（占材料费）	%	1.000	1.000

第十五章

其 他 工 程

说　　明

一、本章定额包括柜台、货架，压条、装饰线，扶手、栏杆、栏板装饰，暖气罩，浴厕配件，雨篷、旗杆，招牌、灯箱，美术字，石材、瓷砖加工共九部分。

二、柜台、货架：

1. 柜、台、架以现场加工、手工制作为主，按常用规格编制。设计与定额不同时，可另行补充。

2. 柜、台、架项目包括五金配件（设计有特殊要求者除外），未考虑压板拼花及饰面板上贴其他材料的花饰、造型艺术品。

3. 木质柜、台、架项目中板材按胶合板考虑，如设计为其他板材时，主材可以换算。

三、压条、装饰线：

1. 压条、装饰线均按成品安装考虑。

2. 装饰线条（顶角装饰线除外）按直线形在墙面安装考虑。墙、柱面安装圆弧形装饰线条、天棚面安装直线形和圆弧形装饰线条，按相应项目乘以系数执行：

（1）墙、柱面安装圆弧形装饰线条，人工乘以系数 1.2，材料乘以系数 1.1。

（2）天棚面安装直线形装饰线条，人工乘以系数 1.34。

（3）天棚面安装圆弧形装饰线条，人工乘以系数 1.6，材料乘以系数 1.1。

四、扶手、栏杆、栏板装饰：

1. 扶手、栏杆、栏板项目（护窗栏杆除外）适用于楼梯、走廊、回廊及其他装饰性扶手、栏杆、栏板。

2. 栏杆（带扶手）制作安装项目主材消耗量与设计不同时，可调整主材消耗量。

3. 栏杆（带扶手）制作安装项目已包括扶手弯头制作安装的人工、材料。

4. 成品扶手、靠墙扶手项目已包括弯头安装，设计为成品整体弯头时，整体弯头安装另执行本章相应定额项目。

五、暖气罩：

1. 挂板式是指暖气罩直接钩挂在暖气片上；平墙式是指暖气片凹嵌入墙中，暖气罩与墙面平齐；明式是指暖气片全凸或半凸出墙面，暖气罩凸出于墙外。

2. 暖气罩项目未包括封边线、装饰线，另按本章相应装饰线条定额项目执行。

六、浴厕配件：

1. 石材洗漱台项目不包括石材磨边、倒角及开面盆洞口，另按本章相应定额项目执行。

2. 浴厕配件项目按成品安装考虑。

七、雨篷、旗杆：

1. 点支式、托架式雨篷的型钢、爪件的规格、数量是按常用做法考虑的，当设计要求与定额不同时，材料用量可以调整，人工、机械不变。托架式雨篷的斜拉杆另计。

2. 铝塑板、不锈钢面层雨篷项目按平面雨篷考虑，不包括雨篷侧面。

3. 旗杆项目按常用做法考虑，未包括旗杆基础、旗杆台座及其饰面。

八、招牌、灯箱：

1. 招牌、灯箱基层与骨架的连接固定，不论采用何种方式均不做调整。

2. 招牌、灯箱项目不包括广告牌喷绘、灯饰、灯光、店徽、其他艺术装饰及配套机械。

九、美术字：

1. 美术字项目均按成品安装考虑。

2. 美术字按最大外接矩形面积区分规格，按相应项目执行。

3. 最大外接矩形面积 ≤ $4m^2$ 的金属字、PVC 字、亚克力字项目按安装在钢骨架上考虑，项目中未包括钢骨架，另按本章“招牌、灯箱”一节中钢骨架项目执行。

十、石材、瓷砖加工：

石材、瓷砖加工项目按现场零星加工考虑。

工程量计算规则

一、柜台、货架：

柜台、货架工程量按各项目计量单位计算。其中以“m^2”为计量单位的项目，其工程量均按正立面的高度（包括脚的高度在内）乘以宽度计算。

二、压条、装饰线：

1. 压条、装饰线条按线条中心线长度计算。
2. 压条、装饰线条带45°割角者，按线条外边线长度计算。
3. 石膏角花、灯盘按设计图示数量计算。

三、扶手、栏杆、栏板装饰：

1. 栏杆、栏板、扶手（另做说明的除外）均按设计图示尺寸中心线长度（包括弯长度）计算。设计为成品整体弯头时，工程量需扣除整体弯头长度（设计不明确的，按每只整体弯头400mm计算）。
2. 成品栏杆栏板、护窗栏杆按设计图示尺寸中心线长度（不包括弯头长度）计算。
3. 整体弯头按设计图示数量计算。

四、暖气罩：

暖气罩（包括脚的高度在内）按边框外围尺寸垂直投影面积计算，成品暖气罩安装按设计图示数量计算。

五、浴厕配件：

1. 石材洗漱台按设计图示尺寸以展开面积计算，挡板、吊沿板面积并入其中，不扣除孔洞、挖弯、削角所占面积。
2. 石材台面面盆开孔按设计图示尺寸以孔洞面积计算。
3. 盥洗室台镜（带框）、盥洗室木镜箱按边框外围面积计算。
4. 盥洗室塑料镜箱、毛巾杆、毛巾环、浴帘杆、浴缸拉手、肥皂盒、卫生纸盒、晒衣架、晾衣绳等按设计图示数量计算。

六、雨篷、旗杆：

1. 雨篷按设计图示尺寸水平投影面积计算。
2. 不锈钢旗杆按设计图示数量计算。
3. 电动升降系统和风动系统按套数计算。

七、招牌、灯箱：

1. 木骨架按设计图示饰面尺寸正立面面积计算。
2. 钢骨架按设计图示尺寸乘以单位理论质量计算。
3. 基层板、面层板按设计图示饰面尺寸展开面积计算。

八、美术字：

美术字按设计图示数量计算。

九、石材、瓷砖加工：

1. 石材、瓷砖倒角、切割按块料设计倒角、切割长度计算。
2. 石材磨边按实际打磨长度计算。
3. 石材开槽按块料成型开槽长度计算。
4. 石材、瓷砖开孔按成型孔洞数量计算。

一、柜台、货架

工作内容：型材矫正、放样、下料，切割断料、组装，裁安玻璃，镶贴面层，五金配件安装等。

计量单位：个

编号				15-1	15-2
项目				铝合金	
				柜台 1500×900×500	货架 1500×2000×500
名称			单位	消耗量	
人工	000301000	综合三类工	工日	0.784	1.384
材料	014900002	铝合金型材（综合）	kg	12.992	17.313
	060103002	平板玻璃 δ5	m^2	5.888	4.260
	030321003	铝合金三节玻璃轮	个	4.080	8.160
	351133001	铸铝三爪	个	8.160	8.160
	340201003	门窗密封橡胶条	m	5.040	12.600
	030103044	镀锌自攻螺钉 ST4～6×20～35	10 个	115.500	212.100
	050511001	防火胶板	m^2	0.825	6.116
	062527001	镜面玻璃（综合）	m^2	—	1.770
	030355009	铝合金门窗配件 角码	个	—	28.560
	850103006	其他材料费（占材料费）	%	1.000	1.000

工作内容：选料、下料、刨光、开榫打眼、骨架组装，贴防火板、面层装饰，裁安玻璃，五金配件安装等。

计量单位：个

编号				15-3	15-4	15-5
项目				木质柜台		
				四面玻璃不带框	半玻带框	普通角柜
				1500×900×500		1400×900×500
名称			单位	消耗量		
人工	000301000	综合三类工	工日	2.400	2.416	3.304
材料	050401006	板枋材 杉木	m^3	0.039	—	—
	120109011	椴木阴角线条	m	21.030	—	—
	050500005	胶合板 δ9	m^2	1.113	—	—
	060103002	平板玻璃 δ5	m^2	4.661	0.850	0.649

续前

编号				15-3	15-4	15-5
项目				木质柜台		
				四面玻璃不带框	半玻带框	普通角柜
				1500×900×500		1400×900×500
名称			单位	消耗量		
材料	060103003	平板玻璃 δ8	m^2	1.156	—	—
	030525003	柜台用钢制镀铬支柱 AA 支柱	m	1.616	—	—
	182709001	柜台用钢制镀铬支架 250mm	只	4.040	—	—
	030355011	铝合金门窗配件 无框玻璃上下轨	m	3.060	2.856	2.162
	144309002	玻璃胶 300mL	支	1.575	1.134	1.155
	050511001	防火胶板	m^2	3.388	—	—
	144307003	万能胶	kg	1.134	1.344	1.271
	031502005	气排钉 *L*20 2000 个/盒	盒	0.053	—	—
	144105002	聚醋酸乙烯乳液	kg	0.315	0.840	0.840
	030303001	玻璃锁	把	1.020	1.020	1.020
	100500001	木龙骨	m^3	—	0.011	0.011
	050500008	胶合板 δ18	m^2	—	5.166	4.652
	050511002	防火胶板 δ1.0	m^2	—	4.037	4.114
	060103004	平板玻璃 δ10	m^2	—	2.313	2.254
	090501004	镜面不锈钢板 δ1.0	m^2	—	0.198	0.198
	031501011	圆钉 16 （5/8"）	kg	—	0.100	—
	031501014	圆钉 50～75	kg	—	0.180	—
	030317004	铜插销 65mm	个	—	1.020	—
	030505001	抽屉锁	把	—	1.020	1.020
	031501013	圆钉 30～45	kg	—	—	0.602
	030309002	合页 65	个	—	—	4.080
	030317001	插销 50mm	个	—	—	1.020
机械	991003010	电动空气压缩机 $0.3m^3/min$	台班	0.080	—	—
	990706010	木工圆锯机 500mm	台班	0.120	0.200	0.180
	990710010	木工单面压刨床 600mm	台班	0.120	0.200	0.180

工作内容： 1. 酒吧台：下料、刨光、划线、成型，调制粘贴剂，石材切割磨边、粘贴、擦缝，五金配件安装、配合酒吧设备安装等。

2. 酒吧吊柜、背柜：下料、刨光、划线、成型，贴饰面板，五金配件安装、配合酒吧设备安装等。

计量单位： m

编　号				15-6	15-7	15-8
项　目				酒吧台	酒吧吊柜	酒吧背柜
名　称			单位	消　耗　量		
人工	000301000	综合三类工	工日	1.358	1.253	2.303
材料	031501014	圆钉 50～75	kg	0.265	0.265	0.479
	100500001	木龙骨	m^3	0.015	0.020	0.034
	050500005	胶合板 $\delta 9$	m^2	3.728	—	0.935
	090301003	木质饰面板 $\delta 3$	m^2	2.057	3.322	4.686
	144115006	云石胶 AB 胶	kg	0.179	—	—
	144105002	聚醋酸乙烯乳液	kg	1.428	1.712	3.392
	081713001	石材饰面板	m^2	0.477	—	—
	120103001	木踢脚线 100	m^2	0.159	—	—
	090909002	塑料透光片	m^2	0.137	0.242	—
	120101006	木平面装饰线条 30×10	m	3.975	—	—
	120105002	木半圆形装饰线条 20	m	1.537	—	—
	120105004	木半圆形装饰线条 60	m	1.537	—	—
	031502005	气排钉 $L20$ 2000 个/盒	盒	0.441	0.441	1.050
	120101004	木平面装饰线条 25×10	m	—	4.346	—
	062527001	镜面玻璃（综合）	m^2	—	1.730	1.510
	144303014	双面强力弹性胶带	m	—	9.030	—
	050500003	胶合板 $\delta 5$	m^2	—	1.922	3.087
	050500008	胶合板 $\delta 18$	m^2	—	2.804	3.465
	144309002	玻璃胶 300mL	支	—	1.586	—
	120101002	木平面装饰线条 20×5	m	—	—	8.554
	030304001	不锈钢碰珠	个	—	—	11.281
	030515001	铝合金下滑轨	m	—	—	1.040
	030355011	铝合金门窗配件 无框玻璃上下轨	m	—	—	1.040
	060103006	平板磨边玻璃 $\delta 8$	m^2	—	—	0.932
	120109010	木阴角线条 50×50	m	—	—	0.816
	120105003	木半圆形装饰线条 40	m	—	—	1.431
机械	990706010	木工圆锯机 500mm	台班	0.180	0.240	0.440
	990710010	木工单面压刨床 600mm	台班	0.180	0.240	0.440
	991003010	电动空气压缩机 $0.3m^3/min$	台班	0.180	0.240	0.440

工作内容：刨光、划线，截角线，拼装，钉贴基层板、贴饰面板，五金配件安装等。　　计量单位：m^2

编号				15-9	15-10	15-11
项目				嵌入式木壁柜	附墙矮柜	隔断木衣柜
名称			单位	消耗量		
人工	000301000	综合三类工	工日	0.770	0.987	0.861
材料	120107004	榉木线条 25 × 5	m	9.296	13.155	19.631
	030103044	镀锌自攻螺钉 ST4～6 × 20～35	10 个	13.650	24.150	16.800
	031502005	气排钉 *L*20 2000 个/盒	盒	1.061	0.756	1.008
	031501014	圆钉 50～75	kg	0.224	0.224	0.224
	030309004	铜合页 50	个	3.335	5.916	4.009
	030305001	木拉手	个	1.336	2.958	4.804
	050500005	胶合板 δ9	m^2	4.830	2.562	2.583
	050500008	胶合板 δ18	m^2	1.061	1.932	2.489
	090301003	木质饰面板 δ3	m^2	6.050	4.114	6.732
	144105002	聚醋酸乙烯乳液	kg	3.423	2.457	3.255
	090301002	红榉木装饰皮	m^2	—	0.968	—
	120109009	木阴角线条 12 × 12	m	—	5.205	—
	030313003	抽屉轨 350	副	—	—	0.806
	100500001	木龙骨	m^3	—	—	0.011
	050500006	胶合板 δ12	m^2	—	—	0.399
机械	990706010	木工圆锯机 500mm	台班	0.150	0.190	0.160
	991003010	电动空气压缩机 0.3m^3/min	台班	0.150	0.190	0.160
	990710010	木工单面压刨床 600mm	台班	—	—	0.160

工作内容：刨光、划线，截角线，拼装，钉贴基层板、贴饰面板，五金配件安装等。　　**计量单位：**m

编号				15-12	15-13	15-14
项目				附墙书柜	附墙衣柜	附墙酒柜
名称			单位	消耗量		
人工	000301000	综合三类工	工日	1.043	0.994	0.959
材料	090301002	红榉木装饰皮	m^2	0.341	—	—
	120109009	木阴角线条 12×12	m	5.459	—	—
	120105001	木半圆形装饰线条 10	m	3.540	—	—
	062507001	磨砂玻璃 δ5	m^2	0.319	—	—
	030103033	镀锌沉头木螺钉 *L*40	个	23.100	—	—
	120107004	榉木线条 25×5	m	11.819	8.257	7.123
	030103044	镀锌自攻螺钉 ST4～6×20～35	10个	4.620	11.865	10.710
	031502005	气排钉 *L*20 2000个/盒	盒	1.061	0.693	0.662
	031501014	圆钉 50～75	kg	0.224	0.224	0.224
	050500002	胶合板 δ3	m^2	0.578	2.090	1.701
	050500005	胶合板 δ9	m^2	3.045	1.103	1.103
	050500008	胶合板 δ18	m^2	1.649	1.964	1.964
	090301003	木质饰面板 δ3	m^2	5.863	4.763	4.565
	144105002	聚醋酸乙烯乳液	kg	3.444	2.237	2.142
	030355010	铝合金门窗配件 路轨	m	—	0.469	0.469
	030515001	铝合金下滑轨	m	—	0.469	0.347
	030355008	铝合金门窗配件 滚轮	个	—	1.642	1.102
	050500006	胶合板 δ12	m^2	—	0.998	0.819
	030309004	铜合页 50	个	5.559	—	0.551
	030305001	木拉手	个	2.224	—	0.275
	030304002	门碰珠 40	个	—	—	0.275
	081713001	石材饰面板	m^2	—	—	0.064
	060103003	平板玻璃 δ8	m^2	—	—	0.070
	062527003	镜面玻璃 δ5	m^2	—	—	0.165
	144309002	玻璃胶 300mL	支	—	—	0.242
机械	990706010	木工圆锯机 500mm	台班	0.200	0.190	0.180
	991003010	电动空气压缩机 $0.3m^3/min$	台班	0.200	0.190	0.180

工作内容：下料、刨光、制裁，钉夹板、贴台面板，五金配件安装等。 **计量单位：**m^2

编号				15-15	15-16
项目				厨房矮柜	
				大理石台面	复合板台面
名称			单位	消耗量	
人工	000301000	综合三类工	工日	1.554	1.379
材料	081713001	石材饰面板	m^2	0.848	—
	031501013	圆钉 30～45	kg	0.004	0.051
	050500002	胶合板 δ3	m^2	1.103	1.586
	050500008	胶合板 δ18	m^2	4.421	4.946
	144105002	聚醋酸乙烯乳液	kg	0.179	0.252
	050500005	胶合板 δ9	m^2	0.819	0.777
	100500001	木龙骨	m^3	0.004	0.004
	030309004	铜合页 50	个	4.876	5.202
	030305005	弓型拉手 75	个	4.468	4.682
	030304002	门碰珠 40	个	2.438	2.601
	030313003	抽屉轨 350	副	2.030	2.081
	050703001	中密度防火复合板 396×2400×15	m^2	—	1.029
	144309002	玻璃胶 300mL	支	—	0.399
机械	990706020	木工圆锯机 600mm	台班	0.003	0.003
	990709010	木工平刨床 300mm	台班	0.001	0.001

工作内容：刨光、制裁，钉（粘）夹板，五金配件安装等。 **计量单位：**m^2

编号				15-17	15-18
项目				吊厨	壁橱
名称			单位	消耗量	
人工	000301000	综合三类工	工日	1.694	1.071
材料	030107035	膨胀螺栓 M8×80	10套	5.049	2.111
	031501014	圆钉 50～75	kg	0.112	0.275
	030309004	铜合页 50	个	8.405	6.324
	030304002	门碰珠 40	个	4.202	1.581
	031509001	铁件（综合）	kg	1.691	—
	030305001	木拉手	个	4.202	3.162
	050301002	木材（成材）	m^3	0.002	0.002
	050500008	胶合板 δ18	m^2	4.589	3.234
	144105002	聚醋酸乙烯乳液	kg	0.221	0.242
	050500002	胶合板 δ3	m^2	—	1.103
机械	990706020	木工圆锯机 600mm	台班	0.044	0.033
	990709010	木工平刨床 300mm	台班	0.081	0.002

工作内容： 下料、刨光、划线、成型，钉贴基层板、贴饰面板、裁安玻璃，五金配件安装等。

计量单位： m^2

编号				15-19	15-20	15-21
项目				衣服货架	袜子货架	文胸货架
名称			单位	消耗量		
人工	000301000	综合三类工	工日	0.791	0.791	0.875
材料	030321002	铝合金门夹轮	个	2.081	—	—
	050511002	防火胶板 δ1.0	m^2	1.221	—	—
	120101001	木平面装饰线条 10 × 10	m	1.124	—	—
	062527003	镜面玻璃 δ5	m^2	0.673	—	—
	060103006	平板磨边玻璃 δ8	m^2	0.413	—	0.413
	030103033	镀锌沉头木螺钉 *L*40	个	11.550	9.450	8.400
	031502005	气排钉 *L*20 2000 个/盒	盒	0.242	0.357	0.210
	031501014	圆钉 50～75	kg	0.224	0.224	0.224
	030525003	柜台用钢制镀铬支柱 AA 支柱	m	1.182	0.646	—
	012315008	镀铬山字槽	m	0.212	—	—
	050500003	胶合板 δ5	m^2	1.775	—	—
	050500007	胶合板 δ15	m^2	1.596	—	3.591
	144309002	玻璃胶 300mL	支	0.347	—	0.735
	144307005	万能胶 1kg/瓶	kg	0.557	—	—
	120101003	木平面装饰线条 20 × 10	m	0.562	0.466	—
	021701003	有机玻璃灯片	m^2	0.071	0.212	0.142
	021701002	有机玻璃灯格片	m^2	0.159	—	—
	182709002	柜台用钢制镀铬支架 350mm	只	2.060	—	—
	100500001	木龙骨	m^3	0.013	—	—
	050500005	胶合板 δ9	m^2	—	1.554	—
	030309004	铜合页 50	个	—	1.663	2.081
	030305001	木拉手	个	—	0.836	0.418
	090301003	木质饰面板 δ3	m^2	—	2.574	1.309
	144105002	聚醋酸乙烯乳液	kg	—	1.166	0.588
	030304002	门碰珠 40	个	—	0.204	—
	212117003	不锈钢挑衣架	个	—	1.244	—
	170724001	不锈钢装饰矩形管 50 × 25 × 0.7	m	—	1.293	—
机械	990706010	木工圆锯机 500mm	台班	0.150	0.150	0.170
	991003010	电动空气压缩机 $0.3m^3/min$	台班	0.150	0.150	0.170
	990710010	木工单面压刨床 600mm	台班	0.150	—	—

工作内容：1. 木质靠墙展衣架：选料、下料、制作、安装、面层装饰等。
2. 博古架：选料、下料、制作安装等。
3. 服务台：定位、划线、木龙骨制作安装、安装基层板；型钢架制作安装及刷防锈漆一遍，调制砂浆、贴大理石饰面板等。

计量单位：见表

				15-22	15-23	15-24
编号				15-22	15-23	15-24
项目				木质靠墙展衣架 1400×260	博古架 板厚 18mm	服务台
单位				m	m^2	
	名称		单位	消耗量		
人工	000301000	综合三类工	工日	2.415	0.868	0.973
材料	050401006	板枋材 杉木	m^3	0.019	—	0.014
	050500008	胶合板 δ18	m^2	2.867	3.092	—
	050511002	防火胶板 δ1.0	m^2	2.321	—	—
	144307005	万能胶 1kg/瓶	kg	0.777	—	—
	144105002	聚醋酸乙烯乳液	kg	0.252	0.105	0.494
	031501013	圆钉 30～45	kg	0.031	0.053	—
	170723001	不锈钢装饰圆管 22.2×1.0	m	1.018	—	—
	200305001	不锈钢法兰底座 ϕ25	个	1.444	—	—
	100500001	木龙骨	m^3	—	—	0.008
	120103003	硬木踢脚线 120×15	m^2	—	—	0.117
	031501014	圆钉 50～75	kg	—	—	0.041
	030103011	半圆头木螺钉 *L*16	个	—	—	4.200
	050500003	胶合板 δ5	m^2	—	—	1.218
	144115005	地板胶水	kg	—	—	0.032
	012101006	角钢 50	t	—	—	0.015
	040113001	白色硅酸盐水泥 32.5	t	—	—	0.001
	081713001	石材饰面板	m^2	—	—	2.010
	133503017	密封胶 XY02#	kg	—	—	0.414
	144115006	云石胶 AB 胶	kg	—	—	0.063
	142909001	氧气	m^3	—	—	0.035
	142907001	乙炔气	m^3	—	—	0.015
	800100004	水泥砂浆 1：2.5	m^3	—	—	0.034
	801103004	素水泥浆	m^3	—	—	0.001
	144100001	建筑胶	kg	—	—	0.042
	101111001	不锈钢固定连接件	个	—	—	2.091
	030105016	不锈钢六角螺栓带螺母 M6×25	套	—	—	2.091
	031301008	低碳钢焊条 J422（综合）	kg	—	—	0.420
	130505010	红丹防锈漆	kg	—	—	0.082
	031502005	气排钉 *L*20 2000 个/盒	盒	—	—	0.066
	850103006	其他材料费（占材料费）	%	—	—	1.000
机械	991227010	木工多用机床	台班	0.200	—	—
	991003010	电动空气压缩机 0.3m³/min	台班	—	—	0.012
	990901010	交流弧焊机 21kV·A	台班	—	—	0.020

二、压条、装饰线

1. 木 装 饰 线

工作内容：定位、划线、下料、刷胶、安装线条等。　　计量单位：100m

编号				15-25	15-26	15-27	15-28	15-29
项目				木装饰线				
				平面线				
				宽度				
				≤ 25mm	≤ 50mm	≤ 100mm	≤ 150mm	≤ 200mm
名称			单位	消耗量				
人工	000301000	综合三类工	工日	2.012	2.376	2.765	3.164	3.467
材料	120101005	木平面装饰线条 25 × 13	m	106.000	—	—	—	—
	120101007	木平面装饰线条 50 × 10	m	—	106.000	—	—	—
	120101008	木平面装饰线条 100 × 20	m	—	—	106.000	—	—
	120101009	木平面装饰线条 150 × 20	m	—	—	—	106.000	—
	120101010	木平面装饰线条 200 × 20	m	—	—	—	—	106.000
	144105002	聚醋酸乙烯乳液	kg	0.683	1.365	2.730	4.095	5.460
	031502011	蚊钉 20mm 6000 个/盒	盒	0.121	0.121	—	—	—
	031502005	气排钉 *L*20 2000 个/盒	盒	—	—	0.351	0.351	0.351
	850103006	其他材料费（占材料费）	%	1.000	1.000	0.500	0.500	0.300
机械	991003010	电动空气压缩机 0.3m^3/min	台班	0.170	0.170	0.160	0.160	0.160

工作内容：定位、划线、下料、刷胶、安装线条等。　　计量单位：100m

编　号				15-30	15-31	15-32	15-33
项　目				木装饰线			
				顶角线			
				宽度			
				≤25mm	≤50mm	≤80mm	≤100mm
名　称			单位	消　耗　量			
人工	000301000	综合三类工	工日	2.688	2.856	3.324	3.625
材料	120109001	木顶角线条 25×25	m	106.000	—	—	—
	120109002	木顶角线条 50×50	m	—	106.000	—	—
	120109003	木顶角线条 70×28	m	—	—	106.000	—
	120109004	木顶角线条 100×35	m	—	—	—	106.000
	144105002	聚醋酸乙烯乳液	kg	0.750	1.575	2.520	3.150
	031502005	气排钉 *L*20 2000 个/盒	盒	0.351	0.351	0.351	0.351
	850103006	其他材料费（占材料费）	%	1.000	0.600	0.700	0.500
机械	991003010	电动空气压缩机 $0.3m^3/min$	台班	0.160	0.160	0.160	0.160

工作内容：定位、划线、下料、刷胶、安装线条等。　　计量单位：100m

编　号				15-34	15-35	15-36	15-37
项　目				木装饰线			
				角线			
				宽度			
				≤25mm	≤50mm	≤80mm	≤100mm
名　称			单位	消　耗　量			
人工	000301000	综合三类工	工日	2.464	2.689	2.884	3.024
材料	120109005	木阳角线条 25×25	m	106.000	—	—	—
	120109006	木阳角线条 50×50	m	—	106.000	—	—
	120109007	木阳角线条 80×80	m	—	—	106.000	—
	120109008	木阳角线条 100×100	m	—	—	—	106.000
	144105002	聚醋酸乙烯乳液	kg	1.050	2.100	3.360	4.200
	031502005	气排钉 *L*20 2000 个/盒	盒	—	—	0.351	0.351
	031502011	蚊钉 20mm 6000 个/盒	盒	0.116	0.116	—	—
	850103006	其他材料费（占材料费）	%	1.000	0.600	0.500	0.200
机械	991003010	电动空气压缩机 $0.3m^3/min$	台班	0.170	0.170	0.170	0.170

2. 金属装饰线

工作内容：定位、划线、下料、刷胶、安装线条等。 **计量单位：**100m

编号				15-38	15-39	15-40	15-41
项目				铝合金装饰线			
				角线		槽线	
				宽度			
				≤ 20mm	≤ 50mm	≤ 20mm	≤ 50mm
名称			单位	消耗量			
人工	000301000	综合三类工	工日	2.948	3.402	2.270	2.620
材料	120313001	铝合金角线 20 × 20 × 1	m	106.000	—	—	—
	120313003	铝合金角线 50 × 50 × 1	m	—	106.000	—	—
	120307001	铝合金槽线 20 × 12 × 1.0	m	—	—	106.000	—
	120307002	铝合金槽线 50 × 13 × 1.2	m	—	—	—	106.000
	144307005	万能胶 1kg/瓶	kg	1.680	4.200	1.848	3.192
	030103045	镀锌自攻螺钉 ST3 × 10	个	420.000	420.000	420.000	420.000
	341103001	电	kW · h	5.150	5.150	5.150	5.150
	850103006	其他材料费（占材料费）	%	5.000	2.000	5.000	2.000

工作内容：定位、划线、下料、刷胶、安装线条等。 **计量单位：**100m

编号				15-42	15-43	15-44	15-45	15-46
项目				不锈钢装饰线				
				角线			槽线	
				宽度				
				≤ 20mm	≤ 50mm	≤ 75mm	≤ 20mm	≤ 50mm
名称			单位	消耗量				
人工	000301000	综合三类工	工日	2.948	3.402	3.855	2.270	2.620
材料	120311001	不锈钢角线 20 × 20 × 1.0	m	106.000	—	—	—	—
	120311002	不锈钢角线 50 × 50 × 1.0	m	—	106.000	—	—	—
	120311003	不锈钢角线 75 × 75 × 1.0	m	—	—	106.000	—	—
	120307003	不锈钢槽线 20 × 20 × 20 × 1.0	m	—	—	—	106.000	—
	120307004	不锈钢槽线 50 × 50 × 50 × 1.0	m	—	—	—	—	106.000
	144309002	玻璃胶 300mL	支	8.400	21.000	31.500	12.600	31.500
	341103001	电	kW · h	5.150	5.150	6.695	5.150	5.150
	850103006	其他材料费（占材料费）	%	2.000	1.000	0.500	1.000	0.500
机械	990789020	磨光机	台班	—	1.000	1.300	—	—

3. 石材装饰线

工作内容：清理基层，调运砂浆，线条切边磨细、湿板，砂浆打底，粘贴线条，擦缝等。 **计量单位：**100m

编号				15-47	15-48	15-49	15-50
项目				石材装饰线			
				砂浆粘贴			
				宽度			
				≤ 50mm	≤ 100mm	≤ 150mm	≤ 200mm
名称			单位	消耗量			
人工	000301000	综合三类工	工日	6.802	8.368	10.215	10.390
材料	120501001	石材装饰线 50	m	106.000	—	—	—
	120501002	石材装饰线 100	m	—	106.000	—	—
	120501003	石材装饰线 150	m	—	—	106.000	—
	120501004	石材装饰线 200	m	—	—	—	106.000
	800100006	水泥砂浆 1∶3	m^3	0.077	0.155	0.232	0.343
	800100001	水泥砂浆 1∶1	m^3	0.026	0.052	0.077	0.114
	144100001	建筑胶	kg	1.515	3.150	4.725	6.993
	040113001	白色硅酸盐水泥 32.5	t	0.001	0.002	0.002	0.003
	801103004	素水泥浆	m^3	0.005	0.010	0.015	0.023
	341101001	水	m^3	0.030	0.060	0.091	0.133
	850103006	其他材料费（占材料费）	%	5.000	1.000	0.600	0.500
机械	990610010	灰浆搅拌机 200L	台班	0.019	0.037	0.056	0.082

工作内容：1. 粘贴：清理基层，调运砂浆、粘贴剂，线条切边磨细、湿板，砂浆打底，粘贴线条，擦缝等。
2. 干挂：清理基层、安装干挂件、线条切边磨细、钻孔、安装等。　　计量单位：100m

编号				15-51	15-52	15-53	15-54	15-55
项目				石材装饰线				
				粘贴剂粘贴			干挂	
				宽度				
				≤ 50mm	≤ 100mm	≤ 150mm		≤ 350mm
名称			单位	消耗量				
人工	000301000	综合三类工	工日	7.412	9.078	11.046	18.575	23.381
材料	120501001	石材装饰线 50	m	106.000	—	—	—	—
	120501002	石材装饰线 100	m	—	106.000	—	—	—
	120501003	石材装饰线 150	m	—	—	106.000	106.000	—
	120501005	石材装饰线 350	m	—	—	—	—	106.000
	800100006	水泥砂浆 1：3	m^3	0.077	0.155	0.232	—	—
	040113001	白色硅酸盐水泥 32.5	t	0.001	0.002	0.002	—	—
	144135009	干粉型粘接剂	kg	34.125	68.250	102.375	—	—
	341101001	水	m^3	0.026	0.052	0.077	0.185	0.433
	101111001	不锈钢固定连接件	个	—	—	—	343.400	343.400
	030105017	不锈钢六角螺栓带螺母 M10 × 20	套	—	—	—	346.800	346.800
	144101006	云石胶	kg	—	—	—	0.193	0.193
	850103006	其他材料费（占材料费）	%	1.000	0.800	0.500	0.500	0.200
机械	990610010	灰浆搅拌机 200L	台班	0.014	0.028	0.042	—	—

工作内容：清理基层、调运砂浆，安装膨胀螺栓，钢筋网片制作、安装，线条切边磨细、钻孔开槽、穿丝固定，灌浆，擦缝等。

计量单位：100m

编号				15-56	15-57	15-58	15-59
项目				石材装饰线			
				锚固灌浆挂贴			
				宽度			
				≤ 100mm	≤ 150mm	≤ 200mm	≤ 350mm
名称			单位	消耗量			
人工	000301000	综合三类工	工日	13.812	15.069	16.389	18.690
材料	120501002	石材装饰线 100	m	106.000	—	—	—
	120501003	石材装饰线 150	m	—	106.000	—	—
	120501004	石材装饰线 200	m	—	—	106.000	—
	120501005	石材装饰线 350	m	—	—	—	106.000
	800100004	水泥砂浆 1∶2.5	m^3	0.309	0.464	0.618	1.082
	031509001	铁件（综合）	kg	10.649	10.649	10.649	10.649
	030107038	膨胀螺栓 M10×80	套	172.298	172.298	172.298	172.298
	010901012	圆钢 ϕ8	t	0.038	0.040	0.043	0.051
	014103001	紫铜丝 T2 ϕ1～4	kg	2.101	2.101	2.101	2.101
	040113001	白色硅酸盐水泥 32.5	t	0.002	0.002	0.003	0.005
	031301008	低碳钢焊条 J422（综合）	kg	0.151	0.227	0.304	0.304
	341101001	水	m^3	0.130	0.194	0.260	0.452
	850103006	其他材料费（占材料费）	%	0.500	0.400	0.400	0.200
机械	990610010	灰浆搅拌机 200L	台班	0.056	0.083	0.111	0.194
	990701040	钢筋调直机 40mm	台班	0.015	0.016	0.017	0.020
	990702010	钢筋切断机 40mm	台班	0.015	0.016	0.017	0.020
	990901020	交流弧焊机 32kV·A	台班	0.006	0.010	0.013	0.013

4. 其他装饰线

工作内容： 清理基层、调运砂浆，线条切边磨细、浸板，砂浆打底，刷素水泥浆，粘贴线条，擦缝等。

计量单位： 100m

编号				15-60	15-61	15-62
项目				瓷砖装饰线条		
				砂浆粘贴		
				角线	平线	
					≤ 80mm	≤ 100mm
名称			单位	消耗量		
人工	000301000	综合三类工	工日	5.500	5.600	5.800
材料	120505001	白瓷砖角线 *L*200	块	530.000	—	—
	070105001	瓷腰线砖（带花）200 × 70	块	—	530.000	—
	070105002	瓷腰线砖（带花）200 × 90	块	—	—	530.000
	800100006	水泥砂浆 1：3	m^3	0.060	0.120	0.150
	801103004	素水泥浆	m^3	0.004	0.007	0.009
	800100001	水泥砂浆 1：1	m^3	0.014	0.029	0.037
	144100001	建筑胶	kg	0.870	1.730	2.220
	040113001	白色硅酸盐水泥 32.5	t	0.001	0.001	0.001
	341101001	水	m^3	0.087	0.173	0.222
	850103006	其他材料费（占材料费）	%	5.000	2.000	1.000

工作内容： 定位、划线、安装线条、接角等。

计量单位： 100m

编号				15-63	15-64	15-65	15-66
项目				石膏装饰线			
				石膏平面线（宽度 mm）			
				≤ 50	≤ 100	≤ 150	≤ 200
名称			单位	消耗量			
人工	000301000	综合三类工	工日	2.690	2.970	3.530	3.850
材料	120701001	石膏平线 50	m	1.060	—	—	—
	120701002	石膏平线 100	m	—	106.000	—	—
	120701003	石膏平线 150	m	—	—	106.000	—
	120701004	石膏平线 200	m	—	—	—	1.060
	120711001	快粘粉	kg	12.750	25.500	38.250	51.000
	030103046	镀锌自攻螺钉 ST4 × 30	个	400.000	400.000	400.000	400.000
	341101001	水	m^3	0.010	0.020	0.030	0.040

工作内容：定位、划线、安装线条、接角等。 **计量单位：**100m

编 号				15-67	15-68	15-69	15-70
项 目				石膏装饰线			
				石膏阴阳脚线（宽度 mm）			
				≤ 50	≤ 100	≤ 150	≤ 200
名 称			单位	消 耗 量			
人工	000301000	综合三类工	工日	3.410	3.410	3.880	4.230
材料	120703001	石膏角线 50	100m	1.060	—	—	—
	120703002	石膏角线 100	100m	—	1.060	—	—
	120703003	石膏角线 150	100m	—	—	1.060	—
	120703004	石膏角线 200	100m	—	—	—	1.060
	120711001	快粘粉	kg	30.600	61.200	91.800	122.400
	030103046	镀锌自攻螺钉 ST4 × 30	个	800.000	800.000	800.000	800.000
	341101001	水	m^3	0.024	0.040	0.057	0.960

工作内容：定位、划线、打眼、下木楔子、安装角花或灯盘等。 **计量单位：**10 个

编 号				15-71	15-72	15-73	15-74
项 目				石膏角花	石膏灯盘（直径 mm）		
					≤ 500	≤ 1000	≤ 1500
名 称			单位	消 耗 量			
人工	000301000	综合三类工	工日	1.080	2.300	3.160	3.670
材料	120705001	石膏造型角 500 × 500	个	10.600	—	—	—
	120711001	快粘粉	kg	2.300	5.000	20.000	45.000
	341101001	水	m^3	0.002	0.004	0.015	0.002
	030103042	镀锌自攻螺钉 ST4～6 × 10～16	10 个	—	5.000	10.000	15.000
	250105002	石膏灯盘 ϕ500	个	—	10.600	—	—
	250105003	石膏灯盘 ϕ1000	个	—	—	10.600	—
	250105004	石膏灯盘 ϕ1500	个	—	—	—	10.600

工作内容： 1. 玻璃镜面装饰线条：定位、划线、切割线条、安装线条等。
2. 聚氯乙烯装饰线条：定位、划线、安装线条等。 **计量单位：** 100m

编　号				15-75	15-76
项　目				玻璃镜面装饰线条	聚氯乙烯装饰线条
名　称			单位	消　耗　量	
人工	000301000	综合三类工	工日	2.924	1.780
材料	062527003	镜面玻璃 δ5	m^2	5.300	—
	144309002	玻璃胶 300mL	支	10.500	—
	144303004	胶带纸 宽 30mm 单面胶	m	78.750	—
	120905001	聚氯乙烯阴、阳角线 50 × 50	m	—	106.000
	144307005	万能胶 1kg/瓶	kg	—	2.100

工作内容： 清理基层、定位、焊接预埋铁件、安装线条、嵌缝等。 **计量单位：** 100m

编　号				15-77	15-78	15-79	15-80
项　目				欧式装饰线			
				外挂檐口板		外挂腰线板	
				宽 × 高（mm）			
				≤ 550 × 550	＞ 550 × 550	≤ 400 × 400	＞ 400 × 400
名　称			单位	消　耗　量			
人工	000301000	综合三类工	工日	18.700	29.900	14.300	18.500
材料	095103003	GRC 欧式外挂檐口线板 550 × 550 以内	m	102.000	—	—	—
	095103004	GRC 欧式外挂檐口线板 550 × 550 以外	m	—	102.000	—	—
	095103007	欧式 GRC 装饰线条 400 × 400 以内	m	—	—	102.000	—
	095103008	欧式 GRC 装饰线条 400 × 400 以外	m	—	—	—	102.000
	031509001	铁件（综合）	kg	476.100	740.800	261.230	476.100
	031301008	低碳钢焊条 J422（综合）	kg	24.200	45.400	16.790	24.200
	144115003	108 胶	kg	27.000	37.200	20.000	25.800
	800100004	水泥砂浆 1 : 2.5	m^3	0.200	0.180	0.100	0.130
	850103006	其他材料费（占材料费）	%	1.500	1.500	1.500	1.500
机械	990901010	交流弧焊机 21kV · A	台班	1.019	1.911	0.707	1.019

工作内容：清理基层、定位、焊接预埋铁件、安装线条、嵌缝等。　　**计量单位：**100 件

编　号				15-81	15-82	15-83	15-84
项　目				欧式装饰线			
				山花浮雕		门窗头拱型雕刻	
				宽 × 高（mm）			
				≤ 1200 × 400	> 1200 × 400	≤ 1500 × 540	> 1500 × 540
名　称			单位	消　耗　量			
人工	000301000	综合三类工	工日	8.900	14.600	35.200	53.700
材料	095105001	GRC 山花浮雕 1200 × 400 以内	件	102.000	—	—	—
	095105002	GRC 山花浮雕 1200 × 400 以外	件	—	102.000	—	—
	095103001	GRC 拱形雕刻门窗头装饰 1500 × 540 以内	件	—	—	102.000	—
	095103002	GRC 拱形雕刻门窗头装饰 1500 × 540 以外	件	—	—	—	102.000
	031509001	铁件（综合）	kg	42.000	56.000	9.800	18.200
	031301008	低碳钢焊条 J422（综合）	kg	15.100	20.100	35.200	65.400
	030107016	膨胀螺栓 M10	10 套	61.200	81.600	142.800	265.200
	144115003	108 胶	kg	40.000	50.000	108.000	135.000
	800100004	水泥砂浆 1 : 2.5	m^3	0.240	0.300	0.600	0.700
	850103006	其他材料费（占材料费）	%	1.500	1.500	1.500	1.500
机械	990901010	交流弧焊机 21kV · A	台班	0.636	0.846	1.481	2.753

三、扶手、栏杆、栏板装饰

1. 栏杆（带扶手）制作安装

工作内容：选料、放样、下料，制作、安装栏杆、扶手等。　　**计量单位：**10m

编号				15-85	15-86	15-87
项目				不锈钢栏杆		
				不锈钢扶手	塑料扶手	木扶手
名称			单位	消耗量		
人工	000301000	综合三类工	工日	4.696	3.854	6.569
材料	170723004	不锈钢装饰圆管 45×1.5	m	12.275	—	—
	170723005	不锈钢装饰圆管 63.5×2	m	10.600	—	—
	170723002	不锈钢装饰圆管 25.4×1.5	m	31.800	31.800	31.800
	170723003	不锈钢装饰圆管 38.1×1.5	m	—	12.275	12.275
	031303017	不锈钢焊丝（综合）	kg	0.803	0.803	0.803
	200305003	不锈钢法兰底座 $\phi63$	个	13.246	—	—
	142107001	环氧树脂	kg	0.193	0.193	0.193
	142911001	氩气	m^3	2.271	2.271	2.271
	340101003	钸钨棒	g	4.412	4.412	4.412
	122309001	塑料扶手	m	—	10.200	—
	011303001	镀锌扁钢（综合）	kg	—	12.811	12.811
	030103023	沉头木螺钉 $L30$	个	—	81.030	81.030
	200305002	不锈钢法兰底座 $\phi59$	个	—	13.246	13.246
	122303001	木扶手 宽 65	m	—	—	10.200
机械	990788010	金属面抛光机	台班	0.900	0.900	0.900
	990912010	氩弧焊机 500A	台班	0.900	0.900	0.900
	990747020	管子切断机 150mm	台班	1.600	1.500	1.500

工作内容：选料、放样、下料，制作、安装栏杆、扶手等。　　　　**计量单位：**10m

编　号				15-88	15-89	15-90
项　目				金属花饰栏杆	铁栏杆	
				木扶手		钢管扶手
名　称			单位	消　耗　量		
人工	000301000	综合三类工	工日	4.979	4.619	3.594
材料	122109005	铸铁楼梯栏杆铁花 3 片/m^2	m^2	9.302	—	—
	011100002	方钢 25 × 25	t	0.014	—	—
	011300001	扁钢（综合）	t	0.039	—	—
	130505010	红丹防锈漆	kg	0.331	—	—
	140509006	油漆溶剂油	kg	0.020	—	—
	142909001	氧气	m^3	0.277	—	—
	142907001	乙炔气	m^3	0.120	—	—
	122303001	木扶手 宽 65	m	10.200	10.200	—
	122109003	钢栏杆	kg	—	165.201	165.201
	030103023	沉头木螺钉 *L*30	个	81.029	81.029	—
	031301008	低碳钢焊条 J422（综合）	kg	3.629	0.490	0.730
	170101011	焊接钢管 *DN*50	kg	—	—	50.750
机械	990901010	交流弧焊机 21kV · A	台班	0.150	0.020	0.030
	990756010	钢材电动煨弯机 500mm 以内	台班	—	—	0.280

2. 成品栏杆、栏板、扶手安装

工作内容： 放样，拼装栏杆、栏板等。　　　　**计量单位：** 10m

编号				15-91	15-92	15-93	15-94	15-95
项目				栏板、栏杆（不带扶手）				
				全玻璃栏板	半玻璃栏板	不锈钢栏杆	金属花饰栏杆	木栏杆
名称			单位	消耗量				
人工	000301000	综合三类工	工日	3.384	3.384	2.529	2.790	1.233
材料	122105002	全玻璃栏板（成品）	m	10.200	—	—	—	—
	122105001	半玻璃栏板（成品）	m	—	10.200	—	—	—
	122107001	不锈钢栏杆（成品）	m	—	—	10.200	—	—
	122109002	金属花饰栏杆（成品）	m	—	—	—	10.200	—
	122111001	木栏杆（成品）	m	—	—	—	—	10.200
	142107001	环氧树脂	kg	0.300	0.300	0.190	—	—
	030105021	不锈钢六角机螺栓带一螺帽两垫圈 M6×25	套	34.000	34.000	—	34.000	—
	133501004	油灰	kg	15.320	10.210	—	—	—
	031303018	不锈钢氩弧焊丝（综合）	kg	0.380	0.380	0.400	—	—
	144309002	玻璃胶 300mL	支	4.340	1.470	—	—	—
	031509001	铁件（综合）	kg	3.810	—	—	—	49.250
	030103023	沉头木螺钉 *L*30	个	—	—	—	—	554.880
	142911001	氩气	m^3	—	1.130	1.130	1.250	—
	340101005	钍钨棒	g	—	20.200	20.200	15.150	—
	140103001	清油	kg	—	0.290	0.190	—	—
	011300001	扁钢（综合）	t	—	—	—	0.038	—
机械	990788010	金属面抛光机	台班	—	0.190	0.190	0.320	—
	990912010	氩弧焊机 500A	台班	—	0.190	0.190	0.320	—
	990901010	交流弧焊机 21kV·A	台班	—	—	—	0.010	—

工作内容：放样，拼装栏杆、栏板等。　　　　**计量单位：**10m

编　号				15-96	15-97
项　目				护窗栏杆（不带扶手）	
				不锈钢栏杆	木栏杆
名　称			单位	消　耗　量	
人工	000301000	综合三类工	工日	1.233	1.323
材料	122107001	不锈钢栏杆（成品）	m	10.200	—
	031303018	不锈钢氩弧焊丝（综合）	kg	0.390	—
	340101005	钍钨棒	g	18.890	—
	142911001	氩气	m^3	1.170	—
	133503007	硅酮耐候密封胶	kg	0.040	—
	122111001	木栏杆（成品）	m	—	10.200
	030103023	沉头木螺钉 *L*30	个	—	312.120
	031509001	铁件（综合）	kg	—	24.620
机械	990912010	氩弧焊机 500A	台班	0.050	—
	990788010	金属面抛光机	台班	0.050	—

工作内容：放样，安装扶手等。　　　　**计量单位：**10m

编　号				15-98	15-99	15-100	15-101	15-102
项　目				扶手				
				不锈钢	钢管	塑料	木质	石材
名　称			单位	消　耗　量				
人工	000301000	综合三类工	工日	4.077	3.033	1.935	2.322	2.187
材料	122301001	不锈钢扶手 ϕ60	m	10.200	—	—	—	—
	122311001	钢管扶手	m	—	10.200	—	—	—
	122309001	塑料扶手	m	—	—	10.200	—	—
	122303003	硬木扶手	m	—	—	—	10.200	—
	122305001	石材扶手	m	—	—	—	—	10.200
	031303018	不锈钢氩弧焊丝（综合）	kg	0.120	—	—	—	—
	142911001	氩气	m^3	0.370	—	—	—	—
	340101005	钍钨棒	g	10.100	—	—	—	—

续前

编号				15-98	15-99	15-100	15-101	15-102
项目				扶手				
				不锈钢	钢管	塑料	木质	石材
名称			单位	消耗量				
材料	142107001	环氧树脂	kg	0.120	—	—	0.120	0.200
	142907001	乙炔气	m^3	—	0.210	0.230	0.230	—
	031301005	低合金钢焊条 E43（综合）	kg	—	0.110	—	—	—
	011300001	扁钢（综合）	t	—	—	0.014	0.014	—
	030103022	沉头木螺钉 *L*25	个	—	—	68.000	—	—
	180913001	塑料堵头	个	—	—	5.950	—	—
	031301008	低碳钢焊条 J422（综合）	kg	—	—	0.210	0.210	—
	144307003	万能胶	kg	—	—	0.120	—	—
	030103033	镀锌沉头木螺钉 *L*40	个	—	—	—	68.000	—
	800100001	水泥砂浆 1：1	m^3	—	—	—	—	0.050
	010101002	热轧光圆钢筋 HPB300 ϕ10 以内	kg	—	—	—	—	1.000
机械	990912010	氩弧焊机 500A	台班	0.090	—	—	—	—
	990788010	金属面抛光机	台班	0.090	—	—	—	—
	990901020	交流弧焊机 32kV · A	台班	—	0.130	—	—	—

工作内容：放样，安装弯头等。　　　　**计量单位：**10 个

编号				15-103	15-104
项目				整体弯头	
				木质	石材
名称			单位	消耗量	
人工	000301000	综合三类工	工日	2.097	1.836
材料	122303004	硬木弯头 120 × 60	个	10.100	—
	031501007	圆钉	kg	0.120	—
	122305002	大理石弯头	只	—	10.100
	800100001	水泥砂浆 1：1	m^3	—	0.010

工作内容：放样，安装支架、扶手等。 计量单位：10m

编号				15-105	15-106	15-107	15-108	15-109
项目				靠墙扶手				
				不锈钢	铝合金	钢管	塑料	木质
名称			单位	消耗量				
人工	000301000	综合三类工	工日	6.120	2.907	2.907	3.483	3.285
材料	122301002	不锈钢钢靠墙扶手	m	10.200	—	—	—	—
	122311002	铝合金靠墙扶手	m	—	10.200	—	—	—
	170101008	焊接钢管 *DN*40	m	—	—	10.200	—	—
	122309002	塑料靠墙扶手	m	—	—	—	10.200	—
	122303002	木质靠墙扶手	m	—	—	—	—	10.200
	142107001	环氧树脂	kg	0.130	—	—	—	0.130
	031303018	不锈钢氩弧焊丝（综合）	kg	0.250	—	—	—	—
	142911001	氩气	m^3	0.740	—	—	—	—
	340101005	钍钨棒	g	1.370	—	—	—	—
	802101003	混凝土 C20	m^3	0.010	0.010	0.010	0.010	0.010
	030101006	铝抽芯铆钉	个	—	0.040	—	—	—
	290499007	金属支架	kg	—	—	0.630	—	—
	183125008	压制弯头 *DN*40	个	—	—	2.210	—	—
	031301008	低碳钢焊条 J422（综合）	kg	—	—	0.470	0.210	0.210
	180913001	塑料堵头	个	—	—	—	6.250	—
	030103025	沉头木螺钉 *L*35	个	—	—	—	35.020	35.020
	011300001	扁钢（综合）	t	—	—	—	0.014	0.014
	142907001	乙炔气	m^3	—	—	—	0.230	0.230
	144307003	万能胶	kg	—	—	—	0.120	—
机械	990912010	氩弧焊机 500A	台班	0.230	—	—	—	—
	990747020	管子切断机 150mm	台班	0.140	0.140	0.140	—	—
	990788010	金属面抛光机	台班	0.120	—	—	—	—
	990901010	交流弧焊机 21kV · A	台班	—	—	0.140	0.010	0.010

四、暖 气 罩

工作内容：下料、裁口、成型、安装、刷油漆等。　　　　**计量单位：**$10m^2$

编号				15-110	15-111	15-112	15-113
项目				暖气罩			
				柚木板	塑板面	胶合板	
				挂板式		平墙式	明式
名称			单位	消耗量			
人工	000301000	综合三类工	工日	4.828	3.812	5.001	5.272
材料	071300002	柚木企口板	m^2	0.244	—	—	—
	012101013	角钢 40×3	kg	38.181	38.181	—	—
	010100004	钢筋（综合）	kg	11.596	11.596	—	—
	120303005	铝合金压条 16×1.5	m	81.185	81.185	—	—
	030107056	塑料膨胀螺栓	套	125.460	125.460	—	65.790
	031301008	低碳钢焊条 J422（综合）	kg	1.326	1.326	—	—
	130115001	调和漆	kg	2.720	2.720	—	—
	130505001	防锈漆	kg	2.720	2.720	—	—
	144100002	胶粘剂	kg	0.641	0.735	—	—
	031519016	合金钢钻头	个	0.627	0.627	—	0.329
	341103001	电	kW·h	2.195	2.195	—	1.151
	090900001	塑料贴面板	m^2	—	11.760	—	—
	050401008	板枋材 松木	m^3	—	—	0.204	0.204
	050500003	胶合板 δ5	m^2	—	—	5.335	7.029
	011300002	扁钢（综合）	kg	—	—	3.026	3.026
	031505022	铝板网 1mm	m^2	—	—	2.710	2.710
	170300003	镀锌钢管（综合）	kg	—	—	7.130	7.130
	030103049	木螺钉（综合）	100个	—	—	1.316	1.316
	030339001	门轧头	只	—	—	16.320	16.320
机械	990706020	木工圆锯机 600mm	台班	0.040	—	0.050	0.080
	990713010	木工四面压刨床 300mm	台班	0.120	—	0.280	0.370
	990717010	木工裁口机 400mm	台班	0.070	—	0.130	0.210
	990901040	交流弧焊机 42kV·A	台班	0.060	0.060	—	—

工作内容： 1. 铝合金、钢板暖气罩：放样、截料、平直、焊接、铁件制作安装、刷油漆，铝合金面板、框装配、固定矫正等。
2. 成品暖气罩：成品矫正、安装、固定等。

计量单位： 见表

编号				15-114	15-115	15-116	15-117	15-118
项目				暖气罩				
				铝合金		钢板		成品
				平墙式	明式	平墙式	明式	
单位				10m²				10 个
名称			单位	消耗量				
人工	000301000	综合三类工	工日	4.553	5.829	2.234	3.916	0.495
材料	090503009	铝合金装饰板	m^2	10.500	15.748	—	—	—
	015101002	铝合金框料 $L25 \times 2$	m	45.239	81.957	—	—	—
	011300002	扁钢（综合）	kg	2.753	1.796	5.691	5.142	—
	012101013	角钢 40 × 3	kg	50.848	107.622	51.802	111.712	—
	030103029	镀锌螺钉	只	78.033	156.166	—	—	—
	031301008	低碳钢焊条 J422（综合）	kg	1.443	2.948	1.548	3.149	—
	130115001	调和漆	kg	0.293	0.596	0.907	1.670	—
	130505001	防锈漆	kg	0.293	0.596	0.907	1.670	—
	012927008	穿孔钢板 $\delta 1.5$	kg	—	—	99.549	172.004	—
	030107031	膨胀螺栓 M6 × 22	套	—	—	8.792	8.792	—
	031519016	合金钢钻头	个	—	—	0.044	0.044	—
	341103001	电	kW · h	—	—	0.154	0.154	—
	224933001	暖气罩（成品）600 × 1200	个	—	—	—	—	10.000
	030103049	木螺钉（综合）	100 个	1.981	4.587	—	—	0.648
机械	990901040	交流弧焊机 42kV · A	台班	0.060	0.120	0.070	0.220	—

五、浴厕配件

工作内容：1. 大理石洗漱台：定位、划线，钢架制作、刷防锈漆二遍、安装，大理石板安装等。
2. 大理石台面开孔：切割、磨边、成型、刨光等。

计量单位：见表

编号				15-119	15-120	15-121
项目				石材洗漱台		石材台面面盆
				≤ $1m^2$	> $1m^2$	开孔
单位				$10m^2$		个
名称			单位	消耗量		
人工	000301000	综合三类工	工日	17.129	15.681	0.190
材料	081713001	石材饰面板	m^2	10.600	10.600	—
	012101006	角钢 50	t	0.249	0.129	—
	012901025	热轧薄钢板 δ4.0	t	0.001	0.001	—
	030107038	膨胀螺栓 M10×80	套	12.240	13.260	—
	031301008	低碳钢焊条 J422（综合）	kg	6.972	3.612	—
	130505010	红丹防锈漆	kg	2.321	1.205	—
	140509006	油漆溶剂油	kg	0.237	0.124	—
	144135006	YJ-III 胶	kg	24.969	19.257	—
	144309002	玻璃胶 300mL	支	2.667	3.066	—
	031519016	合金钢钻头	个	5.400	2.300	—
	341103001	电	kW·h	0.280	0.308	1.378
	341101001	水	m^3	—	—	0.010
	031541007	石料切割锯片	片	—	—	0.028
机械	990901010	交流弧焊机 21kV·A	台班	0.290	0.150	—

工作内容：铺设油毡、木筋制作安装、钉基层板、镜面玻璃裁割、安装固定角铝等。 **计量单位：**10m²

编号				15-122	15-123	15-124	15-125
项目				盥洗室台镜			
				带框		不带框	
				≤1.0m²	>1.0m²	≤1.0m²	>1.0m²
名称			单位	消耗量			
人工	000301000	综合三类工	工日	3.771	2.888	2.032	1.843
材料	062527004	镜面玻璃 δ6	m²	11.800	11.800	—	—
	062527007	镜面玻璃 磨边 δ6	m²	—	—	10.200	10.200
	050500003	胶合板 δ5	m²	10.500	10.500	10.500	10.500
	100500001	木龙骨	m³	0.120	0.090	0.120	0.090
	144309002	玻璃胶 300mL	支	4.750	4.050	4.750	4.050
	031501012	圆钉 25 （1"）	kg	0.250	0.160	0.250	0.160
	030103025	沉头木螺钉 L35	个	321.000	211.000	321.000	211.000
	050301002	木材（成材）	m³	0.001	0.001	0.001	0.001
	144303014	双面强力弹性胶带	m	97.300	75.570	97.300	75.570
	120313002	铝合金角线 20×20×1.5	m	57.230	34.350	—	—
	030103048	镀锌自攻螺钉 ST5×20	个	377.000	226.000	—	—
	030103068	镀铬装饰螺钉	个	—	—	75.000	28.000
	850103006	其他材料费（占材料费）	%	1.000	1.000	1.000	1.000

工作内容： 1. 木质盥洗室镜箱：下料、制作、安装、固定等。
2. 塑料盥洗室镜箱：定位、划线、安装等。 **计量单位：** 见表

编号				15-126	15-127
项目				盥洗室镜箱	
				木质	塑料
单位				$10m^2$	个
名称			单位	消耗量	
人工	000301000	综合三类工	工日	13.518	0.117
材料	062527002	镜面玻璃 δ3	m^2	9.239	—
	021909001	塑料镜箱 560mm×320mm×130mm	个	—	1.010
	050500008	胶合板 δ18	m^2	20.992	—
	130501005	防火涂料	kg	3.730	—
	031501012	圆钉 25（1"）	kg	4.619	—
	030103025	沉头木螺钉 L35	个	339.864	10.500
	050301002	木材（成材）	m^3	0.118	0.001
	341103001	电	kW·h	22.410	0.140
	021913001	塑料胀塞	个	—	10.500
	850103006	其他材料费（占材料费）	%	1.000	2.000

工作内容： 钻孔、加楔、拧螺钉、固定等。 **计量单位：** 副

编号				15-128	15-129	15-130
项目				毛巾杆		毛巾环
				不锈钢	塑料	
名称			单位	消耗量		
人工	000301000	综合三类工	工日	0.039	0.019	0.016
材料	212111003	不锈钢毛巾架	副	1.010	—	—
	212111001	塑料毛巾架	副	—	1.010	—
	212111002	不锈钢毛巾环	套	—	—	1.010
	030103049	木螺钉（综合）	100个	0.082	0.041	0.020

工作内容：钻孔、加楔、拧螺钉、固定等。　　计量单位：副

编号				15-131	15-132
项目				浴帘杆	浴缸拉手
				不锈钢	
名称			单位	消耗量	
人工	000301000	综合三类工	工日	0.019	0.026
材料	030725001	不锈钢帘子杆（浴巾杆）	副	1.010	—
	030503001	浴缸拉手	副	—	1.010
	030103049	木螺钉（综合）	100个	0.082	0.082

工作内容：钻孔、加楔、拧螺钉、固定等。　　计量单位：只

编号				15-133	15-134	15-135
项目				肥皂盒		卫生纸盒
				搁放式	嵌入式	
名称			单位	消耗量		
人工	000301000	综合三类工	工日	0.017	0.292	0.031
材料	212113001	不锈钢肥皂盒	个	1.010	—	—
	212113002	瓷皂盒 普釉 150×150×130	件	—	1.010	—
	212115001	不锈钢卫生纸盒	个	—	—	1.010
	030103049	木螺钉（综合）	100个	0.020	—	0.041
	040113002	白色硅酸盐水泥 32.5	kg	—	—	0.155
	800100004	水泥砂浆 1：2.5	m^3	—	—	0.001

工作内容：定位、钻孔、加塑料胀塞、安装固定等。　　计量单位：套

编号				15-136	15-137
项目				晒衣架	晾衣绳
				不锈钢	
名称			单位	消耗量	
人工	000301000	综合三类工	工日	0.439	0.146
材料	212117002	不锈钢晾衣架（手拉）长 2000mm 三杆	套	1.010	—
	030103025	沉头木螺钉 *L*35	个	18.900	6.300
	021913001	塑料胀塞	个	18.900	6.300
	341103001	电	kW·h	0.420	0.140
	212117001	不锈钢壳晾衣绳 长 2600mm	套	—	1.010
	850103006	其他材料费（占材料费）	%	2.000	2.000

六、雨篷、旗杆

1. 雨　　篷

工作内容： 1. 简支式：定位、划线、打眼、安螺栓及预埋件，选配料、简支梁制作安装，临时固定校正，安装连接件及钢爪，安玻璃、打胶等。

2. 托架式、铝合金扣板：定位、划线、选料、下料、安装骨架或龙骨、拼装或安装面层等。

计量单位： 100m²

编　号				15-138	15-139	15-140
项　目				雨篷		
				夹胶玻璃简支式（点支式）	夹层玻璃托架式	铝合金扣板
		名　称	单位	消　耗　量		
人工	000301000	综合三类工	工日	81.133	79.538	50.711
材料	060901001	夹胶玻璃（采光天棚用）8＋0.76＋8	m²	103.000	103.000	—
	012315002	不锈钢型材	kg	1095.870	—	—
	030409002	幕墙用四爪挂件	套	66.993	—	—
	030407002	幕墙用二爪挂件	套	44.662	—	—
	030411001	幕墙用单爪挂件	套	17.180	—	—
	031509001	铁件（综合）	kg	389.089	—	—
	010501018	钢丝绳 ϕ146×19	m	72.112	—	—
	030105045	地脚螺栓 M24×500	套	131.835	—	—
	030105192	镀锌双头螺栓 M12×350	套	131.835	—	—
	031301008	低碳钢焊条 J422（综合）	kg	1.968	192.440	34.000
	031303017	不锈钢焊丝（综合）	kg	20.877	—	—
	142911001	氩气	m³	58.447	—	—
	340101003	钸钨棒	g	116.894	—	—
	012300003	型钢（综合）	t	—	5.334	—
	144111004	硅酮结构胶 300mL	支	—	85.720	—
	144309002	玻璃胶 300mL	支	—	76.650	—
	203305001	垫胶	kg	—	85.720	—
	130505001	防锈漆	kg	—	60.000	—
	140509006	油漆溶剂油	kg	—	3.100	—
	142909001	氧气	m³	—	68.330	—
	142907001	乙炔气	m³	—	29.710	—
	092901007	铝合金扣板	m²	—	—	108.330
	014901004	铝合金角铝（综合）	m	—	—	184.940
	041735005	镀锌波纹瓦	块	—	—	40.840
	012100001	角钢（综合）	t	—	—	1.142
	030101007	铝拉铆钉（综合）	100个	—	—	30.670
	030123001	镀锌钉钩	个	—	—	181.580
机械	990901010	交流弧焊机 21kV·A	台班	0.080	8.080	1.430
	990912010	氩弧焊机 500A	台班	23.190	—	—

工作内容：基层龙骨安装、面层安装、刷防护涂料等。 计量单位：100m²

编号				15-141	15-142
项目				雨篷吊顶	
				木龙骨	
				铝塑板	不锈钢板
名称			单位	消耗量	
人工	000301000	综合三类工	工日	44.883	45.504
材料	091101001	铝塑板 δ3	m^2	110.000	—
	144105004	立时得胶	kg	33.350	—
	144309001	玻璃胶（综合）	支	15.160	15.160
	100500001	木龙骨	m^3	1.040	1.040
	031501007	圆钉	kg	6.320	6.320
	130507001	防腐油	kg	10.890	10.890
	050500005	胶合板 δ9	m^2	101.050	101.050
	012913011	不锈钢板 δ1	m^2	—	118.000
	120303002	不锈钢压条 20×20×1.2	m	—	100.590
	030103059	木螺钉 d4×25	100个	—	24.811
	144135015	胶粘剂 SY-19	kg	—	1.010

2. 旗　　杆

工作内容：下料、焊接、材料搬运、预埋铁件、安装、抛光等。 计量单位：根

编号				15-143	15-144	15-145	15-146
项目				手动不锈钢旗杆			
				高度 9m	高度 12m	高度 15m	高度 18m
名称			单位	消耗量			
人工	000301000	综合三类工	工日	6.719	8.960	11.200	13.440
材料	170700007	不锈钢管 ϕ133	m	3.500	4.500	5.500	6.500
	170700006	不锈钢管 ϕ108	m	3.000	4.000	5.000	6.000
	170700005	不锈钢管 ϕ76	m	2.500	3.500	4.500	5.500
	123711001	旗杆球珠	个	1.000	1.000	1.000	1.000
	030355005	定滑轮	个	1.000	1.000	1.000	1.000
	031509001	铁件（综合）	kg	17.280	23.040	28.800	34.560
	031303017	不锈钢焊丝（综合）	kg	4.778	6.370	7.963	9.555
	030105221	高强螺栓	套	4.000	4.000	4.000	4.000
	140305002	柴油	kg	—	—	—	35.850
	850103006	其他材料费（占材料费）	%	1.500	1.500	1.500	1.500
机械	990912010	氩弧焊机 500A	台班	4.230	5.640	7.050	8.460

工作内容：安装、调试等。　　　　**计量单位：**套

编号				15-147	15-148
项目				旗帜电动升降系统	旗帜风动系统
名称			单位	消耗量	
人工	000301000	综合三类工	工日	0.450	0.900
材料	340915004	旗帜电动升降系统	套	1.000	—
	340915001	旗帜风动系统	套	—	1.000
	850103006	其他材料费（占材料费）	%	1.500	1.500

七、招牌、灯箱

1. 基　　层

工作内容：1. 木骨架：放样、下料、制作成型、刷防腐油、安装固定、成品校正等。
2. 钢骨架：放样、划线、下料、切割、平直、钻孔、拼接、焊接、补刷防锈漆、安装固定、成品校正等。

计量单位：见表

编号				15-149	15-150
项目				木骨架	型钢骨架
单位				100m^2	t
名称			单位	消耗量	
人工	000301000	综合三类工	工日	10.449	23.715
材料	100500001	木龙骨	m^3	2.036	—
	050500008	胶合板 δ18	m^2	31.500	—
	030107034	膨胀螺栓 M8×80	套	580.000	—
	031501010	圆钉 ϕ70 以内	kg	1.450	—
	130507001	防腐油	kg	5.530	—
	012101014	角钢 40×5	t	—	0.881
	012901021	热轧薄钢板 δ3.0	t	—	0.037
	170100017	焊接钢管（综合）	kg	—	142.040
	030105121	六角螺栓带螺母、垫圈 M8～10	套	—	424.320
	130505004	醇酸防锈漆 红丹	kg	—	0.880
	143511011	醇酸漆稀释剂	kg	—	0.090
	031301008	低碳钢焊条 J422（综合）	kg	—	24.540
	142909001	氧气	m^3	—	1.560
	142907001	乙炔气	m^3	—	0.680
机械	990304004	汽车式起重机 8t	台班	—	0.820
	990901010	交流弧焊机 21kV·A	台班	—	1.980

工作内容：定位、下料、钉贴基层板等。　　　　**计量单位**：100m²

编号				15-151	15-152
项目				基层	
				安装在木骨架上	安装在钢骨架上
				胶合板	
名称			单位	消耗量	
人工	000301000	综合三类工	工日	10.368	8.640
材料	050500008	胶合板 δ18	m^2	104.000	104.000
	031501010	圆钉 ϕ70 以内	kg	2.340	—
	144105002	聚醋酸乙烯乳液	kg	26.880	—
	050301002	木材（成材）	m^3	—	0.356
	030103043	镀锌自攻螺钉 ST4～6×20～35	个	—	3453.860

2. 面　　层

工作内容：定位、裁板、安装面层板等。　　　　**计量单位**：100m²

编号				15-153	15-154	15-155	15-156	15-157
项目				面层				
				镀锌薄钢板	玻璃钢瓦	铝扣板	亚克力板	透光彩灯箱布
名称			单位	消耗量				
人工	000301000	综合三类工	工日	7.299	6.012	16.344	10.665	2.196
材料	012907012	镀锌薄钢板 δ0.5	m^2	105.000	—	—	—	—
	092901007	铝合金扣板	m^2	—	—	105.000	—	—
	021700002	有机玻璃 δ6	m^2	—	—	—	105.000	—
	124123001	灯箱布	m^2	—	—	—	—	125.790
	031501010	圆钉 ϕ70 以内	kg	0.840	—	—	—	—
	031305002	焊锡	kg	2.100	—	—	—	—
	130121001	沥青漆	kg	4.200	—	—	—	—
	041727001	玻璃钢瓦 小波 1800×720	张	—	81.020	—	—	—
	030103043	镀锌自攻螺钉 ST4～6×20～35	个	—	1133.220	1516.670	3240.000	—
	144307003	万能胶	kg	—	—	—	32.400	—
	120311001	不锈钢角线 20×20×1.0	m	—	—	—	291.670	—

工作内容：定位、裁板、安装面层板等。 **计量单位：**100m²

编号				15-158	15-159	15-160	15-161	15-162
项目				面层				
				不锈钢饰面板	铝塑板	磨砂玻璃	防火板	柚木饰面板
名称			单位	消耗量				
人工	000301000	综合三类工	工日	10.053	12.636	13.365	12.798	6.048
材料	090501001	不锈钢饰面板 $\delta 1.0$	m²	105.000	—	—	—	—
	091101001	铝塑板 $\delta 3$	m²	—	105.000	—	—	—
	062507001	磨砂玻璃 $\delta 5$	m²	—	—	105.000	—	—
	050511002	防火胶板 $\delta 1.0$	m²	—	—	—	105.000	—
	050505001	胶合饰面板 泰柚	m²	—	—	—	—	105.000
	144307003	万能胶	kg	41.200	41.200	41.200	41.200	—
	120311001	不锈钢角线 20×20×1.0	m	—	—	291.670	—	—
	144105002	聚醋酸乙烯乳液	kg	—	—	—	—	30.000
	031502005	气排钉 *L*20 2000个/盒	盒	—	—	—	—	0.840
机械	991003010	电动空气压缩机 0.3m³/min	台班	—	—	—	—	0.140

八、美 术 字

1. 木 质 字

工作内容：字样排列、打眼、下木楔、拼装字样、成品校正、安装等。 **计量单位：**10个

编号				15-163	15-164	15-165	15-166	15-167	15-168
项目				木质字					
				≤0.2m²			≤0.5m²		
				混凝土面	块料面	其他面	混凝土面	块料面	其他面
名称			单位	消耗量					
人工	000301000	综合三类工	工日	2.318	1.739	1.449	2.512	2.705	2.415
材料	123911001	木质字 0.2m²以内	个	10.100	10.100	10.100	—	—	—
	123911002	木质字 0.5m²以内	个	—	—	—	10.100	10.100	10.100
	030103025	沉头木螺钉 *L*35	个	204.015	204.015	204.015	306.075	306.075	306.075
	031509001	铁件（综合）	kg	3.657	3.657	3.657	5.485	5.485	5.485
	050301002	木材（成材）	m³	0.002	0.002	0.002	0.003	0.003	0.003
	341103001	电	kW·h	0.840	0.840	—	1.120	1.120	—
	850103006	其他材料费（占材料费）	%	0.500	0.500	—	0.500	0.500	—

工作内容：字样排列、打眼、下木楔、拼装字样、成品校正、安装等。 **计量单位**：10个

编号				15-169	15-170	15-171
项目				木质字		
				≤1.0m²		
				混凝土面	块料面	其他面
名称			单位	消耗量		
人工	000301000	综合三类工	工日	4.250	3.767	2.898
材料	123911003	木质字 1.0m²以内	个	10.100	10.100	10.100
	341103001	电	kW·h	1.400	1.400	—
	030103025	沉头木螺钉 *L*35	个	408.030	408.030	408.030
	031509001	铁件（综合）	kg	7.086	7.121	7.121
	050301002	木材（成材）	m³	0.003	0.003	0.003
	850103006	其他材料费（占材料费）	%	0.500	0.500	—

2. 金 属 字

工作内容：字样排列、打眼、下木楔、拼装字样、成品校正、安装等。 **计量单位**：10个

编号				15-172	15-173	15-174	15-175	15-176	15-177
项目				金属字					
				≤0.2m²			≤0.5m²		
				混凝土面	块料面	其他面	混凝土面	块料面	其他面
名称			单位	消耗量					
人工	000301000	综合三类工	工日	1.903	1.565	1.266	2.956	2.435	2.193
材料	123915001	钛金字 0.2m²以内	个	10.100	10.100	10.100	—	—	—
	123915002	钛金字 0.5m²以内	个	—	—	—	10.100	10.100	10.100
	031509001	铁件（综合）	kg	2.405	2.405	2.405	3.368	3.368	3.368
	030103025	沉头木螺钉 *L*35	个	204.015	204.015	204.015	306.075	306.075	306.075
	050301002	木材（成材）	m³	0.002	0.002	0.002	0.003	0.003	0.003
	341103001	电	kW·h	0.840	0.840	—	1.120	1.120	—
	850103006	其他材料费（占材料费）	%	0.500	0.500	—	0.500	0.500	—

工作内容：字样排列、打眼、下木楔、拼装字样、成品校正、安装等。　　　　**计量单位：**10个

编号				15-178	15-179	15-180
项目				金属字		
				≤ $1.0m^2$		
				混凝土面	块料面	其他面
名称			单位	消耗量		
人工	000301000	综合三类工	工日	5.465	3.413	2.608
材料	123915003	钛金字 $1.0m^2$ 以内	个	10.100	10.100	10.100
	031509001	铁件（综合）	kg	4.811	4.811	4.811
	030103025	沉头木螺钉 *L*35	个	408.030	408.030	408.030
	050301002	木材（成材）	m^3	0.003	0.003	0.003
	341103001	电	kW·h	1.400	1.400	—
	850103006	其他材料费（占材料费）	%	0.500	0.500	—

工作内容：字样排列、打眼、下木楔、拼装字样、成品校正、安装等。　　　　**计量单位：**10个

编号				15-181	15-182	15-183	15-184
项目				金属字			
				≤ $2.0m^2$			≤ $4.0m^2$
				混凝土面	块料面	其他面	钢骨架上
名称			单位	消耗量			
人工	000301000	综合三类工	工日	4.207	3.753	2.869	10.591
材料	123915004	钛金字 $1.5m^2$ 以内	个	10.100	10.100	10.100	—
	123915005	钛金字 $4.0m^2$ 以内	个	—	—	—	10.100
	031509001	铁件（综合）	kg	7.217	7.217	7.217	—
	030103025	沉头木螺钉 *L*35	个	387.555	387.555	387.555	—
	050301002	木材（成材）	m^3	0.003	0.003	0.003	0.003
	030107035	膨胀螺栓 M8×80	10套	122.400	122.400	126.000	—
	341103001	电	kW·h	2.121	2.121	2.121	—
	030107033	膨胀螺栓 M8×60	10套	—	—	—	50.000
	850103006	其他材料费（占材料费）	%	0.500	0.500	0.500	—

3. 石　材　字

工作内容：字样排列、打眼、下木楔、拼装字样、成品校正、安装等。　　**计量单位：**10 个

编　号				15-185	15-186	15-187	15-188	15-189	15-190
项　目				石材字					
				≤ 0.2m²			≤ 0.5m²		
				混凝土面	块料面	其他面	混凝土面	块料面	其他面
名　称			单位	消　耗　量					
人工	000301000	综合三类工	工日	2.832	1.642	1.256	2.801	2.465	2.125
材料	123913001	石材字 0.2m² 以内	个	10.100	10.100	10.100	—	—	—
	123913002	石材字 0.5m² 以内	个	—	—	—	10.100	10.100	10.100
	144101006	云石胶	kg	15.918	15.918	15.918	39.795	39.795	39.795
	030103025	沉头木螺钉 *L*35	个	135.975	135.975	135.975	201.075	201.075	201.075
	050301002	木材（成材）	m³	0.002	0.002	0.002	0.003	0.003	0.003
	341103001	电	kW · h	0.840	0.840	—	1.120	1.120	—
	850103006	其他材料费（占材料费）	%	0.500	0.500	—	0.500	0.500	0.500

4. 聚氯乙烯字

工作内容：字样排列、打眼、下木楔、拼装字样、成品校正、安装等。　　**计量单位：**10 个

编　号				15-191	15-192	15-193	15-194	15-195	15-196
项　目				聚氯乙烯字					
				≤ 0.2m²			≤ 0.5m²		
				混凝土面	块料面	其他面	混凝土面	块料面	其他面
名　称			单位	消　耗　量					
人工	000301000	综合三类工	工日	2.832	1.642	1.256	2.801	2.465	2.125
材料	123901007	聚氯乙烯字 0.2m² 以内	个	10.100	10.100	10.100	—	—	—
	031501007	圆钉	kg	0.480	0.480	0.480	0.720	0.720	0.720
	144307003	万能胶	kg	0.240	0.240	0.240	0.710	0.710	0.710
	030103025	沉头木螺钉 *L*35	个	136.080	136.080	136.080	201.075	201.075	201.075
	050301002	木材（成材）	m³	0.002	0.002	0.002	0.003	0.003	0.003
	341103001	电	kW · h	0.304	0.304	—	0.604	0.604	—
	123901008	聚氯乙烯字 0.5m² 以内	个	—	—	—	10.100	10.100	10.100
	850103006	其他材料费（占材料费）	%	0.500	0.500	—	0.500	0.500	—

工作内容：字样排列、打眼、下木楔、拼装字样、成品校正、安装等。 **计量单位：**10个

编号				15-197	15-198	15-199
项目				聚氯乙烯字		
				≤1.0m²		
				混凝土面	块料面	其他面
名称			单位	消耗量		
人工	000301000	综合三类工	工日	5.178	3.284	2.801
材料	123901009	聚氯乙烯字 1.0m²以内	个	10.100	10.100	10.100
	030103025	沉头木螺钉 *L*35	个	272.003	272.003	272.003
	050301002	木材（成材）	m³	0.003	0.003	0.003
	341103001	电	kW·h	1.400	1.400	—
	144307005	万能胶 1kg/瓶	kg	1.386	1.386	1.386
	850103006	其他材料费（占材料费）	%	0.500	0.500	—

工作内容：字样排列、打眼、下木楔、拼装字样、成品校正、安装等。 **计量单位：**10个

编号				15-200	15-201	15-202	15-203
项目				聚氯乙烯字			
				≤2.0m²			≤4.0m²
				混凝土面	块料面	其他面	钢骨架上
名称			单位	消耗量			
人工	000301000	综合三类工	工日	3.990	3.612	3.083	10.276
材料	123901010	聚氯乙烯字 1.5m²以内	个	10.100	10.100	10.100	—
	123901011	聚氯乙烯字 4.0m²以内	个	—	—	—	10.100
	030103025	沉头木螺钉 *L*35	个	387.555	387.555	387.555	—
	030107036	膨胀螺栓 M8×100	套	91.800	91.800	91.800	—
	031509001	铁件（综合）	kg	7.650	7.650	7.650	—
	341103001	电	kW·h	1.592	1.592	1.592	—
	050301002	木材（成材）	m³	0.003	0.003	0.003	0.003
	030107032	膨胀螺栓 M8×60	套	—	—	—	50.000
	850103006	其他材料费（占材料费）	%	0.500	0.500	0.500	—

5. 亚克力字

工作内容： 字样排列、打眼、下木楔、拼装字样、成品校正、安装等。　　**计量单位：** 10 个

编号				15-204	15-205	15-206
项目				不发光亚克力字		
				≤ 1.0m²		
				混凝土面	块料面	其他面
名称			单位	消耗量		
人工	000301000	综合三类工	工日	3.826	3.478	2.982
材料	123901001	不发光亚克力字 1m² 以内	个	10.100	10.100	10.100
	031509001	铁件（综合）	kg	4.811	4.811	4.811
	030103025	沉头木螺钉 *L*35	个	407.999	407.999	407.999
	050301002	木材（成材）	m³	0.003	0.003	0.003
	144307005	万能胶 1kg/瓶	kg	1.320	1.386	1.386
	341103001	电	kW · h	1.400	1.592	—
	850103006	其他材料费（占材料费）	%	0.500	0.500	—

工作内容： 字样排列、打眼、下木楔、拼装字样、成品校正、安装等。　　**计量单位：** 10 个

编号				15-207	15-208	15-209	15-210
项目				不发光亚克力字			
				≤ 2.0m²			≤ 4.0m²
				混凝土面	块料面	其他面	钢骨架上
名称			单位	消耗量			
人工	000301000	综合三类工	工日	4.208	3.826	2.869	10.871
材料	123901002	不发光亚克力字 2m² 以内	个	10.100	10.100	10.100	—
	123901003	不发光亚克力字 4m² 以内	个	—	—	—	10.100
	050301002	木材（成材）	m³	0.003	0.003	0.003	0.003
	031509001	铁件（综合）	kg	7.217	7.217	7.217	—
	030103025	沉头木螺钉 *L*35	个	513.597	513.597	513.597	—
	341103001	电	kW · h	1.611	1.611	1.611	—
	030107032	膨胀螺栓 M8 × 60	套	—	—	—	50.000
	850103006	其他材料费（占材料费）	%	0.500	0.500	0.500	—

工作内容：字样排列、打眼、下木楔、拼装字样、成品校正、安装等。　　　　**计量单位：**10个

编号				15-211	15-212	15-213
项目				发光亚克力字		
				≤1.0m²		
				混凝土面	块料面	其他面
名称			单位	消耗量		
人工	000301000	综合三类工	工日	4.208	3.826	3.280
材料	123901004	发光亚克力字 1m²以内	个	10.100	10.100	10.100
	031509001	铁件（综合）	kg	4.811	4.811	4.811
	030103025	沉头木螺钉 *L*35	个	407.999	407.999	407.999
	050301002	木材（成材）	m³	0.003	0.003	0.003
	341103001	电	kW·h	1.400	1.400	—
	144307005	万能胶 1kg/瓶	kg	1.386	1.386	1.386
	850103006	其他材料费（占材料费）	%	0.500	0.500	—

工作内容：字样排列、打眼、下木楔、拼装字样、成品校正、安装等。　　　　**计量单位：**10个

编号				15-214	15-215	15-216	15-217
项目				发光亚克力字			
				≤2.0m²			≤4.0m²
				混凝土面	块料面	其他面	钢骨架上
名称			单位	消耗量			
人工	000301000	综合三类工	工日	4.628	4.208	3.154	10.871
材料	123901005	发光亚克力字 2m²以内	个	10.100	10.100	10.100	—
	123901006	发光亚克力字 4m²以内	个	—	—	—	10.100
	031509001	铁件（综合）	kg	7.217	7.217	7.217	—
	030103025	沉头木螺钉 *L*35	个	513.597	513.597	513.597	—
	050301002	木材（成材）	m³	0.003	0.003	0.003	0.003
	341103001	电	kW·h	1.611	1.611	1.611	—
	030107032	膨胀螺栓 M8×60	套	—	—	—	50.000
	850103006	其他材料费（占材料费）	%	0.500	0.500	0.500	—

九、石材、瓷砖加工

1. 石材磨边、切割

工作内容：1. 磨边：磨边、抛光等。
2. 切割，倒角：切割、抛光等。
3. 磨圆边：粘板、磨边、成型、抛光等。

计量单位：100m

编　号				15-218	15-219	15-220	15-221	15-222
项　目				磨边	切割	倒角	磨制、抛光	
							半圆边	加厚半圆边
名　称			单位	消　耗　量				
人工	000301000	综合三类工	工日	3.636	4.851	6.057	9.720	25.262
材料	341101001	水	m^3	0.230	0.230	0.230	0.350	0.350
	081715003	石材抛光片	片	—	—	—	2.640	3.560
	031101001	砂轮片（综合）	片	—	—	—	1.760	2.370
	341103001	电	kW · h	—	—	—	15.300	15.300

2. 石 材 开 槽

工作内容：开槽、抛光等。

计量单位：100m

编　号				15-223	15-224	15-225
项　目				开槽（断面面积）		
				≤ $30mm^2$	≤ $100mm^2$	≤ $200mm^2$
名　称			单位	消　耗　量		
人工	000301000	综合三类工	工日	3.600	10.800	12.600
材料	031541007	石料切割锯片	片	3.520	—	—
	341103001	电	kW · h	15.300	—	—
	341101001	水	m^3	0.230	0.230	0.230
机械	990796020	开槽机	台班	—	2.000	2.000

3. 石 材 开 孔

工作内容：切割等。　　　　计量单位：100 个

编　　号				15-226	15-227	15-228
项　　目				开孔（周长）		
				≤400mm	≤800mm	≤1000mm
名　　称			单位	消　耗　量		
人工	000301000	综合三类工	工日	2.513	2.123	6.282
材料	341101001	水	m^3	0.230	0.230	0.230
	031541007	石料切割锯片	片	0.950	1.900	2.370
	341103001	电	kW·h	6.120	12.240	15.300

4. 瓷砖倒角、开孔

工作内容：1. 切割，倒角：切割、抛光等。
　　　　　2. 开孔：切割等。　　　　计量单位：见表

编　　号				15-229	15-230	15-231	15-232	15-233
项　　目				切割	倒角	开孔（周长）		
						≤400mm	≤800mm	≤1000mm
单　　位				100m		100 个		
名　　称			单位	消　耗　量				
人工	000301000	综合三类工	工日	2.907	3.294	1.508	3.015	3.769
材料	341101001	水	m^3	0.230	0.230	0.230	0.230	0.230
	031541007	石料切割锯片	片	—	—	0.700	1.410	1.760
	341103001	电	kW·h	—	—	6.120	12.240	15.300

第十六章

拆除工程

说 明

一、本章定额适用于房屋工程施工过程中及二次装修前的拆除工程。

二、本章包括砌体拆除，混凝土及钢筋混凝土构件拆除，抹灰层铲除，块料面层铲除，龙骨及饰面拆除，油漆涂料裱糊面铲除，栏杆扶手拆除，门窗拆除，管道拆除，卫生洁具拆除，一般灯具拆除，其他构配件拆除和楼层运出垃圾、建筑垃圾外运共十三部分。

三、采用控制爆破拆除或机械整体性拆除者，另行处理。

四、本章拆除均按非保护性拆除考虑，如需要采取保护性拆除以及利用拆除后的旧材料抵减拆除人工费者，由发包方与承包方协商处理。

五、本章定额消耗量除说明者外不分人工或机械操作，均按定额执行。

六、墙体凿门窗洞口者套用相应墙体拆除项目，洞口面积在 $0.5m^2$ 以内者，相应项目的人工乘以系数 3.0，洞口面积在 $1.0m^2$ 以内者，相应项目的人工乘以系数 2.4。

七、混凝土构件拆除机械按风炮机编制，如采用切割机械无损拆除局部混凝土构件，另按无损切割项目执行。

八、地面抹灰层与块料面层铲除不包括找平层，如需铲除找平层者，每 $10m^2$ 增加人工 0.20 工日。楼梯面层拆除按相应楼地面拆除项目乘以系数 1.65。

九、拆除带支架防静电地板按带龙骨木地板项目人工乘以系数 1.30。

十、整樘门窗、门窗框及钢门窗拆除，按每樘面积 $2.5m^2$ 以内考虑，面积在 $4m^2$ 以内者，人工乘以系数 1.30；面积超过 $4m^2$ 者，人工乘以系数 1.50。

十一、钢筋混凝土构件拆除按起重机械配合拆除考虑，实际使用机械与定额取定机械型号规格不同者，按定额执行。

十二、楼层运出垃圾其垂直运输机械不分卷扬机、施工电梯或塔吊，均按定额执行，如采用人力运输，每 $10m^3$ 按垂直运输距离每 5m 增加人工 0.78 工日，并取消楼层运出垃圾项目中相应的机械费。

十三、屋面细石混凝土拆除执行混凝土地面项目。

十四、本章未考虑建筑垃圾外运等内容，如发生时另行计算。

工程量计算规则

一、墙体拆除：各种墙体拆除按实拆墙体体积计算，不扣除 0.30m^2 以内孔洞和构件所占的体积。隔墙及隔断的拆除按实拆面积计算。

二、钢筋混凝土构件拆除：混凝土及钢筋混凝土的拆除按实拆体积计算，楼梯拆除按水平投影面积计算，无损切割按切割构件断面面积计算，钻芯按实钻孔数以数量计算。

三、抹灰层铲除：楼地面、墙柱面、天棚面抹灰层铲除均按实际铲除面积计算；踢脚线按实际铲除长度计算。

四、块料面层铲除：各种块料面层铲除均按实际铲除面积计算。楼梯面层拆除按楼梯水平投影面积计算，不扣除 $\leqslant$ 500mm 以内的楼梯井。

五、龙骨及饰面拆除：各种龙骨及饰面拆除均按实拆投影面积计算。

六、油漆涂料裱糊面铲除：油漆涂料裱糊面层铲除均按实际铲除面积计算。

七、栏杆扶手拆除：栏杆扶手拆除均按实拆长度计算。

八、门窗拆除：门窗拆除均按实拆数量计算。

九、管道拆除：管道拆除按实拆长度计算。

十、卫生洁具拆除：卫生洁具拆除按实拆数量计算。

十一、灯具拆除：各种灯具、插座拆除均按实拆数量计算。

十二、其他构配件拆除：暖气罩、嵌入式柜体拆除按正立面边框外围尺寸垂直投影面积计算，窗台板拆除按实拆长度计算，筒子板拆除按洞口内侧长度计算，窗帘盒、窗帘轨拆除按实拆长度计算，干挂石材骨架拆除按拆除构件的质量计算，干挂预埋件拆除按实拆数量计算，防火隔离带按实拆长度计算。

十三、建筑垃圾外运按虚方体积计算。

一、砌 体 拆 除

工作内容：墙体拆除，废渣废料清理归堆。 **计量单位：**$10m^3$

编 号				16-1	16-2	16-3	16-4
项 目				实心砖			多孔砖
				眠墙	空心斗墙	实心斗墙	
名 称			单位	消 耗 量			
人工	000101000	综合一类工	工日	7.663	4.495	6.123	6.080

注：包括墙体与墙皮以及墙上原有门窗的拆除。

工作内容：墙体拆除，废渣废料清理归堆。 **计量单位：**见表

编 号				16-5	16-6	16-7	16-8
项 目				多孔砖空心砌块墙	加气混凝土砌块墙	轻质墙板墙	石膏板隔断墙
单 位				$10m^3$		$10m^2$	
名 称			单位	消 耗 量			
人工	000101000	综合一类工	工日	4.590	4.850	0.530	0.990

注：包括墙体与墙皮以及墙上原有门窗的拆除。

二、混凝土及钢筋混凝土构件拆除

1. 预制钢筋混凝土构件拆除

工作内容：钢筋混凝土拆除，废渣废料清理归堆。 **计量单位：**见表

编 号				16-9	16-10	16-11	16-12
项 目				楼板	梁	小型构件	楼梯
单 位				$10m^3$			$10m^2$
名 称			单位	消 耗 量			
人工	000101000	综合一类工	工日	23.570	36.790	28.000	5.817

2. 现浇钢筋混凝土构件拆除

工作内容：钢筋混凝土拆除，废渣废料清理归堆。　　　　**计量单位：**$10m^3$

编号				16-13	16-14	16-15	16-16
项目				单梁	墙	柱	楼板
名称			单位	消耗量			
人工	000101000	综合一类工	工日	48.000	49.100	49.100	36.000
材料	341103001	电	kW·h	5.310	5.430	5.430	5.160

工作内容：钢筋混凝土拆除，废渣废料清理归堆。　　　　**计量单位：**见表

编号				16-17	16-18	16-19
项目				小型构件	楼梯	混凝土地面
单位				$10m^3$	$10m^2$	$10m^3$
名称			单位	消耗量		
人工	000101000	综合一类工	工日	40.000	9.550	32.000
材料	341103001	电	kW·h	2.980	7.340	2.030

工作内容：钢筋混凝土拆除，废渣废料清理归堆。　　　　**计量单位：**见表

编号				16-20	16-21	16-22	16-23	16-24
项目				无损切割	钻芯			
					钻孔深度			
					120mm以内	240mm以内	350mm以内	350mm以外
单位				m^2	10孔			
名称			单位	消耗量				
人工	000101000	综合一类工	工日	3.657	1.250	2.143	3.572	4.465
材料	031541006	切割锯片 ϕ1000	片	0.100	—	—	—	—
	031519025	合金钢钻头 ϕ100	个	—	0.140	0.290	0.420	0.480
	341103001	电	kW·h	—	1.470	2.520	4.200	5.250
机械	991240010	无损切割系统 32kV·A	台班	0.380	—	—	—	—

三、抹灰层铲除

工作内容：铲除砂浆面层，废渣废料清理归堆。 计量单位：见表

编号				16-25	16-26	16-27
项目				楼地面		
				水泥面层	现浇水磨石	水泥踢脚线
单位				$10m^2$		10m
名称			单位	消耗量		
人工	000101000	综合一类工	工日	1.591	3.178	0.354

工作内容：铲除砂浆面层，废渣废料清理归堆。 计量单位：$10m^2$

编号				16-28	16-29	16-30	16-31	16-32
项目				墙柱面			天棚面	
				石灰砂浆面	水泥及混合砂浆面	水刷石、干粘石面	石灰砂浆面	水泥及混合砂浆面
名称			单位	消耗量				
人工	000101000	综合一类工	工日	0.882	1.327	1.585	1.327	1.855

四、块料面层铲除

工作内容：铲除砂浆结合层、块料面层，废渣废料清理归堆。 计量单位：$10m^2$

编号				16-33	16-34	16-35	16-36	16-37
项目				楼地面			墙柱面	
				地面砖	石材面	陶瓷锦砖面	墙面砖及陶瓷面砖	石材面
名称			单位	消耗量				
人工	000101000	综合一类工	工日	0.780	0.920	0.810	0.790	0.940

五、龙骨及饰面拆除

工作内容：拆除龙骨、面层，废渣、废弃材料清理归堆。　　　　计量单位：10m²

编号				16-38	16-39	16-40	16-41	16-42	16-43
项目				楼地面			墙柱面		
				带龙骨木地板	不带龙骨木地板	塑胶地面	龙骨及护墙板	隔断板	墙面玻璃
名称			单位	消耗量					
人工	000101000	综合一类工	工日	0.486	0.333	0.438	0.720	0.450	0.438

工作内容：拆除龙骨、面层，废渣、废弃材料清理归堆。　　　　计量单位：10m²

编号				16-44	16-45	16-46	16-47
项目				天棚			
				木龙骨		金属龙骨	
				木质面	石膏面	金属面	石膏面
名称			单位	消耗量			
人工	000101000	综合一类工	工日	0.390	0.468	0.570	0.516

六、油漆涂料裱糊面铲除

工作内容：铲除，废弃材料清理归堆。　　　　计量单位：10m²

编号				16-48	16-49	16-50
项目				抹灰面油漆涂料	木材面油漆	撕墙纸
名称			单位	消耗量		
人工	000101000	综合一类工	工日	0.364	0.444	0.233

七、栏杆扶手拆除

工作内容：拆除，废弃材料清理归堆。　　　　计量单位：10m

编　号				16-51	16-52	16-53	16-54
项　目				木栏杆	金属栏杆	玻璃栏杆	靠墙扶手
名　称			单位	消　耗　量			
人工	000101000	综合一类工	工日	0.390	1.473	0.750	0.852

八、门 窗 拆 除

工作内容：拆除，废弃材料清理归堆。　　　　计量单位：见表

编　号				16-55	16-56	16-57	16-58	16-59
项　目				整樘门窗	门窗框	钢门窗	门扇	窗扇
单　位				10 樘			10 扇	
名　称			单位	消　耗　量				
人工	000101000	综合一类工	工日	1.945	1.753	2.917	0.294	0.246

注：1. 整樘门窗拆除包括门窗框及门扇的拆除。
　　2. 除钢门窗外，不分门窗材质均按相应项目执行。

九、管 道 拆 除

工作内容：拆除，废弃材料清理归堆。　　　　计量单位：10m

编　号				16-60	16-61	16-62
项　目				钢管拆除（mm）		
				ϕ50 以内	ϕ100 以内	ϕ100 以外
名　称			单位	消　耗　量		
人工	000101000	综合一类工	工日	0.240	0.384	0.468
机械	991236010	氧割机	台班	0.080	0.080	0.080

工作内容： 拆除，废弃材料清理归堆。　　　　**计量单位：** 10m

编　号				16-63	16-64	16-65
项　目				塑料管拆除（mm）		
				ϕ50 以内	ϕ100 以内	ϕ100 以外
名　称			单位	消　耗　量		
人工	000101000	综合一类工	工日	0.126	0.174	0.204

十、卫生洁具拆除

工作内容： 拆除，废弃材料清理归堆。　　　　**计量单位：** 10 套

编　号				16-66	16-67	16-68	16-69
项　目				坐式大便器	蹲式大便器	大便器水箱	挂式小便器
名　称			单位	消　耗　量			
人工	000101000	综合一类工	工日	2.641	3.962	0.708	1.327

工作内容： 拆除，废弃材料清理归堆。　　　　**计量单位：** 10 套

编　号				16-70	16-71	16-72	16-73
项　目				立式小便器	浴盆	沐浴器	脸盆
名　称			单位	消　耗　量			
人工	000101000	综合一类工	工日	0.444	3.061	1.201	1.020

十一、一般灯具拆除

工作内容： 拆除，废弃材料清理归堆。　　　　**计量单位：** 10 套（只）

编　号				16-74	16-75	16-76	16-77	16-78
项　目				吸顶灯	软线吊灯	吊链灯	壁灯	吊杆灯
名　称			单位	消　耗　量				
人工	000101000	综合一类工	工日	0.370	0.320	0.320	0.350	0.320

工作内容： 拆除，废弃材料清理归堆。　　　　**计量单位：** 10 套（只）

编　号				16-79	16-80	16-81	16-82	16-83
项　目				嵌入式筒灯	明开关	暗开关	明插座	暗插座
名　称			单位	消　耗　量				
人工	000101000	综合一类工	工日	0.350	0.320	0.350	0.320	0.350

十二、其他构配件拆除

工作内容：拆除，废弃材料清理归堆。 **计量单位：**见表

编 号				16-84	16-85	16-86	16-87	16-88	16-89
项 目				暖气罩拆除		嵌入式柜体拆除	窗台板拆除		筒子板拆除
				木质	金属		木质	石材瓷板	
单 位				10m²			10m		
名 称			单位	消 耗 量					
人工	000101000	综合一类工	工日	0.528	0.792	1.693	0.950	1.250	0.792

工作内容：拆除，废弃材料清理归堆。 **计量单位：**见表

编 号				16-90	16-91	16-92	16-93	16-94
项 目				窗帘盒拆除	窗帘轨拆除	干挂石材骨架拆除	干挂预埋件拆除	防火隔离带
单 位				10m		t	10 块	10m
名 称			单位	消 耗 量				
人工	000101000	综合一类工	工日	0.156	0.096	5.150	2.029	1.250
机械	991236010	氧割机	台班	—	—	1.200	—	—

十三、楼层运出垃圾、建筑垃圾外运

工作内容：建筑垃圾外运，楼层运出垃圾包括室外 20m 以内水平运输以及堆放。 **计量单位：**10m³

编 号				16-95	16-96	16-97	16-98
项 目				楼层运出垃圾		建筑垃圾外运	
				垂直运距 18m 以内	垂直运距每增加 1m	运距 5km 以内	每增加 1km
名 称			单位	消 耗 量			
人工	000101000	综合一类工	工日	8.040	—	1.550	—
机械	990506010	单笼施工电梯 1t 75m	台班	0.960	0.053	—	—
	990110010	轮胎式装载机 0.5m³	台班	—	—	0.800	—
	990402025	自卸汽车 8t	台班	—	—	0.444	0.036

第十七章

措 施 项 目

卷七十[illegible]

[illegible]題跋類

说　明

一、本章定额包括脚手架，垂直运输，建筑物超高增加费，大型机械设备进出场及安拆，施工排水、降水和补充项目共五部分。

二、建筑物檐高以设计室外地坪至檐口滴水高度（平屋顶系指屋面板底高度，斜屋面系指外墙外边线与斜屋面板底的交点）为准。突出主体建筑屋顶的楼梯间、电梯间、水箱间、屋面天窗等不计入檐口高度之内。

三、同一建筑物有不同檐高时，按建筑物的不同檐高纵向分割，分别计算建筑面积，并按各自的檐高执行相应子目。建筑物多种结构，按不同结构分别计算。

四、本定额按建筑面积计算垂直运输和超高降效。垂直运输和超高降效项目是按工程达到竣工验收标准的工作内容和范围编制的（即达到竣工使用标准）。在整个项目施工中，若主体和装饰不是同一个施工单位总承包，而分别由两个施工单位承包时，装饰工程的垂直运输和超高降效按装饰装修垂直运输定额和装饰装修超高降效定额计算；主体工程（屋面工程和保温工程属于主体范围）的垂直运输和超高降效按垂直运输定额和超高降效定额乘以 0.8 系数计算，若主体工程带部分装饰时（装饰不论大小、多少）的垂直运输和超高降效按垂直运输定额和超高降效定额乘以 0.9 系数计算。

五、脚手架工程：

1. 一般说明：

（1）本章脚手架定额子目是指施工需要的脚手架一次的搭、拆、运输及脚手架摊销的工料消耗。

（2）本章脚手架材料均按扣件式钢管脚手架编制，施工中采用其他材质脚手架时，均不换算或调整。

（3）各项脚手架消耗量中未包括脚手架基础加固。基础加固是指脚手架立杆下端以下或脚手架底座下皮以下的一切做法。

（4）室内凡计算了满堂脚手架，墙面装饰不再计算墙面粉饰脚手架，只按每 100m^2 墙面垂直投影面积增加改架综合用工 1.28 工日。

（5）整体满堂钢筋混凝土基础，凡其宽度在 3m 以上，深度在 1.5m 以上时，增加的工作平台按其底板面积计算满堂基础脚手架工程量。

（6）编制投标最高限价（标底）时按综合脚手架执行。

2. 综合脚手架：

（1）单层建筑综合脚手架适用于檐高 20m 以内的单层建筑工程。

（2）单层建筑工程执行单层建筑综合脚手架子目；二层及二层以上的建筑工程执行多层建筑综合脚手架子目；地下室部分执行地下室综合脚手架子目，地下室工程位于设计室外地坪以上部分超过层高一半者，其全部工程执行相应地上综合脚手架子目。

（3）综合脚手架中包括外墙砌筑及外墙粉饰、3.6m 以内的内墙砌筑及混凝土浇捣用脚手架以及内墙面和天棚粉饰脚手架，层高超过 3.6m 时，超过部分增套相应的子目，不足 1m 按 1m 计算。

（4）综合脚手架已综合考虑了常用架体类型。

（5）凡是按照建筑面积计算规范的有关规定未计入建筑面积的构件等不能执行综合脚手架者，可按单项脚手架另行计算。

3. 单项脚手架：

（1）建筑物外墙脚手架，设计室外地坪至檐口的砌筑高度在 15m 以内的按单排脚手架计算。砌筑高度在 15m 以外或砌筑高度虽不足 15m，但外墙门窗及装饰面积超过外墙表面积 60%时，执行双排脚手架项目。

（2）外脚手架消耗量中已综合斜道、上料平台、围护栏杆等。

（3）建筑物内墙砌筑脚手架，设计室内地坪至板底（或山墙高度的 1/2 处）的砌筑高度在 3.6m 以内的，执行里脚手架子目，砌筑高度在 3.6m 以外的，执行单排外脚手架子目。

（4）建筑物内墙抹灰、砌体高度在 3.6m 以内的执行里脚手架子目；抹灰高度在 3.6m 以外的，执行内墙面粉饰；砌筑高度在 3.6m 以外的，执行单排外脚手架；砌体高度超过 8m 的，执行双排外脚手架子目。

（5）围墙脚手架，室外地坪至围墙顶面的砌筑高度在 3.6m 以内的，按里脚手架计算；砌筑高度在 3.6m 以外的，执行单排外脚手架子目。

（6）石砌墙体，砌筑高度在 1.2m 以外时，执行双排外脚手架子目。

（7）混凝土基础、设备基础，凡距地坪高度在 1.2m 以外的，执行双排外脚手架子目。

（8）挑脚手架适用于外檐挑檐等部位的局部装饰。

（9）型钢外挑脚手架，用于悬挑宽度 ≤ 1.5m 的建筑物外围护双排脚手架。

（10）悬空脚手架适用于有露明屋架的屋面板勾缝、油漆或喷浆等部位。

（11）整体提升架适用于高层建筑的外墙施工。

（12）吊篮脚手架按外檐油漆、涂料类粉饰考虑，如幕墙施工使用吊篮脚手架，乘以系数 1.7。

（13）独立柱、现浇混凝土单（连续）梁执行双排外脚手架子目乘以系数 0.3。

4. 单独发包的装饰工程，按照单项脚手架相关子目执行。

六、垂直运输工程：

1. 垂直运输工作内容,包括单位工程在合理工期内完成全部工程项目所需要的垂直运输机械台班，不包括机械的场外往返运输、一次安装、拆除及路基铺垫和轨道铺拆等的费用。

2. 檐高 3.6m 以内的单层建筑，不计算垂直运输机械台班。

3. 垂直运输子目均按照层高 3.6m 以内考虑，超过 3.6m 者，应另计层高超高垂直运输增加费，每超过 1m，层高超高垂直运输增加费按超高部分建筑面积对应子目增加 10%，层高超高不足 1m 按 1m 计算。

4. 钢结构、预制混凝土结构的单层厂房，其构件按吊装子目考虑，不再计算垂直运输子目；多层钢结构医院、教学楼等钢结构工程执行商住楼钢结构工程。

5. 再次装饰装修利用已有电梯进行垂直运输或通过楼梯人力进行垂直运输的按实计算。

6. 型钢混凝土结构工程（筒中筒）的垂直运输执行剪力墙相应的定额子目。

7. 单独发包的装饰装修工程不分结构类型执行装修工程垂直运输子目。

七、建筑物超高增加费：

1. 建筑物超高增加费是指檐高超过 20m 的工程项目，人工和机械效率降低而增加的费用。

2. 单独发包的装饰装修工程不分结构类型执行装修工程超高增加费子目。

八、大型机械设备进出场及安装、拆除：

1. 大型机械设备进出场及安装、拆除费是指机械整体或分体自停放场地运至施工现场或由一个施工地点运至另一个施工地点，所发生的机械进出场运输和转移费用，以及机械在施工现场进行安装、拆卸所需的人工费、材料费、机械费、试运转费和安装所需的辅助设施的费用。

2. 塔式起重机及施工电梯基础：

（1）塔式起重机轨道铺拆以直线形为准，如铺设弧线形时，子目乘以系数 1.15。

（2）固定式基础适用于混凝土体积在 $60m^3$ 以内的塔式起重机基础，如超出者按实际混凝土工程、模板工程、钢筋工程分别计算工程量，按本定额第五章“混凝土及钢筋混凝土工程”相应子目执行。

（3）固定式基础如需打桩时，打桩费用另行计算。

3. 大型机械设备安装、拆除费：

（1）机械安拆费是安装、拆卸的一次性费用。

（2）机械安拆费中包括机械安装完毕后的试运转费用。

（3）柴油打桩机的安拆费中，已包括轨道的安拆费用。

（4）自升式塔式起重机安拆费按塔高 45m 确定，＞45m 且檐高 ≤200m，塔高每增高 10m，按相应子目增加费用 10%，尾数不足 10m 按 10m 计算。

4. 大型机械设备进出场费：

（1）进出场费中已包括往返一次的费用，其中回程费按单程运费的 25% 考虑。

（2）进出场费中已包括了臂杆、铲斗及附件、道木、道轨的运费。

（3）机械运输路途中的台班费，不另计取。

5. 大型机械现场的行使路线需修整铺垫时，其人工修整，可按实际计算。同一施工现场各建筑物之间的运输，子目按 100m 以内综合考虑，如转移距离超过 100m，在 300m 以内的，按相应场外运输费用乘以系数 0.3；在 500m 以内的，按相应场外运输费用乘以系数 0.6。大型机械行驶路线使用碎石零星铺垫按一次性摊销。

6. 回旋钻机大型机械进出场按照旋挖钻机进出场子目执行。

九、施工排水、降水：

1. 轻型井点以 50 根为一套，喷射井点以 30 根为一套，使用时累计根数轻型井点少于 25 根，喷射井点少于 15 根，使用费按相应子目乘以系数 0.7。

2. 井管间距应根据地质条件和施工降水要求，按施工组织设计确定，施工组织设计未考虑时，可按轻型井点管距 1.2m、喷射井点管距 2.5m 确定。

3. 直流深井降水成孔直径不同时，只调整相应的黄砂含量，其余不变；PVC-U 加筋管直径不同时，调整管材价格的同时，按管子周长的比例调整相应的密目网及铁丝。

4. 排水井分集水井和大口井两种。集水井子目按基坑内设置考虑，井深在 4m 以内，按本子目计算。如井深超过 4m，子目按比例调整。大口井按井管直径分两种规格，抽水结束时回填大口井的人工和材料未包括在消耗量内，实际发生时应另行计算。

工程量计算规则

一、脚手架工程：

1. 综合脚手架按设计图示尺寸以建筑面积计算。

2. 单项脚手架：

（1）外脚手架分不同墙高，按外墙外边线的凹凸（包括凸出阳台）总长度乘以设计室外地坪至外墙的顶板面或檐口的高度计算，有女儿墙者高度算至女儿墙顶面。地下室外墙高度从设计室外地坪算至底板垫层底。如上层外墙或裙楼上有缩入的塔楼，工程量按上层缩入的面积计算，但套用项目时，项目步距的高度按由设计室外地坪至塔楼顶面计算。裙楼的高度应按设计室外地坪至裙楼顶面的高度计算，套用项目时按相应高度步距计算。屋面上的楼梯间、水池、电梯机房等的脚手架工程量应并入主体工程量内计算。同一建筑物檐口高度不同时，应按不同檐口高度分别计算。

（2）计算内、外墙脚手架时，均不扣除门、窗、洞口、空圈等所占面积。同一建筑物檐高不同时，应按不同檐高分别计算。

（3）里脚手架按墙面垂直投影面积计算。

（4）独立柱按设计图示尺寸，以结构外围周长另加 3.6m 乘以高度以面积计算。

（5）现浇钢筋混凝土梁按梁顶面至地面（或楼面）间的高度乘以梁净长以面积计算。

（6）满堂脚手架按室内净面积计算，其高度在 3.6～5.2m 之间时计算基本层，5.2m 以外，每增加 1.2m 计算一个增加层，不足 0.6m 按一个增加层乘以系数 0.5 计算。计算公式如下：

$$满堂脚手架增加层 = (室内净高 - 5.2)/1.2m$$

（7）活动脚手架按室内地面净面积计算，不扣除柱、垛、间壁墙所占面积。

（8）整体提升架按外墙外边线长度（含墙垛及附墙井道）乘以外墙高度（含女儿墙高度）以面积计算。

（9）单独斜道以外墙面积计算，不扣除门窗洞口面积。

（10）挑脚手架按搭设长度乘以层数以长度计算。

（11）型钢外挑脚手架按搭设长度乘以搭设高度以面积计算。

（12）悬空脚手架按搭设水平投影面积计算。

（13）吊篮脚手架按使用遍数乘以外墙垂直投影面积计算，不扣除门窗洞口所占面积；外墙使用吊篮遍数按外墙装饰施工工序的遍数计算。

（14）内墙面粉饰脚手架按内墙面垂直投影面积计算，不扣除门窗洞口所占面积。

（15）立挂式安全网按架网部分的实挂长度乘以实挂高度以面积计算。

（16）挑出式安全网按挑出的水平投影面积计算。

二、垂直运输工程：

1. 建筑物垂直运输机械台班用量，区分不同建筑物结构及檐高按建筑面积计算。建筑物下部地下室面积并入上部建筑物，连同上部建筑物一起执行垂直运输项目。

2. 独立地下室按建筑面积计算，高度按照设计室外标高至底板垫层底的高度计算。

三、建筑物超高增加费：

1. 建筑物超高增加费按建筑物超高部分的建筑面积计算。

四、大型机械设备进出场及安装、拆除：

1. 大型机械设备安装、拆除费按台次计算。

2. 大型机械设备进出场费按台次计算。

3. 塔式起重机按照单位工程或者单层建筑面积每 6000m^2/台累计计算台次数量；打桩机械以单位

工程分别计算各类机械台次数量；土方机械按照每 6000m^3/台分别累计计算各类机械台次数量。

五、施工排水、降水：

1. 轻型井点、喷射井点排水的井管安装、拆除以根为单位计算，使用以套 · 天计算；真空深井、自流深井排水的安装拆除以每口井计算，使用以每口井 · 天计算。

2. 使用天数以每昼夜（24h）为一天，并按施工组织设计要求的使用天数计算。

3. 集水井按设计图示数量以座计算，大口井按累计井深以长度计算。

六、单独发包的装饰装修工程：

1. 脚手架执行单项脚手架相关项目，计算规则同前“脚手架工程”。

2. 装饰工程垂直运输按照檐口高度不分结构类型以装饰装修部分的建筑面积计算，建筑物下部地下室面积并入上部建筑物面积，一同执行装饰装修垂直运输项目。

3. 装饰工程超高降效按照不同的檐口高度以高度超过 20m 的建筑面积计算。

一、脚　手　架

1. 综合脚手架

工作内容： 1. 脚手架基础硬化、排水沟等。
2. 场内、场外材料搬运。
3. 搭、拆脚手架、挡脚板、上下翻板子、挂安全网、刷油漆、检修维护等。
4. 拆除脚手架后材料的整理堆放。

计量单位： $100m^2$

编　号				17-1	17-2	17-3	17-4
项　目				单层建筑综合脚手架			
				建筑面积 $500m^2$ 以内	建筑面积 $1600m^2$ 以内		
					檐高 4.5m 以内	檐高 6m 以内	每增高 1m
名　称			单位	消　耗　量			
人工	000201000	综合二类工	工日	14.340	5.750	5.880	1.400
材料	350303001	脚手架钢管	kg	60.230	20.270	49.170	11.360
	350203002	扣件	个	24.250	10.420	19.910	4.740
	350319001	木脚手板	m^3	0.140	0.040	0.080	0.020
	350303003	脚手架钢管底座	个	0.410	0.470	0.250	0.040
	031507031	镀锌铁丝 ϕ4.0	kg	36.480	11.190	10.040	1.700
	031501007	圆钉	kg	5.220	2.310	3.410	0.220
	130505010	红丹防锈漆	kg	5.870	1.990	4.850	1.330
	140509006	油漆溶剂油	kg	0.520	0.150	0.420	0.120
	010501007	钢丝绳 ϕ8	m	0.250	—	0.230	0.110
	050100001	原木（综合）	m^3	0.001	—	0.001	—
	052501002	垫木 60×60×60	块	2.360	0.180	2.150	0.330
	120107001	防滑木条	m^3	0.001	0.002	0.001	—
	350304001	挡脚板	m^3	0.011	—	0.008	0.002
机械	990401025	载重汽车 6t	台班	0.170	0.100	0.110	0.020

工作内容： 1. 脚手架基础硬化、排水沟等。
2. 场内、场外材料搬运。
3. 搭、拆脚手架、挡脚板、上下翻板子、挂安全网、刷油漆、检修维护等。
4. 拆除脚手架后材料的整理堆放。

计量单位： 100m²

编号				17-5	17-6
项目				单层建筑综合脚手架	
				建筑面积 1600m² 以外	
				檐高 10m 以内	每增高 1m
名称			单位	消耗量	
人工	000201000	综合二类工	工日	5.490	0.710
材料	350303001	脚手架钢管	kg	46.110	6.360
	350203002	扣件	个	18.660	2.650
	350319001	木脚手板	m³	0.070	0.010
	350303003	脚手架钢管底座	个	0.240	0.020
	031507031	镀锌铁丝 ϕ4.0	kg	9.520	0.950
	031501007	圆钉	kg	3.710	0.130
	130505010	红丹防锈漆	kg	4.550	0.740
	140509006	油漆溶剂油	kg	0.400	0.070
	010501007	钢丝绳 ϕ8	m	0.220	0.060
	050100001	原木（综合）	m³	0.001	—
	052501002	垫木 60×60×60	块	2.000	0.180
	120107001	防滑木条	m³	0.001	—
	350304001	挡脚板	m³	0.008	0.001
机械	990401025	载重汽车 6t	台班	0.100	0.010

工作内容： 1. 脚手架基础硬化、排水沟等。
2. 场内、场外材料搬运。
3. 搭、拆脚手架、挡脚板、上下翻板子、挂安全网、刷油漆、检修维护等。
4. 拆除脚手架后材料的整理堆放。

计量单位： $100m^2$

编号				17-7	17-8
项目				多层建筑综合脚手架	
				砖混结构（檐高 m 以内）	
				20	30
名称			单位	消耗量	
人工	000201000	综合二类工	工日	7.840	10.260
材料	350303001	脚手架钢管	kg	37.750	66.160
	350203002	扣件	个	15.200	27.830
	350319001	木脚手板	m^3	0.080	0.110
	350303003	脚手架钢管底座	个	0.180	0.200
	031507031	镀锌铁丝 $\phi 4.0$	kg	9.040	10.270
	031501007	圆钉	kg	8.720	8.950
	130505010	红丹防锈漆	kg	3.700	8.260
	140509006	油漆溶剂油	kg	0.350	0.800
	010501007	钢丝绳 $\phi 8$	m	0.160	0.760
	050100001	原木（综合）	m^3	0.001	0.001
	052501002	垫木 60 × 60 × 60	块	1.530	1.270
	120107001	防滑木条	m^3	0.001	0.001
	350304001	挡脚板	m^3	0.006	0.007
机械	990401025	载重汽车 6t	台班	0.100	0.120

工作内容： 1. 脚手架基础硬化、排水沟等。
2. 场内、场外材料搬运。
3. 搭、拆脚手架、挡脚板、上下翻板子、挂安全网、刷油漆、检修维护等。
4. 拆除脚手架后材料的整理堆放。

计量单位： 100m²

编　号				17-9	17-10	17-11	17-12
项　目				多层建筑综合脚手架			
				现浇框架结构（檐高 m 以内）			
				20	30	50	70
名　称			单位	消　耗　量			
人工	000201000	综合二类工	工日	19.530	22.930	31.560	38.500
材料	350303001	脚手架钢管	kg	138.650	178.680	188.730	197.340
	350203002	扣件	个	55.660	73.470	77.720	81.360
	350319001	木脚手板	m^3	0.220	0.270	0.280	0.320
	350303003	脚手架钢管底座	个	0.740	0.770	0.700	0.720
	031507031	镀锌铁丝 ϕ4.0	kg	26.400	28.130	26.050	29.010
	031501007	圆钉	kg	8.830	9.160	8.870	8.970
	130505010	红丹防锈漆	kg	12.780	19.210	26.780	28.420
	140509006	油漆溶剂油	kg	1.100	1.740	2.440	2.600
	010501007	钢丝绳 ϕ8	m	0.610	1.450	1.760	1.950
	050100001	原木（综合）	m^3	0.001	0.001	0.001	0.001
	052501002	垫木 60×60×60	块	5.660	5.290	5.230	5.390
	120107001	防滑木条	m^3	0.003	0.003	0.003	0.003
	350304001	挡脚板	m^3	0.021	0.023	0.025	0.026
	011901003	槽钢 18#以外	kg	—	—	68.810	74.830
	010901009	圆钢 ϕ15～24	kg	—	—	13.420	14.590
	011300002	扁钢（综合）	kg	—	—	2.690	2.920
	170100009	钢管 *D*63	kg	—	—	0.750	0.820
	030105227	顶丝	个	—	—	2.690	2.920
	010501010	钢丝绳 ϕ12.5	m	—	—	1.400	1.520
	182508001	管卡子（钢管用） 20	个	—	—	1.000	1.090
	030105201	花篮螺栓 M6×250	套	—	—	0.250	0.270
	802101012	预拌混凝土 C20	m^3	—	—	0.004	0.004
	010100007	钢筋 ϕ10 以内	kg	—	—	0.100	0.110
	350325001	钢脚手板	kg	—	—	—	2.690
	350999004	提升装置及架体	套	—	—	—	0.040
机械	990401025	载重汽车 6t	台班	0.200	0.240	0.280	0.330

工作内容：1. 脚手架基础硬化、排水沟等。
2. 场内、场外材料搬运。
3. 搭、拆脚手架、挡脚板、上下翻板子、挂安全网、刷油漆、检修维护等。
4. 拆除脚手架后材料的整理堆放。

计量单位：100m²

编号				17-13	17-14	17-15	17-16	17-17	17-18
项目				多层建筑综合脚手架					
				现浇框架结构（檐高 m 以内）					
				90	110	120	130	140	150
名称			单位	消耗量					
人工	000201000	综合二类工	工日	41.600	45.500	46.570	49.940	51.280	53.170
材料	350303001	脚手架钢管	kg	214.330	235.750	241.660	260.130	267.520	277.860
	350203002	扣件	个	88.550	97.620	100.120	107.940	111.070	115.450
	350319001	木脚手板	m³	0.340	0.370	0.380	0.400	0.410	0.420
	350303003	脚手架钢管底座	个	0.760	0.800	0.820	0.860	0.870	0.890
	031507031	镀锌铁丝 ϕ4.0	kg	30.570	32.540	33.090	34.780	35.460	36.410
	031501007	圆钉	kg	9.190	9.450	9.520	9.750	9.840	9.970
	130505010	红丹防锈漆	kg	31.660	35.740	36.870	40.390	41.800	43.770
	140509006	油漆溶剂油	kg	2.900	3.280	3.380	3.710	3.840	4.020
	010501007	钢丝绳 ϕ8	m	2.190	2.490	2.580	2.840	2.940	3.090
	050100001	原木（综合）	m³	0.001	0.001	0.001	0.001	0.001	0.001
	052501002	垫木 60×60×60	块	5.690	6.060	6.170	6.490	6.620	6.800
	120107001	防滑木条	m³	0.004	0.004	0.004	0.004	0.004	0.005
	350304001	挡脚板	m³	0.027	0.030	0.031	0.033	0.034	0.035
	011901003	槽钢 18#以外	kg	86.700	101.660	105.790	118.690	123.860	131.080
	010901009	圆钢 ϕ15～24	kg	16.910	19.830	20.630	23.150	24.160	25.570
	011300002	扁钢（综合）	kg	3.390	3.970	4.130	4.630	4.840	5.120
	170100009	钢管 *D*63	kg	0.950	1.110	1.160	1.300	1.350	1.430
	030105227	顶丝	个	3.390	3.970	4.130	4.630	4.840	5.120
	010501010	钢丝绳 ϕ12.5	m	1.760	2.070	2.150	2.410	2.520	2.660
	182508001	管卡子（钢管用）20	个	1.260	1.480	1.540	1.720	1.800	1.900
	030105201	花篮螺栓 M6×250	套	0.310	0.370	0.380	0.430	0.450	0.480
	802101012	预拌混凝土 C20	m³	0.005	0.006	0.006	0.007	0.007	0.008
	010100007	钢筋 ϕ10 以内	kg	0.130	0.150	0.150	0.170	0.180	0.190
	350325001	钢脚手板	kg	2.690	2.690	2.690	2.690	2.690	2.690
	350999004	提升装置及架体	套	0.040	0.040	0.040	0.040	0.040	0.040
机械	990401025	载重汽车 6t	台班	0.350	0.360	0.380	0.390	0.400	0.430

工作内容： 1. 脚手架基础硬化、排水沟等。
2. 场内、场外材料搬运。
3. 搭、拆脚手架、挡脚板、上下翻板子、挂安全网、刷油漆、检修维护等。
4. 拆除脚手架后材料的整理堆放。

计量单位： 100m²

编号				17-19	17-20	17-21	17-22	17-23
项目				多层建筑综合脚手架				
				现浇框架结构（檐高 m 以内）				
				160	170	180	190	200
名称			单位	消耗量				
人工	000201000	综合二类工	工日	57.070	59.900	64.470	68.240	72.810
材料	350303001	脚手架钢管	kg	299.280	314.790	339.910	360.590	385.710
	350203002	扣件	个	124.520	131.080	141.710	150.470	161.100
	350319001	木脚手板	m^3	0.450	0.470	0.510	0.530	0.570
	350303003	脚手架钢管底座	个	0.940	0.970	1.030	1.070	1.130
	031507031	镀锌铁丝 ϕ4.0	kg	38.380	39.810	42.120	44.020	46.330
	031501007	圆钉	kg	10.240	10.430	10.740	10.990	11.300
	130505010	红丹防锈漆	kg	47.860	50.820	55.610	59.550	64.340
	140509006	油漆溶剂油	kg	4.400	4.680	5.120	5.490	5.930
	010501007	钢丝绳 ϕ8	m	3.390	3.610	3.960	4.250	4.610
	050100001	原木（综合）	m^3	0.001	0.001	0.001	0.001	0.001
	052501002	垫木 60×60×60	块	7.180	7.450	7.890	8.260	8.700
	120107001	防滑木条	m^3	0.005	0.005	0.006	0.006	0.006
	350304001	挡脚板	m^3	0.037	0.039	0.042	0.044	0.047
	011901003	槽钢 18#以外	kg	146.050	156.880	174.430	188.880	206.430
	010901009	圆钢 ϕ15～24	kg	28.480	30.600	34.020	36.840	40.260
	011300002	扁钢（综合）	kg	5.700	6.130	6.810	7.380	8.060
	170100009	钢管 *D*63	kg	1.600	1.720	1.910	2.070	2.260
	030105227	顶丝	个	5.700	6.130	6.810	7.380	8.060
	010501010	钢丝绳 ϕ12.5	m	2.970	3.190	3.550	3.840	4.200
	182508001	管卡子（钢管用）20	个	2.120	2.280	2.530	2.740	3.000
	030105201	花篮螺栓 M6×250	套	0.530	0.570	0.630	0.690	0.750
	802101012	预拌混凝土 C20	m^3	0.008	0.009	0.010	0.011	0.012
	010100007	钢筋 ϕ10 以内	kg	0.210	0.230	0.250	0.270	0.300
	350325001	钢脚手板	kg	2.690	2.690	2.690	2.690	2.690
	350999004	提升装置及架体	套	0.040	0.040	0.040	0.040	0.040
机械	990401025	载重汽车 6t	台班	0.440	0.470	0.470	0.500	0.530

工作内容：1. 脚手架基础硬化、排水沟等。
2. 场内、场外材料搬运。
3. 搭、拆脚手架、挡脚板、上下翻板子、挂安全网、刷油漆、检修维护等。
4. 拆除脚手架后材料的整理堆放。

计量单位：100m²

编号				17-24	17-25	17-26	17-27
项目				多层建筑综合脚手架			
				现浇剪力墙结构（檐高 m 以内）			
				30	50	70	90
名称			单位	消耗量			
人工	000201000	综合二类工	工日	14.130	21.990	27.300	30.530
材料	350303001	脚手架钢管	kg	120.310	141.100	142.580	160.310
	350203002	扣件	个	49.320	58.120	58.750	66.250
	350319001	木脚手板	m³	0.180	0.210	0.230	0.260
	350303003	脚手架钢管底座	个	0.530	0.530	0.530	0.570
	031507031	镀锌铁丝 $\phi4.0$	kg	19.120	19.230	21.400	23.030
	031501007	圆钉	kg	5.630	5.630	5.650	5.870
	130505010	红丹防锈漆	kg	12.690	20.040	20.320	23.700
	140509006	油漆溶剂油	kg	1.140	1.830	1.850	2.170
	010501007	钢丝绳 $\phi8$	m	0.920	1.320	1.410	1.660
	050100001	原木（综合）	m³	0.001	0.001	0.001	0.001
	052501002	垫木 60×60×60	块	3.700	3.930	3.950	4.260
	120107001	防滑木条	m³	0.001	0.002	0.002	0.003
	350304001	挡脚板	m³	0.020	0.018	0.019	0.021
	011901003	槽钢 18#以外	kg	—	51.610	52.640	65.020
	010901009	圆钢 $\phi15\sim24$	kg	—	10.070	10.270	12.680
	011300002	扁钢（综合）	kg	—	2.020	2.060	2.540
	170100009	钢管 $D63$	kg	—	0.560	0.580	0.710
	030105227	顶丝	个	—	2.020	2.060	2.540
	010501010	钢丝绳 $\phi12.5$	m	—	1.050	1.070	1.320
	182508001	管卡子（钢管用）20	个	—	0.750	0.760	0.940
	030105201	花篮螺栓 M6×250	套	—	0.190	0.190	0.240
	802101012	预拌混凝土 C20	m³	—	0.003	0.003	0.004
	010100007	钢筋 $\phi10$ 以内	kg	—	0.070	0.080	0.090
	350325001	钢脚手板	kg	—	—	2.520	2.520
	350999004	提升装置及架体	套	—	—	0.040	0.040
机械	990401025	载重汽车 6t	台班	0.150	0.150	0.250	0.270

工作内容：1. 脚手架基础硬化、排水沟等。
2. 场内、场外材料搬运。
3. 搭、拆脚手架、挡脚板、上下翻板子、挂安全网、刷油漆、检修维护等。
4. 拆除脚手架后材料的整理堆放。

计量单位：100m²

编　号				17-28	17-29	17-30
项　目				多层建筑综合脚手架		
				现浇剪力墙结构（檐高 m 以内）		
				110	120	130
名　称			单位	消　耗　量		
人工	000201000	综合二类工	工日	33.450	34.260	36.780
材料	350303001	脚手架钢管	kg	176.370	180.800	194.650
	350203002	扣件	个	73.050	74.930	80.790
	350319001	木脚手板	m³	0.280	0.280	0.300
	350303003	脚手架钢管底座	个	0.600	0.610	0.640
	031507031	镀锌铁丝 ϕ4.0	kg	24.510	24.920	26.190
	031501007	圆钉	kg	6.070	6.120	6.300
	130505010	红丹防锈漆	kg	26.770	27.610	30.260
	140509006	油漆溶剂油	kg	2.450	2.530	2.770
	010501007	钢丝绳 ϕ8	m	1.880	1.940	2.140
	050100001	原木（综合）	m³	0.001	0.001	0.001
	052501002	垫木 60×60×60	块	4.550	4.620	4.870
	120107001	防滑木条	m³	0.003	0.003	0.003
	350304001	挡脚板	m³	0.022	0.023	0.025
	011901003	槽钢 18#以外	kg	76.240	79.340	89.020
	010901009	圆钢 ϕ15～24	kg	14.870	15.470	17.360
	011300002	扁钢（综合）	kg	2.980	3.100	3.480
	170100009	钢管 $D63$	kg	0.830	0.870	0.970
	030105227	顶丝	个	2.980	3.100	3.480
	010501010	钢丝绳 ϕ12.5	m	1.550	1.610	1.810
	182508001	管卡子（钢管用）20	个	1.110	1.150	1.290
	030105201	花篮螺栓 M6×250	套	0.280	0.290	0.320
	802101012	预拌混凝土 C20	m³	0.004	0.005	0.005
	010100007	钢筋 ϕ10 以内	kg	0.110	0.120	0.130
	350325001	钢脚手板	kg	2.520	2.520	2.520
	350999004	提升装置及架体	套	0.040	0.040	0.040
机械	990401025	载重汽车 6t	台班	0.280	0.290	0.300

工作内容： 1. 脚手架基础硬化、排水沟等。
2. 场内、场外材料搬运。
3. 搭、拆脚手架、挡脚板、上下翻板子、挂安全网、刷油漆、检修维护等。
4. 拆除脚手架后材料的整理堆放。

计量单位： $100m^2$

编号				17-31	17-32	17-33	17-34
项目				多层建筑综合脚手架			
				现浇剪力墙结构（檐高 m 以内）			
				140	150	160	170
名称			单位	消耗量			
人工	000201000	综合二类工	工日	37.790	39.210	42.130	44.250
材料	350303001	脚手架钢管	kg	200.190	207.950	224.020	235.650
	350203002	扣件	个	83.140	86.420	93.220	98.150
	350319001	木脚手板	m^3	0.310	0.320	0.340	0.350
	350303003	脚手架钢管底座	个	0.650	0.670	0.710	0.730
	031507031	镀锌铁丝 ϕ4.0	kg	26.700	27.410	28.890	29.960
	031501007	圆钉	kg	6.360	6.460	6.660	6.800
	130505010	红丹防锈漆	kg	31.310	32.790	35.860	38.070
	140509006	油漆溶剂油	kg	2.870	3.010	3.290	3.500
	010501007	钢丝绳 ϕ8	m	2.220	2.330	2.550	2.720
	050100001	原木（综合）	m^3	0.001	0.001	0.001	0.001
	052501002	垫木 60×60×60	块	4.970	5.100	5.380	5.590
	120107001	防滑木条	m^3	0.003	0.003	0.004	0.004
	350304001	挡脚板	m^3	0.025	0.026	0.028	0.029
	011901003	槽钢 18#以外	kg	92.890	98.310	109.530	117.660
	010901009	圆钢 ϕ15～24	kg	18.120	19.170	21.360	22.950
	011300002	扁钢（综合）	kg	3.630	3.840	4.280	4.590
	170100009	钢管 *D*63	kg	1.020	1.070	1.200	1.290
	030105227	顶丝	个	3.630	3.840	4.280	4.590
	010501010	钢丝绳 ϕ12.5	m	1.890	2.000	2.230	2.390
	182508001	管卡子（钢管用）20	个	1.350	1.430	1.590	1.710
	030105201	花篮螺栓 M6×250	套	0.340	0.360	0.400	0.430
	802101012	预拌混凝土 C20	m^3	0.005	0.006	0.006	0.007
	010100007	钢筋 ϕ10 以内	kg	0.130	0.140	0.160	0.170
	350325001	钢脚手板	kg	2.520	2.520	2.520	2.520
	350999004	提升装置及架体	套	0.040	0.040	0.040	0.040
机械	990401025	载重汽车 6t	台班	0.310	0.330	0.340	0.360

工作内容： 1. 脚手架基础硬化、排水沟等。
2. 场内、场外材料搬运。
3. 搭、拆脚手架、挡脚板、上下翻板子、挂安全网、刷油漆、检修维护等。
4. 拆除脚手架后材料的整理堆放。

计量单位： 100m²

编号				17-35	17-36	17-37
项目				多层建筑综合脚手架		
				现浇剪力墙结构（檐高 m 以内）		
				180	190	200
名称			单位	消耗量		
人工	000201000	综合二类工	工日	47.680	50.510	53.940
材料	350303001	脚手架钢管	kg	254.490	270.000	288.830
	350203002	扣件	个	106.120	112.680	120.660
	350319001	木脚手板	m^3	0.380	0.400	0.430
	350303003	脚手架钢管底座	个	0.770	0.800	0.850
	031507031	镀锌铁丝 ϕ4.0	kg	31.690	33.120	34.850
	031501007	圆钉	kg	7.040	7.230	7.460
	130505010	红丹防锈漆	kg	41.670	44.620	48.220
	140509006	油漆溶剂油	kg	3.830	4.110	4.440
	010501007	钢丝绳 ϕ8	m	2.980	3.200	3.470
	050100001	原木（综合）	m^3	0.001	0.001	0.001
	052501002	垫木 60×60×60	块	5.920	6.190	6.530
	120107001	防滑木条	m^3	0.004	0.004	0.005
	350304001	挡脚板	m^3	0.031	0.033	0.035
	011901003	槽钢 18#以外	kg	130.820	141.650	154.810
	010901009	圆钢 ϕ15～24	kg	25.510	27.630	30.190
	011300002	扁钢（综合）	kg	5.110	5.530	6.040
	170100009	钢管 D63	kg	1.430	1.550	1.690
	030105227	顶丝	个	5.110	5.530	6.040
	010501010	钢丝绳 ϕ12.5	m	2.660	2.880	3.150
	182508001	管卡子（钢管用）20	个	1.900	2.060	2.250
	030105201	花篮螺栓 M6×250	套	0.470	0.510	0.560
	802101012	预拌混凝土 C20	m^3	0.008	0.008	0.009
	010100007	钢筋 ϕ10 以内	kg	0.190	0.210	0.220
	350325001	钢脚手板	kg	2.520	2.520	2.520
	350999004	提升装置及架体	套	0.040	0.040	0.040
机械	990401025	载重汽车 6t	台班	0.360	0.380	0.400

工作内容：1. 脚手架基础硬化、排水沟等。
2. 场内、场外材料搬运。
3. 搭、拆脚手架、挡脚板、上下翻板子、挂安全网、刷油漆、检修维护等。
4. 拆除脚手架后材料的整理堆放。

计量单位：$100m^2$

编号				17-38	17-39	17-40	17-41
项目				地下室综合脚手架			
				一层	二层	三层	四层
名称			单位	消耗量			
人工	000201000	综合二类工	工日	8.880	9.280	10.770	13.450
材料	350303001	脚手架钢管	kg	14.090	48.780	62.190	86.170
	350203002	扣件	个	5.830	20.270	25.860	35.270
	350319001	木脚手板	m^3	0.020	0.060	0.080	0.110
	350303003	脚手架钢管底座	个	0.080	0.180	0.240	0.330
	031507031	镀锌铁丝 ϕ4.0	kg	9.820	7.880	9.890	11.840
	031501007	圆钉	kg	3.670	3.380	3.650	4.040
	130505010	红丹防锈漆	kg	1.390	4.650	5.940	10.190
	140509006	油漆溶剂油	kg	0.130	0.430	0.550	0.830
	010500001	钢丝绳（综合）	kg	0.040	0.160	0.210	0.290
	050100001	原木（综合）	m^3	0.001	0.001	0.001	—
	052501002	垫木 60×60×60	块	0.410	1.530	1.960	1.950
	120107001	防滑木条	m^3	0.001	0.001	0.001	0.001
	350304001	挡脚板	m^3	0.002	0.006	0.007	0.009
机械	990401025	载重汽车 6t	台班	0.120	0.140	0.150	0.180

2. 单项脚手架

(1) 外 脚 手 架

工作内容： 1. 脚手架基础硬化、排水沟等。
2. 场内、场外材料搬运。
3. 搭、拆脚手架、挡脚板、上下翻板子、挂安全网、刷油漆、检修维护等。
4. 拆除脚手架后材料的整理堆放。

计量单位： 100m²

编　　号				17-42	17-43	17-44	17-45	17-46
项　　目				外脚手架				
				檐高 15m 以内		檐高 20m 以内	檐高 30m 以内	檐高 50m 以内
				单排	双排			
名　　称			单位	消　耗　量				
人工	000201000	综合二类工	工日	5.410	6.830	7.680	8.530	20.540
材料	350303001	脚手架钢管	kg	44.350	61.620	69.100	81.010	112.760
	350203002	扣件	个	17.990	25.660	28.320	34.300	47.730
	350319001	木脚手板	m^3	0.060	0.070	0.080	0.110	0.150
	350303003	脚手架钢管底座	个	0.230	0.240	0.270	0.260	0.240
	031507031	镀锌铁丝 ϕ4.0	kg	8.620	9.240	9.020	10.200	10.370
	031501007	圆钉	kg	1.080	1.240	1.320	1.380	1.390
	130505010	红丹防锈漆	kg	3.890	5.400	8.130	7.100	9.880
	140509006	油漆溶剂油	kg	0.440	0.620	0.690	0.810	1.130
	010515001	缆风绳 ϕ8	kg	0.210	0.210	0.240	0.980	1.590
	050100001	原木（综合）	m^3	0.001	0.001	0.001	0.001	0.001
	052501002	垫木 60×60×60	块	1.980	1.980	1.580	1.640	1.980
	120107001	防滑木条	m^3	0.001	0.001	0.001	0.001	0.002
	350304001	挡脚板	m^3	0.007	0.007	0.008	0.009	0.013
	011901003	槽钢 18#以外	kg	—	—	—	—	78.776
	010901009	圆钢 ϕ15～24	kg	—	—	—	—	15.365
	011300002	扁钢（综合）	kg	—	—	—	—	3.076
	170100009	钢管 *D*63	kg	—	—	—	—	0.861
	030105227	顶丝	个	—	—	—	—	3.076
	010501007	钢丝绳 ϕ8	m	—	—	—	—	1.602
	182508001	管卡子（钢管用）20	个	—	—	—	—	1.144
	030105201	花篮螺栓 M6×250	套	—	—	—	—	0.286
	802101012	预拌混凝土 C20	m^3	—	—	—	—	0.005
	010100007	钢筋 ϕ10 以内	kg	—	—	—	—	0.114
机械	990401025	载重汽车 6t	台班	0.100	0.130	0.130	0.130	0.130

（2）里 脚 手 架

工作内容： 1. 场内、场外材料搬运。
2. 搭、拆脚手架、检修维护。
3. 拆除脚手架后材料的整理堆放。

计量单位： 100m²

编号				17-47
项目				里脚手架
名称			单位	消耗量
人工	000201000	综合二类工	工日	3.360
材料	350303001	脚手架钢管	kg	0.878
	350203002	扣件	个	0.327
	350319001	木脚手板	m^3	0.008
	130505010	红丹防锈漆	kg	0.077
	140509006	油漆溶剂油	kg	0.015
	031507031	镀锌铁丝 ϕ4.0	kg	0.612
	031501007	圆钉	kg	2.040
机械	990401025	载重汽车 6t	台班	0.020

（3）悬空脚手架

工作内容： 1. 场内、场外材料搬运。
2. 搭、拆脚手架。
3. 拆除脚手架后材料的整理堆放。

计量单位： 100m²

编号				17-48
项目				悬空脚手架
名称			单位	消耗量
人工	000201000	综合二类工	工日	2.880
材料	350303001	脚手架钢管	kg	1.673
	350203002	扣件	个	0.312
	350319001	木脚手板	m^3	0.010
	031507031	镀锌铁丝 ϕ4.0	kg	2.101
	130505010	红丹防锈漆	kg	0.144
	140509006	油漆溶剂油	kg	0.010
机械	990401025	载重汽车 6t	台班	0.020

（4）挑脚手架

工作内容：1. 场内、场外材料搬运。
2. 搭、拆脚手架。
3. 拆除脚手架后材料的堆放。

计量单位：100m

编号				17-49
项目				挑脚手架
名称			单位	消耗量
人工	000201000	综合二类工	工日	19.120
材料	350303001	脚手架钢管	kg	1.780
	350203002	扣件	个	3.315
	350319001	木脚手板	m^3	0.008
	031507031	镀锌铁丝 $\phi4.0$	kg	5.386
	130505010	红丹防锈漆	kg	0.174
	140509006	油漆溶剂油	kg	0.005
机械	990401025	载重汽车 6t	台班	0.020

（5）满堂脚手架

工作内容：1. 场内、场外材料搬运。
2. 搭、拆脚手架。
3. 拆除脚手架后材料的堆放。

计量单位：$100m^2$

编号				17-50	17-51
项目				满堂脚手架	
				基本层（3.6～5.2m）	增加层 1.2m
名称			单位	消耗量	
人工	000201000	综合二类工	工日	6.088	1.388
材料	350303001	脚手架钢管	kg	7.341	2.447
	350203002	扣件	个	2.852	0.951
	350303003	脚手架钢管底座	个	0.150	—
	350319001	木脚手板	m^3	0.063	—
	031507031	镀锌铁丝 $\phi4.0$	kg	29.335	—
	031501007	圆钉	kg	2.846	—
	130505010	红丹防锈漆	kg	0.642	0.215
	140509006	油漆溶剂油	kg	0.073	0.025
	350304001	挡脚板	m^3	0.002	—
机械	990401025	载重汽车 6t	台班	0.040	0.010

（6）活动脚手架

工作内容： 1. 场内、场外材料搬运。
2. 搭、拆脚手架。
3. 拆除脚手架后材料的堆放。

计量单位： $100m^2$

编号				17-52
项目				活动脚手架
名称			单位	消耗量
人工	000201000	综合二类工	工日	6.260
材料	350303001	脚手架钢管	kg	6.670
	350203002	扣件	个	0.870
	350319001	木脚手板	m^3	0.019
	350303003	脚手架钢管底座	个	0.030
	031507031	镀锌铁丝 ϕ4.0	kg	9.000
	130505010	红丹防锈漆	kg	0.390
	140509006	油漆溶剂油	kg	0.050
机械	990401025	载重汽车 6t	台班	0.100

（7）单独斜道

工作内容： 1. 场内、场外材料搬运。
2. 搭、拆脚手架、栏杆，钉防滑条。
3. 拆除脚手架后材料的堆放。

计量单位： $100m^2$

编号				17-53	17-54
项目				单独斜道	
				5m 以内	15m 以内
名称			单位	消耗量	
人工	000201000	综合二类工	工日	0.890	1.160
材料	350303001	脚手架钢管	kg	2.020	7.490
	350203002	扣件	个	0.450	1.840
	350303003	脚手架钢管底座	个	0.030	0.030
	350319001	木脚手板	m^3	0.012	0.023
	031507031	镀锌铁丝 ϕ4.0	kg	5.570	4.400
	031501007	圆钉	kg	0.340	0.670
	130505010	红丹防锈漆	kg	0.250	0.580
	140509006	油漆溶剂油	kg	0.030	0.070
	850103006	其他材料费（占材料费）	%	0.200	0.300
机械	990401025	载重汽车 6t	台班	0.020	0.100

（8）整体提升架

工作内容： 1. 场内、场外材料搬运。
2. 选择附墙点与主体连接。
3. 搭、拆脚手架。
4. 测试电动装置、安全锁等。
5. 拆除脚手架后材料的堆放。

计量单位： $100m^2$

编　号				17-55
项　目				整体提升架
名　称			单位	消　耗　量
人工	000201000	综合二类工	工日	12.296
材料	350319001	木脚手板	m^3	0.060
	031507031	镀锌铁丝 $\phi4.0$	kg	4.980
	350999004	提升装置及架体	套	0.090
	010501007	钢丝绳 $\phi8$	m	0.150
	350325001	钢脚手板	kg	6.150
机械	990401025	载重汽车 6t	台班	0.210

（9）安　全　网

工作内容： 支撑、挂网、翻网绳、阴阳角挂绳、拆除等。

计量单位： $100m^2$

编　号				17-56	17-57
项　目				立挂式	挑出式
名　称			单位	消　耗　量	
人工	000201000	综合二类工	工日	0.200	1.690
材料	340717001	安全网	m^2	32.080	32.080
	031507031	镀锌铁丝 $\phi4.0$	kg	9.690	22.950
	350303001	脚手架钢管	kg	—	23.520
	130505010	红丹防锈漆	kg	—	2.040
	140509006	油漆溶剂油	kg	—	0.230
机械	990401025	载重汽车 6t	台班	—	0.040

（10）外装饰吊篮

工作内容： 1. 场内、场外材料搬运。
2. 吊篮的安装。
3. 测试电动装置、安全锁、平衡控制器等。
4. 吊篮的拆卸。

计量单位： $100m^2$

编　号				17-58
项　目				外装饰吊篮
名　称			单位	消　耗　量
人工	000201000	综合二类工	工日	1.586
机械	990508020	电动吊篮 0.63t	台班	5.460

（11）粉饰脚手架

工作内容： 1. 场内、场外材料搬运。
2. 搭、拆脚手架。
3. 拆除脚手架后材料的堆放。　　　　**计量单位：** 100m^2

编号				17-59	17-60	17-61
项目				内墙面粉饰脚手架		
				3.6m 以上～6m	10m 以内	20m 以内
名称			单位	消耗量		
人工	000201000	综合二类工	工日	2.350	2.480	3.560
材料	350203002	扣件	个	0.110	0.420	0.720
	350303003	脚手架钢管底座	个	0.060	0.040	0.020
	350319001	木脚手板	m^3	0.010	0.009	0.007
	350303001	脚手架钢管	kg	0.940	1.500	2.790
	130505010	红丹防锈漆	kg	0.100	0.170	0.310
	140509006	油漆溶剂油	kg	0.011	0.019	0.034
机械	990401025	载重汽车 6t	台班	0.020	0.020	0.020

二、垂直运输

1. 20m（6 层）以内物料提升机施工

工作内容： 单位工程合理工期内完成全部工程所需要的垂直运输全部操作过程。　　　　**计量单位：** 100m^2

编号				17-62	17-63	17-64
项目				施工升降机		
				砖混结构	现浇框架结构	装配式混凝土结构
名称			单位	消耗量		
机械	990501010	电动单筒快速卷扬机 5kN	台班	7.914	8.708	6.371

2. 20m（6 层）以内塔式起重机施工

工作内容： 单位工程合理工期内完成全部工程所需要的垂直运输全部操作过程。　　　　**计量单位：** 100m^2

编号				17-65	17-66	17-67	17-68
项目				塔式起重机施工			
				砖混结构	现浇框架结构	现浇剪力墙结构	装配式混凝土结构
名称			单位	消耗量			
人工	000201000	综合二类工	工日	2.299	2.490	2.083	1.929
机械	990501010	电动单筒快速卷扬机 5kN	台班	3.166	3.483	2.805	2.548
	990306005	自升式塔式起重机 400kN·m	台班	2.299	2.490	2.083	1.929

3. 20m（6层）以上塔式起重机施工

工作内容：单位工程合理工期内完成全部工程所需要的垂直运输全部操作过程。 **计量单位：**100m²

编号				17-69	17-70	17-71	17-72	17-73	17-74
项目				现浇框架结构					
				建筑物檐高（m 以内）					
				40	70	100	140	170	200
名称			单位	消耗量					
人工	000201000	综合二类工	工日	5.875	5.491	5.299	5.158	5.093	5.046
机械	990306005	自升式塔式起重机 400kN · m	台班	2.350	—	—	—	—	—
	990306010	自升式塔式起重机 600kN · m	台班	—	2.023	—	—	—	—
	990306015	自升式塔式起重机 800kN · m	台班	—	—	1.892	—	—	—
	990306020	自升式塔式起重机 1000kN · m	台班	—	—	—	1.805	—	—
	990306035	自升式塔式起重机 2500kN · m	台班	—	—	—	—	1.767	—
	990306040	自升式塔式起重机 3000kN · m	台班	—	—	—	—	—	1.740
	990506010	单笼施工电梯 1t 75m	台班	1.958	—	—	—	—	—
	990507020	双笼施工电梯 2 × 1t 100m	台班	—	2.408	2.523	—	—	—
	990507040	双笼施工电梯 2 × 1t 200m	台班	—	—	—	2.579	2.598	2.610
	873150102	对讲机（一对）	台班	2.350	2.890	3.028	3.095	3.118	3.132

工作内容：单位工程合理工期内完成全部工程所需要的垂直运输全部操作过程。 **计量单位：**100m²

编号				17-75	17-76
项目				现浇剪力墙结构	
				檐高（m 以内）	
				40	70
名称			单位	消耗量	
人工	000201000	综合二类工	工日	4.915	4.594
机械	990306005	自升式塔式起重机 400kN · m	台班	1.966	—
	990306010	自升式塔式起重机 600kN · m	台班	—	1.692
	990506010	单笼施工电梯 1t 75m	台班	1.638	—
	990507020	双笼施工电梯 2 × 1t 100m	台班	—	2.015
	873150102	对讲机（一对）	台班	1.966	2.418

工作内容：单位工程合理工期内完成全部工程所需要的垂直运输全部操作过程。　　**计量单位：**100m²

编号				17-77	17-78	17-79	17-80
项目				现浇剪力墙结构			
				檐高（m 以内）			
				100	140	170	200
名称			单位	消耗量			
人工	000201000	综合二类工	工日	4.433	4.315	4.260	4.221
机械	990306015	自升式塔式起重机 800kN·m	台班	1.583	—	—	—
	990306020	自升式塔式起重机 1000kN·m	台班	—	1.510	—	—
	990306035	自升式塔式起重机 2500kN·m	台班	—	—	1.478	—
	990306040	自升式塔式起重机 3000kN·m	台班	—	—	—	1.455
	990507020	双笼施工电梯 2×1t 100m	台班	2.111	—	—	—
	990507040	双笼施工电梯 2×1t 200m	台班	—	2.157	2.174	2.183
	873150102	对讲机（一对）	台班	2.533	2.589	2.608	2.620

工作内容：单位工程合理工期内完成全部工程所需要的垂直运输全部操作过程。　　**计量单位：**100m²

编号				17-81	17-82	17-83
项目				装配式混凝土结构		
				檐高（m 以内）		
				40	70	100
名称			单位	消耗量		
人工	000201000	综合二类工	工日	4.551	4.254	4.105
机械	990306005	自升式塔式起重机 400kN·m	台班	1.820	—	—
	990306010	自升式塔式起重机 600kN·m	台班	—	1.567	—
	990306015	自升式塔式起重机 800kN·m	台班	—	—	1.466
	990506010	单笼施工电梯 1t 75m	台班	1.517	—	—
	990507020	双笼施工电梯 2×1t 100m	台班	—	1.866	1.955
	873150102	对讲机（一对）	台班	1.820	2.239	2.346

三、建筑物超高增加费

工作内容： 1. 工人上下班降低工效、上下楼及自然休息增加时间。
2. 垂直运输影响的时间。
3. 由于人工降效引起的机械降效。
4. 水压不足所发生的加压水泵台班。

计量单位：100m²

编　号				17-84	17-85	17-86	17-87
项　目				建筑物檐高（m 以内）			
				40	60	80	100
名　称			单位	消　耗　量			
人工	000201000	综合二类工	工日	24.380	40.630	56.880	73.130
机械	990803010	电动多级离心清水泵 50mm	台班	0.256	—	—	—
	990803075	电动多级离心清水泵停滞 50mm	台班	0.256	—	—	—
	990803020	电动多级离心清水泵 100mm 120m 以下	台班	—	0.465	0.705	0.977
	990803080	电动多级离心清水泵停滞 100mm	台班	—	0.465	0.705	0.977
	991299020	其他机械降效（占机械费）	%	7.500	12.500	17.500	22.500

工作内容： 1. 工人上下班降低工效、上下楼及自然休息增加时间。
2. 垂直运输影响的时间。
3. 由于人工降效引起的机械降效。
4. 水压不足所发生的加压水泵台班。

计量单位：100m²

编　号				17-88	17-89	17-90	17-91	17-92
项　目				建筑物檐高（m 以内）				
				120	140	160	180	200
名　称			单位	消　耗　量				
人工	000201000	综合二类工	工日	89.380	105.630	121.880	138.130	154.380
机械	990803085	电动多级离心清水泵停滞 150mm	台班	1.279	1.612	1.976	—	—
	990803040	电动多级离心清水泵 150mm 180m 以下	台班	1.279	1.612	1.976	—	—
	990803090	电动多级离心清水泵停滞 200mm	台班	—	—	—	2.372	2.798
	990803060	电动多级离心清水泵 200mm 280m 以下	台班	—	—	—	2.372	2.798
	991299020	其他机械降效（占机械费）	%	27.500	32.500	37.500	42.500	47.500

四、大型机械设备进出场及安拆

1. 塔式起重机及施工电梯基础

工作内容： 1. 组合钢模板安装、清理、刷润滑剂、拆除、运输，木模板制作、安装、拆除。
2. 钢筋绑扎、制作、安装。
3. 混凝土搅拌、浇捣、养护等全部操作过程。

计量单位： 见表

编号				17-93	17-94
项目				塔式起重机	施工电梯
				固定式基础	
单位				台次	座
名称			单位	消耗量	
人工	000201000	综合二类工	工日	50.365	14.230
材料	802101015	预拌混凝土 C30	m^3	57.760	8.000
	350111007	组合钢模板	kg	—	7.120
	350101001	木模板	m^3	—	0.108
	341101001	水	m^3	7.538	6.510
	350219002	零星卡具	kg	—	2.650
	010100010	钢筋 ϕ10 以外	kg	—	387.000
	010103014	热轧带肋钢筋 HRB400 ϕ12～18	kg	4879.000	—
	350123002	复合模板	m^2	9.673	—
	020901001	塑料薄膜	m^2	18.234	—
	031507007	镀锌铁丝（综合）	kg	7.883	—
	143557001	脱模剂	kg	3.920	—
	031501007	圆钉	kg	4.986	—
	330127007	支撑钢管及扣件	kg	19.105	—
	850103006	其他材料费（占材料费）	%	—	2.000
机械	990701010	钢筋调直机 14mm	台班	0.430	0.064
	990702010	钢筋切断机 40mm	台班	0.452	0.026
	990703010	钢筋弯曲机 40mm	台班	0.900	0.075
	990123010	电动夯实机 250N · m	台班	—	0.110
	990304004	汽车式起重机 8t	台班	—	0.008
	990401025	载重汽车 6t	台班	—	0.029
	990406010	机动翻斗车 1t	台班	—	0.218
	990706010	木工圆锯机 500mm	台班	1.024	0.094
	990901020	交流弧焊机 32kV · A	台班	—	0.123
	990910030	对焊机 75kV · A	台班	—	0.034

工作内容：1. 路基碾压、铺渣石。
2. 枕木、道轨的铺拆。

计量单位：m

编号				17-95
项目				塔式起重机
				轨道式基础（双轨）
名称			单位	消耗量
人工	000201000	综合二类工	工日	1.500
材料	040500001	石子	m^3	0.240
	050109001	枕木（综合）	m^3	0.054
	370101001	轨道	kg	3.440
	850103006	其他材料费（占材料费）	%	2.000
机械	990120030	钢轮内燃压路机 12t	台班	0.010

2. 大型机械设备安拆

工作内容：1. 机械运至现场后的安装、试运转。
2. 工程竣工后的拆除。

计量单位：台次

编号				17-96	17-97
项目				自升式塔式起重机安拆费	柴油打桩机安拆费
名称			单位	消耗量	
人工	000201000	综合二类工	工日	120.000	40.000
材料	030105069	六角螺栓带螺母 M6～12×12～50	套	64.000	50.000
	031507007	镀锌铁丝（综合）	kg	50.000	5.000
机械	990306035	自升式塔式起重机 2500kN·m	台班	0.500	—
	990304020	汽车式起重机 20t	台班	5.000	2.000
	990304036	汽车式起重机 40t	台班	5.000	—
	990304004	汽车式起重机 8t	台班	—	3.000
	990201020	履带式柴油打桩机 3.5t	台班	—	0.500

工作内容： 1. 机械运至现场后的安装、试运转。
2. 工程竣工后的拆除。

计量单位：台次

编号				17-98	17-99	17-100	17-101	17-102
项目				静力压桩机安拆费				
				900kN以内	1200kN以内	1600kN以内	4000kN以内	10000kN以内
名称			单位	消耗量				
人工	000201000	综合二类工	工日	24.000	36.000	48.000	50.000	52.000
材料	030105069	六角螺栓带螺母 M6～12×12～50	套	24.000	28.000	38.000	44.000	46.000
	031507007	镀锌铁丝（综合）	kg	1.600	1.600	2.000	3.000	4.000
机械	990206005	静力压桩机 900kN	台班	0.500	—	—	—	—
	990206010	静力压桩机 1200kN	台班	—	0.500	—	—	—
	990206015	静力压桩机 1600kN	台班	—	—	0.500	—	—
	990206030	静力压桩机 4000kN	台班	—	—	—	0.500	—
	990206050	静力压桩机 10000kN	台班	—	—	—	—	0.500
	990304004	汽车式起重机 8t	台班	1.000	1.000	1.000	2.000	2.000
	990304020	汽车式起重机 20t	台班	2.000	3.000	4.000	4.000	5.000

工作内容： 1. 机械运至现场后的安装、试运转。
2. 工程竣工后的拆除。

计量单位：台次

编号				17-103	17-104	17-105	17-106	17-107
项目				施工电梯安拆费				三轴搅拌桩机安拆费
				75m以内	100m以内	200m以内	300m以内	
名称			单位	消耗量				
人工	000201000	综合二类工	工日	54.000	72.000	90.000	90.000	40.000
材料	030105069	六角螺栓带螺母 M6～12×12～50	套	24.000	24.000	28.000	32.000	50.000
	031507007	镀锌铁丝（综合）	kg	8.000	8.000	10.000	12.000	20.000
机械	990506010	单笼施工电梯 1t 75m	台班	0.500	—	—	—	—
	990506020	单笼施工电梯 1t 100m	台班	—	0.500	—	—	—
	990507040	双笼施工电梯 2×1t 200m	台班	—	—	0.500	—	—
	990507050	双笼施工电梯 2×1t 300m	台班	—	—	—	0.500	—
	990215020	三轴搅拌桩机 850mm	台班	—	—	—	—	0.500
	990304024	汽车式起重机 25t	台班	—	—	—	—	5.000
	990304016	汽车式起重机 16t	台班	4.500	5.000	6.000	7.000	—

3. 大型机械设备进出场

工作内容：机械整体或分体自停放地点运至施工现场（或由一工地运至另一工地）的运输、装卸、辅助材料费用。

计量单位：台次

编号				17-108	17-109	17-110	17-111	17-112	17-113
项目				履带式挖掘机进出场费		履带式推土机进出场费		履带式起重机进出场费	
				$1m^3$ 以内	$1m^3$ 以外	90kW 以内	90kW 以外	30t 以内	50t 以内
名称			单位	消耗量					
人工	000201000	综合二类工	工日	12.000	12.000	6.000	6.000	12.000	12.000
材料	020101006	橡胶板 δ2	m^2	—	—	0.780	0.780	—	—
	050109001	枕木（综合）	m^3	0.080	0.080	0.080	0.080	0.080	0.080
	031507007	镀锌铁丝（综合）	kg	5.000	10.000	5.000	5.000	5.000	5.000
	023301003	草袋	m^2	6.380	9.580	6.380	6.380	12.760	12.760
机械	990106030	履带式单斗液压挖掘机 $1m^3$	台班	0.500	—	—	—	—	—
	990106070	履带式单斗液压挖掘机 $2m^3$	台班	—	0.500	—	—	—	—
	990101020	履带式推土机 90kW	台班	—	—	0.500	—	—	—
	990101045	履带式推土机 240kW	台班	—	—	—	0.500	—	—
	990302030	履带式起重机 30t	台班	—	—	—	—	0.500	—
	990302040	履带式起重机 50t	台班	—	—	—	—	—	0.500
	990403030	平板拖车组 40t	台班	1.000	—	1.000	—	—	—
	990403040	平板拖车组 60t	台班	—	1.000	—	1.000	1.000	1.000
	990401045	载重汽车 15t	台班	—	—	—	—	1.000	2.000
	991299030	回程费（占基价）	%	25.000	25.000	25.000	25.000	25.000	25.000

工作内容： 机械整体或分体自停放地点运至施工现场（或由一工地运至另一工地）的运输、装卸、辅助材料费用。

计量单位： 台次

编号				17-114	17-115	17-116
项目				强夯机械进出场费	柴油打桩机进出场费	
					5t 以内	5t 以外
名称			单位	消耗量		
人工	000201000	综合二类工	工日	6.000	12.000	12.000
材料	050109001	枕木（综合）	m^3	0.080	—	—
	031507007	镀锌铁丝（综合）	kg	5.000	5.000	5.000
	023301003	草袋	m^2	12.760	12.760	12.760
机械	990127020	强夯机械 2000kN · m	台班	0.500	—	—
	990401015	载重汽车 4t	台班	2.000	—	—
	990401030	载重汽车 8t	台班	—	2.000	2.000
	990401045	载重汽车 15t	台班	2.000	2.000	2.000
	990304020	汽车式起重机 20t	台班	1.000	2.000	3.000
	990403030	平板拖车组 40t	台班	—	1.000	1.000
	990403040	平板拖车组 60t	台班	1.000	—	—
	991299030	回程费（占基价）	%	40.000	40.000	40.000

工作内容： 机械整体或分体自停放地点运至施工现场（或由一工地运至另一工地）的运输、装卸、辅助材料费用。

计量单位： 台次

编号				17-117	17-118	17-119
项目				压路机进出场费	锚杆钻孔机进出场费	沥青混凝土摊铺机进出场费
名称			单位	消耗量		
人工	000201000	综合二类工	工日	5.000	12.000	8.000
材料	031507007	镀锌铁丝（综合）	kg	2.000	5.000	5.000
	023301003	草袋	m^2	6.380	12.760	12.760
	050109001	枕木（综合）	m^3	0.080	—	0.080
机械	990120030	钢轮内燃压路机 12t	台班	0.500	—	—
	990133020	锚杆钻孔机 32mm	台班	—	0.500	—
	990304020	汽车式起重机 20t	台班	—	2.000	—
	990401030	载重汽车 8t	台班	—	1.000	—
	990401045	载重汽车 15t	台班	—	2.000	—
	990403030	平板拖车组 40t	台班	1.000	1.000	1.000
	990142070	沥青混凝土摊铺机 15t	台班	—	—	0.500
	991299030	回程费（占基价）	%	25.000	40.000	25.000

工作内容： 机械整体或分体自停放地点运至施工现场（或由一工地运至另一工地）的运输、装卸、辅助材料费用。

计量单位：台次

编　号				17-120	17-121	17-122	17-123	17-124
项　目				静力压桩机进出场费				
				900kN以内	1200kN以内	1600kN以内	4000kN以内	10000kN以内
名　称			单位	消　耗　量				
人工	000201000	综合二类工	工日	24.000	24.000	36.000	36.000	36.000
材料	031507007	镀锌铁丝（综合）	kg	5.000	5.000	5.000	5.000	5.000
	023301003	草袋	m^2	12.760	12.760	12.760	12.760	12.760
机械	990304020	汽车式起重机 20t	台班	2.000	2.000	3.000	3.000	4.000
	990401045	载重汽车 15t	台班	5.000	7.000	9.000	12.000	18.000
	990403030	平板拖车组 40t	台班	2.000	2.000	2.000	2.000	3.000
	991299030	回程费（占基价）	%	40.000	40.000	40.000	40.000	40.000

工作内容： 机械整体或分体自停放地点运至施工现场（或由一工地运至另一工地）的运输、装卸、辅助材料费用。

计量单位：台次

编　号				17-125	17-126
项　目				履带式旋挖钻机进出场费	自升式塔式起重机进出场费
名　称			单位	消　耗　量	
人工	000201000	综合二类工	工日	12.000	40.000
材料	031507007	镀锌铁丝（综合）	kg	5.000	10.000
	023301003	草袋	m^2	12.760	23.620
	050109001	枕木（综合）	m^3	0.080	0.006
机械	990212060	履带式旋挖钻机 2000mm	台班	0.500	—
	990401030	载重汽车 8t	台班	—	8.000
	990401045	载重汽车 15t	台班	1.000	4.000
	990304004	汽车式起重机 8t	台班	—	4.000
	990304020	汽车式起重机 20t	台班	—	6.000
	990403030	平板拖车组 40t	台班	—	1.000
	990403040	平板拖车组 60t	台班	1.000	—
	991299030	回程费（占基价）	%	25.000	20.000

工作内容： 机械整体或分体自停放地点运至施工现场（或由一工地运至另一工地）的运输、装卸、辅助材料费用。

计量单位：台次

编号				17-127	17-128	17-129	17-130
项目				施工电梯进出场费			
				75m 以内	100m 以内	200m 以内	300m 以内
名称			单位	消耗量			
人工	000201000	综合二类工	工日	10.000	14.000	20.000	22.000
材料	031507007	镀锌铁丝（综合）	kg	7.000	9.000	12.500	16.000
	023301003	草袋	m^2	8.300	10.850	15.960	21.500
机械	990304004	汽车式起重机 8t	台班	3.000	3.500	5.000	6.000
	990401030	载重汽车 8t	台班	4.000	5.000	6.000	7.000
	990401045	载重汽车 15t	台班	3.000	3.500	5.000	6.000
	991299030	回程费（占基价）	%	30.000	30.000	30.000	30.000

工作内容： 机械整体或分体自停放地点运至施工现场（或由一工地运至另一工地）的运输、装卸、辅助材料费用。

计量单位：台次

编号				17-131	17-132
项目				三轴搅拌桩机进出场费	履带式抓斗成槽机进出场费
名称			单位	消耗量	
人工	000201000	综合二类工	工日	10.000	12.000
材料	031507007	镀锌铁丝（综合）	kg	5.000	5.000
	023301003	草袋	m^2	12.760	12.760
	050109001	枕木（综合）	m^3	—	0.080
机械	990304024	汽车式起重机 25t	台班	1.000	—
	990401035	载重汽车 10t	台班	5.000	—
	990403025	平板拖车组 30t	台班	1.000	1.000
	991109030	履带式抓斗成槽机 1000mm	台班	—	0.500
	991299030	回程费（占基价）	%	25.000	25.000

五、施工排水、降水

1. 成 井

工作内容： 1. 钻孔、安装井管、地面管线连接、装水泵、滤砂、孔口封土及拆管、清洗、整理等全部操作过程。
2. 槽坑排水，抽水机具的安装、移动、拆除。

计量单位： 见表

编号				17-133	17-134	17-135	17-136
项目				轻型井点	喷射井点	真空深井降水（井管深：m）	
						19m	每增减 1m
单位				10 根		座	
		名称	单位	消耗量			
人工	000201000	综合二类工	工日	7.500	34.200	7.440	0.150
材料	173105003	轻型井点井管 *D*40	m	0.210	—	—	—
	173107001	轻型井点总管 *D*100	m	0.010	—	—	—
	173105004	喷射井点井管 *D*76	m	—	0.540	—	—
	173107002	喷射井点总管 *D*159	m	—	0.046	—	—
	173105001	钢板井管	m	—	—	6.000	—
	172707005	橡胶管 *D*50mm	m	1.700	—	—	—
	040315002	黄砂 毛砂	t	4.720	26.430	7.070	0.400
	341101001	水	m^3	53.360	261.000	15.850	0.790
	860127001	喷射器	个	—	0.056	—	—
	201105001	铝及铝合金法兰	副	—	0.013	—	—
	173125001	滤网管	根	—	0.042	—	—
	101511001	铝合金龙骨连接件	件	—	0.023	—	—
	331100001	水箱	kg	—	0.356	—	—
	170301004	镀锌钢管 *DN*20	m	—	0.500	—	—
	040901004	黏土	m^3	—	—	0.140	0.007
机械	990302005	履带式起重机 5t	台班	1.050	—	1.680	0.018
	990805020	污水泵 100mm	台班	0.570	5.360	—	—
	990803040	电动多级离心清水泵 150mm 180m 以下	台班	0.570	2.680	—	—
	990302010	履带式起重机 10t	台班	—	3.600	—	—
	991003050	电动空气压缩机 $6m^3/min$	台班	—	1.760	—	—
	991116010	工程地质液压钻机	台班	—	1.760	0.750	0.038
	990809020	潜水泵 100mm	台班	—	—	0.100	—
	990502030	电动双筒快速卷扬机 50kN	台班	—	—	1.330	—
	990806020	泥浆泵 100mm	台班	—	—	0.750	0.038
	990820010	排放泥浆设备	台班	—	—	1.410	0.071

工作内容： 1. 钻孔、安装井管、地面管线连接、装水泵、滤砂、孔口封土及拆管、清洗、整理等全部操作过程。
2. 槽坑排水，抽水机具的安装、移动、拆除。

计量单位： 见表

编号				17-137	17-138	17-139	17-140
项目				直流深井降水（井管深：m）（钻孔D800）		无砂混凝土管井点	
				20m	每增减 1m	直径 50cm 以内	直径 60cm 以内
单位				座		m	
名称			单位	消耗量			
人工	000201000	综合二类工	工日	9.240	0.300	1.150	1.420
材料	040315002	黄砂 毛砂	t	16.000	0.800	—	—
	341101001	水	m^3	46.000	2.400	1.820	2.370
	040901004	黏土	m^3	0.580	0.029	—	—
	172506001	PVC-U 加筋管 DN400	m	21.000	1.050	—	—
	350501001	密目网	m^2	27.630	1.385	—	—
	031507007	镀锌铁丝（综合）	kg	13.500	0.660	—	—
	040300004	砂子	kg	—	—	86.000	100.000
	050401006	板枋材 杉木	m^3	—	—	0.002	0.002
	031507031	镀锌铁丝 ϕ4.0	kg	—	—	0.500	0.500
	031507028	镀锌铁丝 ϕ2.8	kg	—	—	0.250	0.300
	133101003	石油沥青 10#	kg	—	—	0.220	0.220
	040709001	石碴	t	—	—	0.280	0.330
	173105005	无砂管 D500	m	—	—	1.020	—
	340909002	树棕	kg	—	—	0.560	0.670
	280301009	铜芯塑料绝缘电线 BV-16mm^2	m	—	—	0.147	0.147
	010501001	钢丝绳 ϕ14.1～15	kg	—	—	0.005	0.005
	550913001	电闸箱	个	—	—	0.002	0.002
	173105006	无砂管 D600	m	—	—	—	1.020
机械	990209020	回旋钻机 800mm	台班	1.768	0.088	0.058	0.075
	991003070	电动空气压缩机 10m^3/min	台班	0.800	—	—	—
	990806020	泥浆泵 100mm	台班	1.768	0.088	0.058	0.075
	990302015	履带式起重机 15t	台班	—	—	0.029	0.029

工作内容：1. 钻孔、安装井管、地面管线连接、装水泵、滤砂、孔口封土及拆管、清洗、整理等全部操作过程。

2. 槽坑排水，抽水机具的安装、移动、拆除。

计量单位：座

编号				17-141	17-142
项目				集水井（井深 4m 以内）	
				干砖砌排水井	钢筋笼子排水井
名称			单位	消耗量	
人工	000201000	综合二类工	工日	14.110	10.660
材料	040300004	砂子	kg	386.000	2302.000
	050401006	板枋材 杉木	m^3	0.131	—
	041317002	页岩砖 240×115×53	千块	1.160	—
	031501007	圆钉	kg	0.200	—
	040709001	石碴	t	1.501	8.823
	031507028	镀锌铁丝 ϕ2.8	kg	—	0.300
	031507020	镀锌铁丝 ϕ0.7	kg	—	0.530
	010100006	钢筋 ϕ10 以内	t	—	0.024
	010100010	钢筋 ϕ10 以外	kg	—	0.051
	053511001	苇席	m^2	—	6.190
机械	990123010	电动夯实机 250N·m	台班	2.970	1.870
	990125010	振动平板夯 20kN	台班	0.050	0.302
	990703010	钢筋弯曲机 40mm	台班	—	0.020
	990702010	钢筋切断机 40mm	台班	—	0.020
	990701040	钢筋调直机 40mm	台班	—	0.020

2. 排水、降水

工作内容：抽水、值班、降水设备维修等。　　　　**计量单位：**见表

编号				17-143	17-144	17-145	17-146
项目				轻型井点	喷射井点	真空深井降水（井管深：m）	
						19m	每增减 1m
单位				套·天		座·天	
名称			单位	消耗量			
人工	000201000	综合二类工	工日	0.900	3.000	—	—
材料	173105003	轻型井点井管 *D*40	m	0.830	—	—	—
	173107001	轻型井点总管 *D*100	m	0.040	—	—	—
	860127001	喷射器	个	—	0.225	—	—
	201105001	铝及铝合金法兰	副	—	0.042	—	—
	173107002	喷射井点总管 *D*159	m	—	0.120	—	—
	173105004	喷射井点井管 *D*76	m	—	1.520	—	—
	173125001	滤网管	根	—	0.136	—	—
	101511001	铝合金龙骨连接件	件	—	0.075	—	—
	331100001	水箱	kg	—	1.120	—	—
	173105001	钢板井管	m	—	—	0.020	0.002
机械	990814010	射流井点泵 9.50m	台班	1.150	—	—	—
	990803040	电动多级离心清水泵 150mm 180m 以下	台班	—	1.110	—	—
	990809020	潜水泵 100mm	台班	—	—	1.160	—
	990808020	真空泵 660m^3/h	台班	—	—	0.750	—

工作内容：抽水、值班、降水设备维修等。　　　　**计量单位：**座·天

编号				17-147	17-148	17-149
项目				直流深井降水（井管深：20m）（钻孔*D*800）	无砂混凝土管井点	集水井
名称			单位	消耗量		
人工	000201000	综合二类工	工日	0.100	0.300	0.300
机械	990809010	潜水泵 50mm	台班	—	1.150	—
	990809020	潜水泵 100mm	台班	1.350	—	—
	990803010	电动多级离心清水泵 50mm	台班	—	—	1.150

六、补 充 项 目

1. 垂 直 运 输

工作内容：单位工程合理工期内完成全部工程所需要的垂直运输全部操作过程。　　**计量单位：**100m²

编　号				17-150	17-151	17-152	17-153
项　目				垂直运输			
				商住楼钢结构工程			
				檐高（m）			
				≤20	≤30	≤50	≤90
名　称			单位	消　耗　量			
人工	000201000	综合二类工	工日	4.104	4.560	4.728	4.785
机械	990306005	自升式塔式起重机 400kN · m	台班	1.642	1.824	—	—
	990506010	单笼施工电梯 1t 75m	台班	1.368	1.520	—	—
	990306010	自升式塔式起重机 600kN · m	台班	—	—	1.744	—
	990507020	双笼施工电梯 2×1t 100m	台班	—	—	2.072	2.280
	873150102	对讲机（一对）	台班	1.642	1.824	2.488	2.736
	990306015	自升式塔式起重机 800kN · m	台班	—	—	—	1.712

工作内容：单位工程合理工期内完成全部工程所需要的垂直运输全部操作过程。　　**计量单位：**100m²

编　号				17-154	17-155	17-156	17-157	17-158
项　目				垂直运输				
				商住楼钢结构工程				
				檐高（m）				
				≤120	≤140	≤160	≤180	≤200
名　称			单位	消　耗　量				
人工	000201000	综合二类工	工日	4.800	4.824	4.832	4.840	4.848
机械	990306020	自升式塔式起重机 1000kN · m	台班	1.604	1.688	—	—	—
	990306035	自升式塔式起重机 2500kN · m	台班	—	—	1.680	—	—
	990306040	自升式塔式起重机 3000kN · m	台班	—	—	—	1.588	1.672
	990507040	双笼施工电梯 2×1t 200m	台班	2.328	2.368	2.408	2.464	2.504
	873150102	对讲机（一对）	台班	2.656	2.816	2.896	2.960	3.008

2. 装饰装修垂直运输

工作内容：单位工程合理工期内完成全部工程所需要的垂直运输全部操作过程。 **计量单位：**100m²

编号				17-159	17-160	17-161	17-162	17-163	17-164
项目				装饰装修垂直运输（不分结构类型）					
				建筑物檐高（m以内）					
				40	70	100	140	170	200
名称			单位	消耗量					
人工	000201000	综合二类工	工日	1.763	1.373	1.326	1.290	1.273	1.262
机械	990506010	单笼施工电梯 1t 75m	台班	0.490	—	—	—	—	—
	990507020	双笼施工电梯 2×1t 100m	台班	—	0.602	0.631	—	—	—
	990507040	双笼施工电梯 2×1t 200m	台班	—	—	—	0.645	0.650	0.653

3. 大型机械设备进出场及安拆

工作内容：单位工程合理工期内完成全部工程所需要的垂直运输全部操作过程。 **计量单位：**见表

编号				17-165	17-166
项目				施工升降机进出场费	施工升降机设备基础
单位				台次	座
名称			单位	消耗量	
人工	000201000	综合二类工	工日	10.000	11.636
材料	802101015	预拌混凝土 C30	m³	—	6.030
	010103014	热轧带肋钢筋 HRB400 ϕ12～18	kg	—	724.200
	350123002	复合模板	m²	—	1.101
	020901001	塑料薄膜	m²	—	11.112
	341101001	水	m³	—	0.692
	031507007	镀锌铁丝（综合）	kg	6.000	0.720
机械	990701010	钢筋调直机 14mm	台班	—	0.064
	990702010	钢筋切断机 40mm	台班	—	0.026
	990706010	木工圆锯机 500mm	台班	—	0.094
	990401025	载重汽车 6t	台班	2.000	0.029
	990123010	电动夯实机 250N·m	台班	—	0.110
	990304004	汽车式起重机 8t	台班	3.000	—
	991299030	回程费（占基价）	%	25.000	—

4. 脚　手　架

工作内容：单位工程合理工期内完成全部工程所需要的垂直运输全部操作过程。　　**计量单位**：$100m^2$

编　号				17-167	17-168
项　目				型钢外挑脚手架	综合脚手架层高超过 3.6m 每增加 1m
	名　称		单位	消　耗　量	
人工	000201000	综合二类工	工日	5.600	3.956
材料	350303001	脚手架钢管	kg	11.610	16.542
	350203002	扣件	个	5.790	6.817
	350319001	木脚手板	m^3	0.030	0.019
	011700003	工字钢（综合）	kg	160.340	—
	031507031	镀锌铁丝 ϕ4.0	kg	9.020	1.296
	010901009	圆钢 ϕ15～24	kg	22.220	1.921
	130505010	红丹防锈漆	kg	11.630	1.450
	010501007	钢丝绳 ϕ8	m	62.930	0.200
	050401001	木方	m^3	0.050	—
	350101001	木模板	m^3	0.110	—
	031599021	卡头	个	37.010	—
	142127002	松香水	kg	24.330	—
	350303003	脚手架钢管底座	个	—	0.030
	031501007	圆钉	kg	—	0.174
	140509006	油漆溶剂油	kg	—	0.166
	010515001	缆风绳 ϕ8	kg	—	0.199
	052501002	垫木 60×60×60	块	—	0.248
	350304001	挡脚板	m^3	—	0.002
	011901003	槽钢 18#以外	kg	—	9.847
	011300002	扁钢（综合）	kg	—	0.385
	170100009	钢管 *D*63	kg	—	0.108
	030105227	顶丝	个	—	0.385
	182508001	管卡子（钢管用）20	个	—	0.143
	030105201	花篮螺栓 M6×250	套	—	0.036
	802101012	预拌混凝土 C20	m^3	—	0.001
	010100007	钢筋 ϕ10 以内	kg	—	0.014
机械	990401025	载重汽车 6t	台班	0.030	0.026

5. 装饰装修超高增加费

工作内容： 1. 工人上下班降低工效、上下楼及自然休息增加时间。
2. 垂直运输影响的时间。
3. 由于人工降效引起的机械降效。
4. 水压不足所发生的加压水泵台班。

计量单位： 100m^2

编号				17-169	17-170	17-171	17-172
项目				建筑物檐高（m 以内）			
				40	60	80	100
名称			单位	消耗量			
人工	000201000	综合二类工	工日	3.657	6.094	8.532	10.970
机械	990803010	电动多级离心清水泵 50mm	台班	0.038	—	—	—
	990803075	电动多级离心清水泵停滞 50mm	台班	0.038	—	—	—
	990803020	电动多级离心清水泵 100mm 120m 以下	台班	—	0.070	0.106	0.147
	990803080	电动多级离心清水泵停滞 100mm	台班	—	0.070	0.106	0.147
	991299020	其他机械降效（占机械费）	%	1.125	1.875	2.625	3.375

工作内容： 1. 工人上下班降低工效、上下楼及自然休息增加时间。
2. 垂直运输影响的时间。
3. 由于人工降效引起的机械降效。
4. 水压不足所发生的加压水泵台班。

计量单位： 100m^2

编号				17-173	17-174	17-175	17-176	17-177
项目				建筑物檐高（m 以内）				
				120	140	160	180	200
名称			单位	消耗量				
人工	000201000	综合二类工	工日	13.407	15.845	18.282	20.720	23.157
机械	990803085	电动多级离心清水泵停滞 150mm	台班	0.192	0.242	0.296	—	—
	990803040	电动多级离心清水泵 150mm 180m 以下	台班	0.192	0.242	0.296	—	—
	990803090	电动多级离心清水泵停滞 200mm	台班	—	—	—	0.356	0.420
	990803060	电动多级离心清水泵 200mm 280m 以下	台班	—	—	—	0.356	0.420
	991299020	其他机械降效（占机械费）	%	4.125	4.875	5.625	6.375	7.125

第十八章

总体工程

说　明

一、本章定额包括室外道路、室外管网和其他共三部分。

二、本章工程不包括土石方挖、填、运，发生时执行本定额第一章“土石方工程”有关定额项目。管道与道路连续施工时（指道路下的管道），沟槽回填土人工、机械乘以 1.2 系数；底基层已综合考虑夯实要求，未考虑湿软地基处理，发生时按实计取。

三、水泥稳定碎（砾）石水泥含量为 5%，设计配合比与项目不同时，材料可以换算，人工、机械不得调整；喷洒沥青油料中，设计与项目取定的喷油量不同时，材料可以调整，人工、机械不得调整；水泥混凝土道路面层未包含伸缩缝，发生时参考《陕西省市政工程消耗量定额（2025）》道路工程有关定额执行，路面的钢筋项目执行本定额第五章“混凝土及钢筋混凝土工程”相应定额项目。

四、铺装按平铺考虑，适用铺装厚度 50mm 以内；安装缘石块料规格以 50cm × 50cm(长 × 高）计入，适用于高度 50cm 以内，直线、弧线已综合考虑；防腐木地板适用于硬质基层地面，木龙骨规格 60mm × 60mm，间距 800mm 均匀布置（封边满布龙骨）。

五、成品塑料检查井的直径指检查井井盖位置尺寸；成品池类项目仅包含成品安装固定，若存在其他连接、安装等工艺，执行安装工程项目；钢筋混凝土池类分解计算，执行本定额第五章“混凝土及钢筋混凝土工程”有关定额项目；预制混凝土化粪池每增加 $10m^3$ 项目上限不超过 $50m^3$；砌体池类执行本定额第四章“砌筑工程”砖地沟相应定额项目。

六、围墙的铁艺围栏部分按照成品考虑。

七、本章节中未列出的总体工程项目，执行其他章节相应定额项目。

工程量计算规则

一、道路面层及基层面积按设计长度乘以宽度计算，不扣除各类井所占面积，但扣除路面相连的平石、侧石、缘石所占的面积。弯道面积不区分弯道形式，计算公式为 $R^2 \times 0.2146$。道路基层面积：按设计图示尺寸以“m^2”计算；无设计要求时，按设计长度 ×（道路宽度 + 扩宽度），如设置道路侧石时，按侧石外沿每侧增加 0.15m，如无侧石设置，按道路边线每侧增加 0.3m。人行道面层、基层按实铺面积计算。

二、石质、混凝土侧石、树坑板按延长米计算。

三、铺装按饰面的实铺面积以“m^2”计算，不扣除 $0.3m^2$ 以内的孔洞所占面积，应扣除突出地面的构筑物及设备等不需铺贴的面积。

四、混凝土缘石、石质立缘石均按实际铺设长度以“m”计算。

五、检查井、化粪池、隔油池均按“个”计算。

六、围墙铁艺栏杆按设计图示尺寸以“m^2”计算。

一、室 外 道 路

1. 路床碾压检验

工作内容：放样、挖高填低、推土机整平、找平、碾压、检验、人工配合处理机械碾压不到之处。

计量单位：$100m^2$

编　号				18-1
项　目				路床碾压检验
名　称			单位	消　耗　量
人工	000101000	综合一类工	工日	0.360
机械	990101015	履带式推土机 75kW	台班	0.090
	990150020	光轮压路机内燃 12t	台班	0.128

2. 人行道整形碾压

工作内容：放样、人工挖高填低、找平、碾压、检验、人工配合处理机械碾压不到之处。**计量单位：**$100m^2$

编　号				18-2
项　目				人行道整形碾压
名　称			单位	消　耗　量
人工	000101000	综合一类工	工日	1.720
机械	990150020	光轮压路机 内燃 12t	台班	0.030

3. 级配砂石碾压

工作内容：运砂石、铺设、找平、夯实；运输、铺设、找平、夯实。

计量单位：m^3

编　号				18-3	18-4
项　目				垫层	
				天然级配砂石	人工级配砂石
名　称			单位	消　耗　量	
人工	000201000	综合二类工	工日	0.630	0.754
材料	341101001	水	m^3	0.250	0.300
	040513001	天然砂石	m^3	1.224	—
	040300001	砂	m^3	—	0.488
	040503002	卵石	m^3	—	0.911
机械	990150010	光轮压路机 内燃 8t	台班	0.024	0.024

4. 碎石摊铺碾压

工作内容：放样、清理、取料、运料、上料、摊铺、灌缝、找平、碾压。　　**计量单位：**m^3

编　号				18-5
项　目				碎石垫层干铺
名　称			单位	消　耗　量
人工	000201000	综合二类工	工日	0.450
材料	040501021	碎石 40	m^3	1.326
	850103006	其他材料费（占材料费）	%	1.000
机械	990150010	光轮压路机 内燃 8t	台班	0.025

5. 砂砾石垫层

工作内容：垫层、清底、找平、浇筑、抹平、材料场内运输。　　**计量单位：**$1m^3$

编　号				18-6
项　目				砂砾石垫层
名　称			单位	消　耗　量
人工	000201000	综合二类工	工日	0.653
材料	040505007	砾石 40mm	m^3	1.021
	040300005	净砂	m^3	0.429
	850103006	其他材料费（占材料费）	%	1.000
机械	990150010	光轮压路机 内燃 8t	台班	0.100

6. 碎（卵）石滤层

工作内容：整平，材料运输、填滤料成形、清理等。　　**计量单位：**m^3

编　号				18-7
项　目				碎石滤层
名　称			单位	消　耗　量
人工	000201000	综合二类工	工日	0.601
材料	040501015	碎石 50～80	m^3	1.122

7. 现浇混凝土面层

工作内容：放样、模板制作、安装、拆除、模板刷脱模剂、混凝土纵缝涂沥青油、浇筑捣固、抹光或拉毛。

计量单位：100m²

编号				18-8
项目				混凝土浇筑
				18cm 厚
名称			单位	消耗量
人工	000201000	综合二类工	工日	10.407
材料	802717001	预拌抗折混凝土	m^3	18.180
	350111002	钢模板	kg	15.641
	143557001	脱模剂	kg	1.030
	341101001	水	m^3	2.790
	341103001	电	kW · h	6.472
	031509002	铁件	kg	5.300
	850103006	其他材料费（占材料费）	%	1.500

8. 水泥混凝土路面

工作内容：放样、模板制作、安装、拆除、模板刷脱模剂、混凝土纵缝涂沥青油、浇筑捣固、抹光或拉毛。

计量单位：100m²

编号				18-9
项目				混凝土浇筑
				每增减 1cm
名称			单位	消耗量
人工	000201000	综合二类工	工日	0.409
材料	802717001	预拌抗折混凝土	m^3	1.010
	350111002	钢模板	kg	0.874
	341101001	水	m^3	0.100
	341103001	电	kW · h	0.362
	031509002	铁件	kg	0.570
	143557001	脱模剂	kg	0.572
	850103006	其他材料费（占材料费）	%	1.500

9. 水泥稳定碎（砾）石

工作内容：放线、上料、运料、拌和、整形、摊铺、找平、碾压。　　**计量单位：**$100m^2$

编号				18-10	18-11
项目				水泥稳定碎（砾）石（预拌）	
				20cm	每减 1cm
名称			单位	消耗量	
人工	000201000	综合二类工	工日	1.516	0.076
材料	040100005	水泥 42.5	t	2.266	0.113
	040501002	碎石（综合）	m^3	15.740	0.787
	040717001	石屑	m^3	13.958	0.698
	341101001	水	m^3	3.800	0.190
	850103006	其他材料费（占材料费）	%	1.500	1.500
机械	990122060	钢轮振动压路机 18t	台班	0.113	0.006
	990120050	钢轮内燃压路机 18t	台班	0.075	0.003
	990142040	沥青混凝土摊铺机 12t	台班	0.113	0.006
	990110020	轮胎式装载机 $1m^3$	台班	0.113	—
	990625010	水泥稳定碎石拌和站（RB400）92kW/h	台班	0.113	—

10. 沥青混凝土面层（粗粒式）

工作内容：清扫基层、整修侧缘石、测温、摊铺、接茬、找平、点补、碾压　　**计量单位：**$100m^2$

编号				18-12	18-13
项目				沥青混凝土面层（粗粒式）	
				6cm	每增减 1cm
名称			单位	消耗量	
人工	000201000	综合二类工	工日	1.375	0.229
材料	802501001	粗粒式沥青混凝土	m^3	6.060	1.010
	140305002	柴油	kg	6.000	1.000
	850103006	其他材料费（占材料费）	%	1.500	1.500
机械	990122040	钢轮振动压路机 12t	台班	0.117	0.020
	990120040	钢轮内燃压路机 15t	台班	0.106	0.018
	990121040	轮胎压路机 26t	台班	0.053	0.009
	990142030	沥青混凝土摊铺机 8t	台班	0.053	0.009

11. 沥青混凝土面层（中粒式）

工作内容：清扫基层、整修侧缘石、测温、摊铺、接茬、找平、点补、碾压。　　**计量单位**：$100m^2$

编　号				18-14	18-15
项　目				沥青混凝土面层（中粒式）	
				4cm	每增减 1cm
名　称			单位	消　耗　量	
人工	000201000	综合二类工	工日	0.915	0.229
材料	802503001	中粒式沥青混凝土	m^3	4.040	1.010
	140305002	柴油	kg	4.000	1.000
	850103006	其他材料费（占材料费）	%	1.500	1.500
机械	990122040	钢轮振动压路机 12t	台班	0.078	0.020
	990120040	钢轮内燃压路机 15t	台班	0.070	0.018
	990121040	轮胎压路机 26t	台班	0.035	0.009
	990142030	沥青混凝土摊铺机 8t	台班	0.035	0.009

12. 沥青混凝土面层（细粒式）

工作内容：清扫基层、整修侧缘石、测温、摊铺、接茬、找平、点补、碾压。　　**计量单位**：$100m^2$

编　号				18-16	18-17
项　目				沥青混凝土面层（细粒式）	
				3cm	每增减 1cm
名　称			单位	消　耗　量	
人工	000201000	综合二类工	工日	1.122	0.374
材料	802505001	细粒式沥青混凝土	m^3	3.030	1.010
	140305002	柴油	kg	3.000	1.000
	850103006	其他材料费（占材料费）	%	1.500	1.500
机械	990122040	钢轮振动压路机 12t	台班	0.094	0.042
	990120040	钢轮内燃压路机 15t	台班	0.085	0.029
	990121040	轮胎压路机 26t	台班	0.042	0.014
	990142030	沥青混凝土摊铺机 8t	台班	0.042	0.014

13. 花岗岩铺装

工作内容：清理基层、铺砌、灌缝、补空、勾缝、扫漫、养护等全过程。 **计量单位：**100m²

编号				18-18
项目				花岗岩铺装
名称			单位	消耗量
人工	000201000	综合二类工	工日	18.680
材料	080703003	花岗岩板	m^2	101.000
	800100010	水泥砂浆 M15	m^3	3.075
	040113004	白水泥	kg	15.000
	341101001	水	m^3	3.101
	850103006	其他材料费（占材料费）	%	1.500
机械	990610010	灰浆搅拌机 200L	台班	0.131

14. 透水砖铺筑

工作内容：清理基层、铺砌、灌缝、补空、勾缝、扫漫、养护等全过程。 **计量单位：**100m²

编号				18-19
项目				透水砖铺筑
名称			单位	消耗量
人工	000201000	综合二类工	工日	10.100
材料	360507001	透水砖	m^2	102.000
	800100009	水泥砂浆 M7.5	m^3	2.060
机械	990403070	电动三轮车 ≤1t	台班	0.200

15. 植草砖铺筑

工作内容：清理基底、铺设、灌缝、填土。 **计量单位：**100m²

编号				18-20
项目				植草砖铺筑
名称			单位	消耗量
人工	000201000	综合二类工	工日	11.532
材料	360505001	植草砖	m^2	102.000
	800100009	水泥砂浆 M7.5	m^3	0.200
机械	990403070	电动三轮车 ≤1t	台班	0.200

注：填土指砖孔种植土。

16. 塑胶面层

工作内容：清理基层，磨光，拌和，涂刷基层，面层，净面等。 **计量单位**：100m²

编号				18-21	18-22
项目				塑胶面层	
				9mm	每增减 1mm
名称			单位	消耗量	
人工	000201000	综合二类工	工日	18.540	2.051
材料	140509001	溶剂	kg	5.000	0.400
	143501004	预聚体（甲组分）	kg	169.000	14.600
	143507002	色浆（乙组分）	kg	677.000	58.400
	020713003	红胶粒	kg	197.000	17.000
	020713002	黑胶粒	kg	283.000	24.400
	143501003	催化剂	kg	6.000	0.600
	850103006	其他材料费（占材料费）	%	2.000	2.000
机械	991003030	电动空气压缩机 $1m^3/min$	台班	1.000	0.120
	990635010	塑胶搅拌机	台班	1.000	0.120
	990620020	塑胶喷浆机	台班	1.000	0.120

17. 防腐木地板

工作内容：清理，铺防潮垫，钉木龙骨、铺设地板。 **计量单位**：100m²

编号				18-23
项目				防腐木地板（含龙骨）
名称			单位	消耗量
人工	000201000	综合二类工	工日	27.110
材料	071300001	实木地板	m^2	105.000
	031507030	镀锌铁丝 $\phi3.5$	kg	30.130
	031501005	铁钉	kg	15.870
	130507001	防腐油	kg	28.420
	022701003	棉纱头	kg	1.000
	050401003	板枋材	m^3	1.422
	073301001	防潮垫	m^2	105.000

注：项目适用于硬质基层地面，木龙骨规格 60mm × 60mm，间距 800mm 均匀布置（封边满布龙骨）。

18. 安装混凝土立缘石

工作内容：放样、开槽、运料、调配砂浆、安砌、勾缝、养护、清理。　　计量单位：100m

编　号				18-24
项　目				安装混凝土立缘石
名　称			单位	消　耗　量
人工	000201000	综合二类工	工日	9.670
材料	800615004	预拌水泥砂浆　1：3	m^3	0.010
	800300002	石灰砂浆　1：3	m^3	0.820
	360713001	混凝土立缘石	m	101.000
	850103006	其他材料费（占材料费）	%	1.500

19. 安装石质缘石

工作内容：预制及安装混凝土侧石（树坑板、石质侧石）；包括取配材料、装拆模具、浇捣、养护、码垛开槽挂线、运料、安砌灌缝、找平、养护等全过程。　　计量单位：100m

编　号				18-25
项　目				安装石质缘石，长度 50cm
名　称			单位	消　耗　量
人工	000201000	综合二类工	工日	11.620
材料	800615004	预拌水泥砂浆　1：3	m^3	0.010
	800300002	石灰砂浆　1：3	m^3	0.820
	360701001	石质缘石	m	101.000
	850103006	其他材料费（占材料费）	%	1.500

20. 花岗岩树坑板

工作内容：挂线、开槽、配拌砂浆、运料、安砌、灌缝、找平、夯实、清理。　　计量单位：100m

编　号				18-26
项　目				花岗岩树坑板
名　称			单位	消　耗　量
人工	000201000	综合二类工	工日	2.911
材料	800100010	水泥砂浆　M15	m^3	0.030
	080703004	花岗岩块石	m	102.000
	341101001	水	m^3	0.008
	850103006	其他材料费（占材料费）	%	1.500
机械	990611010	干混砂浆罐式搅拌机	台班	0.001

二、室 外 管 网

1. 成品塑料检查井安装

工作内容：井座、井筒安装，与管道连接等。 **计量单位**：10 套

编 号				18-27	18-28
项 目				塑料检查井	
				井筒直径 700mm 以内	井筒直径 1000mm 以内
名 称			单位	消 耗 量	
人工	000201000	综合二类工	工日	2.100	3.280
材料	360133003	塑料检查井（成品）	套	10.000	10.000
	850103006	其他材料费（占材料费）	%	1.000	1.000

2. 整体混凝土化粪池安装

工作内容：吊装、就位、安装等。 **计量单位**：套

编 号				18-29	18-30
项 目				整体混凝土化粪池	
				容积 $20m^3$ 以内	容积每增加 $10m^3$ 以内
名 称			单位	消 耗 量	
人工	000201000	综合二类工	工日	2.000	1.000
材料	360129005	混凝土化粪池（成品）容积 $20m^3$ 以内	套	1.000	—
	360129004	混凝土化粪池（成品）容积 $10m^3$ 以内	套	—	1.000
	850103006	其他材料费（占材料费）	%	1.000	0.500
机械	990304024	汽车式起重机 25t	台班	0.400	0.200

3. 成品预制混凝土隔油池安装

工作内容：吊装、就位、安装等　　　　　**计量单位：**套

编号				18-31	18-32
项目				成品预制混凝土隔油池	
				容积 $1.5m^3$	容积 $3m^3$
名称			单位	消耗量	
人工	000201000	综合二类工	工日	0.600	0.800
材料	043121013	预制混凝土隔油池（成品）$1.5m^3$	套	1.000	—
	043121014	预制混凝土隔油池（成品）$3m^3$	套	—	1.000
	850103006	其他材料费（占材料费）	%	1.000	1.000
机械	990304024	汽车式起重机 25t	台班	0.200	0.201

4. 管道闭水试验

工作内容：调制砂浆、砌墙、抹灰、浇水、排水、拆墙、清理现场等。　　　　　**计量单位：**100m

编号				18-33
项目				管道闭水试验
				管径 600mm 以内
名称			单位	消耗量
人工	000201000	综合二类工	工日	2.596
材料	800100009	水泥砂浆 M7.5	m^3	0.070
	800100003	水泥砂浆 1：2	m^3	0.014
	170101008	焊接钢管 *DN*40	m	0.030
	172707007	橡胶管 *D*15	m	1.500
	041301001	标准砖（综合）	千块	0.165
	031507030	镀锌铁丝 $\phi3.5$	kg	0.680
	341101001	水	m^3	35.487
	850103006	其他材料费（占材料费）	%	1.000
机械	990611010	干混砂浆罐式搅拌机	台班	0.003

三、其　他

1. 普通铁艺围栏

工作内容：放样，拼装，矫正，安装，清理。　　**计量单位**：$10m^2$

编　号				18-34
项　目				普通铁艺围栏
名　称			单位	消　耗　量
人工	000201000	综合二类工	工日	3.100
材料	031517001	铁艺围栏	m^2	10.100
	850103006	其他材料费（占材料费）	%	2.500
机械	990401025	载重汽车 6t	台班	0.010

附　　录

一、现场加工、手工制作常用规格

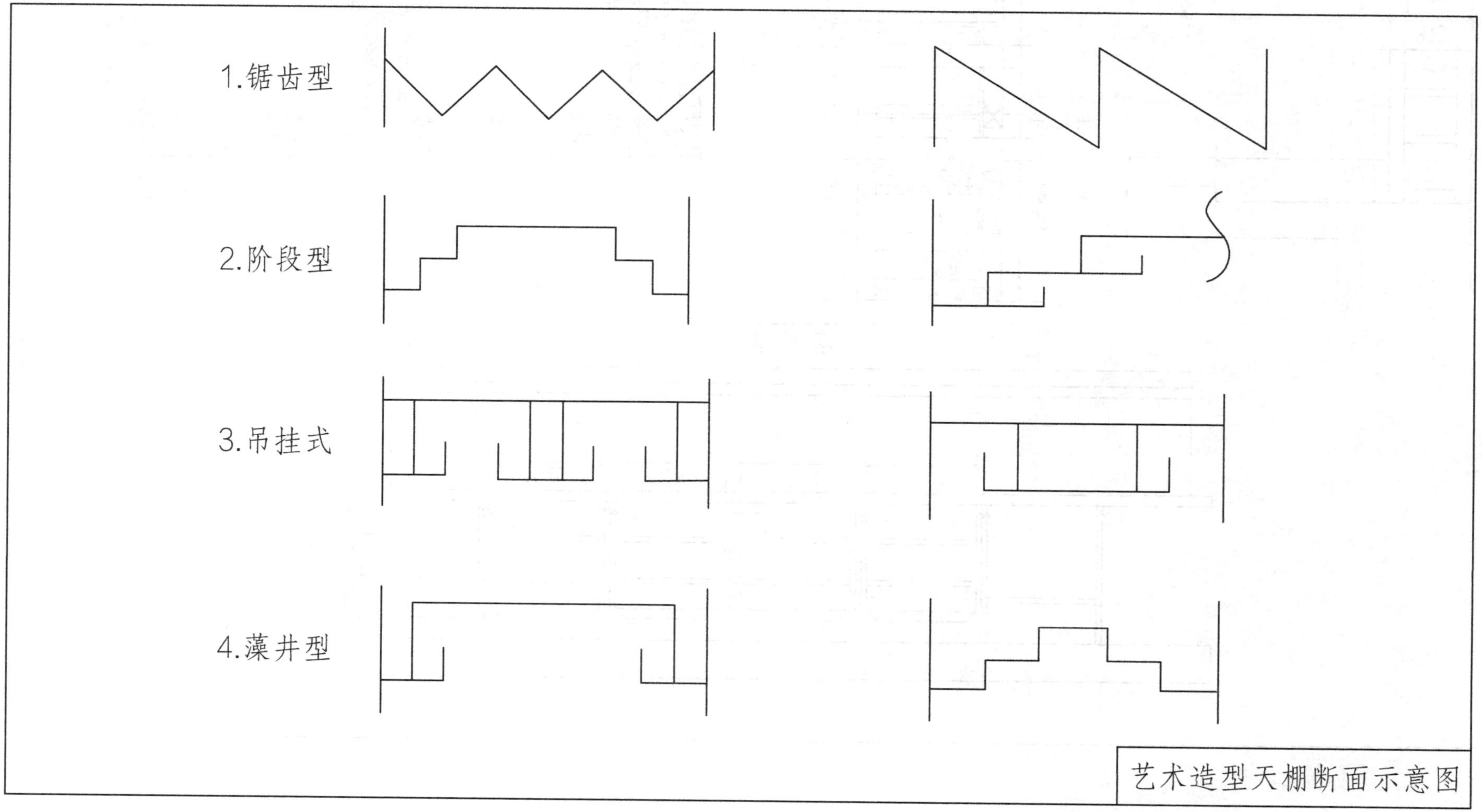

艺术造型天棚断面示意图

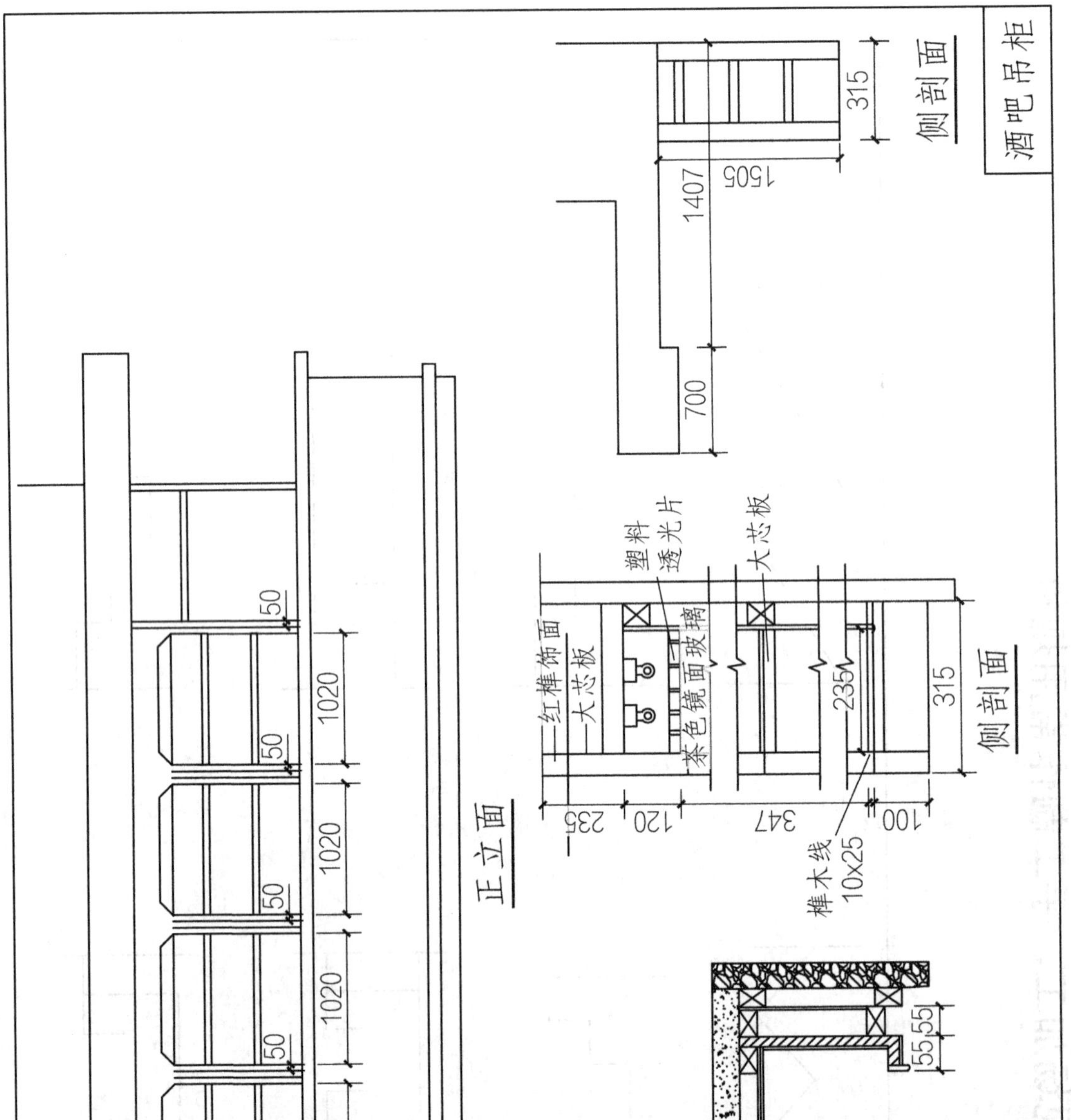
酒吧吊柜
侧剖面
315
1505
1407
700
正立面
50
1020
200
385
330
塑料透光片
大芯板
红榉饰面
茶色镜面玻璃
235
120
347
100
榉木线10x25
侧剖面
5夹板
茶色镜玻璃
大芯板、红榉饰面
55
平剖面
5夹板、红榉饰面
杉木方35×50
榉木线1025
285
30

酒吧背柜

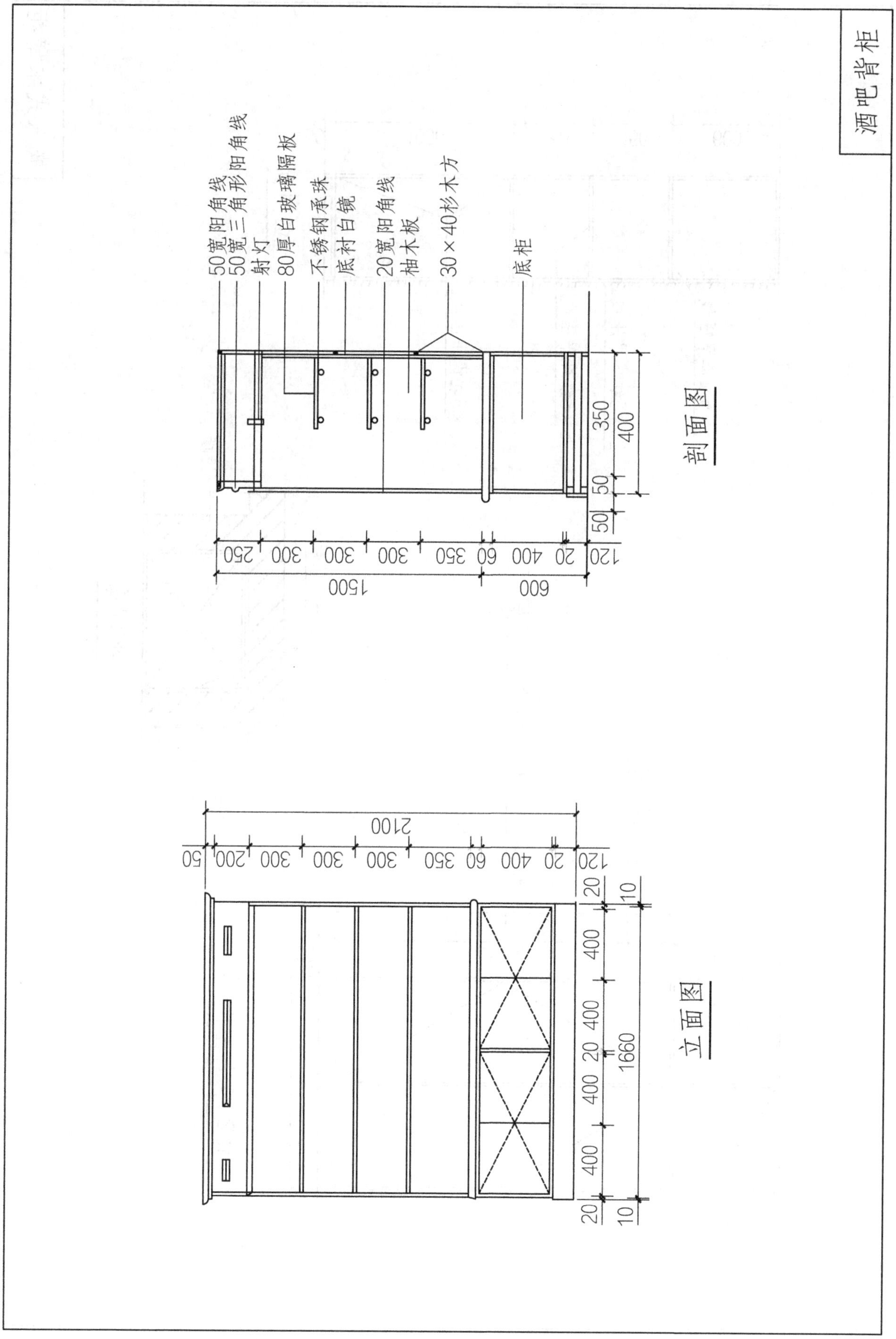
50宽阳角线
50宽三角形阳角线
射灯
80厚白玻璃隔板
不锈钢承珠
底衬白镜
20宽阳角线
柚木板
30×40杉木方
底柜
250
300
300
300
350
60
400
20
120
1500
600
350
400
50
50
剖面图
2100
50
200
300
300
300
350
60
400
20
120
20
10
400
400
20
400
1660
400
20
10
立面图

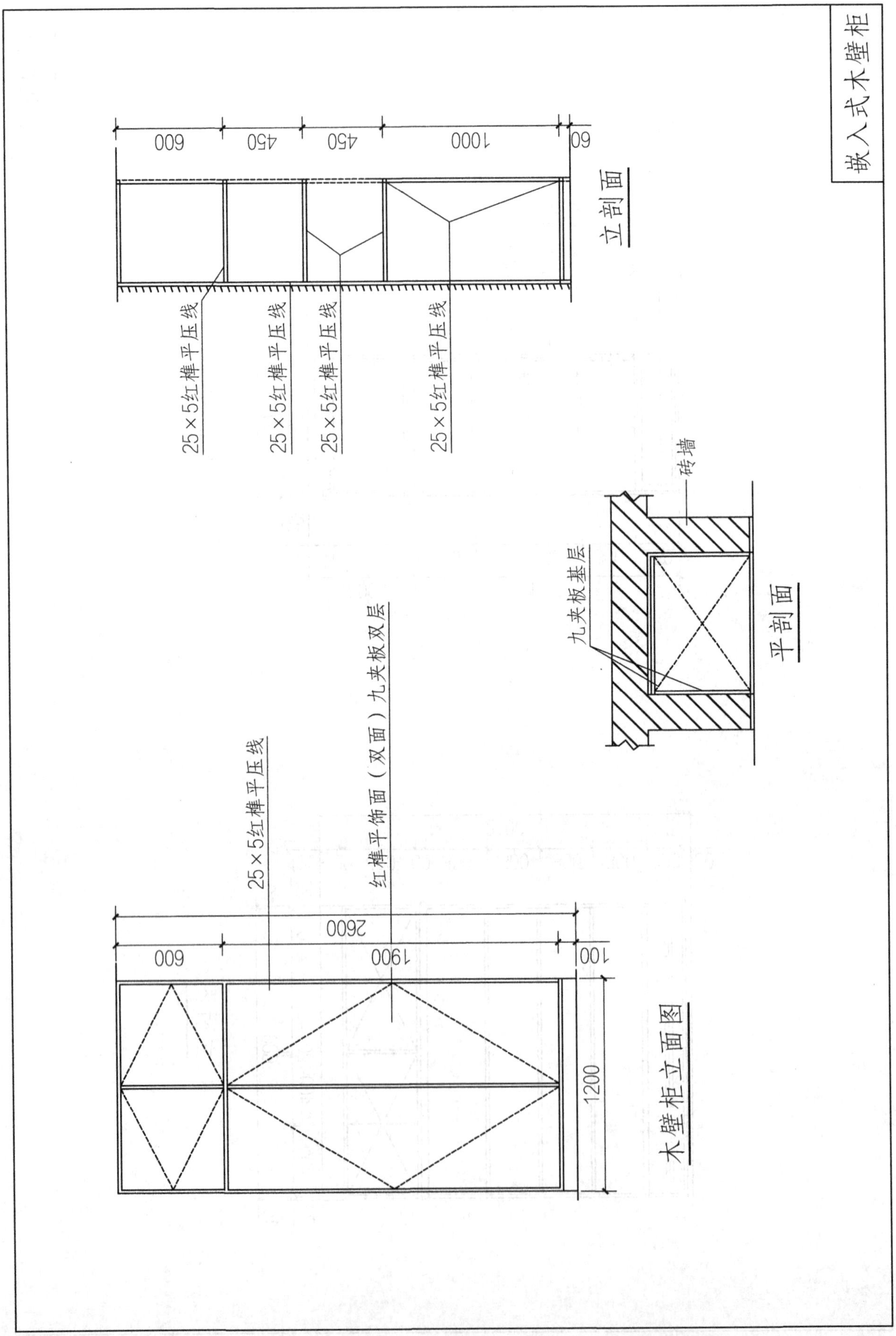
嵌入式木壁柜
600
450
450
1000
60
立剖面
25×5红榉平压线
25×5红榉平压线
25×5红榉平压线
25×5红榉平压线
砖墙
九夹板基层
平剖面
25×5红榉平压线
红榉平饰面（双面）九夹板双层
2600
600
1900
100
1200
木壁柜立面图

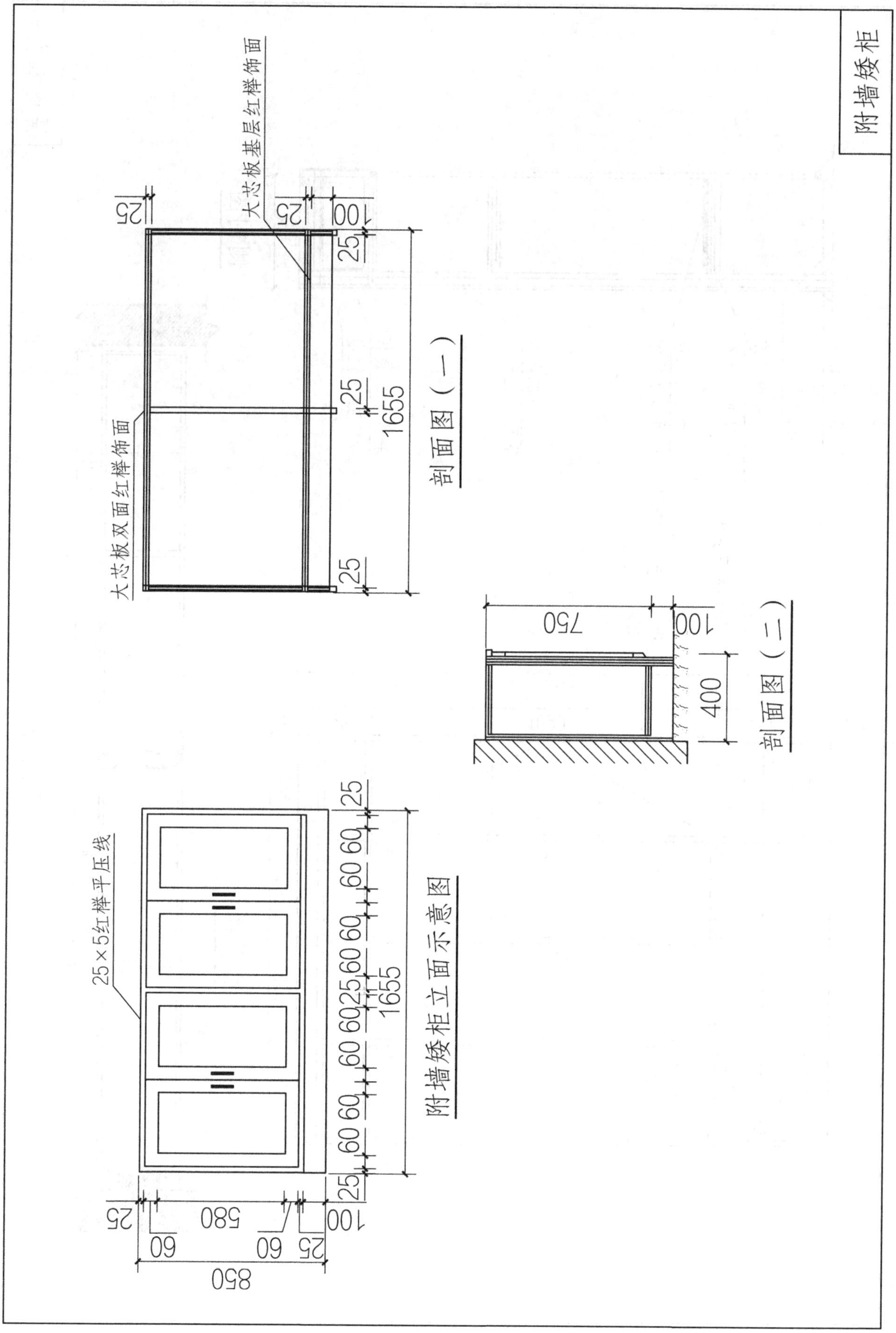
附墙矮柜
大芯板基层红榉饰面
大芯板双面红榉饰面
25
25
100
25
25
1655
剖面图（一）
750
100
400
剖面图（二）
25×5红榉平压线
附墙矮柜立面示意图
25 60 60 60 60 25 60 60 60 60 25
1655
25
580
100
60
60
25
850

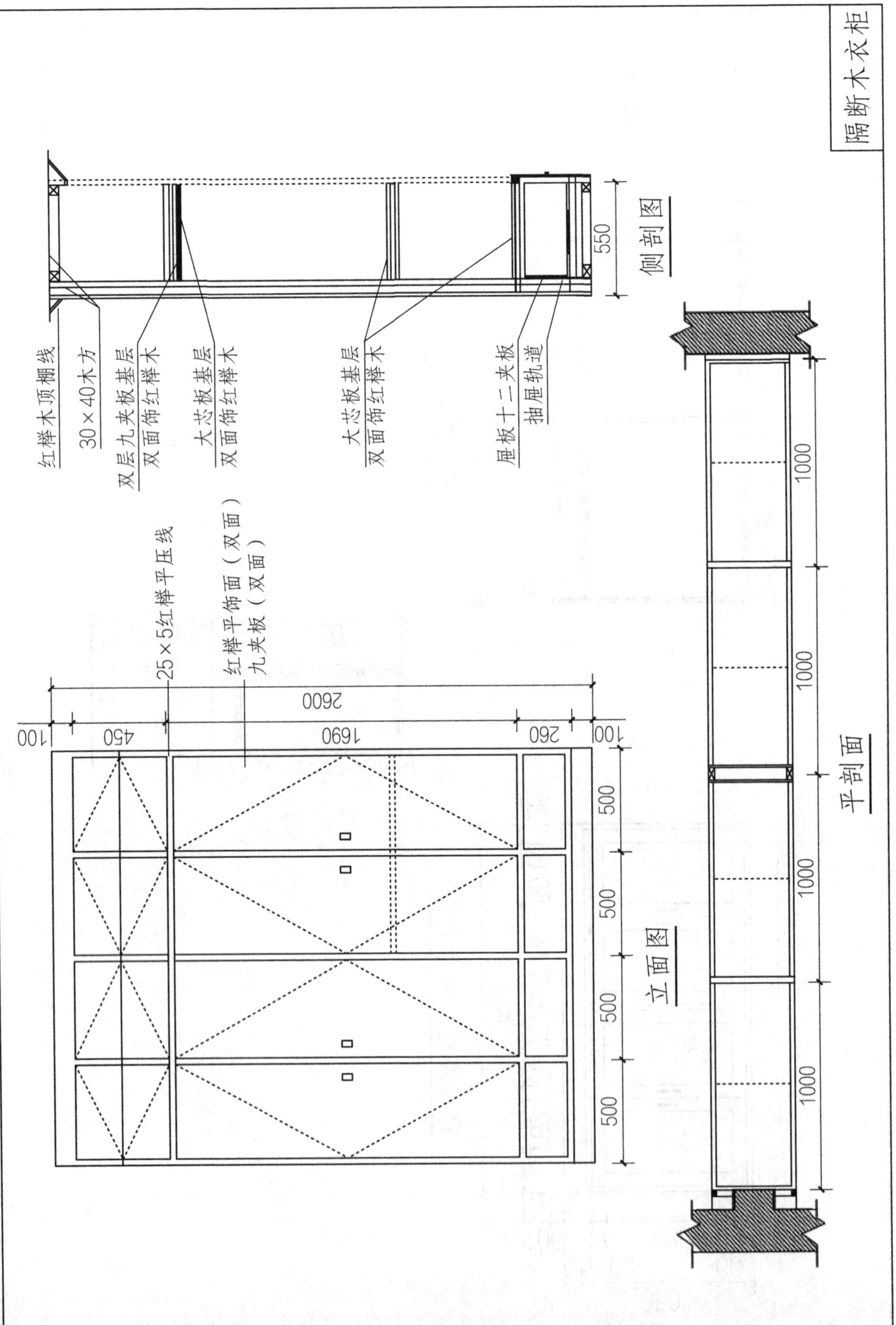
隔断木衣柜
红榉木顶棚线
30×40木方
双层九夹板基层
双面饰红榉木
大芯板基层
双面饰红榉木
大芯板基层
双面饰红榉木
屉板十二夹板
抽屉轨道
550
侧剖图
25×5红榉平压线
红榉平饰面（双面）
九夹板（双面）
2600
100
450
1690
260
100
500
500
500
500
立面图
1000
1000
1000
1000
平剖面

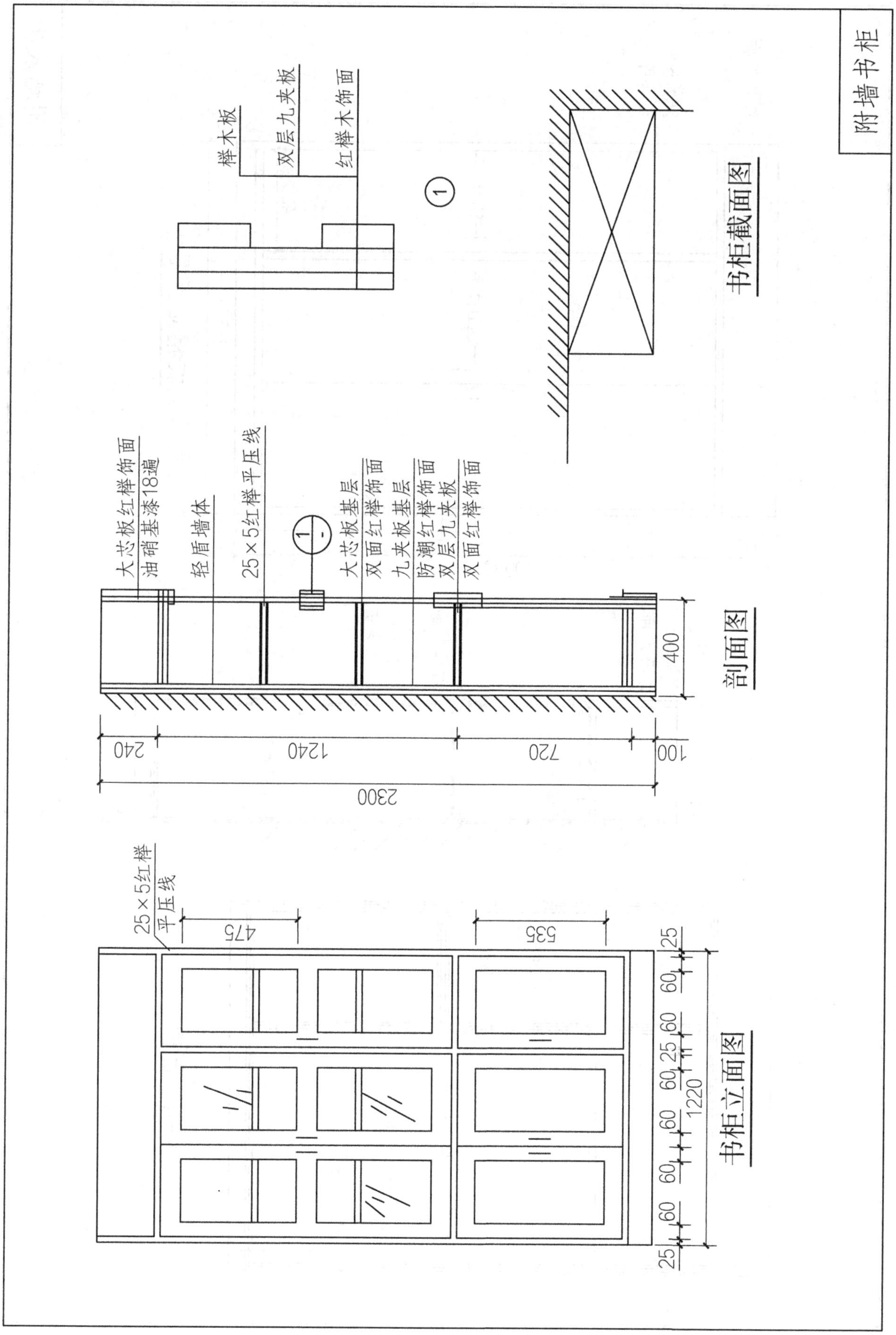

附墙书柜
榉木板
双层九夹板
红榉木饰面
①
书柜截面图
大芯板红榉饰面
油硝基漆18遍
轻盾墙体
25×5红榉平压线
大芯板基层
双面红榉饰面
九夹板基层
防潮红榉饰面
双层九夹板
双面红榉饰面
400
240
1240
720
100
2300
剖面图
25×5红榉平压线
475
535
25
60
60
25
60
1220
60
60
60
25
书柜立面图

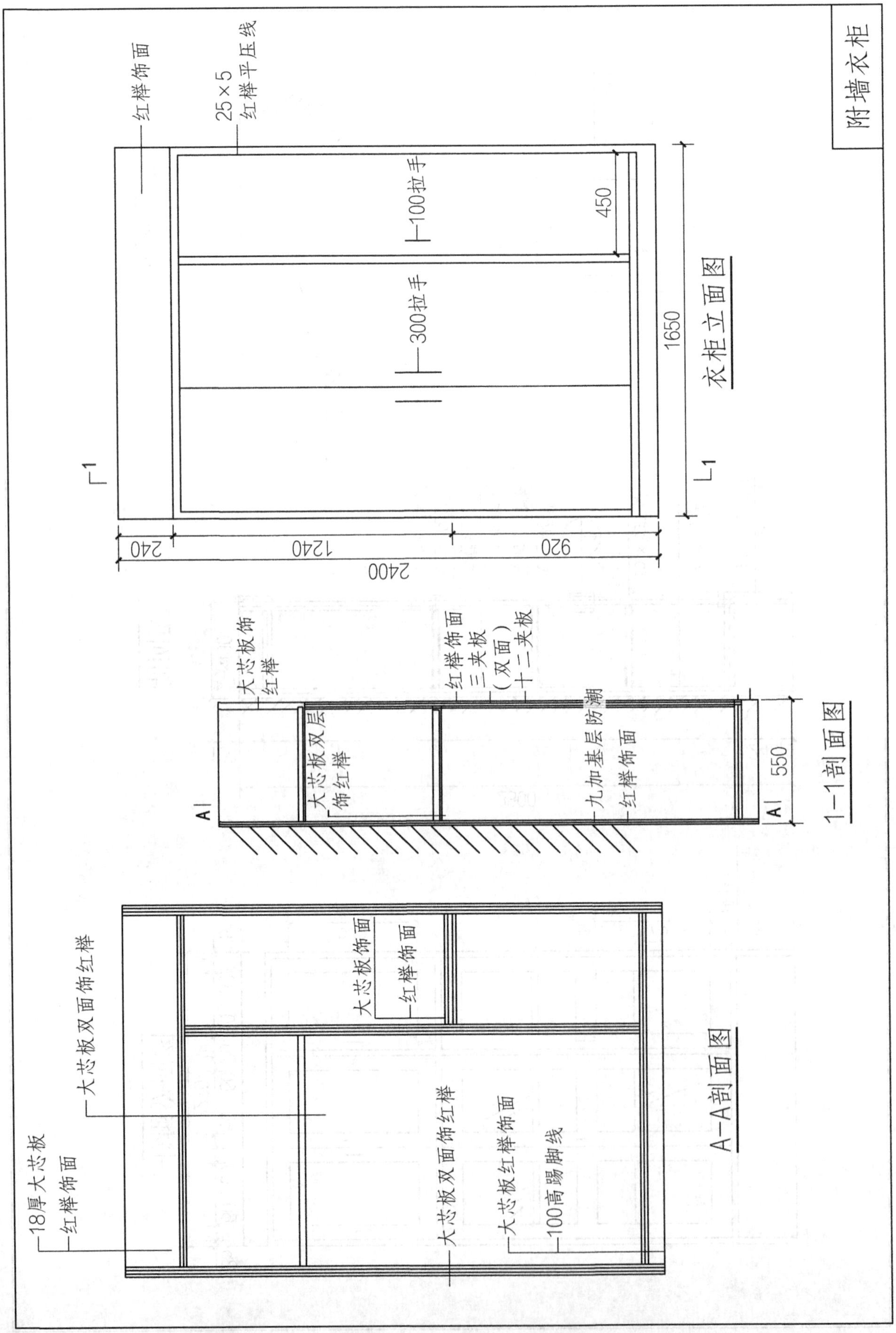
附墙衣柜
红榉饰面
25×5
红榉平压线
100拉手
450
300拉手
1650
衣柜立面图
240
1240
920
2400
大芯板饰
红榉
红榉饰面
三夹板
（双面）
十二夹板
大芯板双层
饰红榉
九加基层防潮
红榉饰面
550
A
1—1剖面图
18厚大芯板
红榉饰面
大芯板双面饰红榉
大芯板饰面
红榉饰面
大芯板双面饰红榉
大芯板红榉饰面
100高踢脚线
A—A剖面图

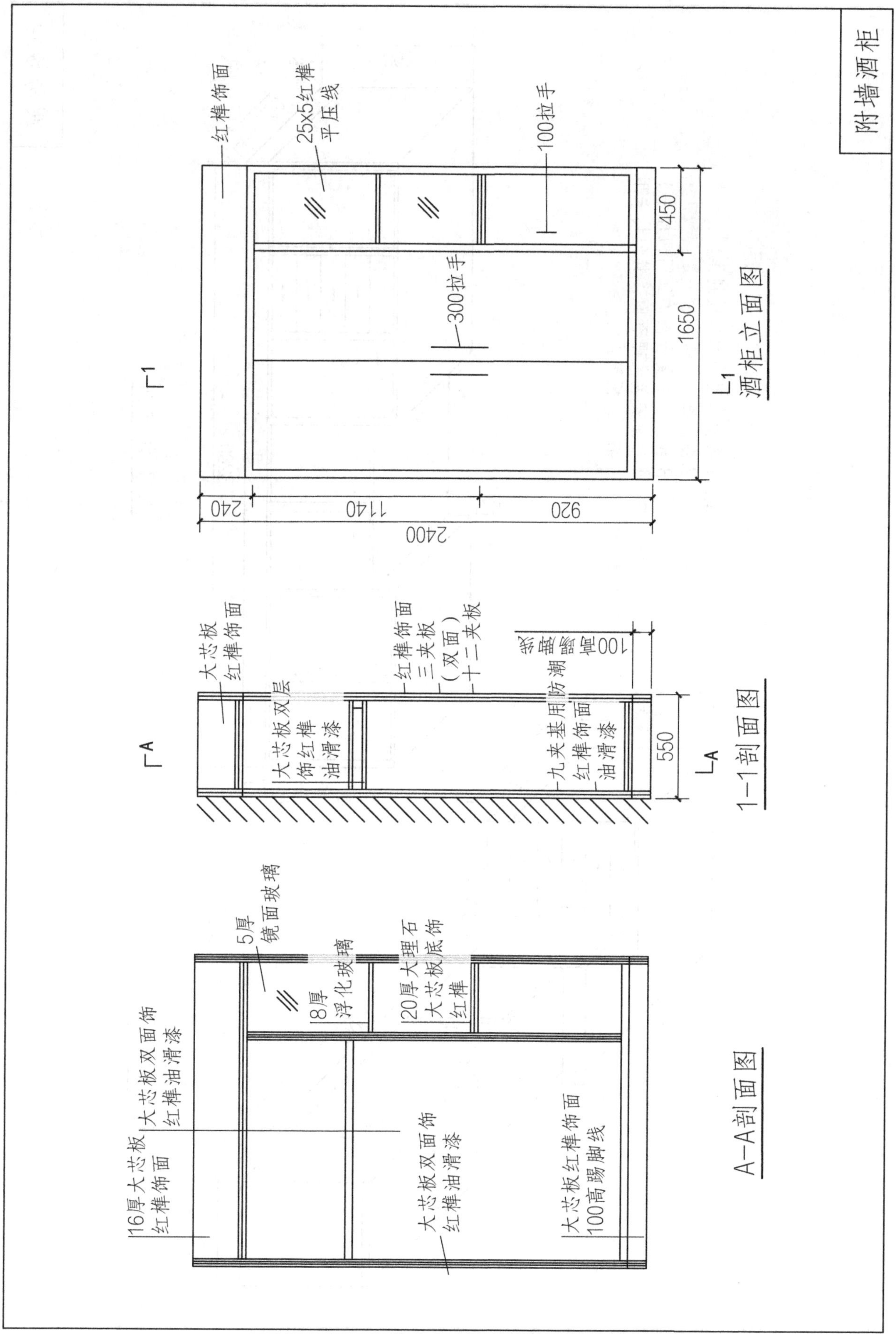
附墙酒柜
红榉饰面
25x5红榉平压线
100拉手
300拉手
450
1650
240
1140
920
2400
酒柜立面图
大芯板红榉饰面
红榉饰面三夹板（双面）十二夹板
100高踢脚线
大芯板双层饰红榉油滑漆
九夹基层防潮红榉饰面油滑漆
550
1-1剖面图
5厚镜面玻璃
8厚浮化玻璃
20厚大理石大芯板底饰红榉
16厚大芯板红榉饰面
大芯板双面饰红榉油滑漆
大芯板双面饰红榉油滑漆
大芯板红榉饰面100高踢脚线
A-A剖面图

注：1.矮柜采用细木工板制作。
2.内设细木工板搁板一道。
3.台面采用复合板（五门四抽斗）。
4.台面安装大理石面，其他均采用细木工板制作。

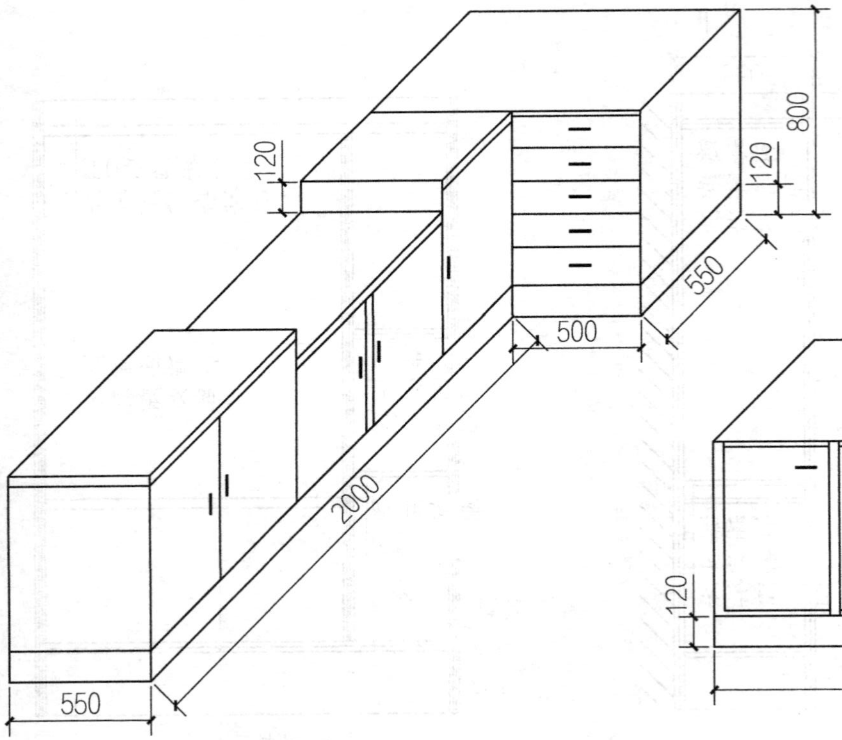

复合板台面

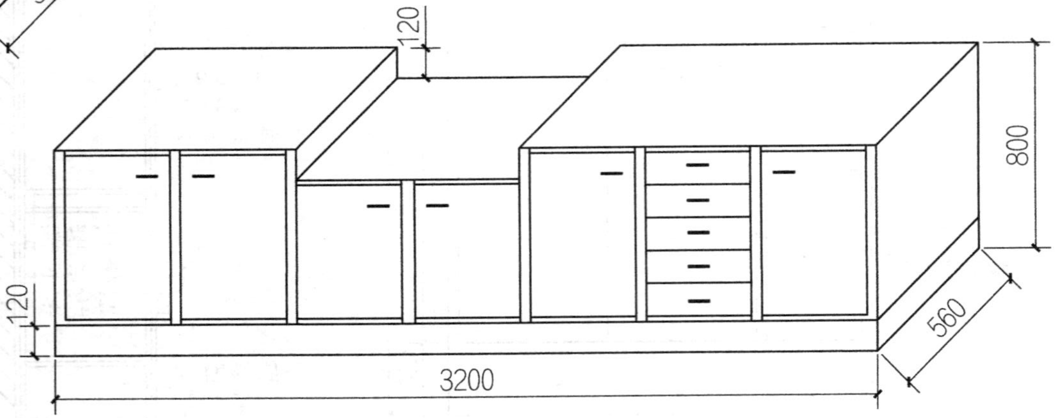

大理石台面

厨房矮柜

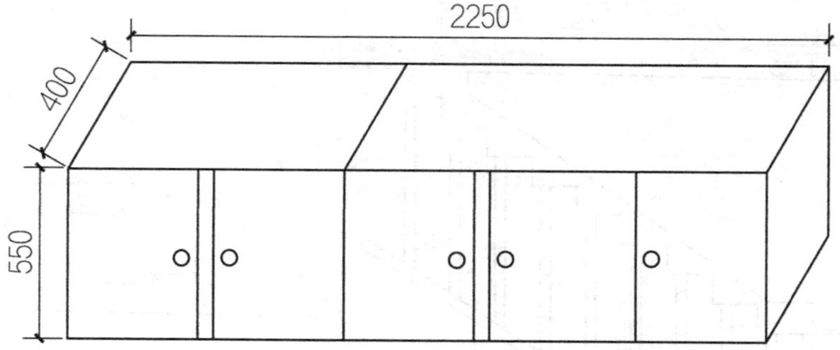

吊柜

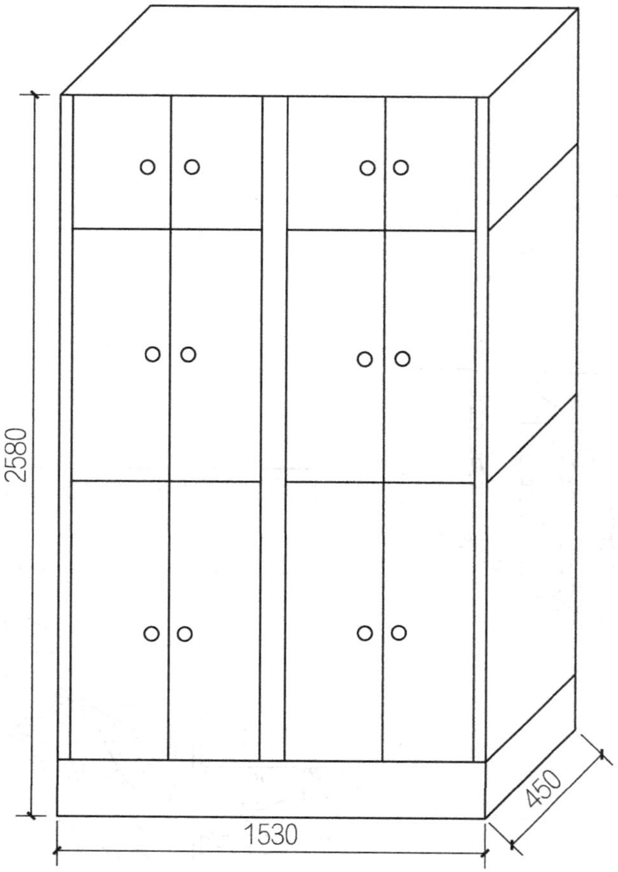

壁橱

注：1.室内厨房吊柜采用细木工板。
2.附墙壁柜材料用细木工板制作。
3.内设四道搁板。

吊柜、壁橱

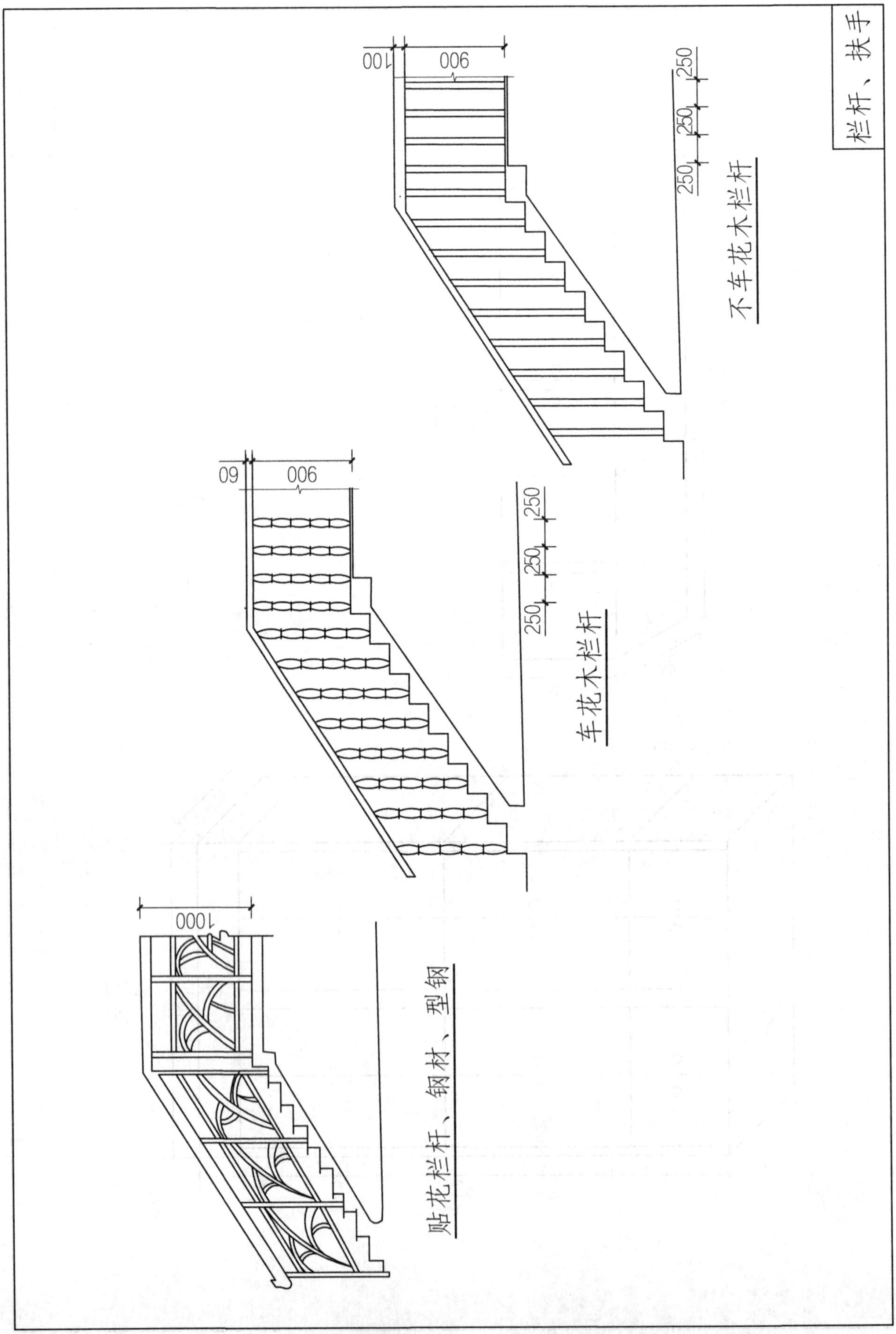
栏杆、扶手
不车花木栏杆
100
900
250
250
250
车花木栏杆
60
900
250
250
250
贴花栏杆、钢材、型钢
1000

二、现浇构件模板一次使用量表

单位：100m² 模板接触面积

编号	项目			模板种类	支撑种类	混凝土体积	一次使用量							周转次数	周转补损率
							组合式钢模	模板木材	复合模板	复合模板木龙骨	钢支撑	零星卡具	木支撑		
						m^3	kg	m^3	m^2	m^3	kg	kg	m^3	次	%
1	混凝土基础垫层			复模	木	127.24	—	—	100	5.004	—	—	—	5	15
2	带形基础	毛石混凝土		钢模	钢	64.52	3137.52	0.689	—	—	2260.6	445.08	1.874	50	—
3					木	64.52	3137.52	0.689	—	—	—	445.08	5.372	50	—
4				复模	钢	64.52	—	—	100	1.44	2268.6	—	1.874	5	15
5					木	64.52	—	—	100	1.44	—	—	5.378	5	15
6		无筋混凝土		钢模	钢	45.87	3146	0.69	—	—	2250	582	1.858	50	—
7					木	45.87	3146	0.69	—	—	—	432.06	5.318	50	—
8				复模	钢	45.87	—	—	100	1.44	2250	—	1.858	5	15
9					木	45.87	—	—	100	1.44	—	—	5.318	5	15
10		钢筋混凝土	有肋式	钢模	钢	31.05	3655	0.065	—	—	5766	725.2	3.061	50	—
11					木	31.05	3655	0.065	—	—	—	443.4	7.64	50	—
12				复模	钢	31.05	—	—	100	1.44	5766	—	3.061	5	15
13					木	31.05	—	—	100	1.44	—	—	7.64	5	15
14			板式	钢模	木	168.27	3500	1.3	—	—	—	224	1.862	50	—
15				复模		168.27	—	—	100	1.433	—	—	1.862	5	15
16	独立基础	毛石混凝土		钢模	木	24.87	3308.5	0.445	—	—	—	473.8	5.016	50	—
17				复模		24.87	—	—	100	1.76	—	—	5.016	5	15
18		混凝土		钢模	木	33.72	3446	0.45	—	—	—	507.6	5.37	50	—
19				复模		33.72	—	—	100	1.76	—	—	5.37	5	15

续前

编号	项目		模板种类	支撑种类	一次使用量								周转次数	周转补损率
					混凝土体积	组合式钢模	模板木材	复合模板	复合模板木龙骨	钢支撑	零星卡具	木支撑		
					m^3	kg	m^3	m^2	m^3	kg	kg	m^3	次	%
20	杯形基础		钢模	钢	34.84	3129	0.885	—	—	3538.4	657	0.292	50	—
21				木	34.84	3129	0.885	—	—	—	361.8	6.486	50	—
22			复模	钢	34.84	—	—	100	1.6	3530.4	—	0.292	5	15
23				木	34.84	—	—	100	1.6	—	—	6.486	5	15
24	满堂基础	无梁式	钢模	木	222.22	3180.5	0.73	—	—	—	195.6	1.453	50	—
25			复模		222.22	—	—	100	1.426	—	—	1.453	5	15
26		有梁式	钢模	钢	119.05	3383	0.085	—	—	2108.28	627	0.385	50	—
27				木	119.05	3383	0.13	—	—	—	521	3.834	50	—
28			复模	钢	119.05	—	—	100	1.426	2108.28	—	0.385	5	15
29				木	119.05	—	—	100	1.426	—	—	3.834	5	15
30	设备基础	$5m^3$以内	钢模	钢	39.68	3392.5	0.57	—	—	3324	842	1.035	50	—
31				木	39.68	3392.5	0.57	—	—	—	692	4.975	50	—
32			复模	钢	39.68	—	—	100	1.76	3324	—	1.035	5	15
33				木	39.68	—	—	100	1.76	—	—	4.975	5	15
34		$20m^3$以内	钢模	钢	74.63	3368	0.425	—	—	3667	639.8	2.05	50	—
35				木	74.63	3368	0.425	—	—	—	540.6	3.29	50	—
36			复模	钢	74.63	—	—	100	1.76	3667	—	2.05	5	15
37				木	74.63	—	—	100	1.76	—	—	3.29	5	15
38		$100m^3$以内	钢模	钢	111.11	3276	0.4	—	—	4202.4	786	0.195	50	—
39				木	111.11	3276	0.4	—	—	—	616.2	5.235	50	—
40			复模	钢	111.11	—	—	100	1.76	4202.4	—	0.195	5	15
41				木	111.11	—	—	100	1.76	—	—	5.235	5	15

续前

编号	项目		模板种类	支撑种类	混凝土体积	一次使用量							周转次数	周转补损率
						组合式钢模	模板木材	复合模板	复合模板木龙骨	钢支撑	零星卡具	木支撑		
					m^3	kg	m^3	m^2	m^3	kg	kg	m^3	次	%
42	设备基础	100m^3以外	钢模	钢	224	3290.5	0.25	—	—	2811.6	784.2	0.295	50	—
43				木	224	3290.5	0.25	—	—	—	640.4	5.335	50	—
44			复模	钢	224	—	—	100	1.76	2811.6	—	0.295	5	15
45				木	224	—	—	100	1.76	—	—	5.335	5	15
46	矩形柱		钢模	钢	10.35	3866	0.305	—	—	5458.8	1308.6	1.73	50	—
47			复模		10.35	—	—	100	2.676	5458.8	—	1.73	5	15
48	构造柱		钢模	钢	10.01	3866	0.305	—	—	5458.8	1308.6	1.73	50	—
49			复模		10.01	—	—	100	2.676	5458.8	—	1.73	5	15
50	异型柱		钢模	钢	9.98	3819	0.395	—	—	7072.8	547.8	—	50	—
51			复模		9.98	—	—	100	3.324	7072.8	—	—	3	15
52	圆形柱		复模	钢	13.33	—	—	100	3.324	7072.8	—	—	3	15
53	基础梁		钢模	钢	38.76	3795.5	0.205	—	—	849	624	2.768	50	—
54				木	38.76	3795.5	0.205	—	—	—	624	5.503	50	—
55			复模	钢	38.76	—	—	100	3.098	849	—	2.768	5	15
56				木	38.76	—	—	100	3.098	—	—	5.503	5	15
57	矩形梁		钢模	钢	10.96	3828.5	0.08	—	—	9535.7	806	0.29	50	—
58			复模		10.96	—	—	100	3.098	9535.7	—	0.29	5	15
59	异型梁		木模	钢	11.17	—	6.306	—	—	9535.7	—	7.603	5	15
60	圈梁		钢模	钢	12.19	3787	0.065	—	—	9535.7	806	1.04	50	—
61			复模		12.19	—	—	100	4.305	9535.7	—	1.04	5	15
62	弧形圈梁		木模	钢	12.19	—	6.538	—	—	9535.7	—	1.246	3	15
63	过梁		钢模	钢	7.38	3653.5	0.92	—	—	9535.7	806	1.04	50	—
64			复模		7.38	—	—	100	4.16	9535.7	—	1.04	5	15
65	拱梁		木模	钢	12.87	—	6.5	—	—	9535.7	—	0.29	5	15
66	弧形梁		木模	钢	11.22	—	9.685	—	—	9535.7	—	0.29	5	15

续前

编号	项目	模板种类	支撑种类	混凝土体积	一次使用量							周转次数	周转补损率
					组合式钢模	模板木材	复合模板	复合模板木龙骨	钢支撑	零星卡具	木支撑		
				m^3	kg	m^3	m^2	m^3	kg	kg	m^3	次	%
67	斜梁	木模	钢	10.96	—	—	100	3.098	9535.7	—	0.29	5	15
68	直形墙	钢模	钢	10.53	3556	0.14	—	—	2920.8	863.4	0.155	50	—
69		复模		10.53	—	—	100	4.378	2920.8	—	0.155	5	15
70	弧形墙	钢模	钢	11.13	3556	0.14	—	—	2920.8	863.4	0.155	50	—
71		木模		11.13	—	5.357	—	—	2920.8	—	0.155	5	15
72	短肢剪力墙	复模	钢	10.53	—	—	100	4.378	2920.8	—	0.155	5	15
73	挡土墙	复模	钢	21.54	—	—	100	4.378	2920.8	—	0.155	4	15
74	电梯井壁	钢模	钢	7.54	3255.5	0.705	—	—	2356.8	764.6	—	50	—
75		复模		7.54	—	—	100	4.378	2356.8	—	—	5	15
76	大钢模板墙	大钢模	钢	10.53	11481.11	0.113	—	—	308.4	90.69	0.104	120	—
77	有梁板	钢模	钢	12.66	3567	0.283	—	—	7163.9	691.2	1.392	50	—
78		复模		12.66	—	—	100	3.127	7163.9	—	1.392	5	15
79	无梁板	钢模	钢	23.36	2807.5	0.822	—	—	4128	511.6	2.135	50	—
80		复模		23.36	—	—	100	3.127	4128	—	2.135	5	15
81	平板	钢模	钢	12.66	3380	0.217	—	—	5704.8	542.4	1.448	50	—
82		复模		12.66	—	—	100	3.127	5704.8	—	1.448	5	15
83	斜板、坡屋面板	钢模	钢	12.66	3567	0.283	—	—	7163.9	691.2	1.392	50	—
84		复模		12.66	—	—	100	3.127	7163.9	—	1.392	3	15
85	拱板	复模	钢	12.19	—	—	100	4.298	7163.9	—	1.392	3	15
86	薄壳板	复模	钢	5.53	—	—	100	5.338	7163.9	—	1.392	2	15
87	预应力空心板	钢模	钢	8.86	3380	0.217	—	—	5704.8	542.4	1.448	50	—
88		复模		8.86	—	—	100	3.127	5704.8	—	1.448	5	15

续前

编号	项目	模板种类	支撑种类	混凝土体积	一次使用量							周转次数	周转补损率
					组合式钢模	模板木材	复合模板	复合模板木龙骨	钢支撑	零星卡具	木支撑		
				m^3	kg	m^3	m^2	m^3	kg	kg	m^3	次	%
89	复合空心板	钢模	钢	8.86	3380	0.217	—	—	5704.8	542.4	1.448	50	—
90		复模		8.86	—	—	100	3.127	5704.8	—	1.448	5	15
91	栏板	复模	钢	5.14	—	—	100	4.64	—	—	—	4	15
92	挂板	复模	钢	5.66	—	—	100	4.64	—	—	—	3	15
93	雨篷板（100m^2投影面积）	复模	钢	1.47	—	—	167.2	3.752	—	—	—	4	15
94	圆弧雨篷板（100m^2投影面积）	复模	钢	1.55	—	—	173.4	3.752	—	—	—	3	15
95	悬挑板（100m^2投影面积）	复模	钢	1.05	—	—	120	3.752	—	—	—	4	15
96	圆弧悬挑板（100m^2投影面积）	复模	钢	1.07	—	—	120	3.752	—	—	—	3	15
97	阳台板（100m^2投影面积）	复模	钢	1.55	—	—	173.4	3.752	—	—	—	4	15
98	圆弧阳台板（100m^2投影面积）	复模	钢	1.55	—	—	173.4	3.752	—	—	—	3	15
99	天沟挑檐	复模	钢	5.3	—	—	100	3.127	—	—	—	3	15
100	直形楼梯（100m^2投影面积）	复模	钢	2.586	—	—	195	6.553	—	—	—	4	15
101	圆弧形楼梯（100m^2投影面积）	复模	钢	1.798	—	—	195	6.553	—	—	—	3	15
102	螺旋楼梯（100m^2投影面积）	复模	钢	1.798	—	—	194	6.487	—	—	—	3	15
103	地沟	复模	木	12.25	—	—	100	3.098	—	—	—	5	15
104	小型构件	复模	木	3.26	—	—	100	3.127	—	—	—	3	15
105	门框	复模	钢	7.07	—	—	100	2.676	—	—	—	3	15
106	台阶（100m^2投影面积）	复模	木	1.64	—	—	147.2	5.004	—	—	—	3	15
107	场馆看台板（100m^2投影面积）	复模	木	1.8	—	—	163.5	5.004	—	—	—	3	15
108	扶手（100m）	复模	木	1.34	—	—	42	0.735	—	—	—	4	15

三、预制构件模板一次使用量表

单位：100m²模板接触面积

编号	项目	模板种类	混凝土体积	一次使用量								周转次数	周转补损率
				组合式钢模	模板木材	复合模板	复合模板木龙骨	定型钢模	零星卡具	木支撑	钢支撑		
			m^3	kg	m^3	m^2	m^3	kg	kg	m^3	kg	次	%
1	过梁	木	8.03	—	1.872	—	—	—	—	—	—	5	10
2	地沟盖板	木	15.11	—	0.919	—	—	—	—	—	—	5	10
3	隔板	木	14.13	—	2.553	—	—	—	—	—	—	5	10
4	架空隔热板	木	12.5	—	1.277	—	—	—	—	—	—	5	10
5	漏空花格	木	0.95	—	8.766	—	—	—	—	—	—	5	10
6	小型构件	木	4.75	—	4.255	—	—	—	—	—	—	5	10